전기기기 제어론

개정 증보판

설승기 지음

Control of Electric Machine Drive Systems

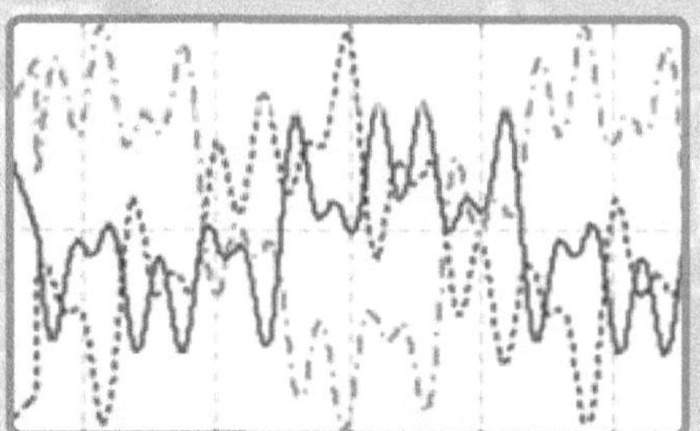

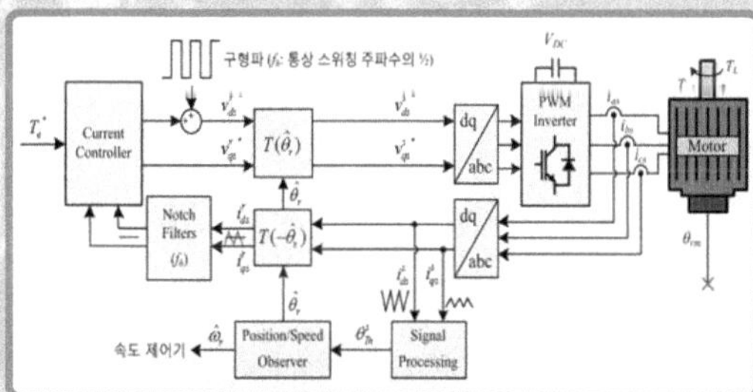

홍릉과학출판사

재개정판을 내면서

전기기기 제어론이 출판 된지 이미 11년의 시간이 지나갔다. 2007년 1차 개정판을 출간하였지만 이미 9년이 지났으며, 2012년 오타를 교정하고 일부 문장을 수정한 수정판을 출간하였지만 이마저도 4년이 지났다. 21세기 들어 전력전자 기술은 끊임 없이 진보하고 있으며, 최근 와이드 밴드갭 반도체로 통칭 되는 새로운 전력용 반도체가 본격적으로 실용화 되고 있다. 또 내연 기관을 근거로 한 운송기기가 배터리와 전동기에 기반한 하이브리드/전기차로 급속히 변환되고 있으며 그 중심에 전력 전자 기술에 바탕을 둔 전기기기 제어 기술이 있다. 전세계가 갈망하고 있는 무공해 신재생 에너지에 근거한 발전 시스템과 발전된 전력을 저장하여 효율적으로 시스템을 운영하게 하는 배터리 에너지 저장 장치 등에 있어서 핵심 요소인 전력변환 장치(Power Conditioning System, PCS)에도 여러 제어기술들이 개발되어 활용되고 있다. 특히 PCS가 전원 계통에 연계 될 때 가장 중요한 요소인 동기각 추정기에서도 많은 연구가 있어 왔다. 또한 전자회로 기술의 발전에 따른 고성능 신호처리 기술의 발전으로 교류 전동기의 위치센서 없는 센서리스 제어가 가전 제품에서 일반 산업용 기기, 자동차에 이르기까지 폭넓게 실용화 되고 있다. 이러한 기술의 변화를 담으려고 본 재개정판을 준비하게 되었다.

본 재개정판에는 최근 10년의 새로운 변화를 언급하기 위하여 1장에서 기술 발전 추세를 보완하였다. 또 4장에서 새로운 전류 제어 기법으로 공진 제어기와 반복 제어기를 추가하였다. 또한 전원 계통의 고조파와 측정 잡음에 강인한, 정상분 전압 추정기에 기반한 새로운 동기각 추정기의 특성과 그 설계법을 제시하였다. 추가된 전류제어기와 동기각 추정기는 PCS와 전동기 제어에서 널리 활용될 수 있으리라 생각된다. 본 재개정판에서 가장 많은 부분이 수정된 6장에서는 그간 10여년간 서울대학교 전력전자 연구실에서 개발된 센서리스 제어 기법에 대해 소개하고 그 결과와 특성에 대해 논의하였다. 특히 맥동하는 고주파의 구형파 전압을 주입하는 센서리스 기법을 새로이 소개하고 그 특성과 적용 방법을 언급하였다. 또 역기전력에 기반한 센서리스 제어기의 성능을 대폭 개선할 수 있는 새로운 추정기 설계 기법도 소개하였다. 개정판 내용에 남아 있던 오타와 오류를 수정 했으며, 개정판 이후 저자의 수업에서 숙제, 시험 등으로 다루었던 문제를 각 장의 연습문제에 추가하였다.

재개정판을 준비함에 있어, 내용을 개선하려고 노력하였으나 저자의 무지와 태만의 소치로 여전히 수많은 오류가 있으리라 생각된다. 특히 기존의 오류에 더하여 추가된 많은 내용에서 새로운 오타와 오류가 있으리라 예상된다. 이 책을 읽는 독자들의 넓은 아량을 구하는 바이다. 재개정판의 초고를 읽고 교정에 수고를 아끼지 않은 본 연구실 석사 과정 학생들, 신동호, 이주현, 황채은 군에게 감사를 표시하고, 본 재개정판의 핵심인 6장 내용을 검토해준 박사과정 이영기군에게도 이 글을 통해 고마움을 전한다. 또한 재개정판의 추가 내용을 연구하고 실제로 실험을 통해 입증한 박용순 박사, 권용철, 김재석, 김동욱, 이영기군에게도 깊은 감사의 뜻을 표한다. 또 2016년 1학기 연구학기 동안 변화하는 자동차 산업 현장을 직접 볼 수 있는 기회를 제공해준 LG전자㈜ 관계자 여러분께도 감사 드린다. LG전자 ㈜ 미국 Troy 사무실에서 보낸 3개월이 재개정판의 교정에 소중한 시간이었음에 Troy 사무실 관계자 여러분께 감사 드린다.

2016년 7월,
미국 미시건주, Troy, LG전자㈜ 사무실에서
저자 설 승 기

차례

1장 서론

2장 전기기기의 기본적 구조와 모델링

3장 | 좌표 변환과 3상 전기기기의 과도 상태 해석

4장 제어기 설계

5장 벡터(Vector) 제어

6장 속도/위치 센서 없는(Sensorless) 교류 전동기의 제어

7장 실제적인 문제점들

01

서 론

1.1 배경

인류가 수백만 년 전 아프리카의 한 유인원으로부터 진화하여 오늘날 정보화 시대에 이르기까지, 의식주의 해결은 여전히 중요한 문제로 대두되고 있다. 개개인의 생활 수준이 향상됨에 따라 필요로 하는 일용품, 식량, 생활 공간은 더욱 늘어나고 고도화되고 있다. 이러한 생활의 필요 요소들은 부존 자원의 가공을 통하여 또는 기존의 자원들을 재활용하여 얻게 된다. 이러한 과정에서 에너지의 사용은 필수적이다. 인류 문명의 발전은 에너지원과 그 형태에 따라 이루어졌다. 농경 문화는 인류의 육체적 힘과 함께 가축의 힘을 사용함으로써 가능하였고 현대 산업 문명은 18세기 증기 기관의 발전과 함께 시작되었다. 19세기 내연기관의 발전과 함께 인류는 신뢰성 있는 기계적 원동력을 얻게 되어 비약적인 생산성의 향상이 가능하게 되었다. 19세기에 발명된 전기기계는 인류가 얻은 최상의 기계적 원동력으로 20세기에 자리 매김하게 되고 승용차와 버스, 트럭, 항공기, 선박 등의 수송 분야를 제외하고는 인류 생활 전반에서 가장 중요한 기계적 구동력으로 사용되고 있다. 전기 에너지는 원천 에너지로부터 최종 사용 단계에 이르기까지 효율이 최대 40% 정도이나, 그 사용의 편리성으로 인하여 가장 폭넓게 이용되고 있는 에너지원이며 이를 사용하는 전기기계적 구동력은 가정과 산업 전반에서 인류가 필요로 하는 물질 문명의 요소를 생산하는 기계적 구동력의 원천으로 활용되고 있다. 최근 내연기관이 주종을 이루는 수송 분야에서도 전기적 구동력을 이용하는 전기 자동차, 복합(Hybrid) 전기 자동차, 전기 추진 선박에 관한 연구가 활발히 진행되고 있으며 실 생활에서 사용 되고 있다. 21세기 중반에 이르면 기계적 구동력의 대부분은 전기-기계적 변환에 의해 얻어지리라 예상 된다.

전기기계는 내연기관, 가스터빈에 비해 다음과 같은 일반적인 장점으로 인하여 향후에도 기계적 원동력으로 더욱 넓은 분야에 사용될 것으로 기대된다(참고문헌 [1]).

(1) 손목 시계부터 양수 발전기의 구동에 이르기까지 다양한 출력이 가능하다.

(2) 10만 r/min 이상의 원심 분리기용에서부터 10^7 N-m 이상의 제철용 주압연기용 전동기까지 속도와 회전력(Torque)의 크기가 다양하다.

(3) 다양한 외부 환경에 쉽게 적용할 수 있으며 배기 가스가 없고 소음 등이 내연기관에 비해 적다.

(4) 내연기관, 가스터빈에 비해 그 반응 속도가 빠르다.

(5) 여타의 기계적 구동력에 비해 운전 효율이 높고 무부하(No Load) 시 손실이 적다.

(6) 회전력, 속도가 손쉽게 변화될 수 있다.

(7) 회전력을 회전 방향에 관계없이 제어할 수 있어 효율적인 제동력(Braking Torque), 구동력(Driving Torque)을 얻을 수 있다.

(8) 전동기는 다양한 형태의 기계적 외관으로 제작될 수 있어 기계적 구동력을 필요로 하는 곳에 손쉽게 부착될 수 있다.

(9) 입력이 전기 에너지이므로 상위 정보처리 시스템과 쉽게 연결될 수 있다.

이상의 일반적 장점은 최근의 정보화 기술, 전력전자 기술의 발전과, 자성재료 및 절연재료의 발달로 인하여 더욱 향상되고 있다. 특히 희토류(Rare Earth) 영구자석의 발전으로 무게 대 출력의 비가 유압(Oil Pressure, Hydraulic) 시스템에 접근하고 있어 유압을 활용하는 시스템의 전기 구동력으로의 교체가 진행되고 있다. 또한 전력전자 기술의 발전에 따라 정보처리 시스템-컴퓨터에 의한 직접적인 전력의 제어가 가능하여 무인화, 자동화가 손쉽게 이루어질 수 있다. 그러나 이와 같은 장점에도 불구하고 가장 결정적인 단점(연속적인 전원의 공급)으로 인하여 수송 기관의 구동력으로 활용되는 데는 그 응용도가 떨어진다. 최근 도시 공해 문제를 해결하기 위하여 전기 자동차, 전기 버스 등의 연구가 활발히 진행되고 있으나 축전지(Battery)의 에너지 저장 성능의 제한으로 인하여 전기 수송 기관의 폭넓은 적용은 지난 50여년간 큰 진전이 없었다. 21세기 들어 친환경 수송 시스템에 대한 관심이 높아 지며 리튬 이온(Li—ion) 배터리를 중심으로 축전지 성능이 비약적으로 향상되어 21세기 들어 지난 15년간 축전지 성능 대 가격의 비가 4배 이상 개선 되었다. 이러한 발전을 기반으로하여 일충전 거리가 150km에 이르는 전기자동차가 양산 되고 있으며 특별한 사양의 전기차는 이미 일충전 거리가 400km를 넘어서고 있다. 향후 축전지의 지속적인 발전이 기대되고 있어 **2년이**

내에 일충전거리가 300km를 넘는 전기차가 대량 보급되리라 예상 된다 [2]. 또 전기차의 짧은 주행거리라는 단점과 내연기간의 운전 효율성을 개선하기 위하여 내연기관으로 전기적 동력을 얻고 최종의 기계적 구동력의 일부 또는 전부를 전기기계로부터 얻는 복합형(Hybrid) 자동차가 폭넓게 상용화 되고 있다.

1830년대 Jacobi가 직류 전동기를 발명하고 1880년대 Ferraris, Tesla 등이 유도 전동기를 발명한 이래 130여 년 동안 전동기는 산업 전반의 기계적 구동력의 원천으로 확실한 자리 매김을 하게 되었다. 산업화된 사회에서 전기 에너지의 60% 이상은 전동기의 구동에 이용되며 그 중 80%는 유도 전동기를 구동하는 데 이용되고 있다(참고문헌 [3]). 초기의 회전자계를 이용하는 유도기는 <그림 1.1>과 같은 모습이었고 오늘날의 전동기는 <그림 1.2>와 같은 형태를 갖게 되었다. 절연재료와 자성(Magnetic)재료의 발달로 전동기는 출력 대 무게 비와 가격 등이 대폭 개선되어 1890년대 5마력 유도 전동기의 경우 무게는 약 454kg이고 가격은 약 $900 정도였으나 1957년에는 무게가 60kg, 가격은 $110, 현재는 22kg에 가격은 $50 정도로 줄어들었다(참고문헌 [4]).

<그림 1.3>은 10마력(Horse Power, Hp) 4극 전폐형(Totally Enclosed) 전동기의 외관 크기의 변천 추이를 나타낸다(참고문헌 [5]). 이와 같은 소형, 경량화의 추세는 지속될 것이며 에너지 절약에 의한 지구 환경 보존을 위하여 전동기의 고효율화 역시 계속될 것으로 생각된다. 유도 전동기가 발명된 후 약 80년 동안 교류 전동기는 50Hz, 또는 60Hz의 일정 전원에 의해 구동되는 정속도(Constant Speed) 전동기로 활용되었고 기본적으로 전동기의 전원은 상용전원의 정현파(Sinusoidal Wave)였다. 그러나 1960년 다이리스터(Thyristor)로 통칭되는 전력용 반도체의 발명으로 전동기의 전원은 다양한 주파수, 전압을 입력으로 갖게 되었고 전동기 또한 이러한 전원에 맞게 설계되어지고 있다(참고문헌 [6]).

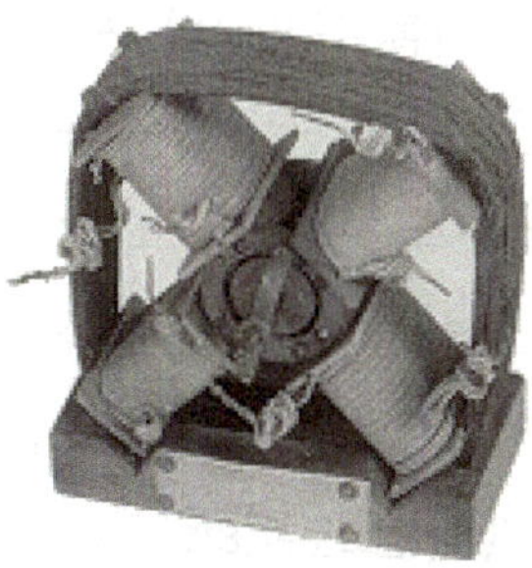

그림 1.1 초기의 유도 전동기

그림 1.2 오늘 날의 유도 전동기

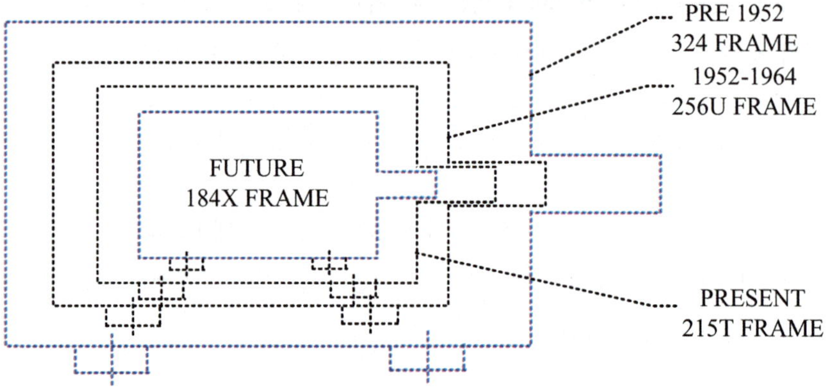

FRAME	TYPICAL STATOR DIAMETER(mm)
324 256 215 184	343 267 222 191

그림 1.3 범용 10마력(Hp) 4극 전폐형 전동기의 외관 크기 추이

1.1.1 전동기 구동 시스템의 구성 (참고문헌 [7])

전동기 구동 시스템은 구동되는 기계 시스템, 전동기, 전력 변환 장치, 제어 시스템으로 구성되며 <그림 1.4>와 같은 여러 요소들을 가진다. 모든 공학설계와 마찬가지로, 동일한 목적을 가지는 전동기 구동 시스템이라도 여러 가지 다양한 방법으로 구성될 수 있으며 최종 판단의 기준은 시설 투자비, 운영비 등의 경제적인 요소뿐만 아니라 환경 친화성, 윤리성 등의 비경제적인 요소도 포함한다.

100여 년 이상 발전해 온 전동기는 오늘날 다양한 형태를 가지며 사용 목적과 용도에 따라 적절히 선택되고 있다. 전동기는 크게 회전 운동(Rotary Motion)을 하는 전동기와 직선 운동(Linear Motion)을 하는 전동기로 나눌 수 있으며 구동전원과 형태에 따라 분류하면 <그림 1.5>와 같다. 대표적인 회전 운동을 하는 전동기의 출력과 속도 범위는 <그림 1.6>과 같다. 전동기의 출력이 커질수록 전동기의 크기가 커지고 이에 따라 원심력이 커지므로 기계적인 강도의 한계로 인하여 고속이면서 동시에 대출력의 전동기는 제작이 어렵다. 최근 컴퓨터를 이용한 전동기 설계 기술과 영구자석 재질의 발전에 따라 고속 대용량의 전동기가 실용화되고 있다(참고문헌 [8]).

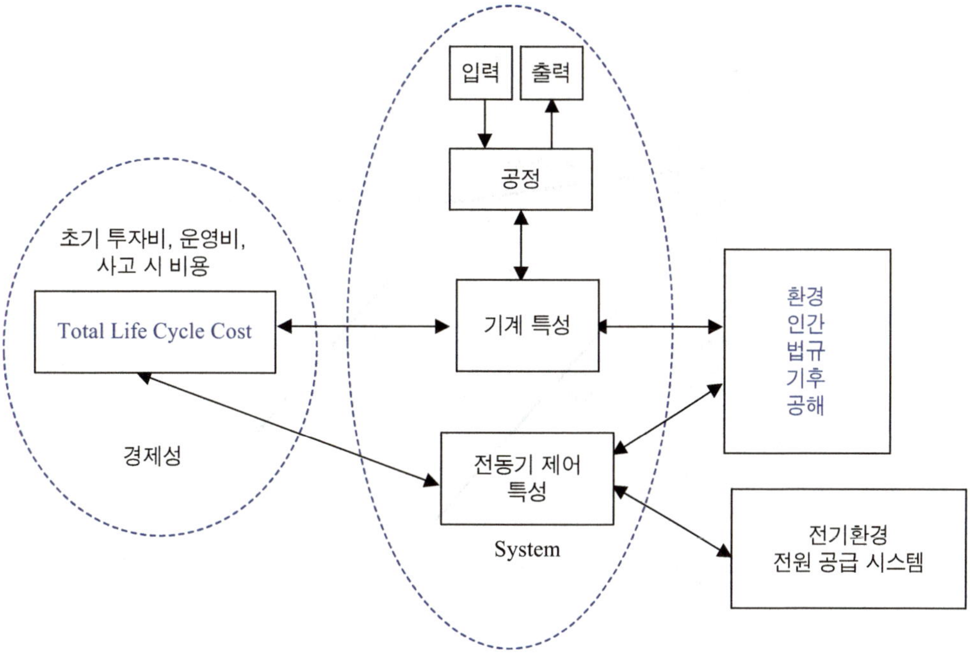

그림 1.4 전동기 구동 시스템의 구성 요소

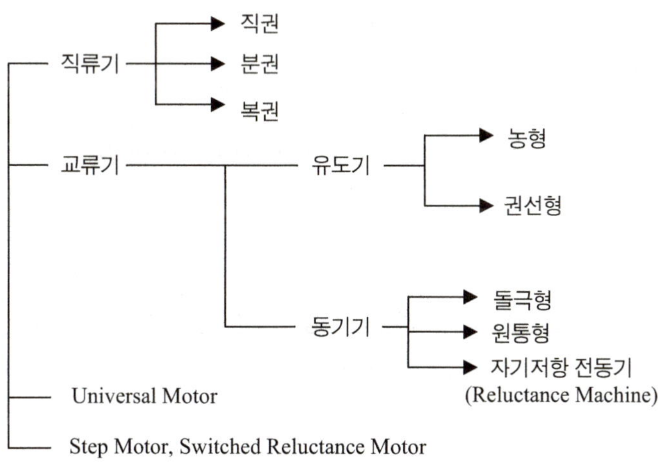

그림 1.5 전원(Power Source)과 동작 원리에 따른 전동기 분류

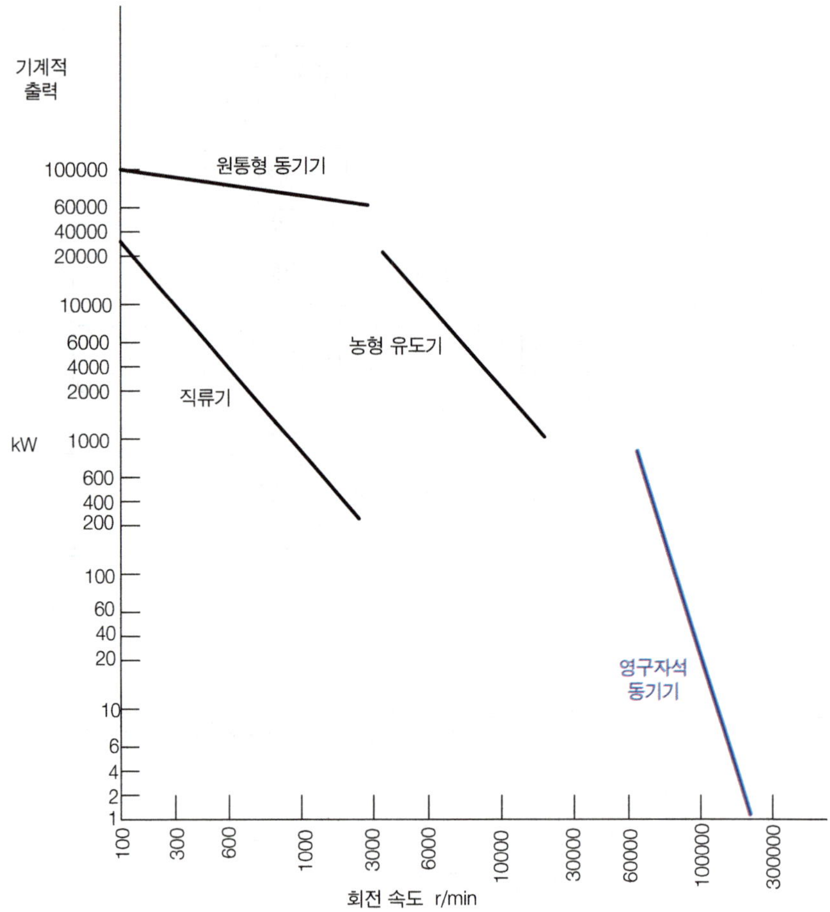

그림 1.6 회전형 전동기의 출력과 속도의 한계(참고문헌 [7])

1.1.2 전동기 구동 시스템의 발전 추세

과거에는 속도와 토크 제어의 용이성으로 인하여 직류 전동기가 가변속(Adjustable Speed) 구동이 필요한 용도에 주로 이용되었으나 최근의 전력전자 기술의 발전으로 인하여 주파수 가변에 의한 유도 전동기 또는 동기 전동기 등의 교류 전동기 가변속 구동 시스템이 폭넓게 활용되고 있고 향후에도 이러한 추세는 계속될 것이다. 초기의 전동기는 직류 전동기, 교류 전동기에 모두 필요한 계자 자속(Field Flux)을 권선에 전류를 흐르게 함으로써 얻었다. 직류 전동기와 동기 전동기는 계자 권선에 전류를 흐르게 함으로써, 유도 전동기는 고정자 권선에 흐르는 전류의 일부를 이용하여 자속을 형성하였다. 그러나 최근 고성능 영구자석 기술의 발전으로 직류 전동기, 교류 전동기 모두 자속을 영구자석에서 얻을 수 있게 되어 메가와트(Mega Watt, MW)급의 대용량 전동기까지 영구자석을 이용하여 설계되고 있다. 자속을 얻는 데 영구자석을 이용할 경우 계자 권선을 없앨 수 있고 계자 권선에 의한 손실을 제거할 수 있어 소형화, 고효율화가 가능하다. 향후에도 이러한 추세가 계속되어 영구자석을 이용하는 교류 전동기의 응용이 더욱 확대될 것으로 예상된다.

전동기와 그 제어 시스템의 가격이 비쌌던 20세기 초에는 1개의 공장에 1개의 대형 전동기가 설치되어 기계적 구동력을 얻었고 이로부터 각각의 단위 기계 또는 기계적 구동력이 필요한 곳에 기계적인 동력 전달 장치(기어(Gear), 벨트 등)에 의해 기계적 구동력을 분배하였으나 점차 전기기계 구동 시스템의 가격이 떨어지고 그 성능이 향상되어 1개의 기계에 1개의 전동기를 사용해 왔으며, 최근에는 1개의 기계 내에서도 기계적 구동력이 필요한 곳에 각각의 전동기와 그 제어 시스템이 설치되는 형태로 발전하고 있다. 즉, 각각의 기계적 구동력을 그에 대응하는 개개의 전동기와 그 제어 시스템에 의해 얻음으로써 기계적 구동력의 전달에 따른 손실과 동력 전달 시 수반되는 제어 정밀도의 저하(비선형적 특성, 강성(Stiffness)의 저하 등) 등을 방지할 수 있다. 향후 이러한 추세는 더욱 발전하여 전동기는 기계적 부하가 필요로 하는 형태의 운동 방향, 속도, 토크를 어떠한 기계적 변환 없이 직접 발생시키는 형태로 발전할 것이다. 즉 직선 운동이 필요한 경우에는 선형 전동기를, 고속 회전이 필요한 곳에는 고속 전동기를, 저속 회전이 필요한 곳에는 저속 전동기를 활용함으로써 전체 시스템의 크기를 줄이고 효율과 제어 성빌노를 향상시키게 될 것이다.

전동기의 제어 방법은 초기의 자동 제어 시스템 기술과 전력전자 기술의 미숙으로 인하여 각각의 전동기를 수동 조작에 의하여 동작시켰으나 점차 자동 제어 시스템이 도입되었고 현재에는 지능 제어(Intelligent Control) 기법이 활용되기 시작하여 제어 시스템 스스로 최적의 운전 조건을 찾아서 운전할 수 있는 형태로 발전하고 있다. 또한 초기의 자동 제어 시스템은 단순한 감시(Supervisory) 또는 기본적인 명령만을 전동기 구동 시스템에 전달하였으나 그 후의 전자 회로 기술의 발전으로 직접 제어(Direct Digital Control)를 거쳐 각각의 전동기 시스템이 지능을 가지고 제어하는 지능형 분산 제어(Intelligent Distributed Control) 시스템의 형태로 발전해 가고 있다.

1.1.3 전력용 반도체의 발전 추세

1950년대 말 다이리스터(Thyristor)의 발명과 함께 반도체를 이용하여 전력을 제어하는 전력전자(Power Electronics) 공학이 시작된 이래 전력용 반도체의 발전은 전력전자 공학의 견인차 구실을 하였고 전력용 반도체의 비약적인 성능 향상과 함께 전력전자 기술 역시 혁신적인 발전을 계속하고 있다. 초기의 다이리스터는 전자 신호(Electronic Signal)에 의해서 켜질(Turn-on) 수만 있었고 소자의 꺼짐(Turn-off)은 외부 회로 또는 외부 조건에 의해서만 가능하였다. 그 후, 게이트(Gate) 신호에 의해 켜고 끔(On-off)이 가능한 게이트 턴 오프 다이리스터(Gate Turn-Off Thyristor, GTO)와, 트랜지스터(Transistor) 기술을 전력 회로에 응용한 대용량 바이폴라 정션 트랜지스터(Bipolar Junction Transistor, BJT) 등의 출현은 다양한 전력 회로와 많은 제어 방법이 실산업에 응용되기 시작한 계기가 되었다.

1990년대부터 사용되기 시작한 게이트 제어 회로가 집적된 다이리스터(Integrated Gate Controlled Thyristor, IGCT)와 절연 게이트 트랜지스터(Insulated Gate Bipolar Transistor, IGBT)는 전력용 반도체의 활용을 더욱 손쉽게 하였으며 대용량, 고속, 고효율의 스위칭(Switching)이 가능하게 하여 전력전자 기술의 응용 범위를 한층 넓게 하고 있다. 그러나 지금까지 전력용 반도체는 실리콘을 그 기반 소재로 사용함으로써 반도체 접합부(Junction) 동작 온도에서 175°C의 한계를 가진다. 최근 활발히 연구되고 있고 이미 여러 부분에서 응용되고 있는 실리콘 카바이드(Silicon Carbide-SiC) 갈륨나이트라이트(GaN)소재에 기반한 와이드밴드갭(Wide Band Gap, WBG) 반도체는 동작 온도, 동작 속도, 동작 전압에서 전력 변환에 신기원을 이룩할 수 있을 것으로 기대된다(참고문헌 [9]). 이러한 소재를 이용할 경우 300°C 이상의 온도에서 동작하는 수만 볼트(Volt) 이상의 내압과 수백 암페어(Ampere) 이상의 도통(Conduction) 전류를 갖는 소자를 현재의 실리콘 소자의 웨이퍼(Wafer) 단면적의 수분의 1이하로 구현할 수 있을 것으로 기대된다. 동시에 동작 속도 역시 기존 실리콘 소자에 비해 10~100배 이상 빨라질 수 있으리라 기대된다. 이미 실리콘 카바이드 반도체는 숏키 다이오드(Schotky Diode)와 전계 효과 트랜지스터(Field Effect Transistor-FET) 소자의 형태로 상품화 되어 **효율과 크기가 중요시 되는 응용분야에서 실리콘 반도체에 기반한 IGBT소자를 대체**하고 있으며 와이드 밴드갭 반도체는 향후 5년 이내에 많은 분야에서 실리콘에 기반한 전력용 반도체를 대체하리라 기대 된다.

1.1.4 전자 회로 기술의 발전 추세

초기의 전력전자 회로에서 전력용 반도체를 제어하기 위한 신호는 트랜지스터, 다이오드 등의 기본적인 전자 회로를 이용하여 아날로그(Analog)적으로 구성하였다. 그 후 전자 회로 기술의 발전에 따라 연산 증폭기(OP-Amp.) TTL 논리(Logic) 회로를 사용하는 아날로그와 디지털(Digital) 회로가 섞인 형태였으나, 현재는 일부 소전력 전원 장치(Small Power Supply)를 제외한 대부분의 전력전자 제어 분야, 특히 전동기 제어용 전력 변환기는 전체 제어 시스템이 1개 또는 몇 개의 디지털 신호 처리기(Digital Signal Processor-DSP)에 의해 구성되고 있다. 현재 DSP는 1개의 소자(Chip)로 1GigaFlops (1×10^9 Floating Point Operation/s) 이상의 연산이 가능하기도 하고, 또한 **여러 연산 장치를 1개의 소자에 집적함과 동시에 아날로그(Analog) 신호 변환과 처리 기능을 동시에 갖춘 전력변환 전용 DSP**가 시판되고 있다. 이러한 DSP를 활용할 경우 외부의 아날로그 신호 처리 회로 없이도 간단하게 전력 변한 회로의 제어 시스템을 구현할 수 있다 (참고문헌 [10]). 향후 이러한 발전은 미세전자(Micro-electronics) 기술의 발전으로 더욱 가속화될 것으로 보이며, 미래의 전력전자 회로의 제어는 1개의 소자에 고도의 제어 이론이 구현되어 외부의 계측 시스템이 최소화된 상태에서 지능적인 제어 기법에 따라 사용자가 원하는 성능을 최소의 에너지로 실현하며, 제어하는 대상체(Plant)의 변화에 능동적으로 대처(Adaptable)하는 기능을 가질 것으로 예상된다.

1.2 역학(Mechanics)의 기초

전기기기는 대개 기계적 시스템과 연결되어, 기계적 에너지를 전기적 에너지로 또는 전기적 에너지를 기계적 에너지로 변환한다. 이 과정에서 기계역학의 이해는 필수적이다.

1.2.1 기본 법칙 (참고문헌 [11])

1.2.1.1 평형 상태

어떤 물체에 작용하는 외력의 합이 "0"일 때 물체는 평형상태에 있다고 한다. 평형상태에 있는 물체는 정지해 있거나 일정 속도로 움직인다.

1.2.1.2 뉴턴의 법칙

(1) A라는 물체가 B라는 물체에 힘 f 를 가하면 물체 B 역시 물체 A에 $-f$ 라는 힘을 인가한다.

(2) 물체에 인가되는 힘은 물체의 질량과 속도를 곱해서 얻어지는 운동량의 시간에 대한 미분 값이다.

$$f = \frac{d(Mv)}{dt}. \tag{1-1}$$

여기서 M 은 물체의 질량, v 는 물체의 속도이다.

(3) 두 물체 사이에는 서로 당기는 힘이 작용하며, 그 크기는 두 물체의 질량의 곱에 비례하고 거리의 제곱에 반비례한다.

$$f = G\frac{M_1 M_2}{R^2}. \tag{1-2}$$

여기서 M_1, M_2 는 물체의 질량, R 은 두 물체 사이의 거리, G 는 비례 상수이다. 물체가 지구 표면상에 있을 때 $f = Mg$ 로 표시될 수 있고 여기서 M 은 물체의 질량, g 는 중력 가속도이다.

1.2.2 힘과 토크 (참고문헌 [1])

<그림 1.7>과 같은 외력이 작용하는 직선 운동계에서의 운동 방정식은 아래식과 같다.

$$f_d - f_L = \frac{d}{dt}(Mv) = M\frac{dv}{dt} + v\frac{dM}{dt}. \tag{1-3}$$

만약, 운동 중에 질량, M 의 변화가 없다면 (대부분의 경우에 있어 성립함)

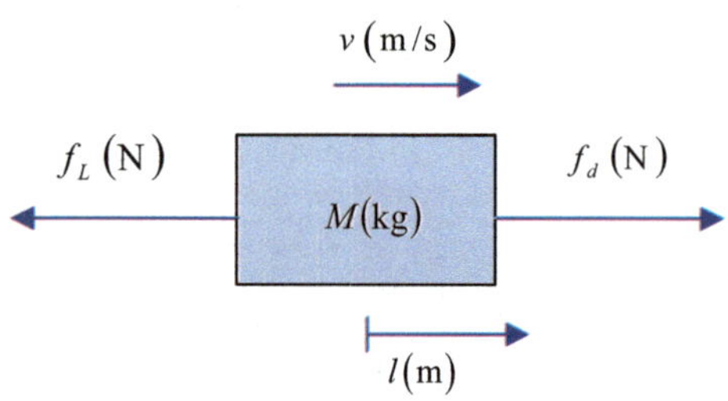

그림 1.7 직선 운동계의 외력

$$f_d - f_L = M\frac{dv}{dt} = M\frac{d^2 l}{dt^2}\,. \tag{1-4}$$

이 된다. 여기서 v는 물체의 속도, l은 이동 거리이다.

물체가 회전 운동을 하는 <그림 1.8>과 같은 운동계에서도 유사한 운동 방정식을 얻을 수 있다. 이때 많은 경우에서 회전 관성(Rotational Inertia), J, 는 운동에 따라 변한다.

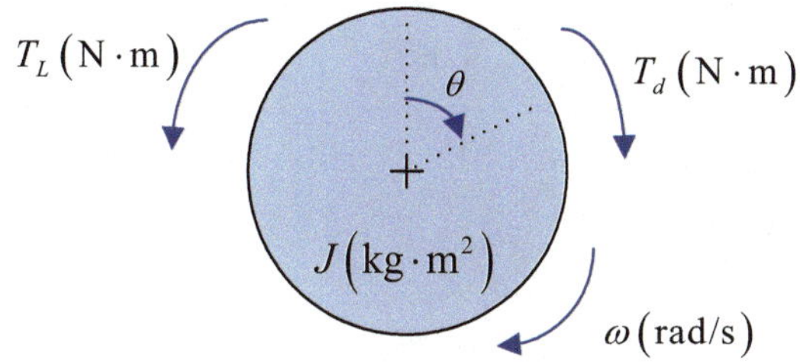

그림 1.8 회전 운동계의 외력

운동 중에 회전 관성, J, 의 변화가 있다면, 다음과 같은 식이 성립한다.

$$\begin{aligned} T_d - T_L &= \frac{d}{dt}(J\omega) = J\frac{d\omega}{dt} + \omega\frac{dJ}{dt} \\ &= J\frac{d^2\theta}{dt^2} + \frac{d\theta}{dt}\;\frac{dJ}{dt}\,. \end{aligned} \tag{1-5}$$

많은 산업 응용의 경우에 있어 <그림 1.9>와 같이 회전 운동과 직선 운동은 상호 결합되어 존재한다. 이때의 운동 방정식은 다음과 같다.

$$T_d - T_L = r_1 f_d - r_2 f_L\,. \tag{1-6}$$

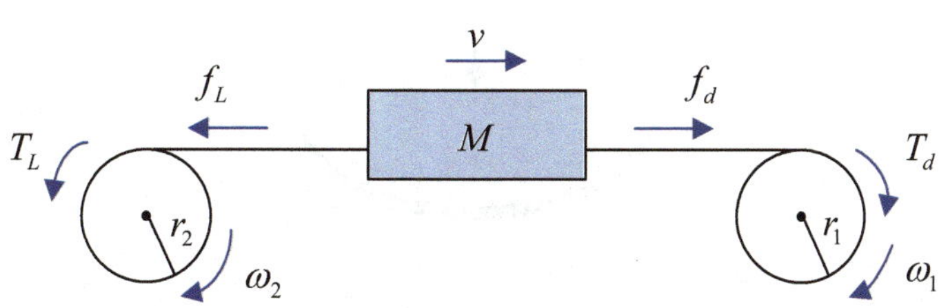

그림 1.9 회전 운동과 직선 운동의 결합

풀리(Pulley)의 반지름, r_1과 r_2가 같고 일정하며 직선 운동의 속도와 회전 운동의 선속도가 일치하고 회전체 자체의 관성이 무시될 수 있다면 운동 방정식은 다음 식과 같다.

$$\begin{aligned} T_d - T_L &= r\frac{d}{dt}(Mv) = r\frac{d}{dt}(Mr\omega) \\ &= Mr^2\frac{d\omega}{dt} \end{aligned} \tag{1-7}$$

여기서 Mr^2은 직선 운동을 하는 물체의 질량을 회전운동에서 본 등가(Equivalent) 회전 관성이다.

1.2.3 회전체의 관성

회전 관성은 회전 운동에 있어 기계적 운동 방정식을 구성하는 기본 요소이다. <그림 1.10>과 같이 회전축에 대해 대칭인 회전체의 관성은 다음과 같은 과정을 통해 손쉽게 유도될 수 있다.

$$dT_a = r \cdot df_a = r \cdot dM \cdot \frac{dv}{dt} \tag{1-8}$$

이고,

$$v = r\omega \tag{1-9}$$

이므로

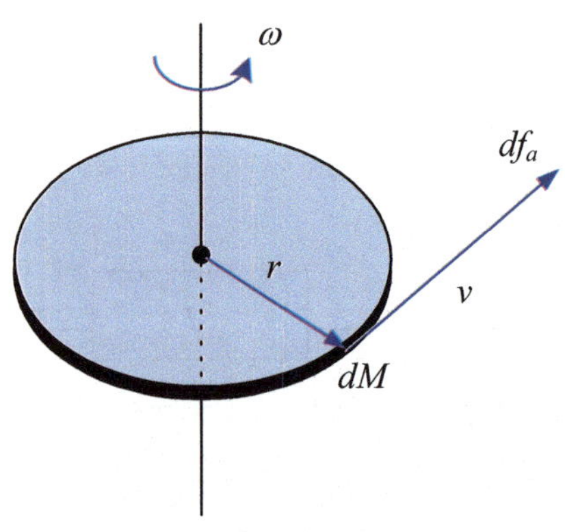

그림 1.10 회전축에 대칭인 회전체

$$dT_a = r^2 dM \frac{d\omega}{dt} \quad (1\text{-}10)$$

이다.

회전체가 강체(Rigidity)라고 가정하면 회전체의 미소 질량 dM의 회전각 속도는 회전체의 어느 곳에서나 같으므로

$$T_a = \frac{d\omega}{dt} \int_0^M r^2 dM = J \frac{d\omega}{dt} \quad (1\text{-}11)$$

이다. 여기서 $J \equiv \int_0^M r^2 dM$ 로 정의된다.

위의 수식을 이용하여 외경이 r_2, 내경이 r_1, 길이가 ℓ 이고 밀도가 ρ 인 <그림 1.11>과 같은 원통이 중심축을 기준으로 회전할 때 회전축에 대한 관성은 아래와 같이 구할 수 있다.

$$\begin{aligned} dM &= \rho dV = \rho 2\pi r \ell \cdot dr \\ J &= \int_0^M r^2 dM = \rho 2\pi \ell \int_{r_1}^{r_2} r^3 dr = \frac{\pi}{2}\rho\ell\left(r_2^4 - r_1^4\right) \end{aligned} \quad (1\text{-}12)$$

위의 식에서 알 수 있듯이 원통의 회전 관성은 회전 반경의 4승에 비례한다.

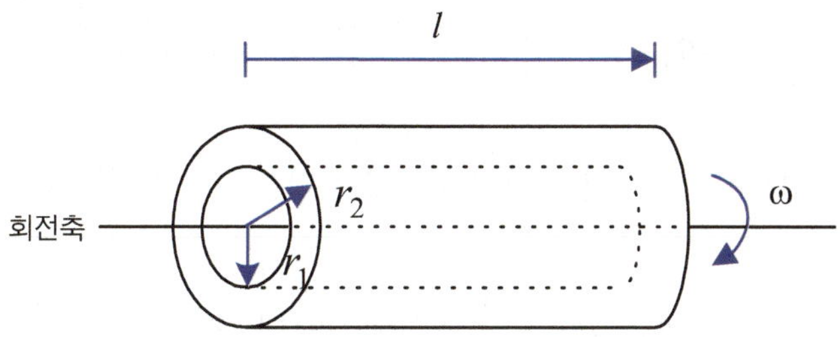

그림 1.11 원통의 관성

일반적으로 <그림 1.12>와 같은 비대칭 강체의 회전 관성은 다음과 같이 유도될 수 있으며 **통상의 회전체는 엄밀한 의미에서 비대칭성이 존재하므로 회전 운동을 지지하는 부분(예를 들면 베어링 부분 등)에 인가되는 힘**을 구하기 위해서는 일반적인 비대칭 관성을 구할 필요가 있다(참고문헌 [12]).

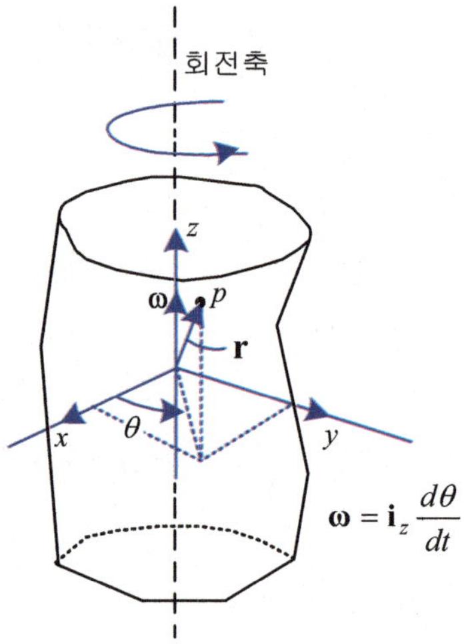

그림 1.12 비대칭 회전체

$p(x,y,z)$ 는 미소 질량, $\rho\, dV$ 의 위치이고 미소 질량의 선속도 벡터는 $\mathbf{v} = \boldsymbol{\omega} \times \mathbf{r}$ 로 표시된다. 원점에서 미소 질량까지의 거리 벡터(Vector)는

$$\mathbf{r} = \mathbf{i_x} x + \mathbf{i_y} y + \mathbf{i}_z z \tag{1-13}$$

로 표시된다. 여기서 $\mathbf{i_x}$, $\mathbf{i_y}$, $\mathbf{i_z}$ 는 x, y, z 축 방향의 단위(Unit) 벡터이다. 가속에 의하여 미소 질량에 인가되는 힘은 다음과 같다.

$$d\mathbf{f}_a = \rho dV \frac{d\mathbf{v}}{dt} = \rho dV \left[\frac{d\boldsymbol{\omega}}{dt} \times \mathbf{r} + \boldsymbol{\omega} \times (\boldsymbol{\omega} \times \mathbf{r}) \right]. \tag{1-14}$$

$\mathbf{a} \times (\mathbf{b} \times \mathbf{c}) = \mathbf{b}(\mathbf{a} \cdot \mathbf{c}) - \mathbf{c}(\mathbf{a} \cdot \mathbf{b})$ 를 이용하여 힘을 다시 표현하면

$$d\mathbf{f}_a = \rho dV \left[\frac{d\boldsymbol{\omega}}{dt} \times \mathbf{r} + \boldsymbol{\omega}(\boldsymbol{\omega} \cdot \mathbf{r}) - \mathbf{r}(\boldsymbol{\omega} \cdot \boldsymbol{\omega}) \right] \tag{1-15}$$

이다. 토크 벡터는 힘과 거리의 벡터 곱(Cross Product)에 의해 표현되므로, 즉 $d\mathbf{T} = \mathbf{r} \times d\mathbf{f}_a$ 이므로, 이를 정리하면 다음과 같은 식이 성립한다.

$$d\mathbf{T} = \rho dV \left[\mathbf{i}_z \left(x^2 + y^2\right) \frac{d^2\theta}{dt^2} - \mathbf{i}_x \left[xz \frac{d^2\theta}{dt^2} - yz \left(\frac{d\theta}{dt} \right)^2 \right] - \mathbf{i}_y \left[yz \frac{d^2\theta}{dt} + xz \left(\frac{d\theta}{dt} \right)^2 \right] \right] \tag{1-16}$$

여기서,

$$J_z \equiv \int_v (x^2 + y^2) \rho dV$$
$$J_{xz} \equiv \int_v xz \rho dV \qquad (1\text{-}17)$$
$$J_{yz} \equiv \int_v yz \rho dV$$

로 정의하면 회전체의 토크는 다음과 같은 벡터로 표시될 수 있다.

$$\mathbf{T} = \mathbf{i}_z J_z \frac{d^2\theta}{dt^2} - \mathbf{i}_x \left[J_{xz} \frac{d^2\theta}{dt^2} - J_{yz} \left(\frac{d\theta}{dt} \right)^2 \right] - \mathbf{i}_y \left[J_{yz} \frac{d^2\theta}{dt^2} + J_{xz} \left(\frac{d\theta}{dt} \right)^2 \right]. \qquad (1\text{-}18)$$

만약 회전체가 회전축에 대해 대칭이라면 $J_{xz} = J_{yz} = 0$ 이 되고 따라서 $\mathbf{T} = \mathbf{i}_z J_z \frac{d^2\theta}{dt^2}$ 으로 표시되어 z축 성분의 토크만 존재하게 된다. 비대칭의 경우 x축, y축 방향의 토크가 존재하게 되고 이러한 토크는 회전을 지지(Supporting)하는 부분에 인가된다. 특히 이러한 비대칭에 의한 토크는 회전 속도의 제곱에 비례해서 커진다. 따라서 회전수가 높아질수록 회전축에 대해 대칭을 유지하는 것이 더욱 중요해진다.

1.2.4 일반적인 강체의 운동 방정식

강체가 공간에서 힘을 받을 때 구속되어지는 부분이 없으면 회전 운동(Rotational Motion)과 병진 운동(Translational Motion)을 동시에 하게 되어, 6개의 운동축을 갖는 6 자유도의 운동 방정식으로 표현되며, 각 축에서의 가속도는 강체에 작용하는 힘에 의해 비선형적으로 결합되어 표현된다. 이러한 운동 메커니즘(Mechanism)은 초정밀 반도체 제조 장비에서 흔히 이용된다(참고문헌 [13]).

<그림 1.13>은 이러한 운동을 표시하기 위한 좌표계이다. OXYZ 로 **표시된 기준 좌표계(Inertial Reference Frame)는 절대 위치에 고정되어 움직이지 않는 좌표계**이고 *oxyz* **로 표시된 동체 좌표계(Body Fixed Frame)는 강체의 질량 중심에 고정되어 강체와 같이 움직이는 좌표계**이다. G는 강체의 질량 중심을 의미하며 동시에 회전 중심이다.

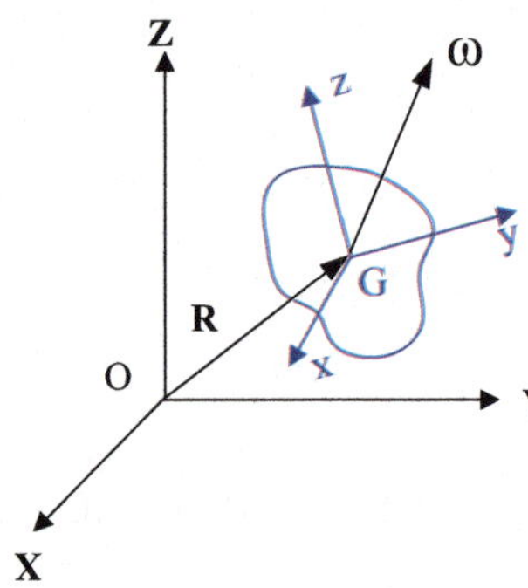

그림 1.13 기준 좌표계와 동체 좌표계

강체의 회전 운동을 나타내는 오일러 각(Euler Angle)은 <그림 1-14>에서 보이는 바와 같이 기준 좌표계 XYZ 의 Z 축에 대한 회전을 ψ, 중간 좌표계 x_1y_1Z 의 y_1 축에 대한 회전을 θ, 중간 좌표계 $x_2y_1z_2$ 의 x_2 축에 대한 회전을 ϕ 로 정의하였다. ϕ 회전 후의 좌표계 x_2yz 는 동체 좌표계 xyz 를 의미하며, 이렇게 정의된 회전을 (ϕ, θ, ψ) 로 표현하기로 한다.

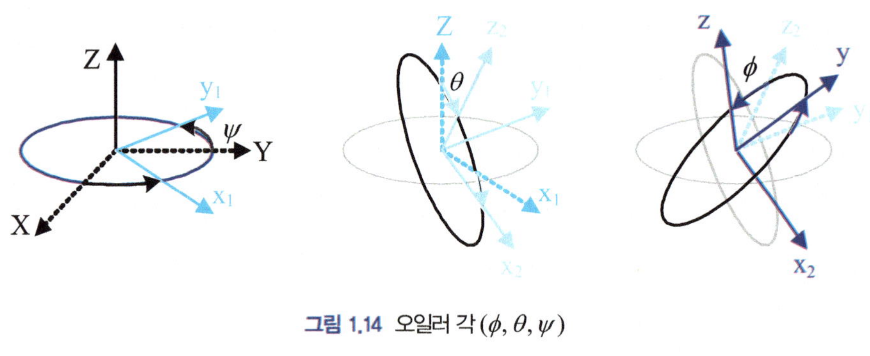

그림 1.14 오일러 각 (ϕ, θ, ψ)

오일러 각으로 표현된 회전에 대한 변환 행렬은 다음과 같다.

u_X, u_Y, u_Z : OXYZ 좌표계의 단위 벡터

u_x, u_y, u_z : oxyz 좌표계의 단위 벡터

$$\begin{bmatrix} u_X \\ u_Y \\ u_Z \end{bmatrix} = \begin{bmatrix} \cos\psi & -\sin\psi & 0 \\ \sin\psi & \cos\psi & 0 \\ 0 & 0 & 1 \end{bmatrix} \begin{bmatrix} \cos\theta & 0 & \sin\theta \\ 0 & 1 & 0 \\ -\sin\theta & 0 & \cos\theta \end{bmatrix} \begin{bmatrix} 1 & 0 & 0 \\ 0 & \cos\phi & -\sin\phi \\ 0 & \sin\phi & \cos\phi \end{bmatrix} \begin{bmatrix} u_x \\ u_y \\ u_z \end{bmatrix}. \quad (1\text{-}19)$$

이를 전개하면 다음과 같다.

$$\begin{bmatrix} u_X \\ u_Y \\ u_Z \end{bmatrix} = \begin{bmatrix} \cos\theta\cos\psi & \cos\psi\sin\theta\sin\phi - \cos\phi\sin\psi & \cos\phi\cos\psi\sin\theta + \sin\phi\sin\psi \\ \cos\theta\sin\psi & \cos\phi\cos\psi + \sin\theta\sin\phi\sin\psi & -\cos\psi\sin\phi + \cos\phi\sin\theta\sin\psi \\ -\sin\theta & \cos\theta\sin\phi & \cos\theta\cos\phi \end{bmatrix} \begin{bmatrix} u_x \\ u_y \\ u_z \end{bmatrix}. \quad (1\text{-}20)$$

식 (1-20)에서 만약 회전 운동의 범위가 적절히 제한되어 있어, 즉 회전 변위가 매우 작다면, 각에 대한 정현(Sine) 함수는 각 그 자체로, 여현(Cosine) 함수는 1로 근사화할 수 있다면 아래와 같은 선형화된 식을 얻을 수 있다.

$$\begin{bmatrix} \cos\theta\cos\psi & \cos\psi\sin\theta\sin\varphi - \cos\varphi\sin\psi & \cos\varphi\cos\psi\sin\theta + \sin\varphi\sin\psi \\ \cos\theta\sin\psi & \cos\varphi\cos\psi + \sin\theta\sin\varphi\sin\psi & -\cos\psi\sin\varphi + \cos\varphi\sin\theta\sin\psi \\ -\sin\theta & \cos\theta\sin\varphi & \cos\theta\cos\varphi \end{bmatrix} \approx \begin{bmatrix} 1 & -\psi & \theta \\ \psi & 1 & -\varphi \\ -\theta & \varphi & 1 \end{bmatrix}. \quad (1\text{-}21)$$

이를 근거로 단순화시킨 기준 좌표계와 동체 좌표계의 단위 벡터 사이의 관계는 다음과 같다.

$$\begin{bmatrix} u_X \\ u_Y \\ u_Z \end{bmatrix} \approx \begin{bmatrix} 1 & -\psi & \theta \\ \psi & 1 & -\phi \\ -\theta & \phi & 1 \end{bmatrix} \begin{bmatrix} u_x \\ u_y \\ u_z \end{bmatrix}. \quad (1\text{-}22)$$

6 자유도 운동의 회전 중심을 정의된 바와 같이 질량 중심으로 하면, 힘에 의한 병진 운동과 토크에 의한 회전 운동을 나누어 운동 방정식을 표현할 수 있다. 그 관계식은 다음과 같다.

F : 강체에 가해진 힘

m : 강체의 질량

a : 강체 질량 중심에서의 가속도

T : 강체에 가해진 토크

J : 강체 질량의 중심점 G를 중심으로 한 강체의 회전 관성

ω : G를 중심으로 한 강체의 각속도 ($\boldsymbol{\omega}_x$, $\boldsymbol{\omega}_y$, $\boldsymbol{\omega}_z$)

α : G를 중심으로 한 강체의 각가속도

$$\mathrm{F} = m\mathbf{a}\ . \tag{1-23}$$

$$\mathrm{T} = J\boldsymbol{\alpha} + \boldsymbol{\omega} \times J\boldsymbol{\omega}\ . \tag{1-24}$$

식 (1-24)를 보면 자이로 효과(Gyroscopic effect)에 의한 비선형(Nonlinear) 항을 볼 수 있다. 전체 식의 크기에 비해 비선형 항의 크기가 현저히 작은 경우, 이를 생략하여 선형화할 수 있다. 이 경우 전체 운동 방정식은 다음과 같이 선형식으로 표시될 수 있다.

$$\begin{bmatrix} F_x \\ F_y \\ F_z \\ \hline T_x \\ T_y \\ T_z \end{bmatrix} = \left[\begin{array}{ccc|ccc} m & 0 & 0 & 0 & 0 & 0 \\ 0 & m & 0 & 0 & 0 & 0 \\ 0 & 0 & m & 0 & 0 & 0 \\ \hline 0 & 0 & 0 & J_{xx} & -J_{xy} & -J_{xz} \\ 0 & 0 & 0 & -J_{xy} & J_{yy} & -J_{yz} \\ 0 & 0 & 0 & -J_{xz} & -J_{yz} & J_{zz} \end{array}\right] \begin{bmatrix} a_x \\ a_y \\ a_z \\ \hline \alpha_x \\ \alpha_y \\ \alpha_z \end{bmatrix} . \tag{1-25}$$

만약, 강체에 여러 힘이 작용한다면 그 힘을 동체 좌표계에서의 세 방면의 힘으로 분해한 후 이를 각각의 축에 대해 합하여 힘 **F**를 구하고 각 회전축에 대한 토크는 각 힘의 작용점의 강체 중심으로부터의 길이를 고려하여 구할 수 있다. 예를 들어 아래와 같이 7개의 힘이 각 병진 운동축에 평행하게 작용할 경우 f_1, f_2의 합은 x축 방향의 힘, F_x, f_3, f_4의 합은 y축 방향의 힘, F_y, f_5, f_6, f_7의 합은 z축 방향으로 작용하는 힘 F_z가 된다. x축 힘의 작용점이 x축 위에 있지 않으므로 y축, z축 방향의 토크를 발생시키며, 같은 이유로 y축과 z축 힘도 x축과 z축과, x축과 y축 방향의 토크를 발생시킨다. 이러한 힘으로부터 동체 좌표계의 각 회전축 방향의 토크 성분은 다음과 같이 구할 수 있다.

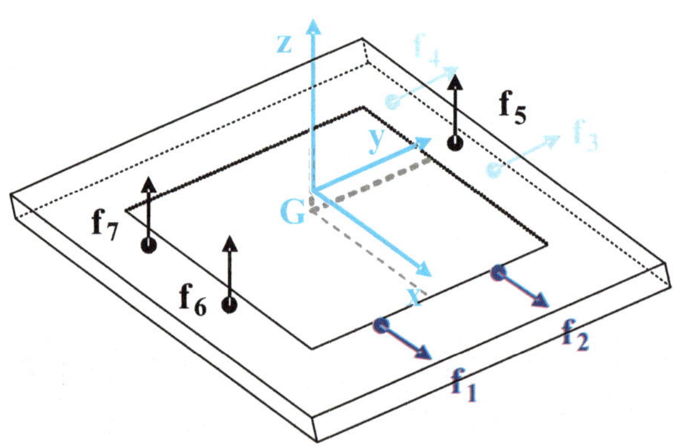

그림 1.15 7개의 힘이 작용하는 강체

$\mathbf{r}_i = (x_i, y_i, z_i)$, $(1 \le i \le 7)$: 질량 중심으로부터 $f_1 \sim f_7$ 의 작용점의 위치

$\mathbf{f}_i = (f_i, 0, 0)$ $i = 1,2$, $\mathbf{f}_i = (0, f_i, 0)$ $i = 3,4$, $\mathbf{f}_i = (0, 0, f_i)$ $i = 5,6,7$

$$\begin{bmatrix} T_x & T_y & T_z \end{bmatrix}^T = \sum_{i=1}^{7} \mathbf{r}_i \times \mathbf{f}_i . \tag{1-26}$$

위의 관계를 하나의 행렬식으로 표현하면 다음과 같다.

$$\mathrm{u} = \mathbf{A}\mathrm{f} . \tag{1-27}$$

$$\text{여기서, } \mathbf{A} = \left[\begin{array}{cc|cc|ccc} 1 & 1 & 0 & 0 & 0 & 0 & 0 \\ 0 & 0 & 1 & 1 & 0 & 0 & 0 \\ 0 & 0 & 0 & 0 & 1 & 1 & 1 \\ \hline 0 & 0 & -z_3 & -z_4 & y_5 & y_6 & y_7 \\ z_1 & z_2 & 0 & 0 & -x_5 & -x_6 & -x_7 \\ -y_1 & -y_2 & x_3 & x_4 & 0 & 0 & 0 \end{array}\right], \tag{1-28}$$

$$\mathrm{u} = \begin{bmatrix} F_x & F_y & F_z & T_x & T_y & T_z \end{bmatrix}^T , \tag{1-29}$$

$$\mathrm{f} = \begin{bmatrix} f_1 & f_2 & f_3 & f_4 & f_5 & f_6 & f_7 \end{bmatrix}^T , \tag{1-30}$$

이다.

식 (1-27) ~ (1-30)에서 기준 좌표계로 표현된 6 자유도의 힘과 토크는 7개의 독립적인 힘으로 표현되었다. 이 경우 6축의 운동 중에서 한 축의 운동만을 제어하기 위해서는 강체에 인가되는 7개의 힘 중 3 ~ 4개의 힘을 동시에 제어하여야 한다. 이때, 동시에 제어되는 힘의 결합(Coupling)에 의해 원하지 않는 방향의 힘이나 토크가 발생할 수 있다. 6 자유도 운동 공간에서 원하는 방향으로 계획된 운동을 구현하기 위해서는 의도된 자유도 운동과 의도되지 않은 자유도 운동을 적절히 분해하여 제어할 필요가 있다.

1.2.5 기어 (Gear)에 의한 효과

전동기 구동 시스템에서 토크, 속도의 변경을 위하여 기어(Gear)가 흔히 사용된다. 기어에 의한 손실이 없고 맞물려 움직이는 2개의 기어 각각에서 기어 자체의 관성을 무시할 수 있다면 토크와 각속도의 곱은 항상 일정하다. 이상의 사실은 <그림 1.16>과

같이 맞물려 돌아가는 기어에서 쉽게 설명될 수 있다. 여기에서 기어의 손실, 미끄러짐, 백래쉬(Backlash)는 없다고 가정한다.

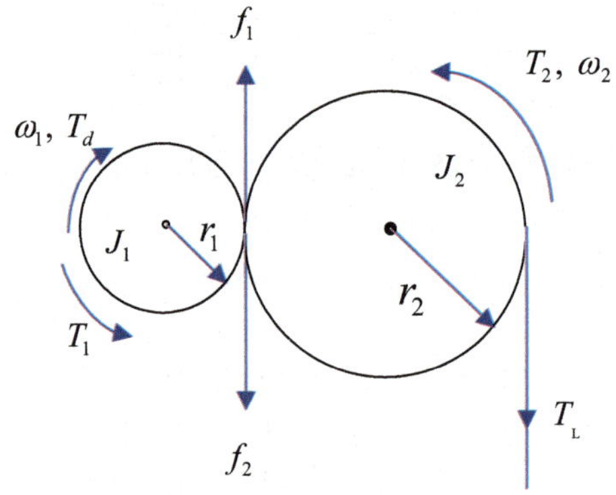

그림 1.16 맞물려 돌아가는 기어

기어의 접촉점에서 작용하는 힘은 작용-반작용의 법칙에 따라 $f_1 = f_2$ 이다.

$$T_d - r_1 f_1 = J_1 \frac{d\omega_1}{dt}. \tag{1-31}$$

$$r_2 f_2 = J_2 \frac{d\omega_2}{dt} + T_L. \tag{1-32}$$

$f_1 = f_2$ 의 조건에서

$$T_d - J_1 \frac{d\omega_1}{dt} = \frac{r_1}{r_2}\left(J_2 \frac{d\omega_2}{dt} + T_L \right) \tag{1-33}$$

이고 미끄러짐과 백래쉬(Backlash)가 없다면, 접촉점에서 본 이동 거리가 같아야 하므로

$$r_1 \omega_1 = r_2 \omega_2. \tag{1-34}$$

이다.

f_1 과 f_2 에 의한 토크는 각각 $T_1 = r_1 f_1$, $T_2 = r_2 f_2$ 이고 각각의 토크와 각속도의 곱은 아래와 같이 표현된다.

이동 거리가 같아야 한다는 조건에서,

$$r_1 f_1 \omega_1 = r_1 f_1 \frac{r_2}{r_1} \omega_2 = f_1 r_2 \omega_2 , \tag{1-35}$$

이고 f_1 과 f_2 는 같으므로

$$r_1 f_1 \omega_1 = r_2 f_2 \omega_2 = T_1 \omega_1 = T_2 \omega_2 , \tag{1-36}$$

이다. 즉 기어가 이상적이고 각 기어의 관성을 무시하면 토크와 각속도의 곱은 서로 같다.

운동 방정식을 반경 r_1 을 가지는 1차측 기어 쪽으로 환산하여 생각하면,

$$\begin{aligned} T_d &= \frac{r_1}{r_2} J_2 \frac{d\omega_2}{dt} + \frac{r_1}{r_2} T_L + J_1 \frac{d\omega_1}{dt} \\ &= \left(\frac{r_1}{r_2}\right)^2 J_2 \frac{d\omega_1}{dt} + \left(\frac{r_1}{r_2}\right) T_L + J_1 \frac{d\omega_1}{dt} , \\ &= J_e \frac{d\omega_1}{dt} + \left(\frac{r_1}{r_2}\right) T_L \end{aligned} \tag{1-37}$$

이다. 여기서

$$J_e \equiv J_1 + \left(\frac{r_1}{r_2}\right)^2 J_2 , \tag{1-38}$$

이다.

1.2.6 파워 (Power)와 에너지 (Energy)

직선 운동계에서 파워와 에너지는 아래와 같이 표시된다.

$$P = f \cdot v . \tag{1-39}$$

만약 힘 f 가 시간의 함수가 아니라면 에너지 E는 다음과 같이 힘 f 와 거리 l 의 함수로서 표시될 수 있다.

$$E = f \cdot l . \tag{1-40}$$

또한 에너지는 파워를 시간에 대해 적분한 것이고 만약 질량 M 이 시간의 함수가 아니라면 에너지는 다음과 같이 표시될 수도 있다.

$$E = \int Pdt = \int M \frac{dv}{dt} \cdot vdt = \frac{1}{2} Mv^2 . \tag{1-41}$$

회전 운동계에서 파워와 에너지는 아래와 같다.

$$P = T \cdot \omega . \tag{1-42}$$

직선 운동에서와 마찬가지로, 토크 T 가 시간의 함수가 아니라면 에너지는 다음과 같이 표시될 수 있다.

$$E = T \cdot \theta . \tag{1-43}$$

만약 관성 J 가 시간의 함수가 아니라면 에너지는 다음과 같이 표시될 수 있다.

$$\begin{aligned} E &= \int T \cdot \omega dt = \int J \frac{d\omega}{dt} \cdot \omega dt \\ &= \int J \omega d\omega = \frac{1}{2} J \omega^2 \end{aligned} . \tag{1-44}$$

만약 관성이 시간의 함수라면 관성의 변화도 적분 시 고려되어야 한다.

식 (1-44)에서 보는 바와 같이 고속으로 회전하는 물체에 의해 에너지를 저장할 수 있으며, 최근 이를 이용하여 전기 에너지를 운동 에너지의 형태로 저장하고자 하는 시도가 활발히 추진되고 있다(참고문헌 [14]).

1.2.7 물리량의 연속성 (Continuity)

자연계에 존재하는 물리량은 유한(Finite)하므로 어떤 물리량의 시간에 대한 적분의 형태로 표시되는 물리량은 반드시 시간에 대해 연속적(Continuous)이다. 예를 들면, 토크는 유한하다. 따라서 관성의 순간적인 변화가 없다면 각속도는 연속이다. 이상과 같이 유추하면 직선 운동계에서 힘이 제한되므로 속도와 이동 거리는 연속적이고, 회전 운동계에서 토크가 제한되므로 각속도와 회전각은 연속이다. 전기기기에 있어 통상 추진력(Thrust Force), 회전력(Torque, 토크)은 자속(Flux)과 전류의 곱에 의해 표시되고 자속과 전류는 전자기(Electro-magnetic)적인 에너지 변환에 의해 생성될 경우, 반드시 인덕턴스가 존재하게 되어 자속과 전류가 연속적이 되고, 따라서 추진력과 회전력도 연속적이다. 그러므로 가속도 , $\frac{dv}{dt}$, 와 각가속도, $\frac{d\omega}{dt}$, 도 연속이 된다.

따라서 물리적으로 구현 가능한 불연속 함수는 가속도의 시간에 대한 미분인 가가속도 $\left(\frac{d^2v}{dt^2}; Jerk\right)$, 또는 각가속도의 시간에 대한 미분 각가가속도 $\left(\frac{d^2\omega}{dt^2}\right)$부터이다. 그러므로 실제적으로 운동하는 물체의 경로(Trajectory) 제어를 계획할 경우, 가가속도(또는 각가가속도)를 설정하고, 이를 연속적으로 적분하여 가속도(각가속도), 속도(각속도), 위치(각)에 대한 기준 값을 얻어 이를 제어에 이용한다.

1.3 대표적인 기계 부하의 토크 속도 곡선

전동기는 기계적 구동력인 토크를 발생시켜 기계 시스템이 동작하도록 한다. 전동기를 사용하는 대표적인 기계적 부하는 다음과 같고 각각 특유한 형태의 속도-토크 관계를 갖는다.

1.3.1 팬(Fan), 펌프(Pump), 블로워(Blower) 부하

팬, 펌프, 블로워는 기본적으로 유체(Fluid)를 이송하는 데 사용되며 정상 상태에서의 필요 토크는 회전 속도의 제곱에 비례한다. 따라서 전동기 출력(Power)은 회전 속도의 3승(Cubic)에 비례한다. <그림 1.17(a)>는 댐퍼(Damper)에 의한 풍량 제어 시스템의 개념도이고, 대표적인 팬의 성능 곡선(Performance Curve)과 요구되는 전동기의 속도-토크 곡선(System Head Curve)은 <그림 1.17(b)>에 나타나 있다. 팬의 동작점은 <그림 1.17(b)>에서 표시된 성능 곡선과 속도-토크 곡선이 만나는 점에서 결정된다. 만약 <그림 1.17(b)>에 표시된 바와 같이 팬의 댐퍼(Damper) 또는 펌프의 밸브(Valve)를 제어하여 유량을 줄일 경우 유량 Q는 줄어드나 팬, 펌프가 받는 압력 H가 증가하여 전동기가 발생시키는 토크는 증가하게 된다. 이 경우 <그림 1.17(b)>에 나타난 바와 같이 동작점은 A에서 B로 이동하고 전동기가 공급하는 기계적 출력(Power)은 $P_A = H_A Q_A$에서 $P_B = H_B Q_B$가 된다.

만약 전동기의 속도를 가변(Adjustable)할 경우 <그림 1-17(b)>에 나타난 바와 같이 펌프, 팬의 성능 곡선이 변동하고 이에 따라 동작점은 *A*에서 *C*로 바뀌어 전동기가 공급하는 전력은 P_B 에서 $P_C = H_C\ Q_C$ 가 된다. 이 경우 팬, 펌프의 회전 속도가 떨어지므로 전동기가 발생시키는 토크 역시 줄어들게 되어 전동기의 소요 전력은 유량(Flow) *Q*의 3승, 즉 전동기 속도(또는 유량)의 3승에 비례하여 줄어든다.

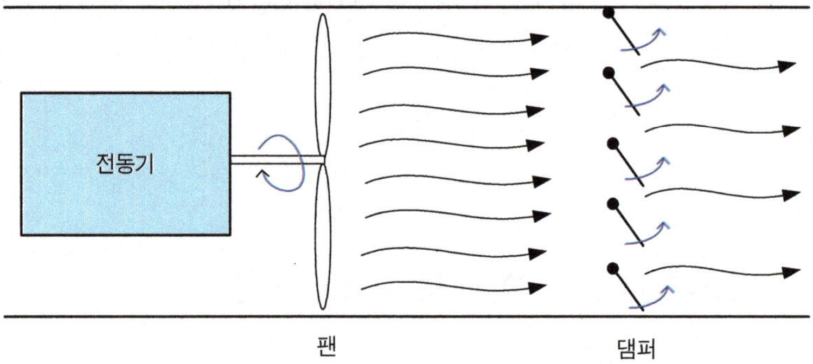

(a) 댐퍼에 의한 공기량 제어

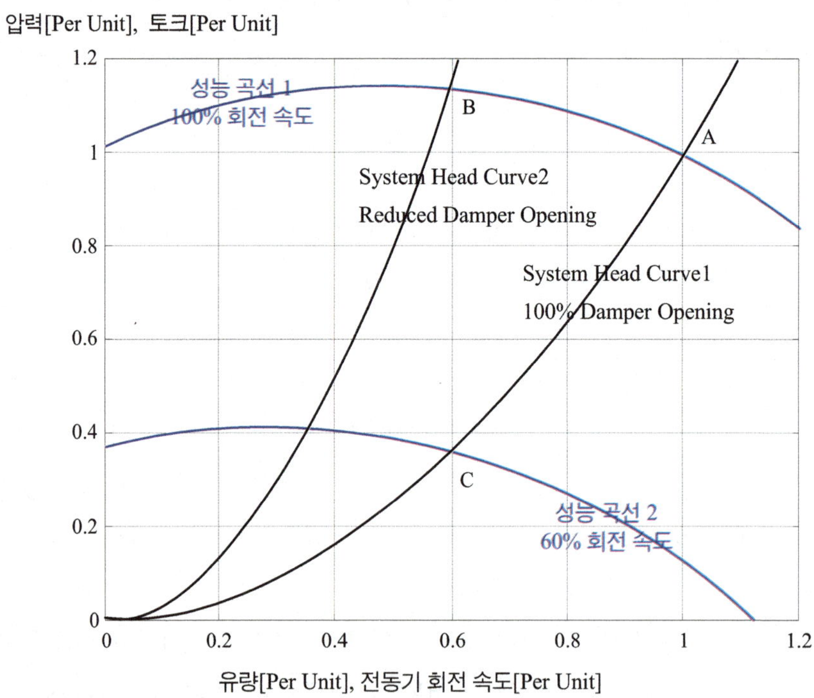

(b) 팬의 성능 곡선과 시스템 헤드 곡선(System Head Curve)

그림 1.17 댐퍼에 의한 팬의 풍량 제어와 팬의 동작 곡선

1.3.2 권상(Lifting) 부하(크레인 : Crane, 엘리베이터 : Elevator)

권상 부하는 정상 상태에서 부하에 인가되는 중력과 시스템의 마찰에 해당하는 토크를 필요로 하므로 전동기가 발생하는 토크는 마찰을 무시할 경우 회전 속도와 무관하게 일정하다. 그러나 통상 마찰 토크는 속도에 따라 증가하는 경향이 있어 시스템의 마찰 토크가 차지하는 비중이 크면 속도가 증가함에 따라 필요 토크가 증가하는 경향이 있다. 고속의 기어가 없는(Gearless) 엘리베이터나 대용량 크레인의 경우 전체 토크에 대한 마찰 토크의 비중은 미미하므로 이 경우 정속도 운행 시 부하의 무게 또는 부하와 대응추(Counter Weight)와의 무게 차이에 해당하는 토크가 전동기에 인가된다. 하지만 고속 엘리베이터, 고성능 크레인의 경우 가감속(Acceleration and Deceleration)시에는 정속도(Constant Speed) 운행 시 필요한 토크의 50% ~ 200% 이르는 가감속 토크를 필요로 한다. 그러므로 이러한 경우 전동기와 그 구동 시스템은 단시간 (가감속 시간) 동안 정격 토크의 150% ~ 300% 이상의 토크를 공급할 수 있어야 하고 전동기의 최대 순간 필요 전력(Power)은 가속이 끝나기 직전의 전력이 되며 최대 회생 전력은 감속이 시작된 직후에 나타난다. 이러한 권상 부하에서는 전동기가 시스템의 가감속을 위하여 양의 방향의 토크뿐만 아니라 음의 방향의 토크를 발생시킬 수 있어야 하고 전동기 회전 방향 역시 양의 방향, 음의 방향으로 변경될 수 있어야 한다. 따라서, <그림 1.18>과 같은 속도-토크 평면 상에서 4상한 운전(4 Quadrant Operation)이 필수적이다.

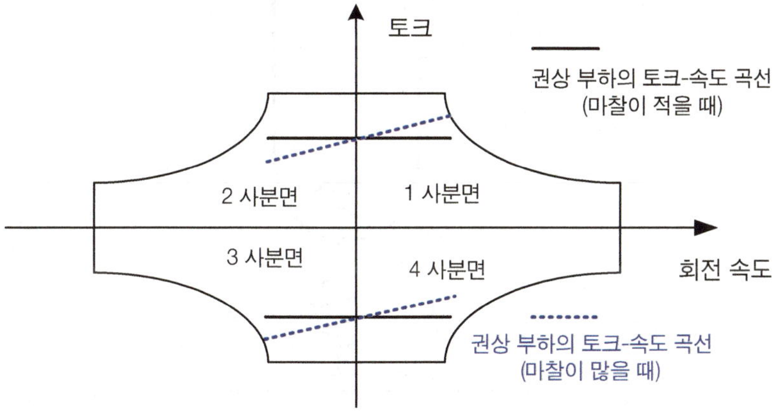

그림 1.18 전동기의 4상한 운전

<그림 1.19>는 엘리베이터 구동 시스템의 개념도이다. 그림에서 보는 바와 같이 사람이 타는 카(Car or Cage) 부분과 대응추(Counter Weight)가 로프(Rope)로 연결되어 있으며, 로프가 전동기에 의해 구동되는 견인기(Traction Machine)에 의해 감기게 되면 카(Car)가 상하 운동을 하게 된다.

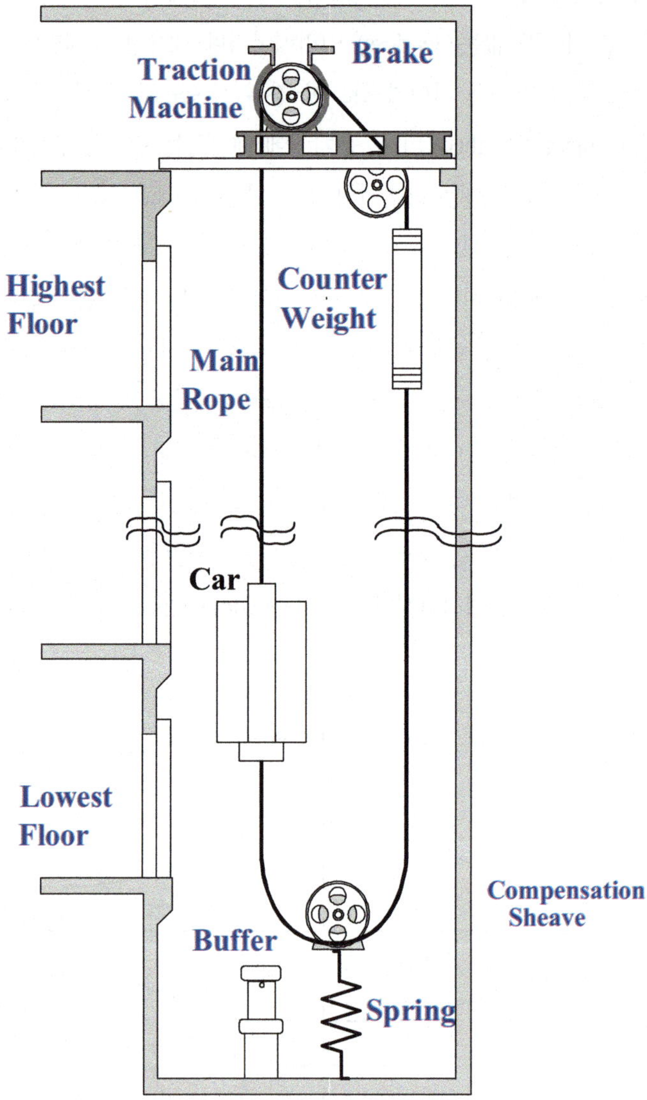

그림 1.19 엘리베이터 구동 시스템

1.3.3 견인(Traction) 부하(전기 자동차, 전기 철도)

전기 자동차, 전기 철도의 구동에 사용되는 전동기는 <그림 1.20>에 나타난 바와 같이 기동(Starting)과 저속 운전에서 큰 토크를 필요로 하고, 고속에서는 적은 토크를 필요로 한다. 통상의 내연기관(Internal Combustion Engine-ICE)의 경우 효율적인 운전이 가능한 속도-토크 범위가 제한적이므로 시스템이 요구하는 이러한 토크, 속도의 특성을 얻기 위해 기어(Gear)를 사용하여 연속적으로 기어비(Gear Ratio)를 바꾸어 필요한 속도-토크 곡선을 만든다. 그러나 전동기를 사용할 경우, 필요로 하는 (저속에서 큰 토크, 고속에서 적은 토크) 특성은 전동기의 계자 자속(Field Flux)을 제어하여 정출력(Constant Power)의 특성을 얻을 수 있으면 손쉽게 구현될 수 있다. 견인 부하 역시 권상 부하의 경우와 마찬가지로 가감속 시 큰 토크를 필요로 하고 4상한 운전이 필수적으로 요구된다.

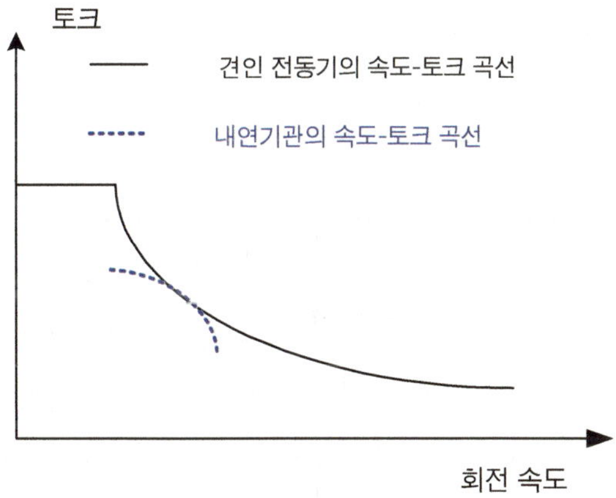

그림 1.20 견인 전동기와 내연기관의 속도–토크 곡선

<그림 1.21>은 도시 통근용 전철의 외관과 전동차(Motor Car)의 주전력 회로(Main Power Circuit)이다. 4개의 견인 전동기가 1개의 전력 변환기(1 Converter 4 Motor, 1C4M), 여기서는 직류 가선 전압을 가변 전압 가변 주파수로 변환하는 인버터, 에 의해 구동되고 있다. 전력전자 기술의 발전에 따라 인버터의 크기와 가격이 획기적으로 줄고 있어, 이러한 1C4M 구동 방식은 개개의 전동기를 각각의 인버터(1 Converter 1 Motor, 1C1M)로 구동하여 제어 성능을 향상시키는 시스템으로 바뀌고 있다.

(a) 도시 통근용 전기 철도 외관

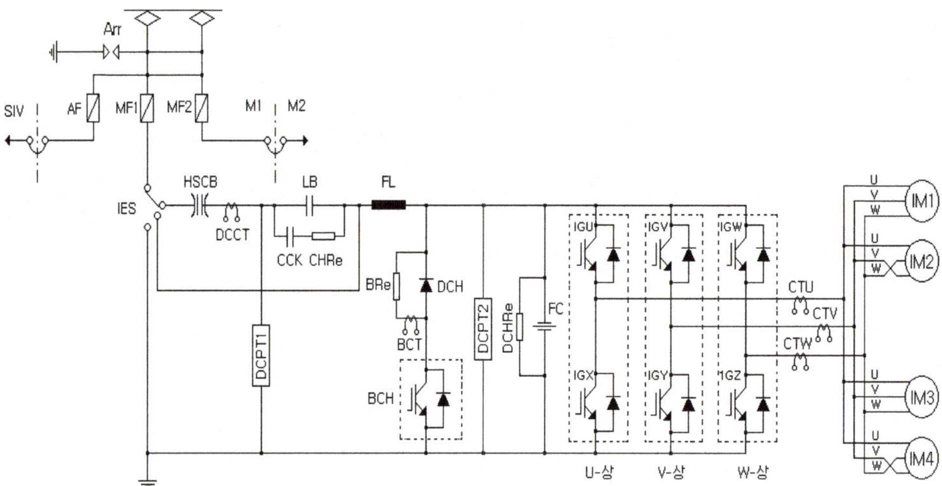

(b) 전동차(Motor Car)의 주전력 회로

그림 1.21 도시 통근용 전기 철도의 외관과 전동차(Motor Car)의 주전력 회로

1.3.4 장력(Tension) 제어 부하

제지기(Paper Mill), 철강 압연기(Steel Mill)의 페이-오프 롤(Pay-off Roll), 텐션 롤(Tension Roll)의 구동에 있어 정상 상태에서 통상 장력을 일정하게 제어한다. 이 경우 물체의 이송 속도가 일정할 경우 롤(Roll)의 지름이 커짐에 따라 전동기의 속도는 줄어들고 토크는 늘어나는 반비례 관계에 있기 때문에 전동기의 출력은 일정하게 된다. 단,

가감속 시에는 이에 따른 토크가 필요하므로 정출력이 유지되지 못한다. <그림 1.22>는 대표적인 장력 제어 구동 시스템의 토크, 속도, 파워(Power)의 곡선이다.

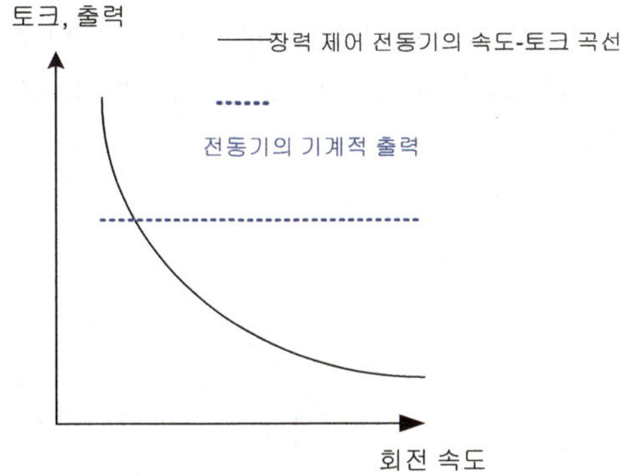

그림 1.22 장력 제어 전동기의 속도 – 토크 곡선과 기계적 출력

<그림 1.23>은 대표적인 냉간 압연 공정(Cold Mill Process)의 하나인 연속 소둔(Continuous Annealing) 라인(Line)의 구성도이다. 이러한 공정에서 전동기의 토크와 속도를 정밀하게 또한 빠르게 제어하는 것은 제품의 균일한 품질과 공정의 생산성 향상에 매우 중요한 요소이다.

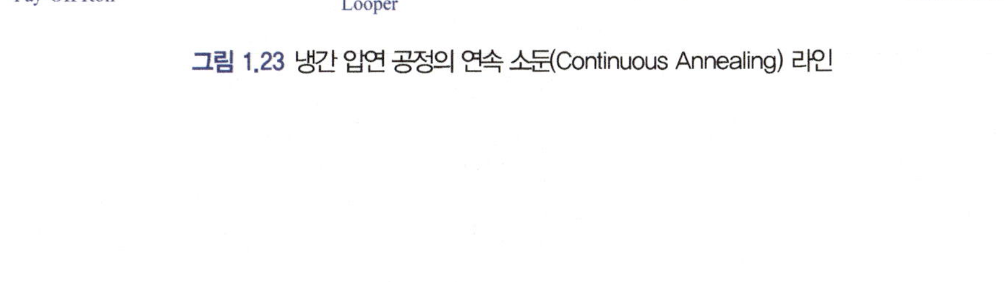

그림 1.23 냉간 압연 공정의 연속 소둔(Continuous Annealing) 라인

연습문제(Exercises)

01 아래 그림과 같은 스테인레스 강철(Stainless Steel)로 된 **Coupling Flange의 관성**을 구하라. Coupling Flange의 지름은 20cm이고 두께는 1cm이며 지름 15mm인 구멍이 축 방향으로 뚫려있고 구멍의 중심에서 축 중심까지의 거리는 8cm이다. 스테인레스 강철의 밀도(Density)는 $8000kg/m^3$이다.

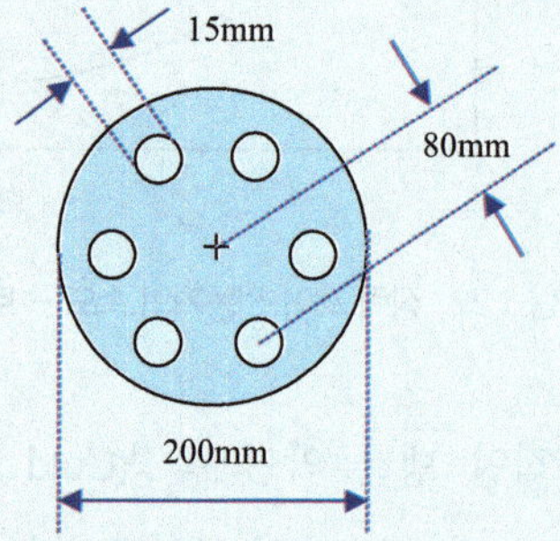

그림 p1.1 Steel coupling flange

02 아래 그림과 같이 x축 방향의 변의 길이가 a(m), y축 방향의 변의 길이가 b(m), z축 방향의 변의 길이가 c(m)인 직육면체가 z축을 회전축으로 회전하고 있을 때 관성, J_{xz}, J_{yz}, J_z를 각각 구하라. 물체의 밀도는 $\rho(kg/m^3)$ 이다. 단 좌표축의 원점은 가장 가까운 모서리로부터 그림과 같이 $\alpha(m)$, $\beta(m)$, $\gamma(m)$ 만큼 떨어져 있다.

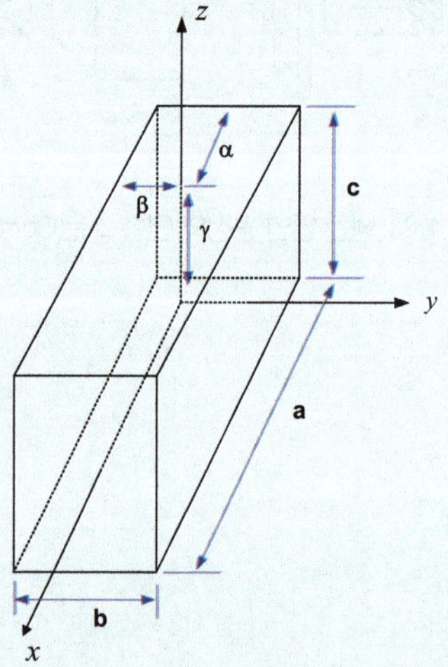

그림 p1.2 직육면체의 관성

03 아래 그림과 같은 회전하는 원통형 회전체의 관성을 구하라. 원통의 밀도는 ρ 이다. 또 회전체의 내경, r_1,과 외경, r_2,의 2배의 합, r_1+2r_2 =k로 일정할 때 회전체의 관성, J와 질량, M의 비, J/M을 최대로 하는 r_1, r_2의 비를 구하라.

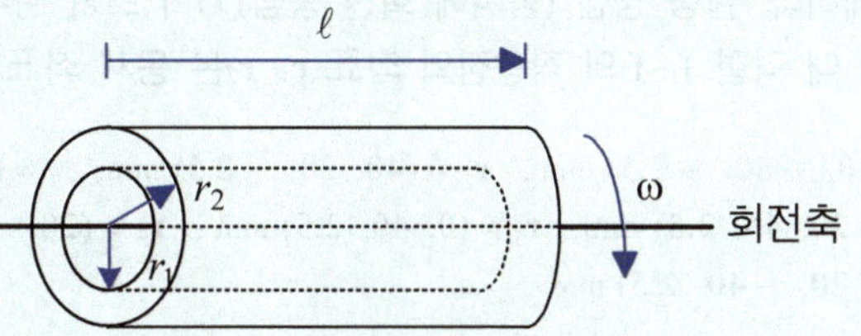

그림 p1.3 원통형 회전체의 관성

04 아래 그림과 같은 회전하는 원판에서 회전체의 회전 축(z axis)은 원판의 질량 중심, G, 와 그림에서 보인 바와 같이 떨어져있다. 직교좌표계(x, y, z 축)에서 G의 좌표는 (-2,-2,-1) mm이다. 원판의 반경, r 은 100mm이고 원판의 두께는 10mm이며 질량 밀도는 8000kg/m^{3}이다.

1) (1-17)에 따라 J_{xz}, J_{yz}, J_z를 구하라.

2) 만약 원판의 회전 속도, ω,가 1000 r/min 이라면 각 **x, y, z** 축에서의 토크를 구하라. 또 이 때 원판이 회전에 의해 축적하고 있는 에너지를 구하라.

3) 원판의 회전 속도 ω가 100000 r/min일 때 2)를 반복하라.

4) 강철(Steel)로 만든 원판이 3)과 같은 조건으로 회진할 때 발생할 수 있는 문제점을 기술하라.

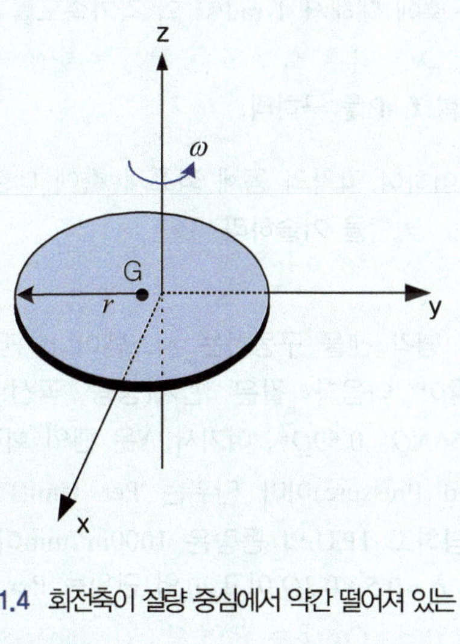

그림 p1.4 회전축이 질량 중심에서 약간 떨어져 있는 원판

05 <그림 1.15>와 같이 7개의 힘에 의해 움직이는 강체가 있다. 강체는 어디에도 구속 되어 있지 않고 있으며 중력에 의한 힘은 고정 좌표계의 –Z방향으로 작용하고 있다. 힘의 작용이 시작되는 순간에 고정 좌표계와 동체 좌표계는 일치한다. 강체는 x축, y축의 길이는 10cm이고 z축의 길이는 5mm인 스테인레스 강철(Stainless Steel)로 이루어진 직육면체이다. 질량 중심 (동시에 회전 중심) G의 초기 위치를 (x,y,z)=(X,Y,Z) = (0,0,0)으로 둘 때 각힘 $\mathbf{f}_1$~$\mathbf{f}_7$의 작용점의 좌표 $\mathbf{r}_1$~$\mathbf{r}_7$은 동체 좌표계에서 다음과 같다.

$\mathbf{r}_1 = (40,\ -20,\ -2.5)$ mm , $\mathbf{r}_2 = (40,\ 20,\ -2.5)$ mm, $\mathbf{r}_3 = (20,\ 40,\ 2.5)$ mm,
$\mathbf{r}_4 = (-20,\ 40,\ 2.5)$ mm, $\mathbf{r}_5 = (0,\ 40,\ 2.5)$ mm , $\mathbf{r}_6 = (20,\ -40,\ 2.5)$ mm,
$\mathbf{r}_7 = (-20,\ -40,\ 2.5)$ mm

1) 힘 $\mathbf{f}_1$~$\mathbf{f}_7$ 를 각각의 축에 독립적으로 인가되는 힘과 토크의 방정식으로 변환하는 식 (1-27)의 행렬 **A** 를 구하라.

2) 세 개의 회전축에 대한 다음 식과 같은 관성 행렬을 구하라.

$$J = \left[\begin{array}{ccc|ccc} m & 0 & 0 & 0 & 0 & 0 \\ 0 & m & 0 & 0 & 0 & 0 \\ 0 & 0 & m & 0 & 0 & 0 \\ \hline 0 & 0 & 0 & J_{xx} & -J_{xy} & -J_{xz} \\ 0 & 0 & 0 & -J_{xy} & J_{yy} & -J_{yz} \\ 0 & 0 & 0 & -J_{xz} & -J_{yz} & J_{zz} \end{array}\right]$$

3) 고정 좌표계 X축에 대해서만 1m/s^{2}의 가속도를 발생시키고 싶다. 이 경우 X축에대한 병진 운동을 제외한 다른 축의 병진 및 회전 운동은 발생하지 않게 하라. 또 중력의 영향은 무시한다. 이때 필요한 힘 $\mathbf{f}_1$~$\mathbf{f}_7$ 를 구하라. Hint) $\mathbf{f} = \mathbf{A}^T(\mathbf{A}\mathbf{A}^T)^{-1}\mathbf{u}$

4) 동체 좌표계 x축에 대해서 1 rad/s^2 의 각가속도를 얻고자 한다. 이 경우 x축에 대한 회전운동을 제외한 다른 축의 모든 운동은 발생하지 않게(정지 상태를 유지) 하라. 이때 필요한 힘 $\mathbf{f}_1$~$\mathbf{f}_7$를 구하라.

5) 힘 $\mathbf{f}_1$~$\mathbf{f}_7$를 제어하여 각각의 동체 좌표계 축에 대한 가속도, 각가속도를 독립적으로 제어할 수 있는 방법을 기술하라.

06 다음은 발전기의 냉각 팬을 구동하는 시스템이다. 팬의 풍량과 풍압은 그림 1.17에서 표시한 바와 같이 다음과 같은 관계(성능 곡선: Performance Curve)를 가진다. $H = 1.03N^2 + 0.56NQ - 0.59Q^2$, 여기서, N은 팬의 회전 속도이고 Q는 풍량(Flow rate), H 는 풍압(Wind Pressure)이며 단위는 Per Unit(P.U.)이다. 전동기의 속도 1P.U.는 1800r/min에 해당하고 1P.U.의 풍량은 1000m^3/min이고 1P.U.의 풍압은 4243N/m^2 이다. 팬의 효율은 $\eta = 0.5 + 0.3Q$ 이고 η의 단위는 Per Unit이다. 또 그림 1.17에서 표시된 팬의 System Head Curve는 팬의 댐퍼(Damper)가 완전히 열렸을 때 $H = Q^2$ 으로

나타낼 수 있으며 댐퍼의 열림(Opening) 정도에 따라 $H = KQ^2$ 으로 표시될 수 있다. 여기서 K 는 댐퍼의 열림 정도에 따라 변한다. 팬은 성능 곡선과 토크-속도 곡선(System Head Curve)의 교점에서 동작한다. 유량 Q 는 댐퍼의 열림 정도를 조정함에 의해 제어될 수 있고 또한 팬을 구동하는 전동기의 회전 속도를 가변함으로도 제어할 수 있다. 필요한 공기량은 발전기의 부하량에 비례한다. 1년에 필요한 공기량이 아래와 같다고 가정할 때 다음 질문에 답하라.

50% 4000시간, 30% 2000시간, 20% 2000시간

1) 팬을 구동하는 데 필요한 전동기를 다음 중에서 골라라. 팬은 반드시 100% 공기량을 공급할 수 있어야 한다. 전동기의 정격 속도는 전부 1800r/min으로 가정한다.

   a) 100Hp b) 125Hp c) 150Hp d) 200Hp e) 250Hp f) 300Hp

2) 1년 동안 팬을 구동하는 데 필요한 전력량을 다음의 경우에 대해 각각 구하라. 전동기의 효율은 토크에 관계없이 90%로 일정하다고 가정한다.

   가) 댐퍼 제어의 경우

   나) 전동기의 속도를 가변하는 경우: 이때 전동기의 속도를 가변하기 위한 시스템의 효율은 부하, 속도에 관계없이 95%의 일정한 효율을 갖는 것으로 가정하고 댐퍼는 완전히 열려 있다.

   다) 만약 전기 값이 100원/kWh라면 두 제어 방법의 차이에 의해 1년 간 절약 되는 전기 값은 얼마인가?

3) 위와 같은 각각의 유량 제어 기법의 장 · 단점을 비교하고 가변속 구동(Adjustable Speed Drive) 시스템을 적용할 경우 고려해야 할 점들을 기술하라.

4) 정상적인 운전에서 전동기가 공급하는 공기량이 50%를 넘지 않는 이유를 생각해 보라.

07 다음과 같은 규격을 갖는 <그림 p1.5>의 고속 엘리베이터(Elevator)에서 아래 질문에 답하라.

* 정격 속도: 240m/min, 24인승(탑승 무게 1,600kg), 최대 이동층수: 30층, 층간 간격: 3m
* 대응추(Counter Weight)의 무게: 3,134kg
* Cage 무게: 2,345kg
* Sheave 관성: 95kg-m^2
* 전동기 관성: 25kg-m^2
* Sheave 직경: 710mm

로프의 무게와 카(Car) 위의 도르래의 관성은 무시한다.
엘리베이터가 상승 시 가가속도(Jerk) 형태는 <그림 p1.6>과 같다.

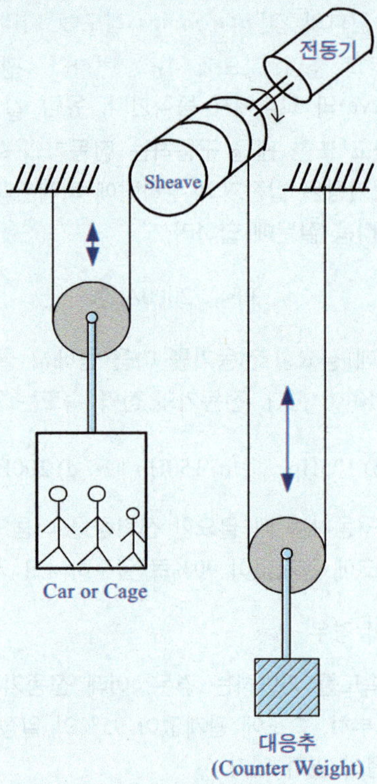

그림 p1.5 고속 엘리베이터(Elevator)의 개념도

1) 엘리베이터가 <그림 p1.6>과 같은 가가속도(Jerk) 형태로 1층에서 31층까지 상승할 때(30층×3m/층) 걸리는 시간 T_f 을 구하라.

2) 1)의 경우에서 가속도, 속도, 위치를 시간의 함수로 도시하라.

3) 전동기가 가감속 시 (10초 이내) 정격 용량의 200%까지 과부하(Over Load)로 운전될 수 있다면 다음 중 어떤 전동기를 선정하는 것이 가장 경제적인가?

   a) 40Hp　　b) 50Hp　　c) 60Hp　　d) 70Hp　　e) 80Hp

4) 3)에서 선정된 전동기의 극수(Number of Poles), 정격 주파수는 다음 중 어떤 것인가? 단, 전동기, 로프, 시브(Sheave)에서의 미끄러짐(Slip)은 무시한다. 전동기의 최고 회전 속도는 정격 주파수×60/(극수/2) (r/min)로 주어진다.

   a) 15Hz, 4극　　b) 15Hz, 8극　　c) 30Hz, 4극　　d) 30Hz, 8극
   e) 60Hz, 8극　　f) 60Hz, 16극

5) 전동기의 기계적 출력(kW)을 시간에 대해 도시하라.

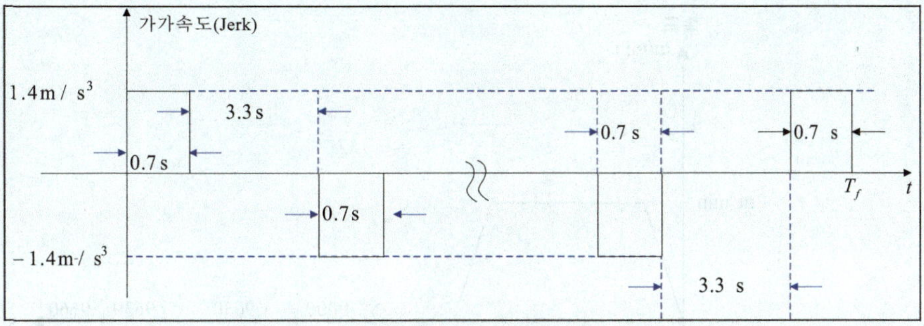

그림 p1.6 엘리베이터의 가가속도(Jerk) 패턴

08 아래와 같은 기계적 시스템을 이용한 크레인(Crane)이 있다. 필요한 전동기를 구하라.

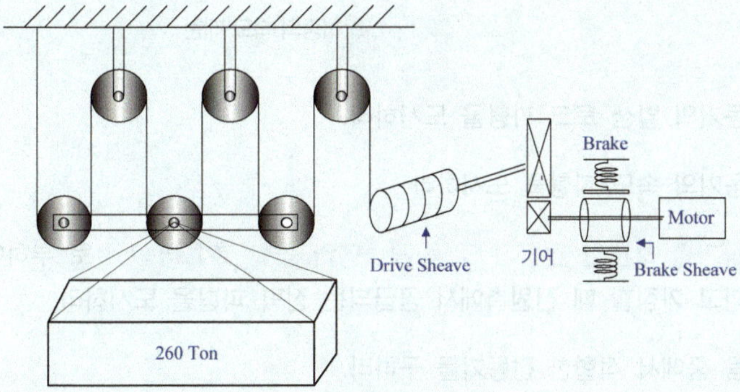

그림 p1.7 크레인의 개념도

* 도르래 각각의 토크 전달 효율 98%
* 기어비 400:1 기어 효율 90%, 기어의 관성은 무시할 수 있으며 Sheave 및 도르래에서의 미끄러짐(Slip)은 없다.
* Drive Sheave는 길이 1.2m, 직경 1m의 속이 꽉 찬 원통 구조이고, 밀도는 7800 kg/m^3이다.
* Brake Sheave의 밀도는 7800kg/m^3이고 그 구조는 다음 그림과 같다.

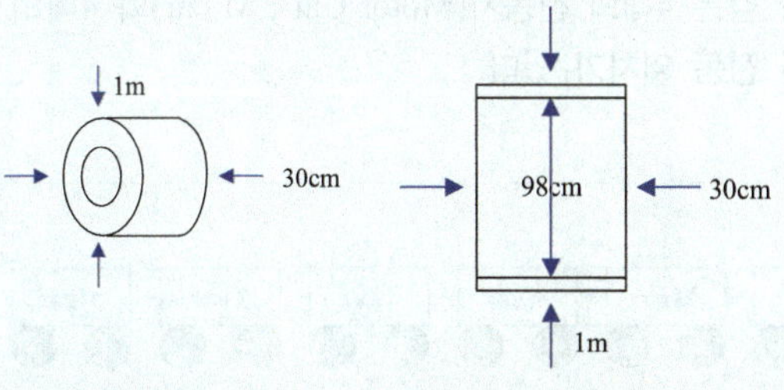

그림 p1.8 브레이크 쉬브(Brake Sheave)의 구조

260Ton 하중(Weight)의 이동에 필요한 속도 패턴(Pattern)은 다음 그림과 같다.

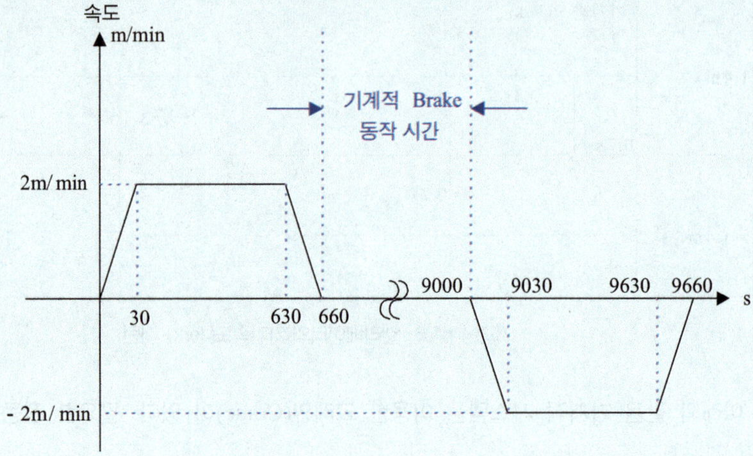

그림 p1.9 하중의 속도 패턴

1) 전동기의 발생 토크 파형을 도시하라.

2) 전동기의 속도 파형을 도시하라.

3) 전동기를 포함한 전동기 구동 시스템의 종합 효율이 90%로 부하에 관계없이 일정하다고 가정할 때 전원측에서 공급되는 전력 파형을 도시하라.

4) 다음 중에서 적합한 전동기를 구하라.
단, 전동기는 30초 간 정격의 150%까지 출력을 낼 수 있다. 또한, 전동기는 4극기이며 정격 주파수는 60Hz이고, 도르래, 전동기 및 시브(Sheave)에서의 미끄러짐(Slip)은 없다고 가정한다.

a) 75kW b) 90kW c) 110kW d) 132kW

전체 계산에서 로프의 질량은 무시할 수 있고 로프의 늘어남이나 미끄러짐은 없다고 가정하며, 전동기의 최고 회전 속도는 정격 주파수×60/(극수/2) (r/min)로 주어진다.

09 아래 그림과 같은 4대의 전동차(Motor Car ; M car)와 4대의 부수차(Trailer Car ; T car)로 이루어진 전동 열차가 있다.

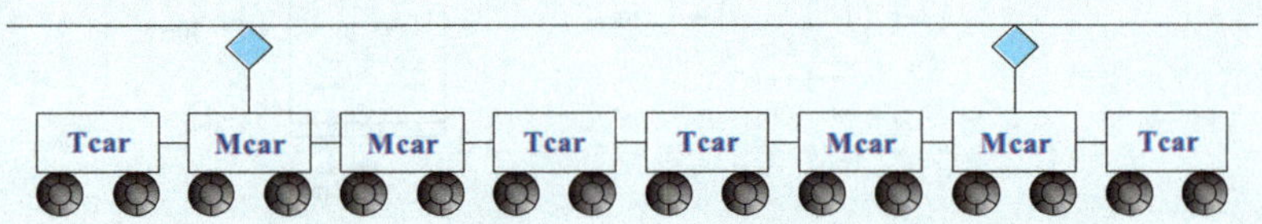

그림 p1.10 통근용 전동열차

부수차의 무게는 28Ton이고 전동차의 무게는 30Ton이며 각 차의 최대 승객 하중은 20Ton/car이다. 열차가 주행 시 받는 주행 저항은 차량과 승객을 포함하는 차량 전체 무게에 대해 다음 식에 의해 주어진다.

$$R = 1.867 + 0.0359\,\upsilon_a + 0.000745\,\upsilon_a^2$$

여기서 R의 단위는 kg중/Ton이고 υ_a의 단위는 km/h이고 υ_a는 차량의 운전 속도이다. 열차는 시속 35km/h까지는 최대 가속도 3.0km/h/s로 가속되며 열차의 최고 속도는 100km/h이다. 열차가 가속 시 열차의 바퀴, 전동기 등의 관성에 의해 발생하는 토크를 등가의 질량으로 환산한 물리량을 관성 질량이라고 한다. 부수차의 경우 관성 질량 보상 계수는 6%이고 전동차의 경우는 14%이다. 따라서 가속 시 차량 전체의 관성 효과를 포함하는 등가 무게는 다음과 같다.

등가 무게(가속 시) =차량 전체 무게 + (관성 질량 보상 계수 * 해당차의 무게)
견인 전동기의 축 출력의 97%만이 실제로 레일에 전달되어 견인력이 발생되는 것으로 가정한다. 각 전동차(M car)에는 4개의 전동기가 있다.

1) 필요로 하는 전동기의 용량(kW)을 구하라. 전동기의 용량은 최대 견인력(=최대 가속도)으로 동작되는 가장 큰 속도(본 문제에서는 35km/h)에서 결정된다.

2) 전동기와 열차 바퀴는 7.07 : 1의 감속 기어(Reducing Gear)에 의해 연결되어 있고 차량의 평균 속도가 48km/h일 때가 전동기의 정격 속도이다. 열차 바퀴 각각의 지름은 0.82m로 일정한 것으로 가정한다.

   가) 정격속도에서 전동기 회전속도(r/min)는 얼마인가?

   나) 차량 최고 속도(100km/h)에서 전동기 회전 속도(r/min)는 얼마인가?

3) 1)의 동작점에서 견인 전동기의 효율이 92%이고 역률(Power Factor)이 85%일 때, 전동기 입력은 몇 kVA인가? 단 감속 기어는 이상적(Ideal)이라고 가정한다.

10 아래 그림은 제철소의 정정(Recoil) 공정(Line)의 개략도이다.

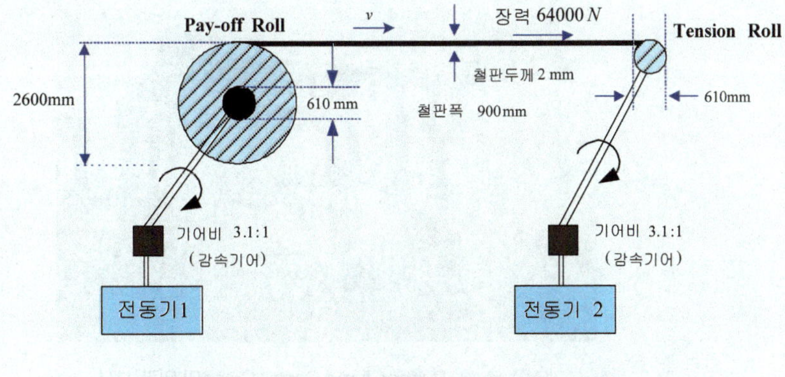

그림 p1.11 제철소의 정정(Recoil) 공정(Line)의 개략도

전동기 축으로 환산된 전동기와 기어의 전체 관성은 J=200kg-m^{2}이다. 철의 밀도는 7870kg/m^{3}이고 감긴 철판 사이는 공간이 전혀 없는 것으로 가정하고, 최소 직경 0.61m의 드럼(Drum)도 같은 밀도와 구조의 철로 이루어져 있으며 속이 꽉 차 있는 것으로 가정한다. 코일의 최소 직경은 0.61m 최대 직경은 2.6m이며 철판의 폭은 900mm이고 두께는 2mm이며 철판의 이동 속도는 아래 그림과 같고 장력(Tension)은 64000N을 유지하고 있다.

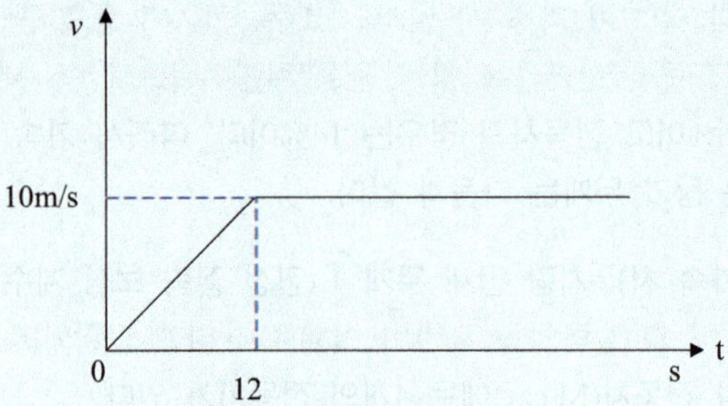

그림 p1.12 철판의 이동 속도

1) 최소 반경에서 최대 반경까지 텐션롤(Tension Roll)의 반경을 시간의 함수로 도시하라.
2) 기어비(Gear Ratio)를 고려하여 전동기 2의 회전 속도(r/min)를 시간의 함수로 도시하라.
3) 전동기 2의 토크(N-m)를 시간의 함수로 도시하라. 전동기와 감속 기어의 관성은 무시할 수 있다.
4) 전동기 2의 기계적 출력(kW)을 시간의 함수로 도시하라. 이때 감속기의 효율은 100%로 가정한다.

11 아래 그림과 같이 부두(Port)에서 컨테이너(Container)를 이송하는 데 사용하는 Rubber Tyred Gantry Crane(RTGC)이 있다. 컨테이너를 잡는 스프레더(Spreader)의 무게는 11Ton이고 Trolley 무게는 23Ton이다(참고문헌 [15]).

그림 p1.13 Rubber Tyred Gantry Crane의 외관 사진

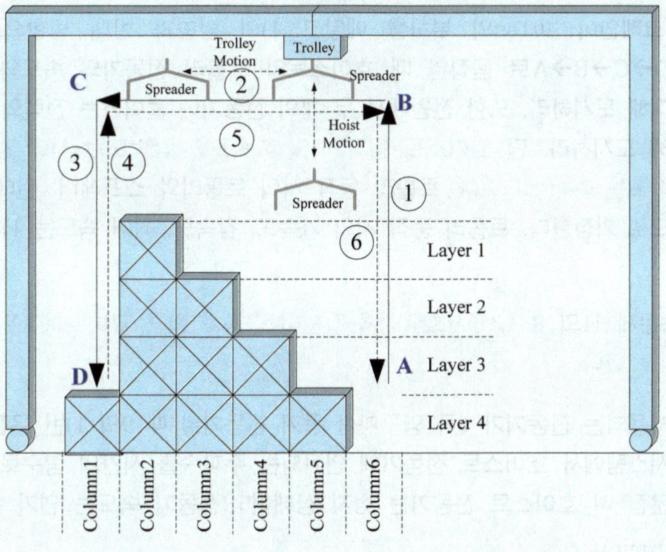

그림 p1.14 RTGC(Rubber Tyred Gantry Crane)의 동작

기계 구동 시스템의 구조는 <그림 p1.7>과 유사하며, 수직 운동(Hoist Motion) 시 전동기, 기어, 브레이크 드럼(Drum), 로프(Rope), 시브(Sheave)의 관성을 전동기 측으로 환산하면 11kg-m^{2}이다. 전체 기계 구동 시스템의 효율은 86%로 일정하며 전동기의 효율은 토크의 방향과 크기에 관계없이 95%로 일정하며 이동 중에 미끄러짐은 없다고 가정한다. 로프의 무게는 무시한다. 컨테이너를 수직으로 움직이는 호이스트(Hoist) 전동기가 800r/min으로 회전 시 수직 운동 속도는 60m/min에 해당한다.

수평 운동(Trolley Motion) 시 전동기, 기어, 브레이크 드럼, 로프, 시브(Sheave)의 관성을 전동기로 환산하면 0.4kg-m^{2}이다. 전체 기계 구동 시스템의 효율은 90%이고 전동기의 효율은 전동기, 발전기 동작 및 토크의 크기에 관계없이 92%로 일정하며 이동 중에 미끄러짐은 없다고 가정한다. 트롤리(Trolley) 전동기가 1750r/min으로 회전 시 수평 운동 속도는 70m/min에 해당한다.

1) 크레인이 부하 없이 스프레더만 <그림 p1.14>와 같이 Layer 4, Column6의 위치에서 Layer 4, Column1로 이동되고 있을 때 호이스트 전동기, 트롤리 전동기의 속도와 토크를 시간축에 대해 도시하라. 또한 전원에서 두 개의 전동기에 들어가는 전력의 합을 시간축에 대해 도시하라. 스프레더는 Layer 4에서 BC의 높이까지 수직(Hoist Motion) 상승 이동 후 수평(Trolley Motion) 이동한 후 다시 수직 하강 이동한다고 가정한다. 즉 A→B→C→D로 이동한다. Layer 4로부터 BC구간 높이까지의 거리는 7.95m이고 Column1과 6사이의 거리는 17.24m이다. 호이스트 동작 시의 가속도는 (60m/min)/2.5s이며 감속도는 (60m/min)/3.5s로 일정하며 최대 속도는 60m/min이다. 트롤리 동작 시의 가속도, 감속도는 (70m/min)/5.5s이며 최대 속도는 70m/min이다. 수평이동 시 트롤리와 스프레더는 단일 질량(Mass)으로 가정한다.

2) 크레인이 40Ton의 부하를 매달고 1)의 방향과 반대 방향으로 움직일 때 즉 D→C→B→A로 움직일 때 호이스트와 트롤리 전동기의 속도와 토크를 시간축에 대해 도시하라. 또한 전원에서 두 개의 전동기에 들어가는 전력의 합을 시간축에 대해 도시하라. 단 호이스트 동작 시의 가속도와 감속도는 1)의 경우와 같으나 최대 속도는 24m/min이다. 트롤리 동작 시의 트롤리와 스프레더, 컨테이너는 단일 질량으로 가정한다. 트롤리 동작 시의 가속도, 감속도, 최대 속도는 1)과 같다.

12 연습문제 11의 RTGC 시스템에서 전원이 다음 그림과 같이 400kW 엔진 발전기로 공급되고 있다.

1) 사용되는 전동기가 6극 영구자석 동기 전동기일 때 9의 1)번 운전 시, 전동기 구동 시스템에서 호이스트 전동기에 인가되는 주파수를 시간의 함수로 표시하라. 트롤리 운전 시 호이스트 전동기는 정지 상태이다(전동기 속도는 인가 주파수*60/(극수/2) (r/min)).

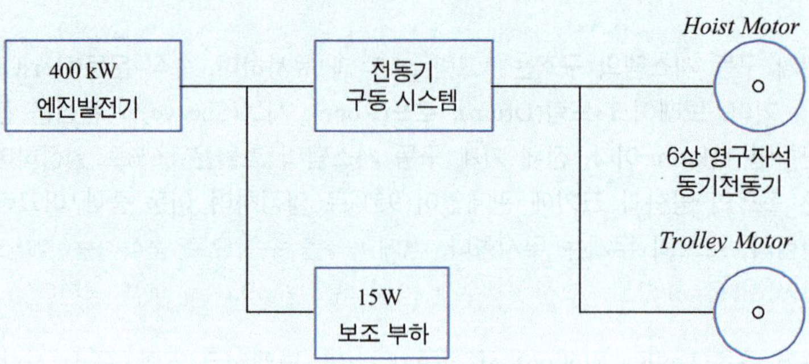

그림 p1.15 엔진 발전기에 근거한 RTGC의 전력 공급 시스템

2) 엔진 발전기의 연비는 다음식으로 주어진다. 보조 부하는 15kW로 항상 일정하며 전동기 구동 시스템은 부하(컨테이너+스프레더)를 아래로 내릴 때 발생하는 호이스트 전동기의 회생 전력을 보조 부하, 엔진 발전기에 전달할 수 없다. 따라서 회생 전력은 전동기 구동 시스템 내에 별도로 설치된 저항에서 전부 소모된다고 가정한다. 연비에 관한 식 $y = \frac{14.16}{3600} + \frac{0.163}{3600}x$ 여기서 x의 단위는 kW, y는 디젤(Diesel) 기름의 소비량으로 단위는 liter/s이다. 전동기 구동 시스템의 효율이 부하에 관계없이 90%라고 가정할 때,

가) 9의 1)번 운전을 할 때 소비되는 기름의 양을 구하라.

나) 9의 2)번 운전을 할 때 소비되는 기름의 양을 구하라.

다) 1시간 동안 문제 11의 1)번 운전을 8번, 11의 2번 운전을 8번, 나머지 시간에는 엔진 발전기는 오직 보조 부하에만 전력을 공급하고 있다고 할 때 1시간 동안 소비되는 기름의 양을 구하라.

3) RTGC시스템의 전원 공급 시스템을 아래와 같이 변경했다.

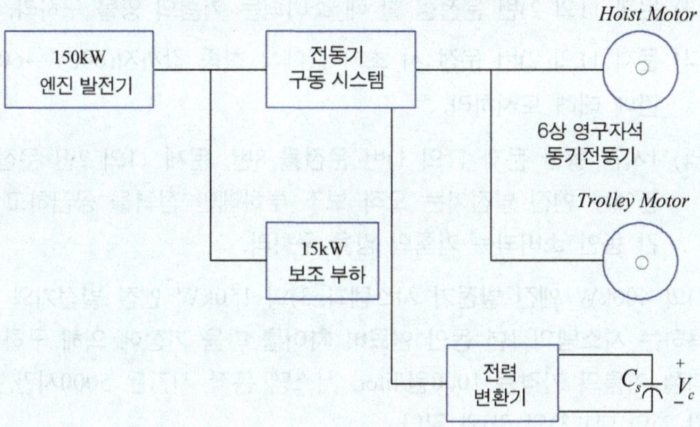

그림 p1.16 엔진 발전기와 슈퍼 캐패시터(Super-capacitor)에 근거한 RTGC의 전력 공급 시스템

엔진 발전기는 150kW까지 공급할 수 있고 응답 시간은 무한히 빠르다고 가정한다. 전력 변환기의 응답 역시 무한히 빠르고, 전력 변환기의 효율은 슈퍼캐패시터(Super-capacitor) C_s 를 충전, 방전할 때 부하에 관계없이 언제나 90%로 가정한다. 호이스트 동작 시작 전에는 C_s 는 항상 600V로 충전되어 있다. C_s 의 용량은 $25F$ 이다. 전동기 구동 시스템이 필요로 하는 전력은 엔진 발전기가 발전기 최대 가용(Available) 전력(150kW)까지 공급하고 모자라는 전력은 전력 변환기를 통하여 C_s 로부터 공급받는다. 전동기 구동 시스템은 에너지가 어디서 공급되든지, 어떤 방향으로 공급되든지 효율은 항상 부하에 관계없이 90%로 가정한다. 부하를 아래로 내릴 때 발생하는 호이스트 전동기의 회생 전력은 2)와 달리 C_s 를 충전하는 용도로 사용되며, 호이스트 동작이 끝났을 때 C_s 의 전압이 600V보다 작으면 C_s 는 엔진 발전기와 전동기 구동 시스템, 전력 변환기를 통하여 600V까지 충전되어야 한다. 이때 전동기 구동 시스템, 전력 변환기의 효율은 각각 90%이다. C_s 는 이상적인 캐패시터로 가정하고 C_s 에 저장되는 에너지와 출력되는 전력은 아래와 같다. 또한 전력 변환기에 의한 C_s 의 동작은 오직 호이스트 구간에서만 일어나고 그 외의 구간에서는 전력 변환기는 완전히 꺼져 있어 손실이 없다.

$$E = \frac{1}{2} C_s V_c^2 [J]$$

$$P = C_s V_c \cdot \frac{dV_c}{dt} [W]$$

150kW 엔진 발전기의 연비는 다음과 같다. $y = \frac{7.76}{3600} + \frac{0.156}{3600}x$, 단 x, y 의 정의는 2)의 경우와 같다.

가) 문제 11의 1)번 운전을 할 때 소비되는 기름의 양을 구하라.

나) 문제 11의 2)번 운전을 할 때 소비되는 기름의 양을 구하라.

다) 문제 11의 2)번 운전 시 초기 값에서 최종 값까지(600V→600V), C_s 전압을 시간에 대해 도시하라.

라) 1시간 동안 문제 11의 1)번 운전을 8번, 문제 11의 2번 운전은 8번, 나머지 시간에는 엔진 발전기는 오직 보조 부하에만 전력을 공급하고 있다고 할 때 1시간 동안 소비되는 기름의 양을 구하라.

4) 2)의 400kW 엔진 발전기 시스템과 3)의 150kW 엔진 발전기와 슈퍼캐패시터를 이용하는 시스템의 1년 동안 연료비 차이를 다음 가정에 의해 구하라.
디젤 기름의 가격은 1000원/liter, 시스템 동작 시간은 5000시간/년, 동작 패턴은 각각 2)의 다), 3)의 라)와 같다.

5) 두 시스템의 장단점을 다음의 관점에서 비교하라.

가) 전체 시스템의 가격(초기 투자비와 운영 유지 비용)

나) 환경에 대한 영향　　　　　　　　다) 제어 특성

13 아래 그림과 같은 22Ton 굴삭기가 있다. 굴삭기의 작업부는그림에 표시한 바와 같이 붐(Boom), 팔(arm), 들통(Bucket)으로 이루어져 있고 작업자가 타고 있는 몸통(Cabin)은 회전(Swing)운동을 한다. 팔과 들통이 굴삭기의 몸통에서 가장 멀리 떨어져 있을 때 몸통의 회전(Swing) 축에서 본 회전 관성은 150000kg-m^{2}이다. 들통 속의 부하 무게는 0에서 1.5 Ton 까지 변한다. 팔과 들통이 굴삭기의 몸통에서 가장 멀리 떨어져 있을 때 몸통의 회전 중심에서 부터 들통 속의 부하의 무게 중심까지 거리는 8m이며 부하의 무게는 무게 중심에 집중(Point mass) 되어 있다고 가정한다. 작업부를 포함한 몸통의 회전력, 토크는 기어(Gear) 변속을 통하여 전동기에서 제공된다. 전동기 회전축과 몸통의 회전축은 140:1의 감속기어로 연결 되어 있다. 즉 몸체의 1회전은 전동기 축에서는 140회전을 뜻한다. 전체 회전 시스템의 마찰 계수는 몸통의 회전하는 축에서 볼 때 20000N-m/(rad/s) 이다. 감속기어의 효율은 토크의 크기, 방향, 회전 속도와 관계 없이 90%로 일정하다고 가정한다. 또 감속기어에서 미끄러짐이나 백래쉬(Backlash)는 없다고 가정한다. 즉 감속기어의 손실은 오직 마찰에의한 토크 손실에 의해서만 일어난다고 가정한다. 또 감속기어와 전동기 자체의 회전 관성은 무시할 수 있다.

그림 p1.17 22Ton 굴삭기의 외관과 동작

1) 만약 들통 속의 부하 무게가 최대 일 때, 즉 1.5Ton 일 때, 전동기 축에서 본 몸통의 회전 운동시 최대 관성을 구하라.

2) 만약 1)의 조건에서 몸통이 최단 시간에 1/2회전 하여 멈춘다면 몸통의 회전각 ($0 \sim 180^o$)에 대한 몸통의 속도, 감가속도를 그려라. 이때 몸통의 최대 회전 속도는 1rad/s로 제한 되며 최대 가속도, 감가속도의 크기는 0.5rad/s^{2}이내로 제한 된다. 또 가속도, 감가속도의 미분 값의 크기 역시 5 rad/s^{3}이내로 제한된다.

3) 2)의 운전에서 시간에 따른 전동기의 토크와 회전 속도를 도시하라.

4) 2)의 운전에서 회생되는 에너지가 전부 전동기를 구동하는 전원으로 반환 된다면 2)의 회전 운동 기간 전원에서 출력 되는 총 에너지는 얼마인가? 여기서 전동기의 효율은 회전 방향, 속도, 토크에 관계 없이 항상 95%라고 가정한다.

참고문헌(References)

[1] W. Leonhard, "*Control of Electrical Drives, Introduction, Ch1*,", 2nd Edition, Springer, 1996.

[2] http://evobsession.com/electric-car-range-comparison

[3] A. Bonnett, "*Understanding Efficiency in Squirrel-Cage Induction Motors*," IEEE Trans. on Ind. Appl., Vol.IA-16, No.4, July/August 1980, pp.476-483.

[4] R.Browning, "*Evolution of Induction Motors The Ever-Shrinking Motor*," IEEE Trans. on Ind. Appl. Magazine, January/February 1997, pp.16-18.

[5] A. Bonnett, "*An Update on AC Induction Motor Efficiency*," IEEE Trans. on Ind. Appl, Vol.30, No.5, September/October 1994, pp.1362-1372.

[6] H.C.J.de Jong, "*AC Motor Design*," Hemisphere Publishing Co.

[7] K.K. Schwarz, "*Design of Industrial Electric Motor Drives*," Butterworth-Heinemann Ltd 1991, Ch.1, Ch.2

[8] B. Bae and et al., c*Implementation of Sensorless Vector Control for Super-High-Speed PMSM Turbo-Compressor*," IEEE Trans. on Ind. Appl, Vol.39, No.5, September/October 2003, pp.811-818.

[9] http://energy.gov/sites/prod/files/2015/02/f19/QTR%20Ch8%20-%20Wide%20Bandgap%20TA%20Feb-13-2015.pdf).et al.

[10] Texas Instrument, "*TMS28377 Reference Manual*," 2013.

[11] J.Roger Calvert, "*Mechanics for Electrical and Electronics Engineers*," Ellis Horwood Limited, 1992.

[12] H.H. Woodson, et al., "*ELECTROMECHANICAL DYNANICS Chapter 2.2.1*," WILEY, 1968.

[13] 박종호, "*탄성힌지와 압전소자 구동기를 이용한 초정밀 6자유도 스테이지 개발에 관한 연구*," 서울대학교 기계항공공학부 박사학위논문, 2003.

[14] https://en.wikipedia.org/wiki/Flywheel_energy_storage

[15] S. Kim and et al., "*Control of Rubber Tyred Gantry Crane with Energy Storage Based on Supercapacitor Bank*", Conf. Record of IEEE 36th Annual Power Electronics Specialists Conference Record (IEEE PESC), 2005, pp.262-268.

02

전기기기의 기본적 구조와 모델링

본장에서는 전자기적(Electromagnetic)인 에너지 변환 원리를 이용하여 전기적 입력을 기계적 출력으로 변환하는 전동기 또는 기계적 입력을 전기적 출력으로 변환하는 발전기를 통칭하는 전기기계(Electric Machine)의 기본적 구조와 그 동작 원리에 대해 알아보고, 이들 전기기계의 정상 상태 해석과 제어를 위한 전기적 등가 회로를 설명한다. 아울러 전기기계를 주로 전동기의 관점에서 제어하는 몇 가지 예를 들고 그 특성을 분석한다. 또한 전력용 반도체를 이용하여 어떤 한 형태의 전기 에너지를 또 다른 형태의 전기 에너지로 변환하는 전력 변환기의 기본적 구조와 그것을 제어하기 위한 모델링(**Modeling**)에 대해서도 언급한다. 이러한 전기기계와 전력 변환기의 **모델링에 의해 얻어진 모델은** 4장에서 다룰 제어기 설계에 있어 기본적인 제어 대상(Plant)의 모델로 이용된다.

2.1 직류기의 구조와 모델링(Modeling)

직류 전동기는 지난 100여 년간 가변속 구동(Adjustable Speed Drive) 또는 가변 토크 제어(Variable Torque Control)가 필요한 곳에 가장 많이 쓰여진 전동기이다. 최근에는 교류 전동기 제어 기술과 전력전자 기술의 발전에 의해 점차 그 응용 범위가 줄어들고 있으나 직류 전동기는 다른 교류 전동기를 이해하고 제어하는 있어 디딤돌 역할을 할 수 있어 직류 전동기에 대한 이해는 매우 중요하다.

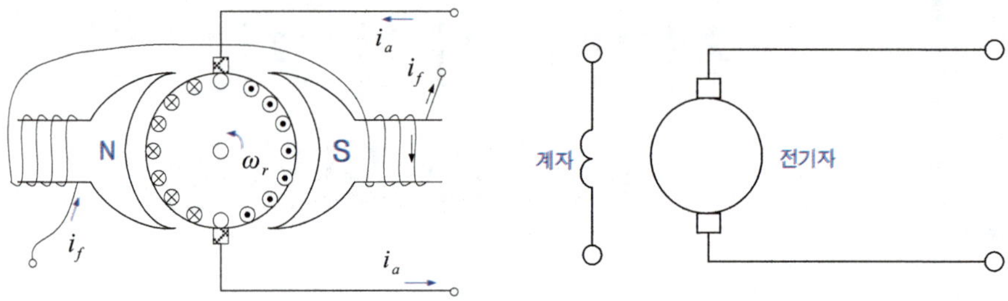

(a) 직류기의 계자 권선(전류, i_f)과 전기자 권선(전류, i_a) (b) 직류기의 회로 기호

그림 2.1 직류기의 개념적인 구조와 회로 기호

직류기는 <그림 2.1>과 같이 자속(Flux)을 형성하는 계자 권선(Field Winding), 자속과 상호 작용하여 회전력을 생성하는 전기자 권선(Armature Winding)으로 이루어져 있고 계자 권선과 전기자 권선의 연결 형태에 따라 <그림 2.2>에 나타낸 바와 같이 분권(Shunt), 직권(Series), 복권(Compound)의 형태로 구분할 수 있으며, 각각의 형태에 따라 고유의 속도-토크 특성을 나타낸다. 초기의 전동기 구동 시스템에서는 부하가 요구하는 속도-토크 특성에 알맞은 전동기를 골라 사용하였으나, 전력전자 기술의 발전에 따라 분권(Shunt), 특히 타여자(Separately Excited) 분권 전동기에 적절한 계자 및 전기자 권선의 전압, 전류 제어 회로를 결합하여 다양한 형태의 속도-토크 특성을 만들 수 있게 되었다.

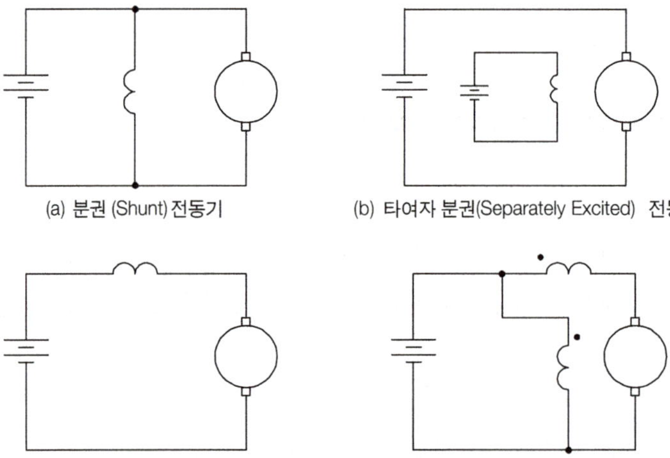

(a) 분권 (Shunt) 전동기 (b) 타여자 분권(Separately Excited) 전동기

(c) 직권(Series) 전동기 (d) 화동 복권(Cumulative Compound) 전동기

그림 2.2 계자 권선의 연결 형태에 따른 직류 전동기의 분류

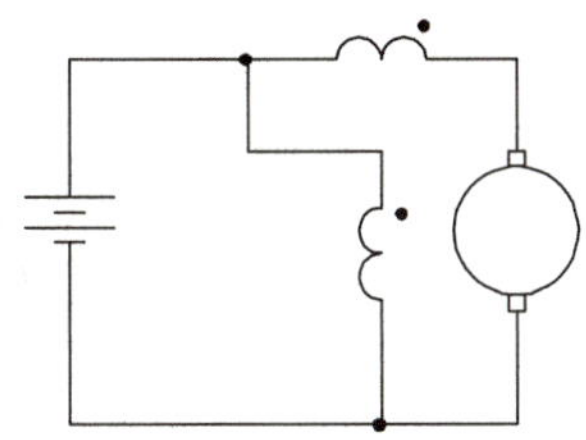

(e) 차동 복권(Differential Compound) 전동기

그림 2.2 계자 권선의 연결 형태에 따른 직류 전동기의 분류(계속)

<그림 2.3>은 가장 간단한 구조의 브러쉬(Brush)와 정류자(Commutator)의 동작을 나타낸다. <그림 2.4>에 보인 바와 같이 브러쉬는 각 정류자편(Commutator Segment)에 인가되는 권선의 유기전압이 0이 되는 점(자기적 중성점, Magnetic Neutral Point)에 위치하여 양극(Positive Polarity)에 연결된 브러쉬는 유기 기전력(Back Electro-Motive Force)이 항상 양인 권선이 연결되게 하고 음극(Negative Polarity)에 연결된 브러쉬는 양극에 대해 항상 음의 기전력이 유기되는 권선으로 연결되게 하여 전기자 권선이 직류 전원과 연결될 수 있게 한다.

직류기의 전기자 권선에 전류가 흐르면(직류기가 발전기로 동작하여 전력을 외부 회로에 공급할 때 또는 전동기로 동작하여 회전력을 축에서 발생시키고 있을 때), <그림 2.4>에 나타낸 바와 같이 전기자 권선이 자속을 발생시켜 직류기의 공간상의 자속 분포(Flux Distribution)가 왜곡된다. 공간상의 자속 분포는 계자 권선의 자속과 전기자 권선에 의한 자속의 합으로 이루어진다. 특히, 전기자 자속의 크기는 전기자 전류의 크기에 비례하므로 계자 자속의 크기에 비해 전기자 전류에 의한 자속이 상대적으로 클 경우 정류 작용을 위한 브러쉬의 위치는 자기적 중성점에서 크게 벗어나게 되고 정류 작용에 나쁜 영향을 주어 정류자편과 브러쉬의 조기 마모(Wear-out), 정류자 편의 섬락(Flash-over) 등의 현상이 생긴다. 이러한 전기자 자속에 의한 계자 자속의 교란(Disturbance)을 전기자 반작용(Armature Reaction)이라 하고 이런 전기자 반작용을 상쇄시키기 위하여 <그림 2.5>와 같이 보극(Commutating Pole)과 보상 권선(Compensating Winding)을 설치하기도 한다. 특히 대형 직류기 또는 전기자 전류의 변화가 빠른 전력 변환 회로에 의해 구동되는 직류기의 경우에는 보상 권선 및 보극이 필수적이다.

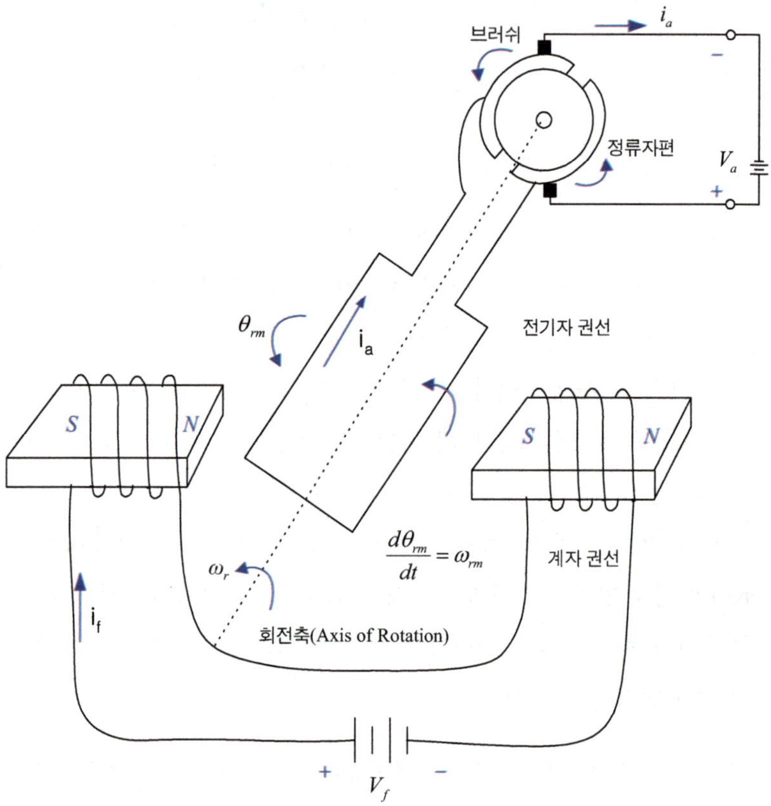

그림 2.3 직류기의 정류자와 브러쉬

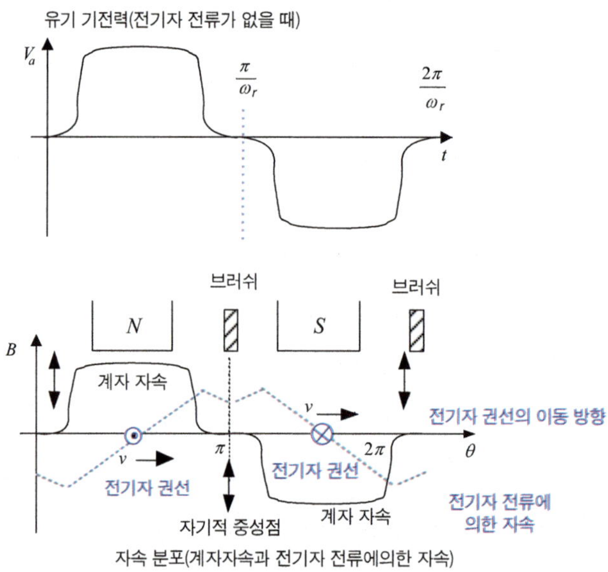

그림 2.4 자기적 중성점과 유기 기전력

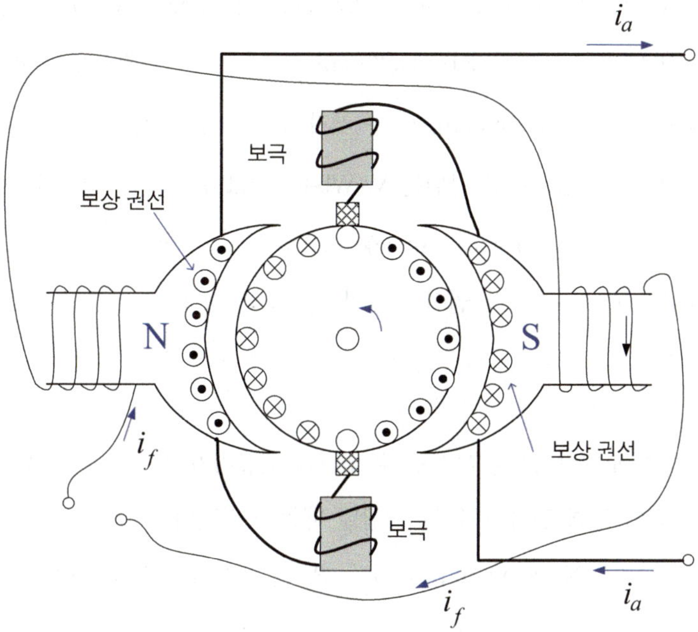

그림 2.5 전기자 반작용 억제를 위한 보상 권선과 보극

직류기의 전기자 반작용이 보상 권선, 보극 등에 의해 완벽하게 보상되고 정류자, 브러쉬에 의해 출력되는 전압이 이상적(Ideal)인 직류라고 가정하면 직류기는 아래와 같이 모델링될 수 있다.

$$V_f = R_f i_f + L_f \frac{di_f}{dt}. \tag{2-1}$$

$$e = K_e \lambda_f \omega_{rm}. \tag{2-2}$$

$$V_a = R_a i_a + L_a \frac{di_a}{dt} + e + V_b. \tag{2-3}$$

$$T_e = K_T \lambda_f i_a. \tag{2-4}$$

$$\lambda_f = L_f i_f. \tag{2-5}$$

$$T_e = J \frac{d\omega_{rm}}{dt} + B\omega_{rm} + T_L + K_{sh}\theta_{rm}. \tag{2-6}$$

여기서, e는 전기자의 회전에 의해 발생하는 역기전력(Back Electro-Motive Force:

EMF)(V)이고 V_a 는 전기자 단자 전압(Terminal Voltage)(V), T_e 는 직류기가 전기자를 통해 발생시키는 회전력(Torque)(N-m), λ_f 는 계자 권선에 의해 전기자에 쇄교(Linkage)하는 자속(Wb-turn), V_f 는 계자 권선에 인가되는 전압(V)이다. K_e 는 역기전력을 결정하는 상수이고 단위는 V/(Wb-turn-rad/s)이다. ω_{rm} 은 전기자의 회전각 속도(rad/s)를 기계각(Mechanical Angle)(rad)으로 표시한 것이며, R_a 는 전기자 권선의 등가 저항(Ω), L_a 는 전기자 권선의 등가 인덕턴스(H), V_b 는 브러쉬에 의한 전압 강하(Voltage Drop)(V)인데 이는 전기자 전류의 크기 및 브러쉬의 마모 정도, 전기자의 회전 속도에 따라 그 크기가 바뀌는 비선형적(Nonlinear)인 특성을 나타낸다. V_b 는 통상의 직류기 모델링에서는 무시될 수 있으나 직류기가 저속 또는 정지 시 등에서와 같이 역기전력이 정격 전압의 수 % 미만일 때는 고려되어야 한다. K_T 는 토크를 결정하는 상수로 단위는 N-m/(Wb-turn-A)이다. R_f 는 계자 권선의 등가 저항(Ω)이고 L_f 는 계자 권선의 등가 인덕턴스(H)이다.

만약 계자 권선에 흐르는 전류에 의한 자속의 포화를 고려한다면 $\lambda_f = f\left(i_f\right)$ 로 자속은 계자 전류에 관해 비선형(Nonlinear) 형태를 가진다. 직권 전동기의 경우처럼 전기자 전류가 계자 권선에 흐를 경우에는 필히 자기 포화(Magnetic Saturation) 현상을 고려할 필요가 있다. 앞에서 논의한 식 (2-1) ~ (2-5)에서 전기자 반작용을 무시하였으나 계자 권선의 자속이 정격 값에 비해 매우 작아지거나(1/3 이하), 전기자 전류가 정격 값을 크게 넘어설 경우(수 배 정도)에는 전기자 반작용을 고려해야 할 필요가 있다. 이 경우 K_T, K_e 의 값은 전기자 반작용이 커짐에 따라 상당히 변할 수 있다. 직류기에 보극, 보상권선 등이 적절히 설치 되어 있다면 전기자 반작용은 제어를 위한 직류기 모델링에 있어 무시될 수 있다.

식 (2-6)은 부하 토크에 관한 운동 방정식으로 T_L 은 부하가 필요로 하는 토크이고 통상 회전 각속도 ω_{rm} 에 관한 비선형 함수, $T_L(\omega_{rm})$ 로 표시된다. J는 직류기 회전자 자체의 관성을 포함하여 직류기가 구동하는 전체 시스템의 관성$(\mathrm{kg \cdot m^2})$, B는 시스템의 마찰 계수(N-m/(rad/s)), K_{sh} 는 강성 계수(Nm/rad)이다. 통상 시스템이 회전 운동을 계속할 경우 $K_{sh} = 0$ 이 되어 식 (2-6)은 식 (2-7)과 같이 표현될 수 있으며 또한 마찰 계수 B 는 통상 속도에 따라 그 크기가 변하고 운동 방향에 따라 바뀔 수 있으므로 마찰에 의한 토크는 속도에 따라 비선형적으로 변동하게 된다. 따라서 이러한 마찰에 의한 비선형 토크를 부하 토크, T_L, 에 포함시키면 식 (2-7)은 식 (2-8)과 같이 간단히 표시될 수 있다.

$$T_e = J\frac{d\omega_{rm}}{dt} + B\omega_{rm} + T_L(\omega_{rm}). \tag{2-7}$$

$$T_e = J\frac{d\omega_{rm}}{dt} + T_L(\omega_{rm}). \tag{2-8}$$

2.2 정상 상태(Steady State) 해석

직류기의 회전각 속도가 일정하고 $\left(\frac{d\omega_{rm}}{dt}=0\right)$ 전기자 전류, 계자 전류가 일정할 때 $\left(\frac{di_a}{dt}= \quad \frac{di_f}{dt}=0\right)$ 브러쉬의 전압 강하 V_b를 무시하면 식 (2-1) ~ (2-5), (2-8)을 다음과 같이 정리할 수 있다.

$$e = K_e\lambda_f\omega_{rm}. \tag{2-9}$$

$$V_a = R_a i_a + e. \tag{2-10}$$

$$T_e = K_T\lambda_f i_a. \tag{2-11}$$

$$\lambda_f = L_f i_f. \tag{2-12}$$

$$V_f = R_f i_f. \tag{2-13}$$

$$T_e = T_L. \tag{2-14}$$

앞의 식들을 이용하면 여러 형태의 직류 전동기들의 정상 상태 특성을 해석할 수 있다.

2.2.1 타여자 분권 전동기

타여자 분권 전동기는 계자 전압 V_f 와 전기자 전압 V_a 를 조정하여 계자 자속 λ_f

와 전기자 전류 i_a를 독립적으로 제어할 수 있는 특성을 가지고 있기 때문에 가장 광범위한 속도-토크 곡선을 얻을 수 있다. 식 (2-9), (2-10), (2-11)을 이용하여 역기전력 e와 i_a를 소거한 후, 전기자 전압 V_a, 쇄교 자속 λ_f, 속도 ω_{rm}의 관계식을 구하면 다음과 같다.

$$T_e = \frac{K_T \lambda_f V_a}{R_a} - \frac{K_T K_e \lambda_f^{\,2} \omega_{rm}}{R_a}. \tag{2-15}$$

이때, λ_f가 일정하다면 V_a의 변화에 따른 속도-토크 곡선은 <그림 2.6>과 같다.

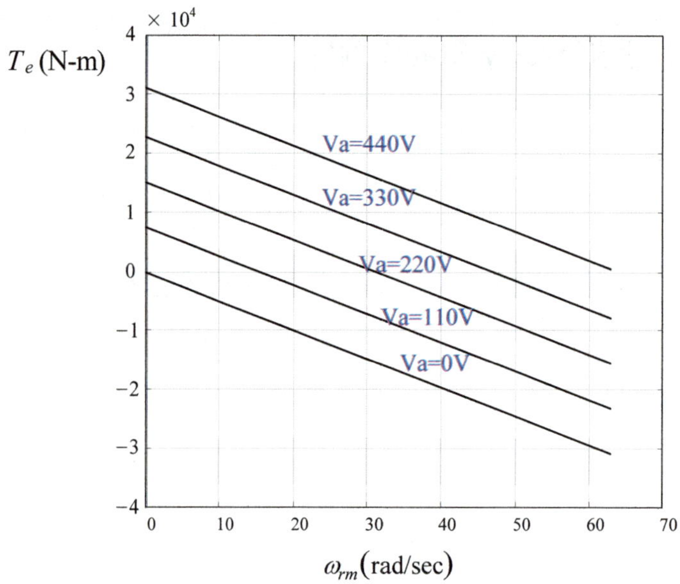

그림 2.6 전기자 전압 변화에 따른 일정 계자 자속에서의 직류 타여자 분권 전동기 속도–토크 곡선 (정격 440V, 110kW, 560r/min 전동기)

직류기의 운전점(Operating Point)은 전동기의 속도-토크 곡선과 부하(Load)의 속도-토크 곡선의 교점(Crossing Point)으로 결정된다. 그러나 그 교점에서 운전 상태가 계속 유지되는지 아닌지, 즉, 그 교점이 안정한지(Stable) 불안정한지(Unstable)는 두 속도-토크 곡선의 교점에서의 기울기에 따라 결정된다. 안정적인 운전이 지속되려면 주어진 교점에서 $\frac{\partial T_e}{\partial \omega_{rm}} < \frac{\partial T_L}{\partial \omega_{rm}}$ 이어야 한다. 만약, 이 조건이 만족되지 못하면 작은 외란(Disturbance)에 대해서도 주어진 교점에서 운전되지 못하고 다른 안정된 운전점

(Operating Point)으로 이동하게 된다. <그림 2.7>과 같은 전동기와 부하의 속도-토크 곡선에서는 V_a 가 증가함에 따라 운전점은 A에서 B, C로 이동하게 되고 각각의 운전점 A, B, C는 모두 안정적인 운전점이다. 이 경우 만약 전기자 전압 V_a 가 V_{a1} 에서 V_{a2} 로 변하였을 경우 운전점이 A에서 B로 변하는 것은 확실하나 A에서 B로 어떻게 변할지, 언제 B에 도달할지는 정상 상태의 해석만으로는 알 수가 없다. 즉, <그림 2.7>에서 보인 바와 같이 A에서 B에 이르는 경로는 무수히 많고 어떤 경로를 따를지는 2.3절에 설명된 구동 시스템의 과도 상태 해석을 통해 결정되는 고유치(Eigenvalue)에 따라 결정된다.

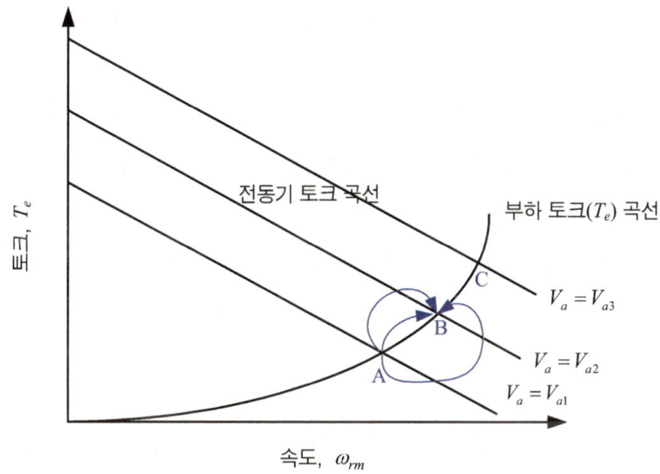

그림 2.7 전기자 전압 변동에 따른 운전점의 이동 경로

식 (2-15)에서 만약 V_a 가 일정하고 계자 권선의 전류 i_f 를 조정함으로써 λ_f 를 변화시킨다면 <그림 2.8>과 같은 속도-토크 곡선을 얻을 수 있다.

이러한 경우에는 만약 부하의 토크 특성이 <그림 2.8>에 표시한 바와 같다면, 전기자 전압이 일정하기 때문에 자속을 감소시킴으로써 운전점은 A, B, C로 바뀌고 운전 속도는 증가한다. 통상 정격 계자 자속 값은 자기 포화(Magnetic Saturation)를 피하면서 주어진 전기자 전류로 최대한의 토크를 얻도록 결정되므로, 정격 계자 자속은 전동기가 허용할 수 있는 최대 값이다. 그러므로 계자 자속의 변화는 정격 값 이하로의 감소를 의미한다. 즉, λ_{f1} 이 정격 값의 자속치라면 λ_{f2} , λ_{f3} 은 계자 자속이 줄어든 형태 즉, 약계자(Field Weakening) 제어의 예이다.

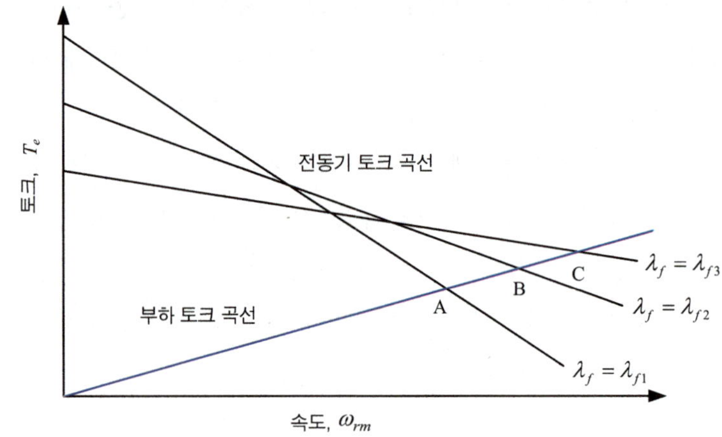

그림 2.8 계자 자속(Field Flux)의 변화에 따른 속도-토크 곡선

약계자 제어를 통해서 운전 속도는 증가될 수 있으나 이 경우 식 (2-11)에서 보는 바와 같이, 같은 토크를 얻기 위해서는 줄어든 자속만큼 전기자 전류가 더 많이 흘러야 하고, 이는 전기자 권선의 저항에 의한 손실을 증가시킨다. 전기자 전류는 열적인(Thermal) 제한, 또는 전기자 전류를 제어하는 요소들에 의해 그 최대치가 정해지므로 계자 자속을 줄여서 운전 속도를 높일 경우 전기자 전류의 최대 값으로 얻을 수 있는 토크는 계자 자속에 비례하여 감소하게 된다.

통상의 직류기 제어에 있어 정격 속도까지는 계자 전류를 일정하게 제어하면서 전기자 전압을 변동시켜 원하는 속도-토크 곡선을 얻고(정토크 제어, Constant Torque Control), 정격 속도 이상에서는 계자 자속을 줄여서(약계자 제어, Field Weakening Control) 필요한 속도-토크 곡선을 얻는다. 앞에서 언급한 바와 같이 이 경우 같은 크기의 전기자 전류로 얻을 수 있는 토크 값은 줄어들게 된다. 약계자 제어에 의해 계자 자속의 조절 범위는, 계자 자속이 줄어듦에 따라 전기자 반작용의 효과에 따른 정류 작용이 나빠지는 등의 전기적인 이유와 회전 속도의 증가에 따라 원심력이 증가함으로써 정류자편에 인가되는 힘의 증가 등에 의한 기계적인 이유로 인하여, 대개 정격 자속의 1/3 정도까지가 된다. 이와 같은 전기자 전압 제어와 계자 자속 제어를 적절히 이용할 경우 속도-토크 평면의 4상한에서 <그림 2.9>와 같은 광범위한 운전 범위를 확보할 수 있다.

<그림 2.9>와 같이 전동기가 주어진 전압, 전류 크기의 제한 조건에서 출력할 수 있는 속도와 토크의 범위를 나타내는 곡선을 전동기의 능력 곡선(Capability Curve)이라

고 부른다. 능력 곡선은 <그림 2.9>와 같이 속도-토크 평면의 4상한(4 Quadrant)에서 정의될 수도 있고, 전동기 동작 범위가 1상한에서만 제한되어 있다면 1상한만에서도 정의될 수 있다. <그림 2.9>는 전동기 내부의 마찰에 의한 발생 토크의 손실, 전기자 권선 저항 및 브러쉬에 의한 전압 강하를 무시하고 그린 것이며, 이러한 손실과 전압 강하를 고려하면 능력 곡선은 원점에 대해 대칭이지만 종축(Vertical Axis)에 대해서는 비대칭이 된다. 이 경우 발전기로 동작하는 2상한, 4상한의 능력 곡선이 1상한, 3상한에 비해 약간 커지게 된다.

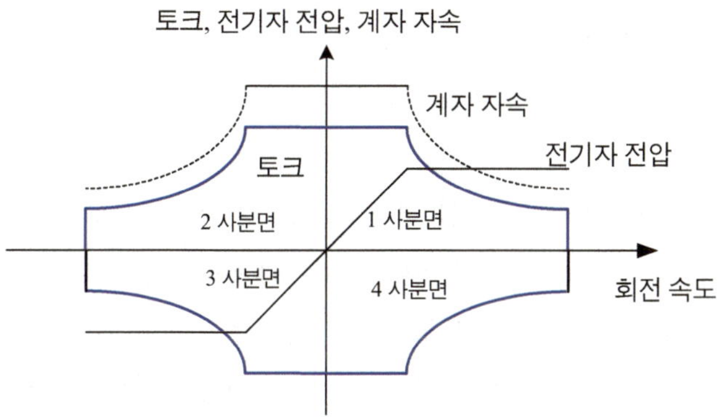

그림 2.9 전기자 전압 제어와 계자 자속 제어에 의한 속도-토크 평면에서의 운전 범위(능력 곡선)

약계자 제어 시 주어진 전기자 전압, 전류의 제한 하에서 운전 가능한 속도를 증가시키는 것은 교류 전동기에서도 적용할 수 있는 방법이다. 이에 대한 상세한 내용은 2.8절과 5.4절에서 다루기로 한다. 약계자 운전에 의해 고속 회전을 얻는 방법은 기어(Gear)를 사용하여 속도를 증가시키는 방법과 비교될 수 있다. 기어를 사용할 경우 기어비에 의해 속도 변동비가 불연속적(Discrete)으로 결정되나, 약계자 제어를 행할 경우 제어 가능한 속도 범위까지 연속적(Continuous)인 속도 변동비를 얻을 수 있다. 약계자 제어를 통하여 속도가 증가되는 대신 같은 전기자 전류 크기의 제한하에서 얻을 수 있는 토크는 줄어드는데, 이는 기어를 사용하는 경우와 같다. 그러나, 기어에 의한 손실과 기어의 관성에 의한 전체 시스템 관성의 증가는 없앨 수 있다. 다만 직류 전동기를 사용할 경우, 앞에서 언급한 바와 같이 전기자 반작용의 영향과 기계 구조적인 문제로 인하여 통상 약계자 제어에 의한 속도 변동 범위가 1 : 3 정도로 제한된다.

전동기가 장시간 경부하(Light Load)로 운전될 경우에는 식 (2-11)에서 보는 바와 같이 자속을 줄이고 전기자 전류를 늘려 원하는 토크를 얻을 수 있다. 이때 전기자 전류의 증가는 전기자 저항에 의한 동손(Copper Loss)을 증가시키지만 자속이 줄어듦으로써 전동기의 철손(Iron Loss)이 줄어들게 된다. 철손은 대개 자속의 크기의 제곱에 비례하는데, 이 관계로부터 전체 손실(철손 + 동손)을 최소화할 수 있는 자속의 크기가 정해진다(참고문헌 [1]). 이와 같이 부하에 따라 자속을 변동시키면 경부하 시 직류기의 동작 효율을 증가시킬 수 있다. 그러나 자속이 너무 낮게 설정되었을 경우, 급격한 부하 토크가 인가되면 계자 자속을 빠른 시간 내에 증가시키는 데는 한계가 있다. 즉, 계자 회로의 시정수(Time Constant) $\left(\tau_f = \dfrac{L_f}{R_f}\right)$로 인하여 자속이 원하는 수준까지 증가하는 데 시간이 걸리므로 급격히 증가하는 부하에 대응하여 전동기가 단시간 내에 충분한 토크를 발생시킬 수 없어 전동기가 정지(Stall)하게 되고 이로 인하여 전동기가 손상될 수도 있다.

직류 전동기를 4상한 운전할 경우 토크를 정, 역방향으로 제어하여야 하고 속도 역시 정, 역방향으로 운전하여야 한다. 식 (2-11)에서 보는 바와 같이 토크는 자속과 전기자 전류의 곱에 의해 결정되므로 토크의 방향을 바꾸기 위해서는 자속의 방향을 바꾸든지 전기자 전류의 방향을 변경하여야 한다. 자속의 방향은 계자 권선의 전류의 방향을 바꿈으로써 가능하나 계자 회로의 시정수가 크기 때문에 계자 권선 전류, i_f, 의 방향을 바꾸는 데는 수 kW에서 수백 kW급 전동기의 경우 대개 수백 밀리초(ms)에서 수 초(s) 이상이 필요하게 된다. 또한 계자 자속의 방향을 바꾸는 동안 전기자 반작용에 의한 정류 문제를 피하기 위해 전기자 전류는 "0"인 상태로 유지되어야 하므로 발생 토크가 계자 자속 변동 시간 동안 "0"이 되어 구동 시스템이 순간적으로(수백 ms ~ 수 s) 제어 불능 상태에 이른다는 단점이 있다. 그러나 계자 회로의 전력 용량은 전기자 회로의 수 % 이내이므로 계자 전류는 전기자 전류에 비해 손쉽게 그 방향을 바꿀 수 있다는 장점이 있다. 회전 방향은 식 (2-9)에서 보는 바와 같이 역기전력의 극성(Polarity)과 관계 있고 또 식 (2-10)에서 알 수 있듯이 전기자 권선 저항에 의한 전압 강하를 무시할 경우 전기자 전압은 역기전력과 같으므로, 전기자 전압의 극성을 바꾸든지 계자 자속의 방향을 바꿈으로써 회전 방향의 제어가 가능하다. 4상한 운전을 위해서, 계자 자속의 극성을 바꾸는 것은 앞에서 언급한 바와 같은 문제가 있고, 전기자 전압의 제어를 이용하여 전기자 전류의 방향을 바꾸는 경우에는 전기자에 공급되는 전압, 전류 모두 양, 음(+, –) 양쪽으로 인가될 수 있어야 한다. 이에 대한 상세한 구현(Implementation) 방법은 2.4절에서 언급하기로 한다.

2.2.2 직권 전동기

직권 전동기는 전력전자 기술의 발전에 따라 점차 그 용도가 줄어들고 있다. 전력전자 기술이 적용 되기 전에 전기 철도의 견인 전동기 또는 가전용(Home Appliance) 직, 교류 겸용 고속 전동기(Universal Motor)로서 활용되었었다. 직류 전원에서 구동되는 직권 전동기는 식 (2-9) ~ (2-13)에서 $i_a = i_f$ 로 놓고 e 와 i_a 를 소거하면 아래와 같은 방정식으로 표현될 수 있다.

$$V_a = \sqrt{\frac{T_e}{K_T L_f}} R_a + \sqrt{\frac{T_e}{K_T L_f}} R_f + K_e L_f \sqrt{\frac{T_e}{K_T L_f}} \omega_{rm} . \tag{2-16}$$

식 (2-16)을 속도-토크 평면 상에 표시하면 <그림 2 .10>과 같다.

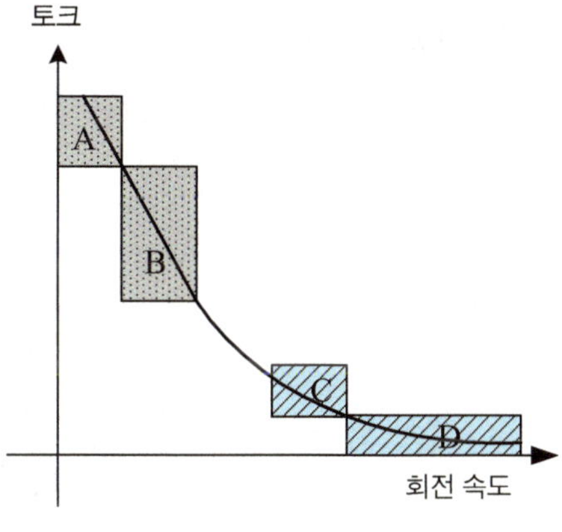

그림 2.10 일정 단자 전압에서의 직권 전동기의 속도-토크 곡선

그림에서 빗금친 부분 C, D는 약계자 영역이고, 특히 영역 D는 자속이 너무 작아 전기자 반작용에 의한 정류 작용에 문제가 있을 수 있어 동작이 제한되는 영역이다. 또한 전기자 전류 i_a 즉 계자 전류 $\left(i_f = i_a\right)$가 너무 커질 경우 계자 자속은 자기포화(Magnetic Saturation) 현상에 의해 전류가 증가하더라도 자속은 늘어나지 않는 자속 포화 상태가 되어 포화 자속 λ_{sat} 로 일정하게 된다(영역 A와 B). 이 경우 발생되는 토크는 그림에서 보는 바와 같이 속도에 대해 선형적으로 변한다. 그러나 영역 A는 전동기의 역기전력이 너무 낮아 과전류(Over Current)의 우려가 있다. <그림 2.10>에 표시된 바와 같이 직권 전동기의 속도-토크 특성은 자체적으로(Inherently) 저속에서 높은 토크,

고속에서 낮은 토크를 가진다. 따라서, 이러한 속도-토크 특성을 요구하는 응용 분야에는 특별한 제어 기법 없이도 쉽게 적용할 수 있어서 과거에 전기 철도, 전기 자동차 견인용 전동기 등에 사용되었었다.

2.3 과도 상태(Transient State) 해석[2]

전기자 반작용, 자기 포화, 브러쉬와 정류자에 의한 전압 강하를 무시한 직류 전동기의 등가 회로(Equivalent Circuit)는 <그림 2.11>과 같이 표시될 수 있다. 이러한 등가 회로는 식 (2-17)부터 식 (2-21)의 회로 방정식으로 표현될 수 있다. 과도 상태 하에서의 전동기 특성은 식 (2-22)를 포함하여 앞에서 언급한 회로 방정식의 해(Solution)를 구함으로써 얻어질 수 있다. 주어진 미분 방정식은 연립 비선형(Nonlinear)이므로 해를 해석적으로 구하기는 어렵고 수치적인 해를 구하여 동작 특성을 파악할 수 있다.

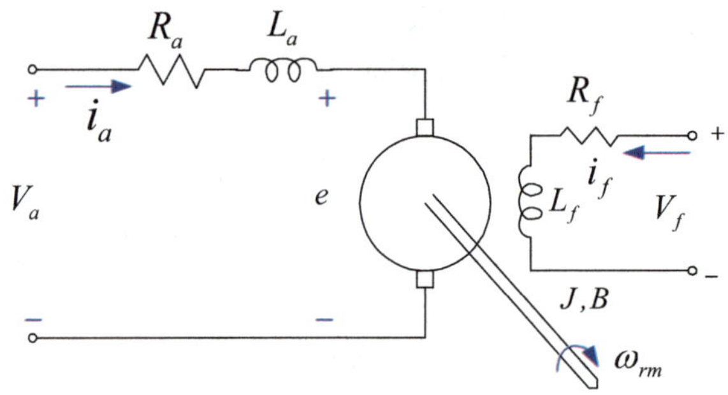

그림 2.11 직류 전동기의 등가 회로

$$V_a = R_a i_a + L_a \frac{di_a}{dt} + e. \tag{2-17}$$

$$V_f = R_f i_f + L_f \frac{di_f}{dt}. \tag{2-18}$$

$$e = K_e \lambda_f \omega_{rm}. \tag{2-19}$$

$$T_e = K_T \lambda_f \, i_a. \tag{2-20}$$

$$\lambda_f = L_f i_f \cdot \tag{2-21}$$

$$T_e = J\frac{d\omega_{rm}}{dt} + B\omega_{rm} + T_L \cdot \tag{2-22}$$

2.3.1 직권 전동기

직권 전동기의 경우 단자 전압이 전기자 전압과 계자 전압의 합으로 주어지며 전기자 전류와 계자 전류가 일치하므로 아래와 같은 전압 방정식을 얻을 수 있다.

$$V_t = V_a + V_f = (R_a + R_f)i_a + (L_a + L_f)\frac{di_a}{dt} + K_e L_f i_a \omega_{rm} \cdot \tag{2-23}$$

$$T_e = K_T L_f i_a^2 = J\frac{d\omega_{rm}}{dt} + B\omega_{rm} + T_L \cdot \tag{2-24}$$

식 (2-23), (2-24)에서 자속과 전기자 전류(=계자 전류)의 자기포화에 의한 비선형성(Nonlinearity)을 무시하더라도 식 (2-23)의 전압 방정식에 있는 전류와 속도의 곱에 의한 비선형성과 식 (2-24)의 토크 방정식의 전기자 전류의 제곱에 의한 비선형성으로 인하여 선형 미분 방정식(Linear Differential Equation)의 해법을 적용할 수 없다. 이러한 경우에는 통상 주어진 정상 상태 동작점(Operating Point) 부근에서의 미소 변화(Small Signal)에 따른 괴도 상대를 해석한다. 비선형 시스템의 전체 동작 범위에서 일반적인 과도 상태 안정도 해석은 무척 어려운 방법이지만, 컴퓨터 시뮬레이션을 이용하면 식 (2-23), (2-24)의 수치적 해를 구할 수 있기 때문에 동작 영역에서의 과도 상태 특성을 파악하는 것은 가능하다.

2.3.2 타여자 분권 전동기

타여자 분권 전동기가 일정 자속에 의해 여자(Excitation)되고 있는 경우, 즉 영구자석 혹은 별도의 정전류원(Constant Current Source)에 의해 여자되는 분권 전동기의 경우에는, 계자 자속을 일정한 것으로 간주할 수 있고, 식 (2-17) ~ (2-22)는 선형 미분 방정식으로 표시될 수 있다. 여기서 MKS 단위계를 가정하면, 역기전력을 결정하는 상수 K_e 와 토크를 결정하는 상수 K_T 는 같다. 계자 자속 λ_f 와 상수 K_e 또는 K_T 와의 곱을 K로 두고 $(K_e\lambda_f = K_T\lambda_f = K)$, 식에서 모든 계수가 시불변(Time Invariant)이라고 가정하여 식 (2-17)과 식 (2-22)를 라플라스 변환(Laplace Transform)하면 식 (2-25), (2-26)을 얻는다. 여기서 K의 단위는 N-m/A 또는 V/(rad/s)이다.

$$V_a = (R_a + sL_a) I_a + K\omega_{rm} . \tag{2-25}$$

$$(Js + B)\omega_{rm} + T_L = KI_a . \tag{2-26}$$

식 (2-25), (2-26)을 제어 블록도(Control Block Diagram)로 표시하면 아래 그림과 같다.

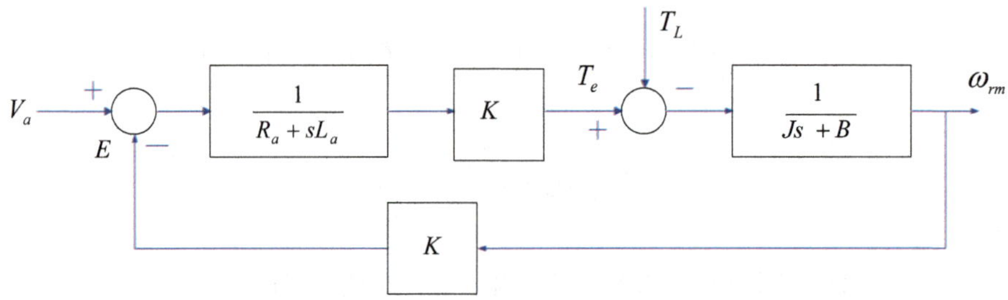

그림 2.12 타여자 분권 전동기의 제어 블록도

<그림 2.12>를 등가 변환하여 다시 그리면 <그림 2.13>과 같은 제어 블록도를 얻는다. <그림 2.13>에서 R_a는 전기 회로의 댐핑(Damping) 성분이며 B는 기계적 댐핑 요소이다. 두 가지 댐핑 요소 전부 시스템의 입력에 대한 출력의 효율을 저하시키지만 댐핑 요소의 특성에 의해 시스템을 안정화시키는 데에는 기여한다. <그림 2.12>와 <그림 2.13>에 표시된 시스템의 특성을 해석하기 위하여 단자 전압에 대한 속도의 전달 함수(Transfer Function)를 구하면 식 (2-27)과 같다. 전기자 저항 R_a와 마찰 B에 의한 시스템 특성 변화는 전달 함수에서 쉽게 알 수 있다. 두 가지 댐핑이 모두 없다면 전달함수의 고유치(Eigen Value)는 순허수(Pure Imiginary) 값을 갖게 되어 전압 변동에 대한 속도 변동이 감쇠하지 않는 진동 성분을 가지게 된다.

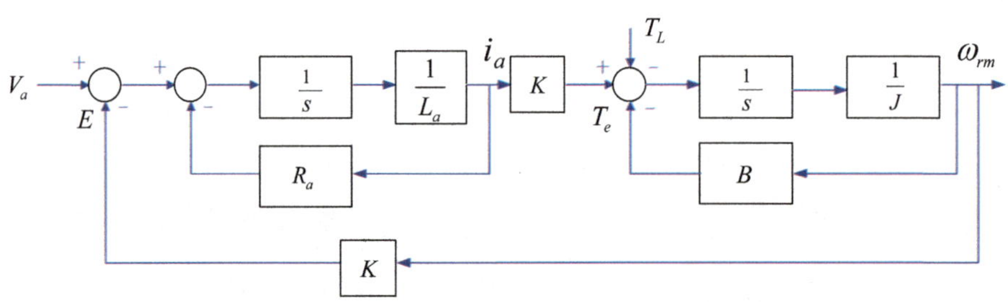

그림 2.13 타여자 분권 전동기의 새로운 제어 블록도

$$\frac{\omega_{rm}}{V_a} = \frac{K}{(sL_a + R_a)\ (Js + B) + K^2}. \qquad (2\text{-}27)$$

식 (2-27)에서 $\frac{K^2}{JL_a}$ 을 이득(Gain)으로 하여 근궤적(Root Locus)을 그리면 <그림 2.14>와 같다. K가 커짐에 따라 시스템의 고유치(Eigenvalue)는 복소수 값을 갖게 되고 허수 성분이 커져 시스템은 진동적(Oscillatory)이 된다. 즉, K가 커질수록 시스템 전체의 댐핑은 작아져서 입력 전기자 전압의 변화에 대해 전기자 전류, 토크, 속도가 진동적인 응답을 나타낸다.

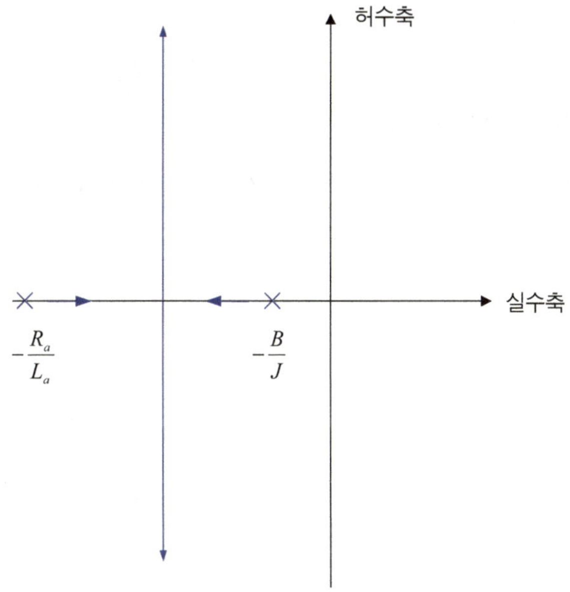

그림 2.14 대표적인 타여자 분권 전동기의 근궤적

식 (2-27)에서 마찰 계수 B를 무시하면 식 (2-28)과 같이 표시될 수 있다.

$$\frac{\omega_{rm}}{V_a} \approx \frac{K/(JL_a)}{s^2 + \frac{R_a}{L_a}s + \frac{K^2}{JL_a}}. \qquad (2\text{-}28)$$

식 (2-28)에서 전기자 회로의 응답은 기계적 응답에 비해 매우 빠르기 때문에 전기자 회로에 의한 과도 상태를 무시하면 전기자 인덕턴스 L_a 를 "0"으로 근사(Approximation)시킬 수 있고, 따라서 식 (2-28)은 다음 식과 같이 표시될 수 있다.

$$\frac{\omega_{rm}}{V_a} \approx \frac{\dfrac{K}{J}}{R_a s + \dfrac{K^2}{J}} = \frac{\dfrac{K}{JR_a}}{s + \dfrac{K^2}{JR_a}} = \frac{1}{K}\frac{\omega_c}{s+\omega_c}. \tag{2-29}$$

식 (2-29)에서 알 수 있듯이 전기자 회로의 응답 시간을 무시하면 (응답이 매우 빠르다면) 단자 전압 변동에 의한 속도의 변화는 단자 전압을 1차 저주파 통과 필터(1st Order Low Pass Filter)를 통과시킨 것과 같고, 이때 필터의 차단 각주파수는 $\omega_c = \dfrac{K^2}{JR_a}$ 로 주어진다. 여기서 차단 각주파수의 역수 $\dfrac{JR_a}{K^2}$ 를 전기기계적 시정수(Electro-mechanical Time Constant), T_m, 으로 부른다. 이 경우 전동기는 $-\omega_c$ 를 극점으로 하는 1차 시스템으로 근사화할 수 있다. L_a 를 무시할 경우 전동기 토크 발생 구조는 <그림 2.15>와 같이 간단히 표시될 수 있는데 그 의미는 L_a 를 무시할 경우 토크와 단자전압 및 역기전력의 차이$(V_a - E)$ 사이에는 시간 지연(Time Delay)이 없다는 것이다. 즉 시스템의 관성이 커서 회전 속도의 변동에 비해 전기자 회로의 응답이 충분히 빠를 경우 (즉 $\dfrac{K^2}{JR_a} \ll \dfrac{R_a}{L_a}$ 인 경우), 토크는 전기자 권선에 인가되는 전압의 변화에 직접 비례함을 알 수 있다.

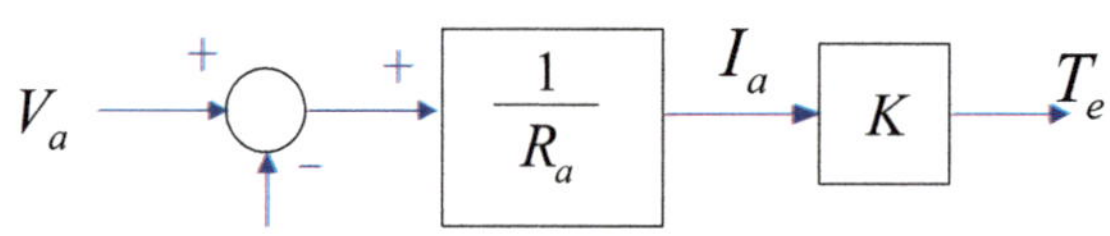

그림 2.15 전기자 회로 시정수를 무시했을 때의 토크 발생 블록도

<그림 2.12>의 제어 블록도에서 얻은 전압 변화에 대한 속도의 전달 함수 식 (2-27)을 부하 토크와 마찰 B를 무시한 후 전기 기계적 시정수, T_m, 전기자 회로의 시정수, $T_a = \dfrac{L_a}{R_a}$, 를 이용하여 표현하면 식 (2-30)과 같다.

$$\frac{\omega_{rm}}{V_a} = \frac{\dfrac{1}{KT_mT_a}}{s^2 + \dfrac{1}{T_a}s + \dfrac{1}{T_mT_a}}. \tag{2-30}$$

식 (2-30)의 고유치(Eigenvalue) 또는 극점(Pole)을 구하면 T_a 와 T_m 의 비에 대해서 아래와 같은 해를 얻을 수 있다.

$$P_{1,2} = -\frac{1}{2T_a} \pm \frac{1}{T_a}\sqrt{\frac{1}{4} - \frac{T_a}{T_m}}, \qquad \frac{T_a}{T_m} \le \frac{1}{4} \text{ 인 경우,}$$

$$P_{1,2} = -\frac{1}{2T_a} \pm j\frac{1}{T_a}\sqrt{\frac{T_a}{T_m} - \frac{1}{4}}, \qquad \frac{T_a}{T_m} \ge \frac{1}{4} \text{ 인 경우.}$$

위의 극점에서 알 수 있듯이 $\frac{T_a}{T_m} = \frac{K^2 L_a}{JR_a^2}$ 의 값에 따라 단자 전압 변동에 대한 전동기의 속도 응답 특성(Under-Damping, Critical-Damping, Over-Damping)이 결정된다. 즉, K가 클수록, L_a 가 클수록, J가 작을수록, R_a 가 작을수록 전기자 전압 변동에 대하여, 전류, 토크, 속도의 응답은 진동적(Under-Damping)이 된다. 전동기의 응답 특성을 개선하기 위해서, 즉 진동을 줄이려면 전기자 저항 또는 관성을 키우면 된다. 기계적 관성을 키우는 것은 주어진 토크에 대해서 가속 특성을 나쁘게 하며 구동 시스템의 무게와 크기를 증가시키는 단점을 야기한다. 또한 전동기와 직렬로 저항을 삽입하여 전기자 저항을 늘리는 효과를 얻을 수도 있으나 이는 시스템의 전기적 손실을 증가시킨다. 이러한 수동(Passive) 소자에 의한 제어 특성의 개선에는 한계가 있으며 실제로 그 실현이 매우 어렵다. 그러나 제어 대상의 물리적 양을 측정 또는 추정하여 이를 적절히 궤환하여 댐핑(Damping) 효과를 얻음으로써(Active Damping), 시스템의 기계적, 전기적 변경 없이도 제어 특성을 대폭 개선할 수 있으며 이로 인해 얻어지는 댐핑 성분은 전기적, 기계적 손실을 초래하지 않는다. 즉 <그림 2.13>에서 전류를 측정하여 어떤 이득을 곱한 후 전기자 전압에서 빼 주는 제어를 추가할 경우 곱해진 이득만큼 전기자 저항을 늘린 효과를 얻을 수 있다. 이런 방법으로 시스템의 측정 가능한 또는 관측 가능(Observable)한 값(State)들을 궤환함으로써(Feedback) 시스템의 제어 특성, 즉 고유치(Eigenvalue)를 변화시킬 수 있다. 이에 대한 자세한 설명은 4.1절에서 다룬다.

2.4 직류 전동기 구동을 위한 전력전자 회로

전력용 반도체(Power Semiconductor)가 출현하기 이전부터 직류 전동기의 가변속(Adjustable Speed Drive), 가변 토크 제어(Variable Torque Control) 는 산업 현장에서 널리 활용되었다. 그 당시 널리 사용되던 방법은 <그림 2.16>에 보인 바와 같은 유도 전동기, 직류 발전기, 직류 전동기로 이루어지는 워드레오나드(Ward-Leonard) 시스템이다.

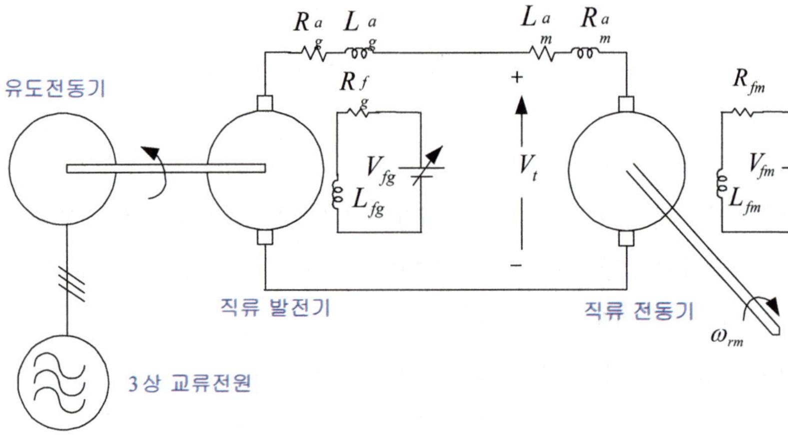

그림 2.16 워드레오나드(Ward-Leonard) 시스템

이러한 시스템에서 직류 전동기의 속도는 직류 발전기의 계자 전류를 조정하여 전동기 단자 전압, V_t , 를 제어하거나 또는 전동기의 계자 전류를 조정하여 제어될 수 있다.

즉 V_{fg} 와 V_{fm} 을 제어할 경우, <그림 2.9>에 보인 바와 같은 광범위한 영역에서의 4 상한 운전이 가능하다. 특히 전동기가 철판 압연 등과 같은 충격 부하(Impact Load)에 적용될 경우, 유도 전동기와 직류 발전기를 연결하는 축에 관성을 부착하면 관성에 축적된 에너지 $\left(\frac{1}{2}J\omega_{rm}^{\ 2}\right)$ 로 인하여 충격 부하에도 발전기의 속도 변동, 즉 전동기 단자 전압의 변동이 작게 되어 충격 부하에 대응하여 필요한 토크를 원활히 공급할 수 있다. 이러한 시스템을 일그너(Ilgner) 시스템이라고 부른다. 워드레오나드 시스템은 순간적인 과부하(Over-Load) 내량이 크고 상대적으로 크기가 적은 계자 전류 만을 제어하여 4 상한 운전이 가능하다는 장점이 있으나, 1개의 직류 전동기를 구동하기 위해 부가적으로 유도 전동기, 직류 발전기를 구동하여야 하므로 이로 인한 전체 시스템 효율의 저하, 설치 면적의 증가, 유지 보수의 증대, 초기 비용 및 운영 비용의 상승 등의 단점으로 인하여 현재는 거의 사용되지 않는다.

2.4.1 정지형 워드레오나드(Static Ward-Leonard) 시스템

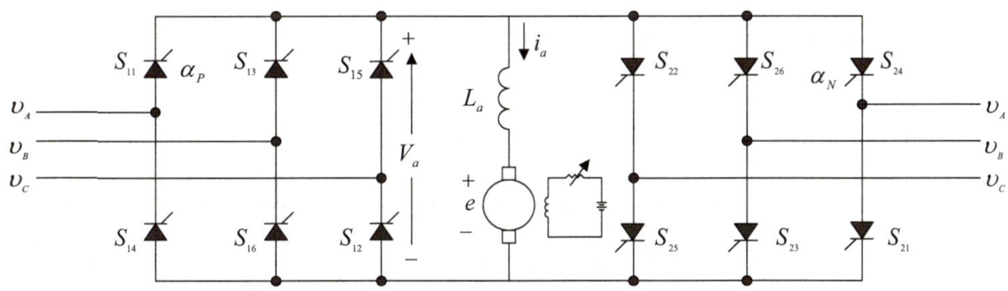

그림 2.17 전력용 반도체 스위치를 사용하는 정지형 워드레오나드(Static Ward -Leonard) 시스템

가변 직류 전압은 1950년대 말에 발명된 전력용 반도체 다이리스터(Thyristor)를 이용하여 <그림 2.17>과 같은 회로를 구성함으로써 손쉽게 얻을 수 있다(참고문헌 [3]). 전동기에 인가되는 직류 평균 전압은, <그림 2.17>에서 보인 바와 같이 각 다이리스터의 게이팅 신호에 의해 제어되는 2개의 3상 전파 제어 정류기에 의해서 입력 3상 전원 선간 실효 전압값의 135%에서 –135%까지 제어될 수 있다. 계자 전류 역시 세미컨버터(Semi-Converter) 또는 저항 제어에 의해 정격 계자 전류로부터 약계자 제어에 필요한 전류까지 광범위하게 제어될 수 있으며 이러한 전력 변환 회로에 의해 종래의 워드레오나드 시스템과 같이 넓은 영역에서의 4상한 운전이 가능하다. 전력용 반도체를 사용하는 전력 제어 시스템은 종래의 기계식 워드레오나드 방식에 비해 전기자 전류 제어 응답 특성이 빠르고(전류 제어 대역폭이 60Hz 교류 전원의 경우 수십 rad/s까지 가능) 설치, 유지 보수, 효율 측면에서 우수하다는 장점이 있다. 그러나, 전력용 반도체의 사용으로 인해 순간적인 과부하(Overload) 내량(Tolerance)이 적으며 입력 전원 전압의 변동(Distrubance)에 취약하며, 입력 전원에 고조파 전류의 주입과 역률 저하 등의 문제를 일으킨다는 단점이 있다. 이러한 단점에도 불구하고 1960년대 후반부터 산업 전반에 걸쳐 수백 kW 이상의 대용량 직류 전동기를 사용하는 가변속 가변 토크 제어 시스템은 정지형 워드레오나드 시스템으로 바뀌었으며 그 제어도 점차 디지털 제어 방식으

로 바뀌었다. 21세기 들어 교류전동기와 그 제어 기술의 발전과 더불어, 직류전동기가 가지는 유지 보수 및 전동기 자체의 낮은 토크 밀도(Torque Density) 및 전력 밀도(Power Density)의 단점으로 인해 신규 설비에는 거의 적용 되지않고 있다.

2.4.2 4 상한 초퍼(Chopper) 시스템

수십 kW 이하의 직류 전동기는 <그림 2.18>과 같은 4상한 초퍼 회로를 이용하여 손쉽게 제어될 수 있다. 특히, 수 kW 이하의 직류 서보(Servo) 전동기는 대부분 이러한 회로에 의해 제어된다.

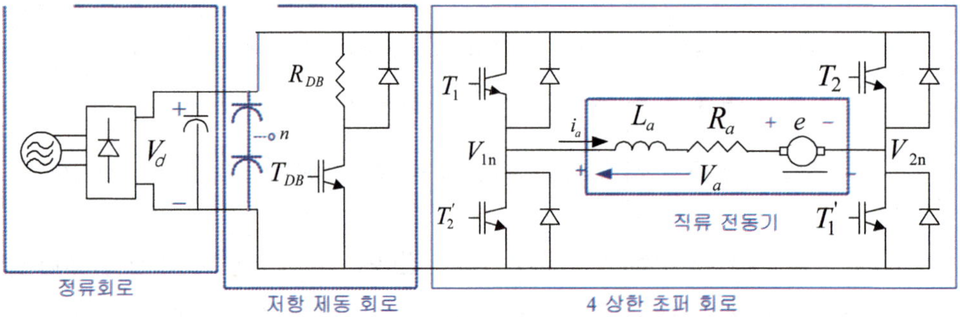

그림 2.18 4상한 초퍼(Chopper) 회로

<그림 2.18>의 회로에서, T_1, T_2, T_1', T_2'로 표시된 4개의 스위치를 적절히 켜고 끔(On-off)으로써 전동기에 인가되는 전압을 $+V_d$ 에서 $-V_d$ 까지 변화시킬 수 있다. 전동기가 발전기로 동작할 경우, 즉 회생 제동(Regenerative Braking)할 경우, 직류 단(Link)에 있는 직류 평활 캐패시터 양단에 축적되는 에너지에 의해 직류단 전압 V_d가 과도하게 상승하는데, 이를 방지하기 위하여 방전용 전력반도체 스위치 T_{DB}를 동작시키면 직류단에 축적된 에너지를 저항 R_{DB}의 열로 발산시켜 직류단 전압의 상승을 억제할 수 있다. 이러한 방법에 의해 회생 제동시의 에너지를 흡수하는 방법을 저항 제동(Dynamic Braking)이라고 한다. 위와 같은 회로에서는 적절한 스위칭 및 전류 제어 회로에 의해 수천 rad/s의 전류 제어 대역폭을 손쉽게 얻을 수 있다. 이러한 사상한 초퍼 회로 역시 앞절의 정지형 워드레오나드 시스템과 같이 직류기가 가지는 고유한 단점과 영구자석 교류전동기와 그 제어 시스템의 발전으로 현재는 그 사용 범위가 매우 제한적이다.

2.5 회전자계의 발생 (참고문헌 [4])

교류 전압원(AC Voltage Source)을 전원으로 하는 교류 전동기는 상용전원(Utility Grid)에 직접 연결될 수 있다는 그 사용의 편리성으로 인해 지난 100여 년간 단순한 기계적 구동력을 얻는 곳에 널리 사용되어 왔다. 특히 유도 전동기, 그 중에서도 농형(Squirrel Cage) 유도 전동기는 구조적인 단순함에서 오는 견고성으로 인하여 1.1절에서 언급한 바와 같이 산업 전동력의 80% 이상을 차지하고 있다. 이러한 교류 전동기를 회전하게 하는 원동력은 회전자계(Rotating Magnetic Field)로부터 기인한다. 본절에서는 회전자계 발생의 원리를 설명한다. 교류 전동기의 동작 원리는 <그림 2.19>에 개념적으로 표시한 회전자계의 발생과 이로 인한 자성체의 흡인 및 반발력(Attractive and Repulsive Force)에 기인한다. <그림 2.19>와 같이 공간적으로 120°씩 떨어진 권선에 3상 대칭 교류 전압을 인가하면 각 권선에 대칭의 3상 전류가 흐르게 되고, 이로 인하여 각 코일에 기자력(Magnetic Motive Force, MMF)이 발생하게 된다. 이러한 3개의 권선이 만들어 내는 기자력의 합은 공간적으로 한 개의 자석이 회전하면서 만들어 내는 기자력과 동일하다.

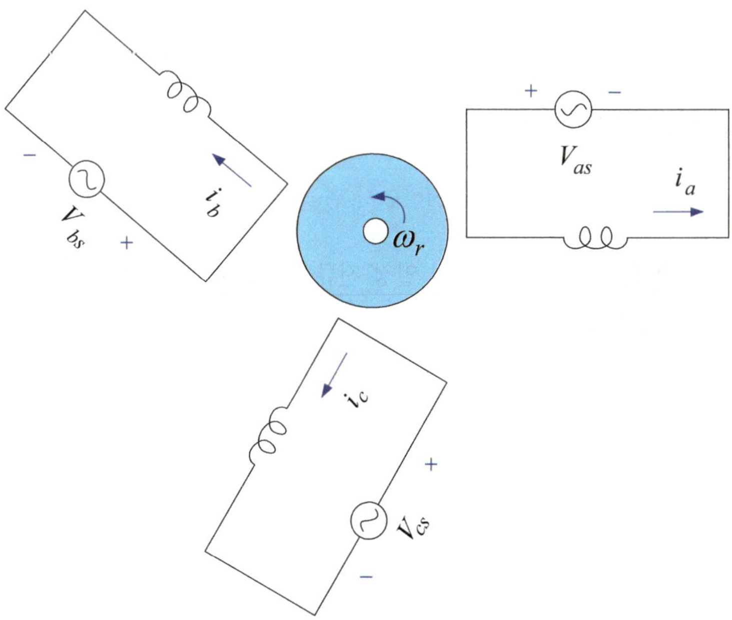

그림 2.19 회전자계(Rotating Magnetic Motive Force,Rotating MMF)의 발생

3상의 권선수가 같고 각 권선에 흐르는 전류 i_a, i_b, i_c 의 크기 역시 같으며 전류의 위상이 서로 120°씩 떨어진 평형(Balanced) 3상 전류라면 각 권선이 만드는 기자력(Magnetic Motive Force, MMF)의 벡터(Vector) 합은 a상 권선의 기자력을 기준 벡터로 할 때 다음과 같이 복소수 벡터의 형태로 표시될 수 있다.

$$\mathsf{F}_{abc} = N\,i_a + Ni_b\left(-\frac{1}{2} + j\frac{\sqrt{3}}{2}\right) + N\,i_c\left(-\frac{1}{2} - j\frac{\sqrt{3}}{2}\right). \tag{2-31}$$

여기서 N 은 각 권선의 유효 권선수(Effective Number of Turns)이다. 고정자 전류, i_a, 의 크기가 I, 각속도가 ω_e (rad/s)인 정현파라고 가정하면 다음 식을 얻을 수 있다.

$$\begin{aligned}\mathsf{F}_{abc} &= NI\cos\omega_e t + NI\left(-\frac{1}{2} + j\frac{\sqrt{3}}{2}\right)\cos\left(\omega_e t - \frac{2\pi}{3}\right) \\ &+ NI\left(-\frac{1}{2} - j\frac{\sqrt{3}}{2}\right)\cos\left(\omega_e t + \frac{2\pi}{3}\right) = \frac{3}{2}NI\left(\cos\omega_e t + j\sin\omega_e t\right)\end{aligned} \quad . \tag{2-32}$$

식 (2-32)의 기자력은 <그림 2.20(a)>에 나타난 바와 같이 공간적으로 90° 떨어져 있고 권선수가 $\frac{3}{2}N$ 이며 각각의 권선(α 권선, β 권선)에 흐르는 전류가 $i_\alpha = I\cos\omega_e t$, $i_\beta = I\sin\omega_e t$ 인 권선이 만들어 내는 기자력과 같다. 이러한 권선이 만들어 내는 기자력은 <그림 2.20(b)>와 같이 권선수가 $\frac{3}{2}N$ 이며 일정한 직류 전류 I 가 흐르는 한 개의 권선이 ω_e 의 각속도로 회전하면서 만들어 내는 것으로 등가화될 수 있다.

또한, 회전하는 1개의 권선이 일정 전류원(Current Source)에 의해 만들어 내는 기자력은 <그림 2.21>과 같이 1개의 큰 영구자석(Permanent Magnet)이 회전하면서 만들어 내는 것으로 등가화될 수 있다.

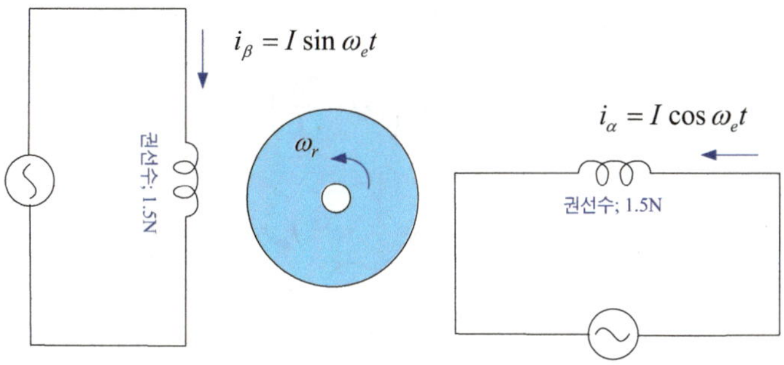

(a) 3상 기자력의 2상 권선에 의한 등가

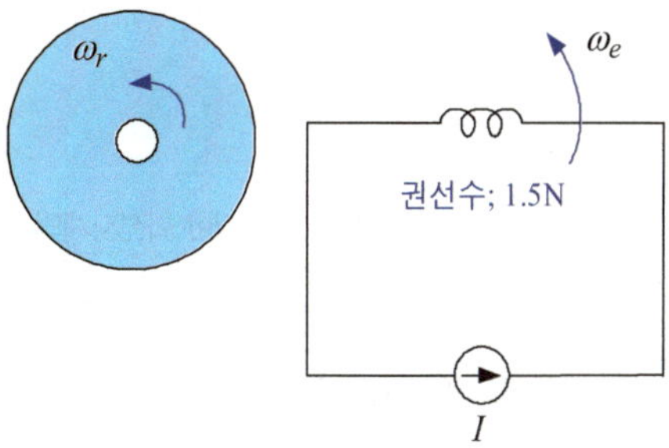

(b) 3상 기자력의 회전하는 단일 권선에 의한 등가

그림 2.20 3상 권선이 만드는 기자력의 등가화

이러한 회전자계(Rotating MMF)는 <그림 2.22>를 살펴보면 물리적으로 쉽게 이해할 수 있다. 3명의 사람이 한 개의 나무 조각을 끈으로 매어 120°씩 떨어진 위치에서 잡고 있을 때 각각의 끈에 힘을 인가하면 나무 조각은 회전 운동을 하게 된다. 세 힘이 정확한 3상 대칭이 아니고 그 크기와 위상의 차이에 약간의 오차가 있다면 나무 조각은 그 오차의 정도에 따라 찌그러진 원 운동을 하게 된다. 교류 전기기계는 근본적으로 이러한 회전자계를 근거로 하여 회전력을 얻게 된다.

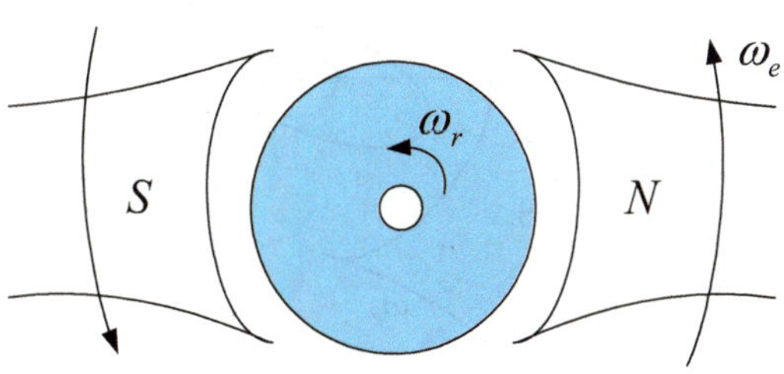

그림 2.21 영구자석에 의한 회전자계의 등가화

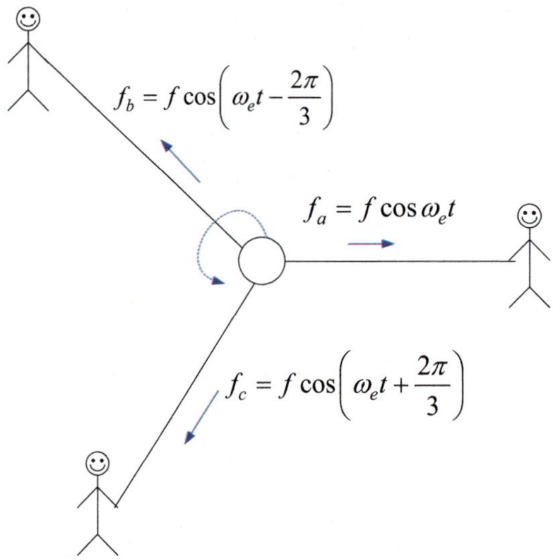

그림 2.22 3상 대칭 힘에 의한 회전자계의 물리적 이해

<그림 2.21>과 같이 고정자(Stator)의 3상 권선에 의한 회전자계를 영구자석의 회전으로 생각하고 회전자에 <그림 2.23>과 같이 회전자의 원주(Radial) 방향으로 대칭이 아닌 자성물질(Ferro-magnetic Material)을 삽입할 경우 고정자에서 본 회전자의 자기저항은 회전각 θ_r 에 따라 달라진다. 회전자는 회전자에 외력(마찰 토크, 부하 토크, 가속 토크)이 작용하지 않을 경우 자기저항(Reluctance)을 최소화하는 형태로 회전하게 된다. 즉, 회전자계의 순시각(Instantaneous Angle), θ_e, 과 회전자의 순시각, θ_r, 은 일치하게 된다($\theta_e - \theta_r = \theta_\delta = 0$).

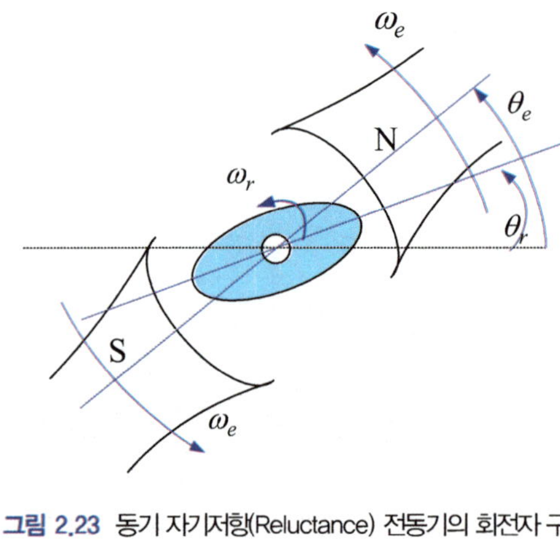

그림 2.23 동기 자기저항(Reluctance) 전동기의 회전자 구조

회전자에 인가되는 가속 토크를 포함하는 부하 토크 또는 마찰 토크가 점점 커지면 이에 따라 회전자계의 순시각과 회전자의 순시각의 차이 θ_δ 도 점점 커지게 되고, 자기 회로의 포화 현상을 무시하면, θ_δ 가 45° 를 넘게 되면 발생되는 토크는 감소한다. 따라서 θ_δ 가 45° 를 넘는 경우 마찰, 가속을 포함한 부하 토크가 발생 토크 보다 줄어들지 않게 되면 전동기의 회전자는 정지하게 되며 이 경우 전동기에는 지속적인 토크가 발생하지 않고 평균 값이 "0"인 진동적(Oscillatory)인 토크만 발생하게 된다.

이와 같이 자기저항의 차이에 의해 회전자계 하에서 토크가 발생하는 전동기를 동기 자기저항 전동기(Synchronous Reluctance Motor)라고 한다. 전동기의 원리와 반대로 회전자의 잔류자속(Residual Flux)에 의해 자계가 형성된 상태에서 외력(원동기 즉 엔진, 수차, 가스터빈 등)에 의해 회전자를 강제로 회전시키면 3상의 고정자 권선에는 잔류자속에 의해 3상 전압이 유기된다. 고정자 권선에 외부의 회로가 연결되어 있으면 유기된 전압에 의해 전류가 흐르게 되고 그로 인해 계속적으로 회전자계가 발생된다. 이 회전자계의 순시각과 회전자의 순시각은, 외력이 일정하게 작용하고 회전 속도가 일정한 정상 상태(Steady State)에서는 일정한 음의 값을 가지게 된다.

$$\theta_e - \theta_r = \theta_\delta < 0 . \tag{2-33}$$

이 경우 교류기계는 동기 자기저항 발전기(Synchronous Reluctance Generator)로 작용하게 된다. 이와 같이 전동기와 발전기의 차이는 전자기적으로 등가이며 단순히 에너지 흐름의 방향이 바뀌는 것으로 이해할 수 있다. 이러한 동기 자기저항 발전기는 그 구조의 단순성으로 인하여 고신뢰성이 요구되는 분야(예를 들면, 우주 항공 분야)의 발전기로 이용되고 있다. 이러한 형태의 전동기에 대한 과도 상태 해석은 3.3.4절에서 다룬다.

회전자가 <그림 2.24>와 같은 구조의 영구자석으로 이루어져 있다면 회전자는 회전자계와 회전자 자석의 상호 작용에 의한 자기력(Magnetic Force)에 의해 회전하게 된다. 이 경우도 앞의 자기저항 전동기와 같이 회전자에 외력이 없다면 $\theta_e - \theta_r = 0$ 을 유지하게 되지만 회전자에 인가되는 마찰 및 가속 토크를 포함한 부하 토크가 커질수록 θ_δ 는 커지게 된다. 그러나 자기저항 동기 전동기와 달리 θ_δ 가 90° 에 이를 때까지 발생 토크는 증가한다. 따라서 θ_δ 가 90° 를 넘는 경우 마찰 및 가속 토크를 포함한 부하 토크가 발생 토크 보다 줄어 들지 않게 되면 전동기의 회전자는 정지하게 되며 이 경우 전동기에는 지속적인 토크가 발생하지 않고 평균 값이 "0"인 진동적인 토크만 발생하게 된다. <그림 2.24>와 같은 구조의 전동기를 영구자석 동기 전동기(Permanent Magnet Synchronous Motor) 특히 회전자의 자석 배치가 그림과 같이 회전자의 표면에 부착되어 있는 전동기를 표면 부착형 영구자석 동기 전동기(Surface Mount Permanent Magnet Synchronous Motor, SMPMSM)라 부른다. 이러한 전동기 역시 외력으로 회전자를 회전시키면 회전자의 영구자석의 자속에 의해 고정자 권선에 전압이 유기되어 발전기로 작용한다. 이러한 형태의 전동기에 대한 과도 상태 해석은 3.3.3.1절에서 다룬다.

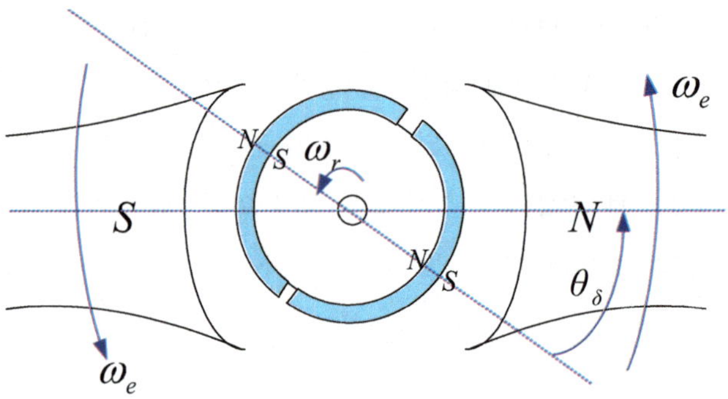

그림 2.24 표면 부착(Surface Mount)형 영구자석 동기 전동기의 회전자 구조

<그림 2.25>처럼 영구자석을 회전자의 내부에 삽입할 경우 영구자석의 비투자율(Relative Permeability)은 공기와 거의 같으므로 회전자의 영구자석에 의한 자속(Flux) 방향의 자기저항이 증가하게 되어 회전자의 원주 방향으로 자기저항에 비대칭성(Asymmetry)이 생기게 된다. 이러한 전동기를 매입형 영구자석 동기 전동기(Interior Permanent Magnet Synchronous Motor, IPMSM)라고 부른다.

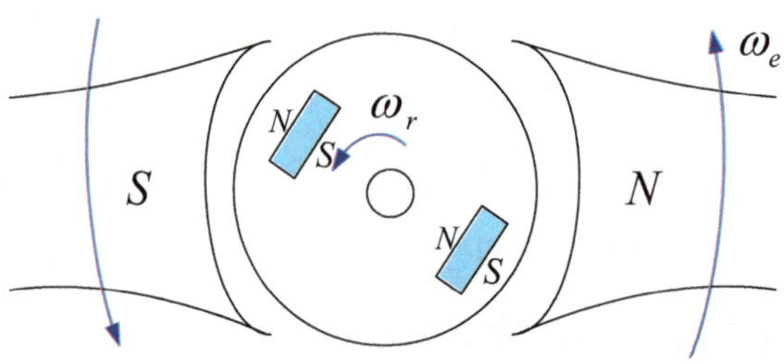

그림 2.25 매입형 영구자석 동기 전동기의 회전자 구조

이와 같은 형태의 전동기는 앞에서 설명한 표면 부착형 영구자석 동기 전동기에 비해 자기저항에 의한 토크와 회전자의 자석에 의한 토크를 동시에 이용할 수 있어 다양한 제어 특성을 얻을 수 있다. 이 경우 최대 토크가 발생하는 θ_δ 는 45°와 90° 사이에 존재하며 자기저항에 의한 토크가 자석에 의한 토크에 비해 상대적으로 클 경우 45°에 가까워 진다. 이러한 형태의 전동기에 대한 자세한 논의는 3.3.3.2절에서 언급한다.

전기기계의 출력이 커짐에 따라 영구자석으로 필요한 자속을 만들 수 없는 대형기(수 MW이상)의 경우 회전자에 권선을 감고 직류 전류를 인가하여 자속을 얻는다. 이러한 회전자의 권선을 계자 권선(Field Winding)이라고 부르고 <그림 2.26>에서 나타낸 바와 같이 회전자의 구조에 따라 원통형(Round Rotor) 동기 전동기와 돌극형(Salient Rotor) 동기 전동기로 구분된다. 대형(수십 MW 이상)의 고속 동기 전동기(회전 속도 1500r/min 이상)의 경우에는 원심력(Centrifugal Force)의 고른 분포를 위하여 원통형 동기 전동기를 통상 사용한다. 계자 권선이 있는 권선형 동기 전동기는 계자 권선에 흐르는 직류 전류(계자 전류, Field Current, i_f)를 제어하여, 전동기의 경우 토크 및 고정자에서 본 역률 등을 제어할 수 있고 발전기의 경우 역률과 발전 전압의 크기를 제어할 수 있다. 돌극형 동기 전동기의 경우 앞의 매입형 영구자석 전동기처럼 자기저항의 비대칭성에 의한 토크가 발생한다. 그러나 이 경우에는 매입형 영구자석 전동기와 달리 <그림 2.26(b)>에서 알 수 있듯이 계자 권선이 만들어 내는 자속 방향의 자기저항이 가장 작게 나타난다. 대형 동기 전동기나 발전기의 경우, 순간적으로 회전자의 속도와 회전자계의 속도가 일치하지 않을 경우 즉, $\left|\frac{d\theta_\delta}{dt}\right| > 0$ 인 경우 회전자의 계자 권선에 이러한 속도의 불일치로 인하여 큰 전압이 유기되고 이로 인해 계자 회로에 막대한 전류가 흐를 우려가 있어 이를 방지하고 과도 상태 특성을 개선하기 위해 댐퍼 권선(Damper Winding)을 두고 있다. 이에 대한 분석은 3.3절에서 자세히 다룬다.

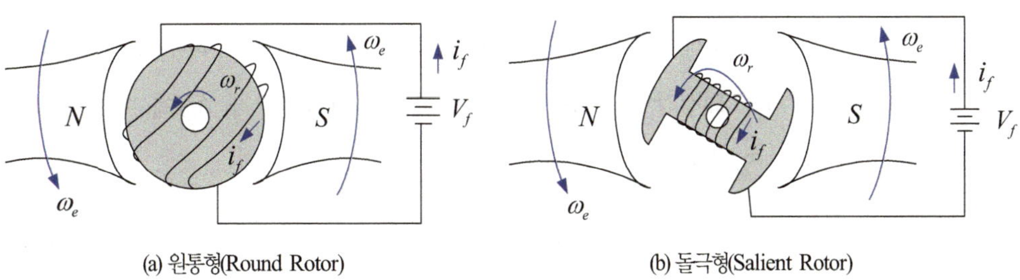

그림 2.26 권선형 동기 전동기의 회전자 구조

2.6 동기기(Synchronous Machine)의 정상 상태 해석 (참고문헌 [5])

3상 교류 동기기 구동계(Synchronous Machine Drive System)의 해석에서 평형 정상 상태(Balanced Steady State)는 각 상의 전압, 전류의 크기가 각각 같고 일정하며, 위상은 서로 120°씩 떨어져 있고, 회전자의 속도와 회전자계의 속도가 서로 일치하며 일정한 경우이다$\left(\dfrac{d\theta_e}{dt}=\dfrac{d\theta_r}{dt}=const=\omega_e,\ \theta_e-\theta_r=\theta_\delta=const\right)$. 이때 동기기의 댐퍼 권선(만약 있다하더라도)에는 전류가 흐르지 않아 어떤 전기자기적(Electro-magnetic)인 역할도 하지 않는다. 이러한 경우의 3상 동기 전동기 해석은 대칭 3상 교류 회로의 해석과 마찬가지로 a상에 대한 해석을 하고 b, c상의 전압, 전류는 a상과 ±120°씩 위상 차이(Phase Difference)가 있는 것으로 해석할 수 있다. 돌극형 동기 전동기처럼 자기저항의 차이가 있는 동기 전동기의 정상 상태 해석은 간단한 등가 회로로 다루기는 어렵다. 이러한 전동기의 특성 해석은 3장에서 과도 상태를 포함하여 상세히 다루기로 한다.

회전자의 기자력과 고정자 권선의 분포가 정현적(Sinusoidal)이라면 기자력은 고정자 각상의 권선에 정현파의 역기전력을 발생시킨다. <그림 2.27>은 이러한 동기 전동기의 등가 회로를 페이서(Phasor)법을 이용하여 표시한 것이다. 통상 전기자 권선의 저항, R_a, 는 정격 속도에서 동기기의 동기 리액턴스(Synchronous Reactance), X_s,에 비해 매우 작다. 즉, $R_a << X_s$ 이다. X_s 는 계자 권선을 가지는 원통형 동기기의 경우 기준값(Per Unit)으로 표시하면(부록A 참고) 1 부근(Same Order, 0.5~3)이고, 표면 부착형 영구자석 동기 전동기(SMPMSM)의 경우 회전자 표면에 부착된 자석의 비투자율(Relative Permeability) , μ_R, 이 공기와 같으므로 등가적으로 회전자와 고정자 사이의 공극이 매우 커진 효과가 나타난다. 따라서 통상 표면 부착형 동기 전동기의 경우 X_s 는 기준값으로 표시하면 권선형 계자를 갖는 원통형 동기기의 수 분의 1이다.

<그림 2.27>의 회로에 흐르는 전류 및 인가되는 전압의 각주파수(Angular Frequency)는 동기기의 회전각 속도 ω_e 와 같다. 여기서 만약 R_a 가 X_s 에 비해 충분히 작아서 무시할 수 있다면 부하각(Load Angle), δ, 는 앞에서 정의된 θ_δ 와 식 (2-34)의 관계를 가진다. 그림에서 표시된 교류 전압과 전류의 크기는 전부 실효값(Root Mean Square, rms)이다.

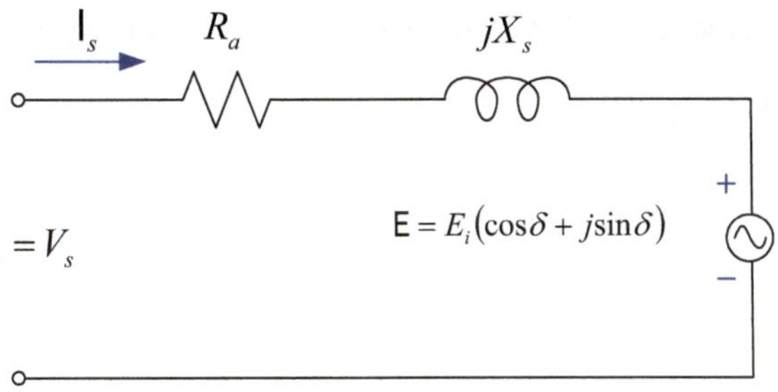

그림 2.27 원통형 동기기의 정상 상태 등가 회로

$$\delta = -\theta_{\delta} . \tag{2-34}$$

R_a 를 무시하고 고정자 권선에 흐르는 전류를 구하면 식 (2-35)와 같다.

$$\mathsf{I}_s = \frac{\mathsf{V}_s - E_i \cos\delta - jE_i \sin\delta}{jX_s} . \tag{2-35}$$

3상 동기기를 가정하면 동기기에 입력되는 전력은 다음과 같이 구할 수 있다.

$$P_s = 3Re[\mathsf{V}_s \cdot \mathsf{I}_s^*] = \frac{-3V_s E_i \sin\delta}{X_s} . \tag{2-36}$$

여기서 '*'는 공액 복소수(Complex Conjugate), 'Re'는 복소수의 실수부를 의미한다. 그러므로 $\delta < 0$ 이면 동기기는 전동기로 $\delta > 0$ 이면 발전기로 작용한다. 전동기로 작용할 경우 회전자에 의해 발생되는 토크는 다음 식과 같다. 만약 고정자 권선을 포함한 전동기 내부의 손실을 무시할 수 있다면, 정상 상태 하에서는 발생 토크와, 마찰을 포함한 부하 토크는 같고 이를 표현하면 다음과 같다.

$$T_e = T_L \approx -\frac{P}{2} \frac{3V_s E_i \sin\delta}{\omega_e X_s} . \tag{2-37}$$

여기서 P 는 동기기의 극수(Number of Pole)이다. 따라서 회전자에 인가되는 외력이 커질수록 부하각 δ 의 절대 값은 커지게 되고, 전동기의 발생 토크 역시 커지게 되며 그 최대 값은 $\delta = -90°$에서 발생한다. δ 가 $-90°$보다 작아지면(즉 δ 의 절대 값이 커지면) 더 이상 일정한 토크를 내지 못하고 전동기는 탈조(Out of Synchronism)하게 된다. 전동기가 정격 속도에 비해 매우 낮은 속도 영역에서 동작할 경우 R_a 의 효과를

무시할 수 없게 되고 이 경우에 최대 토크는 $\delta = -90°$ 보다 더 큰 값(즉 $|\delta| < 90°$)에서 발생하게 된다.

앞에서 언급한 바와 같이 권선형 동기기의 X_s 는 기준 값으로 표시할 때 1에 가까우므로 정격 속도로 회전하고 있는 권선형 동기기의 입력 단자를 단락시킬 경우(즉, $\mathrm{V}_s = 0$ 의 경우), I_s 의 크기는 정상 상태에서 정격 전류 부근 값이 되나 표면 부착형 영구자석 동기 전동기의 경우 정격 전류의 수배에 해당하는 전류가 흐를 수 있다. 따라서 이 경우에도 영구자석이 불가역 감자(Irreversible Demagnetization)되지 않도록 영구자석 동기기는 설계되어야 한다.

<그림 2.27>의 등가 회로에서 E_i 는 식 (2-38)과 같이 회전자 자속의 크기(즉 계자권선의 전류의 크기, 또는 영구자석의 자속)와 회전 속도에 비례한다.

$$E_i = \lambda_f \cdot \omega_r = K_f \cdot I_f \cdot \omega_r \,. \tag{2-38}$$

여기서 K_f 는 권선수와 기계적 구조에 의해 결정되는 상수이며 자기 회로의 포화(Saturation)를 무시할 경우 K_f 는 일정한 상수이다. I_f 는 권선형 동기기의 계자 권선에 흐르는 계자 전류이다. 따라서 권선형 동기기는 식 (2-35), (2-38)에서 알 수 있듯이 I_f 의 크기를 조정함에 따라 E_i 가 바뀌고 이에 의해 같은 전원 전압 V_s 에서도 전류 I_s 의 크기와 위상이 바뀌므로 동일한 입력 전력 P_s 에서도 다른 운전 역률을 얻을 수 있다. <그림 2.28>은 R_a 를 무시했을 경우 동기기가 전동기로 동작할 때 진상(Leading) 역률, 역률 1(Unity Power Factor), 지상(Lagging) 역률의 각각의 경우에 대한 페이서도(Phasor Diagram)이다. 여기서 ϕ_s 는 역률각이다.

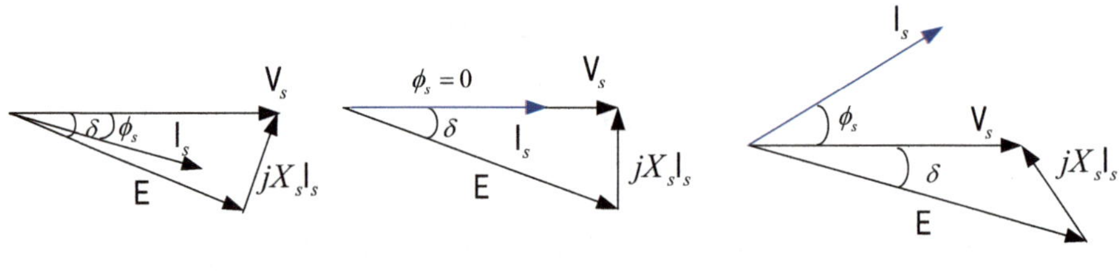

(a) 지상 운전 (b)역률 1(Unit Power Factor) 운전 (c) 진상 운전

그림 2.28 일정 단자 전압, 일정 출력의 경우에서 계자 전류에 따른 권선형 동기 전동기의 페이서도

이와 같이 권선형 전동기는 계자 권선에 흐르는 전류 I_f 를 제어함으로써 (같은 단자 전압, 출력에 대해 I_f 가 커질수록 역률이 지상에서 진상으로 움직인다) 입력 전력의 역률을 제어할 수 있다. 이러한 특성을 이용하여 대형 동기 전동기를 전력 계통(Power System)의 역률을 보상하는 장치, 동기 조상기(Synchronous Phase Shifter)로 사용하곤 하였으나 이러한 동기 조상기는 근래 전력전자 공학의 발달로 인하여 정지형 무효 전력 보상 장치(Static Var Compensator, SVC) 또는 정지형 동기보상기(Static Synchronous Compensator, STATCOM) 의해 대체되고 있다. 또한 대형 동기 전동기의 경우 과여자시(Over Excitation) 전동기의 전원단 역률이 진상이 됨을 이용하여 <그림 2.29>와 같이 간단한 다이리스터(Thyristor) 브릿지 회로로 인가 주파수를 제어함으로써 전동기의 속도를 제어할 수 있다. 이 경우 각각의 스위칭 소자(Thyristor)는 다음 순서에 켜질 소자를 켬(Turn On)으로써 자동적으로 전동기의 역기전력, E, 에 의해 꺼지게 된다(부하 전류, Load Commutation). 이러한 대형 동기 전동기 속도 제어 시스템은 부하 전류형 인버터(Load Commutated Inverter, LCI) 또는 다이리스터 전동기(Thyristor Motor)로 불리며 1970~80년대에 많이 이용되었다. 현재에는 켜고 끔(On and Off)이 자유로운 대용량 전력용 반도체(예를 들면, IGCT, IEGT, IGBT 등)가 발전함에 따라 그 응용 범위가 축소되고 있다. 하지만 선박의 전기추진(Electric Propulsion)을 위한 수십 MW를 넘는 대형 동기전동기의 구동에는 아직도 적용되고 있다.

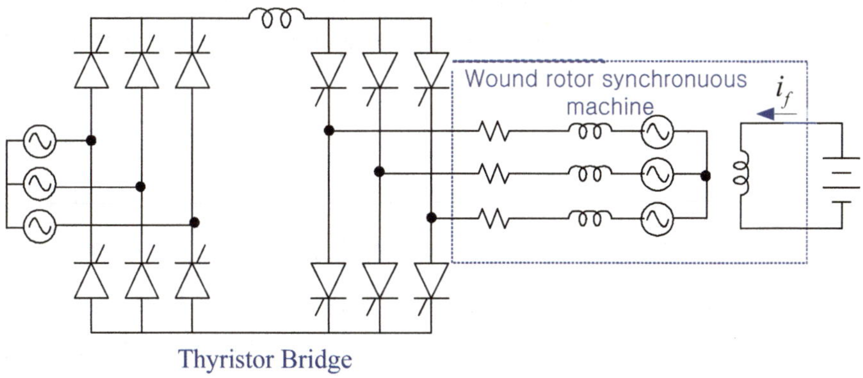

그림 2.29 다이리스터(Thyristor) 전동기의 개념도

표면 부착형 영구자석 동기 전동기의 경우 회전자의 자속이 영구자석에 의해 공급되므로 식 (2-38)에서 I_f 는, 전동기의 동작 중 사고에 의해 감자(Demagnetization)가 없

고 동작 온도에 따른 영구자석의 특성 변화를 무시할 수 있다면, 일정한 정전류원(Constant Current Source)으로 모델링(Modelling)할 수 있다. 통상 가변 주파수 제어 장치(Inverter)로 구동되는 표면 부착형 영구자석 전동기는 단위 전류당 발생 토크(Torque/Ampere)를 최대로 하기 위하여 I_s 와 E 가 같은 위상을 유지하도록 제어된다. 이 경우 R_a 를 무시하고 페이서도로 표시하면 <그림 2.30>과 같다. 따라서 이 때 전원단에서 본 역률은 항상 지상(Lagging)이다.

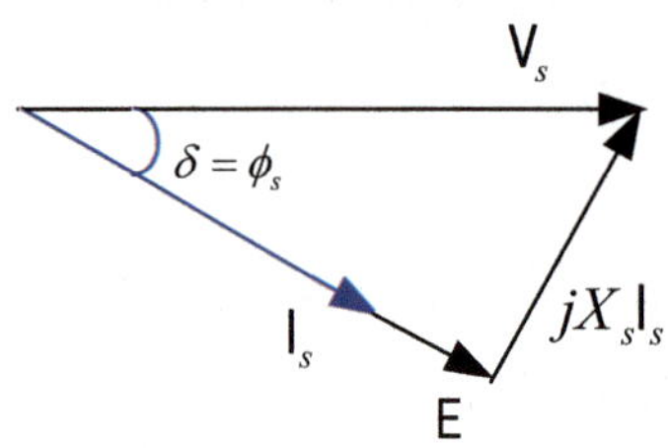

그림 2.30 표면 부착형 영구자석 동기 전동기(SMPMSM)의 단위 전류당 최대 토크(Maximum Torque Per Ampere, MTPA) 운전 시 페이서도

2.7 선형 전동기

선형 운동(Linear Motion)이 필요한 많은 자동화 기기에서 전동기의 회전 운동을 적절한 기계 구조를 이용하여 선형 운동으로 변환하여 선형 운동의 기계적 구동력을 얻고 있다. 그러나 이러한 변환을 위한 기계 구조가 가지는 여러 단점들, 즉 크기, 유지 보수, 동력 전달의 효율과 정확성, 동적 강성(Stiffness)의 부족 등으로 인하여 높은 가감속과 정밀한 제어가 요구되는 부분에서 선형 전동기가 활용되고 있다. 앞절에서 설명한 모든 전동기–직류기, 유도기, 동기기–가 선형 전동기로의 구현이 가능하다. 그러나 통상 자동화기기에서는 표면 부착형 영구자석 형태의 선형 동기 전동기가 가장 많이 활용된다. 이 경우 그 동작 원리는 앞의 회전형 영구자석 전동기와 동일하다. <그림 2.31>은 이러한 전동기의 외관 사진이다. 선형 영구자석 전동기는 다시, 통상의 회전형 전동기처럼 영구자석이 움직이는 가동 자석형(Moving Magnet Type)과 영구자석은 고정되어 있고, 권선이 움직이는 가동 권선형(Moving Coil Type)으로 나눌 수 있는데, 현재 움직임이 수 미터(Meter) 이내인 자동화 기기에서는 제어의 편의성으로 인하여 가동 권선형이 널리 쓰이고 있다. <그림 2.31>에 나타난 선형 전동기는 가동 권선형이다.

그림 2.31 가동 권선형(Moving Coil Type) 선형 영구자석 전동기의 외관 사진

2.8 동기 전동기의 능력 곡선

2.8.1 계자 권선이 있는 원통형(Round Rotor) 동기 전동기

<그림 2.27>의 등가 회로에서 단자 전압 V_s 와 단자 전류 I_s 의 크기가 제한되어 있을 때 권선형 계자를 갖는 동기 전동기의 능력 곡선은 직류 전동기와 같은 특성을 나타낸다. 먼저 기저속도(Base Speed, ω_b) 이하의 정토크(Constant Torque) 운전 영역을 살펴보면 다음과 같다. 만약 $R_a << X_s$ 라서 전기자 권선 저항을 무시할 수 있다면, 단위 전류당 최대 토크를 얻기 위한 운전 상태에서 <그림 2.30>과 같은 페이서도(Phasor Diagram)를 그릴 수 있다. 여기서, $X_s = \omega_e L_s$ 이며, L_s 는 동기 인덕턴스(Synchronous Inductance)이고 동기기의 누설(Leakage) 인덕턴스 $L_{\ell s}$ 와 여자(Excitation) 인덕턴스 L_m 의 합으로 표시된다. 여기서 전기각으로 표시한 회전각속도 ω_r 은 정상 상태라는 가정에서 ω_e 와 같다. 즉 $\omega_e = \omega_r$ 이다.

<그림 2.30>에서 역기전력은 계자권선에 흐르는 전류에 따라 $E = K_f I_f \omega_e \angle \delta$ 로 표시된다(전동기로 동작할 때 δ 는 음의 값이다). 만약 V_s 를 ω_e 에 비례하게 제어한다면 즉, $V_s = K_a \cdot \omega_e$ 로 제어하면 ω_e 의 변동에 대해 <그림 2.30>의 페이서도의 변화는 없다. 여기서 K_a 는 단자 전압과 주파수의 비례 상수이다. 이러한 동작 영역은 ω_e 가 증가하여 V_s 가 제한치에 이를 때까지($V_s = V_{\text{lim}}$) 계속될 수 있고 이 경우 토크는 <그림 2.30>의 페이서도와 식 (2-37), (2-38)로부터 식 (2-39)와 같이 표현될 수 있다. ω_e 가 증가하여 V_s 가 제한치에 이르렀을 때의 속도를 기저 속도(Base Speed), ω_b ,로 부른다.

$$T_e = \frac{3X_s|\mathrm{I}_s| \cdot K_f I_f \cdot \omega_e}{\frac{2}{P} X_s \omega_e} = \frac{3}{2} P \cdot |\mathrm{I}_s| \cdot K_f I_f \,. \quad \text{(2-39)}$$

따라서 계자 전류 I_f 를 일정하게 할 경우(정격 값으로 유지), T_e 는 $|\mathrm{I}_s| = I_{\lim}$ 로 주어지는 제한된 전기자 전류에서 가용한(Available) 최대 토크를 얻을 수 있다. 만약 ω_e 가 낮아져서 R_a 의 크기가 $\omega_e L_s$ 에 비해 상대적으로 무시할 수 없다면, R_a 에 의한 전압 강하를 고려해야 한다. 즉, $\mathrm{V}_s = R_a \mathrm{I}_{\lim} + K_a \omega_e$ 의 형태로 제어하여야 한다.

기저 속도 ω_b 이상에서 I_f 를 일정하게 제어할 경우 단자 전압 V_s 의 크기가 정격값(제한 값, $V_{\lim}$)을 넘어서게 되므로 ω_e 가 증가함에 따라 단자 전압의 크기 $|\mathrm{V}_s|$ 가 일정하게 유지되도록 계자 전류 I_f 를 적절히 줄일 필요가 있다. 즉 약계자 영역 운전에 들어가게 된다. ω_e 가 기저 속도를 넘어서서 동기기가 전류 제한 $\left(|\mathrm{I}_s| = I_{\lim}\right)$, 전압 제한 $\left(|\mathrm{V}_s| = V_{\lim}\right)$ 조건 하에서 운전될 때는, R_a 의 크기가 $X_s = \omega_e L_s$ 에 비해 충분히 작으므로 전기자 저항에 의한 전압 강하를 무시할 수 있고, 따라서 <그림 2.27>의 등가회로에서 전기자 회로의 손실은 무시할 수 있다. 또한 동기 전동기는 발생 토크에 따른 슬립(Slip)이 없으므로 일정 전원 주파수에서 전력과 토크는 정확한 비례 관계가 성립한다. 이러한 가정과 운전 조건 하에서 동기 전동기를 최대 토크로 운전하려면(능력 곡선을 구하려면), 전동기의 입력 유효 전력(=출력 유효 전력)을 최대로 하면 되고, 단자 전압과 전류의 제한 조건 하에서 최대 입력 전력을 유지하는 방법은 역률을 1로 유지하는 것이다. 이와 같은 약계자 운전 영역에서의 페이서도는 역률 1운전의 조건에 따라 전류와 단자 전압의 위상이 일치하므로, R_a 에 의한 전압 강하를 무시할 수 있다면 동기 인덕턴스에 의한 전압 강하는 단자 전압과 직각을 이루며 역기전력은 직각 삼각형의 빗변이 되는 <그림 2.32>와 같은 모양이 된다. 따라서 주어진 조건하에서 최대 토크로 운전 하려면, 인가 주파수 ω_e 가 증가함에 따라 I_f 를 적절히 제어하여, 단자 전압과 인덕턴스에 의한 전압 강하가 <그림 2.32>와 같은 직각 삼각형이 유지되도록 E_i 의 크기를 제어해야 한다. 이때 전동기의 공극 자속은 ω_e 에 따라 줄어 들게 되고, 따라서 식 (2-40)에서 표시한 바와 같이 토크 역시 ω_e 에 따라 반비례하여 줄어 들게 된다.

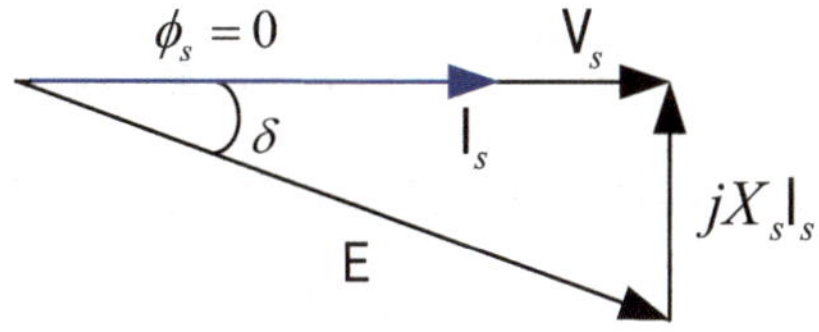

그림 2.32 전압과 전류가 제한 값을 유지하고 있을 때 계자 권선을 가지는 원통형 동기 전동기의 최대 토크 운전 시 페이서도(전기자 저항에 의한 전압 강하 무시)

동기 전동기의 약계자 운전에서는 2.15절에서 언급된 유도 전동기의 약자속 운전의 경우와 달리 특성 영역(Characteristic Region)은 나타나지 않고 기계적 구조에 의해 제한되는 최고 속도까지 ω_e에 반비례하여 토크를 얻을 수 있다. <그림 2.33>은 이러한 동기 전동기의 운전 특성을 고려한 능력 곡선이다.

$$T_e = \frac{3}{2} P \frac{V_{\text{lim}} I_{\text{lim}}}{\omega_{\text{e}}}. \tag{2-40}$$

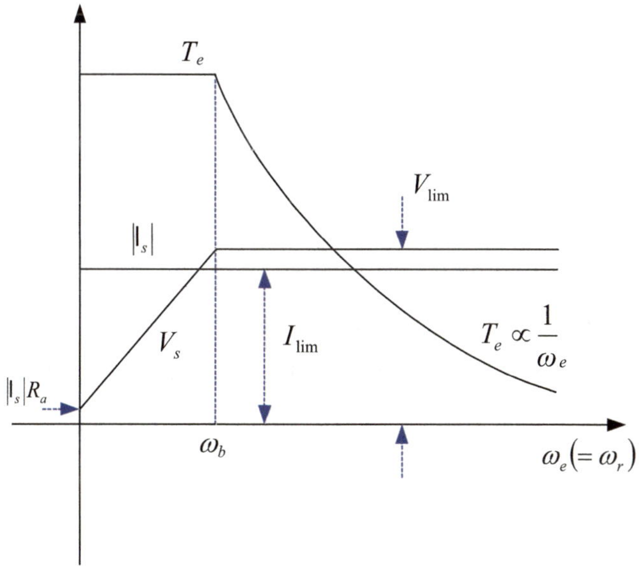

그림 2.33 권선형 계자를 갖는 원통형 동기 전동기의 능력 곡선

이때 기계적 출력은 속도와 토크의 곱에 의해 주어지므로 항상 일정하게 된다.

기저 속도 까지의 단위 전류당 최대 토크 운전에 대한 페이서도 <그림 2.30>

과 기저 속도 이상의 약자속 운전에서의 페이서도 <그림 2.32>사이에는, 전동기 운전시, ω_e 가 증가함에 계자 전류 I_f 를 줄이지 않고 단자 전압 V_s 와 전기자 전류의 크기를 일정하게 유지 하면서도 최대 토크를 얻을 수 있는 구간이 잠깐 생긴다. 이 때 역율각, φ_s , 는 $-\delta$ 로부터 0으로 변하게 된다. 즉 이 구간에서는 페이서도 <그림 2.30>에서 속도 증가에 따라 역기전력 E 가 커질수록 I_s 가 V_s 와 이루는 각이 점차 줄어 들게 되고, I_s 가 V_s 와 동상(In Phase)을 이룰 경우 페이서도는 <그림 2.32>와 같이 된다. 이 구간에서는 속도가 증가함에 따라 가용(Available) 토크는 점차 조금씩 줄어들게 되나 약계자 영역과 달리 ω_e 에 따라 반비례하여 줄어 들지는 않는다. <그림 2.33>의 능력 곡선에서 이러한 동작 구간은 매우 좁으므로 무시하였다.

이러한 동기기는 직류기와 달리 약계자 영역(정출력 영역)에서 전기자 반작용에 의한 정류(Commutation)의 문제가 없으므로 넓은 약계자 영역을 확보할 수 있다. 계자 권선을 가지는 돌극형 동기 전동기의 경우에도 원통형과 유사하게 능력 곡선을 구할 수 있으나, 회전자의 돌극 구조에 기인하는 자기저항 토크(Reluctance Torque)에 유의하여야 한다.

2.8.2 영구자석(Permanent Magnet) 동기 전동기

통상의 영구자석 전동기(표면 부착형 영구자석 전동기, 인덕턴스의 차이가 20% 이내인 매입형 영구자석 전동기)는 쇄교 자속의 대부분이 영구자석에 의해 발생하며 영구자석의 자속은 외부에서 제어가 불가능하므로 약자속 운전 영역이 매우 제한된다. 따라서 능력 곡선(Capability Curve)은 <그림 2.34>에 보인 바와 같이 기저 속도(Base Speed) 이후 토크가 급속히 줄어드는 양상을 보인다. 이런 특성을 보이는 전동기에 있어서도 약자속 제어 기법을 개선함으로써 능력 곡선을 최대화할 수 있다. 이에 대한 자세한 논의는 5.4.2절에서 다룬다.

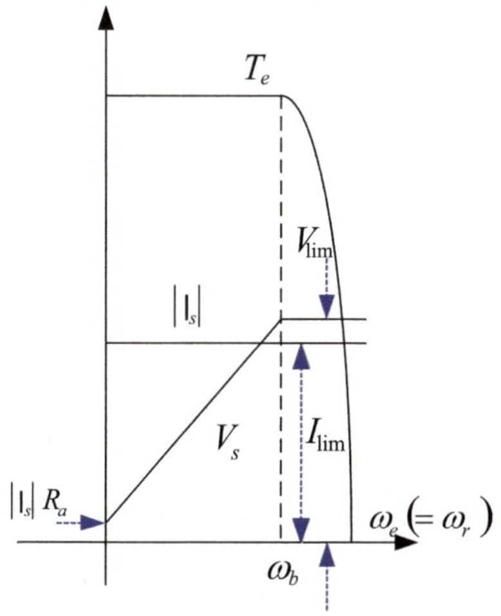

그림 2.34 영구자석에 의해 쇄교 자속이 결정되는 구조의 영구자석 동기 전동기의 능력 곡선

2.9 동기 전동기 제정수의 변동

2.9.1 고정자 권선 저항 및 계자 권선 저항

동기기의 전기자(고정자) 권선은 통상 구리(Copper)로 이루어져 있으며 온도에 대한 구리의 전기 저항 특성은 식 (2-41)과 같이 변한다. 또한 권선에 흐르는 전류의 주파수에 따른 표피 효과(Skin Effect)로 인하여 주파수가 높을수록 권선의 저항이 커지는 경향이 있다. 통상의 동기기의 경우 흐르는 전류가 100Hz 이내이고 권선은 가공의 편리성을 도모하기 위하여 여러 가닥의 선들이 병렬로 이루어져 있으므로 표피 효과에 의한 권선 저항의 변화는 무시할 수 있다. 또 만약 계자 권선이 있는 동기기의 경우 통상 계자 권선 역시 구리로 이루어져 있으므로 온도에 의한 권선 저항의 변화는 고정자 권선과 같으나 계자 권선에는 통상 직류가 흐르므로 표피 효과에 의한 저항 변화는 고려할 필요가 없다. 다만 대형 동기기의 경우 댐퍼 권선을 갖추고 있는데 댐퍼 권선에는 과도 상태에서 다양한 주파수의 전류가 흐르므로 표피효과에 의해 등가 권선 저항과 인덕턴스가 급격히 변하므로 반드시 이에 대한 고려가 필요하다.

$$R_{\text{at } T} = R_{75^\circ C} \left(\frac{235 + T}{310} \right). \tag{2-41}$$

여기서 T 의 단위는 ℃이고, $R_{75^\circ C}$ 는 75℃에서 결정된 저항 값이다.

2.9.2 동기 인덕턴스

동기기의 동기 인덕턴스는 그 대부분을 차지하는 여자 인덕턴스가 자속의 분포에 따라 변하므로 계자 권선에 흐르는 전류와 고정자 권선에 흐르는 전류에 의해 만들어지는 쇄교 자속(Flux Linkage)의 크기에 따라 그 값이 변동한다. 돌극형 회전자 구조를 가지면서 계자 권선에 의해 여자 자속을 얻는 동기기의 경우 쇄교 자속의 변화에 따른 동기 인덕턴스의 변화는 여자 자속이 존재하는 축의 동기 인덕턴스 L_d 에 비해 그와 전기적으로 90° 떨어진 축의 동기 인덕턴스 L_q 의 변화가 상대적으로 적다. 이는 L_q 가 존재하는 축의 자기저항이 L_d 가 존재하는 축에 비해 크기 때문에 자기 포화(Magnetic Saturation)에 의한 영향을 덜 받기 때문에 나타나는 현상이다. 그러나 <그림 2.35>와 같은 매입형 영구자석 동기기, 특히 인덕턴스의 차이가 매우 큰 (돌극비 $(\equiv L_q / L_d)$ 2 이상) 영구자석 동기기의 경우 영구자석에 의한 자속이 존재하는 축에서 영구자석이 공극과 같은 비투자율(Relative Permeablity)을 가지므로 해당 축에서 측정되는 자기저항이 그와 전기적으로 90° 떨어진 축에서 측정되는 자기저항에 비해 매우 크게 나타나, L_q 비해 L_d 의 변화가 상대적으로 매우 작다. 이러한 전동기의 등가 회로는 3.3.2.2 절에서 자세히 언급한다.

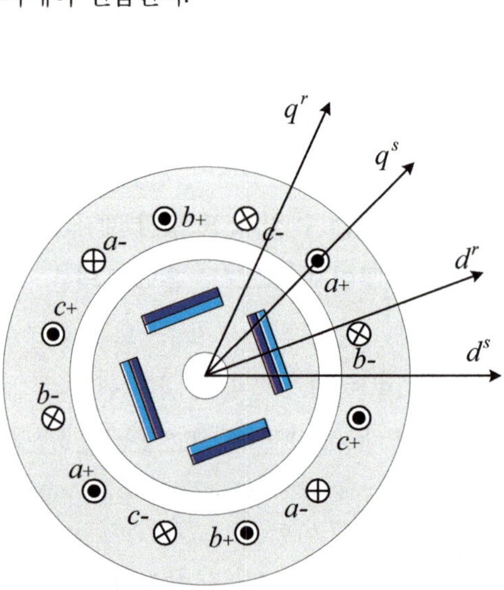

그림 2.35 원주 매입형 영구자석 전동기의 자석 배치와 고정자 권선의 개념도

통상 전기자동차와 복합형(Hybrid) 전기자동차 등의 견인(Traction) 전동기로 쓰이는 돌극비가 큰 매입형 전동기의 경우 L_q 는 동작 조건에 따라 수 백% 이상 변할 수 있으며 해당 축에 흐르는 전류의 절대 값이 클수록 L_q 값이 적어지는 경향을 보인다. <그림 2.36>은 전형적인 견인용 매입형 영구자석 전동기(정격 출력 50kW, 정격 선간전압 실효치 220V, 20극)의 전류에 대한 인덕턴스의 크기를 나타낸다. 그림에서 전류각 β 는 고정자에 흐르는 전류에 의한 자속이 회전자에 있는 영구자석이 만드는 자속과 이루는 각을 의미하며 90°일 때는 고정자의 모든 전류가 3장에서 언급할 q^r 축에 자속을 형성하며, 180°일 때는 모든 전류가 영구자석의 자속을 상쇄하는 방향($-d^r$ 축)으로 자속을 형성한다. L_d 의 측정에 있어 β 가 90°에 가까워질수록 측정과 제어상의 어려움으로 인하여 오차가 커진다. 그림에 나타난 바와 같이, L_q 는 전류의 크기에 따라 2.5배 정

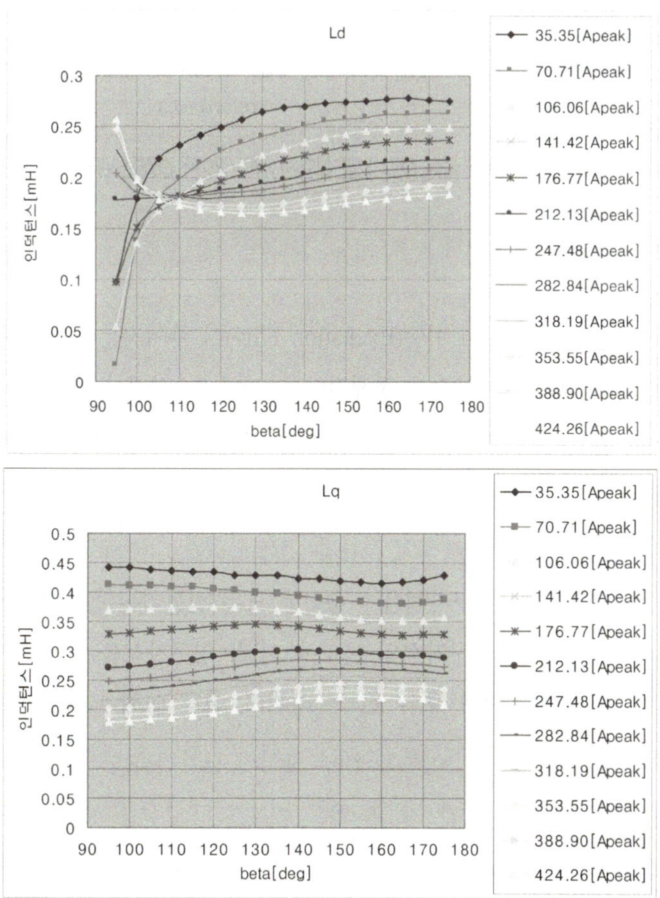

그림 2.36 정격 출력 50kW, 정격 선간전압 실효치 220V, 20극 견인용 영구자석 동기 전동기의 동기 인덕턴스

도 변하며, 측정상에 있어 오차가 큰 β 가 90°~110°의 영역을 무시하면, L_d 는 약 1.5배 정도 변한다. 이러한 동기 인덕턴스의 변동은 고성능의 견인 특성을 얻기 위해서 제어기 설계에서 반드시 고려되어야 한다. <그림 2.37>에는 이러한 전동기의 능력 곡선을 표시하였다. 제한된 전압과 전류 조건에서 기저 속도 2200r/min에서부터 최고 속도 9000r/min까지 약 4:1의 정 출력(Constant Power) 영역을 가진다.

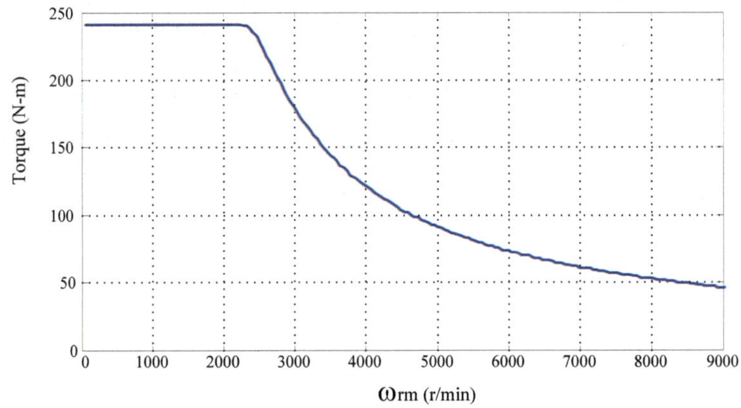

그림 2.37 정격 출력 50kW 정격 선간 전압 실효치 220V,20극 견인용 영구자석 동기 전동기 의 능력 곡선

2.9.3 역기전력 상수

계자 권선에 의해 여자 자속(Excitation Flux)이 주어지는 권선형 동기기의 경우 계자 전류에 의해 역기전력 상수가 정해진다. 그러나 2.5절에서 언급한 바와 같이 영구자석 동기기의 경우 여자 자속이 영구자석에 의해 주어지므로, 이는 식 (2-38)에서 계자 권선의 전류 I_f 를 영구자석이 발생시키는 자속을 생성하는 등가 전류원의 전류로 모델링할 수 있다. 통상 영구자석의 잔류자속(Remanence, Residual Flux)은 온도에 따라 그 값이 변한다. 따라서 영구자석을 이용하는 모든 전동기는 동작 온도에 따라, 보다 정확히는 전동기 내부의 영구자석의 온도에 따라, 영구자석을 등가 전류원으로 모델링할 때 식 (2-38)의 역기전력 상수 K_f 가 바뀌며, 이로 인해 토크 상수 역시 같은 크기로 변동하게 된다. 통상 페라이트(Ferrite) 자석의 잔류자속은 약 –0.2%/°C 로 온도가 증가함에 따라 그 크기가 감소하고, 최근 대부분의 고성능 영구자석 동기기에 이용되고 있는 NdFeBr(Neodymium-Iron-Boron) 계열의 자석은 –0.1%/°C 정도의 온도 변화 특성을 보인다. 따라서 NdFeBr 계열의 자석을 사용한 영구자석 동기기의 경우 영구자석

온도가 100℃ 변하면 약 10% 정도의 역기전력이 변하는 특성을 나타낸다. <그림 2.38>에 NdFeBr 계열의 자석인 NEOMAX-32H의 온도에 따른 자속 밀도의 변화를 표시하였다. 그림으로부터 온도 계수(Temperature Coefficient) α가 약 -0.11%/℃ 임을 알 수 있으며 온도 변화에 따른 자속 밀도를 식 (2-42)와 같이 표시할 수 있다.

이를 통해 쇄교 자속 역시 식 (2-43), (2-44)와 같이 표현된다.

$$B_r(T) = B_{r0}\left(1+\alpha\frac{\Delta T}{100}\right). \tag{2-42}$$

$$\lambda_f = \int B_r dA. \tag{2-43}$$

$$\lambda_f(T) = \lambda_{f0}\left(1+\alpha\frac{\Delta T}{100}\right). \tag{2-44}$$

여기서 B_{r0}는 30[℃]일 때의 영구자석의 잔류자속 밀도, λ_{f0}는 30[℃]일 때의 영구자석의 자속, ΔT는 기준으로 삼은 30[℃]와 동작 온도 T[℃]의 차이이며, dA는 자속이 지나가는 단면적의 미소 변위이다.

<그림 2.39>에 NEOMAX-32H 자석을 사용하여 제작된 4kW, 6극, 매입형 영구자석 동기기의 무부하 역기전력 파형을 30℃와 110℃의 경우에 대하여 표시하였다. 그림에서 각 경우 속도는 1605[r/min]으로 일정하며 측정된 선간전압의 실효치(Root Mean Squre, rms)의 주파수 해석(Fast Fourier Transformation, FFT) 결과는 그림에서 보는 바와 같이 7.96[V], 7.32[V]이다. 무부하 역기전력은 회전 속도와 자속 λ_f의 곱에 의해 결정되므로, 측정된 역기전력으로 자속을 추정할 때, 영구자석에 의한 자속 λ_f는 식 (2-42) ~ (2-44)에 주어지는 바와 일치하는 변화를 보인다.

이러한 영구자석의 온도에 따른 자속의 변화는 전동기의 자기 포화(Magnetic Saturation)의 정도(Level)를 변화시켜 앞에서 언급한 동기 인덕턴스의 변화를 초래할 수도 있다. 그러나 자석 그 자체의 비투자율(Relative Permeability)이 공기와 같아서 자기 저항이 크므로 온도에 따른 동기 인덕턴스의 변동은 앞에서 설명한 고정자 권선 전류에 의한 인덕턴스 변동에 비해 무시할 만하다.

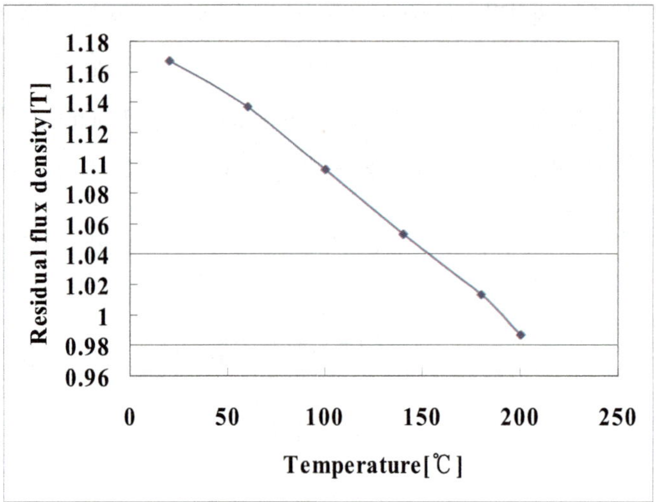

그림 2.38 NdFeBr 계열 NEOMAX-32H의 온도에 따른 자속 밀도

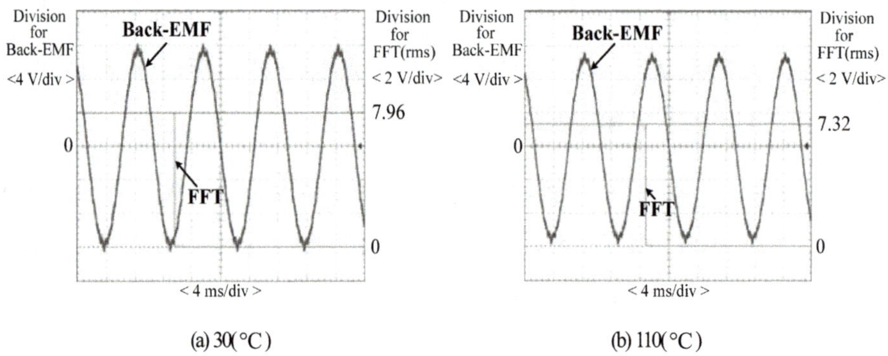

그림 2.39 NEOMAX-32H를 사용한 4kW, 6극 영구자석 전동기의 무부하 역기전력 파형

2.10 유도기의 정상 상태 해석 (참고문헌 [5])

유도기는 고정자 권선에 의해 발생되는 회전자계를 이용하는 면에서는 동기기와 비슷하나 회전자에 별도의 기자력이 없으며 자기저항도 회전 방향에 대해 대칭적이라는 점에서 다르다. 유도기는 그 구조에 따라 <그림 2.40>에 나타난 바와 같이 회전자에 3상 권선을 설치하고 그 단자를 슬립링(Slip Ring)을 통하여 외부로 인출한 권선형(Wound Rotor) 유도기와 <그림 2.41>과 같이 회전자의 구조가 농형(Squirrel Cage)인 농형 유도기로 구별할 수 있다. 전력전자 기술이 발달하기 전에는 권선형 유도기가 속

도 및 토크의 제어를 필요로 하는 곳에 많이 사용되었으나 현재는 그 응용 범위가 매우 제한적이다. 현재 권선형 유도기는 대용량 풍력 발전 시스템의 발전기로 활용되고 있다. 본절에서는 현재 가전 및 산업 현장에서 가장 많이 사용되고 있는 농형 유도기를 기준으로 유도기의 특성을 설명하고자 한다. 회전자계가 농형 유도기의 회전자에 인가되면 농형 회전자의 도체에는 회전자계의 자속 변화에 의해 기전력(Electro-Motive Force, EMF)이 유기되고 회전자 도체가 단락환(End Ring)에 의해 단락(Short) 되어 있으므로 회전자 도체에 <그림 2.42>와 같이 전류가 흐르게 된다.

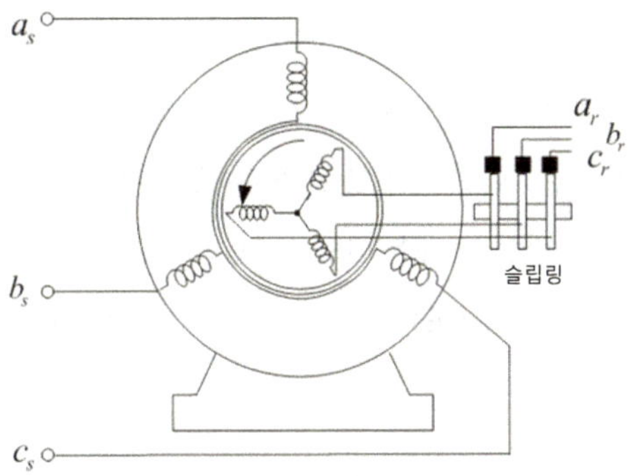

그림 2.40 권선형 유도 전동기의 개념도

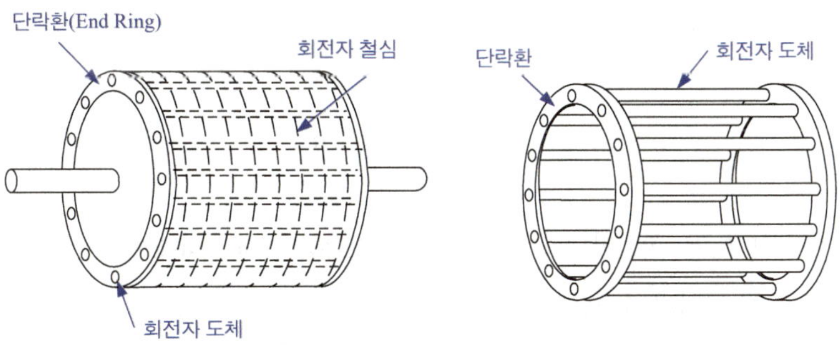

(a) 철심과 축을 포함한 회전자 구조

(b) 철심을 제거했을 때 회전자 구조

그림 2.41 농형 유도 전동기의 회전자 구조

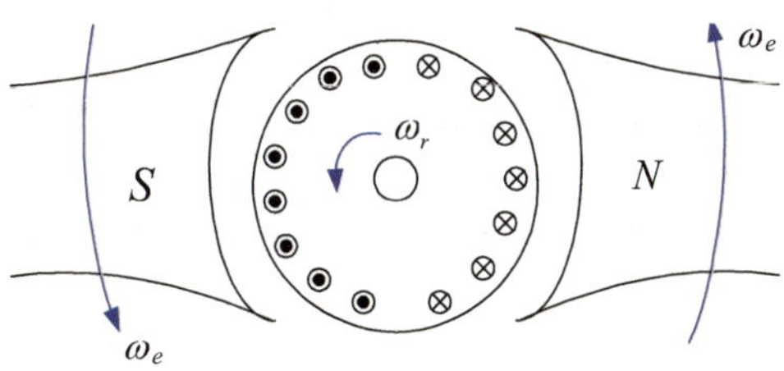

그림 2.42 농형 유도기의 회전자 도체에 흐르는 전류의 방향

이러한 전류는 다시 회전자에 기자력(Magnetic Motive Force, MMF)을 형성하게 되어 고정자의 회전자계와 상호 작용에 의해 회전력이 발생되게 된다. 회전자에 흐르는 전류가 만드는 기자력은 누설 인덕턴스에 의한 성분을 무시하면, 고정자 전류의 기자력에 의해 상쇄되므로 유도기는 부하의 증감에 관계없이 여자 전류가 일정하다면, 공극 자속(Air Gap Flux)은 일정하다(변압기에서 변압기의 2차 전류가 발생시키는 자속이 1차 전류의 자속에 의해 상쇄되고 여자 인덕턴스에 의한 자속만이 부하에 관계없이 1, 2차 권선을 쇄교 하듯이). 따라서 유도기에는 근원적으로 전기자 반작용(Armature Reaction)이 존재하지 않는다. 만약 고정자 권선과 농형 회전자 도체의 누설 자속(Leakage Flux)을 무시하면, 공극 자속(Airgap Flux), 회전자 자속(Rotor Flux), 고정자 자속(Stator Flux)은 시간적으로나 공간적으로 전부 일치한다. 이에 반하여 동기기 또는 직류기의 공극 자속은, 회전자의 권선 또는 영구자석이 만드는 자속과 고정자 권선 전류에 의한 기자력이 만들어 내는 자속들의 벡터합(Vector Sum)에 의해 결정되므로, 같은 계자 권선의 여자 전류(또는 영구자석의 자속)에 대해서도 부하 조건에 따라 공극 자속은 달라지게 된다.

농형 유도기의 회전자에 인가되는 전압, 전류의 각주파수(Angular Frequency)는 회전자계와 회전자의 회전 속도의 상대적 차이에 의해 결정된다. 즉 회전자 도체에 흐르는 전류의 각주파수, $\omega_{s\ell}$, 은 다음과 같다.

$$\omega_{s\ell} = \frac{d}{dt}(\theta_e - \theta_r)\,. \tag{2-45}$$

여기서 θ_r 은 회전자의 순시 위치를 전기각(Electric Angle)으로 표시한 것이며 다음 식과 같이 표시될 수 있다.

$$\theta_r = \frac{P}{2}\int_0^t \omega_{rm} d\tau + \theta_{ro}\,. \tag{2-46}$$

여기서 θ_{ro} 는 $t=0$에서의 회전자의 위치이고 ω_{rm} 은 회전자의 기계 각속도(Mechanical Angular Frequency, rad/s)이며 P 는 유도기의 극수이다. 전기 각속도로 표시한 회전자의 각속도 ω_r 과는 $\omega_r = \frac{P}{2}\omega_{rm}$ 의 관계가 성립한다.

2.10.1 유도기 등가 회로

이러한 유도기의 동작은 고정자의 자속 변화에 의해 회전자에 전압이 유기되어 회전자 전류가 발생하는 것으로 이해될 수 있다면 이는 변압기(Transformer)의 원리와 동일하다. 변압기 역시 1차 권선에 의해 발생되는 자속의 변화가 2차 권선에 전압을 유도한다는 의미에서 유도기와 같으나 변압기의 경우 1, 2차 권선의 상대적인 운동이 없으므로 1, 2차 권선의 주파수는 항상 같게 된다. 변압기의 등가 회로를 이용하여 정상 상태에서 농형 유도기의 상당 등가 회로(Per Phase Equivalent Circuit)를 구성하여 보면 다음과 같다.

먼저 슬립(Slip, S)을 다음 식과 같이 정의하면

$$S \equiv \frac{\omega_e - \omega_r}{\omega_e} \tag{2-47}$$

이다.

여기서 $\omega_e = \dfrac{d\theta_e}{dt}$, $\omega_r = \dfrac{d\theta_r}{dt} = \dfrac{P}{2} \cdot \omega_{rm}$ 이다.

유도기의 등가 회로는 이상적(Ideal)인 변압기의 등가 회로로부터 <그림 2.43>과 같이 표시될 수 있다.

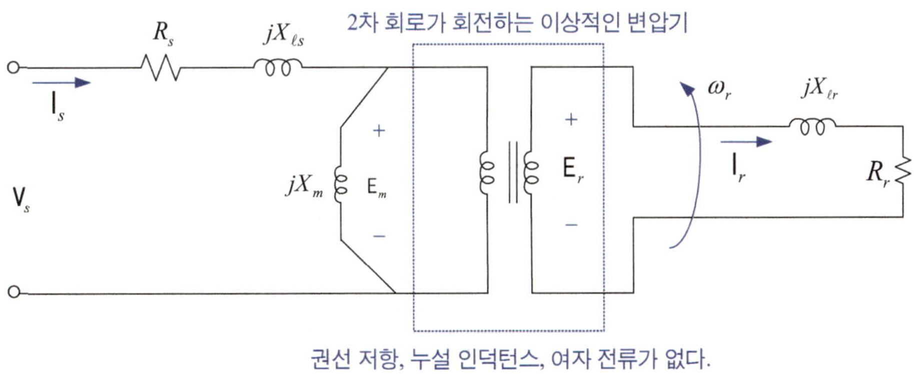

그림 2.43 농형 유도기의 정상 상태에서의 상당 등가 회로

여기서 R_s 는 고정자 권선의 저항, $X_{\ell s}$ 는 고정자 권선의 누설(Leakage) 리액턴스(Reactance), X_m 은 여자(Excitation) 리액턴스, $X_{\ell r}$ 은 회전자 회로의 누설 리액턴스, R_r 은 회전자 도체의 저항이다. 따라서, 고정자와 회전자 사이의 공극에 인가되는 전압은

$$\mathsf{E}_m = \mathsf{V}_s - (R_s + jX_{\ell s})\mathsf{I}_s \quad (2\text{-}48)$$

로 주어지고 회전자에 유기되는 전압 E_r 의 크기는 변압기의 권선비가 1:1이라면 아래 수식과 같다.

$$|\mathsf{E}_r| = S|\mathsf{E}_m|. \quad (2\text{-}49)$$

만약 $S = 0$ 인 경우, 즉 회전자의 회전 속도와 고정자 권선에 의해 발생되는 회전자계의 속도가 같다면 $|\mathsf{E}_r|$ 은 "0"이 된다. 이는 농형 유도기의 원리에서 손쉽게 이해될 수 있다. 또한 $S = 1$인 경우, 즉 회전자가 정지해 있는 경우에는 일상적인 변압기와 같다. 여기서 통상의 교류 회로 정상 상태를 해석하는 페이서(Phasor)와 약간의 차이가 생긴다. 즉, 고정자의 회로에 인가되는 각 주파수는 ω_e 이고 회전자에 인가되는 각 주파수는 $\omega_{sl}(\equiv S\omega_e)$ 이다. 따라서, $jX_m = j\omega_e L_m$, $jX_{\ell s} = j\omega_e L_{\ell s}$ 이지만, $jX_{\ell r} = j\omega_{s\ell} L_{\ell r}$ 이다. 여기서 L_m 은 변압기의 여자 인덕턴스(Excitation Inductance)이고 $L_{\ell s}$, $L_{\ell r}$ 은 각각 고정자와 회전자의 누설 인덕턴스(Leakage Inductance)이다. 이러한 고정자 회로와 회전자 회로의 각주파수의 불일치는 회로 해석을 매우 불편하게 한다. 이러한 불편함을 해결하고, 특히 농형 유도기의 경우 회전자 전류, 전압을 직접 측정하기가 곤란하므로, 변압기의 2차측을 1차측으로 환산하듯이 슬립을 고려하여 회전자 회로를 고정자 측으로 환산하면 <그림 2.44>와 같다.

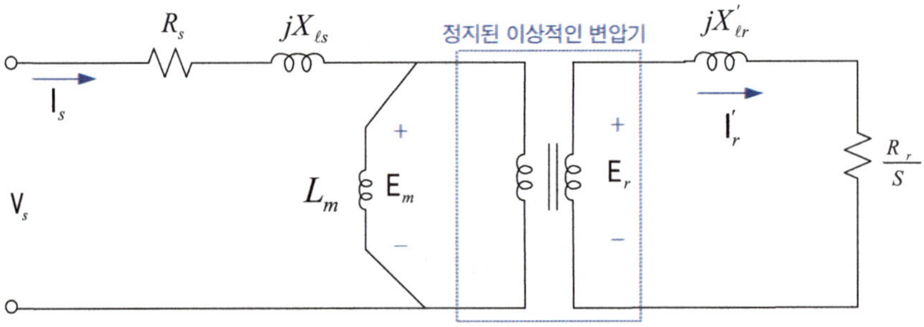

그림 2.44 고정자측으로 환산된 농형 유도기의 상당 등가 회로

<그림 2.44>에서 고정자, 회전자 회로의 각주파수(Angular Frequency)는 전부 ω_e 로 같게 환산되었다. 환산된 회전자의 전류 I_r' 의 크기가 원래의 I_r 의 크기와 같으려면 2차측 전압 E_r 의 크기가 $\frac{1}{S}$ 이 되었으므로 회전자 도체의 저항 크기 역시 $\frac{1}{S}$ 이 되고 $X_{\ell r}'$ 역시 $X_{\ell r}$ 에 비해 $\frac{1}{S}$ 이 되어야 한다. 그런데 고정자 측으로 환산한 회로에서 $X_{\ell r}'$ 에 인가되는 각주파수는 ω_e 이므로 $X_{\ell r}' = j\omega_e L_{\ell r}$ 로 표시할 경우 자연스럽게 $\frac{1}{S}$ 의 배율이 실현된다. 회전자의 실제적인 저항, 누설 인덕턴스의 값은 농형 유도기의 경우 측정이 곤란하고 모든 제어는 고정자쪽에서 이루어지므로 <그림 2.44>의 이상적인 변압기의 변압비를 편의상 1:1로 가정하고 $X_{\ell r}'$, R_r' 의 첨자 '′'을 제거하면 아래 그림과 같은 등가 회로를 얻을 수 있다.

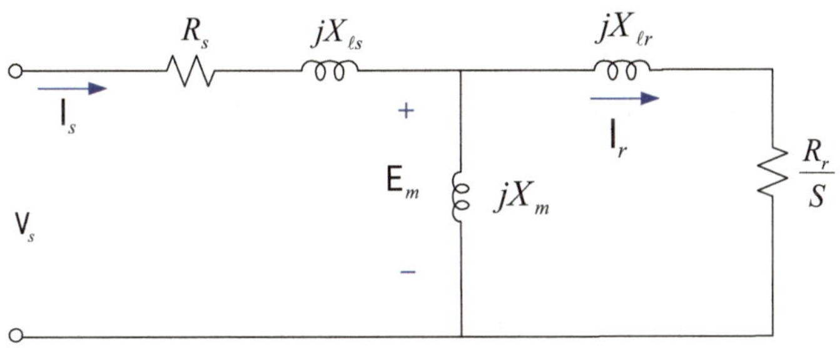

그림 2.45 이상적인 변압기를 제거한 농형 유도 전동기의 상당(Per Phase) 등가 회로

<그림 2.44>에서 고정자, 회전자에 인가되는 각주파수는 모두 ω_e 이므로 통상의 페이서법을 이용하여 등가 회로를 해석할 수 있다.

이제 입출력 전력을 계산하여 유도기의 특성을 구하면 다음과 같다. 먼저 고정자, 회전자 도체에 의한 동손(Copper Loss)은 3상 유도기의 경우 다음과 같다.

$$P_{copper} = 3\left(R_s|I_s|^2 + R_r|I_r|^2\right). \tag{2-50}$$

여기서, 회전자 한상의 동손이 $R_r \cdot |I_r|^2$ 로 나타나는 것은 원래의 등가 회로 <그림 2.43>에서부터 쉽게 이해될 수 있다. 유도 전동기의 공극(Airgap)에서 회전자로 전달되는 3상 전력은 $Re\left[3E_m \cdot I_s^*\right]$ 이 되고 이를 공극 전력 P_{gap} (Airgap Power)이라고 부른

다. 회전자 회로에서 $\frac{R_r}{S}$ 을 회전자의 동손을 고려하기 위하여 R_r 과 $\frac{1-S}{S}R_r$ 분리하여 생각하면 최종적으로 <그림 2.45>와 같은 농형 유도 전동기의 상 당(Per Phase) 정상 상태 등가 회로를 얻는다.

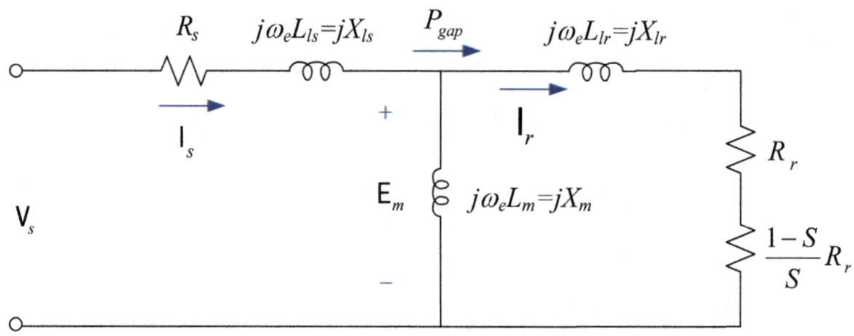

그림 2.46 회전자 동손을 별도로 고려한 상 당 등가 회로

위의 등가 회로에서 공극 전력으로부터 회전자 동손을 뺀 부분 즉 $\frac{1-S}{S}R_r$ 에 의해 소비되는 전력은 전동기의 기계적 출력, P_m,을 의미하는 것으로 생각할 수 있다.

$$P_m = 3\cdot|I_r|^2\cdot\frac{1-S}{S}R_r. \tag{2-51}$$

식 (2-51)에서부터 전동기의 토크는 기계적 출력, P_m, 과 회전 속도 , ω_{rm}, 로부터

$$T_e = \frac{P_m}{\omega_{rm}} = \frac{P_m}{(1-S)\omega_e\frac{2}{P}} = \frac{P}{2}\frac{P_{gap}}{\omega_e} = 3\frac{P}{2}\frac{R_r}{S\omega_e}|I_r|^2 = 3\frac{P}{2}\cdot\frac{R_r}{\omega_{s\ell}}|I_r|^2 \tag{2-52}$$

로 주어진다. 여기서 유도기의 공극을 통해 고정자에서 회전자로 전달되는 전력을 공극 출력, P_{gap},이라고 정의하면, 유도기의 토크는 식 (2-52)에 나타낸 바와 같이 공극 출력을 기계 각속도로 표시한 동기 속도로 나눈 값이 된다.

전동기의 고정자 권선에서 본 입력 전력은 $Re\left[3V_sI_s^*\right]$로 주어지며, 역률은 V_s 와 I_s 사이의 페이서의 각 차이로 정의된다. 기계적 출력, P_m , 토크, T_e ,는 $S=0$, 즉 $\omega_e=\omega_r$ 에서는 회전자에 유기되는 전압이 없어 $|I_r|=0$ 이므로 “0”이 되며, 정지 시 토

크, T_{e_st}, 즉 기동 토크는 식 (2-52)에 $S=1$ 을 대입하여 아래와 같이 표시할 수 있다.

$$T_{e\_st} = \frac{P}{2} 3|\mathsf{I}_r|^2 \cdot R_r \cdot \frac{1}{\omega_e}. \tag{2-53}$$

농형 유도기의 등가 회로에서 공극에 인가되는 전압, E_m,은 다음 식과 같고

$$\mathsf{E}_m = \left(jX_{\ell r} + \frac{R_r}{S} \right) \mathsf{I}_r. \tag{2-54}$$

공극에서 계산한 회전자 회로의 역률은 다음과 같다.

$$\cos\phi_r = \frac{\dfrac{R_r}{S}}{\sqrt{X_{\ell r}^2 + \left(\dfrac{R_r}{S}\right)^2}}. \tag{2-55}$$

I_r, ϕ_r, E_m 으로 3상 유도기의 토크를 표시하면 다음 식과 같다.

$$T_e = 3 \cdot \frac{P}{2} \cdot |\mathsf{E}_m| \cdot \cos\phi_r |\mathsf{I}_r| \frac{1}{\omega_e}. \tag{2-56}$$

여기서 공극 전압을 동기 각속도로 나눈 것을 공극 자속(Airgap Flux), λ_m,으로 정의하면

$$\lambda_m \equiv \frac{\mathsf{E}_m}{j\omega_e} \tag{2-57}$$

로 표시된다.

따라서 식 (2-57)을 식 (2-56)에 대입하면 토크는 다음 수식과 같이 표시될 수 있다.

$$T_e = 3 \cdot \frac{P}{2} \cdot |\lambda_m| \cdot |\mathsf{I}_r| \cos\phi_r. \tag{2-58}$$

통상 정격 속도 부근의 정상적인 운전 상태에서 수 kW이상의 표준 범용 유도 전동기(General Purpose Induction Mototr)의 슬립은 $S \le 0.05$ 이므로 $X_{\ell r} << \frac{R_r}{S}$ 이고, 따라서 식 (2-55)에서 $\cos\phi_r \approx 1$ 이 된다. 이러한 운전 조건에서는 토크는 공극 자속의 크

기와 회전자 회로 전류 크기의 곱으로 표시될 수 있다. 이는 직류기의 경우(식 (2-4) 참조)와 유사하게 생각될 수 있다.

<그림 2.46>의 회로에서 여자 인덕턴스, L_m, 과 병렬로 R_m의 저항을 연결하여 <그림 2.47>의 등가 회로를 얻을 수 있고, 이를 통하여 유도기의 여자 손실(Excitation Loss) 또는 철손(Iron Loss)을 표현하기도 한다. 이러한 R_m은 정상 상태 운전 시, 토크와 입력 전류의 크기에 미치는 영향이 수 % 이내이므로 정상 상태에서의 속도, 토크 계산에서는 무시될 수 있으나 효율, 무부하 역률의 계산에는 중요한 역할을 한다. 통상 표준 설계된 범용 유도 전동기의 경우 정격 속도, 정격 공극 자속 운전 시 정격 부하의 80% 정도에서 최대 효율이 발생하게 되고 이 경우 철손과 동손은 거의 비슷한 값을 가지므로 동손 만을 고려한 <그림 2.46>의 회로는 <그림 2.47>의 철손을 고려한 실제적인 회로에 비해 정격 부하의 80% 정도에서 손실이 실제 값의 반정도로 표시되어 <그림 2.46>의 등가 회로를 통해 계산되는 유도 전동기의 효율이 실제 측정되는 효율에 비해 매우 높게 나타된다. 또한 무부하 시 <그림 2.46>의 회로에 비해 <그림 2.47>의 회로는 철손을 나타내는 저항 성분에 의해 전원단에서 본 역률이 증가하게 된다. 그러나 정격 부하 시 역률은 <그림 2.46>의 회로와 거의 차이가 없게 된다.

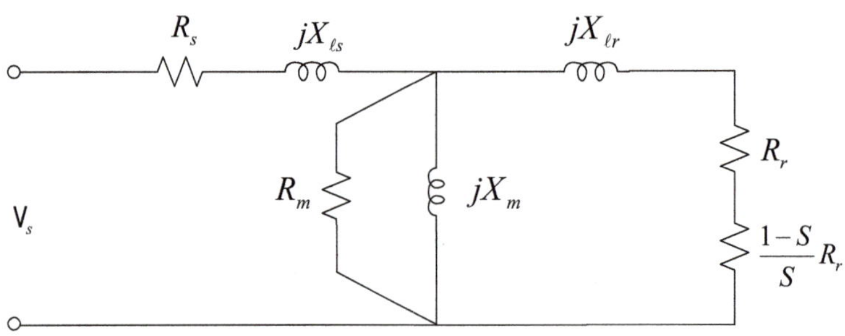

그림 2.47 여자 손실을 고려한 등가 회로

2.10.2 일정 공극 자속 운전(Constant Airgap Flux Operation)

만약 전원 각주파수, ω_e, 가 바뀌는 상황에서 공극 자속, λ_m, 을 일정하게 제어하고 있다면, <그림 2.45>의 등가 회로에서 공극에 인가되는 전압, E_m, 은 인가 주파수에 비례하게 되어 다음 식과 같이 표시될 수 있다.

$$E_m = j\omega_e \lambda_m = j\omega_e L_m I_m . \tag{2-59}$$

회전자 전류를 공극 전압, E_m,과 슬립 각속도, $\omega_{s\ell}$, 로 표시하면 다음과 같다.

$$|\mathsf{I}_r| = \left(\frac{|\mathsf{E}_m|}{\omega_e}\right) \frac{\omega_{s\ell}}{\sqrt{R_r^2 + (\omega_{s\ell} L_{\ell r})^2}} \quad . \tag{2-60}$$

여기서 슬립 각속도는 $\omega_{s\ell} = S \cdot \omega_e$ 이다.

위 식을 공극 자속으로 표현하면 다음과 같다.

$$|\mathsf{I}_r| = |\boldsymbol{\lambda}_m| \frac{\omega_{s\ell}}{\sqrt{R_r^2 + (\omega_{s\ell} \cdot L_{\ell r})^2}} \ . \tag{2-61}$$

통상 정격 토크 이하의 정상 운전 상태에서 표준 범용 유도 전동기의 경우, $R_r >> \omega_{s\ell} L_{\ell r}$ 이므로 회전자 전류의 크기, $|\mathsf{I}_r|$, 은 일정 공극 자속 운전 시 $\omega_{s\ell}$ 에 비례하게 된다. 식 (2-61) 을 식 (2-52)에 대입하여 정리하면, 토크는 공극 자속과 슬립 각속도에 관하여 다음 식과 같이 표시될 수 있다.

$$T_e = 3\frac{P}{2}|\boldsymbol{\lambda}_m|^2 \cdot \frac{\omega_{s\ell} R_r}{R_r^2 + (\omega_{s\ell} L_{\ell r})^2} \ . \tag{2-62}$$

식 (2-62)는 $R_r >> \omega_{s\ell} L_{\ell r}$ 이 성립하는 대부분의 운전 영역에서 다음과 같이 근사될 수 있다.

$$T_e \approx 3\frac{P}{2}|\boldsymbol{\lambda}_m|^2 \cdot \frac{\omega_{s\ell}}{R_r} \ . \tag{2-63}$$

즉 유도 전동기의 토크는 $\omega_{s\ell}$ 에 비례하고 공극 자속 크기의 제곱에 비례한다.

식 (2-62)를 $\omega_{s\ell}$ 에 관하여 미분하여 토크의 크기가 최대가 되는 슬립 각속도를 구하면 다음과 같다.

$$\omega_{s\ell\_pk} = \pm\frac{R_r}{L_{\ell r}} \ . \tag{2-64}$$

$\omega_{s\ell\_pk}$ 에서 얻을 수 있는 토크를 공극 자속이 일정할 때 유도기에서 발생될 수 있는 최대 토크(Pull-out Torque)라고 부르며 전동기와 발전기의 경우 양쪽 전부를 고려

하면 다음과 같이 표현된다.

$$T_{e\_pk} = \pm 3\frac{P}{2}\cdot|\boldsymbol{\lambda}_m|^2\cdot\frac{1}{2L_{\ell r}}. \tag{2-65}$$

여기서 주목할 만한 내용은 최대 토크는 회전자 저항의 크기와 무관하며 공극 자속이 일정한 경우, 오직 회전자 누설 인덕턴스 값에 의해서만 결정된다는 것이다. 공극 자속을 일정하게 제어할 경우 고정자 권선의 상전압(Phase Voltage) V_s 는 다음 식과 같이 표시된다.

$$\mathsf{V}_s = j\omega_e\boldsymbol{\lambda}_m + (R_s + jX_{\ell s})\mathsf{I}_s. \tag{2-66}$$

만약 ω_e 가 충분히 커서 다음 식이 성립한다면,

$$|\boldsymbol{\lambda}_m|\cdot\omega_e = |\mathsf{E}_m| >> |(R_s + jX_{\ell s})\mathsf{I}_s| \tag{2-67}$$

에서

$$|\mathsf{V}_s| \approx |\boldsymbol{\lambda}_m|\cdot\omega_e \tag{2-68}$$

가 된다.

따라서 이러한 가정이 성립하는 속도 부근(수 kW 이상의 전동기의 경우에는 정격 속도의 20% 이상 정도의 속도)에서는

$$\frac{\mathsf{V}_s}{\omega_e} = |\boldsymbol{\lambda}_m| = const \tag{2-69}$$

로 운전하면, 즉 전동기 단자 전압과 인가 주파수의 비를 일정하게 운전하면, 공극 자속을 일정하게 유지할 수 있다. 이와 같은 근사(Approximation) 공극 자속 일정 제어 기법을 V/F 제어 방법이라고 부른다. 그러나, ω_e 가 낮아져서 $|\boldsymbol{\lambda}_m|\cdot\omega_e = |\mathsf{E}_m|$ 의 크기가 고정자 회로의 전압 강하 $|(R_s + jX_{\ell s})\mathsf{I}_s|$ 의 크기에 비해 비슷하거나 작게 되면 고정자 회로에 인가되는 전압을 고려하여야 한다. 특히, 인가 각주파수 ω_e 가 아주 작은 영역에서는 $R_s >> X_{\ell s}$ 이므로 고정자 회로의 전압 강하는 $R_s|\mathsf{I}_s|$ 에 의해 결정된다. 고정자 권선의 상전압 크기 $|\mathsf{V}_s|$ 와 ω_e 를 일정 공극 자속의 경우에 대해 도시하면 <그림

2.48>과 같다. 공극 자속을 비교적 일정하게 유지하기 위하여 ω_e 가 아주 작은 영역에서 V/F 일정 제어의 해당 전압보다 큰 전압을 전동기에 인가하게 되는데 이를 토크 부스트(Boost) 또는 IR 보상이라고 한다.

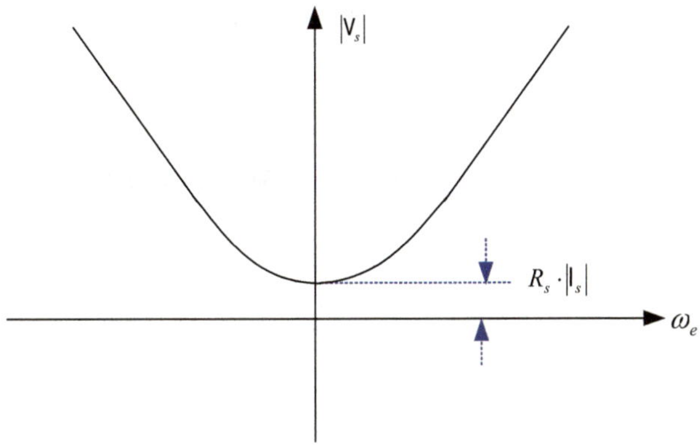

그림 2.48 일정 공극 자속 운전 시 고정자 전압 V_s 의 크기와 ω_e 의 관계

2.11 유도기의 발전기로서의 동작

<그림 2.46>의 등가 회로에서 슬립 S 가 음이 되면, 즉 회전자의 회전 속도가 회전 자계의 회전 속도보다 커지면, 유도 전동기의 기계적 출력, P_m, 은 음의 값이 되고 이는 유도기가 발전기로 동작함을 의미한다. 외력에 의해 회전자를 회전시켜 슬립이 음이 될 경우, 등가 회로에서 기계적 출력을 표시하는 저항, $\frac{1-S}{S}R_r$, 의 값이 음이 된다. 이는 저항에서 해당 저항 값이 음수가 되어 전류가 흐름에 따라 저항이 전력을 발생하는 형태가 된다. 유도 전동기는 동기 전동기와는 달리 고정자 회로에서 여자 전류, I_m, 의 공급이 없으면 발전기로서 동작할 수 없다. 즉, 등가 회로에서 알 수 있듯이 고정자 권선에서 여자회로에 흐르는 지상(Lagging)의 전력을 공급할 수 없는 경우에는 회전자계가 정의되지 않으므로 단순히 외력을 인가하여 회전자를 회전시키는 것만으로 고정자 권선에 전압을 발생시킬 수 없다.

유도 전동기가 ω_e 의 각 주파수를 갖는 어떤 전원에 연결되어 있고 $\omega_r > \omega_e$ 이 되도

록 회전자를 회전시키면 전원은 3상 유도기에 지상의 무효 전력(Reactive Power: Var), $3X_m \cdot |\mathrm{I}_m|^2$ 을 공급하게 되고 회전자에 구동력(Driving Torque)을 제공하는 원동기(Prime Mover –수차, 가스터빈, 풍차, 엔진 등)가 유효 전력(Active Power: Watt)을 공급하게 된다. 여기서 유도기가 발전기로써 외부로 전달하는 유효 전력은 철손을 무시할 경우 원동기가 공급한 기계적 입력에서 3상 유도 전동기 내부의 동손(Copper Loss)을 뺀 것이 되며 식 (2-70)으로 표시된다.

$$P_{out} = T_e \cdot \omega_{rm} - 3|\mathrm{I}_s|^2 \cdot R_s - 3|\mathrm{I}_r|^2 R_r = 3Re\left[\mathrm{V}_s \cdot \mathrm{I}_s^*\right]. \quad (2\text{–}70)$$

여기서, T_e 는 원동기가 유도기에 인가하는 토크이다. 실제의 전동기에는 철손이 있고 유도기 자체의 풍손(Windage Loss), 마찰손(Friction Loss)이 존재하므로 식 (2.70)에 이러한 손실들이 추가로 고려되어야 한다.

22kW, 선간 전압 220V, 60Hz, 유도기가 정격 전원에 연결되어 슬립이 –1에서 +1까지 변할 때, 유도기의 기계적 출력, 고정자 권선에 흐르는 전류의 크기 $|\mathrm{I}_s|$ 는, <그림 2.49>에 표시된 바와 같다. 여기서 철손, 풍손, 마찰손은 고려되지 않았다. 그림에서 기

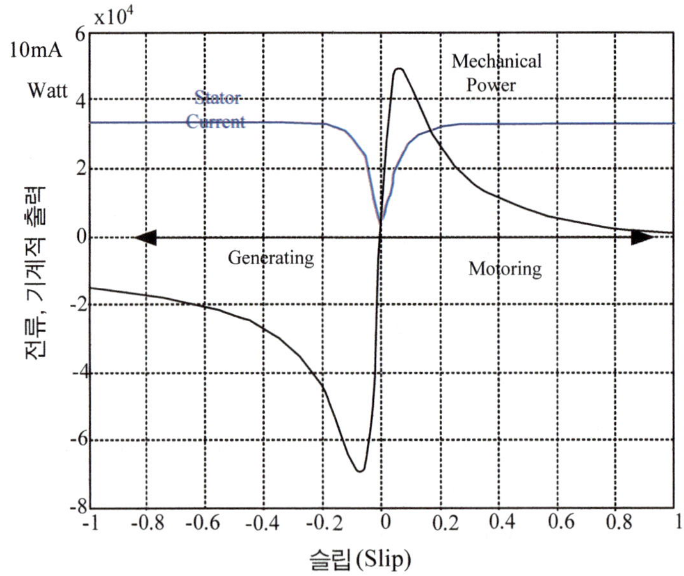

그림 2.49 22kw 정격 출력 유도 전동기의 슬립에 따른 동작 특성,4 Pole,정격 전압 실효치; 220 Volts, 정격 전류; 75A, 기준 주파수(Base Frequency); 60Hz, $R_s = 0.044\Omega$, $R_r = 0.0252\Omega$, $L_{ls} = 0.55\text{mH}$, $L_{lr} = 0.47\text{mH}$, $L_m = 12.9\text{mH}$

계적 출력이 음(Negative)이 되는 경우는 유도기가 발전기로 동작함을 의미한다. 여기서 발전기로 동작할 때와 전동기로 동작할 경우 속도에 관한 토크 곡선이 대칭이 아닌 것은 단자 전압이 일정할 경우 내부의 권선 저항에 의한 전압 강하가 발전기, 전동기 동작에 관계없이 항상 전압에서 빼지는 방향으로 작용하기 때문이다. 즉 전체 동손은 입력(발전기의 경우 기계적 입력, 전동기의 경우 전기적 입력)에서 빼진후 출력(발전기의 경우 전기적 출력, 전동기의 경우 기계적 출력)으로 전달된다.

2.12 유도 전동기 제정수의 변동 (참고문헌 [6])

<그림 2.46>의 유도기 등가 회로에 나타난 제정수들, R_s, R_r, L_m, $L_{\ell s}$, $L_{\ell r}$, R_m 은 유도기의 동작 상태와 동작 온도에 따라 변하게 된다. 직류기, 변압기, 교류기를 포함하는 전기기기는 정격 출력, 정격 전압, 정격 전류, 정격 주파수 (정격 속도) 등에 따라 제정수들이 광범위하게 분포되어 그 특성을 서로 비교하기가 용이하지 않다. 이러한 경우 단위법(Per Unit)을 이용하여 다양한 정격의 전기기기의 특성을 비교적 용이하게 비교할 수 있으며, 이를 통하여 전압, 전류, 출력, 속도가 다른 전기기기도 제정수의 변동 경향을 통일적으로 파악할 수 있다. 단위법으로 표현된 출력, 전압, 전류, 주파수, 속도 등은 물리적 단위를 가지지 않으며 이를 통해 유도된 전기기기의 제정수, 즉 고정자, 회전자 저항, 리액턴스들도 물리적 단위를 가지지 않는 상대적인 값이다. 단위법에 대한 자세한 내용은 부록 A에 기술한다. 유도 전동기의 제정수의 변동 원인과 변동 특성은 다음 절에서 언급한다. 또한, 실제 유도기에서 또는 일반적 전기기기에서 기계적 제정수(관성, 마찰 계수)를 포함한 제정수들의 측정 또는 추정 방법은 부록 B에서 자세히 언급한다.

2.12.1 회전자 저항, R_r, 의 변동

회전자 저항은 회전자 회로에 인가되는 전류의 주파수, $\omega_{s\ell}$,에 따라 그 값이 변하게 된다. 회전자 도체는 통상 알루미늄(Al) 또는 구리합금(Copper Based Alloy)으로 이루어지는데, $\omega_{s\ell}$ 의 크기에 따라 회전자 도체에 흐르는 전류의 분포가 달라지는 표피 효과(Skin Effect)에 의해 등가 저항 값이 달라진다. 이러한 표피 효과에 의한 회전자 저항의 변동($\omega_{s\ell}$ 이 클 때는 저항 값이 커지고, $\omega_{s\ell}$ 이 작아질 때는 저항 값이 작아진다)을 이용하면, 기동 시($\omega_{s\ell} = \omega_e$) 기동 토크를 크게 할 수 있으며 정상 운전 시 ($\omega_{s\ell} << \omega_e$)에는 회전자 저항이 줄어 들어 회전자 동손이 줄어들기 때문에 운전 효율을 향상시킬 수 있다. 즉 식 (2-53)에서 알 수 있듯이, 유도 전동기의 기동 토크는 회전자 저항의 크기에 비례하므로 기동 시 슬립(Slip) S=1, 즉 $\omega_{s\ell} = \omega_e$ 일 때는 R_r 이 크게 되도록 하고 정상 상태 운전 시(수 kW 이상 통상의 범용 표준 전동기의 경우 Slip, $S < 0.05$)에는 R_r 이 작아지도록 설계할 수 있다. 이러한 특성을 극대화 할 수 있는 회전자 도체의 형태는 <그림 2.50>과 같다.

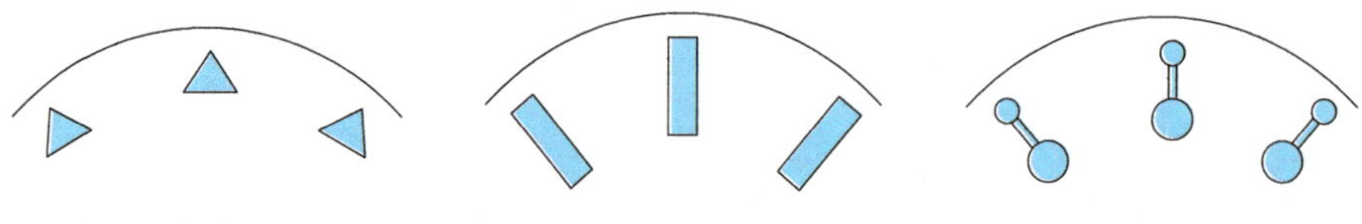

(a) 삼각형 (b) 심구형(Deep Bar) (c)이중농형(Double Cage)

그림 2.50 표피 효과를 극대화하여 기동 특성을 개선하기 위한 회전자 도체 구조의 예

또한 R_r 은 구리, 알루미늄의 물리적 특성에 의해 온도에 따라 그 값이 달라지게 된다. 구리 도체의 경우 R_r 은 식 (2-41)과 같은 온도의 함수로 표현된다.

2.12.2 회전자 누설 인덕턴스, $L_{\ell r}$, 의 변동

회전자의 누설 인덕턴스 역시 표피 효과의 영향을 받는데, $\omega_{s\ell}$ 이 증가함에 따라 $L_{\ell r}$ 은 감소하는 특성을 나타낸다. 또한, $L_{\ell r}$ 은 <그림 2.51>에 표시한 바와 같이 회전자 도체가 회전자에 파묻혀 있는 폐쇄형 슬롯(Closed Slot)의 경우, 회전자에 흐르는 전류의 크기에 의해 $L_{\ell r}$ 값이 크게 변한다.

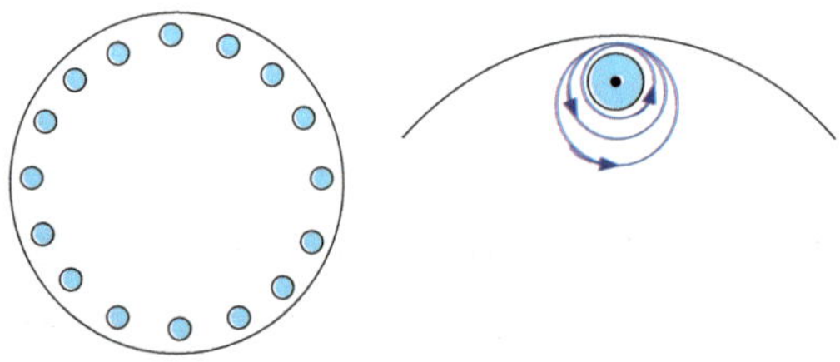

그림 2.51 폐쇄형 슬롯(Closed Slot)구조와 누설 자속(Leakage Flux)분포

이 경우 회전자 도체에 전류가 흐르면 회전자의 누설 자속은 <그림 2.51>에서 표시한 바와 같이 형성되고 이때 좁은 영역(Bridge)에 자속이 집중하게 된다. 이로 인하여 회전자 누설 자속의 경로에 자기 포화(Magnetic Saturation)가 발생하고 따라서 $L_{\ell r}$ 이 급격히 감소한다. 전형적(Typical)인 폐쇄형 회전자 구조에서 $L_{\ell r}$ 과 회전자 전류의 크기 $|I_r|$ 의 관계는 <그림 2.52>와 같다. 그림에서 알 수 있듯이 $|I_r|$ 에 따라 $L_{\ell r}$ 은 수백 % 정도의 변화를 가질 수 있다. <그림 2.53>에 표시된 반폐쇄형(Semi Closed) 또는 개방형(Open) 슬롯 구조의 회전자에서는 $L_{\ell r}$ 의 변화가 폐쇄형에 비해 크지 않으나 회전자 전류의 크기에 따른 약간의 변화는 역시 존재한다.

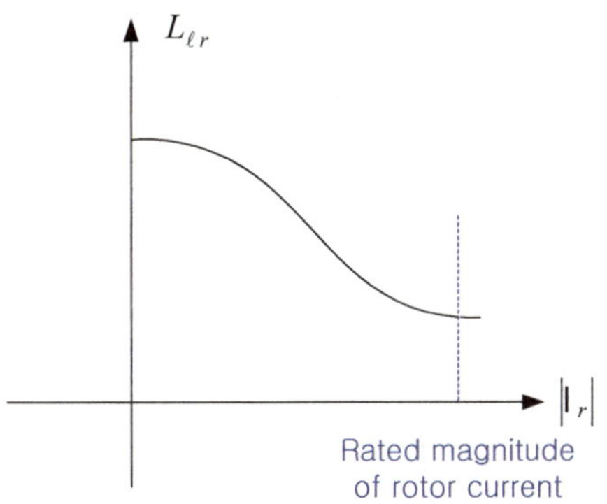

그림 2.52 회전자 누설 인덕턴스와 회전자 전류 크기와의 관계

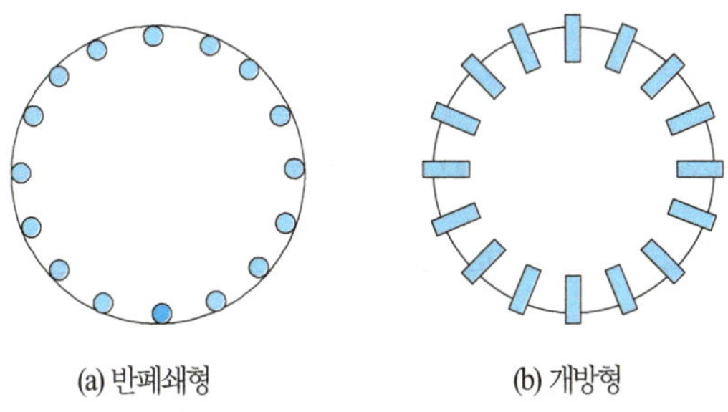

그림 2.53 회전자 슬롯(Slot)의 구조(반폐쇄형, 개방형)

2.12.3 고정자 권선 저항, R_s, 의 변동

고정자 권선 저항은 여러 개의 도체를 직 · 병렬로 연결하여 사용하므로 R_r 에 비하여 표피 효과는 무시될 수 있다. 그러나 온도 변화에 따른 권선 저항 값의 변동은 역시 존재하고 구리 도체의 경우 식 (2-41)과 같다.

2.12.4 고정자 누설 인덕턴스, $L_{\ell s}$, 의 변동

고정자 권선의 누설 인덕턴스는 고정자의 슬롯이 개방되어 있는 관계로 회전자 누설 인덕턴스 만큼 전류의 크기, $|I_s|$, 에 대해 민감하지 않지만 $|I_s|$ 에 따라, 또한 공극 자속의 크기에 따라 수십 % 정도 이하의 변화를 예상할 수 있다.

2.12.5 여자 인덕턴스(Excitation Inductance), L_m, 의 변동

여자 인덕턴스는 여자 전류의 크기(공극 자속의 크기) $|I_m|$ 에 따라 그 값이 수십 % 정도 달라진다. 전형적인 $|I_m|$ 에 따른 L_m 의 변화는 <그림 2.54>와 같다.

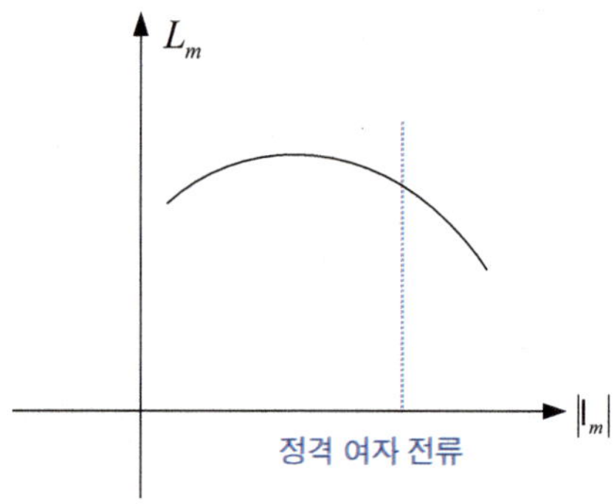

그림 2.54 $|I_m|$ 에 따른 L_m 의 변동

2.12.6 철손을 나타내는 저항, R_m, 의 변동

<그림 2.47>의 등가 회로에서 철손을 표시하는 R_m 은 전동기의 공극 자속의 크기와 전원 주파수에 따라 크게 변한다. 통상 R_m 으로 표시되는 철손은 와류손(Eddy Current Loss)과 히스테리시스손(Hysteresis Loss)으로 구성되는데 와류손은 $\omega_e^2|\lambda_m|^2$ 에 비례하고 히스테리시스손은 대개 $\omega_e|\lambda_m|^{1.6}$ 에 비례하므로 R_m 은 아래 수식과 같이 근사될 수 있다.

$$\frac{1}{R_m} = \left(K_e + \frac{K_h}{\omega_e|\lambda_m|^{0.4}}\right). \qquad (2\text{-}71)$$

여기서, K_e , K_h 는 상수이다.

2.13 유도 전동기의 속도-토크 특성에 따른 구분 (참고문헌 [7])

유도 전동기는 속도에 따른 발생 토크 특성에 따라 A, B, C, D, F의 형태로 구분된다. 이러한 구분은 미국 전기 제조자 연합, NEMA(National Electric Manufacturer's Association)의 규정에 의한 것이다. F형의 전동기는 작은 최대 토크(Pull-Out Torque)와 작은 기동 토크를 가지는 특수한 형태의 전동기이고 그 응용 범위가 매우 제한적이다. 일반적인 NEMA A, B, C, D 형태(Tpye) 전동기의 속도에 따른 토크 특성은 <그림 2.55>와 같다.

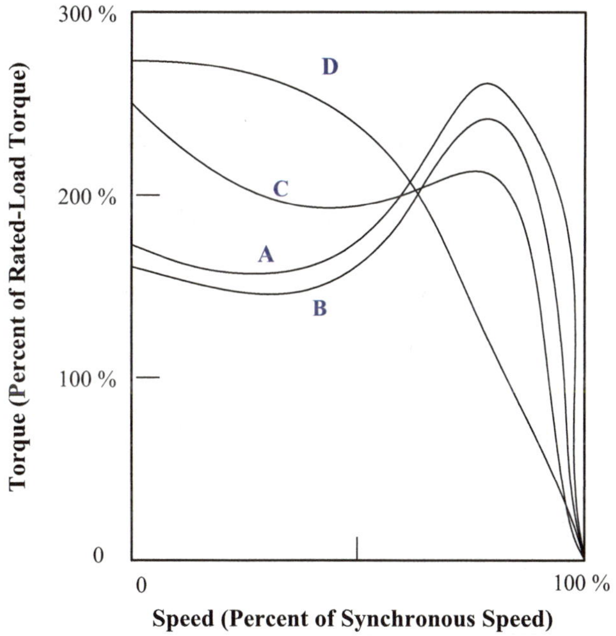

그림 2.55 NEMA A, B, C, D 형태 전동기의 토크-속도 곡선

가장 광범위하게 사용되는 표준 범용 전동기는 B 형태 전동기로 이러한 전동기의 기동 토크는 정격대비 150% 이상, 최대 토크는 정격대비 200% 이상이다. 이에 비해 D 형태 전동기는 정격 토크가 발생하는 슬립이 매우 크고(S > 0.2) 기동 시의 전류가 제한되며 기동 토크 역시 크다. 이러한 전동기는 단자 전압을 제어함으로써 전동기의 회전 속도를 간단히 제어할 수 있으나 정상 상태 운전 시 회전자 동손에 의한 손실이 커서 운전 효율이 나빠지는 단점을 가진다. A 형태 전동기는 기동 전류가 크나 정격

운전 시 슬립이 작아 운전 효율이 좋은 특성이 있다. 가변 주파수 제어 장치(Inverter)로 전동기를 구동할 경우 기동 전류에 대해 고려할 필요가 없으므로 A 형태 전동기가 가장 유리한 특성을 나타낸다.

표준 B 형태 전동기의 제정수를 단위법으로 표시하면 대략적으로 식 (2-72) ~ (2-76)으로 표시되는 특성을 가진다. 이는 전동기 도체의 전류 밀도(Current Density), 자성체의 자속 밀도(Flux Density), 냉각(Cooling) 조건 등의 물리적인 제한으로부터 기인한 것으로, 전동기의 극간 거리(Pole Pitch)를 τ_p 로 표시하고 그 단위를 'm(meter)'으로 두면 전동기의 마력수, Hp (1 Hp = 746Watt)와 전동기의 극쌍수(Pole Pair) PP사이에는 다음과 같은 경험식이 유추될 수 있다(참고문헌 [8]).

$$\tau_p = 0.084\left(\mathrm{Hp/PP}^2\right)^{\frac{6}{23}} \quad [\mathrm{m}]. \tag{2-72}$$

$$R_s = 0.0033\ \tau_p^{-1} \quad \text{(Per Unit)}. \tag{2-73}$$

$$R_r = 0.004\ \tau_p^{-1} \quad \text{(Per Unit)}. \tag{2-74}$$

$$X_\sigma = X_{\ell s} + X_{\ell r} = 0.2 \quad \text{(Per Unit)}. \tag{2-75}$$

$$X_m = 10\ \left(\tau_p/\mathrm{PP}\right)^{\frac{1}{2}} \ \text{(Per Unit)}. \tag{2-76}$$

이를 4극기(PP=2)를 기준으로 하여 도시하면 다음 그림과 같다.

<그림 2.56>에서 알 수 있듯이, 유도기의 출력이 커질수록 X_m 이 커지고 R_s, R_r 이 줄어든다. 즉, 역률과 효율이 모두 좋아진다. 또한 같은 출력의 전동기에서는 식 (2-72), (2-76)에서 알 수 있듯이 극수가 커질수록 X_m 이 줄어들어 역률이 나빠진다. 또한 출력이 커질수록 여자 인덕턴스에 저장되는 에너지가 상대적으로 증대되어 사고시 그 파급 효과가 매우 심각해질 수 있다.

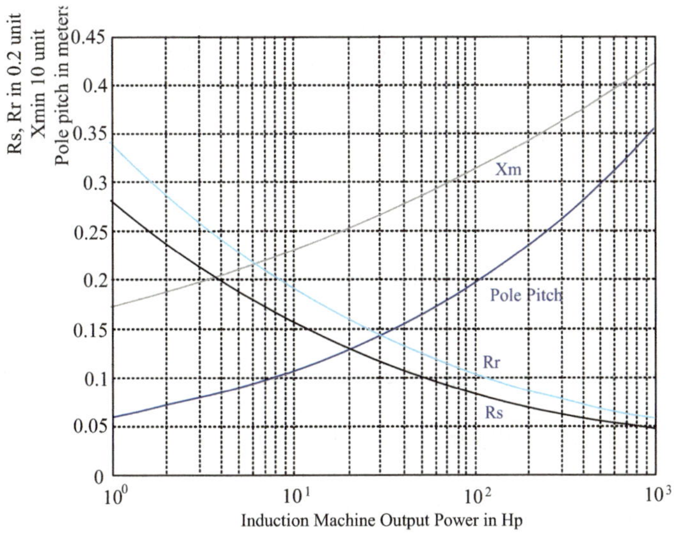

그림 2.56 4극 B Type 유도 전동기의 전동기 출력에 따른 기준 값으로 표시된 제정수

2.14 유도 전동기의 준과도 상태 (Quasi Transient State) 해석

유도 전동기 구동에 있어 고정자 권선에서의 순간적인 전기적 변화는 3장에서 설명되는 과도 상태 해석 없이도 정상 상태 회로로부터 그 근사해를 간단히 구할 수 있다. 여기서 순간적인 변화란 유도 전동기의 기계적인 속도의 변화와 전동기 내부의 회전자 자속의 변화가 없다고 가정할 수 있을 만큼의 짧은 시간 동안의 변화를 의미한다. 전동기 속도의 기계적 변화는 과도 상태의 토크 변화가 구동 시스템의 관성에 의해 저주파 필터링(Low Pass Filtering)되어 나타나며 회전자 자속 역시 회전자 시정수(Time Constant)$\left(\tau_r = \dfrac{(L_m + L_{\ell r})}{R_r}\right)$에 의해 변하므로 대형(수백 kW 이상) 유도기에서 수십 ms 이내의 전원측의 과도 현상은 순간적인 변화로 간주될 수 있다.

순간적인 과도 상태가 있기 전에 유도 전동기가 정상 상태로 운전되고 있었다면 과도 상태 직후에서의 동작은 페이서(Phasor)를 이용한 <그림 2.57>의 등가 회로를 이용하여 설명될 수 있다.

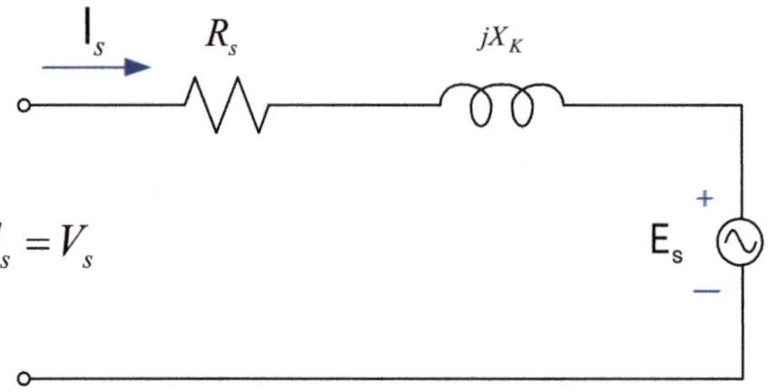

그림 2.57 과도 상태 전후의 유도 전동기 준과도 상태 상당 등가 회로

여기서, R_s 는 <그림 2.46>의 등가 회로의 R_s 와 같은 고정자 권선 저항이며 X_K 는 $\omega_e L_K$ 로 표시될 수 있으며, 여기서 L_K 는 $L_K = L_{\ell s} + \dfrac{L_m \cdot L_{\ell r}}{L_{\ell r} + L_m}$ 로 주어지며 근사적으로 $L_K \approx L_{\ell s} + L_{\ell r}$ 로 표시될 수 있다. E_s 는 과도 상태의 내부 전압(Voltage Behind Transient Reactance)이며 과도 상태 직전의 정상 상태 시 회전자 자속과 회전자 인덕턴스에 의해 다음과 같이 주어진다.

$$\mathsf{E}_s = j\omega_e \frac{L_m}{L_m + L_{\ell r}} \cdot \lambda_{ro} = \frac{L_m}{L_m + L_{\ell r}} \cdot \mathsf{I}_{ro} \cdot \frac{R_r}{S}. \tag{2-77}$$

여기서, I_{ro} 는 과도 상태 직전(정상 상태 끝)에 회전자에 흐르는 전류이다. V_s 가 ω_e 의 각주파수를 가진다면 <그림 2.57>의 등가 회로에서 회로의 동작 주파수는 ω_e 가 된다. 만약 회로가 순간적으로 개방되어 V_s 가 인가되지 않고 $\mathsf{I}_s = 0$ 이 되면 (X_K 에 흐르는 전류는 개방되는 순간에 방전되어 없어지는 것으로 가정한다), 등가 회로의 각주파수는 회전자의 전기각 주파수 $\omega_r = \dfrac{P}{2}\omega_{rm}$ 와 같게 된다.

이러한 유도 전동기의 준과도(Quasi Transient) 상태 해석은 정상 상태에서 운전 중인 유도 전동기의 단자가 순간적으로 개방되었을 때 전동기 단자에서 나타나는 전압을 계산하는 경우, 또는 전력 계통에 여러 대의 유도 전동기가 연결되어 운전 중일 때 순간적인 계통 전압의 변동에 대한 유도 전동기 입력 전류의 응답을 근사적으로 계산하는 데 활용될 수 있다.

2.15 유도기의 능력 곡선(Capability Curve)

유도기를 정지 상태에서부터 정격 속도 또는 기저 속도(Base Speed, ω_b)까지는 공극 자속을 일정하게 제어하고 기저 속도 이상에서는 속도에 비례하여 공극 자속의 크기를 줄이는 약자속 제어를 행하면, 제한된 단자 전압 $\left(|\mathbf{V}_s| \le V_{\lim}\right)$과 제한된 단자 전류 $\left(|\mathbf{I}_s| \le I_{\lim}\right)$ 하에서 유도 전동기가 발생시킬 수 있는 가능한 한(Available) 최대의 속도-토크 영역에서 유도기를 구동할 수 있다. 기동에서부터 정격 속도까지 공극 자속을 일정하게 제어하는 이유는 전동기 설계 시 결정된 자속이 전동기를 포화시키지 않으면서 동작시킬 수 있는 최대 자속이므로 정격 주파수, 정격 전압의 조건에서 구한 정격 공극 자속의 크기를 정지 시부터 정격 속도까지 유지하는 것이 전류당 토크 비(Torque to Current Ratio)를 최대로 하는 데 유리하다. 만약 공극 자속을 정격 값보다 크게 할 경우 여자 회로의 자기 포화(Magnetic Saturation)로 인하여 철손이 크게 증가되지만, 실제 자속은 증가된 여자 전류에 비해 미미한 크기로 커지기 때문에 전동기 운전 효율과 냉각의 관점에서 매우 불리하다. 또한 공극 자속 값을 정격 값 이하로 낮출 경우 철손은 줄어들게 되나 정격 토크 발생 시 고정자 전류의 크기, $|\mathbf{I}_s|$가 과도히 커져 정격 전류 값을 넘게 된다. 정격 속도 이상에서 공극 자속을 일정한 값(정격 값)으로 유지할 경우 직류기의 경우와 마찬가지로 단자 전압의 크기가 과도하게 커져 제한 값 $V_{\lim}$을 넘게 된다. 이는 직류 전동기 운전의 경우와 같으나 직류기, 권선형 동기기의 경우 계자 권선이 있고 이를 통하여 계자 전류를 줄임으로써 약계자(Field Weakening) 운전을 할 수 있다. 그러나 유도기 또는 영구자석을 통하여 여자 자속을 얻는 영구자석 교류 전동기의 경우 계자 권선이 없어, 고정자 권선이 만드는 기자력(MMF)을 회전자 자속의 위치를 기준으로 하여 제어함으로써 직류기, 권선형 동기기와 유사하게 영구 자석 또는 고정자 권선에 의해 발생되는 공극 자속을 제어할 수 있다. 이 경우 계자 권선의 전류를 줄이는 것이 아니고 공극 자속을 줄임으로 이를 약계자(Field Weakening) 운전과 달리 약자속(Flux Weakening) 운전이라 부르기로 한다. 교류전동기의 약자속 제어에 관해서는 5.4절에서 자세히 논의한다.

정격 속도 이상에서 $|\boldsymbol{\lambda}_m|$을 $\dfrac{1}{\omega_e}$에 비례하게 제어(약자속 운전, Flux Weakening Operation)하면서 유도 전동기의 속도를 계속 증가시키면 등가 회로에서 $|\mathbf{E}_m| = \omega_e|\boldsymbol{\lambda}_m|$

이므로 $|\mathbf{E}_m|$ 은 정격 속도 이상의 약자속 영역에서 일정하다. 그런데, 회전자 회로의 누설 인덕턴스에 의한 누설 임피던스 $X_{\ell r} = \omega_e L_{\ell r}$ 은 전원 주파수가 커짐에 따라 증가한다. 약자속 영역에서 주어진 전류 제한 $(|\mathbf{I}_s| = I_{\lim})$ 조건에서 최대 토크를 얻으려면 전류를 제한치로 유지하여야한다. 약자속 운전 영역에서는 ($I_{\lim}$가 정격 전류보다 같거나 크다는 가정 하에서) $\mathbf{I}_s = \mathbf{I}_m + \mathbf{I}_r \approx \mathbf{I}_r$ 로 표시될 수 있으므로, 회전자 전류의 크기를 고정자 전류의 제한치로 유지하는 것이 고정자 전류의 크기를 제한치로 유지하는 것과 유사하다. 회전자 전류의 크기 $|\mathbf{I}_r|$ 은 식 (2-78)에 의해 결정되므로 $|\mathbf{I}_r|$ 을 일정하게 유지하려면 $|\mathbf{E}_m|$ 이 일정한 경우 회전자 임피던스의 크기 $\left(|Z_r| = \left|\frac{R_r}{S} + j\omega_e L_{lr}\right|\right)$ 를 일정하게 할 필요가 있다. 통상 수 kW 이상의 표준 범용 유도 전동기의 경우 기동을 제외한 정상 동작 범위에서 $\frac{R_r}{S} >> \omega_e L_{lr}$ 이다. 따라서 $|\mathbf{I}_s|$ 를 $I_{\lim}$ 값으로, 즉 $|\mathbf{I}_r|$ 을 $I_{\lim}$ 유지하려면 $\frac{R_r}{S}$ 가 일정해야한다. 즉 슬립을 일정하게 유지하면 $|\lambda_m|$ 이 $\frac{1}{\omega_e}$ 에 비례하게 제어되는 약자속 영역에서 고정자 전류의 크기를 $I_{\lim}$ 으로 근사적으로 유지할 수 있다.

$$|\mathbf{I}_r| = \frac{|E_m|}{\sqrt{\left(\frac{R_r}{S}\right)^2 + (\omega_e L_{lr})^2}}. \tag{2-78}$$

이 경우 ω_e 가 증가함에 따라, 슬립이 일정하므로, 슬립각속도, ω_{sl} , 은 ω_e 에 비례하여 증가하게 된다. 약자속 영역에서 ω_e 가 계속 증가하여 전동기의 슬립 각속도가 식 (2-64)에서 구한 최대 토크를 발생시키는 슬립 각속도, $\omega_{s\ell\_pk}$ 에 도달하면 전동기의 슬립 각속도를 더 이상 증가시켜도 토크가 증가하지 않고 오히려 감소한다. 따라서, 그 이상의 속도 영역에서는 $\omega_{s\ell} = \omega_{s\ell\_pk}$ 로 일정하게 유지하여야 가용한(Available) 최대 토크를 얻을 수 있다. 이때부터 $|\mathbf{I}_s|$ 는 ω_e 가 증가함에 따라 반비례하여 감소하게 된다. $|\mathbf{I}_s|$ 의 크기, 즉 $|\mathbf{I}_r|$ 의 크기($\mathbf{I}_s = \mathbf{I}_m + \mathbf{I}_r \approx \mathbf{I}_r$ 이므로)가 ω_e 의 증가에도 불구하고 슬립각속도의 증가에 의해 일정하게 유지되는 영역을 약자속 영역 1이라고 부르고, ω_e 의 증가에 따라 슬립 각속도가 $\omega_{s\ell} = \omega_{s\ell\_pk}$ 로 고정되어 $|\mathbf{I}_s|$ 가 줄어드는 영역을 약자속 영역 2 또는 특성 영역(Characteristic Region)이라고 부른다. 약자속 영역 1에서

정격 전류가 흐를때 얻을 수 있는 토크는 식 (2-57)과 (2-58)에서 알 수 있듯이 ω_e 에 반비례하여 줄어들게 된다(이때 회전자 회로의 역률의 변화는 무시할 만하다). 따라서 슬립 각속도가 전원 각주파수에 비해 매우 작아서($\omega_e >> \omega_{sl}$) $\omega_e \approx \frac{P}{2}\omega_{rm}$ 이라 두면 $P_m = T_e \cdot \omega_{rm}$ 은 일정한 값을 유지하게 된다. 즉 일정 출력(Constant Power) 운전 영역이 된다. 약자속 영역 2에서는 근사적으로 T_e 는, $|I_r|$ 의 크기가 ω_e 에 반비례하여 감소하므로, ω_e 의 제곱에 반비례하여 줄어든다. 따라서 전동기의 출력은 근사적으로 ω_e 에 반비례하여 줄어든다. 이러한 특성 영역의 존재가 유도 전동기와 직류 전동기 또는 동기 전동기 능력 곡선(Capability Curve)의 근본적인 차이이다.

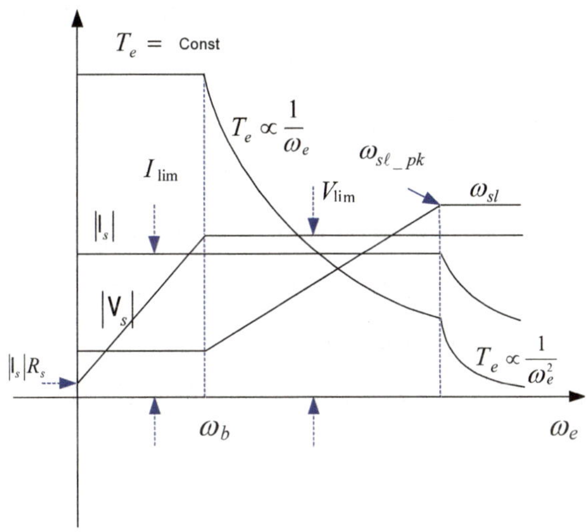

그림 2.58 유도 전동기의 능력 곡선

<그림 2.58>에 일정 토크 영역, 약자속 영역 1, 2에서 공극 자속, 전류, 전압의 제한 조건 하에서 누설 리액턴스의 영향을 무시할 경우의 유도 전동기의 토크, 전류, 슬립, 기계적 출력을 나타내었다. 실제로 약자속 영역에서 전동기의 공극 전압을 일정하게 할 경우 전동기의 단자 전압은 고정자 누설 리액턴스에 의한 전압 강하의 증가로 인하여 증가하게 된다. 반대로 단자 전압을 일정하게 제어할 경우에는 고정자 누설 리액턴스에 의한 전압 강하로 인하여 공극 전압은 감소하게 되므로, 토크는 약자속 영역 1과 2에서 $1/\omega_e$ 과 $1/\omega_e^2$ 보다 더 급속히 줄어든다. 이에 대한 자세한 해석은 연습문제 15에서 다루며 벡터 제어 시 유도 전동기의 능력 곡선(허용 전압, 허용 전류 조건 하에서의 최대 토크 운전)에 관해서는 5.4.4절에서 언급한다.

2.16 교류 전동기와 직류 전동기의 비교

2.16.1 농형 유도 전동기와 직류 전동기와의 비교

농형 유도기는 잘 설계된(보극과 보상 권선이 있는) 직류 전동기에 비해서도 단자 전류의 최대 허용 변화율($\frac{di_s}{dt}$)이 매우 크다. 통상 직류기의 전류 변화율은 정류자(Commutator)와 브러쉬(Brush)에 의해 제한되기 때문에 잘 설계된 직류기의 경우에도 30 Per Unit/s 정도이나 통상의 가변속 구동용 농형 유도기는 200 Per Unit/s 이상이다. 일정한 자속 하에서 고정자에 인가되는 전류가 토크를 결정하므로 큰 전류 변화율은 전동기의 토크가 빠르게 변동될 수 있음을 의미한다. 또한 직류 전동기는 정류자와 브러쉬의 기계적 제약에 따른 정류자의 선속도$(V_{com} = \omega_{rm} \cdot r_{com})$가 제한되어 속도와 출력의 곱이 제한된다. 여기서 r_{com} 은 회전자 정류자의 반경이다. 직류기의 회전 속도와 직류기 출력의 곱은 대개 2.6×10^6 kW-r/min 정도가 한계인데, 이는 다음과 같이 손쉽게 이해될 수 있다(참고문헌 [9]). 출력이 커지려면 전동기의 물리적 크기가 증가하여야 하고 따라서 전동기의 회전자의 축 방향 길이나 또는 반경이 커져야 한다. 축방향 길이는 회전자의 휘어짐(Bending)에 의해 제한되고, 반경의 증가는 회전자 선속도의 증가를 초래한다. 빠른 선속도는 정류자와 브러쉬의 접촉을 나쁘게 하여 정류 작용이 나빠진다. 이러한 이유로 <그림 1.6>에 표시한 바와 같이 고속의 대형 직류 전동기는 제작이 어렵다. 그러나, 농형 유도기의 경우 이러한 제한이 없어 원심력에 의한 기계적 강성이 허용하는 한 고속, 대용량의 유도기를 제작할 수 있다.

역률의 관점에서 비교하여 보면 직류기를 <그림 2.17>과 같이 3상 교류 전원과 다이리스터로 구성된 3상 제어 정류기를 사용하여 제어할 경우, 전원단 역률은 전동기 속도에 따른 다이리스터 컨버터(Converter) 게이팅의 지연각(Delay Angle), α 에 따라 바뀌게 되고, 전원단 역률, $\cos\phi_s$ 는 $\cos\phi_s < \cos\alpha$ 이므로 역률이 광범위하게 바뀐다(참고문헌 [3]). 4극의 표준 유도기의 경우 무부하에서 정격 부하 시까지 역률은 대개 0.2 ~ 0.9까지 변하게 된다. 만약 가변 전압 가변 주파수 변환 장치(Inverter)를 이용하여 유도 전동기를 제어할 경우에는 전원단 역률은 유도 전동기 자체의 역률과 무관하게 결정된다. 인버터의 정류 회로가 다이오드 정류기(Rectifier)라면 경부하(Light Load)에서 정격 부하 이상까지 전원단 역률을 0.9 이상으로 유지할 수 있다.

관성(Inertia)의 측면에서도 유도 전동기는 동일한 정격 속도, 출력의 직류기에 비해 관성이 적어 큰 회전 가속도(Acceleration)를 얻을 수 있다. 전동기를 사고 전류로부터 보호하는 관점에서 살펴볼 때도, 직류 전동기의 전기자 전류를 차단하는 직류 차단기는 유도 전동기의 교류 차단기에 비해 크기가 크고 매우 고가(Expensive)이다. 유지 보수의 측면에서는 농형 유도 전동기의 회전자는 고정자와 오직 베어링(Bearing)에 의해서만 접촉되므로 정기적인 유지 보수가 필요 없어 적절한 환경 조건, 동작 조건에서 사용되는 유도 전동기는 10년 또는 그 이상 유지 보수 없이 사용될 수 있다. 그러나, 직류기는 브러쉬의 마모로 인하여 정기적인 유지 보수가 필수적이다. 정지 상태에서의 토크 발생에 있어서도, 직류기의 경우 특정 정류자 편(Segment)에 전류가 집중되어 국부(Local) 발열을 일으킬 우려가 있으나 유도기는 슬립 주파수에 의해 회전자 전체에 전류가 고루 분포되므로 그러한 염려가 없다. 왜냐하면, 정지 토크를 발생시키기 위해서는 전동기가 정지 시에도 회전자에는 식 (2-52)에 의해 발생 토크에 해당하는 $\omega_{s\ell}$ (식 (2-52)에서 정지시에는 $S=1$ 이므로 $\omega_e=\omega_{s\ell}$ 이다)의 각주파수의 전류가 흐르기 때문이다. 유도기는 크기와 무게의 측면에서도 <표 2.1>에 나타난 바와 같이 동일 속도, 동일 출력의 직류기에 비해 유리하다(참고문헌 [10]).

표 2.1 유도기와 직류기의 효율 및 기계적 특성의 비교

전동기 크기	대형		중형		소형	
전동기 형태	농형 유도기	직류기	농형 유도기	직류기	농형 유도기	직류기
정격 출력(kW)	6000	6000	75	75	1.5	1.5
회전 속도(r/min)	60	60	1500	1500	1500	1500
효율(%)	95.1	92	92.5	88	75	83
관성(kg-m^2)	30000	60000	0.75	0.673	0.0039	0.0098
길이(cm)	1500	1500	86.3	102.2	32.25	41.6
폭(cm)	410	473	45	39	17	21
무게(kg)	-	-	385	480	23	42.5

또한 유도기는 같은 출력을 공급하는 직류기에 비해서 아래와 같은 이유에서 배선(Cabling)에 관해서도 유리하다. 직류기와 유도기의 기계적 출력은 다음 식과 같다.

$$P_{mdc}=I_a\cdot V_a\cdot\eta_{dc} \tag{2-79}$$

$$P_{mac}=\sqrt{3}V_{e-\ell}\left|\mathrm{I}_s\right|\cos\phi_s\eta_{ac} \tag{2-80}$$

유도기의 효율 η_{ac} 는 직류기의 효율 η_{dc} 에 비해 같거나 높다. 수 kW 이상의 4극 표준 범용 유도기의 역률 $\cos\phi_s$ 는 정격 운전 조건에서 $\frac{3}{2}\ \frac{1}{\sqrt{3}}$ (≈0.866)과 유사하거나 큰 값이다. 따라서 직류기의 전기자 입력 배선의 굵기와 절연 전압의 곱은 직류기의 전기자 전선이 2개, 3상 유도기의 경우 3개라는 것을 고려하면 거의 같다. 그러나 직류기는 계자 전류의 공급을 필요로 하므로 전기자 전류 공급 전선에 비해 전류 용량은 수십 분의 1이지만 2개의 전선이 더 필요하게 된다. 따라서, 유도기가 배선에 있어서도 유리하다.

2.16.2 영구자석 교류 전동기와 직류 전동기의 비교

영구자석 교류 전동기는 유도기가 가지는 여러 장점에 부가하여 유도기에 비해 회전자 회로의 동손이 없으므로 효율이 좋다는 장점이 있다. 또한 유도기에 비해 저관성(Low Inertia)의 기계를 만드는 것이 가능하며 유도기에 비해서 단위 부피당 또는 단위 무게당 더 큰 출력과 토크를 얻을 수 있다. 특히 쇄교 자속이 영구자석에 의해 공급되어 특별한 제어 없이도 쇄교 자속이 비교적 일정하게 유지될 수 있으므로 고정자 전류 벡터의 회전자에 대한 상대 위치와 크기를 제어함으로써 비교적 손쉽게 순시 토크를 정밀하게 제어할 수 있다. 이에 대해서는 5.1.2절에서 언급한다. 그러나, 영구자석 전동기는 영구자석 재료의 물리적 특성상 고온의 주위 환경(100°C 이상)에서는 사용이 제한적이라는 단점이 있으며, 표면 부착형 영구자석 전동기의 경우 표면에 부착된 영구자석의 구조적 문제로 인하여 고속의 회전 속도를 얻을 수 없다는 단점이 있다. 매입형 전동기의 경우 자석이 회전자에 매입되어 있으므로 고속 회전은 가능하나 자기저항에 의한 토크와 영구자석에 의한 토크를 적절히 사용하기 위해서는 전동기의 설계와 제어가 어려운 단점이 있다. 그러나 영구자석 전동기/발전기는 에너지 효율이 좋다는 장점, 같은 출력에 비해 소형이라는 장점, 정밀한 순시 토크가 가능하다는 장점으로 인해 산업 전반에서 그 응용 범위가 나날이 커지고 있다. 특히 매입형 영구자석 전동기의 설계와 제어에 관한 기술이 비약적으로 발전하고 있으며, 이를 약자속 제어가 필수적인 견인 전동기 구동 부분에 사용하려는 시도가 계속 되고 있고 이미 복합형(Hybrid) 전기 자동차에서 광범위하게 상용화되었다.

2.17 정상 상태 특성에 기초한 유도 전동기 제어

전동기의 속도, 토크의 제어는 필연적으로 과도 상태를 수반하게 된다. 그러나 속도, 토크의 변동이 매우 느린 경우, 본 장에서 논의한 정상 상태 특성을 기초로 한 몇 가지 속도 제어 방법을 생각해 볼 수 있다. 이러한 제어 방법은 정상 상태 등가 회로에 근거를 두고 있으므로 그 제어 성능이 매우 제한적이다. 그러나 펌프, 팬 부하와 같은 빠른 동특성(Dynamics)이 요구되지 않는 유도기의 가변속 제어에 있어서는 유용하게 활용될 수 있다. 동기 전동기 역시 이러한 등가 회로에 기초한 제어 방법, 특히 공극 자속 일정 제어를 생각해 볼 수 있으나, 이러한 응용은 자기저항 동기기(Synchronous Reluctance Machine)를 이용하는 섬유 기계 등의 제한된 경우에 주로 이용되며, 대부분의 동기기, 특히 영구자석 동기기는 고성능의 동특성이 요구되는 응용 분야에 주로 사용된다. 유도기를 포함하여, 이러한 고성능의 제어는 5장에서 자세히 다룬다.

2.17.1 단자 전압 제어에 의한 유도 전동기 속도 제어 (참고문헌 [5])

유도 전동기의 단자 전압을 변동시키면 <그림 2.45>의 등가 회로에서 유도 전동기의 토크-속도 곡선이 달라지게 된다. <그림 2.59>는 NEMA B 형태(Type) 전동기와 NEMA D 형태 전동기의 단자 전압 변동에 대한 정상 상태에서의 토크-속도 곡선의 변동을 나타낸다.

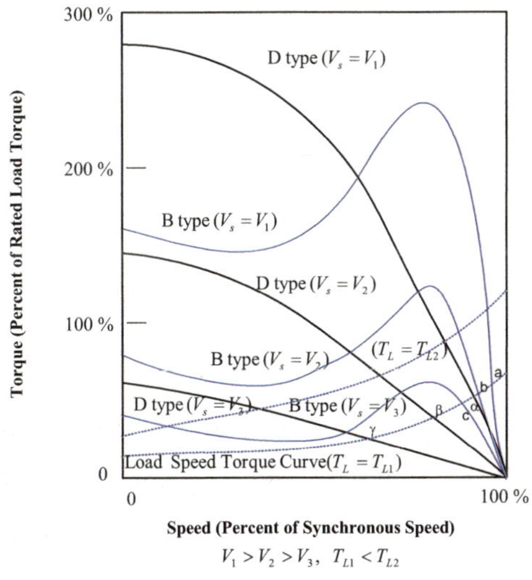

그림 2.59 NEMA B, D Type 전동기의 입력 단자 전압 변동에 따른 속도–토크 곡선의 변화

유도 전동기의 단자 전압을 감소시키면 고정자 임피던스 전압 강하를 무시할 때 이에 비례하여 공극 자속 $|\lambda_m|$ 이 감소하므로 최대 토크(Pull-Out Torque)는 식 (2-65)에서 알 수 있듯이 단자 전압의 크기의 제곱에 반비례하여 줄어들게 된다. 표준 유도 전동기인 NEMA B 형태(Type) 전동기의 경우 주어진 부하의 속도-토크 곡선($T_l = T_{l1}$)에서 전압이 줄어듦에 따라 동작점이 a, b, c로 이동하여 약간의 속도 변동이 발생하나 그 변동 폭은 크지 않다. 반면에, NEMA D 형태 전동기의 경우 그 동작점이 α, β, γ로 변동하여 전압 제어에 의해 큰 폭의 속도 변동이 가능하다. 그러나 D 형태 전동기는 식 (2-64)에서 알 수 있듯이 최대 토크가 나타나는 슬립 각속도, $\omega_{s\ell\_pk}$ 가 크므로 회전자 저항이 커서 γ 점에서 동작할 때 전동기의 효율이 나쁘게 된다. 전동기의 효율 η 은 다음의 관계식을 만족한다.

$$\eta < (1 - S). \quad \text{(2-81)}$$

그러므로 γ 점에서의 슬립은 35% 정도이므로 효율은 65% 미만이다. 이러한 전압 제어에 의한 속도 제어 방법은 간단하게 전동기의 속도 제어를 할 수 있다는 장점이 있으나 그 속도 제어 범위가 전동기 형태에 따라 큰 차이가 있으며, 광범위한 속도 제어 범위를 얻을 경우 저속에서 효율이 나빠진다는 단점이 있다. 또한 갑자기 부하 토크가 증가하여($T_{L1} \rightarrow T_{L2}$) 부하의 토크가 주어진 단자 전압에서의 전동기 최대 토크(Pull-out Torque)를 넘어설 경우 전동기가 구속 상태(Locked Rotor, Stall)에 이르러 전동기가 소손(Burn-out)될 우려가 있다는 단점이 있다. 동기 전동기의 경우 속도는 전원 주파수에 의해서만 결정되므로 이러한 전압 제어에 의해서는 속도를 제어할 수 없다.

2.17.2 공극 자속 (≈V/F)일정 제어에 의한 유도 전동기의 속도 제어(참고문헌 [10])

앞의 2.10.2절에서 언급한 바와 같이 전동기 단자 전압의 크기와 주파수를 동시에 제어하여 공극 자속 $|\boldsymbol{\lambda}_m|$ 이 기저 속도 ω_b 까지 일정하도록 제어하고 그 이후에는 단자 전압을 일정하게 제어하면서 ω_e 를 증가시키면 유도 전동기가 제공할 수 있는 토크 능력을 최대한 사용할 수 있다. 이러한 제어 방법을 블럭도로 <그림 2.60>에 표시하였다. 인버터를 이용한 이러한 V/F 제어에 근거한 속도 제어 시스템은 동기 전동기에도 응용될 수 있다. 그러나 이 경우 가감속률을 적절히 제한하여 전동기 가감속 시 동기기의 부하각이 동기 범위 ($|\delta| \leq 90^\circ$)를 벗어나지 않도록 해야 한다.

<그림 2.60>에서 가감속 제한 회로는 유도기의 입력전류 $|\mathbf{I}_s|$가 I_{lim}을 넘어설 경우 발생할 수 있는 인버터에 의한 과전류(Over Current) 차단(Trip)을 방지하기 위하여 가감속을 일시 정지시키는 기능을 하며, V/F 표(Table)는 전동기가 일정 공극 자속을 유지할 수 있도록 필요한 단자 전압의 크기, $|\mathbf{V}_s|$, 를 각주파수 $\omega_e = 2\pi F$에 따라 제공한다.

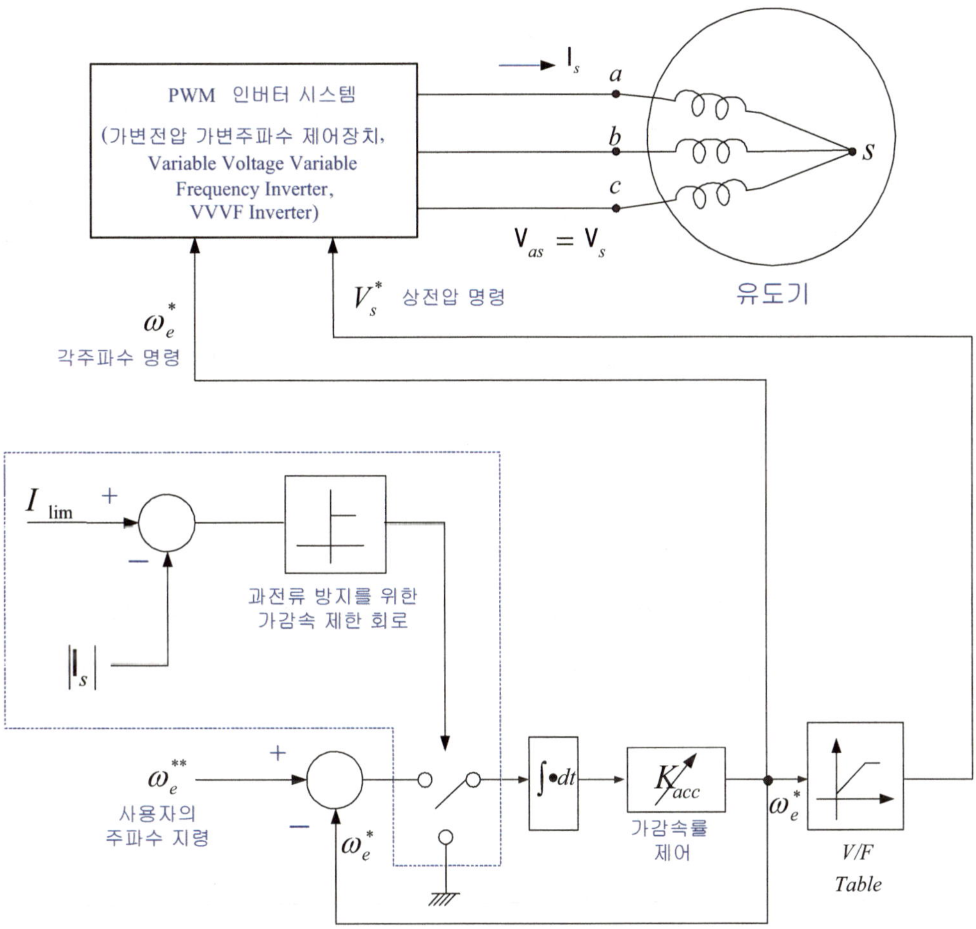

그림 2.60 V/F 운전에 의한 유도기 속도 제어 장치

2.17.3 슬립 궤환(Slip Feedback)에 의한 유도 전동기 속도 제어 (참고문헌 [11])

<그림 2.60>의 제어 방식에서는 부하 토크가 증가하면 유도 전동기의 슬립이 증가하므로 인버터가 발생하는 주파수가 일정하더라도 전동기의 회전 속도는 슬립 각속도 $\omega_{s\ell}$ 만큼 차이가 발생하게 되어 정확한 속도 제어가 어렵다. 이러한 문제점은 전동기의 실제 속도를 궤환(Feedback)하여 이를 제어하는 속도 제어기를 부가함으로써 해결

할 수 있는데, 속도 제어기는 정격 부하 이하의 정상 상태에서 슬립 각속도 $\omega_{s\ell}$ 가 전동기 토크에 비례한다는 식 (2-63)을 이용하면 직류 전동기 속도 제어기와 유사하게 설계될 수 있다. <그림 2.61>은 이러한 속도 궤환 제어의 한 예이다. 이와 같이 슬립 각속도의 크기만을 이용하여 속도(토크)를 제어하는 제어 방법을 5장의 벡터 제어에 대응하여 스칼라(Scalar) 제어라고도 부른다.

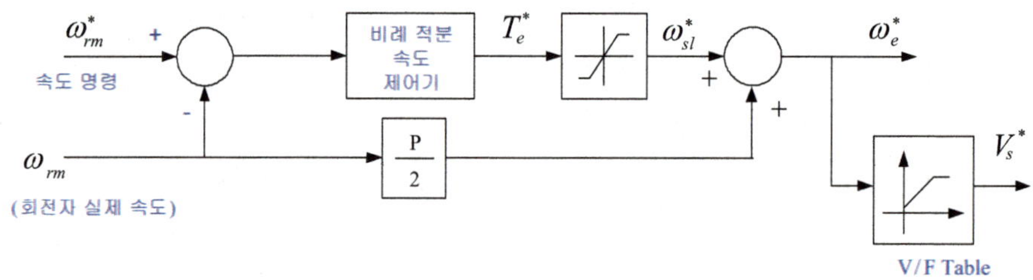

그림 2.61 실제 속도 궤환에 의한 유도 전동기의 속도 제어 블록도

그러나 이 경우 식 (2-63)의 토크 식은 정상 상태를 가정한 것이므로 전동기 속도 제어 시 과도 상태 제어 성능은 매우 제한적이어서 빠른 속도 응답 특성을 얻을 수 없다. 또한 약자속 제어 시에는 식 (2-62)를 식 (2-63)으로 근사하는 데 있어, 회전자 누설 리액턴스, $\omega_{s\ell}L_{\ell r}$, 가 회전자 저항, R_r,에 비해 무시할 수 없을 정도로 커짐에 따라 오차가 커지게 되고, 또한 공극 자속의 크기의 변화 역시 고려되어야 함으로 정확한 토크 제어가 어렵다.

2.17.4 전류 궤환에 의한 *V/F* 제어의 보완

2.17.3절에서 설명된 제어 방법은 전동기 속도를 측정하여야 한다는 단점이 있으며, 2.17.2절의 공극 자속 제어(V/F) 방법은 전동기의 입력 각주파수 ω_e 는 제어할 수 있으나, 전동기의 속도, ω_{rm}, 은 부하에 따라 슬립 각속도, $\omega_{s\ell}$, 만큼 변한다는 단점이 있었다. 이러한 단점들을 보완하기 위하여 공극 자속 제어 방법에 단자 전류와 슬립 각속도와의 상관 관계를 구하여 단자 전류의 크기에 해당하는 슬립 각속도를 인버터 출력 주파수에 보정하는 방법을 사용할 수 있다. <그림 2.62>에 나타낸 이러한 제어 방법은 빠른 동특성이 요구되지 않는 일반적인 유도 전동기의 속도 제어에 광범위하게 사용되고 있다.

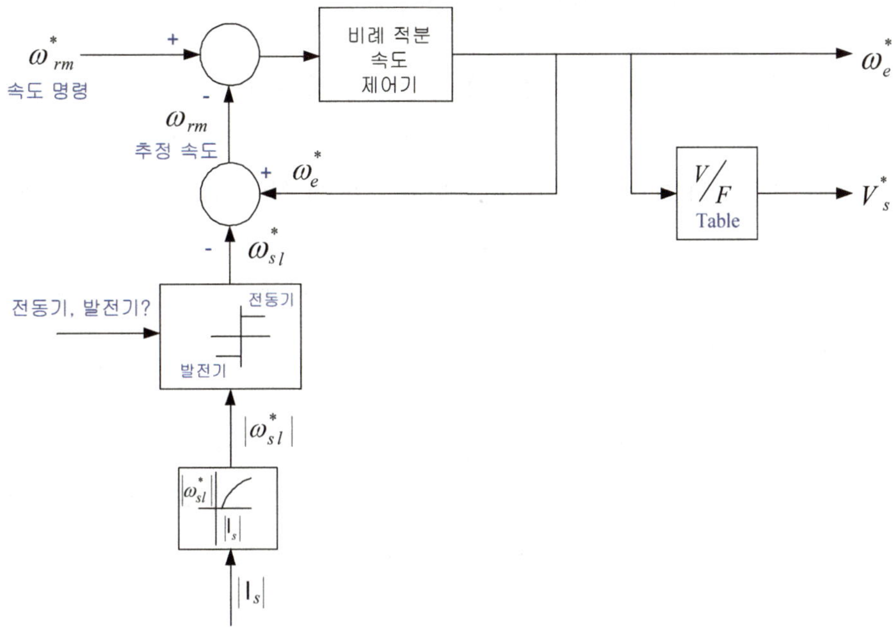

그림 2.62 전류 궤환(Current Feedback)을 이용한 속도 제어 방법

2.18 전력 변환기의 구조와 모델링

전력용 반도체를 기반으로 하는 전력 변환기는 전기기계와 함께 또는 단독으로 변환 손실을 최소화하면서 전력의 형태를 변환하는 전기기기로 폭넓게 사용되고 있다. 이러한 전력 변환기는 반도체의 자세한 동작 특성을 고려하여 전자 회로로 모델링될 수도 있으나, 대개의 경우 이러한 전력 변환기가 외부 전원 또는 부하와 연결될 경우 전원 또는 부하의 동특성에 비해 전력 변환기의 동특성이 매우 빠르므로 전력 변환기를 선형 또는 비선형 이득 요소로 혹은 1차 시지연을 가지는 간단한 구조로 모델링해도 전체 시스템의 동특성을 파악하는 데에는 무리가 없다. 본절에서는 흔히 쓰이는 전력 변환기들, 3상 다이오드(Diode)/다이리스터(Thyristor) 정류기(Rectifier), 펄스폭 변조 승압(Pulse Width Modulation Boost) 정류기, 2상한(Two Quadrant) DC/DC 변환기, 펄스폭 변조 인버터(PWM Inverter,), 매트릭스 컨버터(Matrix Converter)의 간단한 모델을 유도하고 이를 설명한다.

2.18.1 3 상 다이오드/다이리스터 정류기 (참고문헌 [12])

<그림 2.63>과 같은 3상 전파 제어 정류기는 제어각(Gating Angle), α, 를 제어하여 가변의 출력 직류 전압을 얻을 수 있다. 3상 다이오드 정류기의 경우에는 전파 제어 정류기에서 제어각이 항상 0° 에서 도통되는 경우로 생각할 수 있으며 이 경우 출력 전압은 제어될 수 없다. <그림 2.63>과 같은 회로에서 평활용 인덕터의 인덕턴스가 충분히 커서 인덕터에 흐르는 전류가 연속이며 인덕터의 내부 저항을 무시할 수 있을 경우 <그림 2.64>와 같은 등가 회로로 표시될 수 있다. 등가 회로에서 저항은 다이리스터가 전류(Commutation)할 때 전원의 내부 인덕턴스 L_s 에 의해 발생하는 중복각(Overlap Angle) 현상에 의한 출력 전압 강하를 나타내는 것으로써 실제 회로에서는 전력 손실을 발생시키지는 않는다. 그림에서 ω_e 는 전원의 각주파수이다. 등가 회로에서 전원 전압의 크기는 제어각, α , 에 따라 여현(Cosine) 함수로 표시되는 비선형성(Nonlinearity)을 갖는다. 만약 제어각을 발생시키는 회로에서 제어 명령을 <그림 2.65>와 같이 역여현(Arccosine) 함수를 통과시켜 제어각을 구하면 제어 입력 V_c 에 따라 선형적인 전원 전압을 얻을 수 있다.

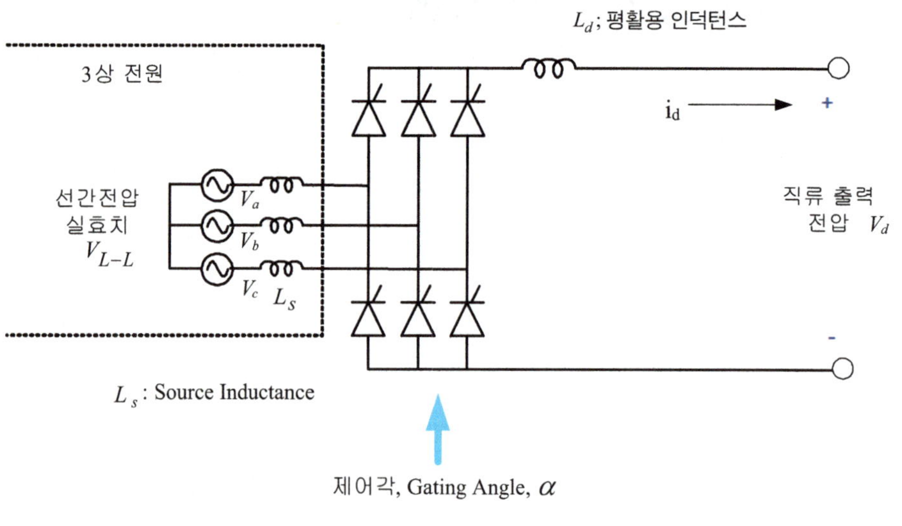

그림 2.63 다이리스터 제어 정류기

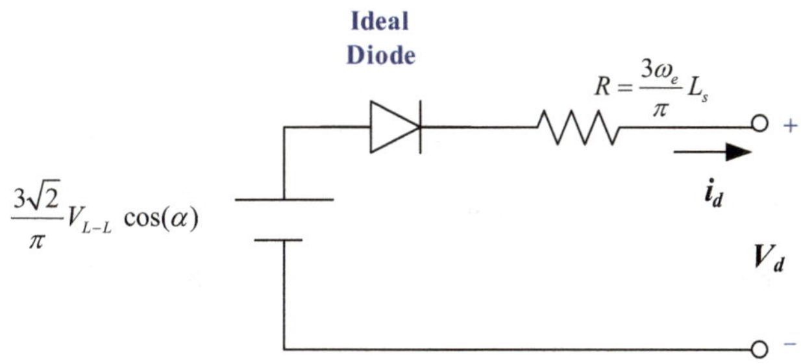

그림 2.64 다이리스터 제어 정류기의 등가 회로

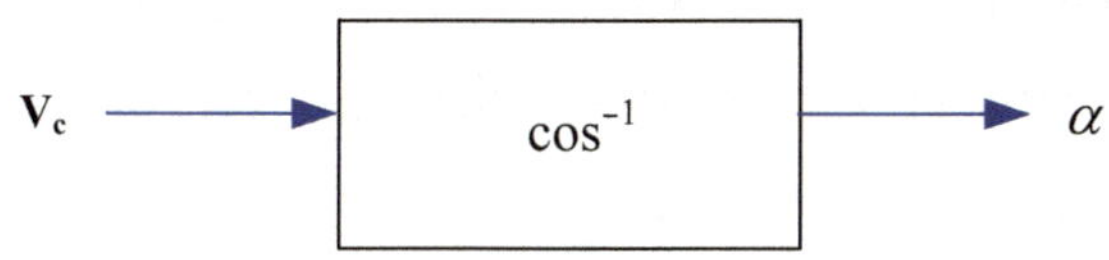

그림 2.65 출력 전압의 비선형성을 제거하는 제어각 발생 블록도

이 경우 출력 전압과 제어 입력 사이의 전달 함수는 다음과 같이 주어질 수 있다.

$$V_d = V_c \frac{3\sqrt{2}}{\pi} V_{L-L}\ e^{-\frac{2\pi}{12\omega_e}s} - \frac{3\omega_e L_s}{\pi} I_d . \tag{2-82}$$

여기서, I_d 는 i_d 의 라플라스 변환(Laplace Transform)이며 $e^{-\frac{2\pi}{12\omega_e}s}$ 는 각 다이리스터가 교류 전원의 한 주기의 1/6 동안 도통됨에 따른 평균적인 시지연(Time Delay) (교류 전원 전압 한 주기의 1/12)을 라플라스 변환을 이용하여 나타낸 것이고 이를 1차 근사할 경우 출력 전압은 다음과 같은 근사식으로 나타 낼 수 있다.

$$V_d \approx V_c \frac{3\sqrt{2}}{\pi} V_{L-L}\ \frac{1}{1+T_d s} - \frac{3\omega_e L_s}{\pi} I_d . \tag{2-83}$$

여기서 $T_d = \frac{\pi}{6\omega_e}$ [s]이다. 다이오드 정류기의 경우 제어 입력이 없으므로 단순히 아래 식과 같이 모델링된다.

$$V_d = \frac{3\sqrt{2}}{\pi} V_{L-L} - \frac{3\omega_e L_s}{\pi} I_d . \tag{2-84}$$

만약 평활용 인덕터에 흐르는 전류가 불연속일 경우에는 출력 전압은 전원의 제정수

(주파수, 전원 전압의 크기, 내부 임피던스 등)와 부하의 제정수(부하 전류의 크기, 역기 전력, 내부 임피던스 등), 평활용 인덕터의 값들로 표시되는 비선형 방정식의 해로 표시되어 간단한 해석적 해는 불가능하다. 3상 다이리스터 제어 정류기로 구동되는 직류 전동기 제어 시스템에서 전기자 권선에 흐르는 전류는, 전류의 연속, 불연속에 따라 4.2.2.2절에서 언급하는 바와 같이 수식적으로 표시될 수 있다.

2.18.2 펄스폭 변조 승압형 정류기(PWM Boost Rectifier)

<그림 2.66>과 같은 전력 회로를 가지는 펄스폭 변조(Pulse Width Modulation, PWM) 승압형(Boost) 정류기가 교류 전원으로부터 직류 출력을 얻는 데 폭넓게 이용되고 있다. 특히 이런 정류기를 이용할 경우 교류 전원의 전류를 비교적 전고조파 왜율(Total Harmonic Distortion, THD)이 적은 정현파로 유지할 수 있고 역률을 진상에서부터 지상까지 광범위하게 제어 할 수 있는 장점이 있으며, 필요할 경우 전원에 임의의 고조파 전류도 합성하여 주입할 수 있다. <그림 2.66>의 정류기는 양방향성 에너지 흐름을 가지므로 정류기로써 직류 전력을 교류 전원으로 보내는 인버터로써도 동작할 수 있다. 교류 전원의 주파수, 전압은 가변속 엔진 발전기의 경우 비교적 광범위하게 가변할 수도 있고 직류 출력 전압 역시 필요에 따라 가변될 수 있다. 만약 교류 전원에서 기본파의 역률(Displacement Power Factor)이 1이 되게 운전하려면 직류 출력단 전압은 교류 입력 선간 전압의 순시 최고 값 $\sqrt{3}V_m$ 보다 커야 한다. 회로에서 교류 전원이 동기 발전기 또는 영구자석 동기 발전기처럼 내부 동기 인덕턴스 L_s 가 큰 전원일 경우 별도의 인덕터 L_{inter} 가 필요 없으나 통상의 상용 전원일 경우 펄스폭 변조로 인하여 교류 전원으로 유입되는 고조파 전류를 억제하기 위하여 적당한 크기의 인덕터가 필수적이다. 인덕터의 인덕턴스는 전원이 허용하는 전고조파 왜율(THD)과 전원의 내부 임피던스 크기, 펄스폭 변조의 스위칭 주파수에 의해 결정된다. 만족해야 할 왜율이 주어지고 전원의 내부 인덕턴스가 외부 인덕터의 인덕턴스, L_{inter},에 비해 무시할 수 있을 만큼 작을 경우 외부 인덕터의 인덕턴스는 스위칭 주파수에 반비례한다. 따라서 인덕터를 작게하기 위해서는 정류기의 전력용 소자가 허용할 수 있는 범위까지 스위칭 주파수를 올릴 필요가 있다. 전원의 내부 저항과 인덕터의 내부 저항은 인덕터의 임피던스에 비해 작으므로 통상 전압 방정식을 고려할 때 무시될 수 있으나 승압형 정류기의 손실을 고려할 때는 정류기의 스위칭 손실, 도통(Conduction) 손실과 함께 인덕터의

내부 저항도 반드시 고려되어야 한다. PWM 승압형 정류기의 직류단을 입력, 교류단을 출력으로 생각하면 직류단 전압 V_d 로부터 교류단 전압 기본파 성분 V_{an}, V_{bn}, V_{cn} 은 <그림 2.67>의 등가 회로에서 다음 식과 같이 표시될 수 있다.

$$\begin{aligned} V_{an} &= m\frac{V_d}{2}\sin(\omega_e t+\alpha) \\ V_{bn} &= m\frac{V_d}{2}\sin(\omega_e t+\frac{2\pi}{3}+\alpha)\,. \\ V_{cn} &= m\frac{V_d}{2}\sin(\omega_e t-\frac{2\pi}{3}+\alpha) \end{aligned} \quad (2\text{-}85)$$

또 전원을 3상 평형으로 가정하면,

$$\begin{aligned} V_{As} &= V_m\sin(\omega_e t) \\ V_{Bs} &= V_m\sin(\omega_e t+\frac{2\pi}{3}) \\ V_{Cs} &= V_m\sin(\omega_e t-\frac{2\pi}{3}) \end{aligned} \quad (2\text{-}86)$$

로 표시될 수 있다.

여기서 m은 변조 지수(Modulation Index)이고 정류기 교류 출력 상전압(Phase Voltage)의 최고 값(V_{phpk})과 직류단 전압 크기의 반(1/2)과의 비($m \equiv \frac{V_{phpk}}{V_d/2}$)로 정의되며 α 는 전원 상전압에 대한 정류기 출력 교류 전압의 각이다. ω_e 는 전원 전압의 각 주파수이며 m 은 PWM에 따라 "0"부터 $\frac{4}{\pi}$ 까지 바뀔 수 있다. V_m 은 전원 상전압의 최고 값이다. m 과 α 는 승압형 정류기의 PWM에 따라 순시적으로(PWM 스위칭 주파수의 반주기마다) 변동시킬 수 있다. 승압형 정류기의 자체 손실과 고조파에 의한 손실(Harmonic Loss)을 무시하면 입력 전력과 직류단 전력은 다음 관계를 가진다. 여기서 C 는 직류단에 병렬로 연결된 콘덴서의 캐패시턴스이며 i_{dcl} 은 직류단에서 부하로 빠져 나가는 부하 전류이다.

$$V_d(C\frac{dV_d}{dt}+i_{dcl}) = V_{an}i_{as}+V_{bn}i_{bs}+V_{cn}i_{cs} = V_{as}i_{as}+V_{bs}i_{bs}+V_{cs}i_{cs}\ . \quad (2\text{-}87)$$

정상 상태에서 교류 전원의 역률각은 정류기의 교류 출력 V_{an}, V_{bn}, V_{cn} 를 제어함으로써 <그림 2.68>의 페이서도로 표시한 바 처럼 진상으로부터 지상까지 광범위하게 변화시킬 수 있다.

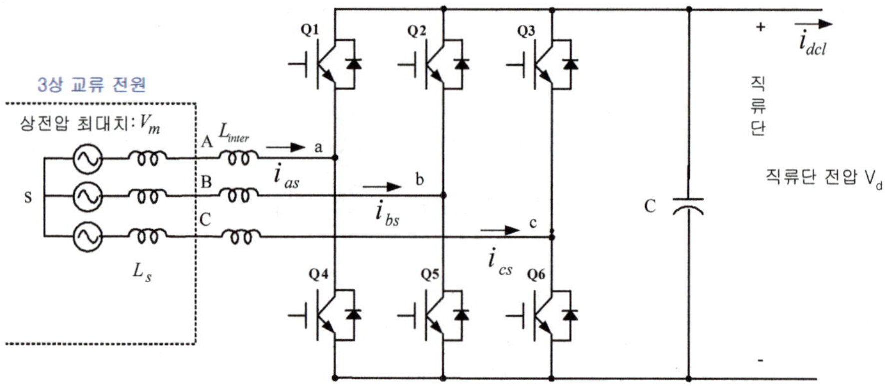

그림 2.66 펄스폭 변조 승압형 정류기(PWM Boost Rectifier)의 전력 회로와 입력 교류 전원

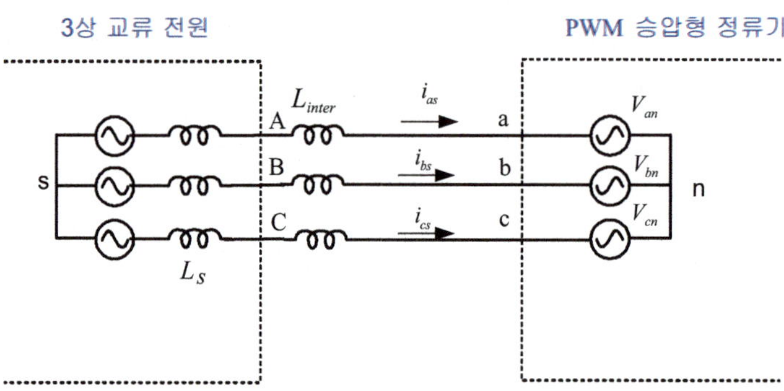

그림 2.67 펄스폭 변조 승압형 정류기(PWM Boost Rectifier)의 등가 회로

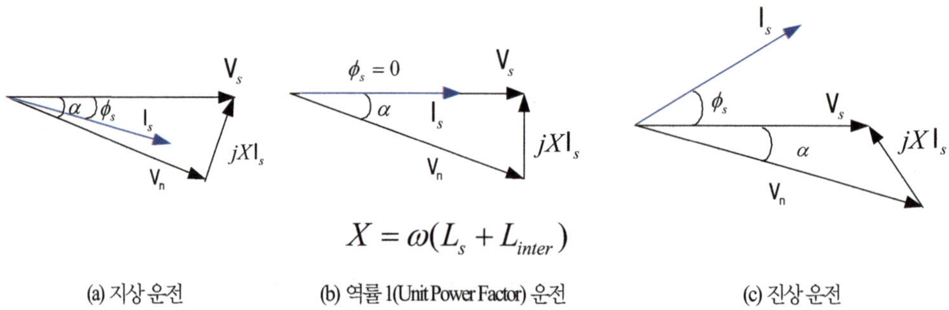

그림 2.68 일정 전원 전압, 일정 출력, 정상 상태의 경우 승압형 정류기의 교류 페이서도, 여기서 V_s, V_n, I_s 는 각각 전원 전압(내부인덕턴스에 의한 전압 강하 제외), 승압형 정류기 입력 전압, 교류 전원 출력 전류의 페이서이다.

<그림 2.68>에서 알 수 있듯이 같은 출력을 얻기 위해서는 지상(Lagging) 운전을 할 때 정류기가 출력해야 하는 교류 전압의 크기($|V_n|$)가 가장 작아진다. 따라서 직류단 전압이 교류 전원 선간 전압의 최대 값에 비해 그 크기가 작을 경우에는 지상 운전을 함으로써 직류단 전압을 제어할 수 있다.

2.18.3 양방향 DC/DC 컨버터

<그림 2.69>는 배터리(Battery), 슈퍼캐패시터(Super Capacitor) 등의 가변 직류 전원을 전압의 크기가 보다 더 큰 직류 전원으로 연결하면서 양방향으로 에너지를 전달할 수 있는 양방향 DC/DC 변환기(Bidirectional DC/DC Converter)의 일 예이다. 전원(배터리, 슈퍼캐패시터 등)에 흐르는 전류 i_s 가 연속이고, 스위치 Q_1 의 통류율(Duty Factor)이 D이고, 전력 변환기, 전원, 인덕터에서 손실이 없다면, 전원 전압과 직류단 전압은 정상상태(Steady State)에서 평균적으로 식 (2-88)과 같은 관계식을 가진다.

$$V_s = V_d D. \tag{2-88}$$

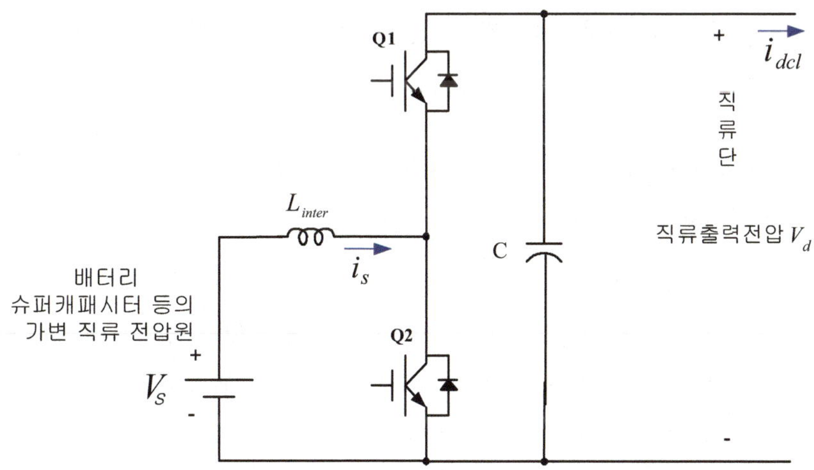

그림 2.69 양방향 2상한 DC/DC 변환기(Bidirectional 2 Quadrant DC/DC Converter)의 전력 회로와 직류 전원

또, 전원 전류와 직류단 전류는 정상상태에서 평균적으로 식 (2-89)와 같은 관계식을 가진다.

$$i_s D = i_{dcl}. \tag{2-89}$$

주어진 동작 조건(전원 전압, 직류단 전압, 전류의 평균치)에서 전류의 맥동(Ripple)을 줄이려면 인덕터의 인덕턴스와 스위칭 주파수의 곱을 크게 하여야 한다. 따라서 실제 설계 시에는 스위칭 소자의 스위칭 손실과 인덕터의 크기 맥동 전류 및 그에 따른 손실을 전체적으로 고려하여야 한다. 만약 주어진 스위칭 주파수에서 인덕턴스의 크기를 줄이면서 전원 전류의 맥동(Ripple)을 줄이려면 <그림 2.69>와 같은 회로를 여러 개 병렬 연결한 후 각 회로에서 스위칭 주파수는 같게 하고 위상을 일정 크기만큼 서로 지연시켜 스위칭함으로써 맥동을 줄일 수 있다. 예를 들어 3개의 회로를 병렬 운전하고 각 회로의 스위칭 주파수를 f_s, 스위칭 주기를 $T_s = 1/f_s$ 로 하면, 각 회로의 스위칭이 동기(Synchronization) 되면서 회로의 스위칭 주기를 $T_s/3$ 만큼 서로 지연시킬 경우 전원 전류의 맥동을 현저히 줄일 수 있으며, 이때 만약 통류율이 $D = 1/3$ 또는 $D = 2/3$ 라면 정상 상태에서 이론적으로 맥동을 완전히 없앨 수 있다.

2.18.4 4 상한 DC/DC 변환 회로

<그림 2.18>의 4상한 DC/DC 변환 회로를 이용하여 4개의 능동 스위치(Active Switch), T_1, T_1', T_2, T_2' 의 온-오프(On-off)를 제어하면 직류 전동기의 단자 전압 V_a 를 $+V_d$ 에서 $-V_d$ 까지 변동시킬 수 있다. <그림 2.70>은 이러한 4상한 DC/DC 변환기 회로의 제어 블록도이다(참고문헌 [12]).

전동기의 기준 전압 V_a^* 가 주어지면 이를 제한기(Limiter)를 거쳐 적절한 값(통상 직류단 전압의 최소값) 이하로 제한한다. 제한기의 출력 V_c^* 는 원하는 스위칭 주파수로 발진(Oscillation)하는 삼각파(그 크기는 통상 직류단 전압의 최소 값)와 비교되어 각 능동 스위치의 온 오프(On Off)를 결정한다. <그림 2.70>의 블록도에 의해 반도체 스위치를 동작시키면 전동기에 인가되는 전압은 다음 그림과 같다. <그림 2.71>에 나타난 바와 같이 전동기에 인가되는 전압의 맥동 주파수(=전동기에 흐르는 전류의 맥동 주파수)는 각 반도체 스위치의 스위칭 주파수(=삼각파 주파수)의 2배가 되어 전동기 전류의 맥동을 현저히 줄일 수 있고, 결과적으로 토크 맥동, 전동기 발열이 줄어들게 된다.

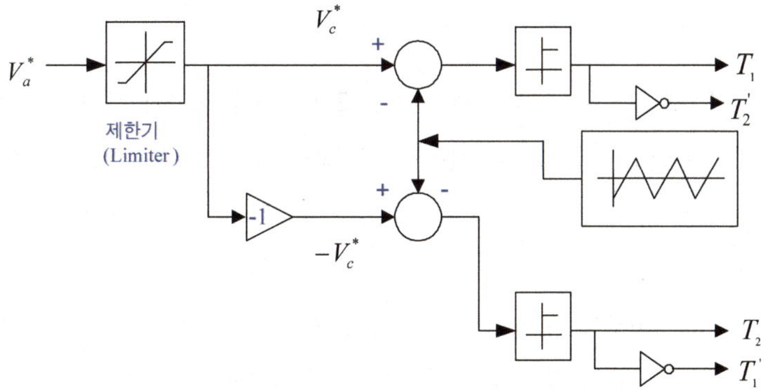

그림 2.70 4상한 DC/DC 변환기 회로의 PWM 제어 블록도

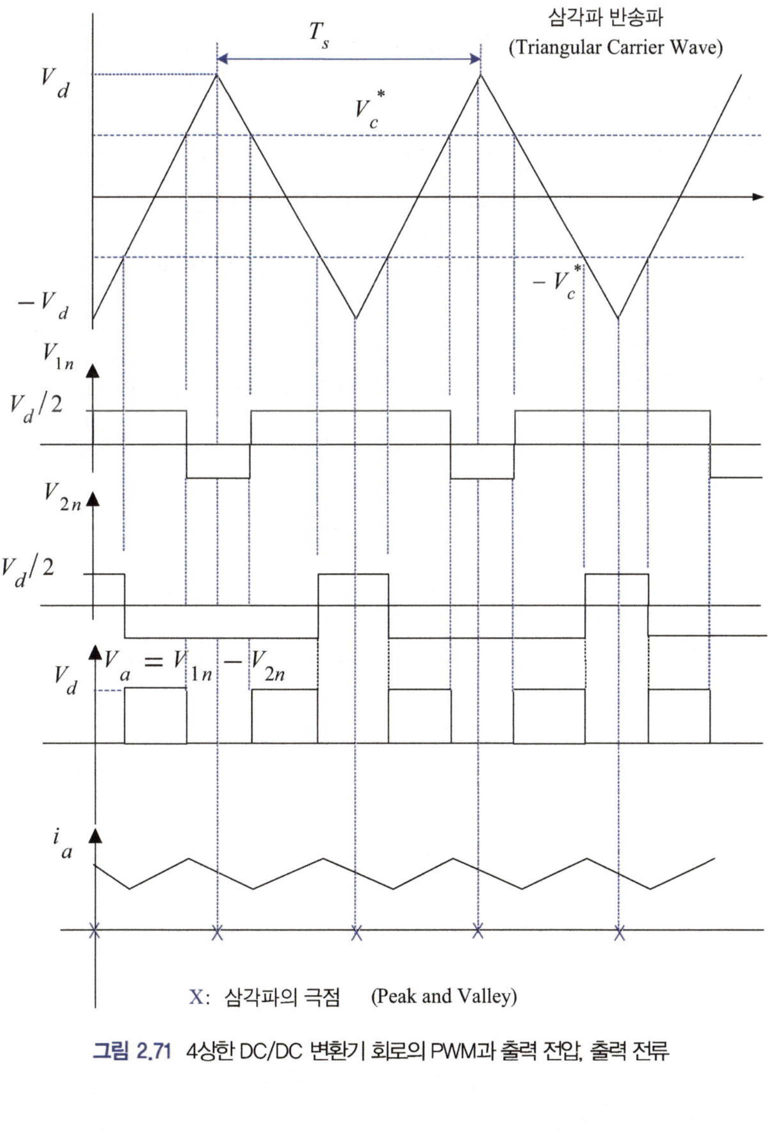

그림 2.71 4상한 DC/DC 변환기 회로의 PWM과 출력 전압, 출력 전류

2.18.5 펄스폭 변조 인버터(PWM Inverter)

3상 펄스폭 변조 인버터는 <그림 2.72>에 나타낸 바와 같이 2.18.2절에서 설명한 3상 펄스폭 변조 승압형 정류기에서 입력과 출력이 바뀌진 형태를 취한다. 즉 직류 입력으로부터 펄스폭 변조를 통하여 가변 전압 가변 주파수의 교류 출력을 만들어 낸다. <그림 2.72>에 보인 것처럼 통상 부하가 인덕턴스를 가지는 지상(Lagging)의 부하일 경우 펄스폭 변조를 통하여 출력 전압에 포함된 저차(Low Order) 고조파를 최소화함으로써 전고조파 왜율(THD)이 적은 출력 전류를 얻을 수 있다. 출력 전압의 크기는 입력 직류 전압에 의해 그 최대 크기가 제한된다. 이론적으로 $0 \sim 2V_d/\pi$ 까지의 상전압을 합성할 수 있다. 이 경우 $V_d/\sqrt{3} \sim 2V_d/\pi$ 의 영역에서는 합성하는 전압의 크기가 커질수록 저차 고조파(Low Order Harmonics)의 제거가 어려워지며 만약 상전압이 $2V_d/\pi$ 인 경우 전혀 저차 고조파 전압이 줄어 들지 않는 6 스텝(Step) 운전의 파형이 나오게 되고 이 경우 정상 상태(Steady State)에서 출력 상전압의 5 고조파의 크기는 이론적으로 기본파의 1/5, 7 고조파의 크기는 1/7, 11 고조파는 1/11 등으로 주어지게 된다. 상전압의 크기가 $0 \sim \frac{V_d}{\sqrt{3}}$ 인 범위에서는, 만약 변조 지수 $m = \frac{V_{phpk}}{V_d/2}$ 로 주어지고 3상 평형 전압을 합성할 경우 출력 전압은 전압에 포함된 펄스폭 변조에 의한 고조파 성분을 무시할 때 PWM 한주기 평균 값은 식 (2-90)과 같이 표현될 수 있다. 변조 지수 m과 출력 전압의 각주파수 ω는 PWM에 따라 순시적으로 (PWM 스위칭 주파수의 반주기마다) 변동시킬 수 있으며 필요에 따라 인버터의 출력 전압은 불평형일 수도 있으나 그 크기는 순시적으로도 항상 $0 \sim 2V_d/3$ 로 제한되며, 부하의 중성점(s)이 어디에도 연결되어 있지 않고 부하가 3상 평형일 경우 (각 상의 임피던스가 서로 같고 역기전력의 순시 합이 "0"일 때) 부하에 인가되는 인버터의 출력 상 전압의 합은 순시적으로 "0"이 된다($V_{as} + V_{bs} + V_{cs} = 0$).

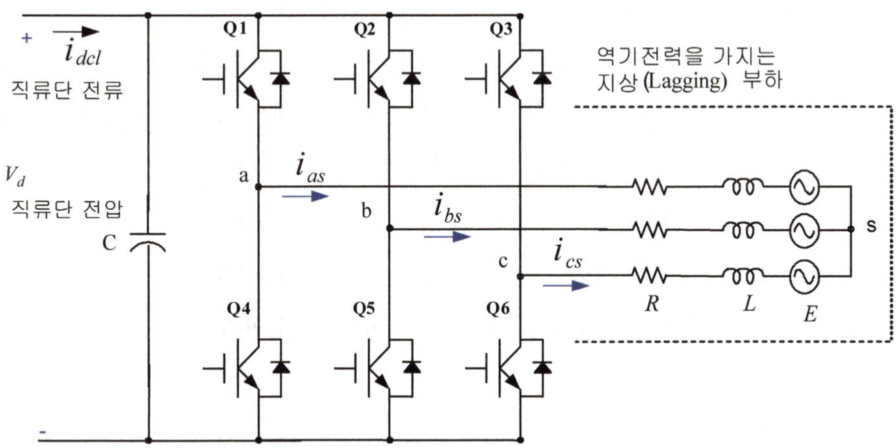

그림 2.72 펄스폭 변조 인버터(PWM Inverter)

$$V_{as} = m\frac{V_d}{2}\sin(\omega t)$$
$$V_{bs} = m\frac{V_d}{2}\sin\left(\omega t + \frac{2\pi}{3}\right). \quad (2\text{-}90)$$
$$V_{cs} = m\frac{V_d}{2}\sin\left(\omega t - \frac{2\pi}{3}\right)$$

인버터에서의 손실을 무시하면 입력 전력과 출력 전력이 순시적으로 같아야 하므로 다음 식이 성립한다.

$$V_d\left(i_{dcl} - C\frac{dV_d}{dt}\right) = V_{as}i_{as} + V_{bs}i_{bs} + V_{cs}i_{cs}. \quad (2\text{-}91)$$

2.18.6 매트릭스 컨버터(Matrix Converter)

매트릭스 컨버터는 임의의 주파수, 전압의 교류 전원을 또 다른 임의의 주파수, 전류의 교류로 직류단을 거치지 않고 직접 변환하는 역할을 하는 전력 변환기이다. 앞에서 언급한 여타의 전력 변환기와 달리 직류단을 가지지 않고 교류를 교류로 직접 변환하면서 동시에 교류 전원 양방향 어디로도 전력의 공급이 가능하며 한쪽 교류 전원의 역률은 다른 쪽 전원의 역률과 독립적으로 진상에서 지상까지 광범위하게 제어할 수 있다. 여기서 전력 변환기의 스위치가 동작하는 짧은 시간(통상 수 μs 정도) 동안에는 두 개의 교류 전원 중 한 개는 전압원(Voltage Source)으로 나머지 한 개는 전류원(Current

Source)으로 간주될 수 있어야 한다. 편의상 전압원으로 간주되는 교류 전원을 입력, 전류원으로 간주되는 교류 전원을 출력으로 통칭한다. 만약 상용 전원이 매트릭스 컨버터의 한쪽에 연결되고 교류 전동기가 또 다른 쪽에 연결될 경우 상용 전원과 매트릭스 컨버터 사이에 인덕터 L_f , 캐패시턴스 C_f 로 이루어지는 입력 필터를 연결하면 상용전원을 전압원으로 근사화할 수 있으며, 교류 전동기는 내부의 인덕턴스로 인하여 별도의 부가 장치 없이도 전류원으로 근사될 수 있다. <그림 2.73>은 이러한 경우의 매트릭스 컨버터의 전력 회로와 전원, 교류 전동기와의 연결을 표시한 전력 회로이다. 매트릭스 컨버터의 스위치는 앞에서 소개한 전력 변환 회로의 스위치와는 달리 각 스위치가 양방향으로 전압을 저지(Blocking)하면서 동시에 양방향으로 전류를 도통(Conduction)시킬 수 있어야 한다. 현재까지 단일 소자로써 이런 특성을 나타 낼 수 있는 전력용 반도체 소자는 없으므로 <그림 2.74>와 같이 IGBT(Insulated Gate Bipolar Transistor)와 역방향으로 연결된 Diode로 구성된 소자 2개를 직렬로 연결하여 사용하거나 또는 역방향 전압의 저지(Blocking)가 가능한 IGBT를 서로 반대 방향(Back to Back)으로 병렬 연결하여 사용한다.

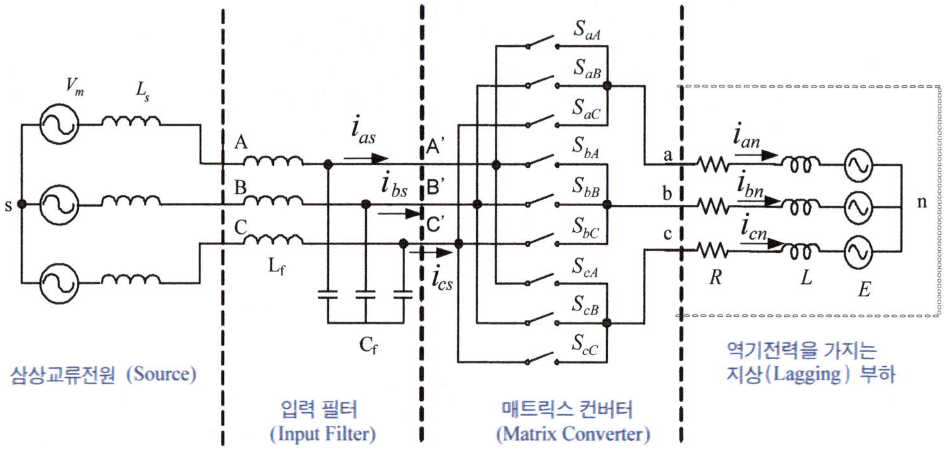

그림 2.73 매트릭스 컨버터(Matrix Converter)의 전력 회로와 전원 및 부하

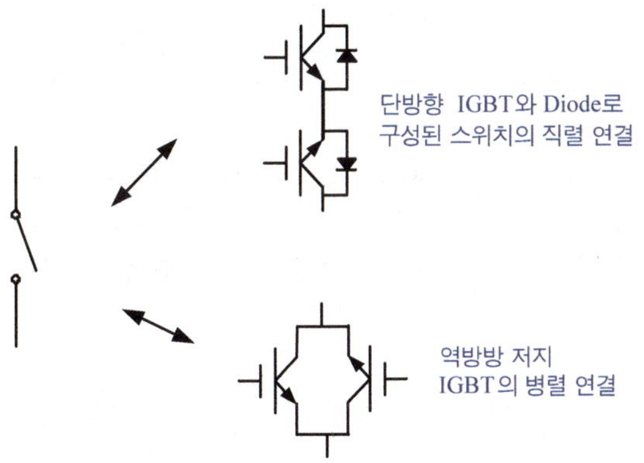

그림 2.74 IGBT를 이용한 매트릭스 컨버터에 필요한 스위치의 구현

매트릭스 컨버터는 펄스폭 변조에 의하여 주어진 입력 전원 전압을 출력 전류원에 연결하여 출력 전압을 합성하고, 동시에 같은 펄스폭 변조에 의해 출력 전류가 입력 전압원에 나타나게 된다. 따라서 출력 전압의 크기와 주파수를 제어하면서, 동시에 전원 전압에 동기되면서 주어진 역률 조건을 (통상 역률 1로 운전) 만족시키는 전류를 전원에 흐르게 하려면 이 모든 제어 조건을 만족하는 펄스폭 변조 방법을 찾아야 한다. 이에 대한 많은 연구가 이루어져 공간 벡터(Space Vector) 변조 기법 또는 반송파(Carrier Wave)를 근거로 한 변조 기법이 사용되어 지고 있다(참고문헌[13,14,15,16]). 또 매트릭스 컨버터의 자체 손실과 스위칭에 의한 맥동 전압, 전류를 무시하면 입력, 출력 전원의 기본파 전압, 전류에 관해서는 식 (2-92)로 표시된 전력 균형에 관한 조건이 항상 만족되어야 하며, 출력 전압이나 입력 전류에 스위칭 주파수에 비해 저차의 고조파가 포함되지 않으려면 입력 전원이 역률 1로 운전되고 있다는 가정 하에서, 출력에 공급되는 상전압의 최대 값은 입력 3상 전압이 평형일 경우 (각 상전압의 크기가 같고 위상이 120도씩 떨어져 있을 경우) 입력 상전압 최대 값의 $\frac{\sqrt{3}}{2}$까지 가능하다. 만약 역률이 1이 아니고 $\cos\phi_s$로 주어질 경우 출력 상전압의 최고 값은 입력 상전압의 최고 값의 $\frac{\sqrt{3}}{2}\cos\phi_s$ 이내로만 가능하다. 만약 출력 상전압과 입력 상전류에 저차 고조파를 허용하면 입력 전압의 상전압 보다 더 큰 출력 상전압을 얻는 것도 가능하다(참고문헌[15]).

$$V_{A's}i_{as} + V_{B's}i_{bs} + V_{C's}i_{cs} = V_{an}i_{an} + V_{bn}i_{bn} + V_{cn}i_{cn} \tag{2-92}$$

연습문제(Exercises)

01 아래와 같은 제정수(Parameters)를 갖는 100Hp(74.6kW) 직류 전동기를 약계자(Field Weakening) 제어하여 전기자 전압 변동에 대해 속도의 변동이 임계 댐핑(Critical Damping)되도록 한다. 단, 부하의 관성은 전동기 회전자 관성의 열 배이고 마찰은 무시할 수 있다.

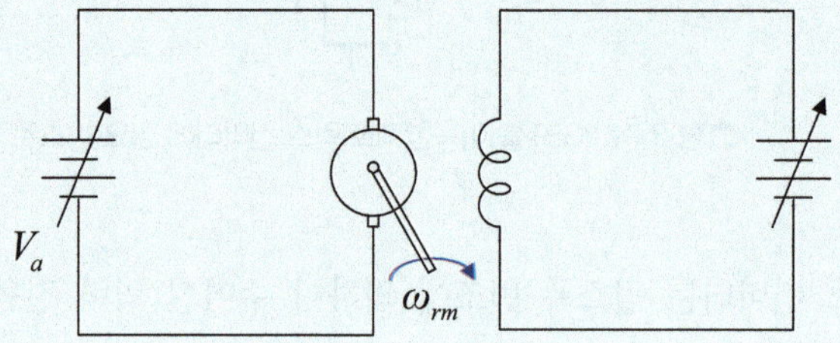

그림 p2.1 약계자 제어

전동기 제정수

$R_a = 0.0144\Omega$, $L_a = 1.10\text{mH}$, 정격 전기자 전류; 349A

정격 회전 속도; 1750r/min, 정격 전기자 전압; 230V

$L_f = 10.77\text{H}$, $R_f = 13.58\Omega$, 정격 계자 전류; 14.4A

전동기 관성; $J_M = 1.82\text{kg-m}^2$

1) 이때 계자 자속은 정격 계자 자속의 몇 %인가?

2) 1)에서 얻어진 계자 자속에서 전기자 전압과 전류가 정격 값으로 제한된다면 정상 상태(Steady State)에서 토크 속도 평면의 제1상한(First Quadrant)에서 얻을 수 있는 속도의 최고치(r/min), 토크의 최대 값(N-m), 기계적 출력의 최대 값(kW)은 얼마인가?

02 다음과 같은 제정수(Parameters)를 갖는 110kW 직류 전동기가 정상 상태(Steady State)에서 아래와 같은 조건으로 운전되고 있다.

전동기 제정수

$R_a = 0.025\Omega$, $L_a = 1.557\text{mH}$, 정격 전기자 전류; 274A,

정격 회전 속도; 560r/min, 정격 전기자 전압; 440V

$L_f = 10.77\text{H}$, $R_f = 13.58\Omega$, 정격 계자 전류; 14.4A

전동기 관성; 11.5kg-m^2, 무게 2000kg

동작 조건(Operating Condition)

전기자 전압; $V_a = 220\text{V}$, 계자 전압; $V_f = 196V$

부하 토크; $T_L = 1800\text{N-m}$

부하의 관성은 전동기 관성과 같고 마찰은 무시할 수 있다.

1) 소신호 분석(Small Signal Analysis)법에 의해 정상 상태 동작점 부근에서 $\dfrac{\Delta\omega_{rm}}{\Delta V_f}$ 의 전달 함수를 구하라. 여기서 전동기 회전 각속도 ω_{rm} 의 단위는 r/min으로 한다.

2) 1)의 결과에 근거해서 계자 전압이 196V에서 186V로 계단(Step)적으로 변동했을 때 전동기 속도(r/min)를 시간에 대해 도시(Plot)하라.

3) 컴퓨터 시뮬레이션을 통하여 계자 전압이 196V에서 186V로 계단(Step)적으로 변동하였을 때 전동기 속도(r/min)를 구하고 이를 2)의 결과와 비교하라.

4) 계자 전압이 196V로 고정된 상태에서 전기자 전압 변동에 의해 과도 상태가 끝난 후 3)의 결과와 같은 크기의 속도 변화를 얻으려면 전기자 전압은 얼마나 변해야 하는가? 계산된 만큼 전기자 전압이 계단적(step)으로 변할 경우의 속도 응답을 컴퓨터 시뮬레이션을 통하여 도시하라.

03 아래와 같은 2kW 직류기의 능력 곡선(Capability Curve)을 전동기로 동작(속도-토크 평면상의 1사분면)할 때와 발전기로 동작(2사분면)할 때 각각 구하라.

$R_a = 6.28\Omega$, $L_a = 53.6mH$, $L_f = 221H$, $R_f = 858\Omega$

정격 전기사 전류; 5.7A, 정격 회전 속도; 2243r/min, 성격 계자 전류; 0.225A,
전동기 관성; 0.0224kg-m^2, 정격 전기자 전압; 440V

정류(Commutation) 작용의 문제로 인하여 계자 자속(Flux)은 정격 값의 1/3까지만 줄일수 있다. 또 전동기(발전기) 속도에 대해 기계적 출력(입력), 전기자 전압, 계자 전류, 전동기(발전기) 토크를 도시하라. 계자 자속은 계자 전류에 비례하는 것으로 가정한다.

04 다음 그림과 같은 대칭 3상 권선에 대칭 3상의 5고조파 전류가 흐르고 있다. 5고조파 전류에 의해 형성되는 회전자계는 기본파 전류에 의한 회전자계와 회전 방향은 반대이며 회전 속도는 5배임을 보여라.

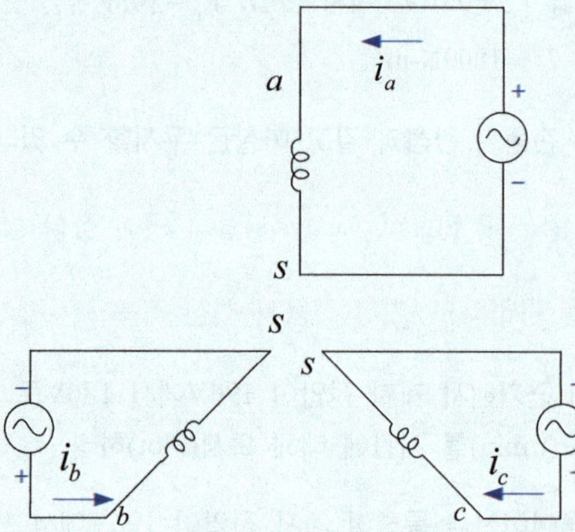

그림 p2.2 대칭 3상 권선

05 <그림 2.27>의 원통형 동기 전동기 등가 회로에서 전동기 회전 속도가 낮아져서 고정자 권선 저항, R_a와 동기 리액턴스, X_s의 크기가 비슷할 경우 동기 전동기의 발생 토크를 단자 전압, V_s, 역기전력의 크기, E_i, 부하각, δ와 권선 저항, 동기 리액턴스, 전동기 극수, 전기각으로 표시된 회전 주파수 ω_e의 함수로 표시하라.

06 아래와 같은 제 정수를 갖는 2250Hp 유도 전동기가 정격 주파수, 정격 부하 상태에서 정상 상태로 회전하고 있다. **A상 전류, i_{as}가 음에서 양으로 바뀌는 순간$(t=0\text{s})$ 전원이 차단되었다가 375ms 뒤에 다시 전원이 회복되었다.** 전동기 부하의 관성은 무한히 크다고 가정할 때 준과도(Quasi Transient) 상태 등가 회로를 이용하여 다음 질문에 답하라.

정격 출력; 2250Hp, 정격 전압(선간전압 실효치) 2300V, 정격 속도 1786r/min,
정격 주파수; 60Hz, 극수; 4극(Pole)

$R_s = 0.029\Omega,\ \ R_r = 0.022\Omega$
$X_{\ell s} = 0.226\Omega,\ \ X_{\ell r} = 0.226\Omega$
$X_m = 13.04\Omega$

1) 차단 직전 정상 상태에서의 전동기 고정자 전류의 크기, $|I_s|$, 회전자 전류의 크기, $|I_r|$를 구하라.

2) $0^+ \le t < 375\text{ms}$ 동안 전동기의 a, b상 단자 간의 선간전압 V_{ab}를 시간 t의 함수로 표시하라. 이때 전원은 전동기에 연결되어 있지 않다.

3) $t \ge 375\text{ms}$에서 a상에 흐르는 전류 i_{as}를 시간의 함수로 표시하라. **이때 $R_s = R_r = 0$이라고 가정하고 전원 전압 자체는 사고 구간 동안에도 정상적으로 유지되어 전원이 다시 연결되는 순간에도 정상적인 전압의 크기와 위상을 가진다고 생각한다.**

07 1) 아래와 같은 제정수와 정격을 갖는 5.5kW 유도 전동기의 등가 회로 정수를 기준 값(Per Unit)으로 표시하라.

정격 선간 전압; 440V, 4극 유도 전동기, 정격 전류; 10.5A, 정격 주파수; 60Hz, 정격 속도; 1755r/min

$R_s = 0.69\Omega,\quad X_{\ell s} = X_{\ell r} = 2.24\Omega$
$X_m = 45.43\Omega,\quad R_r = 0.451\Omega$

2) 문제 6에서 주어진 2250Hp 전동기의 회로 정수를 기준 값으로 표시하라.

3) 아래와 같은 제정수와 정격을 갖는 22kW 전동기의 회로 정수를 기준 값으로 표시하라.

22kW, 4극, 정격 전압; 220Volts, 정격 전류; 75A, 기준 주파수(Base Frequency); 60Hz, 전동기 관성; 0.122 kg-m^2

$R_s = 0.044\Omega$, $R_r = 0.0252\Omega$, $L_{ls} = 0.55\text{mH}$, $L_{lr} = 0.47\text{mH}$, $L_m = 12.90\text{mH}$

4) 문제 1), 2), 3)의 전동기들의 회로 정수를 선간 전압 380V, 400KVA 시스템을 기준(Base)으로 하였을 때의 기준(Per Unit) 값으로 표시하라.

08 식 (2-72) ~ (2-76)으로 주어진 표준 유도 전동기의 상수에 관한 식을 이용하여 60Hz, 100Hp, 380V, 6극 유도 전동기의 회로 정수(Parameters)를 임피던스 값(Ω)으로 표시하라.

09 아래와 같은 기준 값(Per Unit)으로 표시된 제정수(상당 등가 회로 정수)를 갖는(정격 2.7kW, 220V, 4극, 60Hz, Y 결선) 유도 전동기가 무부하 상태에서 인버터를 통하여 1810r/min으로 구동되어 정상 상태에 이르렀다. 이때 인버터의 주파수를 58Hz로 계단적(Step)으로 변화시켰다. 전동기 구동 시스템의 관성이 충분히 커서 전동기의 회전속도는 계속 1810r/min으로 유지되고 있으며 전동기는 입력 주파수 58Hz에서 정상 상태에 도달한 것으로 가정한다. 주파수 변동 전후의 전동기 단자 전압 기본파(Fundamental Wave)의 선간전압 실효치는 220V로 계속 일정하고 전동기의 자기포화(Magnetic Saturation)는 없는 것으로 가정한다. 이때 고조파 성분을 무시하고 기본파 성분만을 고려했을 때 인버터를 통하여 전동기에 유입되는 평균 유효(Active) 전력(Watt)은 얼마인가?

$R_s = 0.023(\text{P.U.}),\ X_{ls} = 0.09(\text{P.U.}),\ X_m = 1.5(\text{P.U.})$
$R_r = 0.03(\text{P.U.}),\ X_{lr} = 0.11(\text{P.U.})$

10 아래와 같은 회로 정수와 제한 조건을 갖는 동기 전동기의 능력 곡선을 속도-토크 평면의 1상한에서 0 r/min ~ 6000 r/min까지 범위에서 구하라.

3상, 4극, 60Hz, 380V, 200hp, $X_s = 0.6\Omega, R_a = 0.02\Omega$
제한 조건; 선간전압 실효치 $|V_s| \le 380\text{V}$, 상전류 실효치 $|I_s| \le 240\text{A}$

또한 계자 전류는 정격 운전 조건 60Hz, 380V, 240A에서 200Hp의 기계적 출력을 나타내는 값 이하로 제한된다. 전동기 속도(r/min)를 가로축으로 하여 전동기 토크, 선간전압 선간 실효치, 상전류 실효치, 전원단 역률, 기계적 출력을 세로축으로 함께 도시하라.

11 다음과 같은 정격 값과 회로 정수를 가지는 표면 부착형 영구자석 동기 전동기가 800 r/min의 속도로 단위 전류당 최대 토크가 발생되도록 운전되고 있으며 전동기는 10N-m의 토크를 발생하고 있다. 아래 질문에 답하라.

5Hp, 4극, 60Hz, $R_s = 0.423\Omega$, $L_s = 4.96\text{mH}$, $K_f \cdot I_f = 0.422\text{V}/(\text{rad}/\text{s})$

1) 전동기 전원의 각 주파수, $\omega_e(\text{rad}/\text{s})$ 를 구하라.

2) 전동기 선간전압 실효치, 상전류 실효치를 구하라.

3) 전원에서 본 전동기의 역률(Power Factor)을 구하라.

4) 부하각, δ 를 구하라.

12 1) <그림 2.60>의 *V/F* 제어에 의한 유도 전동기 제어 시스템에서 문제 7의 3)의 22kW 전동기에 대한 *V/F* 표(Table)를 ω_e 의 범위 0~360π(rad/s)에 대해 도시하라.

2) 같은 전동기를 <그림 2.61>의 실제 속도 궤환 방법으로 구동하고자 한다. T_e^* 가 –200N-m에서 200N-m까지 변할 때 슬립 각속도의 기준치, $\omega_{s\ell}^*$, 을 도시하라.

3) 같은 전동기를 이용하여 <그림 2.62>의 제어 회로를 구현하고자 한다. $|I_s|$ 에 대한 $|\omega_{s\ell}^*|$ 의 표를 도시하라.

13 문제 7의 3)의 22kW 유도 전동기가 280Hz의 입력 주파수로 운전되고 있다. 이때 유도 전동기는 정상 상태에서 허용된 조건 (정격 전압, 정격 전류 이하 동작) 하에서 최대 토크를 발생시키고 있다. 다음 물음에 답하라.

1) 운전되고 있는 슬립 각속도 $\omega_{s\ell}$ (rad/s)를 구하라.

2) 전원에서 본 전동기의 역률을 구하라.

3) 전동기 발생 토크(N-m)와 기계적 출력(kW)을 구하라.

14 문제 7의 3)에서 주어진 22kW 유도 전동기가 V/F 제어되고 있다. 즉 전동기 단자 전압은 정격 주파수(60Hz)까지는 주파수에 비례하고 60Hz 이상에서는 선간전압 실효치가 220V로 일정하게 유지된다.

1) 입력 주파수가 15Hz 간격으로 5Hz부터 170Hz까지 변할 때 각각의 주파수에서 정상 상태 속도-토크 곡선을 구하라.

2) 전동기의 공극 전압(정상 상태 등가 회로에서 여자 인덕턴스 L_m 에 인가되는 상전압의 실효치)과 전원 주파수의 비가 60Hz까지는 (111/60)으로 일정하고 60Hz 이상에서는 공극 전압이 111V로 일정할 때 1)을 반복하라.

3) 주어진 전동기의 능력 곡선(Capability Curve)을 속도-토크 평면상의 1상한에서 구하라. 단 전류의 실효치는 75A, 선간전압의 실효치는 220V, 공극 자속의 실효치는 0.296Wb-turn, 최고 회전 속도는 6000r/min 이내로 제한된다.

15 아래와 같은 제정수를 갖는 4극 유도 전동기의 능력 곡선(Capability Curve)을 <그림 p2.3>과 같이 구하라. 횡축(x축)은 전동기 회전 속도(r/min)로 한다.

유도 전동기 정격; 185kW, 정격 선간전압; 440V, 60Hz, 1773 r/min,
$R_s = 0.014\Omega$, $L_{ls} = L_{lr} = 0.278\text{mH}$, $L_m = 15\text{mH}$, $R_r = 0.014\Omega$

전동기의 공극 자속은 정격 값으로 제한되며, 전동기 단자 전류, 단자 전압 역시 정격 값으로 제한된다.

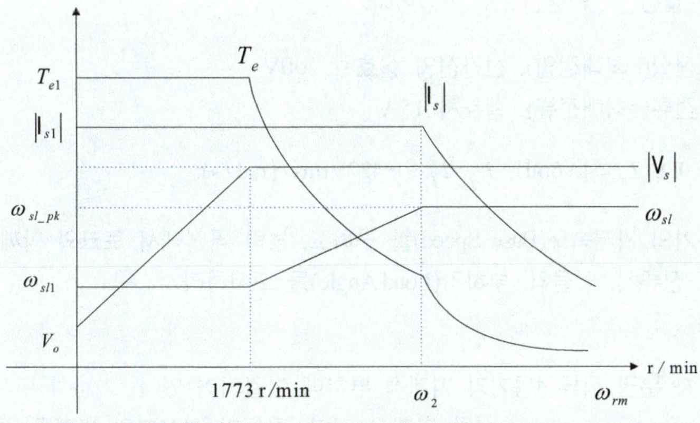

그림 p2.3 유도 전동기의 능력 곡선

1) 정격 토크를 발생시키는 슬립 각속도 ω_{sl1} 을 전기각 속도(rad/s)로 표시하라.

2) 전동기 속도가 0r/min일 때 정격 토크를 발생시키는 전압 V_o 을 선간전압 실효 값으로 구하라.

3) 정격 전류, $|I_{s1}|$를 구하라.

4) 정격 토크, T_{e1}를 구하라.

5) 전동기의 최대 토크(Pull-out Torque)가 발생되는 슬립 각속도, ω_{sl_pk}, 를 구하라. 약자속 영역 2(특성 영역)가 시작되는 속도, ω_2를 구하라. ω_{sl_pk} 와 ω_2를 구할 때 R_s는 무시하여 $R_s = 0\Omega$ 으로 가정하고 계산하라.

16 아래와 같은 제정수를 가지는 NEMA D 형태 유도 전동기가 있다. 정격 선간전압 440V, 4극, 60Hz, 5.5kW, $R_s = 0.69\Omega$, $L_{\ell s} = L_{\ell r} = 5.9\text{mH}$, $L_m = 0.12\text{H}$, $R_r = 2.25\Omega$ 이며 부하의 토크는 속도에 따라 아래와 같은 식에 의해 주어진다.

$T_L = 30\left(\dfrac{\omega_{rm}}{1800}\right)^2$ N-m, 여기서 ω_{rm}은 전동기 속도이고 단위는 r/min이다.

1) 입력 선간전압이 440V일 때 전동기가 운전되고 있는 속도를 구하라. 이때의 효율을 구하라.

2) 입력 선간전압이 220V일 때 전동기가 운전되고 있는 속도를 구하라. 이때의 효율을 구하라.

17 다음과 같은 제정수와 제한 조건을 가지는 6극 표면부착형 3상 영구자석 동기 전동기의 능력 곡선을 그림 2.34와 같이 토크 속도 평면의 제1상한에서 그려라. 전동기 고정자의 결선은 'Y'결선으로 가정한다.

정격전압(=최대전압); 선간전압 실효치 200V
정격전류(=최대전류); 실효치 15A

$R_s = 0\Omega,\ L_s = 4.96\text{mH},\ K_f \cdot I_f = 0.422\text{Vrms}/(\text{rad/s})$

전동기의 기저속도(Base Speed)를 구하고, 능력 곡선에서 토크와 함께 선간전압 실효치, 실효 전류치, 역율각, 부하각(Load Angle)을 도시하라.

18 타여자 분권 직류전동기가 기계적 부하에 연결되어 있다. 기계적 부하는 관성과 마찰계수로 표시되는 부하 특성을 가지고 있다. 전동기 회전자와 부하를 포함한 전체 회전체의 관성은 20kg-m^{2}이고 마찰계수는 4N-m/(rad/s)이다. 전동기 회전자의 속도, ω_r은 아래 그림과 같다. 아래 문제에서 전동기 전기자 전류는 정격값 이내로 제한되어야 하고 전기자전류는 이상적(Ideal)으로 제어될 수 있다고 가정한다. 또 토크는 전기자 전류와 계자 전류의 곱에 비례한다고 가정한다.

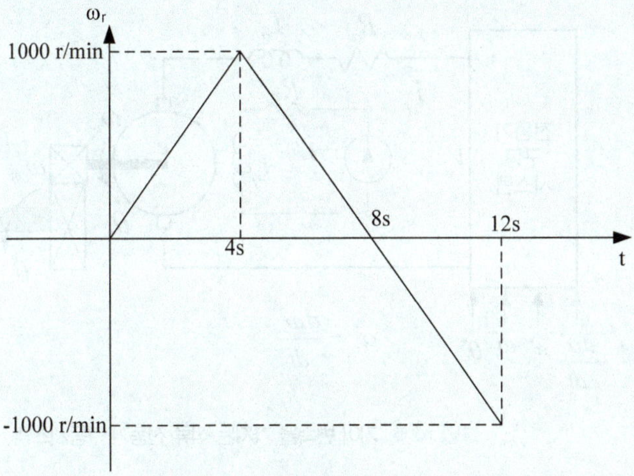

그림 p2.4 직류전동기의 회전 속도

직류전동기 제정수와 정격값.

$R_a = 0.025\ [\Omega]$, $L_a = 1.557\ [\text{mH}]$, $L_f = 10.77\ [\text{H}]$, $R_f = 13.58\ [\Omega]$,
정격 전기자 전류 274 [A], 정격 전기자전압 440 [V], 최대 회전속도 1200[r/min],
정격 계자 전류 14.4 [A], 정격 계자 전류에서 토크 상수 $K_T = K_e = 7.1$ N-m/A

1) t=0~12s까지 직류전동기의 토크를 도시하라. 여기서 속도의 미분 값의 불연속에 의해 생기는 임펄스(Impulse) 토크는 무시한다.

2) t=0-12s까지 직류전동기의 전기자 전압, 전기자 전류, 계자 전류를 도시하라. 여기서 전류의 시간에대한 미분값에 의해 전기자 인덕턴스에 인가되는 전압은 무시한다.

19 아래 그림과 같은 타여자 분권 직류전동기를 이용한 구동시스템이 있다. **전동기의 회전 축은 부하와 2:1의 감속비를 가지는 기어로 연결되어 있다.** 전동기 회전자 관성은 0.25kg-m^{2}이고 부하의 관성은 0.225kg-m^{2}이다. 기어의 관성과 백래쉬(Backlash)는 무시한다. 부하와 회전자의 마찰은 무시할 수 있으며 부하 토크는 없다. 즉 부하는 오직 관성뿐이다.

부하는 회전을 시작하여 허용된 운전 조건하에서 최단시간에 50바퀴를 회전 후 멈춘다. 즉 부하 회전각, θ_{rm} 은 t=0s에서 0 rad이고 회전이 끝날 때는 100π rad 이다. 50바퀴 회전이 끝나는 순간 부하의 회전 속도, ω_{rm}, 회전각가속도, α_{rm}, 전부 0이 되어야한다. 전동기의 제정수와 정격 조건은 다음과 같다. 전동기의 토크는 정격 값의 150%까지 허용될 수 있다. 또 전동기의 최고속도는 정격 속도로 제한 되며 전동기의 각가속도의 미분 값(Jerk). $\dfrac{d\alpha_r}{dt}$ 는 200 rad/s^{3}으로 제한 된다. 전동기의 토크, 속도, 위치는 이상적(Ideal)으로 제어되고 있다고 가정한다. 다음 질문에 답하라.

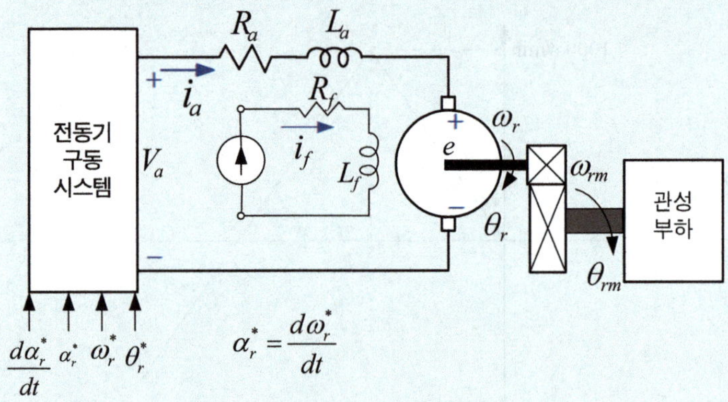

그림 p2.5 기어 변속을 가지는 직류 전동기 구동시스템

전동기 제정수; $L_a = 500[\text{mH}]$, $R_a = 6.3\ [\Omega]$

정격 전기자 전류; 6.0 [A], 정격 속도; 2000 [r/min], 토크 상수, $K = 1.6\ [\text{N-m/A}]$

1) 전동기가 회전하기 시작하여 멈출 때까지, 전동기 회전자의 각가속도의 미분, $\frac{d\alpha_r}{dt}$, 각가속도, α_r, 속도 ω_r, 위치, θ_r, 를 시간에 대해 도시하라.

2) 전동기가 회전하기 시작하여 멈출 때까지, 전동기 전기자에 인가되는 전압, V_a 와 전류, i_a, 를 시간에 대해 도시하라.

3) 만약 감속 기어의 기어비를 변경할 수 있다면 부하에 인가되는 기계적 입력의 시간의 변화율(Power rate of load)을 최대로할 수 있는 기어비를 구하라.

Power rate of load $\equiv \frac{dP_{rm}}{dt} = \frac{d(\omega_{rm}T_l)}{dt}$, 여기서 T_l 은 관성부하에 인가되는 토크이다.

20 <그림 2.45>의 유도전동기 등가회로는 <그림 p 2.6>과 같이 표시할 수 있고 또 유도전동기의 고정자와 회전자의 유효 권선비, n, 을 고려하여 <그림 p 2.7>로 표시할 수 있다.

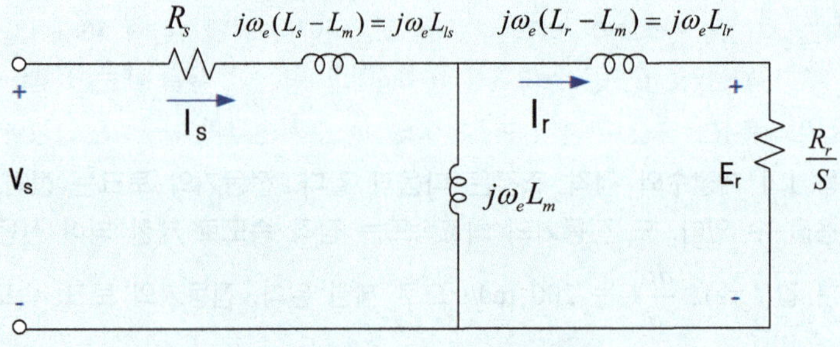

그림 p2.6 유도전동기 상당 등가회로

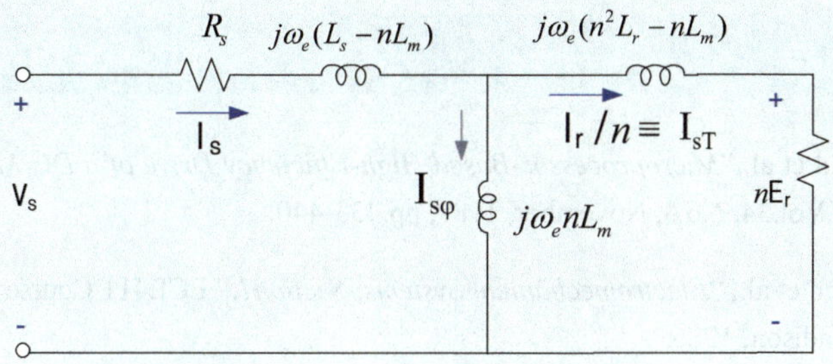

그림 p2.7 고정자와 회전자의 유효 권선비를 고려한 유도전동기 상당 등가회로

1) 고정자 단에서 본 복소수 임피던스, $\mathbf{Z}_s = \frac{\mathbf{V}_s}{\mathbf{I}_s}$는 권선비, n과 관계 없음을 보여라.

2) 위의 등가회로로부터 얻어진 식 (2-52)의 3상 유도전동기의 토크는 아래와 같이 표현될 수 있음을 보여라. $T_e = 3\frac{P}{2}Re\left(\frac{E_r I_r^*}{\omega_e}\right)$ 여기서 I_r^*는 회전자 전류의 공액 복소수(Conjugate)이며, P는 전동기의 극수(Number of Pole)이고 'Re'는 복소수의 실수부를 의미한다.

3) 권선비 $n = \frac{L_m}{L_r}$일 때 $I_{s\phi}$와 I_{sT}의 위상차(Phase Difference)가 90°임을 보여라.

4) 3)의 조건에서 2)에서 얻은 토크 식으로부터 토크를 $I_{s\phi}$, I_{sT}, P, L_m, L_r의 함수로 표시하라.

5) 3)의 조건에서 $|I_{s\phi}|$와 $|I_{sT}|$의 비(Ratio)를 ω_{sl}, R_r, L_r의 함수로 표시하라.

6) 3), 4), 5)의 결과로부터 유도전동기의 토크가 고정자 전류의 크기, $|I_s|$, 를 조정하고 동시에 슬립각속도, ω_{sl}, 을 조정함으로써 제어될 수 있음을 알 수 있다. 여자전류의 크기, $|I_{s\phi}|$, 를 일정하게 하면서 슬립각속도와 고정자 전류의 크기를 동시에 제어하여 원하는 토크를 얻는 방법을 기술하라.

7) 아래와 같은 상당 등가회로 제정수와 정격 운전 조건을 가지는 4극 유도 전동기가 1500r/min의 일정한 속도로 돌고 있다. 6)의 결과를 이용하여 전동기 토크가 100N-m일 때 ω_{sl} (rad/s), 고정자 각주파수, ω_e (rad/s), $|I_s|$, $|E_r|$, $|V_s|$를 구하라. 전동기 결선은 Y 결선으로 가정한다.

정격 전압(선간 전압 실효치): 220V, 정격 전류 실효치:75A, 정격 출력: 22kW, $R_s = 0.044\Omega$, $R_r = 0.0252\Omega$, $L_{ls} = 0.55\text{mH}$, $L_{lr} = 0.55\text{mH}$, $L_m = 12.90\text{mH}$

참고문헌(References)

[1] S.C. Hong and et al.,"*Microprocessor-Based High-Efficiency Drive of a DC Motor,*" IEEE Trans. on Ind. Elec., Vol.34, No.4, November, 1987, pp.433-440.

[2] D.Novotny and et al., "*Electromechanical Systems, Section1,*" ECE411 Course Note, University of Wisconsin-Madison, 1986.

[3] P.C. Sen, "*Thyristor DC Drives, Chapter 3,*" John Wiley & Sons, 1981.

[4] T.Wildi, *"Electrical Machines, Drives, and Power Systems,"* Second Edition, Prentice-Hall., 1991.

[5] G.R. Slemon and et al., *"Electric Machines,"* Addison-Wesley, 1980.

[6] Y. S. Park and etc, "Implementation Schemes to Compensate for Inverter Nonlinearity Based on Trapezoidal Voltage," IEEE Trans. on Ind. Appl., Vol. 50, 2014, pp.1066-1073.

[7] C.G.Veinott, "Theory and Design of Small Induction Motors," Mcgraw-hill, 1959.

[8] H.C.J.de Jong, *"AC MOTOR DESIGN,"* Hemisphere Publishing, 1989.

[9] K.K. Schwarz, *"Design of Industrial Electric Motor Drives,"* Butterworth-Heinemann Ltd, 1991.

[10] D.W Novotny and et al., *"Vector Control and Dynamics of AC Drives",* Oxford, 1996.

[11] J.M.D. Murphy, *"Thyristor Control of AC Motors,"* Pergamon Press, 1972.

[12] N. Mohan and et al., "Power Electronics: Converters, Applications and Design," John Wiely & Sons, 1989.

[13] L.Huber and et al., *"SpaceVector Modulator for Forced Commutated Cycloconverters,"* IEEE Transactions on Ind. Appl., Vol.31, No.6, 2006, pp.1234-1246, Nov./Dec.,1995.

[14] D. Casadei and et al., *"Matrix Converter Modulation Strategies,"* IEEE Transactions on Ind. Electron., Vol.49, No.2, pp.371-381, April, 2002.

[15] Y. D. Yoon and et al., *"Carrier Based Modulation Technique for Matrix Converter,"* IEEE Transactions on Power Elec., Vol.21, No.6, pp.1691-1703, 2006.

[16] Y. D. Yoon and et al., "Carrier Based Modulation Method for Matrix Converter with Input Power Factor Control and Unbalanced Input Voltage Conditions," 22nd Applied Power Electronics Conference (APEC) Record, pp310-314, 2007.

03

좌표 변환(Reference Frame Transformation)과 3상 전기기기의 과도 상태 해석

유도기와 동기기 등 많은 교류 전기기계의 경우, 인덕턴스가 회전자 위치에 관한 함수로 나타난다. 이 때문에 교류 전기기계의 전압 방정식은 기계가 정지하고 있는 경우를 제외하고는 시변(Time Varying) 미분 방정식(Differential Equation)으로 나타나게 된다. 변수의 변환(Transformation)은 이러한 복잡한 시변 미분 방정식을 보다 쉽게 해석하기 위해 사용된다. 3상 교류 전동기의 a, b, c상(Phase)의 변수들은 적절한 좌표 변환을 통하여 d, q, n의 세 개(Direct, Quadrature, Neutral)의 직교 좌표계(Orthogonal Axis) 상의 변수로 변환될 수 있다. 통상 직축, d axis,는 여자 자속(Excitation Flux)이 존재하는 축이며, 횡축, q axis,는 그와 직각을 이루는 축이며 회전 자속이 정방향(Positive Direction)으로 회전할 때 d축에 비해 회전할 방향에 앞서서 위치한다. 중성축(또는 영상분 축). n axis,는 d-q축과 3차원 공간 상에서 서로 직교(Orthogonal)하는 축으로 회선자계의 형성에는 기여하지 않는다. 또 전동기를 포함하는 3상의 전력 변환 회로에서 3상의 중성점이 여타의 전력 변환 회로 또는 다른 전기기계와 연결되어 있지 않고 각 상이 균형이라면 (각 상의 임피던스가 같고 역기전력의 순시합이 0일 때) 3상 전류, 전압의 순시합이 0이므로 3상을 간단히 d, q, 두 개의 직교 좌표로 이루어진 평면 상에서 표시할 수 있고 그 좌표 축상의 변수들은 좌표의 회전에 의해 생기는 결합 성분을 제외하면 서로 독립적으로 해석할 수 있다.

이러한 좌표 변환은 행렬(Matrix)식 또는 복소수(Complex Number) 형태(참고문헌 [1] – [3])로 표시되는 벡터(Vector)를 이용하여 이루어질 수 있다. 이론적 해석과 물리적 의미의 이해를 위해서는 복소수 벡터가 편리하고 컴퓨터 시뮬레이션 또는 실시간(Real Time) 제어 프로그램 작성에는 행렬식이 편리하다. 본장에서는 수식 유도의 편의성과 물리적 이해의 용의성의 관점에서 복소수 벡터를 이용하여 좌표계 변환을 설명한다. 행렬식에 의한 좌표계 변환은 부록 C에 기술하였다. 특히 3상 교류 시스템에서 앞에서 언급한 바와 같이 3상의 각 상에서의 변수(전압, 전류, 자속 등)의 순시(Instantaneous) 합이 영일 때는 중성 축(n axis)의 변수값이 전부 0이므로 중성축을 고려할 필요가 없다. 따라서 한 개의 복소수 벡터로 3상 전부를 동시에 해석할 수 있어 복소수 벡터에 의한 좌표 변환이 특히 유리하다. 널리 쓰이는 변수 변환 방법에는, 직교 좌표 변환 시 d, q, n축 상에서의 상변수(Phase Variable)의 크기를 a, b, c 상에서의 상변수의 크기와 같게 유지하는 방법(Phase Magnitude Invariance)(참고문헌 [1], [4], [5])과, 전체 전력의 크기가 3상의 경우와 직교 좌표계의 경우가 같게 유지하는 방법(Power Invariance)(참고문헌 [6])의 두 가지가 있다. 두 방법은 변환 시 d, q, n축 상의 변수의 크기가 서로 $\sqrt{\frac{2}{3}}$ 배만큼 차이가 난다. 이 책에서는 실험 파형과의 비교 및 제어상의 변수 계산의 편리성을 위하여 전자의 방법(Phase Magnitude Invariance)을 채택한다.

3.1 복소수 벡터(Complex Vector) (참고문헌 [1]–[3])

전기기계의 해석에 있어 전자기적 에너지 변환에 의해 기계적 출력의 발생에 기여하는 항은 d-q 성분이고 n 성분은 손실에만 나타난다. 따라서, 3상의 변수를 d-q축 2상의 변수로 표시하면 전기 기계적 에너지 변환 과정을 완벽하게 표시할 수 있다. 이 경우 행렬식을 이용하는 대신 d축을 실수(Real)축, q축을 허수(Imaginary)축으로 하는 복소수 형태의 벡터로 3상 성분을 표시할 수 있다. 이러한 벡터를 복소수 공간(Space) 벡터, 혹은 간단히 공간 벡터라고 하며, 그 정의식은 다음과 같다.

$$\mathbf{f}_{abc} \equiv \frac{2}{3}\left(f_a + \mathbf{a}f_b + \mathbf{a}^2 f_c\right). \tag{3-1}$$

여기서 $\mathbf{a} = e^{j\frac{2\pi}{3}}$ 이다. 만약 f_a, f_b, f_c 가 각 권선이 만드는 자속(Flux)이라면 $\mathbf{f}_{abc}$ 는 회전자계를 표시한다.

<그림 3.1>은 3상의 좌표축과 정지(Stationary) 좌표계 d-q축, 임의의 속도 ω 로 회전하는 좌표계 d-q축과의 관계를 나타내는 그림이다.

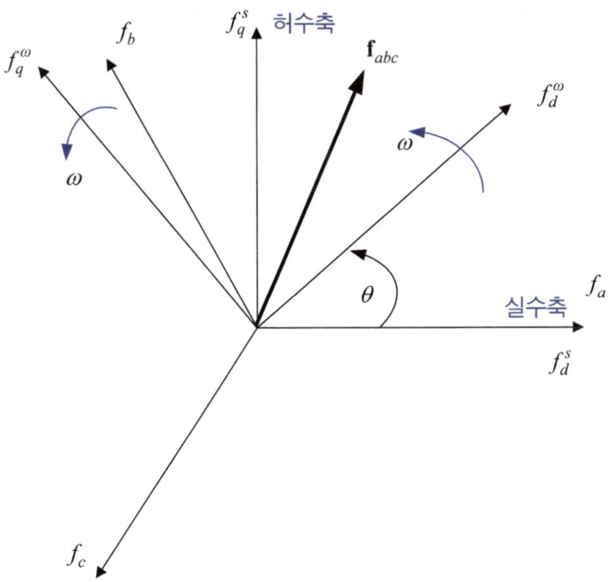

그림 3.1 축 변환의 관계

여기서 임의의 속도로 회전하는 좌표축과 정지 좌표계의 좌표축 사이의 각은 아래식과 같다.

$$\theta = \int_0^t \omega(\zeta)d\zeta + \theta(0). \tag{3-2}$$

$\theta(0)$ 는 시점(Time Point) "0"에서 임의(Arbitrary)의 속도 ω 로 회전하는 d축 d^ω 와 정지 좌표계 d축 d^s 또는 a상 축과의 각이며 통상 그 값은 "0"이다($\theta(0) = 0$).

편의상 f_{jk}^i 로 표현된 것의 의미를 다음과 같이 정의한다. 'f'는 전압, 전류 혹은 자속 등의 변수(Variables)를 표현한다. 위첨자(Superscript) 'i'는 좌표계의 종류를 표현하는 것으로 '$i = e$'인 경우에는 회전자계와 동기(Synchronous)되어 회전하는 동기 좌표계($(\omega = \omega_e)$, Synchronously Rotating Reference Frame)를 '$i = r$'인 경우에는 회전자(Rotor)와 동기되어 회전하는 회전자 좌표계($(\omega = \omega_r)$, Rotor Reference Frame)를 '$i = s$'인 경우에는 정지되어 있는 정지 좌표계($(\omega = 0)$, Stationary Reference Frame)를 표시한다. 밑첨자(Subscript) 'j'는 '$j = d$'인 경우에는 d축 변수임을, '$j = q$'인 경우에는 q축 변수임을 '$j = n$'인 경우에는 중성분(또는 영상분) 변수임을 표시한다. 또 'j'

가 a, b 또는 c인 경우는 3상의 a, b, c 상에서의 변수를 의미한다. 밑첨자 'k'는 '$k=s$'인 경우에는 고정자(Stator) 변수 임을, '$k=r$'인 경우에는 회전자(Rotor) 변수 임을 표시한다. 예를 들면 i_{qs}^{e} 는 회전자계와 같은 속도로 회전하는 좌표계에서의 고정자 q축 전류를 나타낸다. 일본, 유럽 등에서 사용되는 $\alpha-\beta$ 좌표축은 정지 좌표계에서의 d-q축을 의미하고 $\gamma-\delta$ 좌표축은 동기 속도로 회전하는 동기 좌표계에서의 d-q축을 의미한다. $\mathbf{f}_{abc}$ 로부터 기준 좌표계로 변환하는 식은 다음과 같다.

$$\begin{aligned} \mathbf{f}_{dq}^{\omega} &= \mathbf{f}_{abc}\cdot e^{-j\theta} = f_d^{\omega} + jf_q^{\omega} \\ f_n^{\omega} &= \frac{1}{3}(f_a+f_b+f_c) \end{aligned} \quad . \tag{3-3}$$

일부 학자들은(특히 전력계통을 전공하는) q축을 실수축으로, d축을 허수축의 음수 방향으로 정의하기도 한다(즉, $\mathbf{f}_{qd}^{\omega} = f_q^{\omega} - jf_d^{\omega}$)(참고문헌 [4]–[6]). 이 책에서는 식 (3-3)의 정의를 따르기로 한다.

이러한 복소수 벡터를 이용하면 3상의 변수들을 식 (3-4)와 같이 정지 좌표계, 회전 좌표계 등의 변수로 손쉽게 변환할 수 있다.

$$\mathbf{f}_{dq}^{s} = \mathbf{f}_{abc}, \quad \mathbf{f}_{dq}^{e} = \mathbf{f}_{dq}^{s} e^{-j\theta_e} . \tag{3-4}$$

여기서 $\theta_e = \int_0^t \omega_e(\zeta)\,d\zeta + \theta_e(0)$ 이다.

공간 벡터에 의한 순시 전력(Instantaneous Power)은 다음과 같이 정의된다.

$$Power = \frac{3}{2}Re\left(\mathbf{V}_{abc}\cdot\mathbf{I}_{abc}^{*}\right) = \frac{3}{2}Re\left(\mathbf{V}_{dq}^{\omega}\cdot\mathbf{I}_{dq}^{*\omega}\right). \tag{3-5}$$

'Re'는 복소수의 실수부를 의미하며 $\mathbf{I}_{abc}^{*}$ 는 $\mathbf{I}_{abc}$ 의 공액(Conjugate) 복소수이다.

공간 벡터는 그 표기 방법이나 전력 계산 등이 교류 전기 회로의 정상 상태 해석에 이용되는 페이서(Phasor)와 비슷하나 그 개념은 완전히 다르다. 페이서는 정현적(Sinusoidal)으로 변하는 입력에 대한 선형 시불변(Linear Time Invariant) 회로의 정상 상태 응답을 표시하는 방법이다.

즉, $A\cos(\omega t+\phi)=Re\left[A\,e^{j(\omega t+\phi)}\right]=Re\left[A\,e^{j\omega t}\cdot e^{j\phi}\right]$에서 $Ae^{j\phi}$를 $\alpha+j\beta$로 표시하면, $Ae^{j\phi}=\alpha+j\beta=\sqrt{\alpha^2+\beta^2}\angle\tan^{-1}\dfrac{\beta}{\alpha}$의 관계가 성립한다. 이때, $\sqrt{\alpha^2+\beta^2}$는 정현적으로 변하는 물리량의 최대 값이고, $\tan^{-1}\dfrac{\beta}{\alpha}$는 기준각으로부터의 위상 차이를 나타내며, 이 경우 α,β는 시간의 함수가 될 수 없다. 그러나 공간 벡터 $\mathbf{f}_{dq}^{\omega}=f_d^{\omega}+jf_q^{\omega}$에 있어서는 실수부, 허수부 각각이 시간의 함수이고 미분, 적분의 대상이 된다.

공간 벡터 $\mathbf{f}_{abc}$로 부터 3상 변수 f_a, f_b, f_c는 아래와 같이 구할 수 있다.

$$f_a=Re\left[\mathbf{f}_{abc}\right]+f_n^{\omega}\ . \tag{3-6}$$

$$f_b=Re\left[\mathbf{a}^2\mathbf{f}_{abc}\right]+f_n^{\omega}\ . \tag{3-7}$$

$$f_c=Re\left[\mathbf{a}\mathbf{f}_{abc}\right]+f_n^{\omega}\ . \tag{3-8}$$

3.2 복소수 벡터를 이용한 유도기 d-q-n 모델링(Modeling) (참고문헌 [1],[4])

3상 유도기의 전압 방정식을 구하기 위하여, 고정자와 회전자 권선이 대칭이고 이상적(Ideal)인 분포권(Distributed Winding)이며 철심의 자기포화(Magnetic Satura-tion) 현상은 없고 공극(Air Gap)이 일정하다고 가정하면, 3상 정지 좌표계에서 유도 전동기의 방정식을 다음에 서술하는 바와 같이 a, b, c상에 관한 미분 방정식(Differential Equation)으로 나타낼 수 있고 이를 적절한 좌표 변환을 통하여 d-q-n의 등가 회로로 표시할 수 있다. 또 고정자와 회전자의 권선비는 1:1 이라고 가정한다.

3.2.1 유도 전동기 d-q-n 등가 회로

<그림 3.2>는 유도 전동기의 분포된 고정자 권선($as-as', bs-bs', cs-cs'$)과 회전자 권선($ar-ar', br-br', cr-cr'$)을 각각의 단일 권선으로 모델링한 것이다. 여기서 θ_r은 고정자의 a축 권선이 만드는 자속축(as axis)을 기준으로 한 회전자의 a축 권선의 자속축(ar axis)의 회전각이며 ω_r은 이를 미분한 회전 각속도(rad/s)이다.

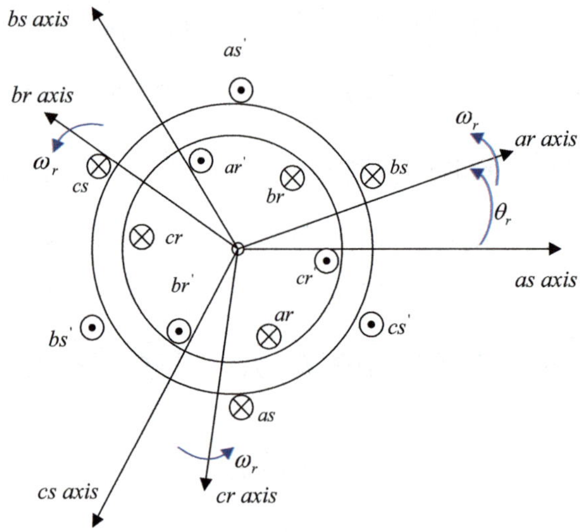

그림 3.2 유도 전동기의 모델

<그림 3.2>에서 전동기의 극수는 2극으로 가정하였다. 전동기의 극수(Number of Poles)가 임의의 P인 경우 회전자의 기계적 회전각 θ_{rm} 은 전기적 회전각 θ_r 과 아래의 관계를 가진다.

$$\theta_{rm} = \theta_r /(P/2) . \quad (3\text{–}9)$$

고정자측으로 환산된 고정자 및 회전자의 전압 방정식은 다음과 같다.

$$\mathbf{V}_{abcs} = R_s \mathbf{I}_{abcs} + p\boldsymbol{\lambda}_{abcs} . \quad (3\text{–}10)$$

$$\mathbf{V}_{abcr} = R_r \mathbf{I}_{abcr} + p\boldsymbol{\lambda}_{abcr} . \quad (3\text{–}11)$$

여기서 p 는 미분 연산자 $\dfrac{d\cdot}{dt}$ 이고,

$$\mathbf{V}_{abcs} = [V_{as}\ V_{bs}\ V_{cs}]^T . \quad (3\text{–}12)$$

$$\mathbf{I}_{abcs} = [i_{as}\ i_{bs}\ i_{cs}]^T . \quad (3\text{–}13)$$

$$\boldsymbol{\lambda}_{abcs} = [\lambda_{as}\ \lambda_{bs}\ \lambda_{cs}]^T . \quad (3\text{–}14)$$

$$\mathbf{V}_{abcr} = [V_{ar}\ V_{br}\ V_{cr}]^T . \quad (3\text{–}15)$$

$$\mathsf{I}_{abcr} = [i_{ar}\ i_{br}\ i_{cr}]^T \,. \tag{3-16}$$

$$\boldsymbol{\lambda}_{abcr} = [\lambda_{ar}\ \lambda_{br}\ \lambda_{cr}]^T \,, \tag{3-17}$$

이며, R_s 는 고정자 권선 저항, R_r 은 회전자 회로의 고정자 환산(Stator Referred) 등가 저항이다. 또한 $[.......]^T$ 는 행렬, 또는 벡터, [.......] 의 전치(Transpose) 행렬, 또는 전치 벡터이다.

또, 쇄교 자속(Flux Linkage)은 다음과 같이 표현된다.

$$\begin{bmatrix} \boldsymbol{\lambda}_{abcs} \\ \boldsymbol{\lambda}_{abcr} \end{bmatrix} = \begin{bmatrix} \mathsf{L}_s & \mathsf{L}_{sr} \\ (\mathsf{L}_{sr})^T & \mathsf{L}_r \end{bmatrix} \begin{bmatrix} \mathsf{I}_{abcs} \\ \mathsf{I}_{abcr} \end{bmatrix}. \tag{3-18}$$

여기서,

$$\mathsf{L}_s = \begin{bmatrix} L_{ls} + L_{ms} & -\frac{1}{2}L_{ms} & -\frac{1}{2}L_{ms} \\ -\frac{1}{2}L_{ms} & L_{ls} + L_{ms} & -\frac{1}{2}L_{ms} \\ -\frac{1}{2}L_{ms} & -\frac{1}{2}L_{ms} & L_{ls} + L_{ms} \end{bmatrix}. \tag{3-19}$$

$$\mathsf{L}_r = \begin{bmatrix} L_{lr} + L_{mr} & -\frac{1}{2}L_{mr} & -\frac{1}{2}L_{mr} \\ -\frac{1}{2}L_{mr} & L_{lr} + L_{mr} & -\frac{1}{2}L_{mr} \\ -\frac{1}{2}L_{mr} & -\frac{1}{2}L_{mr} & L_{lr} + L_{mr} \end{bmatrix}. \tag{3-20}$$

$$\mathsf{L}_{sr} = L_{sr} \begin{bmatrix} \cos\theta_r & \cos\left(\theta_r + \frac{2\pi}{3}\right) & \cos\left(\theta_r - \frac{2\pi}{3}\right) \\ \cos\left(\theta_r - \frac{2\pi}{3}\right) & \cos\theta_r & \cos\left(\theta_r + \frac{2\pi}{3}\right) \\ \cos\left(\theta_r + \frac{2\pi}{3}\right) & \cos\left(\theta_r - \frac{2\pi}{3}\right) & \cos\theta_r \end{bmatrix}, \tag{3-21}$$

이다.

L_{ms} 는 고정자 권선 사이(예를 들면 a 상 권선과 b 상 권선 사이)의 상호 인덕턴스(Mutual Inductance)의 2배의 값이며 회전자와 고정자 권선과의 상호 인덕턴스를 고정

자측으로 환산했을 때의 최대 값과 동일하다. L_{mr} 은 고정자측으로 환산된 회전자 권선간의 상호 인덕턴스의 2배에 해당하는 값이다. L_{ls} 는 고정자 권선의 누설 인덕턴스(Leakage Inductance)이고 L_{lr} 은 고정자측으로 환산된 회전자 권선의 누설 인덕턴스이다. L_{sr} 은 고정자와 회전자의 상호 인덕턴스의 최대값이다. 위의 식에서 알 수 있듯이 유도 전동기의 동특성은 고정자와 회전자 상호 간의 결합 효과 때문에 시변(Time Varying) 계수를 가지는 복잡한 비선형 미분 방정식으로 표현된다. 쇄교 자속을 상태 변수(State Variable)로 하여 유도 전동기의 미분 방정식을 풀기 위해서는 인덕턴스 행렬의 역행렬(Inverse Matrix)을 구해야 하는데 식 (3-18)처럼 시변 요소를 포함하는 6×6 행렬의 역행렬을 해석적으로 구하는 것은 매우 어렵다. 따라서 시변 요소를 상수 요소로 만들기 위해서 기준 좌표계 이론을 도입한다.

<그림 3.1>과 <그림 3.2>를 참조하고 식 (3-1), (3-3)을 이용하면 임의의 속도 ω 로 회전하는 좌표축에서의 고정자 변수와 a, b, c상의 고정자 변수와의 관계는 식 (3-22)와 같고, 임의의 속도로 회전하는 좌표축에서의 회전자 변수와 a, b, c 상의 회전자 변수와의 관계는 식 (3-23)과 같다.

$$\mathbf{f}_{dqs}^{s} = \mathbf{f}_{abcs} e^{-j0} = \mathbf{f}_{abcs} . \tag{3-22}$$

$$\mathbf{f}_{dqr}^{\omega} = \mathbf{f}_{abcr} e^{-j\beta}, \quad \beta = \theta - \theta_r . \tag{3-23}$$

여기서 β 는 임의의 속도로 회전하는 좌표계의 d축과 회전자의 a 상 권선의 자속축(ar axis) 사이의 각이다. 기준 좌표축을 동기 속도, ω_e ,로 회전하는 동기 좌표계로 정하면 고정자의 a, b, c 상의 변수를 식 (3-24)를 이용하여 동기 좌표계의 변수로 변환할 수 있고, 또 식 (3-25)을 이용하여 정지 좌표계의 변수를 동기 좌표계의 변수로 변환할 수도 있다.

$$\mathbf{f}_{dqs}^{e} = \mathbf{f}_{abcs} e^{-j\omega_e t} . \tag{3-24}$$

$$\mathbf{f}_{dqs}^{e} = \mathbf{f}_{dqs}^{s} e^{-j\theta_e}, \quad \theta_e = \omega_e t . \tag{3-25}$$

또한 회전자 변수를 동기 좌표계로 변환하는 식은 (3-26), (3-27)과 같다.

$$\mathbf{f}_{dqr}^{e} = \mathbf{f}_{abcr} e^{-j(\theta_e - \theta_r)} . \tag{3-26}$$

$$\mathbf{f}_{dqr}^{r} = \mathbf{f}_{dqr}^{s} e^{-j\theta_r}, \quad \theta_r = \omega_r t . \tag{3-27}$$

여기서 ω_r 은 전기각으로 표시된 회전자의 각속도이며 $t=0$ 에서 $\theta_e=\theta_r=0$ 으로 가정한다.

식 (3-10), (3-11)을 식 (3-28) ~ (3-31)을 이용하여 정리하면 식 (3-32), (3-33)을 얻을 수 있다.

$$\mathbf{V}_{abcs} \equiv \frac{2}{3}(V_{as} + \mathbf{a}V_{bs} + \mathbf{a}^2 V_{cs}) . \tag{3-28}$$

$$\boldsymbol{\lambda}_{abcs} \equiv \frac{2}{3}(\lambda_{as} + \mathbf{a}\lambda_{bs} + \mathbf{a}^2 \lambda_{cs}) . \tag{3-29}$$

$$\mathbf{i}_{abcs} \equiv \frac{2}{3}(i_{as} + \mathbf{a}i_{bs} + \mathbf{a}^2 i_{cs}) . \tag{3-30}$$

$$\mathbf{i}_{abcr} \equiv \frac{2}{3}(i_{ar} + \mathbf{a}i_{br} + \mathbf{a}^2 i_{cr}) . \tag{3-31}$$

$$\mathbf{V}_{abcs} = R_s \mathbf{i}_{abcs} + \frac{d}{dt}\boldsymbol{\lambda}_{abcs} . \tag{3-32}$$

$$\mathbf{V}_{abcr} = R_r \mathbf{i}_{abcr} + \frac{d}{dt}\boldsymbol{\lambda}_{abcr} . \tag{3-33}$$

식 (3-32)에서 고정자 쇄교 자속, $\boldsymbol{\lambda}_{abcs}$, 는 아래와 같이 유도될 수 있다.

식 (3-18) ~ (3-21)로부터 고정자 쇄교 자속은 식 (3-34)와 같다.

$$\begin{bmatrix} \lambda_{as} \\ \lambda_{bs} \\ \lambda_{cs} \end{bmatrix} = \begin{bmatrix} L_{\ell s} + L_{ms} & -\frac{L_{ms}}{2} & -\frac{L_{ms}}{2} \\ -\frac{L_{ms}}{2} & L_{\ell s} + L_{ms} & -\frac{L_{ms}}{2} \\ -\frac{L_{ms}}{2} & -\frac{L_{ms}}{2} & L_{\ell s} + L_{ms} \end{bmatrix} \begin{bmatrix} i_{as} \\ i_{bs} \\ i_{cs} \end{bmatrix}$$

$$+L_{ms} \begin{bmatrix} \cos\theta_r & \cos\left(\theta_r + \frac{2\pi}{3}\right) & \cos\left(\theta_r - \frac{2\pi}{3}\right) \\ \cos\left(\theta_r - \frac{2\pi}{3}\right) & \cos\theta_r & \cos\left(\theta_r + \frac{2\pi}{3}\right) \\ \cos\left(\theta_r + \frac{2\pi}{3}\right) & \cos\left(\theta_r - \frac{2\pi}{3}\right) & \cos\theta_r \end{bmatrix} \begin{bmatrix} i_{ar} \\ i_{br} \\ i_{cr} \end{bmatrix} . \tag{3-34}$$

식 (3-34)를 $\cos\theta_r = \frac{e^{j\theta_r} + e^{-j\theta_r}}{2}$ 을 이용하여 식 (3-29)의 복소수 벡터 형태로 표시하면, $\cos\theta_r + \mathbf{a}\cos\left(\theta_r - \frac{2\pi}{3}\right) + \mathbf{a}^2\cos\left(\theta_r + \frac{2\pi}{3}\right) = \frac{3}{2}e^{j\theta_r}$, 또 $1 - \frac{\mathbf{a}}{2} - \frac{\mathbf{a}^2}{2} = \frac{3}{2}$ 이므로 최종적으로

$$\boldsymbol{\lambda}_{abcs} = \left(L_{\ell s} + \frac{3}{2}L_{ms}\right)\mathbf{i}_{abcs} + \frac{3}{2}L_{ms}\,\mathbf{i}_{abcr}\,e^{j\theta_r} \tag{3-35}$$

을 얻을 수 있다. 여기서 $\mathbf{a} \equiv e^{j\frac{2}{3}\pi}$ 이다.

고정자 쇄교 자속의 경우와 유사하게 회전자 쇄교 자속에 대해서도 유도하면 식 (3-36)을 얻을 수 있다.

$$\boldsymbol{\lambda}_{abcr} = \left(L_{\ell r} + \frac{3}{2}L_{ms}\right)\mathbf{i}_{abcr} + \frac{3}{2}L_{ms}\mathbf{i}_{abcs}e^{-j\theta_r}. \tag{3-36}$$

여기서, $\frac{3}{2}L_{ms} = L_m$ 으로 정의하면 식 (3-32)와 (3-33)은 아래와 같이 표시될 수 있다.

$$\mathbf{V}_{abcs} = R_s\mathbf{i}_{abcs} + \left(L_{\ell s} + L_m\right)\frac{d\mathbf{i}_{abcs}}{dt} + L_m\frac{d}{dt}\left(\mathbf{i}_{abcr}e^{j\theta_r}\right). \tag{3-37}$$

$$\mathbf{V}_{abcr} = R_r\mathbf{i}_{abcr} + \left(L_{\ell r} + L_m\right)\frac{d\mathbf{i}_{abcr}}{dt} + L_m\frac{d}{dt}\left(\mathbf{i}_{abcs}e^{-j\theta_r}\right) \tag{3-38}$$

$\mathbf{V}^{\omega}_{dqs} = \mathbf{V}_{abcs} \cdot e^{-j\theta}$ 와 $\mathbf{i}^{\omega}_{dqs} = \mathbf{i}_{abcr} \cdot e^{-j(\theta-\theta_r)}$ 을 이용하여 식 (3-37)을 임의의 속도로 회전하는 좌표계에 관한 식으로 변환하면 식 (3-39)와 같다.

$$\begin{aligned}
\mathbf{V}^{\omega}_{dqs} &= \left[R_s\,e^{-j\theta}\,\mathbf{i}_{abcs} + \left(L_{\ell s} + L_m\right)e^{-j\theta}p\mathbf{i}_{abcs} + L_m e^{-j\theta}p\left(\mathbf{i}_{abcr}e^{j\theta_r}\right)\right] \\
&= R_s\,\mathbf{i}^{\omega}_{dqs} + \left(L_{\ell s} + L_m\right)p\left[e^{-j\theta}\mathbf{i}_{abcs}\right] - \left(L_{\ell s} + L_m\right)\mathbf{i}_{abcs}\cdot p\left[e^{-j\theta}\right] \\
&\quad + L_m p\left(\mathbf{i}_{abcr}\;e^{-j(\theta-\theta_r)}\right) - L_m\left[p\,e^{-j\theta}\right]\mathbf{i}_{abcr}\;e^{j\theta_r} \\
&= R_s\mathbf{i}^{\omega}_{dqs} + \left(L_{\ell s} + L_m\right)p\mathbf{i}^{\omega}_{dqs} + j\omega\left(L_{\ell s} + L_m\right)\mathbf{i}^{\omega}_{dqs} + L_m p\mathbf{i}^{\omega}_{dqr} + j\omega L_m\mathbf{i}^{\omega}_{dqr} \\
&= R_s\mathbf{i}^{\omega}_{dqs} + \left(L_{\ell s} + L_m\right)p\mathbf{i}^{\omega}_{dqs} + L_m p\mathbf{i}^{\omega}_{dqr} + j\omega\left[\left(L_{\ell s} + L_m\right)\mathbf{i}^{\omega}_{dqs} + L_m\mathbf{i}^{\omega}_{dqr}\right].
\end{aligned} \tag{3-39}$$

위와 유사하게 회전자 전압 방정식 (3-38) 역시 다음과 같이 임의의 속도로 회전하는 좌표계에 관한 식으로 표현할 수 있다.

$$\mathbf{V}_{dqr}^{\omega} = R_r \mathbf{i}_{dqr}^{\omega} + \left(L_{\ell r} + L_m\right) p \mathbf{i}_{dqr}^{\omega} + L_m p \mathbf{i}_{dqs}^{\omega} + j\left(\omega - \omega_r\right)\left[\left(L_{\ell r} + L_m\right)\mathbf{i}_{dqr}^{\omega} + L_m \mathbf{i}_{dqs}^{\omega}\right]. \quad (3\text{-}40)$$

식 (3-39), (3-40)에서

$$L_s \mathbf{i}_{dqs}^{\omega} + L_m \mathbf{i}_{dqr}^{\omega} = \boldsymbol{\lambda}_{dqs}^{\omega} \quad (3\text{-}41)$$

를 $\boldsymbol{\lambda}_s^{\omega}$ 로 표시하고,

$$L_m \mathbf{i}_{dqs}^{\omega} + L_r \mathbf{i}_{dqr}^{\omega} = \boldsymbol{\lambda}_{dqr}^{\omega} \quad (3\text{-}42)$$

를 $\boldsymbol{\lambda}_r^{\omega}$ 로 표시하자. 여기서

$$L_s = L_m + L_{\ell s}\ , \quad (3\text{-}43)$$

$$L_r = L_m + L_{\ell r} \quad (3\text{-}44)$$

이다.

$\mathbf{V}_{dqs}^{\omega}$ 를 $\mathbf{V}_s^{\omega}$, $\mathbf{V}_{dqr}^{\omega}$ 를 $\mathbf{V}_r^{\omega}$, $\mathbf{i}_{dqs}^{\omega}$ 를 $\mathbf{i}_s^{\omega}$, $\mathbf{i}_{dqr}^{\omega}$ 를 $\mathbf{i}_r^{\omega}$ 로 간단히 표시하면 식 (3-39) ~ (3-42)로부터 <그림 3.3 (a)>와 같은 d, q축 등가 회로를 얻을 수 있다. 또 n축 등가회로 역시 식(3-3),(3-10),(3-11)부터 <그림 3.3 (b)>와 같이 구할 수 있다.

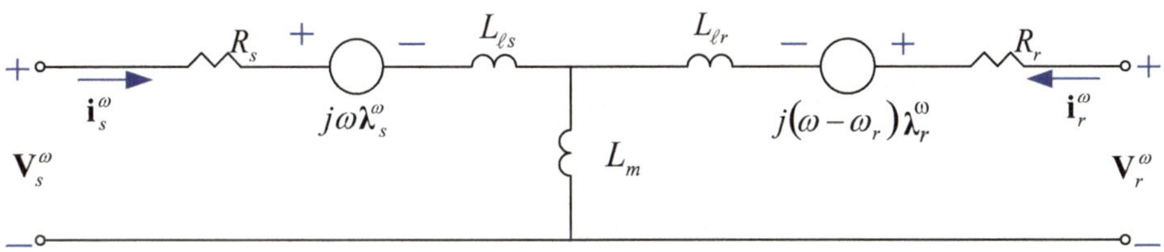

(a) d-q 축 등가 회로

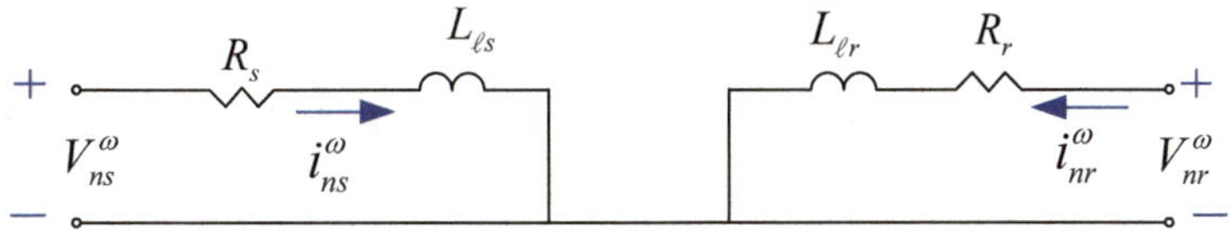

(b) n 축(중성분) 등가 회로

그림 3.3 복소수 벡터로 표시된 유도 전동기 d-q-n축 등가 회로

<그림 3.3>의 등가 회로에서 중성분(또는 영상분) 등가 회로에는 고정자와 회전자 회로가 서로 독립적이며 역기전력 성분이 존재하지 않는다. 이와 같은 현상은 중성분 전류는 회전자계를 만드는 데 기여하지 못하기 때문에 발생한다. 농형(Squirrel Cage) 유도 전동기의 경우 회전자가 단락(Short)되어 있으므로 $\mathbf{V}_r^{\omega}$, V_{nr}^{ω}은 0이 된다. 또한 3상의 고정자 전류의 합 즉 $i_{as}+i_{bs}+i_{cs}=0$ 이면 $i_{ns}^{\omega}=0$ 이고 농형 유도 전동기의 경우 $i_{nr}^{\omega}=0$ 이 되어 중성분 회로(영상분 회로, n축 회로)는 고려할 필요가 없다.

3.2.2 유도 전동기의 토크

전자기(Electro-Magnetic)적 에너지 변환에 의해 발생되는 전기기기의 힘 또는 토크는 기기가 가지는 코에너지(Coenergy)를 변위(Displacement)에 대해 미분하므로써 구할 수 있다(참고문헌 [7]–[9]). 또한 <그림 3.3>과 같은 등가 회로에서 입력 전력을 계산하고 이로부터 손실 및 축적된 에너지의 단순한 변화분을 제외한 나머지 즉 기계적 출력을 구한 후 이를 회전 속도로 나누어 기기의 토크를 구할 수도 있다. 이 글에서는 후자의 방법을 사용하여 토크를 구하고자 한다(참고문헌 [4]).

식 (3-5)의 전력에 관한 식을 이용하여 3상 회로의 전력을 구하면 다음과 같다.

$$\begin{aligned} Re\left[\mathbf{V}_{abcs}\mathbf{i}_{abcs}^{*}\right] &= Re\left[\frac{2}{3}\left(V_{as}+\mathbf{a}V_{bs}+\mathbf{a}^2V_{cs}\right)\cdot\frac{2}{3}\left(i_{as}+\mathbf{a}^2i_{bs}+\mathbf{a}i_{cs}\right)\right] \\ &= \frac{4}{9}\left\{V_{as}i_{cs}+V_{bs}i_{bs}+V_{cs}i_{cs}-\frac{1}{2}\left[V_{as}\left(i_{bs}+i_{cs}\right)+V_{bs}\left(i_{as}+i_{cs}\right)+V_{cs}\left(i_{as}+i_{bs}\right)\right]\right\} \end{aligned} \quad \text{(3-45)}$$

3상의 고정자 전류의 합 즉 $i_{as}+i_{bs}+i_{cs}=0$ 이라면

$$Re\left[\mathbf{V}_{abcs}\mathbf{i}_{abcs}^{*}\right]=\frac{2}{3}\left[V_{as}i_{as}+V_{bs}i_{bs}+V_{cs}i_{cs}\right]. \quad \text{(3-46)}$$

여기서 $\mathbf{i}_{abcs}^{*}$는 $\mathbf{i}_{abcs}$의 공액 복소수(Conjugate)이다.

이를 이용하여 <그림 3.4>와 같은 유도 전동기의 입력 전력을 구하면 아래와 같다.

$$\begin{aligned} P_{in} &= V_{as}i_{as}+V_{bs}i_{bs}+V_{cs}i_{cs}+i_{ar}V_{ar}+i_{br}V_{br}+i_{cr}V_{cr} \\ &= \frac{3}{2}Re\left[\mathbf{V}_{abcs}\ \mathbf{i}_{abcs}^{*}\right]+\frac{3}{2}Re\left[\mathbf{V}_{abcr}\ \mathbf{i}_{abcr}^{*}\right] \end{aligned} \quad \text{(3-47)}$$

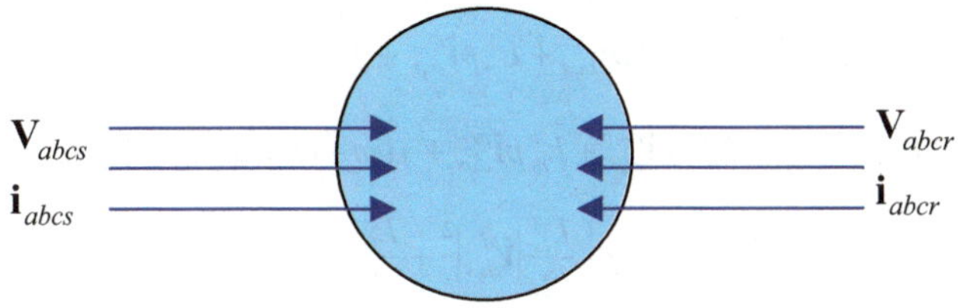

그림 3.4 유도 전동기의 입력 전력

전동기 각 상의 임피던스가 같다고 가정하면 $\mathbf{f}_{abcs} = \mathbf{f}_{dqs}^{\omega} e^{j\theta}$를 이용하여 식 (3-47)에 나타낸 P_{in}의 식을 다음과 같이 d-q 식으로 변환할 수 있다.

$$\begin{aligned}&\mathbf{V}_{abcs}\ \mathbf{i}_{abcs}^{*} + \mathbf{V}_{abcr}\mathbf{i}_{abcr}^{*} \\ &= e^{j\theta}\mathbf{V}_{dqs}^{\omega}\ e^{-j\theta}\mathbf{i}_{dqs}^{\omega *} + e^{j(\theta-\theta_r)}\ \mathbf{V}_{dqr}^{\omega}e^{-j(\theta-\theta_r)}\mathbf{i}_{dqr}^{\omega *}\ . \\ &= \mathbf{V}_{dqs}^{\omega}\mathbf{i}_{dqs}^{\omega *} + \mathbf{V}_{dqr}^{\omega}\mathbf{i}_{dqr}^{\omega *}\end{aligned} \tag{3-48}$$

그러므로,

$$\begin{aligned}P_{in} &= \frac{3}{2}Re\left[\mathbf{V}_{dqs}^{\omega}\mathbf{i}_{dqs}^{\omega *} + \mathbf{V}_{dqr}^{\omega}\mathbf{i}_{dqr}^{\omega *}\right] \\ &= \frac{3}{2}\left[V_{ds}^{\omega}i_{ds}^{\omega} + V_{qs}^{\omega}i_{qs}^{\omega} + V_{dr}^{\omega}i_{dr}^{\omega} + V_{qr}^{\omega}i_{qr}^{\omega}\right]\end{aligned} \tag{3-49}$$

로 표시된다.

농형 유도 전동기의 경우 $V_{dr}^{\omega} = V_{qr}^{\omega} = 0$ 이므로

$$P_{in} = \frac{3}{2}\left[V_{ds}^{\omega}\ i_{ds}^{\omega} + V_{qs}^{\omega}\ i_{qs}^{\omega}\ \right] \tag{3-50}$$

이다.

유도 전동기의 입력 전력에 관한 식 (3-49)에 식 (3-39)와 (3-40)을 넣어서 정리하면 다음과 같다.

$$\begin{aligned} P_{in} &= \frac{3}{2}Re\Big[\Big\{\ R_s\mathbf{i}_{dqs}^{\omega} + \left(L_{\ell s}+L_m\right)p\mathbf{i}_{dqs}^{\omega} + L_m p\mathbf{i}_{dqr}^{\omega} + j\omega\Big(\left(L_{\ell s}+L_m\right)\mathbf{i}_{dqs}^{\omega} + L_m\mathbf{i}_{dqr}^{\omega}\Big)\Big\}\ \mathbf{i}_{dqs}^{\omega *} + \\ &\quad \Big\{\Big(\ R_r\mathbf{i}_{dqr}^{\omega} + \left(L_{\ell r}+L_m\right)p\mathbf{i}_{dqr}^{\omega} + L_m p\mathbf{i}_{dqs}^{\omega} + j\left(\omega-\omega_r\right)\ \Big(\left(L_{\ell r}+L_m\right)\mathbf{i}_{dqr}^{\omega} + L_m\mathbf{i}_{dqs}^{\omega}\Big)\Big)\Big\}\ \mathbf{i}_{dqr}^{\omega *}\Big] \\ &= \frac{3}{2}R_s\left|\mathbf{i}_{dqs}^{\omega}\right|^2 + \frac{3}{2}R_r\left|\mathbf{i}_{dqr}^{\omega}\right|^2 + \frac{3}{2}p\left[\frac{L_{\ell s}}{2}\left|\mathbf{i}_{dqs}^{\omega}\right|^2 + \frac{L_{\ell r}}{2}\left|\mathbf{i}_{dqr}^{\omega}\right|^2 + \frac{L_m}{2}\left|\mathbf{i}_{dqs}^{\omega}+\mathbf{i}_{dqr}^{\omega}\right|^2\right] \\ &\quad + \frac{3}{2}Re\Big[j\omega\Big\{\left(L_{\ell s}+L_m\right)\left|\mathbf{i}_{dqs}^{\omega}\right|^2 + L_m\mathbf{i}_{dqr}^{\omega}\ \mathbf{i}_{dqs}^{\omega *}\Big\} + j\left(\omega-\omega_r\right)\Big\{\left(L_{\ell r}+L_m\right)\left|\mathbf{i}_{dqr}^{\omega}\right|^2 + L_m\mathbf{i}_{dqs}^{\omega}\mathbf{i}_{dqr}^{\omega *}\Big\}\Big] \end{aligned} \tag{3-51}$$

위의 수식에서 우변의 첫 번째와 두 번째 항은 고정자, 회전자 각각의 권선에 의한 동손(Copper Loss)이고, 그 다음은 인덕턴스에 축적된 에너지의 단순한 시간에 대한 변화이므로 마지막 항이 기계적 출력일 것으로 기대할 수 있다.

마지막 항에서, $j\omega\ \left(L_{\ell s}+L_m\right)\ \left|\mathbf{i}_{dqs}^{\omega}\right|^2 + j\left(\omega-\omega_r\right)\ \left(L_{\ell r}+L_m\right)\ \left|\mathbf{i}_{dqr}^{\omega}\right|^2$ 은 순허수(Pure Imaginary)이므로 전력에 기여하는 바가 없다. 그러므로 기계적 출력은 다음 항으로 정리될 수 있다.

$$P_m = \frac{3}{2}Re\Big[\ j\omega L_m\left(\mathbf{i}_{dqr}^{\omega}\ \ \mathbf{i}_{dqs}^{\omega *} + \mathbf{i}_{dqs}^{\omega}\ \ \mathbf{i}_{dqr}^{\omega *}\right) - j\omega_r L_m\mathbf{i}_{dqs}^{\omega}\ \ \mathbf{i}_{dqr}^{\omega *}\Big]\ . \tag{3-52}$$

그런데, $\mathbf{A} = a_r + ja_i$, $\mathbf{B} = b_r + jb_i$ 일 때 $\mathbf{A}\cdot\mathbf{B}^* + \mathbf{A}^*\cdot\mathbf{B} = 2\left(a_r b_r + a_i b_i\right)$의 실수로 표시된다.

그러므로 식 (3-52)에서 [ ] 안의 첫 번째 항은 순허수(Pure Imaginary Number)이므로 전력에 기여하는 바가 없다. 따라서, 기계적 출력은 다음과 같이 표시된다.

$$\begin{aligned} P_m &= -\frac{3}{2}Re\Big[\ j\omega_r L_m\mathbf{i}_{dqs}^{\omega}\ \ \mathbf{i}_{dqr}^{\omega *}\Big] = \frac{3}{2}Im\Big[\ \omega_r L_m\mathbf{i}_{dqs}^{\omega}\ \ \mathbf{i}_{dqr}^{\omega *}\Big] \\ &= \frac{3}{2}\omega_r L_m Im\Big[\left(i_{ds}^{\omega} + ji_{qs}^{\omega}\right)\ \left(i_{dr}^{\omega} - ji_{qr}^{\omega}\right)\Big] = \frac{3}{2}\omega_r L_m\left(i_{qs}^{\omega}i_{dr}^{\omega} - i_{ds}^{\omega}i_{qr}^{\omega}\right) \end{aligned} \tag{3-53}$$

여기서 'Im'은 복소수의 허수부(Imaginary Part)를 의미한다. 식 (3-53)으로부터 토크는 다음 식과 같이 표시될 수 있다.

$$T_e = \frac{P_m}{\dfrac{\omega_r}{P/2}} = \frac{3}{2}L_m\frac{P}{2}\left(i_{qs}^{\omega}\ i_{dr}^{\omega} - i_{ds}^{\omega}\ i_{qr}^{\omega}\right). \tag{3-54}$$

여기서 P는 극(Pole)수이다.

$\boldsymbol{\lambda}_s^\omega = L_s \mathbf{i}_s^\omega + L_m \mathbf{i}_r^\omega$, $\boldsymbol{\lambda}_r^\omega = L_m \mathbf{i}_s^\omega + L_r \mathbf{i}_r^\omega$, $\boldsymbol{\lambda}_m^\omega = L_m \mathbf{i}_s^\omega + L_m \mathbf{i}_r^\omega$ 를 이용하면 토크 T_e 는 $\boldsymbol{\lambda}_s^\omega$, $\boldsymbol{\lambda}_r^\omega$, $\boldsymbol{\lambda}_m^\omega$, $\mathbf{i}_s^\omega$, $\mathbf{i}_r^\omega$ 중의 2가지 변수의 곱의 형태로 표시될 수 있어 총 10가지 형태의 식으로 표현될 수 있다. 식 (3-54)는 그 중의 한 가지 형태의 표현이다.

3.3 공간 벡터를 이용한 일반적인 동기기(Synchronous Machine)의 d-q-n 모델링

3.3.1 동기 전동기의 d-q-n 등가 회로

3개의 3상 전기자 권선, 1개의 계자(Field) 권선, 1개의 d축 댐퍼(Damper) 권선, 1개의 q축 댐퍼(Damper) 권선을 가지는 일반적인 동기기를 모델링하면 <그림 3.5>와 같다.

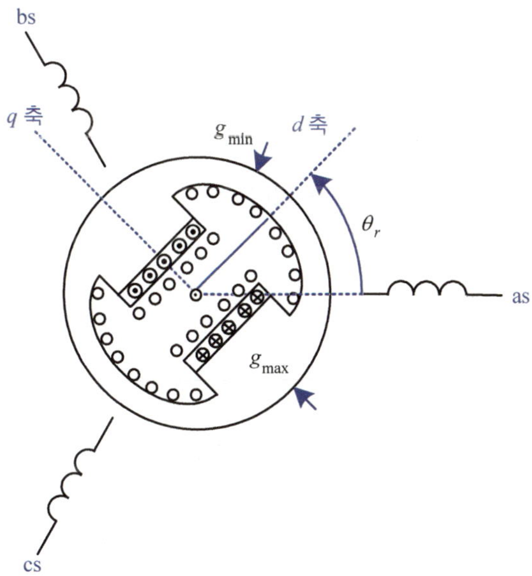

그림 3.5 동기기의 모델링

원통형 회전자(Round Rotor)의 경우 공극은 회전자의 위치와 무관하므로 최소 공극(Minimum Air Gap), $g_{\min}$,과 최대 공극, $g_{\max}$,는 같다. 즉 $g_{\min} = g_{\max}$ 이다. 돌극형 회

전자(Salient Rotor)는 그 구조에 의해 $g_{min} < g_{max}$ 가 성립한다. 최소 공극과 최대 공극의 크기가 다르다면 회전자의 위치에 따라 전기자 권선의 자기 인덕턴스(Self-inductance)는 달라지게 된다. 회전자의 위치 θ_r 에 따른 공간 자속 분포(Spatial Flux Distribution)에 있어 기본파 성분만 고려하면 a상 전기자 권선의 자기(Self) 인덕턴스는 다음 식과 같이 표시될 수 있다 (참고문헌 [10]).

$$L_{as,as} = L_{\ell s} + L_A + L_B \cos 2\ \theta_r \tag{3-55}$$

여기서 θ_r 은 d축과 as축이 이루는 각이며 $L_{\ell s}$ 는 전기자 권선의 누설 인덕턴스(Leakage Inductance)이고 L_A 는 회전자의 회전과 무관한 인덕턴스이며 L_B 는 회전에 따라 변하는 인덕턴스의 최대 값이다. L_A, L_B 는 아래 수식과 같이 표시될 수 있다.

$$L_A = K \cdot N_s^2 \left(\frac{1}{g_{\text{min}}} + \frac{1}{g_{\text{max}}} \right). \tag{3-56}$$

$$L_B = K \cdot N_s^2 \left(\frac{1}{g_{\text{min}}} - \frac{1}{g_{\text{max}}} \right). \tag{3-57}$$

여기서 N_s 는 전기자 권선(a 상)의 유효 권선수(Effective Number of Turn)이고 통상 K 는 $K = \mu_0 r \ell \cdot \dfrac{\pi}{8}$ 로 주어지고 μ_0 는 공기의 비투자율(Relative Permeability), r 은 회전자의 반경, ℓ, 은 회전자의 유효 길이이다.

따라서 $L_{as,as}$ 의 최대치는 $\theta_r = 0$ 일 때 $L_{as,as} = L_{\ell s} + 2 \cdot K\ N_s^2 \dfrac{1}{g_{\text{min}}}$ 이고 $L_{as,as}$ 의 최소치는 $\theta_r = \dfrac{\pi}{2}$ 일 때 $L_{as,as} = L_{\ell s} + 2 \cdot K\ \mathrm{N}_s^2 \dfrac{1}{g_{\text{max}}}$ 이며, $L_{as,as}$ 는 θ_r 에 따라 정현적(Sinusoidal)으로 변한다.

이상과 같이 하여 $L_{bs,bs}$, $L_{cs,cs}$ 역시 다음과 같이 표시될 수 있다.

$$L_{bs,bs} = L_{\ell s} + L_A + L_B \cos\left(2\theta_r + \frac{2\pi}{3} \right). \tag{3-58}$$

$$L_{cs,cs} = L_{\ell s} + L_A + L_B \cos\left(2\theta_r - \frac{2\pi}{3} \right). \tag{3-59}$$

또한 전기자 권선 간의 상호 인덕턴스(Mutual Inductance)는 아래와 같이 표시될 수 있다.

$$L_{as,bs} = L_{bs,as} = -\frac{1}{2}L_A + L_B \cos\left(2\theta_r - \frac{2\pi}{3}\right). \tag{3-60}$$

$$L_{as,cs} = L_{cs,as} = -\frac{1}{2}L_A + L_B \cos\left(2\theta_r + \frac{2\pi}{3}\right). \tag{3-61}$$

$$L_{bs,cs} = L_{cs,bs} = -\frac{1}{2}L_A + L_B \cos 2\theta_r . \tag{3-62}$$

전자기적 에너지 변환에 필요한 전력의 공급은 전기자 권선을 통해 이루어지므로 전기자 권선의 전력 용량은 계자 권선 또는 댐퍼 권선에 비해 매우 크다. 따라서 통상 전기자는 고정되어 있으므로 전기자 권선은 고정자 권선과 일치하고, 계자 권선과 댐퍼 권선은 회전자에 위치하게 된다. 전기자(고정자) 권선과 계자 권선 간의 상호 인덕턴스는 아래와 같이 표시될 수 있다.

$$L_{as,fd} = L_{fd,as} = L_{sfd} \cos\theta_r . \tag{3-63}$$

$$L_{bs,fd} = L_{fd,bs} = L_{sfd} \cos\left(\theta_r - \frac{2\pi}{3}\right). \tag{3-64}$$

$$L_{cs,fd} = L_{fd,cs} = L_{sfd} \cos\left(\theta_r + \frac{2\pi}{3}\right). \tag{3-65}$$

여기서 L_{sfd} 는 고정자 권선과 계자 권선 간의 상호 인덕턴스의 최대 값으로서 다음 식과 같이 표시할 수 있다.

$$L_{sfd} = \mu_0 r\ell N_s N_{fd} \frac{\pi}{4}\frac{1}{g_{\min}} . \tag{3-66}$$

여기서 N_{fd} 는 계자 권선의 유효 권선 수이다.

마찬가지로 고정자 권선과 d축 댐퍼 권선 사이의 상호 인덕턴스(Mutual Inductance)도 다음과 같이 표시될 수 있다.

$$L_{as,kd} = L_{kd,as} = L_{skd} \cos\theta_r . \tag{3-67}$$

$$L_{bs,kd} = L_{kd,bs} = L_{skd}\cos\left(\theta_r - \frac{2\pi}{3}\right). \tag{3-68}$$

$$L_{cs,kd} = L_{kd,cs} = L_{skd}\cos\left(\theta_r + \frac{2\pi}{3}\right). \tag{3-69}$$

여기서 L_{skd} 는 고정자 권선과 d축 댐퍼 권선 사이의 상호 인덕턴스의 최대 값으로서 다음 식과 같이 표시된다.

$$L_{skd} = \mu_0 r \ell N_s N_{kd} \frac{\pi}{4}\frac{1}{g_{\min}} \tag{3-70}$$

여기서 N_{kd} 는 d축 댐퍼 권선의 유효 권선 수이다.

또한 전기자 권선과 q축 댐퍼 권선 사이의 상호 인덕턴스(Mutual Inductance) 역시 아래와 같이 표시될 수 있다.

$$L_{as,kq} = L_{kq,as} = -L_{skq}\sin\theta_r . \tag{3-71}$$

$$L_{bs,kq} = L_{kq,bs} = -L_{skq}\sin\left(\theta_r - \frac{2\pi}{3}\right). \tag{3-72}$$

$$L_{cs,kq} = L_{kq,cs} = -L_{skq}\sin\left(\theta_r + \frac{2\pi}{3}\right). \tag{3-73}$$

여기서 L_{skq} 는 고정자 권선과 q축 댐퍼 권선 사이의 상호 인덕턴스의 최대 값으로 다음 식과 같이 표시된다.

$$L_{skq} = \mu_0 r \ell N_s N_{kq} \frac{\pi}{4}\frac{1}{g_{\max}} . \tag{3-74}$$

여기서 N_{kq} 는 q축 댐퍼 권선의 유효 권선 수이다.

이상의 결과를 이용하여 전기자 권선에 대한 미분 방정식을 구하면 다음과 같다.

$$\mathbf{V}_{abcs} = R_s \mathbf{i}_{abcs} + \frac{d}{dt}\boldsymbol{\lambda}_{abcs} . \tag{3-75}$$

여기서 전기자 권선과 쇄교하는 자속은 아래와 같이 표시된다.

$$\boldsymbol{\lambda}_{abcs} = \begin{bmatrix} L_{\ell s} + L_A + L_B\cos 2\theta_r & -\frac{1}{2}L_A + L_B\cos 2\left(\theta_r - \frac{\pi}{3}\right) & -\frac{1}{2}L_A + L_B\cos 2\left(\theta_r + \frac{\pi}{3}\right) \\ -\frac{1}{2}L_A + L_B\cos 2\left(\theta_r - \frac{\pi}{3}\right) & L_{\ell s} + L_A + L_B\cos 2\left(\theta_r + \frac{\pi}{3}\right) & -\frac{1}{2}L_A + L_B\cos 2\theta_r \\ -\frac{1}{2}L_A + L_B\cos 2\left(\theta_r + \frac{\pi}{3}\right) & -\frac{1}{2}L_A + L_B\cos 2\theta_r & L_{\ell s} + L_A + L_B\cos 2\left(\theta_r - \frac{\pi}{3}\right) \end{bmatrix} \begin{bmatrix} i_{as} \\ i_{bs} \\ i_{cs} \end{bmatrix}.$$

$$+ L_{sfd}\begin{bmatrix} \cos\theta_r \\ \cos(\theta_r - \frac{2\pi}{3}) \\ \cos(\theta_r + \frac{2\pi}{3}) \end{bmatrix} i_{fd} + L_{skd}\begin{bmatrix} \cos\theta_r \\ \cos(\theta_r - \frac{2\pi}{3}) \\ \cos(\theta_r + \frac{2\pi}{3}) \end{bmatrix} i_{kd} - L_{skq}\begin{bmatrix} \sin\theta_r \\ \sin(\theta_r - \frac{2\pi}{3}) \\ \sin(\theta_r + \frac{2\pi}{3}) \end{bmatrix} i_{kq}$$

(3-76)

유사한 방법으로 계자 및 댐퍼 권선 전압에 관한 미분 방정식을 구하면 다음과 같다.

$$V_{fd} = R_{fd} i_{fd} + \frac{d}{dt}\lambda_{fd}. \quad (3\text{-}77)$$

$$V_{kd} = R_{kd} i_{kd} + \frac{d}{dt}\lambda_{kd}. \quad (3\text{-}78)$$

$$V_{kq} = R_{kq} i_{kq} + \frac{d}{dt}\lambda_{kq}. \quad (3\text{-}79)$$

여기서 각 권선과 쇄교하는 자속은 아래와 같이 표시된다.

$$\lambda_{fd} = \left(L_{\ell fd} + L_{mfd}\right) i_{fd} + L_{fkd} i_{kd} + L_{sfd}\left[i_{as}\cos\theta_r + i_{bs}\cos\left(\theta_r - \frac{2\pi}{3}\right) + i_{cs}\cos\left(\theta_r + \frac{2\pi}{3}\right)\right]. \quad (3\text{-}80)$$

$$\lambda_{kd} = \left(L_{\ell kd} + L_{mkd}\right) i_{kd} + L_{fkd} i_{fd} + L_{skd}\left[i_{as}\cos\theta_r + i_{bs}\cos\left(\theta_r - \frac{2\pi}{3}\right) + i_{cs}\cos\left(\theta_r + \frac{2\pi}{3}\right)\right]. \quad (3\text{-}81)$$

$$\lambda_{kq} = \left(L_{\ell kq} + L_{mkq}\right) i_{kq} - L_{skq}\left[i_{as}\sin\theta_r + i_{bs}\sin\left(\theta_r - \frac{2\pi}{3}\right) + i_{cs}\sin\left(\theta_r + \frac{2\pi}{3}\right)\right]. \quad (3\text{-}82)$$

여기서 각각의 인덕턴스는 다음과 같이 표시될 수 있다.

$$L_{mfd} = \mu_0 r\ell N_{fd}^2 \frac{\pi}{4}\frac{1}{g_{\min}} \quad . \tag{3-83}$$

$$L_{fkd} = \mu_0 r\ell N_{kd} N_{fd} \frac{\pi}{4}\frac{1}{g_{\min}} \quad . \tag{3-84}$$

$$L_{mkd} = \mu_0 r\ell N_{kd}^2 \frac{\pi}{4}\frac{1}{g_{\min}} \quad . \tag{3-85}$$

$$L_{mkq} = \mu_0 r\ell N_{kq}^2 \frac{\pi}{4}\frac{1}{g_{\max}} \quad . \tag{3-86}$$

식 (3-76)을 $\cos\theta_r = \dfrac{e^{j\theta_r} + e^{-j\theta_r}}{2}$, $\sin\theta_r = \dfrac{e^{j\theta_r} - e^{-j\theta_r}}{2j}$ 을 이용하여 다시 정리하면 (3-87)과 같다.

$$\begin{aligned}
\boldsymbol{\lambda}_{abcs} = \begin{bmatrix}\lambda_{as}\\ \lambda_{bs}\\ \lambda_{cs}\end{bmatrix} &= \begin{bmatrix} L_{\ell s}+L_A & -\frac{1}{2}L_A & -\frac{1}{2}L_A \\ -\frac{1}{2}L_A & L_{\ell s}+L_A & -\frac{1}{2}L_A \\ -\frac{1}{2}L_A & -\frac{1}{2}L_A & L_{\ell s}+L_A \end{bmatrix} \begin{bmatrix} i_{as}\\ i_{bs}\\ i_{cs}\end{bmatrix} \\
&+ \frac{L_B}{2}\left[\begin{Bmatrix} e^{j2\theta_r} & \mathbf{a}^2 e^{j2\theta_r} & \mathbf{a}e^{j2\theta_r} \\ \mathbf{a}^2 e^{j2\theta_r} & \mathbf{a}e^{j2\theta_r} & e^{j2\theta_r} \\ \mathbf{a}e^{j2\theta_r} & e^{j2\theta_r} & \mathbf{a}^2 e^{j2\theta_r} \end{Bmatrix} + \begin{Bmatrix} e^{-j2\theta_r} & \mathbf{a}e^{-j2\theta_r} & \mathbf{a}^2 e^{-j2\theta_r} \\ \mathbf{a}e^{-j2\theta_r} & \mathbf{a}^2 e^{-j2\theta_r} & e^{-j2\theta_r} \\ \mathbf{a}^2 e^{-j2\theta_r} & e^{-j2\theta_r} & \mathbf{a}e^{-j2\theta_r} \end{Bmatrix}\right] \cdot \begin{bmatrix} i_{as}\\ i_{bs}\\ i_{cs}\end{bmatrix} \\
&+ \frac{L_{sfd}}{2}\left[\begin{Bmatrix} e^{j\theta_r} \\ \mathbf{a}^2 e^{j\theta_r} \\ \mathbf{a}e^{j\theta_r} \end{Bmatrix} + \begin{Bmatrix} e^{-j\theta_r} \\ \mathbf{a}e^{-j\theta_r} \\ \mathbf{a}^2 e^{-j\theta_r} \end{Bmatrix}\right] i_{fd} \\
&+ \frac{L_{skd}}{2}\left[\begin{Bmatrix} e^{j\theta_r} \\ \mathbf{a}^2 e^{j\theta_r} \\ \mathbf{a}e^{j\theta_r} \end{Bmatrix} + \begin{Bmatrix} e^{-j\theta_r} \\ \mathbf{a}e^{-j\theta_r} \\ \mathbf{a}^2 e^{-j\theta_r} \end{Bmatrix}\right] i_{kd} \\
&- \frac{L_{skq}}{2j}\left[\begin{Bmatrix} e^{j\theta_r} \\ \mathbf{a}^2 e^{j\theta_r} \\ \mathbf{a}e^{j\theta_r} \end{Bmatrix} - \begin{Bmatrix} e^{-j\theta_r} \\ \mathbf{a}e^{j\theta_r} \\ \mathbf{a}^2 e^{-j\theta_r} \end{Bmatrix}\right] i_{kq} \, .
\end{aligned} \tag{3-87}$$

여기서 $\mathbf{a} = e^{j\frac{2}{3}\pi}$ 이다.

이를 복소수 벡터로 표시하면 다음 식과 같다.

$$\begin{aligned}\boldsymbol{\lambda}_{abcs} &= \frac{2}{3}\left(\boldsymbol{\lambda}_{as} + \mathbf{a}\boldsymbol{\lambda}_{bs} + \mathbf{a}^2\lambda_{cs}\right) \\ &= \left(L_{\ell s} + \frac{3}{2}L_A\right)\frac{2}{3}\left(i_{as} + \mathbf{a}i_{bs} + \mathbf{a}^2 i_{cs}\right) + \frac{3}{2}L_B\frac{2}{3}\left(i_{as} + \mathbf{a}^2 i_{bs} + \mathbf{a}i_{cs}\right)e^{j2\theta_r} \\ &\quad + L_{sfd}e^{j\theta_r}i_{fd} + L_{skd}e^{j\theta_r}i_{kd} + L_{skq}e^{j\left(\theta_r + \frac{\pi}{2}\right)}i_{kq}.\end{aligned} \tag{3-88}$$

식 (3-75)를 복소수 벡터로 표시하면 다음 식과 같다.

$$\mathbf{V}_{abcs} = R_s\,\mathbf{i}_{abcs} + \frac{d}{dt}\boldsymbol{\lambda}_{abcs}. \tag{3-89}$$

이를 회전자에 동기된 좌표계(회전자 기준 좌표계, Rotor Reference Frame)로 변환하면 다음과 같다.

$$\mathbf{V}_{abcs}e^{-j\theta_r} = R_s\mathbf{i}_{abcs}e^{-j\theta_r} + e^{-j\theta_r}\frac{d}{dt}\boldsymbol{\lambda}_{abcs}.$$

$$\boldsymbol{\lambda}_{abcs}e^{-j\theta_r} = \left(L_{\ell s} + \frac{3}{2}L_A\right)\mathbf{i}_{abcs}e^{-j\theta_r} + \frac{3}{2}L_B\mathbf{i}^*_{abcs}e^{j\theta_r} + L_{sfd}i_{fd} + L_{skd}i_{kd} + L_{skq}e^{j\frac{\pi}{2}}i_{kq}. \tag{3-90}$$

$$\mathbf{V}^r_{dqs} = V^r_{ds} + jV^r_{qs} = \mathbf{V}_{abcs}e^{-j\theta_r}. \tag{3-91}$$

이고 $\boldsymbol{\lambda}_{abcs} = \boldsymbol{\lambda}^r_{dqs}e^{j\theta_r}$ 이므로,

$$\begin{aligned}\mathbf{V}^r_{dqs} &= R_s\mathbf{i}^r_{dqs} + e^{-j\theta_r}\frac{d}{dt}\left(\boldsymbol{\lambda}^r_{dqs}e^{j\theta_r}\right) \\ &= R_s\mathbf{i}^r_{dqs} + e^{-j\theta_r}\cdot e^{j\theta_r}\cdot\frac{d}{dt}\boldsymbol{\lambda}^r_{dqs} + e^{-j\theta_r}\cdot\boldsymbol{\lambda}^r_{dqs}\; j\omega_r\cdot e^{j\theta_r} \\ &= R_s\mathbf{i}^r_{dqs} + \frac{d}{dt}\boldsymbol{\lambda}^r_{dqs} + \left(j\omega_r\right)\;\boldsymbol{\lambda}^r_{dqs}\end{aligned} \tag{3-92}$$

이 된다.

여기서 ω_r 은 전기각으로 표시된 회전각의 시간에 대한 미분 즉 회전 각속도이다.

식 (3-90)의 전기자 쇄교 자속은 아래 수식과 같이 복소수 벡터로 표시된 전기자 권

선 전류와 회전자 각 권선의 전류에 관한 식으로 표현될 수 있다.

$$\boldsymbol{\lambda}_{dqs}^{r} = \left(L_{\ell s} + \frac{3}{2} L_A \right) \mathbf{i}_{dqs}^{r} + \frac{3}{2} L_B \mathbf{i}_{dqs}^{r*} + L_{sfd} i_{fd} + L_{skd} i_{kd} + jL_{skq} i_{kq} . \quad (3\text{-}93)$$

여기서 d축 인덕턴스 L_{md}, q축 인덕턴스 L_{mq}를 아래와 같이 정의하면 식 (3-93)은 식 (3-96)과 같이 표시될 수 있다. $\mathbf{i}_{dqs}^{r*}$는 $\mathbf{i}_{dqs}^{r}$의 공액 복소수(Conjugate)이다.

$$L_{md} \equiv \frac{3}{2}\left(L_A + L_B\right) = \frac{3}{2} \mu_0 r \ell N_s^2 \frac{\pi}{4} \frac{1}{g_{\min}} = \frac{3}{2} \frac{N_s}{N_{fd}} L_{sfd} = \frac{3}{2} \frac{N_s}{N_{kd}} L_{skd} . \quad (3\text{-}94)$$

$$L_{mq} \equiv \frac{3}{2}\left(L_A - L_B\right) = \frac{3}{2} \mu_0 r \ell N_s^2 \frac{\pi}{4} \frac{1}{g_{\max}} = \frac{3}{2} \frac{N_s}{N_{kq}} L_{skq} . \quad (3\text{-}95)$$

$$\boldsymbol{\lambda}_{dqs}^{r} = \left(L_{\ell s} + \frac{L_{md} + L_{mq}}{2} \right) \mathbf{i}_{dqs}^{r} + \left(\frac{L_{md} - L_{mq}}{2} \right) \mathbf{i}_{dqs}^{r*} + L_{md} \left(i_{fd}^{'} + i_{kd}^{'} \right) + jL_{mq} i_{kq}^{'} . \quad (3\text{-}96)$$

여기서 $i_{fd}^{'}, i_{kd}^{'}, i_{kq}^{'}$는 다음 식과 같이 권선비(Turn Ratio)에 의해 전기자측으로 환산된 계자 권선, d 축 댐퍼 권선, q 축 댐퍼 권선의 전류이다.

$$\left(i_{fd}^{'} = \frac{2}{3} \frac{N_{fd}}{N_s} i_{fd}, \quad i_{kd}^{'} = \frac{2}{3} \frac{N_{kd}}{N_s} i_{kd}, \quad i_{kq}^{'} = \frac{2}{3} \frac{N_{kq}}{N_s} i_{kq} \right). \quad (3\text{-}97)$$

전기자 권선과 쇄교하는 자속에 관한 식 (3-93)처럼 계자 권선, d축 댐퍼 권선, q축 댐퍼 권선과 쇄교하는 각각의 자속은 다음과 같이 표현될 수 있다.

$$\begin{aligned} \lambda_{fd} &= \left(L_{\ell fd} + L_{mfd}\right) i_{fd} + L_{fkd} i_{kd} + L_{sfd} \cdot \frac{3}{2} \cdot \frac{1}{2} \cdot \frac{2}{3} \\ &\quad \cdot \left\{ \left(e^{j\theta_r} + e^{-j\theta_r} \right) i_{as} + \left(\mathbf{a}^2 e^{j\theta_r} + \mathbf{a} e^{-j\theta_r} \right) i_{bs} + \left(\mathbf{a} e^{j\theta_r} + \mathbf{a}^2 e^{-j\theta_r} \right) i_{cs} \right\} \\ &= \left(L_{\ell fd} + L_{mfd}\right) i_{fd} + L_{fkd} i_{kd} + L_{sfd} \cdot \frac{3}{4} \left(\mathbf{i}_{dqs}^{r} + \mathbf{i}_{dqs}^{r*} \right) . \end{aligned} \quad (3\text{-}98)$$

$$\lambda_{kd} = \left(L_{\ell kd} + L_{mkd}\right) i_{kd} + L_{fkd} i_{fd} + \frac{3}{4} L_{skd} \left(\mathbf{i}_{dqs}^{r} + \mathbf{i}_{dqs}^{r*} \right) . \quad (3\text{-}99)$$

$$\lambda_{kq} = \left(L_{\ell kq} + L_{mkq}\right) i_{kq} - \frac{3}{4j} L_{skq} \left(\mathbf{i}_{dqs}^{r*} - \mathbf{i}_{dqs}^{r}\right)$$
$$= \left(L_{\ell kq} + L_{mkq}\right) i_{kq} + \frac{3}{4} j L_{skq} \left(\mathbf{i}_{dqs}^{r*} - \mathbf{i}_{dqs}^{r}\right) \quad . \tag{3-100}$$

아래와 같이 자속 및 인덕턴스의 크기를 조정해서 회전자 권선의 자속을 전기자(고정자)측으로 환산하면, 전기자측으로 환산된 회전자 기준 좌표계에서의 계자 권선의 쇄교 자속 식 (3-105), d축 댐퍼 권선의 쇄교 자속 식 (3-106), q축 댐퍼 권선의 쇄교 자속 식 (3-107)을 구할 수 있다.

$$\lambda'_{fd} = \frac{N_s}{N_{fd}} \lambda_{fd}$$
$$\lambda'_{kd} = \frac{N_s}{N_{kd}} \lambda_{kd} \quad . \tag{3-101}$$
$$\lambda'_{kq} = \frac{N_s}{N_{kq}} \lambda_{kq}$$

$$L'_{\ell fd} = \frac{3}{2}\left(\frac{N_s}{N_{fd}}\right)^2 L_{\ell fd}$$
$$L'_{\ell kd} = \frac{3}{2}\left(\frac{N_s}{N_{kd}}\right)^2 L_{\ell kd} \quad . \tag{3-102}$$
$$L'_{\ell kq} = \frac{3}{2}\left(\frac{N_s}{N_{kq}}\right)^2 L_{\ell kq}$$

$$L_{md} = \frac{3}{2} \frac{N_s^2}{N_{kd} \cdot N_{fd}} L_{fkd}, \; L_{mq} = \frac{3}{2} \frac{N_s^2}{N_{kq}^2} L_{mkq} \, . \tag{3-103}$$

$$L_{md} = \frac{3}{2} \frac{N_s^2}{N_{kd}^2} L_{mkd} = \frac{3}{2} \frac{N_s^2}{N_{fd}^2} L_{mfd} \, . \tag{3-104}$$

$$\lambda'_{fd} = \left(L'_{\ell fd} + L_{md}\right) i'_{fd} + L_{md} i'_{kd} + \frac{1}{2} L_{md} \left(\mathbf{i}_{dqs}^{r} + \left(\mathbf{i}_{dqs}^{r}\right)^*\right). \tag{3-105}$$

$$\lambda'_{kd} = \left(L'_{\ell kd} + L_{md}\right) i'_{kd} + L_{md} i'_{fd} + \frac{1}{2} L_{md} \left(\mathbf{i}_{dqs}^{r} + \left(\mathbf{i}_{dqs}^{r}\right)^*\right). \tag{3-106}$$

$$\lambda'_{kq} = \left(L'_{\ell kq} + L_{mq}\right) i'_{kq} + \frac{j}{2} L_{mq} \left(\left(\mathbf{i}_{dqs}^{r}\right)^* - \mathbf{i}_{dqs}^{r}\right). \tag{3-107}$$

유사하게 아래와 같이 계자 권선, d축 댐퍼 권선, q축 댐퍼 권선의 전압과 저항의 크기를 조정하면 회전자에 관한 전압식을 (3-111)~(3-118)에 나타낸 바와 같이 고정자로 환산하여 표시할 수 있다.

$$\begin{aligned} V'_{fd} &= \frac{N_s}{N_{fd}} V_{fd} & R'_{fd} &= \frac{3}{2}\left(\frac{N_s}{N_{fd}}\right)^2 R_{fd} \\ V'_{kd} &= \frac{N_s}{N_{kd}} V_{kd} & R'_{kd} &= \frac{3}{2}\left(\frac{N_s}{N_{kd}}\right)^2 R_{kd} \\ V'_{kq} &= \frac{N_s}{N_{kq}} V_{kq} & R'_{kq} &= \frac{3}{2}\left(\frac{N_s}{N_{kq}}\right)^2 R_{kq} \end{aligned} \quad . \tag{3-108}$$

이상의 결과를 종합하여 전기자측으로 환산된 회전자 기준 좌표계에서의 각 권선의 전압 방정식과 쇄교 자속에 관한 방정식은 다음과 같이 표시될 수 있다.

$$V^r_{ds} = R_s i^r_{ds} + \frac{d}{dt}\lambda^r_{ds} - \omega_r \lambda^r_{qs} \, . \tag{3-109}$$

$$V^r_{qs} = R_s i^r_{qs} + \frac{d}{dt}\lambda^r_{qs} + \omega_r \lambda^r_{ds} \, . \tag{3-110}$$

$$V'_{fd} = R'_{fd} i'_{fd} + \frac{d}{dt}\lambda'_{fd} \, . \tag{3-111}$$

$$V'_{kd} = R'_{kd} i'_{kd} + \frac{d}{dt}\lambda'_{kd} \, . \tag{3-112}$$

$$V'_{kq} = R'_{kq} i'_{kq} + \frac{d}{dt}\lambda'_{kq} \, . \tag{3-113}$$

여기서,

$$\lambda^r_{ds} = L_{\ell s} i^r_{ds} + L_{md}\left(i^r_{ds} + i'_{fd} + i'_{kd}\right) . \tag{3-114}$$

$$\lambda^r_{qs} = L_{\ell s} i^r_{qs} + L_{mq}\left(i^r_{qs} + i'_{kq}\right) . \tag{3-115}$$

$$\lambda'_{fd} = L'_{\ell fd} i'_{fd} + L_{md}\left(i'_{fd} + i'_{kd} + i^r_{ds}\right) . \tag{3-116}$$

$$\lambda'_{kd} = L'_{\ell kd} i'_{kd} + L_{md}\left(i'_{fd} + i'_{kd} + i^r_{ds}\right) . \tag{3-117}$$

$$\lambda'_{kq} = L'_{\ell kq} i'_{kq} + L_{mq}\left(i'_{kq} + i^r_{qs}\right), \tag{3-118}$$

이다.

통상 댐퍼 권선은 단락(Short)되어 있으므로 $V'_{kd} = V'_{kq} = 0$ 이다. 이상의 방정식들을 이용하여 회전자 기준 좌표계에서 일반적인 동기기의 등가 회로를 구하면 <그림 3.6>과 같다.

여기서 중성분(영상분, n축) 등가 회로는, 회전자의 권선은 d-q축에만 있으므로, 전기자 회로에서만 존재한다. 유도기의 경우와 마찬가지로 중성분 회로의 전류는 전자기적 에너지 변환에 기여하지 못하고, 3상 전류의 순시합이 "0"이라면 중성분 전류는 "0"이 되어 중성분 회로를 고려할 필요가 없다.

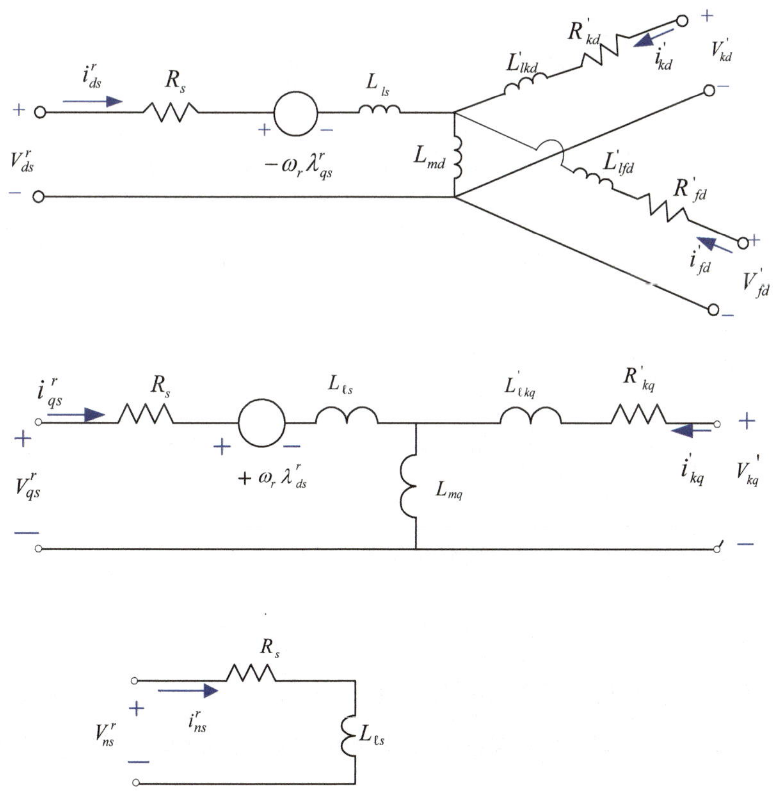

그림 3.6 일반적인 동기기의 회전자 기준 좌표계에서의 d-q-n 등가 회로

3.3.2 동기기의 토크

동기기의 토크에 관한 식을 구하기 위해 동기기의 전기적 입력을 중성분 전류 $i_{ns}^r = 0$ 이라는 가정 하에서 구하면 다음 식과 같다.

$$P_{in} = \frac{3}{2}\left(V_{ds}^r i_{ds}^r + V_{qs}^r i_{qs}^r + V_{fd}^{'} i_{fd}^{'} + V_{kd}^{'} i_{kd}^{'} + V_{kq}^{'} i_{kq}^{'}\right). \tag{3-119}$$

식 (3-119)에서 각 권선의 전압을 다음과 같이 각 권선의 전류와 쇄교 자속으로 표시한 후 이를 다시 식 (3-119)에 대입하면 식 (3-125)를 얻는다.

$$V_{ds}^r = R_s i_{ds}^r - \omega_r \lambda_{qs}^r + p\left\{L_{\ell s} i_{ds}^r + L_{md}\left(i_{ds}^r + i_{kd}^{'} + i_{fd}^{'}\right)\right\}. \tag{3-120}$$

$$V_{qs}^r = R_s i_{qs}^r + \omega_r \lambda_{ds}^r + p\left\{L_{\ell s} i_{qs}^r + L_{mq}\left(i_{qs}^r + i_{kq}^{'}\right)\right\}. \tag{3-121}$$

$$V_{fd}^{'} = R_{fd}^{'} i_{fd}^{'} + p\left\{L_{\ell fd}^{'} i_{fd}^{'} + L_{md}\left(i_{ds}^r + i_{kd}^{'} + i_{fd}^{'}\right)\right\}. \tag{3-122}$$

$$V_{kd}^{'} = R_{kd}^{'} i_{kd}^{'} + p\left\{L_{\ell kd}^{'} i_{kd}^{'} + L_{md}\left(i_{ds}^r + i_{kd}^{'} + i_{fd}^{'}\right)\right\}. \tag{3-123}$$

$$V_{kq}^{'} = R_{kq}^{'} i_{kq}^{'} + p\left\{L_{\ell kq}^{'} i_{kq}^{'} + L_{mq}\left(i_{qs}^r + i_{kq}^{'}\right)\right\}. \tag{3-124}$$

$$\begin{aligned} P_{in} = \frac{3}{2}\Bigg[& R_s\left(i_{ds}^{r2} + i_{qs}^{r2}\right) + R_{fd}^{'} i_{fd}^{'2} + R_{kd}^{'} i_{kd}^{'2} + R_{kq}^{'} i_{kq}^{'2} \\ & + p\Bigg\{\frac{1}{2}L_{\ell s}\left(i_{ds}^{r2} + i_{qs}^{r2}\right) + \frac{1}{2}L_{\ell fd}^{'} i_{fd}^{'2} + \frac{1}{2}L_{\ell kd}^{'} i_{kd}^{'2} + \frac{1}{2}L_{\ell kq}^{'} i_{kq}^{'2} + L_{md}\left(\frac{i_{ds}^{r2}}{2} + \frac{i_{fd}^{'2}}{2} + \frac{i_{kd}^{'2}}{2} + i_{ds}^r i_{kd}^{'} + i_{ds}^r i_{fd}^{'} + i_{fd}^{'} i_{kd}^{'}\right) \\ & + L_{mq}\left(\frac{i_{qs}^{r2}}{2} + \frac{i_{kq}^{'2}}{2} + i_{qs}^r i_{kq}^{'}\right)\Bigg\} + \omega_r\left\{\lambda_{ds}^r \cdot i_{qs}^r - \lambda_{qs}^r \cdot i_{ds}^r\right\}\Bigg] \end{aligned} \tag{3-125}$$

전기적 입력 P_{in} 은 3.2.2절에서의 유도기의 경우와 같이, 동손(Copper Loss), 축적된 자기(Magnetic) 에너지의 시간에 대한 변화, 그리고 기계적 출력으로 이루어진다. 따라서 기계적 출력 P_m 은 위 식의 맨 마지막 항으로 추정된다. 즉 다음 식과 같다.

$$P_m = \frac{3}{2}\omega_r\left\{\lambda_{ds}^r i_{qs}^r - \lambda_{qs}^r i_{ds}^r\right\} \tag{3-126}$$

일반적인 동기기의 발생 토크는 기계적 출력으로부터 다음 식과 같이 유도된다.

$$T_e = \frac{P_m}{\left\{\frac{\omega_r}{P/2}\right\}} \text{ 이고}$$

$$\lambda^r_{ds} = L_{md}\left(i^r_{ds} + i'_{kd} + i'_{fd}\right) + L_{\ell s} i^r_{ds} . \tag{3-127}$$

$$\lambda^r_{qs} = L_{mq}\left(i^r_{qs} + i'_{kq}\right) + L_{\ell s} i^r_{qs} , \tag{3-128}$$

이므로 토크는 다음과 같다.

$$T_e = \frac{3}{2}\frac{P}{2}\left[\left\{L_{\ell s} i^r_{ds} + L_{md}\left(i^r_{ds} + i'_{fd} + i'_{kd}\right)\right\} i^r_{qs} - \left\{L_{\ell s} i^r_{qs} + L_{mq}\left(i^r_{qs} + i'_{kq}\right)\right\} i^r_{ds}\right]$$

$$= \frac{3}{2}\frac{P}{2}\left[\left(L_{md} - L_{mq}\right) i^r_{ds} i^r_{qs} + L_{md} i'_{fd} i^r_{qs} + L_{md} i'_{kd} i^r_{qs} - L_{mq} i'_{kq} i^r_{ds}\right] \quad . \tag{3-129}$$

여기서 P 는 극수(Number of Pole)이다.

위의 토크 식에서 첫 번째 항은 동기기의 돌극성(Saliency)에 의해 나타나는 자기저항(Reluctance)의 차이에 의한 토크(Reluctance Torque)이고, 두 번째 항은 계자(Field) 권선에 의해 발생하는 토크(Field Torque)이며 나머지 두 항은 댐퍼 권선에 의해 생기는 토크(Damping Torque)이다. 전동기의 회전 속도가 순시적으로(Instantaneously) 회전 자계의 속도와 같다면 $(\omega_e(t) = \omega_r(t))$, 댐퍼 권선에는 전류가 흐르지 않아 $i'_{kd} = i'_{kq} =$ 0이 되고 따라서 댐퍼 권선에 의한 토크는 나타나지 않는다. 그러나 만약 순시적인 속도 차이가 있을 경우 댐퍼 권선에 의한 토크는 속도 차이를 억제(Damping)하려는 방향으로 발생한다. 원통형 동기기의 경우 공극의 크기가 회전자의 회전에 따라 변하지 않으므로 $L_{md} = L_{mq}$ 이고 따라서 자기저항에 의한 토크는 발생하지 않는다. 이러한 일반적인 동기기의 등가 회로로부터 댐퍼 권선이 d, q축에 한 개 이상 있는 경우에도 유사하게 등가 회로와 토크에 관한 식을 유도할 수 있다. 특히 계자가 영구자석일 경우 <그림 3.6>과 식 (3-129)로부터 불필요한 항을 삭제함으로써 다음 절에서 설명하는 바와 같이 손쉽게 등가 회로와 토크 식을 얻을 수 있다.

3.3.3 영구자석 동기 전동기의 등가 회로와 토크 (참고문헌 [11-13])

3.3.3.1 표면 부착형 영구자석 동기 전동기

<그림 3.7>과 같은 회전자 단면의 구조를 가지고 정현파 형태의 역기전력(Back EMF)을 발생시키는 표면 부착형 영구자석 동기 전동기(Surface Mounted Permanent Magnet Synchronous Motor, SMPMSM)의 경우, 3.3.1절에서 설명한 일반적인 동기 전동기와 비교해 볼 때 계자 권선이 없으며 계자 자속은 영구자석에 의해 일정하고, 비투자율(Relative Permeability)이 1과 같은 영구자석의 물리적 성질에 의하여 등가적인 공극이 크고, 댐퍼 권선이 없으며 회전자의 형상이 원통형이다. 따라서 <그림 3.6>의 등가 회로에서 댐퍼 회로를 삭제하고 원통형 회전자 구조로 인하여 d축, q축 인덕턴스를 동일한 값 ($L_{md} = L_{mq} = L_m$) 으로 둘 수 있다. 계자 자속이 영구자석에 의해 일정하게 공급되므로 계자 전류는 정전류원(Constant Current Source), i_f 로 표시할 수 있다(참고문헌 [13]). 이와 같은 과정을 통하여 <그림 3.6>의 일반적인 동기 전동기의 d-q 등가 회로는 <그림 3.8>과 같이 단순하게 표시될 수 있다. n축 등가 회로는 변함이 없다.

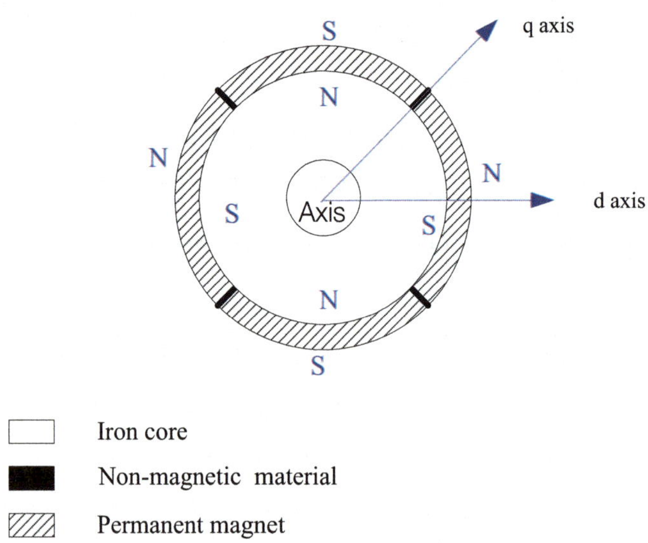

그림 3.7 표면 부착형 영구자석 동기 전동기(Surface Mounted Permanent Magnet Synchronous Motor, SMPMSM) 회전자의 단면(4극기 ; 4 pole machine)

영구자석에 의한 계자 자속 λ_f 는 영구자석을 일정한 크기의 직류 전류, i_f,를 발생시키는 전류원(Current Source)으로 모델링하여 $\lambda_f = i_f \cdot L_m$ 으로 표시할 수 있다. 이때, 토크는 동기 전동기의 일반적인 토크 식 (3-129)로부터 식 (3-130)과 같이 주어지며 고정자 전압에 관한 식 (3-120), (3-121)은 식 (3-131), (3-132)와 같이 표시될 수 있다.

$$T_e = \frac{3}{2}\frac{P}{2} L_m i_f \cdot i_{qs}^r = \frac{3}{2}\frac{P}{2} \lambda_f i_{qs}^r . \tag{3-130}$$

$$V_{ds}^r = R_s i_{ds}^r - \omega_r \lambda_{qs}^r + p\left(L_s i_{ds}^r + \lambda_f\right). \tag{3-131}$$

$$V_{qs}^r = R_s i_{qs}^r + \omega_r \lambda_{ds}^r + p\left(L_s i_{qs}^r\right). \tag{3-132}$$

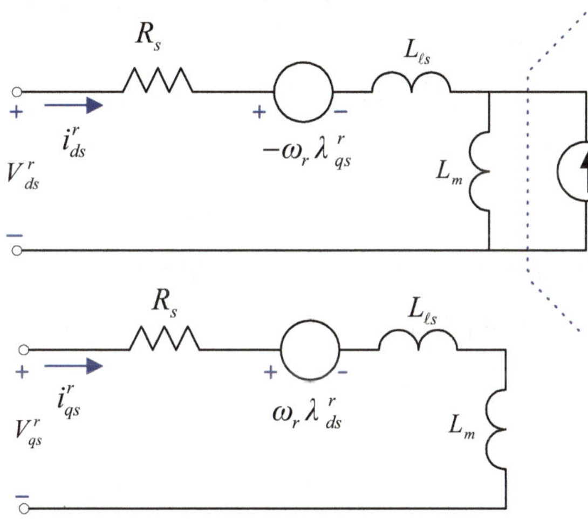

그림 3.8 표면 부착형 영구자석 동기 전동기 등가 회로

여기서 $L_s = L_{\ell s} + L_m$ 이고 $\lambda_{qs}^r = L_s i_{qs}^r$, $\lambda_{ds}^r = L_s i_{ds}^r + \lambda_f$ 이다.

식 (3-130)으로부터 알 수 있듯이 영구 자석에 의한 자속 λ_f 는 일정하므로 전동기의 토크는 i_{qs}^r 의 제어에 의해 순시(Instantaneous) 제어가 가능하고 그 크기는 i_{qs}^r 에 순시적으로 비례한다. 이러한 전동기에서는 계자 자속이 영구자석에 의해 공급되고 통상 i_f 가 정격 전류보다 매우 크므로(수배~수십배) 약자속(Flux Weakening) 제어는 어렵다. 또한 인덕턴스 L_m 은 영구자석의 비투자율(Relative Permeability)이 공기와 비슷하여 영구자석의 두께 만큼 공극이 늘어난 효과가 있으므로 종래의 동기기에 비해 현저히 작아진다(통상 $X_m = \omega_e L_m$ 은 0.2 Per Unit 이하).

3.3.3.2 매입형 영구자석 동기 전동기(Interior Permanent Magnet Synchronous Motor, IPMSM)의 등가 회로와 토크

<그림 3.9>와 같은 회전자 단면 형태를 가지는 매입형 영구자석 동기 전동기(IPMSM)의 경우, 철손을 줄이기 위해 회전자 철심(Iron Core)에 이용되는 규소강판(Silicon Steel)이 적층(Lamination)되어 있더라도 회전자 외경의 마무리 가공(Machining Process)에 의해 도전성(Conductivity)이 발생하므로 그림 3.10에 점선으로 표시된 등가적인 댐퍼 권선이 생기게 된다. 그러나 규소 강판의 저항이 커서 댐퍼 권선의 시정수 ($\frac{L_{lkd}+L_{md}}{R_{kd}}, \frac{L_{lkq}+L_{mq}}{R_{kq}}$)가 매우 작으므로, 대개 댐퍼 권선의 효과를 무시할 수 있고, 따라서 <그림 3.10>의 실선으로 표시된 등가 회로와 같이 모델링할 수 있다. 여기서 영구자석이 위치한 d축의 자기저항은 영구자석의 비투자율이 공기와 비슷하여 d축의 실질적인 공극(Effective Air Gap)이 q축에 비하여 크게 되므로 $L_{md} < L_{mq}$ 가 된다. 이상과 같은 매입형 영구자석 동기 전동기의 특징과 동기 전동기의 일반적인 토크 식 (3-129)로부터 매입형 영구자석 동기 전동기의 토크는 다음과 같이 주어지며 고정자 전압에 관한 식도 식 (3-120), (3-121)로부터 다음과 같이 표시될 수 있다.

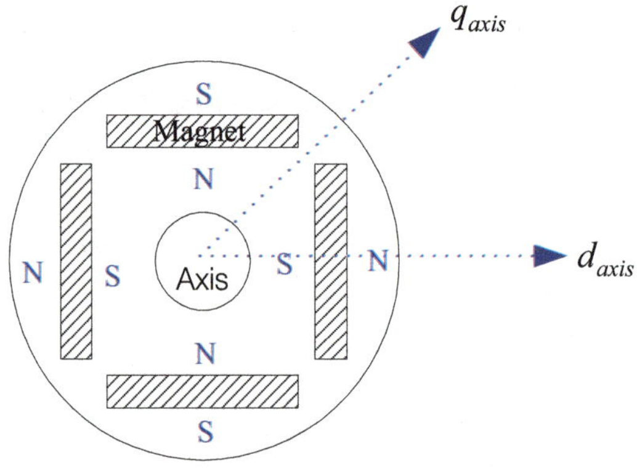

그림 3.9 매입형 영구자석 동기 전동기(Interior Permanent Magnet Motor, IPMSM) 회전자의 단면 (4극기 ; 4 pole Machine)

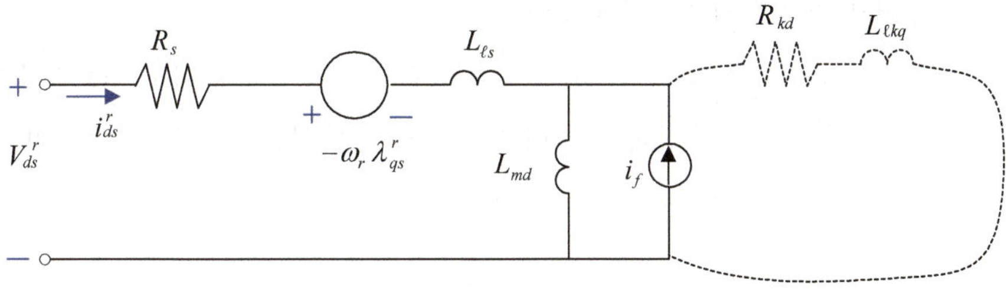

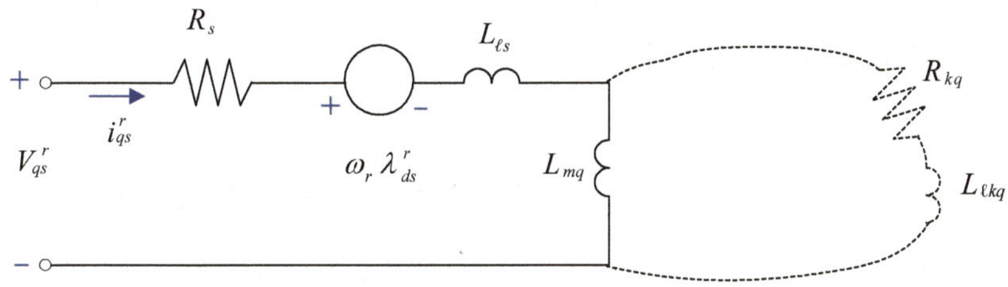

그림 3.10 매입형 영구자석 동기 전동기의 등가 회로
(점선으로 표시된 회로는 철심에 의한 댐퍼 효과를 고려했을 때의 회로)

$$T_e = \frac{3}{2}\frac{P}{2}\left\{\left(L_{md} - L_{mq}\right)\, i_{ds}^r i_{qs}^r + \lambda_f i_{qs}^r\right\} = \frac{3}{2}\frac{P}{2}\left\{\left(L_d - L_q\right)\, i_{ds}^r i_{qs}^r + \lambda_f i_{qs}^r\right\}. \quad (3\text{-}133)$$

$$V_{ds}^r = R_s i_{ds}^r - \omega_r \lambda_{qs}^r + p\left(L_d i_{ds}^r + \lambda_f\right). \quad (3\text{-}134)$$

$$V_{qs}^r = R_s i_{qs}^r + \omega_r \lambda_{ds}^r + p\left(L_q i_{qs}^r\right). \quad (3\text{-}135)$$

여기서 $\lambda_f = i_f \cdot L_{md}$ 이고 $L_d = L_{\ell s} + L_{md}$, $L_q = L_{\ell s} + L_{mq}$, $\lambda_{qs}^r = L_q i_{qs}^r$, $\lambda_{ds}^r = L_d i_{ds}^r + \lambda_f$ 이다.

이러한 형태의 전동기는 종래의 권선형 계자를 가지는 돌극형(Salient Type) 동기 전동기와 같이 자기저항의 차이에 의한 토크를 얻을 수 있으나 발생 토크의 부호는 종래의 돌극형 전동기와 반대이다. 또한 매입형 영구자석 전동기는 공극이 표면 부착형 영구자석 동기 전동기에 비해 상대적으로 작아 전동기 설계에 따라 상당한 범위(1:5 이상)의 약자속 제어가 가능하다. 특히 약자속 제어를 위하여 d축 전류, i_{ds}^r , 를 음의 방향으로 흘릴 경우 자기저항의 차이에 의한 토크는 양의 값이 되어 전동기의 전체 토크가 증가하는 효과를 얻을 수 있기 때문에 우수한 약자속 제어 특성을 얻을 수 있다(참고문헌 [14]). 또한 유도 전동기와 달리, 공극의 쇄교 자속(Flux Linkage)이 영구자석의 자속과 고정자 권선의 전류에 의해서만 결정되므로 유도 전동기의 경우에 존재하는 회전자 시정수가 없어 공극 쇄교 자속의 변동이 매우 빠르다. 따라서 유도 전동기에 비해 매우 빠른 약자속 제어가 가능하다. 그러나 매입형 전동기는 2.9.2절에서 언급한 바와 같이 i_{qs}^r 가 증가함에 따라 자기 회로의 포화(Magnetic Saturation)에 의해 L_{mq} 가 줄어 들어 그 값이 i_{qs}^r 에 따라 수백 % 이상 변동하며, 또한 i_{ds}^r 의 크기에 따라서도 변하게 되어 (Cross Saturation) 제어가 복잡해 지는 단점이 있다. 매입형 영구자석 동기 전동기의 제어는 5.1.3절에서 논의한다.

3.3.4 자기저항 동기기(Synchronous Reluctance Motor)의 등가 회로와 토크 (참고문헌 [15], [16])

자기저항 동기기는 계자 권선이나 영구자석 없이 자기저항(Reluctance)의 차이에 의해 발생하는 토크를 이용하는 전기기기이다. 4극기의 경우 회전자는 <그림 3.11>과 같은 형태를 가지고 있고 자기저항 동기기의 등가 회로는 동기기의 일반적인 등가 회로로부터 <그림 3.12>와 같이 간단히 표시될 수 있다. 이러한 전기기기는 출력이 수십 마력 이하이고 극수가 12극 이하인 경우 통상 $L_{md} = 3L_{mq} \sim 15L_{mq}$ 정도로 설계될 수 있어 영구자석 또는 별도의 계자 권선이 없이도 유도 전동기에 버금가는 토크 밀도(Density)를 얻을 수 있다.

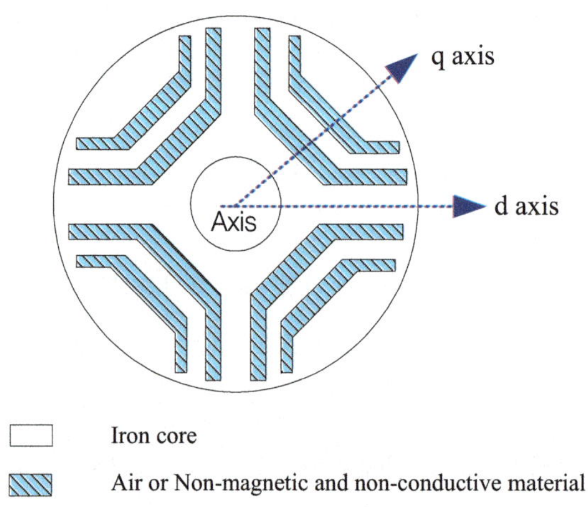

그림 3.11 자기저항 동기 전동기(Synchronous Reluctance Motor, SynRM) 회전자의 단면(4극기, 4 pole Machine)

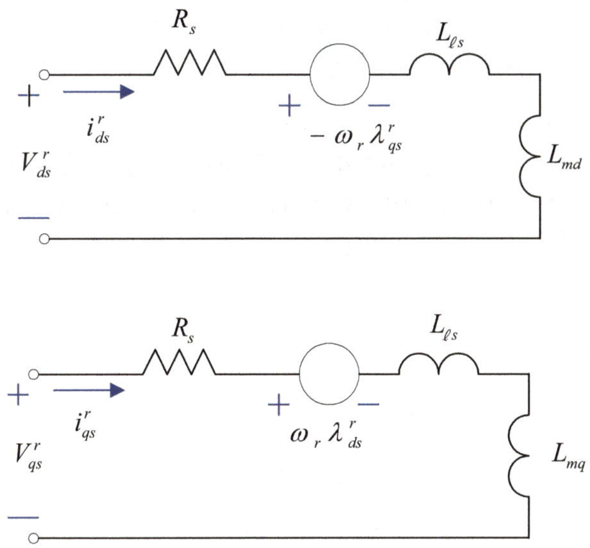

그림 3.12 자기저항 동기 전동기의 등가 회로

이상의 자기저항 동기기의 특징과 동기 전동기의 일반적인 토크 식으로부터 자기저항 동기 전동기의 토크는 다음과 같이 주어진다.

$$T_e = \frac{3}{2}\frac{P}{2}\left\{\left(L_{md} - L_{mq}\right)i_{ds}^r i_{qs}^r\right\} = \frac{3}{2}\frac{P}{2}\left\{\left(L_d - L_q\right)i_{ds}^r i_{qs}^r\right\}. \tag{3-136}$$

전압 방정식은 앞의 매입형 영구자석 전동기의 경우와 유사하나 자석에 의한 자속 λ_f 가 존재하지 않으므로 여자(Excitation) 자속에 의한 토크(Field Torque)는 없다. 특히 이러한 전동기는 쇄교 자속이 고정자의 d, q축 전류에 의해 결정되고 유도 전동기와 달리 회전자에 전기적 회로가 없기 때문에, 약자속 제어가 고정자 전류 제어에 의해 순시적으로 이루어질 수 있다. 따라서 광범위(1:5 이상)하고 순시적인 약자속 제어가 가능하다(참고문헌 [16]). 그러나 매입형 전동기와 유사하게 L_{md} 가 i_{ds}^r 의 크기에 따라 포화(Magnetic Saturation)되는 현상에 의해 수백 % 이상 변동하며, 또한 L_{md} 가 i_{qs}^r 의 크기에 따라서도 변하게 되어(Cross Saturation) 제어가 복잡해진다. 또한 L_{md} 와 L_{mq} 의 비(돌극비, Saliency Ratio)가 10 이상이 되지 않을 경우 역률이 나빠지고 토크 밀도 역시 유도기에 비해 떨어지는 단점이 있으며 높은 돌극비를 얻으려면 공극(Air Gap)이 작아야 하므로 중, 대형기(수십 kW 이상)를 제작하기는 힘들다.

연습문제(Exercises)

01 아래와 같은 모양의 3상 변압기가 <그림 p3.1>과 같이 결선되어 있을 때 3상 변압기의 d-q, n축 상에서의 1차측 환산(Referred to Primary Winding) 등가 회로를 <그림 p3.2>와 같이 구하라. d-q축은 임의의 속도 ω로 회전하고 있다.

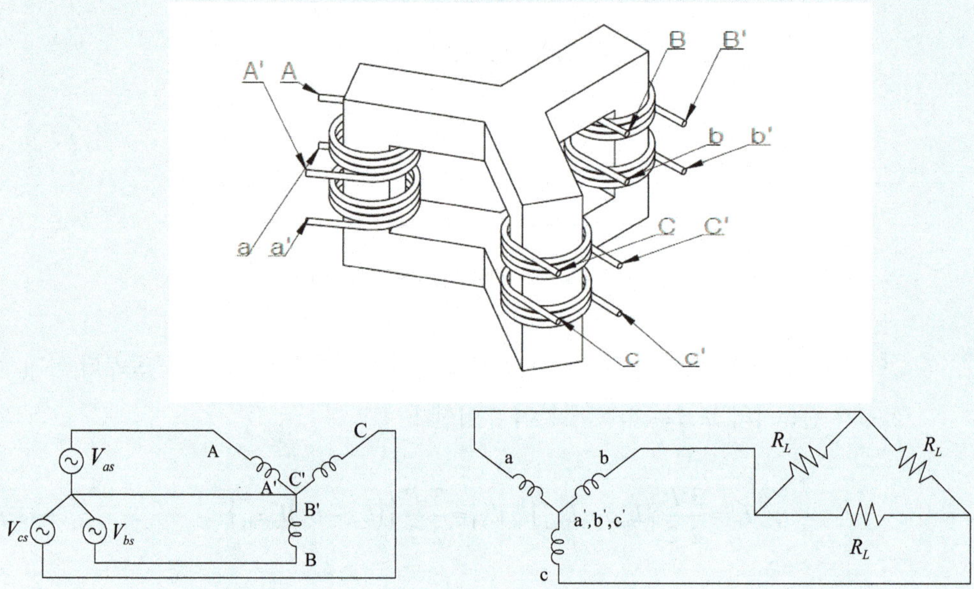

그림 p3.1 3상 변압기와 결선도

변압기의 3상 권선은 대칭(Balanced)이고 변압기의 제정수는 아래와 같다.

변압기 1차측 권선수; N_1, 2차측 권선수; N_2
1차 권선 저항; R_1, 2차 권선 저항; R_2
1차 누설 인덕턴스; $L_{\ell 1}$, 2차 누설 인덕턴스; $L_{\ell 2}$
AA′ 권선과 aa′ 권선 간의 상호 인덕턴스; L_m

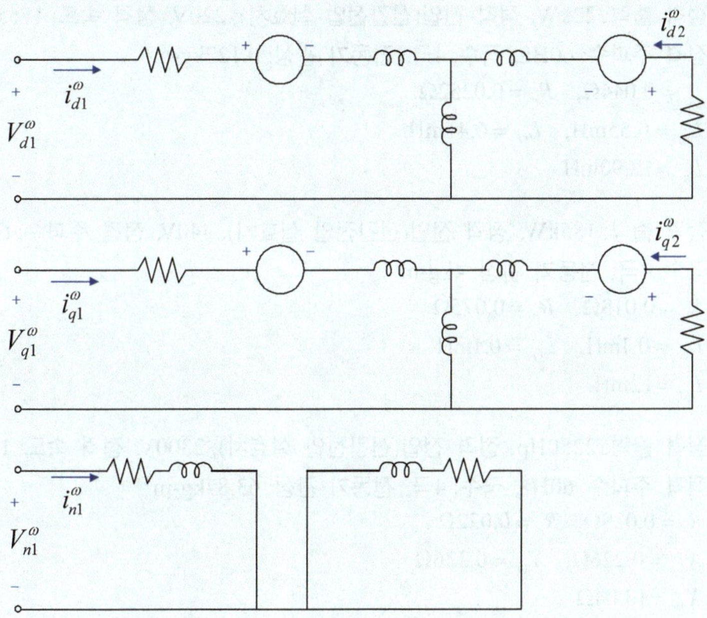

그림 p3.2 3상 변압기의 d–q–n 등가 회로

02 유도 전동기의 정지 좌표계(Stationary Reference Frame)의 d-q, n 등가 회로(<그림 3.3>에서 $\omega=0$일 때)로부터 <그림 2.45>의 정상 상태에서의 상당 등가 회로(Per Phase Steady State Equivalent Circuit)를 유도하라.

03 다음과 같은 제정수를 갖는 유도 전동기들의 기동(Starting) 특성을 컴퓨터를 이용하여 모의(Simulation)하라. 전동기에는 정격 전압, 정격 주파수의 대칭 3상 전압이 인가되고 있으며, $t=0\text{s}$ 순간에 a상 전압이 음의 값에서 양의 값으로 바뀐다고 가정하라.

부하 토크와 부하의 관성은 무시할 수 있으며 마찰에 의한 토크와 부하 토크는 없다고 가정한다. 각각의 전동기에 대해 $t=0\text{s}$부터 기동이 끝나 정상상태에 이를 때까지(상전류의 크기가 연속되는 주기에서 3%이상 변하지 않을 때 정상상태에 이르러 기동이 끝났다고 생각하고, 전원이 인가된 후 이 시점까지의 시간을 기동 시간으로 정의한다) a상 전압(V), a상 전류(A), 전동기 발생 토크(N-m), 전동기 속도(r/min)를 시간에 대해 도시하고, 속도를 가로축으로 토크를 세로축으로 하여 $t=0\text{s}$에서 기동이 끝날 때까지의 토크-속도 곡선을 구하라(참고문헌 [7]).

정격 출력; 3Hp, 정격 전압(선간전압 실효치); 220V, 정격 속도; 1710r/min,
정격 주파수; 60Hz, 극수; 4극, 전동기 관성; 0.089kg-m^2
$R_s=0.435\,\Omega,\ \ R_r=0.816\,\Omega$
$X_{\ell s}=0.754\,\Omega,\ \ X_{\ell r}=0.754\,\Omega$
$X_m=26.13\,\Omega$

정격 출력; 22kW, 정격 전압(선간전압 실효치); 220V, 정격 속도; 1765r/min,
정격 주파수; 60Hz, 극수; 4극, 전동기 관성; 0.122kg-m^2
$R_s = 0.044\Omega$, $R_r = 0.0252\Omega$.
$L_{\ell s} = 0.55\text{mH}$, $L_{\ell r} = 0.47\text{mH}$.
$L_m = 12.90\text{mH}$.

정격 출력; 185kW, 정격 전압(선간전압 실효치); 440V, 정격 주파수; 60Hz,
극수; 4극, 전동기 관성; 4kg-m^2
$R_s = 0.013\Omega$, $R_r = 0.075\Omega$.
$L_{\ell s} = 0.1\text{mH}$, $L_{\ell r} = 0.1\text{mH}$.
$L_m = 12\text{mH}$.

정격 출력; 2250Hp, 정격 전압(선간전압 실효치); 2300V, 정격 속도; 1786r/min,
정격 주파수; 60Hz, 극수; 4극, 전동기 관성; 63.87kg-m^2
$R_s = 0.029\Omega$, $R_r = 0.022\Omega$
$X_{\ell s} = 0.226\Omega$, $X_{\ell r} = 0.226\Omega$
$X_m = 13.04\Omega$

04 문제 3의 22kW 전동기에 대해 다음 질문에 답하라.

1) 기동 시간 동안 정지 좌표계에서의 고정자 전압(V) V_{ds}^s, V_{qs}^s, 전류(A) i_{ds}^s, i_{qs}^s, 자속(Wb-t) $\lambda_{ds}^s, \lambda_{qs}^s, \lambda_{dr}^s, \lambda_{qr}^s$ 을 시간에 대해 도시하라. 토크(N-m)와 입력 전력(W)을 정지 좌표계 변수들로 계산하고 이를 시간에 대해 도시하라.

2) 기동 시간 동안 동기 좌표계에서의 고정자 전압 V_{ds}^e, V_{qs}^e, 전류 i_{ds}^e, i_{qs}^e 자속 $\lambda_{ds}^e, \lambda_{qs}^e, \lambda_{dr}^e, \lambda_{qr}^e$ 을 시간에 대해 도시하라. 토크와 입력 전력을 동기 좌표계 변수들로 계산하고 이를 시간에 대해 도시하라.

3) 기동 시간 동안 회전자 기준 좌표계에서의 고정자 전압 V_{ds}^r, V_{qs}^r, 전류 i_{ds}^r, i_{qs}^r, 자속 $\lambda_{ds}^r, \lambda_{qs}^r, \lambda_{dr}^r, \lambda_{qr}^r$ 을 시간에 대해 도시하라. 토크와 입력 전력을 회전자 기준 좌표계 변수들로 계산하고 이를 시간에 대해 도시하라.

4) 기동 시간 동안 다음과 같은 속도로 회전하는 좌표계에서의 고정자 전압 $V_{ds}^\omega, V_{qs}^\omega$, 전류 $i_{ds}^\omega, i_{qs}^\omega$, 자속 $\lambda_{ds}^\omega, \lambda_{qs}^\omega, \lambda_{dr}^\omega, \lambda_{qr}^\omega$ 을 시간에 대해 도시하라. 토크와 입력 전력을 다음과 같은 속도로 회전하는 좌표계 변수들로 계산하고 이를 시간에 대해 도시하라. 기동 시간의 1/3 동안 좌표계 속도는 $\omega = 0$ 이고 이후 1/3시간 동안은 $\omega = \omega_e$, 즉 동기 속도이며, 마지막 1/3시간 동안은 $\omega = -\omega_e$ 이다.

05 <그림 p3.3>과 같은 자기저항 동기 전동기(Synchronous Reluctance Motor)가 있다. 회전자는 타원 형태이고 회전자에는 권선이 없으며 고정자에는 3상 대칭 권선이 있고 각 상의 인덕턴스는 다음과 같다.

$$L_{as,as} = L_{\ell s} + L_1 + L_2\cos 2\theta_r \, .$$

$$L_{bs,bs} = L_{\ell s} + L_1 + L_2\cos 2\left(\theta_r - \frac{2\pi}{3}\right).$$

$$L_{cs,cs} = L_{\ell s} + L_1 + L_2\cos 2\left(\theta_r + \frac{2\pi}{3}\right).$$

$$L_{as,bs} = -\frac{1}{2}L_1 + L_2\cos 2\left(\theta_r - \frac{\pi}{3}\right).$$

$$L_{as,cs} = -\frac{1}{2}L_1 + L_2\cos 2\left(\theta_r + \frac{\pi}{3}\right).$$

$$L_{bs,cs} = -\frac{1}{2}L_1 + L_2\cos 2\theta_r \, .$$

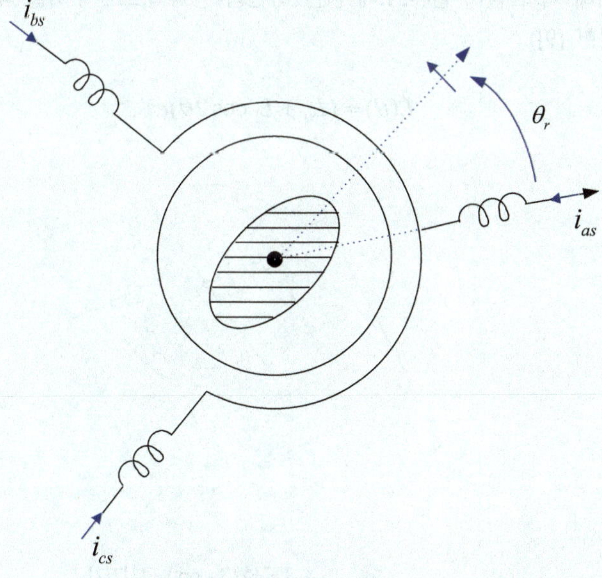

그림 p3.3 자기저항 동기 전동기(SynRM)

1) $\begin{bmatrix} \lambda_{as} \\ \lambda_{bs} \\ \lambda_{cs} \end{bmatrix} = \mathbf{L} \begin{bmatrix} i_{as} \\ i_{bs} \\ i_{cs} \end{bmatrix}$ 로 표시할 때 인덕턴스 행렬(Matrix) $\mathbf{L}$ 을 구하라.

2) $\mathbf{f}_{abcs} = \frac{2}{3}\left(f_{as} + \mathbf{a}f_{bs} + \mathbf{a}^2 f_{cs}\right)$ 로 표시할 때

$\mathbf{V}_{abcs} = R_s \mathbf{i}_{abcs} + \frac{d}{dt}\left[\left(L_{\ell s} + \frac{3}{2}L_1\right)\mathbf{i}_{abcs} + \frac{3}{2}L_2 e^{j2\theta_r}\mathbf{i}^*_{abcs}\right]$ 임을 보여라. 여기서 R_s 는 각 권선의 저항이고 $\mathbf{i}^*_{abcs}$ 는 $\mathbf{i}_{abcs}$ 의 공액 복소수(Complex Conjugate)이다.

3) $\theta_r = \omega_r t$ 로 회전하는 d-q 좌표 축상에서의 전압 방정식이 다음과 같음을 보여라.

$$\mathbf{V}^r_{dqs} = R_s \mathbf{i}^r_{dqs} + \left(L_{\ell s} + \frac{3}{2}L_1\right)(p + j\omega_r)\, \mathbf{i}^r_{dqs} + \frac{3}{2}L_2 (p + j\omega_r)\, \mathbf{i}^{r*}_{dqs}.$$

여기서 p 는 미분 연산자 $\frac{d}{dt}$ 이다.

4) 입력 전력을 구하고 이로부터 토크가 아래와 같음을 보여라.

$$T_e = \frac{9}{2} \cdot L_2 \left(i^r_{qs} \cdot i^r_{ds}\right).$$

06 아래 그림에 표시된 같은 돌극형(Salient) 전기기기에서 고정자와 회전자 간의 인덕턴스가 아래 식과 같이 전류, i,에 관한 비선형 방정식으로 주어질 때 다음 질문에 답하라 (참고문헌 [9]).

$$L(\theta) = (L_0 + L_1 \cos 2\theta)e^{-i}.$$

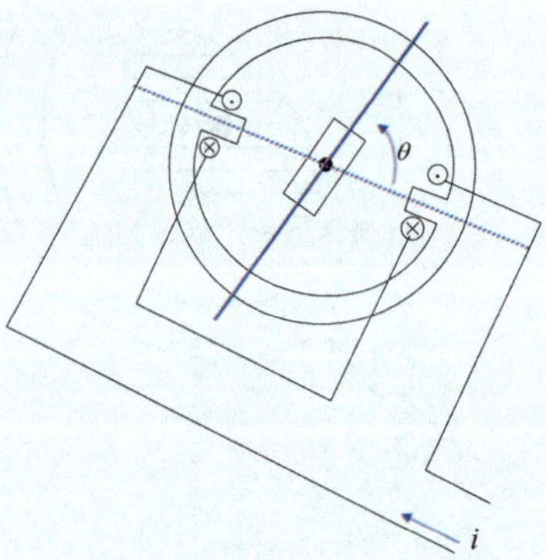

그림 p3.4 돌극형(Salient) 전기기기

1) 계자 에너지(Field Energy)를 구하라.

2) 코에너지(Coenergy)를 구하라.

3) 발생 토크를 구하라.

07 그림과 같이 3상 농형 유도 전동기의 a상 단자를 개방하고 b, c상 단자에 직류 전류원 (Current Source) I_{dc}를 인가하였다. 전동기 축이 일정 속도 ω_{rm}(rad/s)로 회전하고 있을 때 고정자에 고정된 d-q 좌표축에서 다음 값들을 고정자 저항 R_s, 회전자 저항 R_r, 여자 인덕턴스 L_m, 고정자 누설 인덕턴스 $L_{\ell s}$, 회전자 누설 인덕턴스 $L_{\ell r}$, 극수 P의 함수로 표시하라.

1) 고정자 d-q전류 : i_{ds}^s, i_{qs}^s

2) 정상 상태(Steady State)에서 고정자 d,q 전압 : V_{ds}^s, V_{qs}^s

3) 정상 상태에서 회전자 d, q 전류 : i_{dr}^s, i_{qr}^s

4) 정상 상태에서의 발생 토크

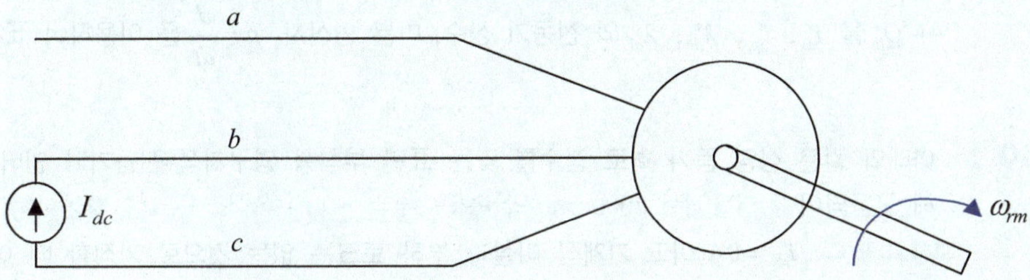

그림 p3.5 유도 전동기의 단상(Single Phase) 직류 여자(Excitation)

08 임의의 속도 ω로 회전하는 d-q 기준축(Reference Frame) 상에서 유도 전동기의 토크는 아래와 같이 표현될 수 있다.

$$T_e = \frac{3}{2}\frac{P}{2}L_m Im\left[\mathbf{i}_{dqs}\cdot\mathbf{i}_{dqr}^*\right].$$

복소수 벡터로 표시된 유도 전동기의 등가 회로(<그림 3.3>)와 위의 토크 식을 이용하여 아래의 토크 식을 유도하라.

$$T_e = \frac{3}{2}\frac{P}{2}\frac{L_m}{\left(1-\frac{L_m^2}{L_r L_s}\right)L_r L_s} Im\left[\boldsymbol{\lambda}_{dqs}\cdot\boldsymbol{\lambda}_{dqr}^*\right].$$

여기서 $Im[\cdot]$은 복소수$[\cdot]$의 허수부(Imaginary Part)이다.

09 3상 유도 전동기의 입력 단자에서 본 무효 전력을 복소수 벡터를 이용하여 동기 속도로 회전하는 $d-q$ 좌표계에서의 회전자 자속 $\boldsymbol{\lambda}_{dqr}^e = \lambda_{dr}^e + j\lambda_{qr}^e$과 고정자 전류

$\mathbf{i}^e_{dqs} = i^e_{dr} + ji^e_{qr}$와 전동기 상수를 이용하여 표시하라. 단 회로의 영상분 전압은 없으며 유도 전동기는 3상 대칭이다.

Hint) 3상 회로의 무효 전력은 다음과 같이 표시된다.

$Q_{in} = -\frac{3}{2} Im\left[\mathbf{V}_{abcs}\mathbf{i}^*_{abcs}\right]$, 여기서 $\mathbf{i}^*_{abcs}$는 $\mathbf{i}_{abcs}$의 공액 복소수이다.

1) $\mathbf{V}_{abcs}, \mathbf{i}_{abcs}$를 $\mathbf{V}^e_{dqs}, \mathbf{i}^e_{dqs}$로 표시하라.

2) $\mathbf{V}^e_{dqs}$를 $\mathbf{i}^e_{dqs}, \mathbf{i}^e_{dqr}$와 미분 연산자 $p = \frac{d}{dt}$를 이용하여 표시하라.

3) $\mathbf{V}^{\mathbf{e}}_{dqs}$를 $\boldsymbol{\lambda}^{\mathbf{e}}_{dqr}$와 $\mathbf{i}^{\mathbf{e}}_{dqs}$와 미분 연산자 $p = \frac{d}{dt}$를 이용하여 표시하라.

4) Q_{in}을 i^e_{ds}, i^e_{qs}, λ^e_{dr}, λ^e_{qr}와 전동기 상수, 미분 연산자 $p = \frac{d}{dt}$를 이용하여 표시하라.

10 아래와 같은 상당 등가 회로 정수를 갖는 표면 부착형 영구자석 전동기가 인버터에의해 구동되어 $t = 0\text{s}$에서 2000r/min의 속도로부터 $-1\,\text{N}-\text{m}$의 토크를 발생시키며 감속하고 있다. $i^r_{ds} = 0\text{A}$이고 기계적 마찰과 부하 토크는 없는 것으로 가정할 때 아래 질문에 답하라. $t = 0\text{s}$에서 $\theta_r = 0$이다.

전동기 상수; $L_m = 2\text{mH}$, $L_{\ell s} = 0.35\text{mH}$, $R_s = 0.65\Omega$, 200Watt, 4pole
$\lambda_f = L_m i_f = 0.061\text{Wb-turn}$, 전동기와 부하 관성의 합; $J_{M+L} = 1.29 \times 10^{-4}\,\text{kg-m}^2$

1) i^r_{qs}을 전동기 제정수와 시간의 함수로 표시하라.

2) 전동기의 기계적 출력 P_m을 전동기 제정수와 시간의 함수로 표시하라.

3) V^r_{qs}을 전동기 제정수와 시간의 함수로 표시하라.

4) 전원으로부터 전동기에 입력되는 전력 P_{in}을 전동기 제정수와 시간의 함수로 표시하라.

5) 기계적 출력 P_m과 전동기 동손(Copper Loss)의 합(Summation)이 전동기에 입력되는 전력 P_{in}과 순시적으로 같음을 보여라. 여기서 전동기 동손은 고정자 저항에 의해 소모(Dissipation)되는 전력이다.

11 아래와 같은 자기저항 동기(Synchronous Reluctance) 전동기가 $i^r_{ds} = i^r_{qs}$이 되도록 제어되고 있다. 전동기의 부하 토크는 15 N-m 이고 전동기는 정상 상태를 유지하고 있다. 다음 질문에 답하라. 전동기 회로 정수는 동작 조건에 관계없이 일정하다고 가정한다. $t = 0\text{s}$에서 회전자의 회전각 $\theta_{rm} = 0$이며, 전동기의 회전 속도는 1800r/min이다.

$$R_s = 0.232\Omega,\ L_d = 32\text{mH},\ L_q = 2.54\text{mH}.$$

$$J = 0.024\text{kg-m}^2,\ 4\text{pole},\ 60\text{Hz},\ 170\text{V},\ 5\text{Hp}$$

$$L_d = L_{\ell s} + L_{md},\ L_q = L_{\ell s} + L_{mq}.$$

1) i_{qs}^r 을 전동기 제정수와 시간의 함수로 구하라.

2) V_{ds}^r 을 전동기 제정수와 시간의 함수로 구하라.

3) V_{qs}^r 을 전동기 제정수와 시간의 함수로 구하라.

4) 입력 전원에서 본 역률(Power Factor)을 구하라.

12 아래와 같은 d-q 등가 회로를 가지는 표면 부착형 영구자석 동기기(SMPMSM)가 있다. 전동기의 입력 단자를 단락(Short)시킨 후 $\left(V_{ds}^r = 0,\ V_{qs}^r = 0\right)$ 동기기 축을 ω_{rm} r/min으로 외부에서 회전시킬 때 정상 상태에서 외부에서 축에 인가하는 토크와 이때 동기기에 흐르는 상전류의 실효치를 ω_{rm} r/min의 함수로 표시하라. 동기기 고정자의 내부 결선은 Y 결선으로 가정한다.

$R_s = 0.22\Omega$
$L_m = 2\text{mH}$
$L_{\ell s} = 0.2\text{mH}$
8극

정격 상전압 실효치; 87V
정격 상전류 실효치; 8.3A

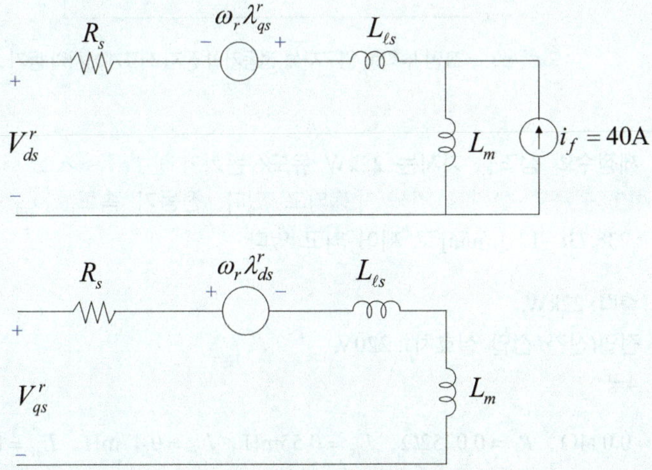

그림 p3.6 표면 부착형 영구자석 전동기의 등가 회로

13 고정자 전압이 식 (3-134), (3-135)로 표시되는 매입형 영구자석 동기 전동기가 정상상태(Steady State)에서 운전되고 있을 때 다음과 같은 연산을 통하여 얻을 수 있는 전동기 정수(Parameter)는 어떤 것인가? 식 (3-134), (3-135)를 이용하여 주어진 연산으로부터 해당 정수(Parameter)가 구해질 수 있음을 보여라.

$$\frac{Re(\mathbf{V}_{dqs}^{s}\cdot\boldsymbol{\lambda}_{dqs}^{s*})}{Re(\mathbf{i}_{dqs}^{s}\cdot\boldsymbol{\lambda}_{dqs}^{s*})}.$$

여기서 $Re(\cdot)$는 복소수$(\cdot)$의 실수(Real) 부분이다.

14 그림 3.8의 회전자에 동기된 좌표계에서 본 표면 부착형 영구자석 동기 전동기(SMPMSM)의 등가회로부터 아래와 같은 정지좌표계에서 본 전동기의 d-q등가회로의 역기전력 e_{ds}^{s}, e_{qs}^{s}를 $\theta_r, L_m, i_f, \omega_r$의 함수로 표시하라.

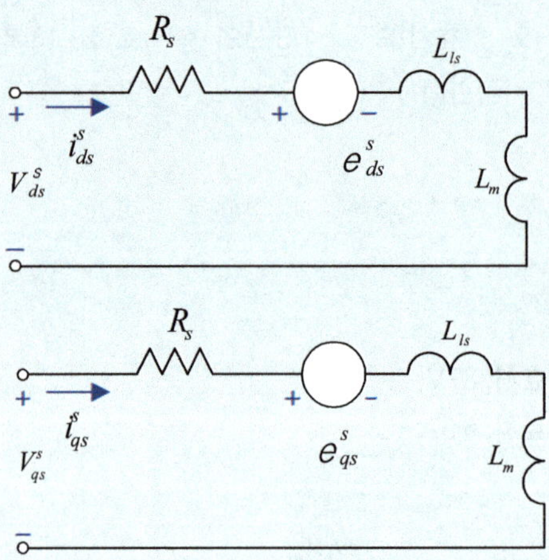

그림 p3.7 표면 부착형 영구자석 전동기의 정지 좌표계에서의 등가 회로

15 다음 제정수와 정격을 가지는 22kW 유도전동기가 순시(Instantaneous) 전류 제어가 되는 가변 주파수 전원에 의해 구동되고 있다. 전동기 속도, ω_{rm}은 $t=0$s에서 부터 $\omega_{rm}=238.73t-12$ [r/min]로 제어 되고 있다.

정격 출력: 22kW,
정격 전압(선간 전압 실효치): 220V,
극수: 4극

$$R_s=0.044\Omega,\ R_r=0.0252\Omega,\ L_{ls}=0.55\text{mH},\ L_{lr}=0.47\text{mH},\ L_m=12.90\text{mH}$$

고정자 권선에 흐르는 전류는 다음과 같다.

$$i_{as} = 40\sqrt{2}\cos(\omega_e t)\ .\ [\text{A}]$$

$$i_{bs} = 40\sqrt{2}\cos\left(\omega_e t - \frac{2\pi}{3}\right)\ .\ [\text{A}]$$

$$i_{cs} = 40\sqrt{2}\cos\left(\omega_e t + \frac{2\pi}{3}\right)\ .\ [\text{A}]$$

$\omega_e = 50t$.[rad/s]

$t = 0$에서 $\theta_r = \theta_{rm} = 0$. [rad]이다.

1) 슬립 각속도, ω_{sl} ,을 구하라. Hint) ω_{sl} 은 일정하다.

2) 회전자계에 동기된 동기좌표계에서 고정자 전류를 복소수 벡터로 표시하라.

3) 고정자 권선과 회전자 권선의 유효 권선비가 1:1이고 회전자는 단락되어 있을 때 회전자계에 동기된 동기좌표계에서 회전자 전류를 복소수 벡터로 표시하라.

4) $t = 2\text{s}$ 이후부터 전동기의 토크를 구하라.

5) $t = 2\text{s}$ 이후부터 전동기의 공극 자속 (Airgap Flux)의 크기를 구하라.

16 다음 그림과 같은 정격 전압이 선간전압 실효치 440V 이고, 고정자 권선이 Y 결선 된 3상 유도전동기가 있다. 이 전동기를 각 상의 고정자 권선을 반 씩 분할하여 고정자

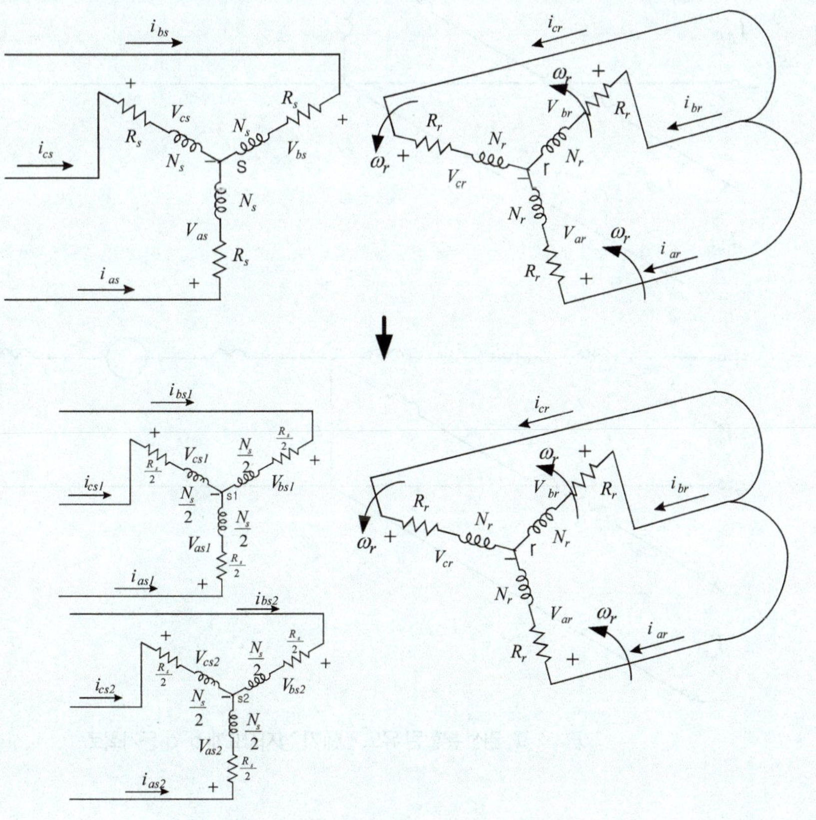

그림 p3.8 440V 유도 전동기의 권선 분할

권선을 220V, Y 결선 된 2개의 고정자 권선으로 결선한 후 독립 된 220V 3상, 2개의 전원으로 구동하고자 한다. 따라서 수정된 전동기는 고정자 권선이 6개가 되고 회전자는 원래 전동기와 같다. 원래 440V, Y 결선 된 전동기의 상당 등가회로 정수가 아래와 같을 때 수정 된 전동기의 정지된 d-q 축에서 본 등가회로(Hint: <그림 p 3.9>)를 아래와 같은 과정을 통해 d축, q축 각각 구하라. 원래 전동기의 고정자와 회전자의 권선(Turn) 비는 1:1로 가정할 수 있고 전동기는 이상적(ideal)이다. 즉 자기 포화나 자속의 고조파 성분을 무시할 수 있고 축의 편심이 없으며 회전자의 회전에 따른 자기 저항의 변화도 없다. 정지 좌표계 d축은 고정자 a 상 권선이 만드는 자속의 방향과 일치하고 회전자의 각, θ_r 은 t=0 s일 때 0 rad이다. 고정자 권선을 반으로 나누면 누설 인덕턴스는 해당 권선 수의 제곱에 비례하여 줄어든다. 아래 질문에서 모든 회로는 수정된 고정자쪽으로 환산해서 표시한다.

원래 전동기 제 정수: 440V, 정격 주파수 ; 60Hz, 극수 ; 4극, 고정자 저항 R_s ,
고정자 누설 인덕턴스 L_{ls} , 고정자에서 본 상호 인덕 턴스 L_m,
고정자 권선으로 환산 된 회전자 저항 R_r , 회전자 누설 인덕턴스 L_{lr}

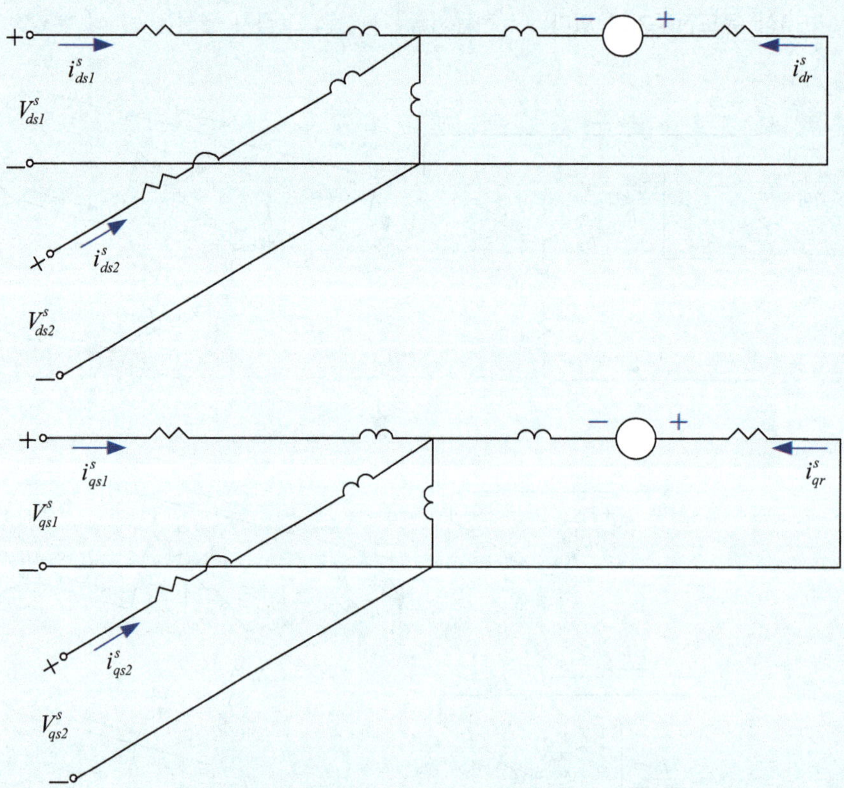

그림 p3.9 권선 분할된 유도 전동기 정지좌표계 d–q 등가회로

1) 수정된 전동기의 1개 고정자 권선의 a상의 고정자 자속, λ_{as1} 을 6개 고정자 권선의 전류($i_{as1}, i_{bs1}, i_{cs1}, i_{as2}, i_{bs2}, i_{cs2}$)와, 3개의 회전자 전류(i_{ar}, i_{br}, i_{cr}), 회전자 위치, θ_r , 원래 전동기 상수의 관계식으로 표시하라.

   Hint) 전동기에서 상호(Mutual) 인덕턴스는 각 권선의 권선수의 곱에 비례한다. 누설 인덕턴스는 해당 권선에만 존재한다.

2) $\boldsymbol{\lambda}_{abcs1}$ 을 $\mathbf{i}_{abcs1}, \mathbf{i}_{abcs2}, \mathbf{i}_{abcr}$ 회전자 위치, θ_r , 원래 전동기 제정수의 관계식으로 표시하라.

   여기서 $\lambda_{abcs1} \equiv \frac{2}{3}(\lambda_{as1} + \mathrm{a}\lambda_{bs1} + \mathrm{a}^2\lambda_{cs1})$, $\mathrm{i}_{abcs1} \equiv \frac{2}{3}(i_{as1} + \mathrm{a}i_{bs1} + \mathrm{a}^2 i_{cs1})$.

   $\mathrm{i}_{abcs1} \equiv \frac{2}{3}(i_{as1} + \mathrm{a}i_{bs1} + \mathrm{a}^2 i_{cs1})$, $\mathbf{i}_{abcr} \equiv \frac{2}{3}(i_{ar} + \mathbf{a}i_{br} + \mathbf{a}^2 i_{cr})$.

3) $\boldsymbol{\lambda}_{abcr}$ 을 $\mathbf{i}_{abcs1}, \mathbf{i}_{abcs2}, \mathbf{i}_{abcr}$ 회전자 위치, θ_r , 원래 전동기 제정수의 관계식으로 표시하라.

   여기서 $\boldsymbol{\lambda}_{abr} \equiv \frac{2}{3}(\lambda_{ar} + \mathrm{a}\lambda_{br} + \mathrm{a}^2\lambda_{cr})$.

4) $\mathbf{V}_{abcs1}$ 을 $\mathbf{i}_{abcs1}, \mathbf{i}_{abcs2}, \mathbf{i}_{abcr}$ 회전자 위치, θ_r , 원래 전동기 제정수의 관계식으로 표시하라.

   여기서 $\mathbf{V}_{abcs1} \equiv \frac{2}{3}(V_{as1} + \mathrm{a}V_{bs1} + \mathrm{a}^2 V_{cs1})$.

5) $\mathbf{V}_{abcr}$ 을 $\mathbf{i}_{abcs1}, \mathbf{i}_{abcs2}, \mathbf{i}_{abcr}$ 회전자 위치, θ_r , 원래 전동기 세정수의 관계식으로 표시하라.

   여기서 $\mathbf{V}_{abcr} \equiv \frac{2}{3}(V_{ar} + \mathrm{a}V_{br} + \mathrm{a}^2 V_{cr})$.

6) $\mathbf{V}^s_{dqs} = \mathbf{V}_{abcs}$, $\mathbf{V}^s_{dqr} = \mathbf{V}_{abcr}e^{j\theta_r}$, $\mathbf{i}^s_{dqs} = \mathbf{i}_{abcr}$ 과 $\mathbf{i}^s_{dqr} = \mathbf{i}_{abcr}e^{j\theta_r}$ 을 이용하여 $\mathbf{V}^s_{dqs1}$ 을 $\mathbf{i}^s_{dqs1}$, $\mathbf{i}^s_{dqs2}$, $\mathbf{i}^s_{dqr}$, 회전자 위치, θ_r , 원래 전동기 제정수의 관계식으로 표시하라.

7) 6)의 결과와 유사하게 $\mathbf{V}^s_{dqr}$ 를 $\mathbf{i}^s_{dqs1}$, $\mathbf{i}^s_{dqs2}$, $\mathbf{i}^s_{dqr}$, 회전자 위치, θ_r , 위치의 시간에 대한 미분, ω_r , 원래 전동기 제정수의 관계식으로 표시하라.

8) 6), 7)의 결과를 이용하여 정지좌표계 d-q 축에서 본 수정된 유도 전동기의 등가회로를 d축, q축 각각 표시하라.

   Hint) <그림 p3.9>에서 각 회로 정수와 종속 전압원을 $\lambda^s_{dr}, \lambda^s_{qr}$ 과 ω_r 의 관계식으로 표시하고, 별도로 $\lambda^s_{dr}, \lambda^s_{qr}$ 를 i^s_{ds1} , i^s_{qs1} , i^s_{ds2} , i^s_{qs2} , i^s_{dr} , i^s_{qr} 과 원래 전동기 제정수의 관계식으로 표시하라.

9) 수정된 전동기에 입력 되는 유효 전력을 $\mathbf{i}_{dqs1}^{s}$, $\mathbf{i}_{dqs2}^{s}$, $\mathbf{i}_{dqr}^{s}$, ω_r 과 원래 전동기 제정수의 관계식으로 표시하라.

10) 수정된 전동기가 발생 시키는 토크를 i_{ds1}^{s}, i_{qs1}^{s}, i_{ds2}^{s}, i_{qs2}^{s}; λ_{dr}^{s}, λ_{qr}^{s} 과 원래 전동기 제정수의 관계식으로 표시하라.

17 아래 그림과 같이 가변 주파수 가변 전압 인버터(Variable Frequency Variable Voltage Inverter, VVVF Inverter) 에 의해구동 되는 표면 부착형 영구자석 동기 전동기가 부하기(Load Machine)와 직결되어 있다. 정상 상태에서 다음 3가지 오실로스코프(Oscilloscope)파형을 얻었다.

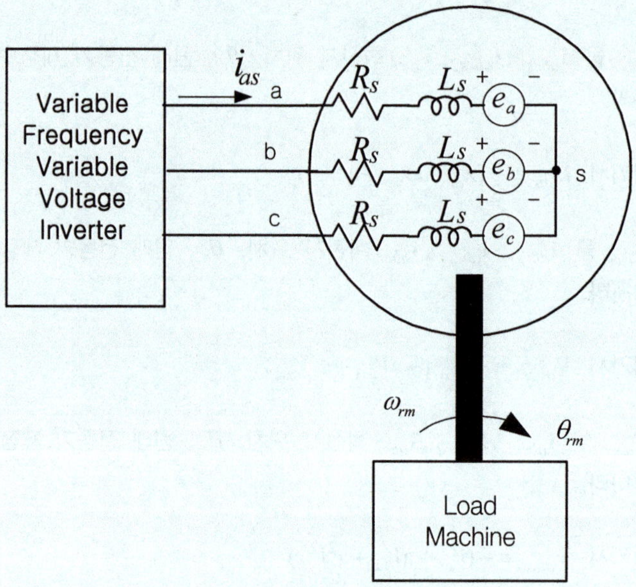

그림 p3.10 표면 부착형 영구자석 전동기와 부하기

1) 고정자 저항을 측정하기 위하여 전동기에 직류를 흘려 다음 파형을 얻었다. 파형으로 부터 고정자 권선 저항, R_s ,를 구하라. 이 때 전동기는 정지해 있다.

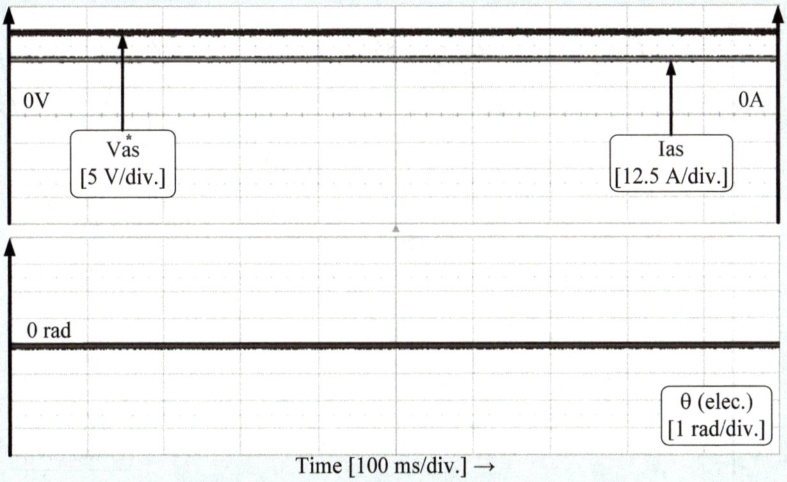

그림 p3.11 고정자 권선 저항을 측정하기 위한 파형

2) 다음 파형으로부터 영구자석에 의한 쇄교 자속 λ_f 를 구하라. 이때 전동기 회전 속도는 1200r/min으로 일정하다.

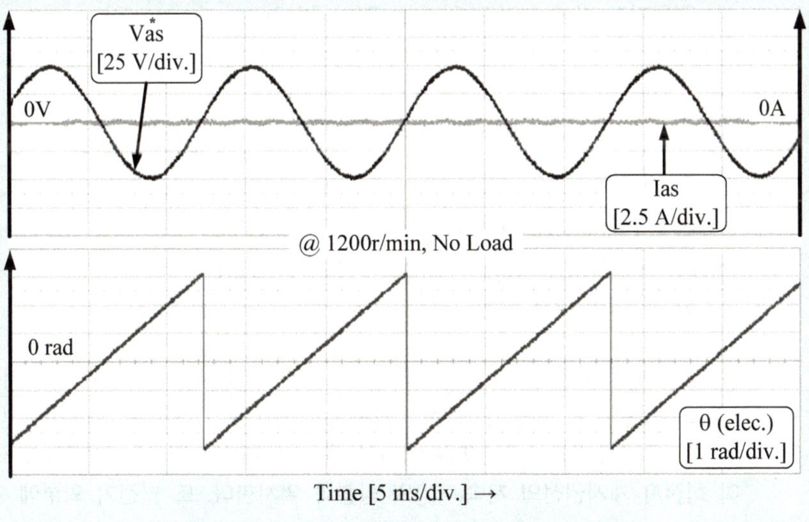

그림 p3.12 영구자석의 쇄교 자속을 측정하기 위한 파형

3) 같은 전동기가 1500r/min의 일정한 속도로 돌고 있을 때 다음 파형을 얻었다.

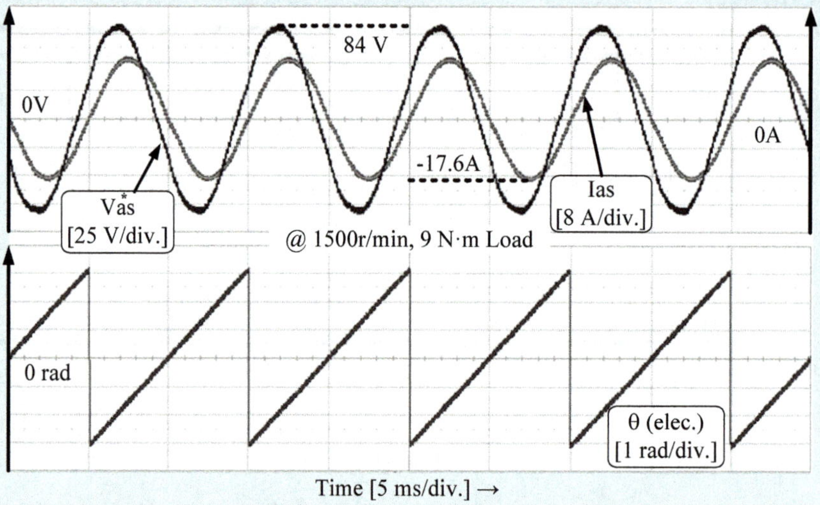

그림 p3.13 1500r/min의 일정 속도로 회전하는 전동기에서 얻은 파형

가) 위의 경우에 회전자 좌표계에서 본 고정자 전류, i_{ds}^r, i_{qs}^r 를 구하라.

나) 동기 인덕턴스 L_s 의 값을 구하라.

다) 전동기가 발생 시키고 있는 토크를 구하라.

18≫ 아래와 같은 제정수와 정격을 가지는 댐퍼 권선이 있는 8극 원통형 동기 발전기가 정상 상태에 이르렀다.

정격 용량; 3.125[MVA], $R_s = 0.00128[\Omega]$, $L_{ls} = 53[\mu H]$,
$L_{md} = L_{mq} = 800[\mu H]$, $R'_{fd} = 0.003[\Omega]$, $L'_{lfd} = 57[\mu H]$,
$R'_{kd} = R'_{kq} = 0.0108[\Omega]$, $L'_{lkd} = L'_{lkq} = 15[\mu H]$, $V'_{fd} = 11.1[V]$.

1) 정상상태에서 고정자 a, b, c상 전류는 다음과 같이 시간 t의 함수로 주어진다. 이 때 전류의 방향은 각 상에서 발전기 단자로부터 발전기 내부로 들어가는 방향을 양(+)의 방향으로 잡는다. $\theta_r = 0$ 일 때 a상 권선의 전류가 만들어내는 자속(Flux)의 방향이 회전자 계자권선의 자속(λ_f)의 방향과 일치한다. 또 발전기 외부에 연결된 부하의 역율은 1이다. 정상상태에서 발전기가 회전하고 있을 때 아래 질문에 답하라.

$$i_{as} = -3000\cos(120\pi t). \qquad [A]$$

$$i_{bs} = -3000\cos\left(120\pi t - \frac{2\pi}{3}\right). \qquad [A]$$

$$i_{cs} = -3000\cos\left(120\pi t + \frac{2\pi}{3}\right). \qquad [A]$$

가) 발전기 댐퍼(Damper)권선의 전류 i'_{kd} ,i'_{kq} , 를 시간의 함수로 표시하라.

나) 발전기의 회전 속도를 r/min으로 표시하라.

다) 발전기 계자전류, i'_{fd} , 를 시간의 함수로 표시하라.

라) 발전기 단자 전압, V_{as} , 를 시간의 함수로 표시하라.

Hint) $V_{as} = |V_m|\cos(120\pi t)$

마) 발전기가 발전기 단자로 출력하는 전력을 구하라.

바) 발전기의 효율(=전기적 출력/기계적 입력)을 구하라.

2) 발전기의 a상 전류가 음의 값에서 양의 값으로 바뀌는 순간에 계자 전압을 제어하여 계자 전류가 다음과 같이 변하도록 제어하였다. 이 순간을 시점 t'=0으로 잡자.

$$0 < t' < 1s,\ \ i'_{fd}(t') = i'_{fd}(0) + 200t'\ \ [A],$$

$$t' > 1s,\ \ i'_{fd}(t') = i'_{fd}(0) + 200\ [A].$$

발전기의 관성은 매우 커서 계자 전압 변동에 관계없이 발전기 속도는 변동이 없다. 즉 1)의 나)에서 구한 속도가 계속 유지되고 있다. 또한 발전기 입력 전류 역시 1)에서 주어진 바와 같다. 단 시점의 변동으로 인해 전류는 다음과 같이 표현된다.

$$i_{as} = 3000\sin(120\pi t') \qquad [A]$$

$$i_{bs} = 3000\sin\left(120\pi t' - \frac{2\pi}{3}\right) \qquad [A]$$

$$i_{cs} = 3000\sin\left(120\pi t' + \frac{2\pi}{3}\right) \qquad [A]$$

가) 계자 전압 변동 직후 발전기 댐퍼 권선의 전류 i'_{kd} ,i'_{kq} 를 시간 t' 의 함수로 표시하라.

나) 계자 전류, i'_{fd} , 제어에 필요한 계자전압 V'_{fd} 를 시간 t' 의 함수로 표시하라.

참고문헌(References)

[1] I.Bolea and et al., "*Electric Drives, Chapter 8*," CRC Press,1998.

[2] P. Vas, "*Electrical Machines and Drives, Chapter 2*," OxfordUniversity Press,1992.

[3] W. Leonhard, "*Control of Electrical Drives, Chapter 10*," Second Edition, Springer,1996.

[4] D.W Novotny and et al., "*Vector Control and Dynamics of AC Drives, Chapter 2*," Oxford University Press,1996.

[5] P.C. Krause, "*Analysis of Electric Machinery Chapter 3*," McGraw-Hill,1987.

[6] A.R.Bergen, "*Power System Analysis, Chapter 10*," Prentice Hall,1986.

[7] P.C. Krause, "*Analysis of Electric Machinery, Chapter 4*," McGraw-Hill,1987.

[8] H.H Woodson, "*Electromechanical Dynamics,Chapter 3*," Wiley,1968.

[9] P.C. Krause and et al., "*Electromechanical Motion Devices, Chapter 2*," McGraw-Hill,1989.

[10] I.Bolea and et al., "*Electric Drives, Chapter 10*," CRC Press, 1998.

[11] H.W. Beaty and et al., "*Electric Motor Handbook, Chapter 6*," McGraw-Hill, 1998.

[12] I.Bolea and et al., "*Vector Control of AC Drives, Chapter 7*," CRC Press, 1992.

[13] W. Leonhard, "*Control of Electrical Drives, Chapter 14*," Second Edition, Springer, 1996.

[14] T. M. Jahns, "*Flux-weakening Regime Operation of an Interior Permanent-magnet motor Drive*," IEEE Trans. on Ind. Appl., Vol.IA-23, pp.681-689, July/Aug. 1996.

[15] A. Vagati and et al., "*Synchronous Reluctance Motors and Drives-A New Alternative*," IEEE Industry Application Society 1994 Annual Meeting Tutorial Note Book, IEEE, 1994.

[16] S.J. Kang and et al., "*Highly Dynamic Torque Control of Synchronous Reluctance Motor*," IEEE Trans. on Power Elec. Vol.13, No.4, pp.793-798, July, 1998.

04 제어기 설계

전기기기의 전기적 또는 전기기계적(Electromechanical) 에너지 변환을 통하여 원하는 목적을 이루려면 입력과 출력이 적절한 범위 내에 있어야 하고 그 값들이 순시적으로 또는 평균적으로 제어되어야 한다. 전기기기 제어 시스템에 있어 통상 제어 대상이 되는 전기적 변수들은 유무효전력, 전압, 전류이며 이를 통하여 쇄교 자속(Linkage Flux) 등을 추정하여 제어할 수도 있다. 제어 대상이 되는 기계적 변수들은 힘(Thrust), 토크, 속도, 위치, 가속도 등이며 이를 통하여 구동 시스템이 원하는 기계적 동작을 이루도록 한다. <그림 4.1>에는 전형적인 전력 제어 시스템과 전기기계 제어 시스템이 표시되어 있다. <그림 4.1>의 (a)에는 임의의 전원으로부터 에너지를 얻어 전기 부하에 전력을 공급하는 시스템을 표시하였다. 경우에 따라서 전기 부하가 전원의 역할을 하여 전기 에너지를 임의의 전원으로 보낼 수도 있다. 전원은 직류/교류 어떤 것일 수 있으며 전원 주파수 역시 가변할 수 있다. 통상 입력(출력)인 전원(부하)의 전압, 전류를 순시적으로 측정하여 원하는 제어 목적을 이룬다. <그림 4.1>의 (b)에서는 전원으로부터 전기 에너지를 얻어 전동기를 제어하는 시스템을 표시하고 있다. 전원은 직류/교류 어떤 것일 수 있고 전원의 형태에 따라, 구동하려는 전동기의 종류와 크기에 따라, 전력 변환기는 달라질 수 있다. 이러한 시스템에서 전동기는 언제라도 발전기로 동작할 수 있으며, 이 경우에는 기계적 에너지를 전기적 에너지로 회생하여 전원에 공급하게 된다. 만약 전력 변환기가 회생 전력을 전원으로 보낼 수 없다면 회생 전력은 전력 변환기 내부에서 또는 전동기를 포함하는 별도의 장치에 의해 소모되어야 한다. 이러한 전동기 제어에 있어서는 통상 전동기에 흐르는 전류와 전력 변환기의 입력 전압, 전류를 측정하여 제어하며, 원하는 기계적 출력을 얻기 위하여 전동기/기계 부하의 위치, 속도, 가속도 등을 측정한 후 이를 궤환(Feedback)하여 제어한다. 대부분의 제어 시스템은 여러 개의 제어기가 연결되어 전체 제어 목적을 달성한다. 산업체에서 가장 널리 쓰이는 제어기의 연결 방법은 <그림 4.1>의 (c)에 나타낸

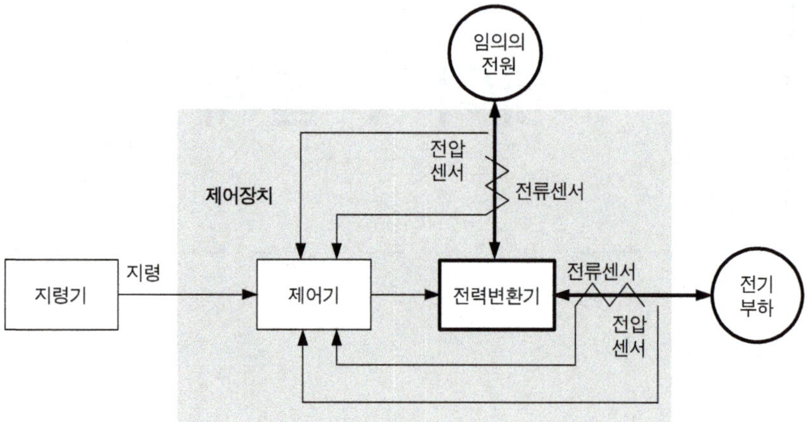

(a) 전력 제어 시스템

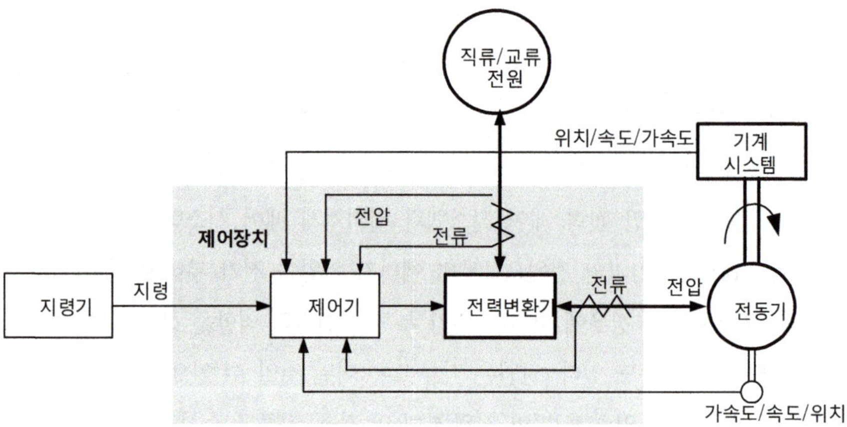

(b) 전기기계 제어 시스템

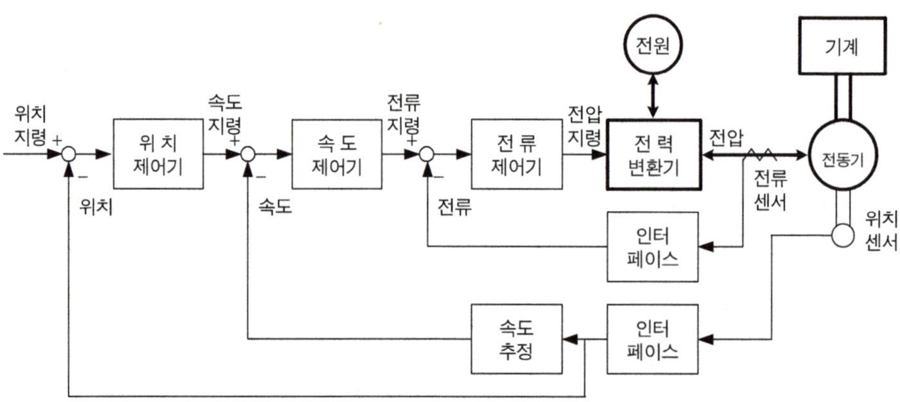

(c) 직렬 접속된 제어 시스템

그림 4.1 전기기기 제어 시스템의 예

직렬(Cascade) 접속이다. 이러한 제어기 연결 구조에서 내부 궤환(Inner Feedback Loop) 제어기가 외부 궤환(Outer Feedback Loop) 제어기에 비해 충분히 빠르다면 각 제어기를 독립적으로 설계할 수 있어 설계가 용이하다는 장점을 가진다. 그러나 가장 내부에 위치한 전류 제어기가 충분히 빠르지 못할 경우 외곽에 있는 속도 제어기, 위치 제어기의 성능이 개선될 수 없으며, 각 제어기의 제어 대역폭(Control Bandwidth)이 근접하게 되면 직렬 연결 된 제어기 간 상호 간섭에 의해 특성 해석과 설계가 난해해지는 단점이 있다. 여기서 제어 대역폭, ω_{bw} 은 지령 입력을 정현적(Sinusoidal)으로 변화 시켰을 때 제어 대상이 되는 해당 출력이 지령의 크기보다 3dB 작아지는 정현파의 주파수, 즉 출력의 크기가 지령의 $1/\sqrt{2}$ 이 되는 주파수를 각주파수(rad/s)로 표시한 것이다. 또는 지령 입력을 정현적(Sinusoidal)으로 변화 시켰을 때 제어 대상이 되는 해당 출력이 지령의 위상보다 45° 지연(Delay) 되는 정현파의 주파수를 각주파수(rad/s)로 표시한 것이다. 만약 궤환 제어기의 지령에 대한 응답의 전달함수가 1차(1st order) 저역 통과 필터와 같이, 즉 $\frac{\omega_{bw}}{s+\omega_{bw}}$ 로 표시될 경우 크기가 $1/\sqrt{2}$ 이 되는 정현파의 각주파수와 45° 지연 되는 정현파의 각주파수는 같다. 그러나 시스템이 2차 이상의 고차(High Order)로 표시될 경우 2 가지 경우의 각주파수가 일반적으로 달라지게 된다. 이 경우 통상 두 각주파수중 낮은 값을 제어 대역폭으로 간주한다. 단 이 모든 경우에 있어 제어기 내부의 변수 값 또는 제어기 출력 값이 제어기 자체, 또는 전력 변환기, 전동기 등이 출력할 수 있는 범위를 벗어나지 않아야 한다. 즉 제어 시스템이 제한기의 동작 등에 의한 비선형 구간에 있지 않아야 한다.

이러한 전기/기계적 변수의 제어를 위해서는 제어 대상이 되는 변수(Variable)들의 측정 또는 추정(Estimation)이 매우 중요하다. 제어 대상 변수의 정확한 측정/추정이 없이는 원활한 제어 성능을 기대할 수 없다. 제어 변수를 직접 손쉽게 측정할 수 있으면 제어기 설계와 구현에 있어 일반적으로 가장 좋으나 많은 경우에서 측정이 불가능하거나 또한 정확한 측정이 비경제적일 수도 있다. 이러한 경우에는 시스템의 상태 방정식(State Equation)을 이용하여 제어 대상 변수를 추정할 수도 있으며, 이러한 추정 기법이 때로는 직접 측정에 비해 외란이나 측정 잡음에 강인한(Robust) 제어 특성을 나타내기도 한다. 또한 측정 또는 추정에 있어 선형성(Linearity), 시간 지연(Time Delay, (이하 '시지연'이라 함)) 등의 문제가 반드시 고려되어야 한다. 측정에 있어 선형성이 보장되지 않으면 비록 시스템 자체가 선형적이라 하여도 좋은 제어 특성을 얻을 수 없으며,

이러한 측정상의 비선형성은 선형성을 가정하고 설계된 제어기가 어떤 운전 영역에서는 불안정(Unstable)하게 되는 요인이 될 수 있다. 측정 또는 추정 시스템의 시지연은 제어 시스템의 위상 여유(Phase Margin)를 떨어뜨려 시스템을 불안정하게 만드는 요인으로 작용하며 동시에 제어 대상의 제어 대역폭(Bandwidth)을 제한하는 결정적 원인으로 작용한다.

실제로 산업체에서 사용되는 제어 이론은 여러 가지가 있으나 본 장에서는 비례 적분(Proportional and Integral, PI) 제어기를 중심으로 하는 고전(Classical) 제어기의 설계에 중점을 두고자 한다. 또한 이에 덧붙여 시스템의 상태 방정식(State Equation)에 근거한 관측기(Observer)를 이용하여 제어 변수를 추정하는 기법의 실 적용 예를 설명한다. 또 제어 성능의 개선을 위하여 상태 궤환(State Feedback)을 이용하는 제어기를 소개하고 이를 능동 댐핑(Active Damping)의 개념으로 이해하고자 한다.

4.1 능동 댐핑(Active Damping) (참고 문헌[1])

2.3.2절에서 언급한 바와 같이 직류 전동기 제어에 있어 전기자 저항이 증가할수록, 기계계의 마찰 계수가 증가할수록 시스템의 댐핑이 커져서 시스템 응답이 보다 안정적(덜 진동적)인 형태를 나타낸다. 그러나 이러한 저항과 마찰의 증가는 시스템에 에너지 손실을 일으키므로 시스템의 운전 효율을 떨어뜨린다. <그림 2.13>의 타여자 분권 전동기 구동 시스템의 제어 블록도에 <그림 4.2>와 같은 능동 댐핑을 추가할 경우, 진동적인(Underdamped) 응답을 비진동적인(Critical or Over-damped) 형태로 변화시킬 수 있다.

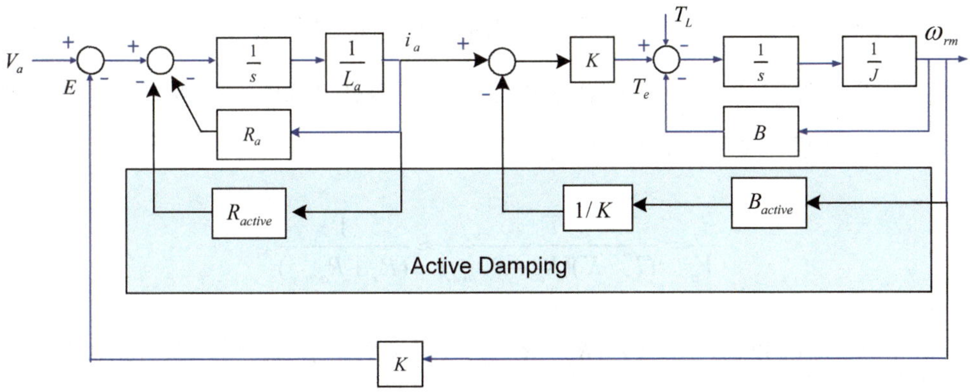

그림 4.2 능동 댐핑을 추가한 타여자 분권 전동기의 새로운 제어 블록도

<그림 4.2>에서 R_a 와 함께 궤환 제어에 의해 R_{active} 를 추가함으로써 전체 전기자 저항이 R_{active} 만큼 늘어난 효과를 만들 수 있으며 이를 통하여 시스템의 고유 특성(Eigenvalue)을 변화시킬 수 있다. 특히 R_{active} 가 R_a 에 비해 충분히 클 경우 제어기 설계 시 전기자 저항의 변동에 강인한 제어기를 설계할 수 있다. 또 이러한 현상은 마찰계수, B , 에 관해서도 마찬가지로 적용될 수 있다. 이상의 간단한 예에서 볼 수 있듯이 제어 대상의 블록도에서 물리적 성질을 분석한 후 적절한 곳에 궤환 제어(Feedback Control)를 통하여 댐핑 성분을 추가함으로써 제어 대상의 고유한 성질을 바꾸어 보다 바람직한 물리적 특성을 가지도록 유도할 수 있다. 이와 같은 제어 기법은 현대 제어이론에서 흔히 사용되는 상태 궤환 제어(State Feedback Control)의 일례이다.
<그림 4.2>에서 인가 전압에 대한 전류의 전달 함수를 능동 댐핑을 고려하여 표현하면 다음 식과 같다.

$$\frac{i_a}{V_a} = \frac{1}{sL_a + (R_a + R_{active})}. \tag{4-1}$$

만약 R_{active} 를 제어 주파수 대역(ω_{bw}) 이내에서 sL_a 보다 충분히 크게 한다면 ($R_{active} >> \omega_{bw} L_a$), 식 (4-1)은 다음 식과 같이 근사화될 수 있다.

$$\frac{i_a}{V_a} \approx \frac{1}{(R_a + R_{active})}. \tag{4-2}$$

여기서 타여자 분권 직류기의 경우 토크는 전류에 비례한다는 것에 착안하여 식 (4-

2)에서, 필요로 하는 토크 T_e^*를 토크 상수 K로 나눈 다음 이에 $(R_a + R_{active})$를 곱한 후 전압 입력 $(V_a = (T_e^* / K) \cdot (R_a + R_{active}))$으로 하면 필요로 하는 토크에 대한 실제 토크의 전달 함수는 다음과 같이 구해 진다.

$$\frac{i_a}{V_a} = \frac{i_a}{(T_e^* / K)(R_a + R_{active})} \approx \frac{1}{(R_a + R_{active})}, \tag{4-3}$$

이므로 식 (4-3)에서 $Ki_a \approx T_e^*(R_a + R_{active}) / (R_a + R_{active}) = T_e^*$ 이므로 이를 지령 토크에 대한 토크의 전달함수에 대입하면

$$\frac{T_e}{T_e^*} = \frac{Ki_a}{T_e^*} \approx 1 \ , \tag{4-4}$$

이 된다.

식 (4-4)에서 알 수 있듯이 능동 댐핑을 충분히 키울 경우 제어 대역폭 이내에서는 근사적으로 원하는 토크를 순시적(Instantaneously)으로 얻을 수 있다. 그러나 궤환 제어에 존재하는 시지연(Time Delay)과 토크 상수 등의 오차로 인하여 제어의 안정성(Stability)을 유지하면서 능동 댐핑을 키우는 데는 한계가 있어 실제 구현에 있어서는 적분항을 추가함으로써 토크 제어 특성을 개선한다. 이러한 적분항의 추가는 4.2.2와 4.2.3절에서 언급한다.

4.2 전류 제어기의 설계

전자기적인 에너지 변환에 의해 기계적 구동력을 얻는 전동기의 경우 출력인 추력(Driving Force, Thrust)이나 토크(Torque)는 전류의 함수로 표시된다. 따라서 전동기 권선에 흐르는 전류의 측정과 제어는 전동기 기계적 출력의 고성능 제어에 있어 필수적 요소이다. 또한 전동기가 전력전자 기술을 이용한 전력 변환 회로에 의해 구동될 경우 전류의 제어는 전력용 반도체를 기반으로 하는 전력 변환 회로의 효율적 이용과 회로 자체의 보호를 위해서도 매우 중요하다.

4.2.1 전류의 측정

앞에서 언급한 바와 같이 좋은 제어 성능은 제어 대상 변수의 정확한 측정 또는 추정에 근거하므로 전류의 측정은 전류 제어에 있어 가장 중요한 요소이다. 특히 전류는 대개의 전기기기 제어에 있어 가장 내부(Inner-most)에 있는 궤환 회로(Feedback Loop)이므로, 통상 전류 제어기의 대역폭이 다른 외곽 제어(Outer Loop)의 제어 대역폭을 결정 짓는 역할을 한다. 따라서 빠르고 정확한 전류의 측정은 시스템 전체 성능 향상에 있어 결정적 요소로 작용할 수 있다. 또 전류의 측정을 위해서는 어떠한 형태로든지 전류가 흐르는 부분의 물리적 요소(전압, 자속 등)를 측정해야 하므로 전력 변환 회로 또는 전기기계 그 자체에 물리적으로 연결되는 구조를 가져야 한다. 따라서 측정된 전류 정보는 전력변환 회로나 전기기계 자체에서 초래 되는 잡음(Noise)에 민감할 우려가 있다. 따라서 측정 잡음에 강인하면서 시지연을 최소화할 수 있는 정확한 전류의 측정은 매우 어려운 기술적 과제이다. 본절에서는 산업체에서 널리 쓰이는 몇 가지 전류 측정 방법에 대해 기술하고자 한다.

4.2.1.1 저항에 의한 전류의 측정

이 방법은 원리적으로 가장 간단한 방법이고 제한된 전류 범위 내에서는 비교적 용이하게 전류 신호를 측정할 수 있다. 즉 <그림 4.3>과 같이 측정하려는 전류(i)가 흐르는 회로에 직렬로 저항(R_m)을 삽입하고 저항 양단의 전압(V_m)을 측정하여 전류 값을 계산하는 방법이다. 이 방법은 구현이 간단하다는 장점이 있으나, 전류가 흐를 때 삽입된 저항에서 발생하는 손실(iV_m)로 인하여 측정 전류가 제한되며, 손실을 최소화하기 위해서는 측정되는 전압을 작게하여야 하므로 신호 대 측정 잡음의 비(Signal-to-Noise Ratio, SNR)가 나빠진다는 단점이 있다. 또 전류가 급변할 경우 전류 측정을 위하여 회로에 삽입된 저항의 표유 인덕턴스(Stray Inductance)에 의한 전압 발생을 억제하기 위하여, 내부 인덕턴스가 없는 무유도(Noninductive) 저항을 사용하여야 한다. 이러한 방법이 가능한 전류 측정 범위는 최대 수 백 A 미만이며, 흔히 수 A 미만의 전류 측정에 쓰인다. 이 경우 측정 저항으로는 수~수백 mΩ 의 정밀 전력 저항이 사용된다. 이 경우 전류에 의한 발열로 인하여 측정 저항의 값이 바뀔 수가 있으므로 온도에 따른 저항 변화가 적은 저항을 사용하고 측정 저항의 온도 변화가 적도록 방열(Heat Dissipation)에 주의하여야 한다. 이러한 저항을 이용한 측정의 또 다른 문제는 측정된 신호가 전력 회로와 전기적으로 분리(Isolation)되지 않기 때문에 별도의 절연 회로(고저항 입력을 사용하는 차동 증폭기(Differential Amp.), 또는 광 결합(Optical Coupling) 소자나 자기적 결합(Magnetic Coupling) 소자를 이용하는 절연 증폭기(Isolation Amp.)가 필요하며, 만약 별도의 절연 회로가 없을 경우 제어 신호를 발생시키는 전자 회로가 전력 회로에 전기적으로 연결되게 되어 전력 변환 회로에서 발생되는 공통 모드(Common Mode) 잡음에 취약해지고 유지 보수 시 고전압이 제어용 전자 회로와 연결되어 있으므로 안전(Safety)에 유의해야 하는 문제점이 발생한다. 이러한 측정 방법은 그 단점에도 불구하고 가격(Cost)이 중시되는 가전용품 또는 범용 전동기 제어 시스템에 폭넓게 사용 되고 있다.

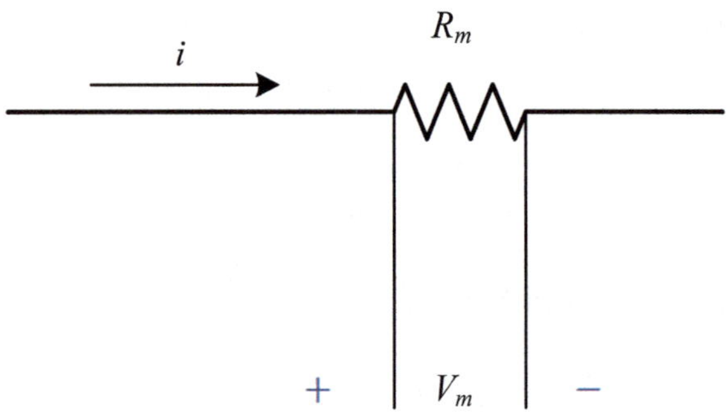

그림 4.3 저항을 이용한 전류의 측정

4.2.1.2 변류기(Current Transformer, CT)에 의한 전류의 측정

이 방법은 <그림 4.4>와 같이 변압기의 원리를 이용하여 1차측에 흐르는 전류를 변압기의 권선비에 해당하는 만큼으로 나눈 2차측 전류로 바꾸고 2차측에 부담 저항(R_m)을 연결하여 2차측 전류를 전압 신호로 바꾸어 측정한다. 이러한 측정 방법은 비교적 간단하고 대전류 측정 시 가격이 저렴하며 전력 회로와 전기적으로 절연된 신호를 얻을 수 있다는 장점이 있으나, 직류 전류의 측정이 원리적으로 불가능하므로 직류기의 전기자 전류, 또는 교류기, 특히 동기기의 정지 시 토크 제어를 위한 직류 전류의 측정에는 사용될 수 없다. 그러나 2.18.1절에서 소개한 3상 정류 회로의 경우 직류단의 전류는 교류 입력 전류로부터 재구성될 수 있으므로 교류 입력단의 전류를 변류기를 이용하여 측정한 후 이를 통하여 직류단 전류를 추정할 수 있다. 이러한 변류기를 사용하는 전류 측정 기법은 변류기의 재질과 설계를 최적화할 경우 수 MHz 이상의 측정 대역폭을 가질 수도 있으나, 흔히 쓰이는 철심을 코어(Core)로 하는 변류기의 경우 측정 대역폭이 수 백 Hz 미만이므로 이를 이용할 경우 전류 제어 대역폭은 100Hz 미만이 되게 된다. 또 코어의 자기포화(Magnetic Saturation)에 의해 측정 전류가 일정 범위를 벗어나면 비선형성(Nonlinerarity)이 증가하는 단점이 발생한다.

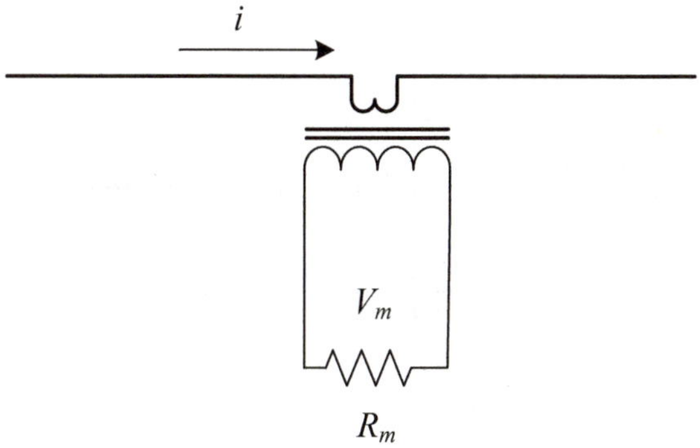

그림 4.4 변류기를 이용한 전류의 측정

4.2.1.3 홀 효과(Hall Effect)에 의한 전류의 측정(참고문헌 [2])

전류가 흐르면 전류는 자장(Magnetic Field)을 발생시킨다. 발생되는 자장의 크기는 전류의 크기에 비례하며 시지연이 존재하지 않으므로 전류가 흐르는 도선 주위의 자장을 측정함으로써 전류를 간접적으로 측정할 수 있다. 이러한 자장을 측정하는 방법의 한 가지로 <그림 4.5>와 같은 홀 효과(Hall Effect)를 이용한 측정 방법을 생각할 수 있다. 홀 효과는 도체에 전류, i,가 흐를 때 전류와 수직 방향으로 자장, B, 이 인가되면 도체 양단에는 전류의 경로와 수직이면서 동시에 자장과 수직 방향으로 전압, V_{Hall}, 이 나타난다는 것이다. 전압의 크기는 전류가 일정할 때 자장의 세기에 비례한다. 이와 같은 원리를 이용하면 <그림 4.6>과 같이 자성물질(그림에서는 페라이트 코어)로 만든 코어 중심에 전류가 흐르는 권선을 통과시키면 전류는 코어에 자장을 발생시키고 이는 코어에 삽입되어 있는 홀 효과 소자에 의해 전압의 크기로 나타나게 된다. 이와 같은 홀 효과를 사용하여 전류를 측정할 경우, 홀 효과를 발생시키는 소자가 온도에 따라 특성이 변하며 광범위한 전류의 크기를 측정하려면 비선형성이 커진다는 단점이 있다. 이를 극복하기 위하여 <그림 4.6>과 같은 구조에서 페라이트 코어에 권선 수(Number of Turn)가 많은 2차 권선을 추가하고 측정하려는 전류에 따라 2차 권선에 흐르는 전류의 크기를 제어하여 홀 효과의 전압이 0이 되도록 하는 궤환형(Feedback Type) 전류 측정 장치가 널리 사용되고 있다. 이 경우 광범위한 온도 변화와 비교적 넓은 전류 측정 범위에도 불구하고 1% 이내의 측정 정밀도를 유지할 수 있으며, 측정 대역폭도 수 백 kHz 이상을 유지할 수 있다.

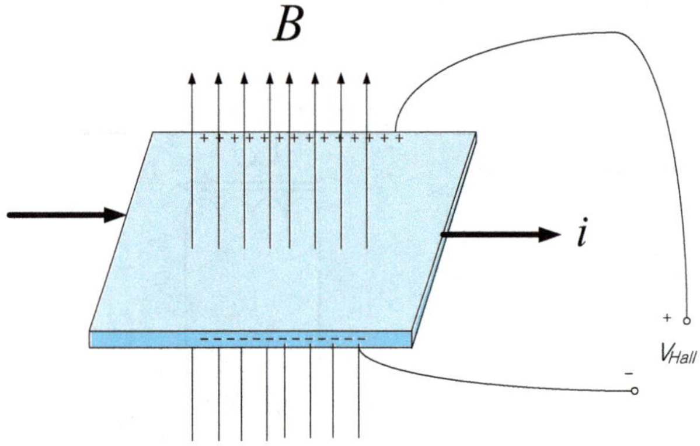

그림 4.5 홀 효과에 의한 전압의 발생

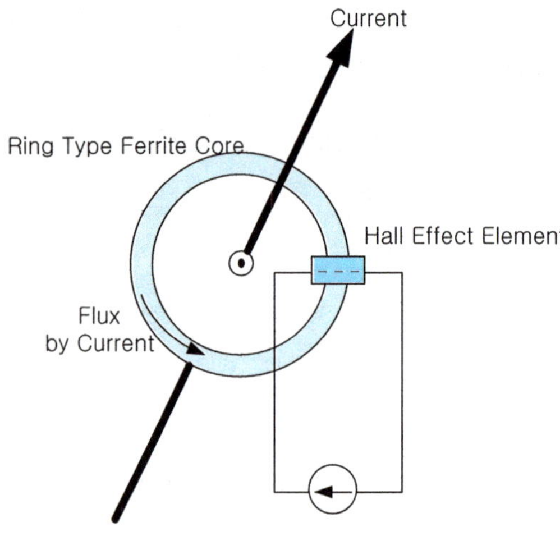

그림 4.6 홀 효과를 이용한 전류의 측정

최근 홀 효과를 이용하는 소자를 더욱 소형화하려는 시도가 있으며, 또 자장을 측정하는 방법으로 홀 효과가 아닌 거대 자기저항(Giant Magneto-Resistive, GMR) 효과를 이용하여 전류를 측정하는 센서들이 상품화 되고 있다(참고문헌 [3]). 거대 자기저항 소자는 자장 하에서 물질의 전기 저항이 바뀌는 성질을 이용하여 자장의 세기 즉 전류의 크기를 측정하는 소자이다. 그러나 자장에 대한 저항의 변화가 비선형적이고 온도 변화에 민감하기 때문에 별도의 전자 회로를 이용하여 이를 보상하여 사용한다. 이러한 소자를 이용할 경우 소형, 비접촉, 전기적으로 절연된 전류 측정 신호를 얻을 수 있어 가전 제품을 중심으로 범용 전력 변환기에 폭 넓게 사용 되고있다.

4.2.2 3 상 전파 제어 정류기의 전류 제어

4.2.2.1 비례 적분 제어기

<그림 2.17>, <그림 2.63>과 같은 전파 제어 정류 회로에서의 전류 제어 기법은 여러 가지가 있으나 가장 간단한 방법은 <그림 4.7>에 나타낸 비례 적분(Proportional and Integral, PI) 제어기이다. <그림 4.7>은 정지형 워드레오나드(Static Ward-Leonard) 시스템의 전류 제어계를 제어 블록(Block)으로 모델링한 것이다. 여기서, e는 전동기의 역기전력이다. <그림 4.7>의 전류 제어계에서 전파 제어 정류 회로에 흐르는 전류는 연속이라고 가정했으며 2.18.1절에 언급한 바와 같이 역여현(Arccosine) 함수를 이용하여 제어 전압과 출력 전압의 비선형성이 해소되었다고 가정한다. 또 <그림 4.7>의 전류 제어계 모델링에서 <그림 2.64>, 식 (2-82)에서 표시된 입력 전원 인덕턴스로 인한 중복각(Overlap Angle) 현상에 의한 전압 감소 효과는 무시하였다. 따라서 <그림 4.7>에 표시된 3상 전파 제어 정류기의 이득은 식 (2-82)에 표시한 바와 같이 아래와 같고 시지연 역시 전원 주파수 한 주기의 1/12로 주어진다.

$$A = \frac{3\sqrt{2}}{\pi} V_{L-L}. \tag{4-5}$$

$$T_d = \frac{2\pi}{12\omega_e}. \tag{4-6}$$

여기서 ω_e 는 전원의 각주파수이다.

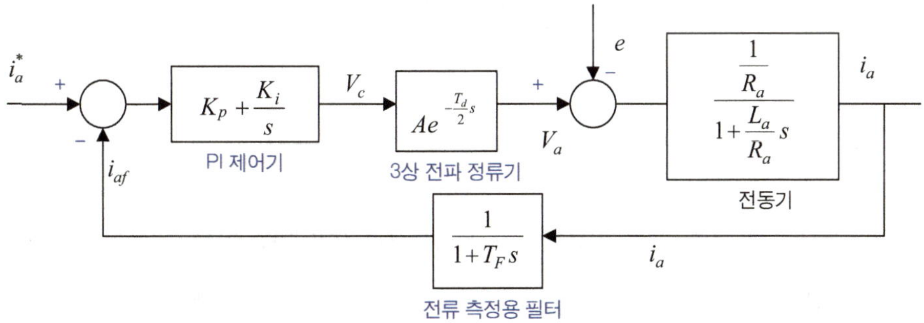

그림 4.7 3상 제어 정류기를 이용하는 정지형 워드레오나드(Static Ward-Leonard) 시스템의 전류 제어계

위 그림에서 전기자 전류 i_a 는 전원 전압의 맥동(Ripple) 성분에 의해 전원 주파수의 6배 주파수로 맥동하는 성분을 포함하고 있으므로 이를 여과(Filtering)할 필요가 있다. 제어계 설계에 있어 필터는 단순한 1차 저역 통과 필터(1st Order Low Pass Filter)로 가정하였고 필터의 시정수(Time Constant)는 T_F 이다. 통상 필터의 차단 각주파수, $\frac{1}{T_F}$, 는 전원 주파수(따라서 맥동 주파수(Ripple Frequency)의 $\frac{1}{6}$) 정도로 설정한다(60Hz 전원의 경우 $\frac{1}{T_F} = \frac{1}{6} 2\pi \cdot 60 * 6\ (rad/s)$). <그림 4.7>과 같은 제어계에서 3상 전파 정류기에 의한 비선형적인 지연을 1차 지연으로 단순화하면 다음과 같이 간략화될 수 있다.

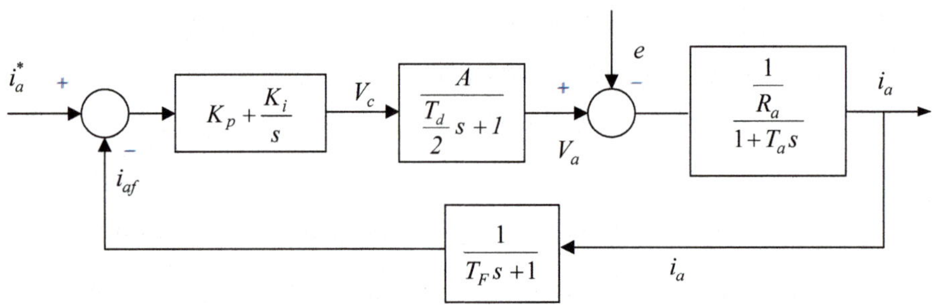

그림 4.8 간략화된 제어계

제어계의 이득(Loop Gain)은 3개의 1차 지연 요소를 포함하고 있는데 제어 정류기의 지연 $\frac{T_d}{2}$ 와 전류 필터의 지연 T_F 를 1개의 1차 지연 요소로 통합하면 다음과 같이 근사화 시킬 수 있다.

$$
\begin{aligned}
G_{open-loop} &= \frac{K_p s + K_i}{s} \cdot \frac{A}{\frac{T_d}{2}s+1} \cdot \frac{\frac{1}{R_a}}{1+T_a s} \cdot \frac{1}{1+T_F s} \\
&\approx \frac{K_p s + K_i}{s} \cdot \frac{1}{R_a} \quad \frac{A}{1+T_a s} \cdot \frac{1}{1+T_e s}
\end{aligned}
\quad (4\text{-}7)
$$

여기서 $T_e = \frac{T_d}{2} + T_F$ 이다.

통상 3상 전파 제어 정류기를 사용하는 대형(수백kW 이상) 전동기의 경우, $T_a >> T_e$ 이므로 식 (4-7)에서 $1+T_a s$ 는 $T_a s$ 로 근사될 수 있다. 따라서, 식 (4-7)은 다음과 같이 표시될 수 있다.

$$G_{open-loop} \approx \frac{AK_p\left(s+\frac{1}{T_i}\right)}{s^2R_aT_a}\cdot\frac{1}{1+T_es}. \tag{4-8}$$

여기서, T_i 는 PI 제어기의 적분 시정수이고 $\frac{K_p}{K_i}$ 에 해당한다. 이러한 시스템의 이득(Gain)을 결정하는 방법은 여러 가지가 있으나 통상 대칭 최적(Symmetric Optimum) 기법을 사용한다(참고문헌 [4], [5]). 적분 시정수 T_i 는 시스템의 감쇠계수(Damping Coefficient, ζ)에 의해 결정되는데 위상 여유(Phase Margin)를 최대로 하기 위해서 $\zeta=\frac{1}{\sqrt{2}}$로 결정하면 $T_i = T_e\cdot(1+2\zeta)^2$ 으로 주어지고, $K_p=\frac{1}{A}\cdot\frac{T_a}{(1+2\zeta)T_e}$ 로 결정된다. 이렇게 제어 이득을 결정하면 제어계의 폐루프(Closed Loop) 제어 대역폭(Bandwidth)은 약 $\frac{1}{15.1\ T_e}$ 로 주어진다. 이상의 방법에 의해 설계된 3상 전파 제어 정류기의 전류 제어계의 대역폭은 60Hz, 3상 교류 전원의 경우 약 16(rad/s) 정도이다. 그러나 이렇게 설계된 비례 적분 제어기에는 몇 가지 단점이 있는데, 우선 대역폭이 수십(rad/s) 이하로 제한된다는 점과 전류 제어 시 기준 입력 i_a^* 의 변동에 대해 제어기의 영점(Zero)으로 인한 오버슈트(Over-shoot)가 발생한다는 점이다. 또한 직류 출력 전류가 불연속(Discontinuous)일 경우, 제어계 설계 시 고려된 전달 함수와 실제 제어 정류기의 전달 함수가 달라져 제어 특성이 급격히 나빠진다는 문제점이 있다.

4.2.2.2 예측 전류 제어기(Predictive Current Controller)

위에서 언급한 비례 적분 제어기의 문제점들을 해결하기 위하여, 디지털 신호 처리기(Digital Signal Processor, DSP)의 실시간(Real Time) 계산 능력을 이용할 수 있다. 이를 이용하면 제어 정류기를 포함한 전동기와 전원을 실시간(Real Time)으로 모의(Simulation)할 수 있고, 이에 의해서 기준 전류 i_a^* 를 최단 시간에 추종(Tracking)할 수 있는 제어 기법의 구현이 가능하다(참고문헌 [6]). 이상의 제어 기법은 <그림 4.9>와 같은 블록도로 나타낼 수 있으며, 그 원리를 3상 제어 정류기의 회로 해석을 통하여 설명하면 다음과 같다.

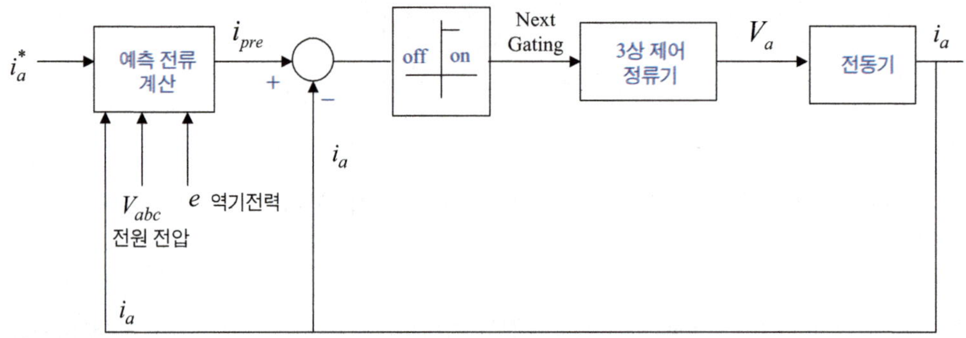

그림 4.9 예측 전류 제어기의 블록도

3상 제어 정류기의 어떤 다이리스터(Thyristor) 쌍이 켜져 도통(Conduction)되고 있는 구간에서 교류전원, 전동기를 포함한 등가 회로는 다이리스터의 전압 강하를 무시하면 <그림 4.10>과 같다.

여기서, V_s 는 도통되고 있는 다이리스터 쌍에 의해 전동기 단자에 연결된 전원 전압이다. 이 전압은 켜져 있는 다이리스터 쌍에 따라 여섯 개의 선간전압 V_{ac}, V_{bc}, V_{ba}, V_{ca}, V_{cb}, V_{ab} 중 한 개이다.

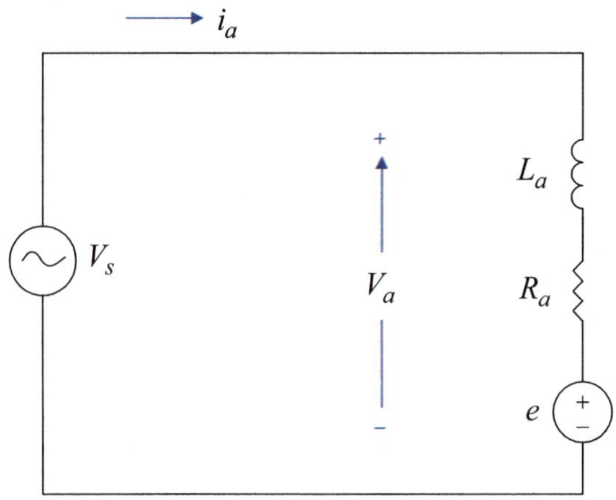

그림 4.10 다이리스터 쌍이 도통되고 있는 순간의 등가 회로

위 등가 회로는 식 (4-9)와 같은 미분 방정식으로 표시될 수 있고, 그 해는 역기전력, e,가 계산 구간 동안 일정하다고 가정하면 식 (4-10)과 같다.

$$L_a \frac{di_a}{dt} + R_a i_a + e = V_s \,. \tag{4-9}$$

$$i_a = I_1 \cos\left(\omega_e t - \frac{\pi}{6} - \phi\right) + I_2 e^{(-\rho\omega_e t)} + I_3 \,. \tag{4-10}$$

여기서, ω_e 는 전원 각주파수이고 $\phi = \tan^{-1}\left(\frac{\omega_e L_a}{R_a}\right)$, $\rho = \frac{R_a}{\omega_e L_a}$ 이다.

식 (4-10)에서 i_a 의 첫 번째 항은 교류 전원에 의한 정상 상태 해이고, 두 번째 항은 과도 상태 해이며 세 번째 항은 역기전력에 의한 정상 상태 해이다.

따라서 I_1, I_3 는 아래와 같이 구해진다.

$$I_1 = \frac{\sqrt{2}V_{\ell-\ell rms}}{\sqrt{R_a^2 + (\omega_e L_a)^2}}, \qquad I_3 = -\frac{e}{R_a}$$

i_a 에 관한 식에서 첫 번째와 세 번째 항은 게이팅 각 α 의 영향을 받지 않는다. 따라서, 다이리스터가 켜져서 다음 다이리스터가 켜질 때까지의 전류의 평균치가 기준 전류 i_a^* 와 같으려면 I_2 는 다음 식과 같아야 한다.

먼저, 전류가 연속일 경우

$$I_2 = \left[\{i_a^* - I_3 - \frac{3}{\pi} I_1 \cos(\alpha - \phi)\} \cdot \frac{\pi}{3} \rho \cdot e^{\rho\left(\alpha + \frac{\pi}{6}\right)}\right] \frac{1}{2\sinh\left(\rho\frac{\pi}{6}\right)} \,. \tag{4-11}$$

여기서 $\alpha = \cos^{-1}\left(\frac{R_a i_a^* + e}{\sqrt{2}V_{\ell-\ell rms}} \cdot \frac{\pi}{3}\right)$ 이다.

다음으로 전류가 불연속일 경우는 아래와 같다.

$$\begin{aligned} I_2 &= \left[-I_3 - I_1 \cos\left(\alpha - \frac{\pi}{6} - \phi\right)\right] e^{\rho\alpha} \\ &= \left[-I_3 - I_1 \cos\left(\beta - \frac{\pi}{6} - \phi\right)\right] e^{\rho\beta} \end{aligned} \tag{4-12}$$

이때 α 는 다이리스터가 켜지는 각이고, β 는 다이리스터가 전류 불연속에 의해 꺼지는 각이다. 전류가 불연속일 경우 α , β 는 전류가 흐르는 구간 동안 인덕터 L_a 에 인가되는 평균 전압은 "0"이라는 조건에서 구한 식 (4-13)과 식 (4-12)의 비선형 연립 방정식으로부터 구한 해와 이미 계산된 I_1, I_2, I_3 을 이용하여 다시 식 (4-10)을 계산하면 i_a 를 구할 수 있다.

$$\sqrt{2}V_{\ell-\ell rms}\left(\sin\left(\beta-\frac{\pi}{6}\right)-\sin\left(\alpha-\frac{\pi}{6}\right)\right)+e\left(\frac{\pi}{3}+\alpha-\beta\right)-\frac{\pi}{3}\left(R_a i_a^*+e\right)=0\,. \qquad (4-13)$$

제어 방법은 먼저 매 샘플링(Sampling) 시점마다 전원 전압의 순시치 V_s 와 전동기 속도로부터 추정된 역기전력, e, 로부터 전류 i_a 를 식 (4-10)에 따라 계산하고 만약 계산된 전류(예측 전류, i_{pre})가 실제 측정된 i_a 와 같거나 크면 다음 다이리스터를 켜게 된다. 이 방법에 의해 전류가 연속이든 불연속이든 관계없이 최단 시간에 평균 전류가 기준 전류를 따라가게 제어할 수 있고 전류 제어기의 제어 대역폭을 수백(rad/s)까지 확대할 수 있다. <그림 4.11>은 예측 전류 제어기에 의한 전류 제어의 예이다.

이러한 제어기의 단점은 계산이 복잡하다는 점과 함께 전동기의 제정수(Parameters)에 민감하여 전동기 정수에 오차가 있을 경우 전류 제어에 있어 정상 상태 오차가 생길 수 있다는 점이다. 그러나 제정수에 의한 오차는 간단한 궤환 보상(Feedback Compensation) 회로에 의해 보완될 수 있다. 이와 같은 다음 샘플링 시점의 전류를 예측하여 제어하는 예측 전류 제어의 개념은 교류 전류 제어에도 적용할 수 있는 방법으로 스위칭 주파수가 수백 Hz정도인 MW급의 대용량 전력 변환 시스템에 폭 넓게 적용 되고 있다. 예측제어기는 복잡한 연산이 필수적이나 급속히 향상되고 있는 디지털 신호처리기의 성능에 따라 앞으로 많은 분야에서 적용되리라 예상된다(참고문헌 [7–9]).

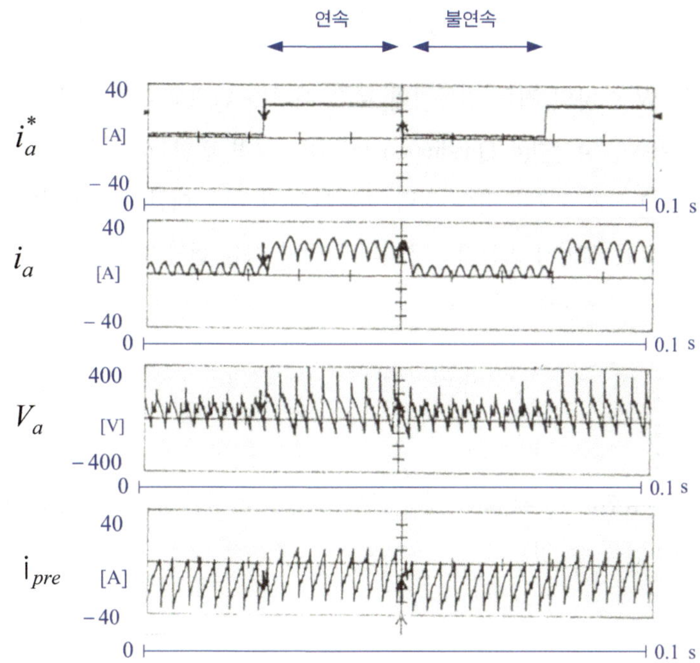

(a) 전기자 전류가 연속, 불연속 시의 전류 제어

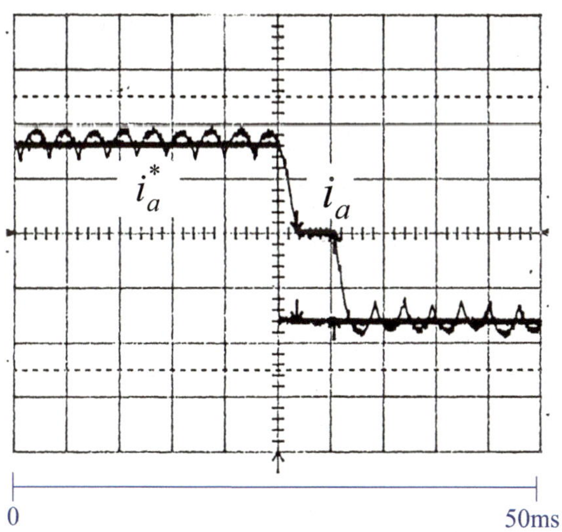

(b) 기준 전류 극성(Polarity) 절환 시의 전류 제어(20A/div.)

그림 4.11 예측 전류 제어기에 의한 3상 전파 정류 제어기의 전류 제어

4.2.3 펄스폭 변조 회로를 이용하는 직류 전류 제어기의 설계

수십 kW 이하의 직류 전동기의 토크 제어를 위해서는 2.4.2절에 언급한 펄스폭 변조를 이용하는 4상한(4 Quadrants) DC/DC 전력 변환 시스템이 널리 적용되고 있다. 2.18.4에 이러한 4상한 직류 전력 변환기의 동작에 대한 간단한 설명이 주어져 있다. 이러한 4상한 제어기 또는 2.18.3절의 양방향 직류 변환기의 전류 제어에 있어 전력 변환기(Power Converter)의 전력용 반도체 스위치의 스위칭 주파수 $f_s = 1/T_s$ 가 전류 제어 대역폭 $f_{bw} = \dfrac{\omega_{bw}}{2\pi}$ 에 비해 충분히 높다면(10배 이상), 전동기에 인가되는 출력 전압은 지령 전압을 지연 없이 추종하는 것으로 가정할 수 있다. 이 경우 전력 변환기는 이득이 일정한 이상적(Ideal) 전압 제어 요소로 가정할 수 있다. 통상 주어진 스위칭 주파수에서 얻을 수 있는 최대 전류 제어 대역폭은 4.2.3.2절의 <표 4.1>에 표시한 바와 같이 전류 샘플링 방법과 제어 주기에 따라 달라지게 된다.

4.2.3.1 비례 적분(Proportional and Integral, PI) 전류 제어기의 설계(참고문헌 [10], [11])

직류 전동기의 관성이 커서 역기전력의 변화가 전류 제어기의 응답에 비해 충분히 느리다면 <그림 4.12>와 같이 역기전력을 상수로 보고 전기자 회로의 R_a, L_a 를 대상으로 전류 제어계를 설계할 수 있다. 만약, 속도를 추정해서 역기전력을 추정할 수 있다면 추정된 역기전력, $\hat{e}$,을 전류 제어기의 출력에 전향 보상(Feed-forward Compensation)함으로써 <그림 4.12>의 블록도에서 역기전력 변동에 의한 영향을 아예 상쇄시킬 수도 있다. 이와 같이 역기전력의 영향을 배제하고 비례 적분 제어기의 영점(Zero)이 시스템의 극점(Pole)을 상쇄하도록 설계하면, 전류 제어계 폐루프(Closed Loop) 응답 특성을 1차 지연(Delay) 요소와 같이 되도록 할 수 있다. 이러한 설계기법을 기술적 최적화(Technical Optimum)라고 한다.

이를 위하여 비례 이득과 적분 이득을

$$\begin{aligned} K_p &= L_a\omega_c \\ K_i &= R_a\omega_c \end{aligned} \tag{4-14}$$

으로 선정하면, 출력 전류와 전류 지령치 사이의 전달 함수가 다음과 같이 된다.

$$\frac{i_a(s)}{i_a^*(s)} = \frac{\omega_c}{s+\omega_c} = \frac{1}{T_c s+1}, \quad T_c = \frac{1}{\omega_c}. \tag{4-15}$$

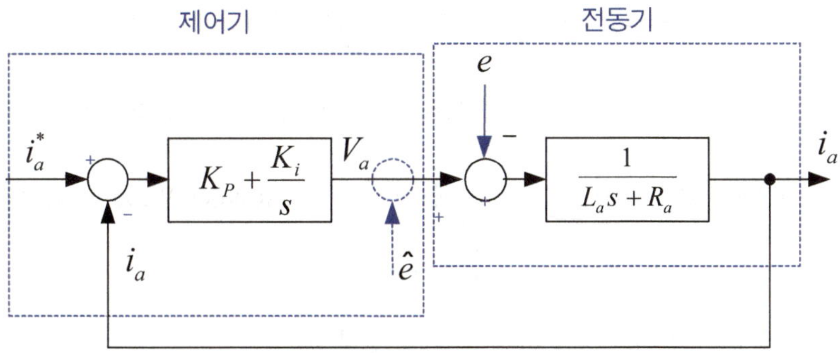

그림 4.12 비례 적분(PI) 전류 제어기

식 (4-15)에서 알 수 있듯이 전류 제어기의 주파수 대역(Bandwidth) ω_{bw} 은 ω_c 로 주어진다. 그러므로 원하는 전류 제어기의 주파수 대역을 결정하고 이로부터 식 (4-14)를 이용하여 비례 적분(PI) 제어기의 이득을 결정하면, 식 (4-15)에서 주어지는 바와 같이 오버슈트(Over-Shoot) 없는 전류 제어기를 설계할 수 있다.

4.2.3.2 구현상의 문제점 (참고문헌 [11])

전동기에 인가되는 전압, V_a ,와 역기전력, e , 의 차이에 해당되는 전압이 전동기의 전기자 인덕턴스와 저항에 인가되므로 이에 의해서 전류의 맥동(Ripple)이 생길 수 있다. 스위칭 주파수 주기 T_s 가 전기자 시정수, $T_a = \frac{L_a}{R_a}$, 에 비해 충분히 작아서 전기자 전류의 변동을 직선적으로 근사할 수 있다면 전기자 전류, i_a ,는 2.18.4절의 <그림 2.71>에서 알 수 있듯이 스위칭 주파수의 2배에 해당하는 주파수의 맥동 성분을 가지게 된다. 따라서 정확한 전류 제어를 위해서는 이러한 맥동 성분을 적절히 제거하여야 할 필요가 있다. 또한 V_a 가 펄스폭 변조(Pulse Width Modulation, PWM) 동작에 의해 합성되므로 전기자 전압의 지령치, V_a^* ,는 스위칭 주기 동안 최대 2번까지만 새롭게 갱신(Up-date)될 수 있다. 이러한 제어상의 근원적인 제한은 제어기를 연속(Analog)적(Continuous Domain)으로 구현하더라도 제어계에 다음과 같은 시지연(Time Delay)을 발생시킬 수 밖에 없다.

먼저 전류 제어기의 맥동 성분을 제거하여 평활한 전류 신호를 얻기 위하여 2차(Second Order)의 저역 통과(Low Pass) 필터를 사용한다면 필터에 의한 시지연이 생긴다. 예를 들어, 스위칭 주파수가 f_s 라면 맥동 주파수는 $2f_s$ 이고, 이를 충분히 제거하기 위하여 차단 주파수가 $\frac{f_s}{5}$ 인 필터를 사용한다면 이로 인한 지연은 대략 $1.25T_s$, $\left(T_s = \frac{1}{f_s}\right)$가 된다. 또 다른 방법으로, 연속적으로 (아날로그 형태로) 전류를 측정할 경우 다음과 같이 펄스폭 변조를 발생시키는 반송파(Carrier Wave)인 삼각파의 한 극점(Peak 또는 Valley)에서 다음 극점까지 전류의 적분 값을 스위칭 주기 T_s 의 $\frac{1}{2}$ 로 나누면 그 구간의 전류의 평균 값을 구할 수 있다. 즉,

$$< i_a >= \frac{1}{\frac{T_s}{2}} \int_{(n-1)\frac{T_s}{2}}^{n\frac{T_s}{2}} i_a(\tau) dt \tag{4-16}$$

이렇게 구한 평균 전류 $< i_a >$ 는 실제 전동기에 흐르는 전류와는 $\frac{1}{2} \cdot \frac{1}{2} T_s$ 라는 시지연을 가진다.

또 다른 평균 전류를 얻는 방법은 <그림 2.71>에서 알 수 있듯이 정상상태(Steady State)에서 삼각파의 극점에서 전류를 읽으면(Sampling) 그 값은 극점을 중심으로 한 $\frac{T_s}{2}$ 구간 동안의 전류의 평균 값이 된다. 이러한 방법(극점에서 샘플링)을 이용하면 측정상의 지연 없이 평균 전류 값을 얻을 수 있다. 이 방법은 전류 측정 시 측정 잡음에 의해 오차가 발생할 경우 바로 전류 제어에 오차가 생기는 문제점이 있다. 통상 고조파 잡음을 제거하기 위해 스위칭 주파수 또는 그 이상을 차단 주파수로 하는 저역 통과(Low-Pass) 필터를 사용하여 전류를 필터링한 후 삼각파의 극점(Peak or Valley)에서 전류를 측정하는 방법을 사용한다. 그러나 이 경우 저역 통과 필터의 지연에 의한 전류 신호의 지연을 고려하여 측정(Sampling) 시점을 지연하여 측정할 필요가 있다. 따라서 사용된 필터의 시지연 만큼의 측정상의 지연은 불가피하다. 이에 대한 자세한 내용은 7.2절에서 다룬다. 만약 전류가 급변하고 있는 과도상태일 경우 이러한 측정 방법에 의해 얻은 평균 전류는 식(4-16)의 방법으로 얻은 평균 전류와는 약간의 차이가 나타난다. 또 만약 삼각파의 한주기의 두극점에서 각각 전류를 읽고 출력 전압을 갱신할 경우에도 통상 삼각파 극점에 대한 전류 대칭이 유지되지 않으므로(Asymmetric PWM) 이러한 측정 방법에 의한 전류가 식(4-16)의 방법으로 얻은 평균 전류와 다를 수 있다. 그러나 예상되는 여러 문제점에도 불구하고 이렇게 삼각파의 각 극점에서 전류를 읽는 방법은 전류 제어기의 제어 대역폭을 최대한으로 확보할 수 있는 가장 좋은 방법이다.

앞에서 언급한 맥동 성분이 없는 평균 전류를 얻기 위한 여러 가지 방법들은 필연적으로 측정 지연을 가지는데, 이러한 전류 측정에 내재하는 시지연은 전류 제어기의 제어 대역폭(Bandwidth)을 제한하게 된다. 또한 펄스폭 변조에 의한 시지연은, 한 스위칭 주기에서 제어 값 V_c^* 를 2번 갱신(Up-date)할 경우(Asymmetric PWM), $\frac{1}{2}\cdot\frac{1}{2}T_s$ 이 된다. 제어기를 디지털로 구성할 경우 여기에 디지털 제어에 의한 시지연 $\frac{1}{2}T_s$ 가 더해진다. 디지털 제어에 의한 지연은, 현재 출력되고 있는 V_a^* 와 제어기가 알고 있는 전동기의 전기자 저항 $\hat{R}_a$, 인덕턴스 $\hat{L}_a$, 현시점에서 추정된 역기전력 $\hat{e}(n)$ 과 측정된 전류 $i_a(n)$ 을 이용하면 다음과 같은 식으로부터 다음 샘플링 시점의 전류, $i_a(n+1)$,를 미리 예측하여, 제거될 수 있다.

$$i_a(n+1) = i_a(n) + \frac{T_s}{2}\left[V_a^*(n) - \hat{e}(n) - \hat{R}_a \cdot i_a(n)\right]\frac{1}{\hat{L}_a} . \quad (4\text{-}17)$$

이러한 예측된 전류에 의한 제어는 현재 샘플링 된 전동기 전류, $i_a(n)$,역기전력의 측정 및 추정 값, $\hat{e}(n)$, 전동기 정수($\hat{R}_a$, $\hat{L}_a$)에 오차가 있을 경우 예측 전류에 오차가 발생하여 정상 상태에서 $2f_s$ 에 해당하는 고조파 맥동이 생기는 단점이 있다. PWM 스위칭 주파수가 f_s 인 4상한 초퍼 회로를 이용하여 4.2.3.1절에서 언급된 전동기 전기자 저항, 인덕턴스에 의한 극점(Pole)과 제어기의 영점(Zero)을 상쇄시키는 기술적 최적화(Technical Optimum) 기법의 전류 제어계를 앞에서 언급한 여러 시지연 요소를 고려하여 설계할 경우, 가능한 최대 전류 제어 대역폭은 <표 4.1>과 같다. 최근 발전하고 있는 FPGA(Field Programmable Gate Array)를 이용한 디지털 신호 처리 기술과 고속 아날로그/디지털 변환기(Analog to Digital Converter) 기술에 힘 입어 전류를 삼각파의 극점에서 읽은 후 1~2μs 이내에 전류 제어기 연산을 마치고 지령 전압을 출력할 수 있게 되었다. 이러한 고속 연산을 이용할 경우, 10kHz의 스위칭 주파수에서 출력 전압의 범위를 1~2% 정도 희생한다면 전류의 예측 없이도 전체 시지연을 $0.25T_s$로 줄일 수 있어 제어 대상의 제정수의 변동에 관계없이 전류 제어 대역폭을 $2\pi\cdot\frac{f_s}{3.5}$ 정도까지 늘릴 수 있다(참고문헌 [12]).

여기서 $f_s = \frac{1}{T_s}$, T_s는 스위칭 주파수의 역수, 즉 스위칭 주기(Period)이다.

표 4.1 4상한 초퍼 회로의 전류 제어 대역폭; 디지털 제어를 가정

전류 측정 방법	Low Pass Filtering $f_{cut} = f_s / 5$	Sampling at Peak or Valley of Carrier Waveform	Sampling at Peak and Valley of Carrier Waveform	Sampling at Peak and Valley of Carrier and Prediction of Current
제어 값 갱신 기법	PWM 주기마다 1번씩	PWM 주기마다 1번씩	PWM 주기마다 2번씩	PWM 주기마다 2번씩
시지연 (Time Delay)	$2.75T_s$	$1.5\,T_s$	$0.75T_s$	$0.25T_s$
최대 전류 대역폭 ω_{cc}, rad / s	$2\pi \cdot \frac{f_s}{40}$	$2\pi \cdot \frac{f_s}{21}$	$2\pi \cdot \frac{f_s}{10}$	$2\pi \cdot \frac{f_s}{3.5}$

4.2.4 안티 와인드업(Anti-Windup) (참고문헌 [13])

물리적인 입력과 출력은 물리적 제한에 의해 전부 상한(Upper Limit), 하한(Lower Limit) 값을 가진다. <그림 4.13>에 나타난 바와 같이 전류 제어기의 출력은 전력 증폭기(예를 들면 3상 전파 제어 정류 회로, 4상한 초퍼 등)의 제어 입력으로 인가되어 직류 전동기의 단자 전압 V_a 가 된다. 전력 증폭기는 입력 교류 전압, 또는 입력 직류 전압에 의해 출력할 수 있는 전압의 최대, 최소 값이 제한되므로 제어기의 출력이 구동 장치의 제한을 벗어나는 경우가 발생한다. 이 경우에는 구동 장치가 제어기 출력에 관계없이 항상 제한 값을 출력(구동 장치의 포화; Saturation)하게 되므로 폐루프(Closed Loop) 제어기를 사용하여도 궤환 경로가 동작하지 않아 개루프(Open Loop) 제어기를 사용하는 것과 같게 된다. 이러한 경우를 방지하기 위하여, 제어기 출력은 <그림 2.70>과 같이 제한기(Limiter)에 의하여 간단히 제한될 수 있으나 전류 제어기에 적분기가 포함되어 있을 경우, 적분기의 적분 값($\int_0^t e(\tau)d\tau$, or $\sum_{k=0}^{n} e(k)$)은 그 값이 제한되지 않고 제어기의 제한폭(상한, 하한)을 넘어 쌓이게 된다. 이러한 현상을 적분기의 와인드업(Wind-up)이라고 한다. 적분기의 와인드업 현상이 발생하게 되면, 그로부터 제어기의 동작이 정상으로 돌아오기 위해서는 지령치와 궤환되는 값의 오차가 긴 시간 동안 반대의 부호를 가져야만 하므로, 제어기의 응답이 느려지게(Sluggish) 되고 심한 경우 제어기가 발산(Diverge)할 수 있다. 따라서 제어기의 출력과 적분기의 출력 각각을 구동 장치의 물리적 제한에 따라 적절히 제한해 주어야 하는데 이러한 기법을 안티 와인드업(Anti-windup)이라 한다. 통상 연산 증폭기(Operational Amplifier)를 사용하는 <그림 4.14>와 같은 아날로그 제어기의 경우 식 (4-18)에의해 주어지는 제어기 출력 값은 아날로그 회로의 전원 전압(+Vcc, –Vcc)의 크기에 의해 적분기의 출력이 자동으로 제한

되어지고 만약 제어기 출력을 전원 전압 이내의 어떤 값으로 제한하려면 제너(Zener) 다이오드를 사용하는 <그림 4.15>와 같은 간단한 회로에 의해 적분기 출력과 제어기 출력을 제한할 수 있다.

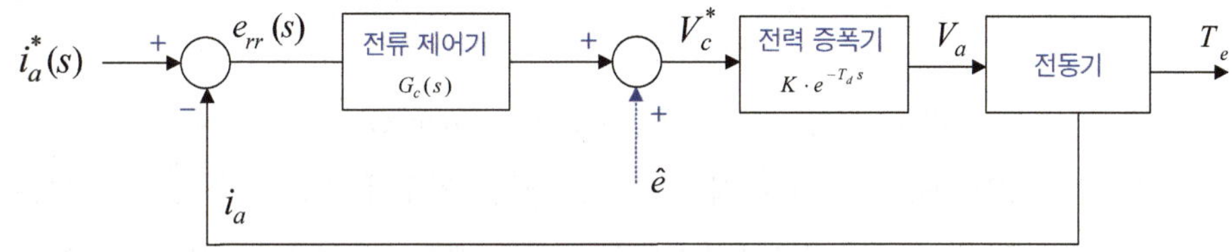

그림 4.13 전류 제어기와 전동기를 포함하는 제어 회로

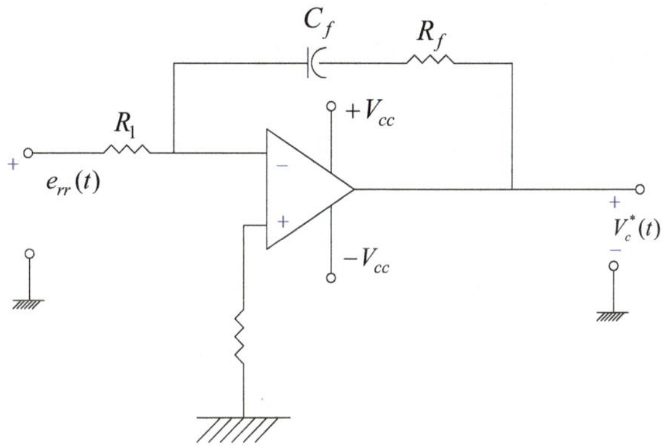

그림 4.14 연산 증폭기를 사용하는 비례적분(PI) 제어기(출력 $V_c^*(t)$ 는 전원 전압의 크기 V_{cc} 에 의해 제한된다)

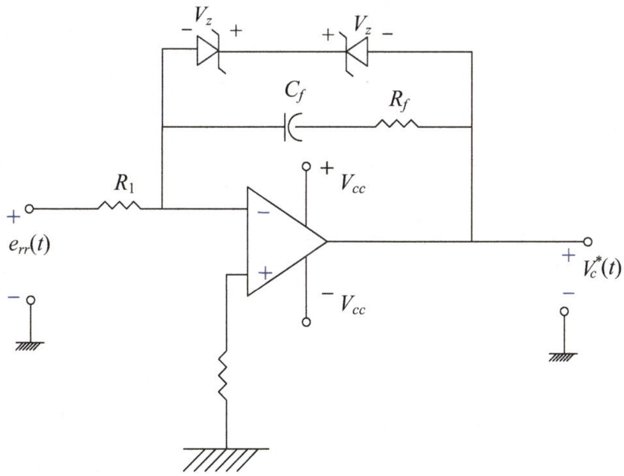

그림 4.15 제너(Zener) 다이오드에 의한 출력 전압과 적분 전압의 제한
(출력 $V_c^*(t)$ 는 제너다이오드의 역저지(Reverse Blocking) 전압 Vz에 의해 제한된다)

$$V_c^*(t) = -\frac{R_f}{R_1} e_{rr}(t) - \frac{1}{C_f R_1} \int_0^t e_{rr}(\tau) d\tau \,. \quad (4\text{-}18)$$

또한 고정 소수점 연산(Fixed Point Operation)을 사용하는 디지털 신호 처리기(Digital Signal Processor, DSP)의 경우 연산된 변수의 포화(Saturation) 기능과 적절한 스케일링(Scaling) 기법에 의해 적분기의 출력을 제어기 출력과 비교하여 그 값을 제한할 수 있다. 그러나, 부동 소수점 연산(Floating Point Operation)을 사용하는 디지털 신호 처리기(DSP)를 이용하여 제어기를 구현하는 경우나 또는 컴퓨터 시뮬레이션 프로그램을 구현할 때에는 반드시 적분기의 출력을 제한하는 적절한 방법을 사용하여야 한다. 통상의 비례 적분 제어기의 경우 적분기 출력의 제한은 <그림 4.16>에 보인 바와 같이 여러 가지 기법을 통하여 구현할 수 있으나 <그림 4.16(b)>에 표시한 역전달 연산법(Back Propagation Calculation)이 가장 좋은 제어 특성을 나타낸다. 각각의 제어기 구성에서 역기전력의 추정값 $\hat{e}$를 전향(Feed forward) 보상함으로써, 전류 제어 특성을 향상시킬 수 있다.

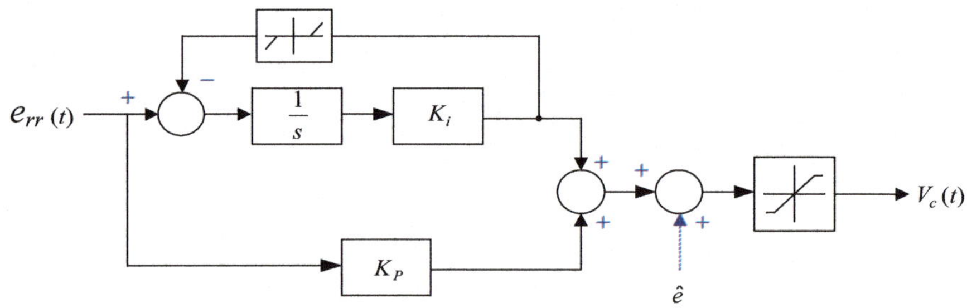

(a) 적분 값의 제한(Limited Integral)

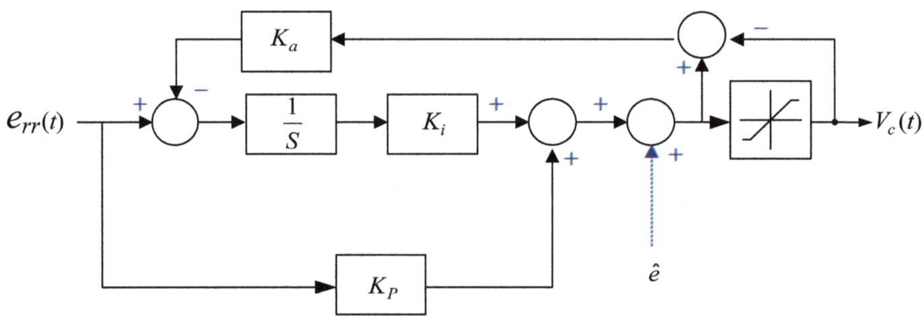

(b) 안티 와인드업 제어기(Anti-Windup Controller)

그림 4.16 안티 와인드 업의 구현

<그림 4.16(b)>에서 K_a 는 안티 와인드업(Anti-Windup) 제어기의 이득이며 통상 $K_a = \frac{1}{K_p}$ 정도로 설정하는데, 요구되는 제어 특성에 따라 $\frac{1}{K_p}$ 을 기준으로 하여 $\frac{1}{3K_p} < K_a < \frac{3}{K_p}$ 정도에서 가변될 수 있다.

이 이외에도 적분기의 와인드업을 막기 위하여 미리 설정된 조건에 따라, 적분을 수행(Integrator On)하거나 수행하지 않거나(Integrator Off) 하는 조건부 적분 방법을 생각할 수 있다. 제어기에 적분기가 포함되는 가장 큰 이유는 정상 상태 오차를 영으로 하기 위함이므로 조건부 적분을 사용하여도 정상 상태 오차가 영이 되는 것은 보장되어야 한다. 따라서 이러한 방법을 사용하려면 적분이 수행되지 않는 시간 동안에는 정상 상태에 도달하지 않아야 한다는 제약이 있다. 적분 수행 여부를 결정하는 조건은, 응용 분야 및 제어기의 특성에 따라 다르게 결정될 수 있지만 구동 장치가 포화된 상황에서 제어기의 출력과 오차가 같은 부호를 가지는 경우에 적분을 멈추는 방법이 가장 좋은 결과를 보여준다(참고문헌 [14]). 이상과 같은 안티 와인드업 제어기는 비례 적분 전류 제어기뿐 아니라 적분기를 포함하면서 그 출력이 물리적으로 제한되는 모든 제어기에 필수적으로 부가 되어야 한다.

4.2.5 교류 전류 제어기의 설계

직류기기와 마찬가지로 교류기기의 고성능 제어를 위해서도 전류 제어가 필수적이다. 펄스폭 변조 인버터를 이용한 교류 전기기기의 전류 제어를 위하여서는 여러 가지 전류 제어 기법(참고문헌 [15]) – 히스테리시스 제어, 예측 제어, 데드비트(Dead Beat) 제어 등 – 이 있을 수 있으나 본 절에서는 4.2.3절에서 설명한 직류기의 전류 제어 기법을 확장하여 3상 교류의 전류를 제어할 수 있는 방법을 설명하고자 한다. 이러한 제어 기법은 비교적 우수한 제어 특성과 손쉬운 제어기 이득 설정, 제어 대상 부하의 제정수 변동에 대한 강인성으로 인하여 산업계에서 널리 사용되고 있다.

4.2.5.1 일반적인 3상 평형(Balanced) 회로

일반적인 3상 평형 전기 회로는 <그림 4.17>과 같이 각 상의 임피던스가 같고 역기전력의 순시 합이 "0"$(e_{as} + e_{bs} + e_{cs} = 0)$ 인 회로로 정의할 수 있다. 여기서 또 각 상의 역기전력은 일정한 각주파수 ω_e를 가지는 정현파의 3상 전압으로 가정한다.

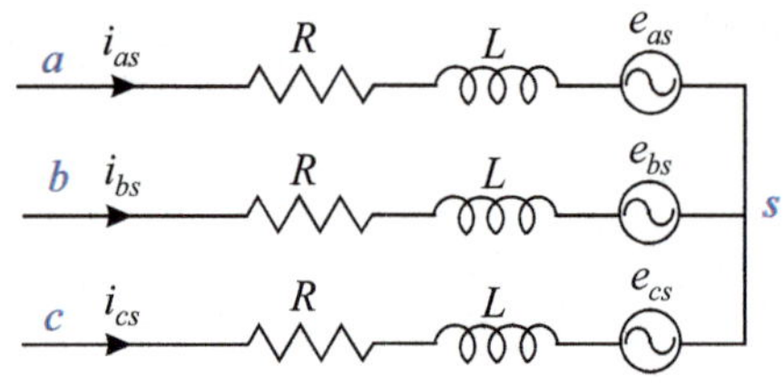

그림 4.17 일반적인 3상 평형 전기 회로

다음 식은 3상 평형 회로에서의 전압 방정식이다.

$$\begin{aligned} V_{as} &= Ri_{as} + L\frac{di_{as}}{dt} + e_{as} \\ V_{bs} &= Ri_{bs} + L\frac{di_{bs}}{dt} + e_{bs} \\ V_{cs} &= Ri_{cs} + L\frac{di_{cs}}{dt} + e_{cs} \end{aligned} \quad (4\text{-}19)$$

위 식들을 d-q 정지 좌표계에서의 전압 방정식으로 바꾸면 다음과 같이 된다.

$$\begin{aligned} V_{ds}^{s} &= Ri_{ds}^{s} + L\frac{di_{ds}^{s}}{dt} + e_{ds}^{s} \\ V_{qs}^{s} &= Ri_{qs}^{s} + L\frac{di_{qs}^{s}}{dt} + e_{qs}^{s} \end{aligned} \quad (4\text{-}20)$$

또, 인가 주파수에 동기된 d-q 동기 좌표계에서의 전압 방정식은 식 (4-21)과 같다.

만약 식 (4-19)로 표현되는 <그림 4.17>의 회로에 인가되는 전압, 전류가 전부 각주파수, ω_e, 를 갖는 정현파라면 식 (4-21)로 표현되는 동기 좌표계의 전압, 전류는 정상 상태에서는 전부 직류이다. 따라서 식 (4-21)로 주어지는 시스템은 4.2.3절에서 언급된 직류 전류 제어기의 설계 기법에 따라 설계될 수 있다.

$$\begin{aligned} V_{ds}^{e} &= Ri_{ds}^{e} + L\frac{di_{ds}^{e}}{dt} - \omega_e Li_{qs}^{e} + e_{ds}^{e} \\ V_{qs}^{e} &= Ri_{qs}^{e} + L\frac{di_{qs}^{e}}{dt} + \omega_e Li_{ds}^{e} + e_{qs}^{e} \end{aligned} \quad (4\text{-}21)$$

<그림 4.18>은 일반적인 3상 평형 회로에 대한 전류 제어기를 표현하며, 4.2.3절에서 언급된 전류 제어기를 d와 q의 2상으로 확장한 형태이다. 4.2.3절의 직류 전류 제어기

와 다른점은 출력 전압의 제한이 d-q축에서 독립적이지 않고 3상 PWM 인버터(컨버터)의 경우 공간 벡터(Space Vector) 평면상의 육각형으로 주어져 d-q축의 전압 제한치가 서로 상관 관계를 가진다는 점이다. 제어기 출력 전압, V_{dqs}^{s*},가 삼상 전압형 PWM 인버터가 합성할 수 있는 육각형의 범위를 벗어나게 되면 적절한 과변조(Over-Modulation) 기법을 이용하여 육각형의 변(Side)상으로 제한된 전압, V_{dqs}^{s},를 출력하고 출력된 전압을 기준으로 하여 안티 와인드업(Anti-Windup) 제어를 행해야 한다(참고문헌 [16]).

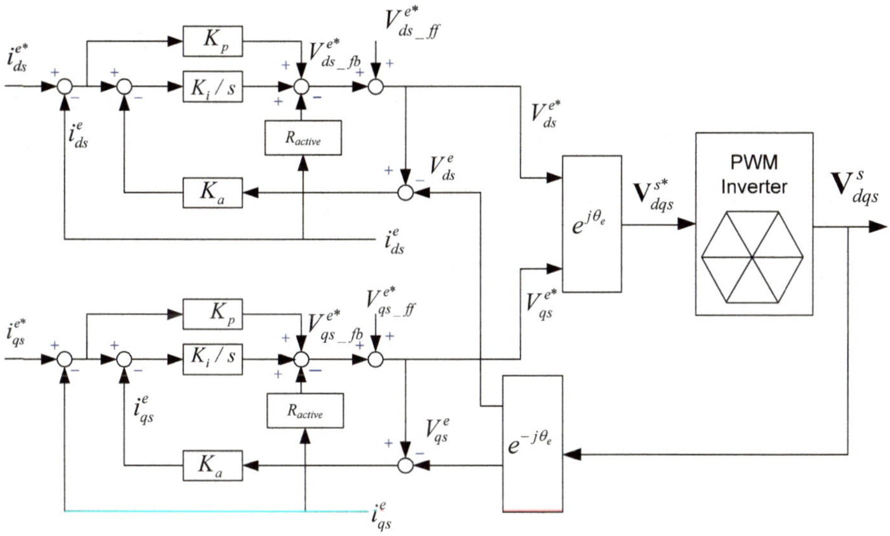

그림 4.18 일반적인 3상 평형 회로에 대한 전류 제어기

그림에서 d-q축의 전향 보상 전압은

$$\begin{aligned} V_{ds\_ff}^{e} &= -\omega_e \hat{L} i_{qs}^{e} + \hat{e}_{ds}^{e} \\ V_{qs\_ff}^{e} &= \omega_e \hat{L} i_{ds}^{e} + \hat{e}_{qs}^{e} \end{aligned}, \tag{4-22}$$

로 주어지며 전류 제어기의 대역폭을 ω_{bw} 라 하면 4.2.3절의 직류 전류 제어기처럼 제어기의 영점을 이용하여 제어 대상의 극점을 상쇄하여 전체 전류 제어기의 전달 함수가 1차 저역 통과 필터의 전달 함수와 같이 되도록 유도할 수 있으며, 이 경우 제어기 이득은 아래와 같다. 능동 댐핑 성분 R_{active} 을 부하 저항의 수 배가 되도록 설정하면 부하 저항의 변동에 강인한(Robust) 전류 제어 특성을 얻을 수 있다.

$$K_p = L\,\omega_{bw}$$
$$K_i = (R + R_{active})\omega_{bw} \tag{4-23}$$
$$K_a = \frac{1}{K_p}$$

역기전력을 전향 보상하는 동기 좌표계 비례 적분(Proportional and Integral: PI) 전류 제어기는, 정상 상태에서 좌표계상의 기준 전류와 실제 전류가 직류이므로 제어기에 포함된 적분항에 의해 정상 상태 오차가 발생하지 않는 장점을 가지고 있기 때문에 비교적 간단한 구조로 우수한 성능을 얻을 수 있어 많은 응용 분야에서 사용되고 있다. 각각의 전동기에 대한 전류 제어기의 이득 설정에 관한 식은 3.2와 3.3절에서 설명한 전동기 모델링에 대한 식으로부터 다음과 같이 유도될 수 있다. 또 평균 전류를 측정하는 방법과 펄스폭 변조 시 제어기 출력을 갱신하는 방법에 따라 4.2.3.2절의 <표 4.1>과 같은 제어 대역폭(Control Bandwidth)을 가진다.

4.2.5.2 유도 전동기

유도 전동기의 전류 제어기를 구성하기 위하여 3.2절에서 얻어진 유도기 d-q-n 모델에 근거하여 고정자 전류와 회전자 자속으로 표현되는 유도 전동기의 동기 좌표계 상에서의 전압 방정식을 유도하기로 한다. 유도 전동기의 고정자의 동기 좌표계 d-q축 전압 방정식은 다음과 같다.

$$V_{ds}^e = R_s i_{ds}^e + \frac{d\lambda_{ds}^e}{dt} - \omega_e \lambda_{qs}^e$$
$$V_{qs}^e = R_s i_{qs}^e + \frac{d\lambda_{qs}^e}{dt} + \omega_e \lambda_{ds}^e \tag{4-24}$$

마찬가지로 d-q축으로 표현된 유도 전동기 회전자의 동기 좌표계 d-q 전압 방정식은 다음과 같다.

$$0 = R_r i_{dr}^e + \frac{d\lambda_{dr}^e}{dt} - \omega_{sl} \lambda_{qr}^e$$
$$0 = R_r i_{qr}^e + \frac{d\lambda_{qr}^e}{dt} + \omega_{sl} \lambda_{dr}^e \tag{4-25}$$

또한, 고정자의 쇄교 자속은 다음과 같다.

$$\begin{aligned}\lambda_{ds}^e &= L_s i_{ds}^e + L_m i_{dr}^e \\ \lambda_{qs}^e &= L_s i_{qs}^e + L_m i_{qr}^e\end{aligned}. \tag{4-26}$$

비슷하게 회전자의 쇄교 자속은 다음과 같이 표현된다.

$$\begin{aligned}\lambda_{dr}^e &= L_m i_{ds}^e + L_r i_{dr}^e \\ \lambda_{qr}^e &= L_m i_{qs}^e + L_r i_{qr}^e\end{aligned}. \tag{4-27}$$

고정자 자속을 회전자 자속과 고정자 전류로 표현하면 다음 식과 같다.

$$\begin{aligned}\lambda_{ds}^e &= \sigma L_s i_{ds}^e + \frac{L_m}{L_r}\lambda_{dr}^e \\ \lambda_{qs}^e &= \sigma L_s i_{qs}^e + \frac{L_m}{L_r}\lambda_{qr}^e\end{aligned}. \tag{4-28}$$

여기서 $\sigma \equiv \dfrac{L_s L_r - L_m^2}{L_s L_r}$ 으로 정의되며 유도전동기의 누설계수(Leakage Factor)라고 부른다. 또 σL_s 는 고정자 과도 인덕턴스(Stator Transient Inductance)라고 부른다. 통상 σL_s 는 고정자와 회전자 누설 인덕턴스의 합, $L_{ls} + L_{lr}$ 로 근사할 수 있다.

회전자 전압식과 회전자 자속의 관계식으로부터

$$\begin{aligned}\frac{d\lambda_{dr}^e}{dt} &= R_r \frac{L_m}{L_r} i_{ds}^e - \frac{R_r}{L_r}\lambda_{dr}^e + (\omega_e - \omega_r)\lambda_{qr}^e \\ \frac{d\lambda_{qr}^e}{dt} &= R_r \frac{L_m}{L_r} i_{qs}^e - \frac{R_r}{L_r}\lambda_{qr}^e - (\omega_e - \omega_r)\lambda_{dr}^e\end{aligned}. \tag{4-29}$$

이 성립한다. 식 (4-24)와 식 (4-28), (4-29)를 이용하면 유도 전동기 고정자의 동기 좌표계 d-q축 전압 방정식은 다음과 같이 표시된다.

$$\begin{aligned}V_{ds}^e &= (R_s + R_r \frac{L_m^2}{L_r^2}) i_{ds}^e + \sigma L_s \frac{di_{ds}^e}{dt} - \omega_e \sigma L_s i_{qs}^e - R_r \frac{L_m}{L_r^2}\lambda_{dr}^e - \omega_r \frac{L_m}{L_r}\lambda_{qr}^e \\ V_{qs}^e &= (R_s + R_r \frac{L_m^2}{L_r^2}) i_{qs}^e + \sigma L_s \frac{di_{qs}^e}{dt} + \omega_e \sigma L_s i_{ds}^e + \omega_r \frac{L_m}{L_r}\lambda_{dr}^e - R_r \frac{L_m}{L_r^2}\lambda_{qr}^e\end{aligned}. \tag{4-30}$$

유도 전동기에 5.2절에서 언급할 회전자 자속 기준 벡터 제어가 행하여 지는 경우에는 $\lambda_{qr}^e = 0$ 이므로 식 (4-30)은 다음 식과 같이 표시될 수 있다.

$$
\begin{aligned}
V_{ds}^e &= (R_s + R_r \frac{L_m^2}{L_r^2}) i_{ds}^e + \sigma L_s \frac{di_{ds}^e}{dt} - \omega_e \sigma L_s i_{qs}^e - R_r \frac{L_m}{L_r^2} \lambda_{dr}^e \\
V_{qs}^e &= (R_s + R_r \frac{L_m^2}{L_r^2}) i_{qs}^e + \sigma L_s \frac{di_{qs}^e}{dt} + \omega_e \sigma L_s i_{ds}^e + \omega_r \frac{L_m}{L_r} \lambda_{dr}^e
\end{aligned} \quad (4\text{–}31)
$$

일반적인 3상 평형 전기 회로의 식 (4-21)과 위 식을 비교하여 보면, 유도 전동기의 경우에 있어 비례 적분 제어기의 이득을 계산하기 위한 식 (4-23)에 표현된 R, L 값을 얻을 수 있다. 이는 <표 4.2>에 정리되어 있다.

표 4.2 회로 상수

일반적인 전기 회로	유도 전동기	동기 전동기
저항 R	$R_s + R_r (\frac{L_m}{L_r})^2$	R_s
인덕턴스 L	$\sigma L_s \approx L_{ls} + L_{lr}$	L_d, L_q
각주파수 ω	$\omega_e (= \omega_r + \omega_{sl})$	ω_r
동기 좌표계 d축 역기전력 e_{ds}^e	$-R_r \frac{L_m}{L_r^2} \lambda_{dr}^e$	0
동기 좌표계 q축 역기전력 e_{qs}^e	$\omega_r \frac{L_m}{L_r} \lambda_{dr}^e$	$\lambda_f \omega_r$

4.2.5.3 동기 전동기

자기저항 동기 전동기(Synchronous Reluctance Motor)를 포함하는 일반적인 영구자석 동기 전동기의 회전자 기준 좌표계 d-q 전압 방정식은 <그림 3.10>으로부터 다음 식과 같이 표현될 수 있다.

$$
\begin{aligned}
V_{ds}^r &= R_s i_{ds}^r + L_d \frac{di_{ds}^r}{dt} - \omega_r L_q i_{qs}^r \\
V_{qs}^r &= R_s i_{qs}^r + L_q \frac{di_{qs}^r}{dt} + \omega_r L_d i_{ds}^r + \omega_r \lambda_f
\end{aligned} \quad (4\text{–}32)
$$

여기서 λ_f 는 영구자석 또는 계자 권선의 자속의 크기이며, $L_d = L_{ls} + L_{md}$ 이고

$L_q = L_{ls} + L_{mq}$ 이다. 자기저항 동기 전동기의 경우에는 $\lambda_f = 0$ 이다. 표면 부착형 영구 자석 동기 전동기의 경우에는 $L_d = L_q$ 이다. 식 (4-32)를 일반적인 3상 회로에 대한 d-q 동기 좌표계에서의 전압식 (4-21)과 비교하여, 동기 전동기의 경우를 일반적인 전기 회로의 상수에 대응 시키면 앞의 <표 4.2>에서와 같이 표시할 수 있다.

4.2.5.4 동기 좌표계 복소수 벡터 전류 제어기

위에서 언급한 동기 좌표계에서의 전류 제어기는 좌표 변환에 의한 상호 간섭(Cross Coupling) 성분을 제거하기 위하여 전동기의 인덕턴스를 사용하여 간섭(Coupling) 성분에 해당되는 전압(일반적인 교류 전류 제어기에서 $-\omega_e \hat{L} i_{qs}^e$ 와 $\omega_e \hat{L} i_{ds}^e$)을 상태 궤환(State Feedback)에 의해 상쇄(Decoupling) 시킨다. 만약 인덕턴스의 값을 정확히 알고 있지 못하면 완전한 비간섭화(Decoupling) 제어가 불가능하다. 전동기의 제정수에 오차가 존재하는 경우 그 오차에 의한 상호 간섭 성분은 비례 적분(PI) 제어기의 적분기가 부담한다는 사실에 착안하여 전류 오차를 이용하여 적분기의 입력에 교차적으로 더해 주는 <그림 4.19>와 같은 전류 제어기가 제안되어 활용되고 있다(참고문헌 [17]). 이러한 전류 제어기는 스칼라(Scalar)로 표현하면 다변수 입/출력(Multi Input and Multi Output, MIMO)시스템인 전동기의 전류 제어 시스템을 복소수 벡터로 표현하여 단일 변수 입/출력(Single Input and Single Output, SISO) 시스템으로 나타내고 복소수 주파수 응답 함수(Complex Frequency Response Function, Complex FRF), 혹은 복소수 전달 함수(Complex Transfer Function)의 개념을 사용하여 제어기 이득의 설정 및 제어 성능을 분석하기 때문에 동기 좌표계 복소수 벡터 전류 제어기라 불리운다. 일반적인 3상 평형 회로에 대한 복소수 벡터 전류 제어기는 <그림 4.19>와 같이 표시될 수 있다. <그림 4.18>과 비교하여 볼 때 적분기의 입력에 상호 간섭 항이 포함되어 있는데 이를 이용하여 좌표 변환에서 발생되는 간섭 항을 상쇄 시킬 수 있다. 따라서 <그림 4.19>에서의 전향 보상항, $V_{ds\_ff}^*, V_{qs\_ff}^*$ 에는 좌표계 변환에 의해 생기는 항, $-\omega_e \hat{L} i_{qs}^e$, $\omega_e \hat{L} i_{ds}^e$ 이 존재하지 않게 된다. 또 제어기 출력이 포화되었을 경우 <그림 4.18>의 제어기와 같은 과도 특성을 얻기 위하여 안티 와인드업 부분에 상호 간섭 항이 추가되어야한다(참고문헌 [18]). 만약 제어기의 비례 이득 설정과 비간섭 항을 제거하기 위한 상태 궤환 항에 사용되는 인덕턴스 값이 실제 인덕턴스와 일치하고 제어기 이득이 식 (4-23)과 같이 설정되었다면 <그림 4.18>과 <그림 4.19>의 제어기에 의한 기준 전류에 대한 실제 전류의 전달 함수는 수학적으로 동일한 식(차단 주파수가 ω_{bw} 인 1차 저역 통과 필터)으로 주어진다. 그러나 동작 조건에 따라 제어 대상의 인덕턴스가 상태 궤환 항에 사용되는 인덕턴스 값과 달라 질 경우 <그림 4.18>의 제어기에 비해 <그림 4.19>의 제어기가 d-q축 비간섭 제어(Decoupling)에 있어 우수한 제어 특성을 나타낸다. 특히 인덕턴스가 2.9.2절에 언급한 바와 같이 전류 크기에 따라 수백% 변할 경우 두드러진 성능 차이를 볼 수 있다(참고문헌 [19]).

그림에서 $\widetilde{V}_{ds}^{e*}$ 는, d축 동기 좌표계에서, 제어기 출력 전압과 인버터에 의해 제한된 전압의 차이이며 $\widetilde{V}_{qs}^{e*}$ 는 q축 동기 좌표계에서의 전압 차이이다.

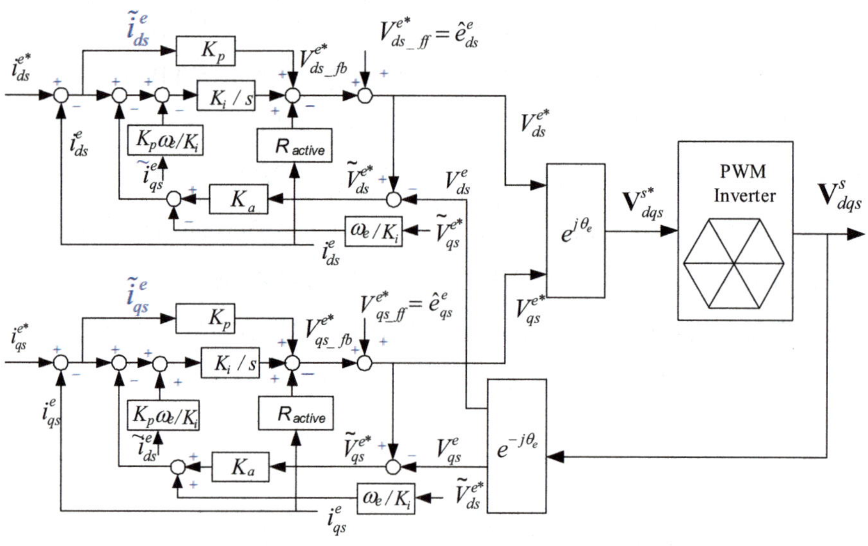

그림 4.19 일반적인 3상 대칭 회로에 대한 복소수 벡터 전류 제어기

4.2.5.5 공진(Resonant) 제어기

4.2.5.1~4.5.5.4에서 다룬 동기 좌표계 전류 제어기는, 필수적으로 정지 좌표계에서 동기 좌표계로 또 제어기 출력을 다시 정지 좌표계로 변환하는 2번의 좌표 변환이 필요하다. 또, 3상이 아닌 단상 교류 회로의 전류 제어를 위해서는 가상(Virtual)의 d-q회로를 만들어 앞 절에서 언급한 동기 좌표계를 적용할 수도 있으나 q축 변수를 얻는데 90° 위상 지연을 필요로 하는 등 연산이 복잡해지는 단점이 있다. 본 절에서는 이와 같이 동기 좌표계 제어기가 가지는 좌표 변환의 문제점 없이 동기 좌표계 전류 제어기와 등가

(Equivalent)의 전류 제어 성능을 단상 또는 3상 교류 전류 제어 시스템에서 얻을 수 있는 제어 기법을 소개하고자 한다.

통상 공진제어기는 비례항을 포함하여 <그림 4.20>과 같이 구성 된다. 여기서 비례 공진 제어기의 전류 지령은 순시적으로 변하는 값이다. 순수 공진 제어기는 식 (4-33)과 같은 전달 함수를 가지며 지령 중에서 공진 주파수, ω_{res}, 에 해당 되는 주파수에서 무한대의 이득을 가지므로 해당 주파수로 회전하는 각으로 좌표 변환된 동기 좌표계 전류 제어기의 적분기와 같은 역할을 한다. 다만 공진 제어기는 해당 주파수의 정방향(정상분, Positive Sequence Component) 뿐 만 아니라 역방향(역상분, Negative Sequence Component) 으로 좌표 변환된 2개의 동기 좌표계 전류 제어기의 각 적분항의 합과 수학적으로 등가이다(참고문헌 [20]). 따라서 공진 제어기는 3상 전류 제어 시스템에서 역상분에 대해서도 동일한 제어 성능을 가진다. 이 경우 동기 좌표계에서의 전류제어기 적분 이득은, 공진제어기는 정상분과 역상분에 대해 작용하므로, 식 (4-33)의 이득 K_i의 2배와 같다. 단상 회로는 정상분과 역상분의 합으로 표시될 수 있으므로 단상 교류 전류 제어 시스템에 대해서도 공진 제어기를 사용할 수 있다. 또한 공진 제어기 자체에는 식 (4-33)에서 알 수 있듯이 비례항이 없음으로 제어 안정성이 보상 되지 않는다. 따라서 통상 비례 제어기와 함께 <그림 4.20>처럼 비례-공진(Proportional and Resonant Controller, PR) 제어기로 사용된다. 식(4.34)는 비례 공진 제어기의 전달함수이다.

$$\frac{V_r^*}{i_{err}} = \frac{K_i s}{s^2 + \omega_{res}^2} . \tag{4-33}$$

$$\frac{V_{pr}^*}{i_{err}} = K_p + \frac{K_i s}{s^2 + \omega_{res}^2} . \tag{4-34}$$

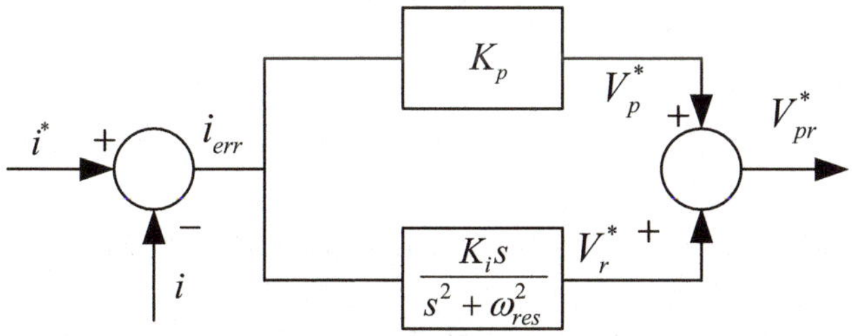

그림 4.20 비례 공진 제어기

공진제어기는 <그림 4.21>의 60Hz를 공진 주파수로하는 공진 제어기의 주파수 특성(Bode Plot)에서 알 수 있듯이 공진 주파수에서 이득이 무한대가 되며, 이를 이용하여 해당 주파수를 제어한다. 하지만 만약 제어하고자 하는 주파수가 공진주파수와 조금이라도 달라 공진점이 제어하려던 주파수 주변이 되면 이득이 급격히 줄어들며 해당 주파수에 대한 제어 성능이 매우 저하된다. <그림 4.21>에서 볼 수 있듯이 만약 제어 주파수가 공진 주파수에서 1~2Hz만 벗어나도 전류 제어 특성을 얻을 수 없다. 즉 제어 이득이 1 이하(아래 그림에서 0dB이하)가 된다.

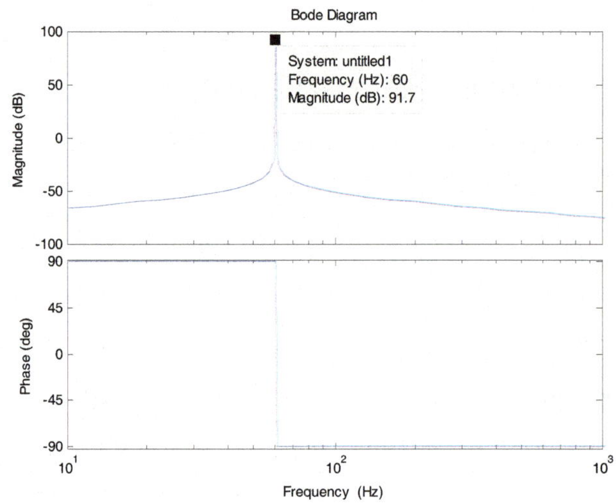

그림 4.21 60Hz를 공진 주파수로 하는 공진 제어기의 주파수 특성(Bode Plot)

따라서 가변 주파수의 교류 전류를 제어하려면 공진 주파수를 그에 맞추어 실시간으로 가변해야한다. 이 경우 정확한 공진점을 약간 벗어 나더라도 제어 성능을 확보하기 위하여 공진 제어기에 댐핑을 주어 공진점에서 이득을 줄이면서 공진의 주파수 대역을 늘리는 방법을 사용할 수도 있다. 특히 공진 제어기를 디지털로 구현할 경우, 연속시간 영역(s-domain)에서 구현한 공진 제어기를 디지털 영역(z-domain)으로 변환하기 위하여 사용하는 디지털 근사가 공진 주파수에 오차를 일으킬 수 있어 세심한 주의가 요구된다. 특히 디지털 제어의 샘플링 주파수(f_{samp})에 비해 공진주파수($\frac{\omega_{res}}{2\pi}$)가 1/5을 넘어 커지게 되는 경우 문제가 된다. 이러한 경우 정확한 공진 주파수의 디지털 구현을 위하여 주파수 보정(Frequency Warping)이 필요하다. 이 때 식 (4-35)와 같은 디지털 근사를 이용할 수 있다(참고문헌 [21]).

$$s \leftarrow \frac{\omega_{res}}{\tan\left(\dfrac{\omega_{res}}{2f_{samp}}\right)}\frac{z-1}{z+1}. \tag{4-35}$$

이와 같은 근사를 이용할 경우 식(4-33)의 공진 제어기 전달함수는 디지털 영역(Z-domain)에서 식(4-36)과 같이 표시된다.

$$\frac{V_{pr}^*}{i_{err}} = \frac{K_i\dfrac{\sin(\omega_{res}/f_{samp})}{\omega_{res}}(z^2-1)}{z^2-2\cos(\omega_{res}/f_{samp})z+1}. \tag{4-36}$$

비례-공진제어기는 동기좌표계 비례적분(PI)제어기와 등가이기 때문에 PI 제어기의 이득을 결정하는 식 (4.23)과 동일한 방식으로 이득을 결정한다.

또 공진 제어기는 교류 전원에 포함된 여러 고조파(Harmonics) 전류 성분을 제거하기 위하여 <그림 4.22>와 같이 여러 개의 공진 제어기가 병렬로 연결된 형태로 사용 될 수도 있다. <그림 4.22>에서는, 만약 기준 전류, i^*,에 고조파 성분이 없다면, 궤환되는 전류, i,의 홀수 고조파 성분이 억제되는 제어기로 사용하는 예를 들었다. 특히 이러한 고조파 제어기를 사용할 경우 각 고조파 성분의 정상분 뿐 아니라 역상분도 억제할 수 있다(참고문헌 [22]).

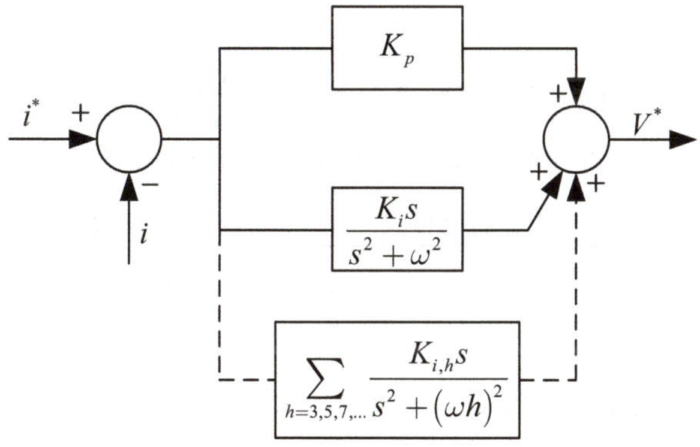

그림 4.22 홀수 고조파 성분 억제가 가능한 비례 공진 제어기

또 고조파 전류 억제를 위하여 <그림 4.23>에 보인 바와 같이 기본파 전류 제어는 일반적으로 4.2.5.1의 동기좌표계 PI 제어기를 이용하고, 기본파의 배수 주파수인 고조파를 PI 제어기가 수행되는 동기좌표계 상에 공진제어기를 추가하는 방법으로 사용할 수

도 있다. <그림 4.23>에서 R6, R12는 위상각 주파수, $\omega_e = \dfrac{d\theta_e}{dt}$ 의 6배, 12배에 해당하는 주파수를 공진 주파수로 갖는 공진 제어기이다. 이 경우 2개의 공진 제어기만 사용하여도 정지 좌표계에서 기본파, ω_e 의 5, 7, 11, 13차의 고조파 전류를 억제할 수 있다.

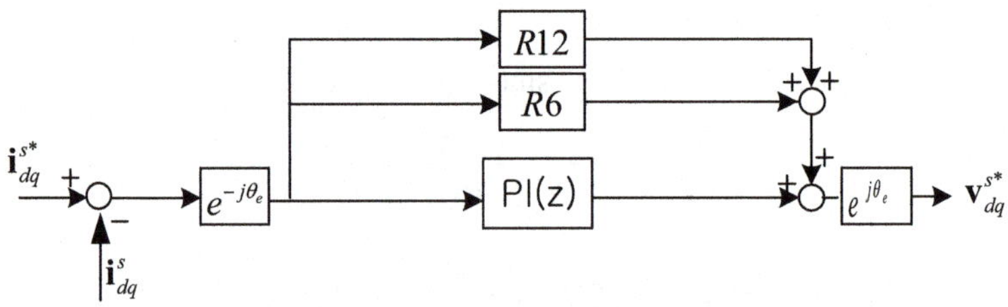

그림 4.23 5, 7, 11, 13차 고조파 억제를 위해 동기 좌표계상에서 구현 된 공진 제어기

공진제어기만으로 구성된 고조파 제어기는 과도 응답성을 보장하지 않으며, 정상상태의 오차를 제거하는 목적으로 사용한다. 따라서 고조파를 억제하는 공진제어기의 이득 K_i는 가능한 작은 값으로 설정하는 것이 좋다.

4.2.5.6 반복 (Repetitive) 제어기

<그림 4.22, 4.23>과 같이 고조파 제거를 위한 공진 제어기의 병렬 운전은 <그림 4.24>와 같은 반복제어기에 의해서 간단히 구현될 수 있다. 반복 제어기는 제어기의 오차가 일정 주기로 반복 될 때 이전 주기에서의 출력을 다음 주기에서 전향 보상함으로써 제어 성능을 대폭 향상 시킬 수 있다는 개념에 기초하고 있다. 앞 절에서 언급한 고조파 전류를 억제하기 위한 제어에 있어, 고조파 전류의 원인이 교류 전원에 포함된 고조파 전압 또는 7장에서 언급된 전기기기 제어의 실제적인 문제점에 의해서 생긴 어떤 것들이라 하더라도, 그 원인이 기본파 주기와 동기 되어 있고 여러 주기 동안 일정하다면 반복 제어기에 의해 효과적으로 고조파 전류를 억제 할 수 있다. 이러한 반복 제어기는 계통 연계형 전력 변환기의 제어뿐 아니라 전동기 구동에 있어서도 전동기 역기전력의 고조파 성분 또는 인버터 비선형성이 만드는 고조파 전류를 억제하는데도 효과적으로 이용 될 수 있다. <그림 4.24>의 제어기는 식(4-37)과 같은 전달함수로 표시된다.

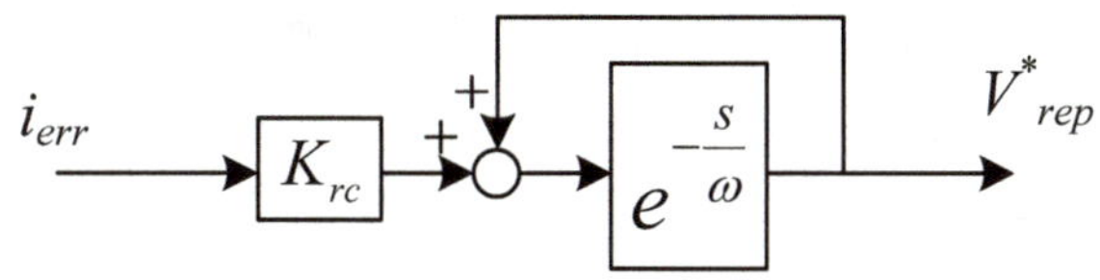

그림 4.24 반복제어기의 기본 구조

$$
\begin{aligned}
\frac{V^*_{rep}}{i_{err}} &= \frac{K_{rc}e^{-\frac{s}{\omega}}}{1-e^{-\frac{s}{\omega}}} = K_{rc}\left[-\frac{1}{2}+\frac{1}{2}\left(\frac{1+e^{-\frac{s}{\omega}}}{1-e^{-\frac{s}{\omega}}}\right)\right] \\
&= K_{rc}\left[-\frac{1}{2}+\omega\left(\frac{1}{s}+\sum_{k=1}^{\infty}\frac{2s}{s^2+(k\omega)^2}\right)\right]. \\
&= -\frac{1}{2}K_{rc}+K_{rc}\omega\frac{1}{s}+\sum_{k=1}^{\infty}\frac{2K_{rc}\omega s}{s^2+(k\omega)^2}
\end{aligned}
\tag{4-37}
$$

<그림 4.24>와 식 (4-37)에서 알 수 있듯이 반복 제어기는 $e^{-\frac{s}{\omega}}$ 라는 지연(delay) 함수만으로 이루어진 제어기이므로, 디지털 구현이 간편하다. 또한 이러한 반복제어기는 수학적으로 공진 제이기의 무한대 합으로 표현 할 수 있기 때문에 공진제어기와 같은 고조파 전류 제어 특성을 가진다. 이를 나타낸 공진 제어기들로 표현된 등가 블록도는 <그림 4.25>와 같고 그 주파수 특성은 <그림 4.26>과 같다(참고문헌[23]).

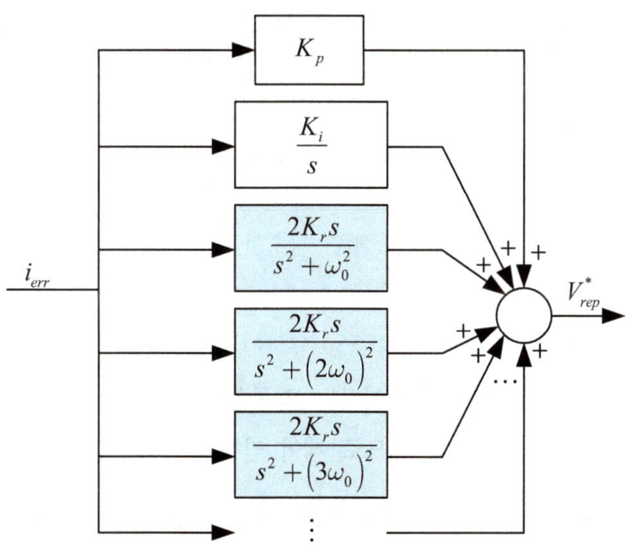

그림 4.25 반복제어기의 비례+적분+공진 제어기에 의한 등가 블록도

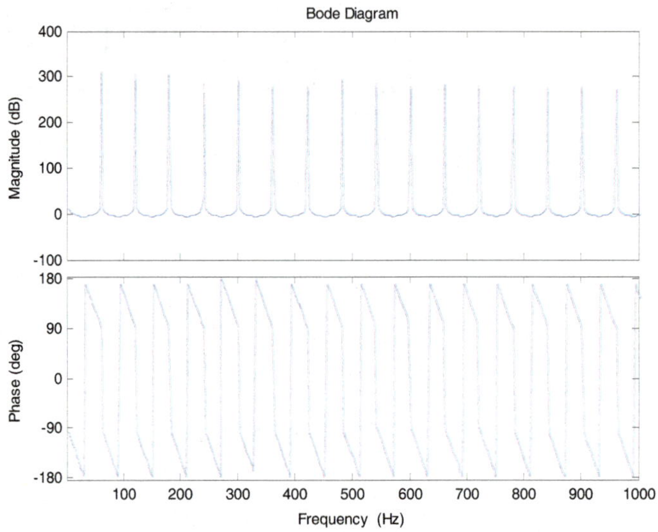

그림 4.26 $\omega = 60\text{Hz}$ 일 때 반복제어기의 주파수 특성(Bode Plot)

반복 제어기는 일반적으로 주기적인 외란을 제거하고자 하는데 쓰이므로 반복 제어기를 단독으로만 사용하는 경우는 드물며, 주로 기존의 제어기에 부가(Plug-in)하여 사용한다. 그러한 부가 반복 제어기의 대표적 형태는 <그림 4.27>과 같다 (참고문헌[24]).

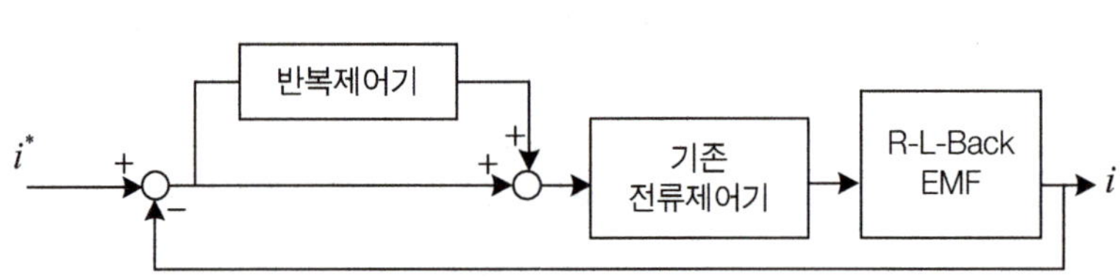

그림 4.27 부가(Plug-in) 반복제어기

반복제어기는 그 구조 특성상, 지연 함수를 이용하기 때문에 공진 제어기에 비해 동특성이 느리다. 하지만 고조파 전류를 발생시키는 요인들이 빠르게 변화하지 않고 주기적일 경우, 한 개의 반복제어기를 이용하여 반복 제어기가 제어하는 전류의 모든 고조파를 억제할 수 있다. 반복 제어기는 그 구성에 있어 시지연된 출력이 다시 정방향으로 궤환(Positive Feedback) 되므로 제어 안정성이 나빠질 우려가 있어 통상 <그림 4.24>의 지연함수, $e^{-\frac{s}{\omega}}$,와 직렬로 저역통과필터(Low Pass Filter)를 연결하여 사용한다 (참고문헌[25]).

4.3 속도 제어기의 설계

전동기는 자속과 전류의 상호 작용에 의해 토크를 발생시킨다. 통상 자속은 영구자석에 의해 또는 계자 권선에 의해 일정하게 유지되므로 전동기는 전류를 토크로 변환하는 변환기(Converter)이다. 이때, 전동기의 회전 속도는 전동기 자체의 관성을 포함하는 시스템 전체 관성과 마찰 토크를 포함하는 시스템의 부하 토크와의 관계에 의해 결정된다. 따라서 전동기의 속도를 제어하고자 한다면 속도 제어계(Speed Control Loop)에서 전동기의 토크를 제어하여야 한다. 본 절에서는 이러한 속도 제어계의 설계법을 알아본다.

4.3.1 속도/위치의 측정

전동기의 속도를 제어하기 위해서는 먼저 속도를 측정(Measure)하거나 추정(Estimate)하여야 한다. 본 절에서는 먼저 회전자의 속도 또는 회전자의 위치를 측정하는 여러 방법에 대해 논의하고자 한다. 선형 전동기의 경우에도 유사한 방법에 의해 가동자(Mover)의 위치/속도를 측정 또는 추정할 수 있다.

4.3.1.1 타코 발전기(Tacho Generator)

초기에는 전동기의 속도를 측정하기 위하여 영구자석 직류 발전기의 원리를 이용한 타코 발전기(Tacho Generator)를 이용하였다. 이 경우 전동기 회전 속도에 비례하는 출력 전압을 얻을 수 있지만, 타코 발전기는 통상 1000r/min당 수 Volt 정도의 출력을 제공하고 그 출력 전압 자체에 발전기의 극수(Number of Pole)와 회전 속도의 곱에 비례하는 맥동(Ripple) 성분이 있어 정밀 속도 제어(통상 정격 속도 대비 0.1% 이하)에는 부적합하다. 또한 영구자석에 의한 자속(Magnetic Flux)이 온도에 따라 변하고, 출력 전압이 아날로그(Analog)적이어서 외부 온도와 주위 잡음(Noise)에도 취약하다. 그러나 별도의 신호 처리 없이도 간단히 회전 속도를 직접 측정할 수 있으며, 그 구조가 견고하므로 정밀한 속도 제어가 요구되지 않는 응용 분야에서 아직도 이용되고 있다.

4.3.1.2 엔코더(Encoder) (참고문헌 [26])

현재에는 전동기의 회전 위치를 측정하여 이것을 펄스열(Pulse Train)로 출력하는 디지털 방식의 엔코더(Encoder)가 널리 사용되고 있다. 디지털 방식의 엔코더에는 회전각의 증가분을 측정하는 증분형 엔코더(Incremental Encoder)와 회전각의 절대 위치를 측정하는 절대형 엔코더(Absolute Encoder)가 있다. 회전자의 절대 위치 정보가 필요한 동기 전동기(Synchronous Motor)의 제어에 있어 절대형 엔코더가 사용되어지고 있으나 제어 기술의 발달로 인하여 점차 상대적으로 저가(Low Cost)인 증분형 엔코더가 더욱 폭넓게 이용되고 있다. 특히 회전자 절대 위치 정보가 필요 없는 유도 전동기와 직류 전동기의 제어에는 증분형 엔코더가 널리 사용되고 있다. 증분형 엔코더에는 자기식(Magnetic)과 광학식(Optical)이 있는데 자기식의 경우 보통 1회전당 얻을 수 있는 펄스의 수(Pulse Per Revolution, P_{PR})가 작지만 외부의 진동에 강인한 특성을 나타내기 때문에 자동차, 전동차등의 견인 전동기 구동 시스템(Traction Drive) 등과 같은 열악한 환경에서 회전자의 위치를 측정하기 위하여 사용된다. 본 절에서는 일반적으로 많이 사용되고 있는 광학식 엔코더의 원리에 대해서만 언급한다.

광학식 엔코더는 증분형과 절대형에 관계없이, <그림 4.28>과 같이 발광 다이오드(Light Emitting Diode, LED)와 집광 렌즈(Condensing Lens)로 이루어진 발광부(Light Source), 미리 정해진 형태의 슬릿(Slit)을 가지고 회전하는 회전판(Rotary Disk), 슬릿을 통과한 빛을 받기 위한 수광부(Light Receiver), 받아진 신호를 구형파의 신호로 만드는 비교기(Comparator)로 이루어져 있다. 일반적으로 엔코더의 펄스는 기계적 오차와 외부 잡음에 강인하도록 하기 위하여 차동 형태(Differential Type)로 출력된다. <그림 4.29>의 (a)는 4비트(Bit)의 그레이 코드(Gray Code)로 설계된 절대형 엔코더의 슬릿을 보여 주며 (b)는 A, B 펄스와 Z 펄스, 2극 전동기의 경우 전기적으로 180°마다 상태를 바꾸며 서로 120°의 위상 차이를 가지는 U, V, W 펄스를 모두 가지는 증분형 엔코더의 슬릿 형태를 보여준다.

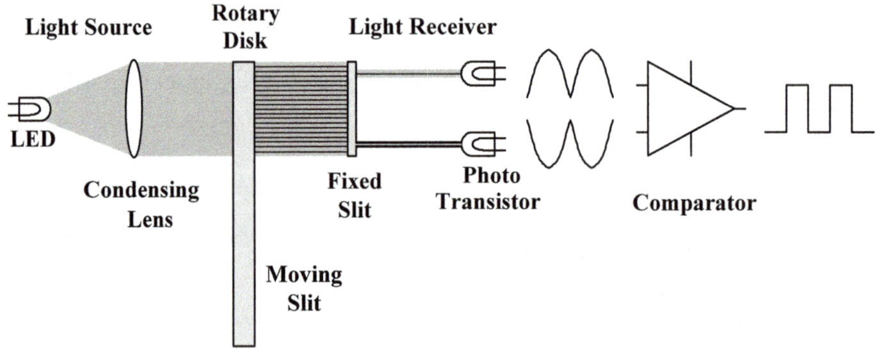

그림 4.28 광학식 엔코더의 기본 구성 요소

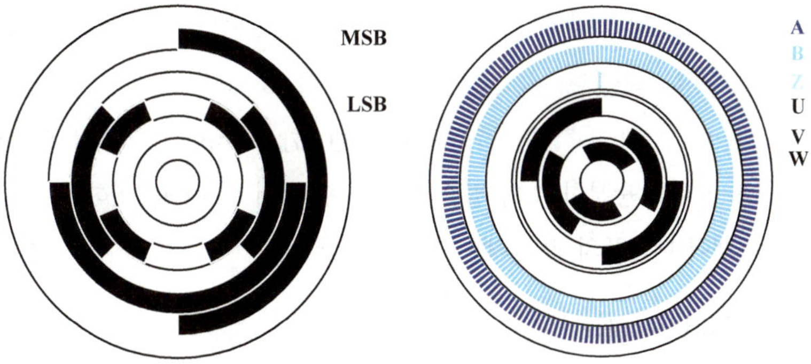

(a) 절대형 엔코더 (b) 증분형 엔코더

그림 4.29 광학식 엔코더의 슬릿 형태

절대형 엔코더는 회전자의 절대 위치를 미리 정해 놓은 형태의 데이터(Data)로 출력한다. 증분형 엔코더의 A, B 펄스는 서로 90°의 위상 차이를 가지고 발생한다. 회전자의 상대적인 위치는 펄스의 수를 누적함으로써 측정할 수 있으며 A, B 펄스가 입력되는 순서를 이용하여 회전하는 방향을 알아낼 수 있다. 유도 전동기나 직류 전동기는 회전자의 상대적인 위치만을 측정하면 되기 때문에 A, B 펄스만을 가지는 증분형 엔코더가 많이 사용된다. 그러나 영구자석 동기 전동기의 경우에는 회전자의 절대 위치 정보가 필요하기 때문에 회전자가 한 번 회전할 때마다 한 번씩 발생되는 Z 펄스를 가지는 엔코더가 사용되어야 한다. 즉, Z 펄스가 발생되는 시점부터 A, B 펄스의 수를 누적하여 Z 펄스가 나타내는 회전자의 위치에 대한 상대 위치를 계산하고 여기에 Z 펄스에 해당하는 회전자의 위치를 더함으로써 회전자의 절대 위치를 계산할 수 있다. 그러나 A, B, Z 펄스를 가지는 증분형 엔코더는 Z 펄스에 해당하는 회전자의 위치를 미리 알고 있어야 할 뿐 아니라, 시스템에 전원이 투입된 직후에는 Z 펄스가 발생하지 않으므로 회전자의 절대 위치를 계산할 수 없어 기동 토크를 제대로 발생시킬 수 없다는 단점이 있다. 이러한 문제를 해결하기 위해, 회전자 자극(Magnetic Pole)의 위치를 측정하기 위한 별도의 홀(Hall) 센서를 설치하거나 <그림 4.29>의 (b)에 나타내어진 것(2극 전동기의 경우)처럼 U, V, W 펄스도 같이 제공하는 엔코더를 사용하여야 한다. U, V, W 펄스는 엔코더가 적용 되는 전동기의 극수에 따라 전기적으로 120°의 위상차를 가지는 구형파를 출력하므로 전기각 60°의 정밀도를 가지고 회전자의 절대 위치를 측정할 수 있어 최대 +/–30°의 회전각 위치 오차로 기동 토크를 얻을 수 있게 해 준다.

많은 응용 분야의 경우 $1024P_{PR}$ ~ $8192P_{PR}$의 증분형 엔코더가 사용되지만, 최근에는 광학적으로 얻은 정현파의 신호를 디지털 신호 처리 기법을 이용하여 보간(Interpolation) 한 후 제어기에 직렬(Serial) 전송함으로써 수백 μs 마다 2^{23} P_{PR} 이상의 고해상도(High Resolution)의 위치 측정이 가능하다(참고문헌 [27]). 이러한 엔코더를 이용할 경우 매우 낮은 속도에서도 충분한 수의 펄스를 얻을 수 있어 수 r/min 이하의 극 저속에서도 매우 높은 제어 대역폭의 속도 제어가 가능하다

4.3.1.3 레졸버(Resolver)

레졸버는 공극의 분포가 회전자의 위치에 따라 달라지도록 만들어진 전동기와 같은 구조를 가지고 있으며 입력에 일정한 크기와 주파수를 가지는 정현파의 전압을 인가하고 서로 직교하는 위치에 설치된 두 개의 검출 코일로부터 출력 신호를 받아 회전자의 절대 위치를 검출하는 위치 검출기이다. <그림 4.30>의 (a)는 현재 시판되고 있는 레졸버의 외형을 보여주고 있으며 회전자와 고정자, 고정자 권선의 구조는 <그림 4.30>의 (b)와 같다. 레졸버 회전자의 극 수는 2극, 4극 등 여러 가지가 있으나 <그림 4.30>의 (b)에서는 2극의 레졸버를 나타내었다. <그림 4.30>의 (c)는 레졸버의 입력 신호와 회전자 위치에 따른 출력 신호를 나타낸다.

레졸버의 입력 R_1과 R_2 사이에 식 (4-38)과 같은 전압을 인가해 주면 두 개의 출력 단자들에서는 식 (4-39)와 같은 전압을 얻을 수 있다. K는 변압비를 의미하고 PP는 회전자 극 수(Number of Pole)의 1/2 즉 극쌍수(Pole Pair)이다.

$$V_{R1-R2} = E\sin\omega t \quad (4-38)$$

$$\begin{aligned} V_{S1-S3} &= KE\sin\omega t\cos\left(PP\ \theta_r\right) \\ V_{S2-S4} &= KE\sin\omega t\sin\left(PP\ \theta_r\right) \end{aligned} \quad (4-39)$$

식 (4-39)에서 알 수 있듯이 레졸버 출력 전압들은 레졸버 회전자의 위치 정보를 포함하고 있으므로 두 전압을 변조(Modulation)하여 레졸버 회전자의 절대 위치를 알 수 있다. 따라서, 전동기 회전자의 절대 위치는 레졸버 회전자의 절대 위치에 레졸버 회전자가 전동기 회전자에 대하여 가지는 위치 편차를 더하여 얻을 수 있다.

레졸버는 구조가 전동기와 유사하기 때문에 광학식 엔코더에 비하여 충격이나 진동에 강하며 사용 온도 범위가 넓어(−55 ~ 155°C) 자동차에 장착되는 전동기에 사용할 수 있으며 형상의 소형화가 가능하다는 장점이 있으나, 레졸버의 입력 단자를 여자하는

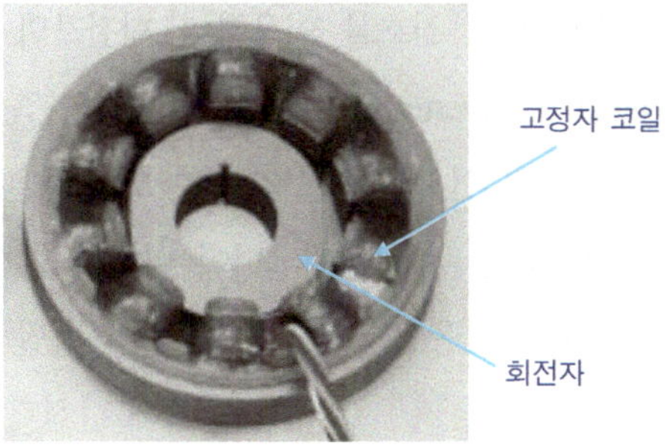

(a) 레졸버의 외형

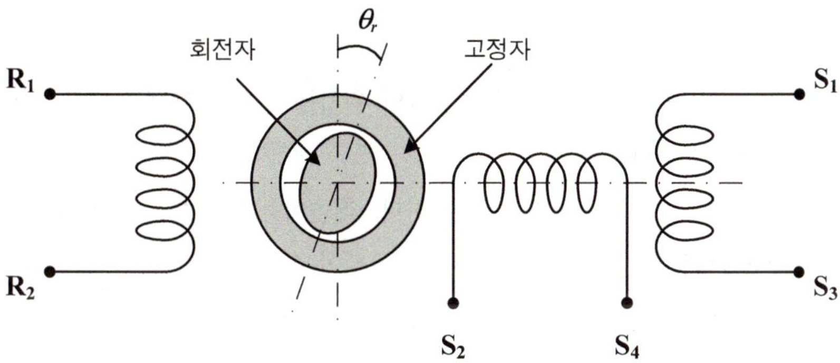

(b) 고정자 코일의 형태

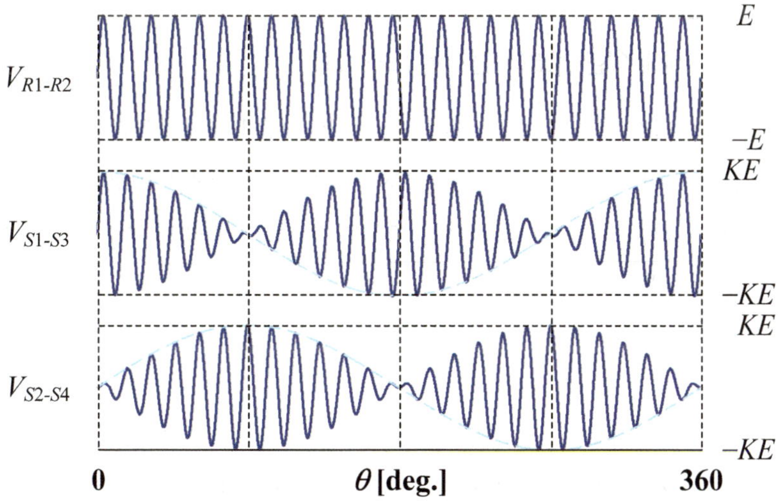

(c) 인가 전압과 출력 전압

그림 4.30 레졸버의 원리

회로와 레졸버의 출력 신호를 이용하여 회전자의 위치를 계산해 주는 별도의 소자(Resolver-Digital Converter, RDC)가 필요하다는 단점과 함께 여자회로 또는 회전자 형상의 불균일성으로 인하여 속도 측정에 오차가 발생한다는 단점도 있다. 특히 1 회전당 출력 비트(Bit)수가 광학식 엔코더에 비하여 현저히 작다는 단점이 있어, 광범위한 속도 영역에서 고속의 응답 특성을 요구하는, 정밀 서보(Servo) 제어에는 적합하지 않다. 그러나 복합식/전기 자동차의 전동기 및 발전기 구동에 있어서는 레졸버가 가지는 여러 장점으로 인하여 레졸버가 관련 신호 처리 장치와 함께 폭넓게 사용되고 있다.

4.3.2 속도의 추정

엔코더나 레졸버를 이용하여 회전자의 위치를 검출한 후에도 속도 제어나 4.2.3절, 4.2.5절에서 설명한 직류 및 교류 전동기 전류 제어에 있어 역기전력의 전향 보상을 위해서는 회전자의 속도 정보가 필요하다. 레졸버를 이용하는 경우에는 별도의 소자(Resolver-Digital Converter, RDC)를 이용하여 속도 정보를 바로 얻을 수도 있으나 엔코더를 이용하는 경우에는 엔코더의 펄스를 이용하여 속도를 계산하거나 관측기를 이용하여 속도를 추정해야 한다. 본 절에서는 증분형 엔코더가 위치 검출기로 사용되었을 때 많이 사용되는 속도 계산 방법들과 관측기(Observer)를 사용한 속도 추정 방법에 대하여 언급한다.

4.3.2.1 체배에 의한 엔코더 펄스수 증가 효과

엔코더 펄스의 수가 많을수록 더 높은 속도 제어 대역폭으로 더 낮은 속도까지 안정된 운전을 할 수 있으므로(참고문헌 [28]), 펄스의 수가 많은 엔코더를 사용하는 것이 유리하지만 많은 펄스수의 엔코더는 가격이 비싸고 진동이나 기계적 충격에 취약하므로 체배(Multiplication)를 이용하여 펄스의 수가 증가한 효과를 얻는 방법이 많이 사용된다. 체배는 <그림 4.31>과 같이 엔코더 펄스의 상승 모서리(Rising Edge)와 하강 모서리(Falling Edge)를 이용하는데, A 혹은 B 펄스 중 하나의 펄스에 대해서 체배를 하면 2체배가 되고 두 펄스 모두에 대해서 체배를 하면 4체배가 된다. 체배를 하면 엔코더 펄스의 수가 증가하는 효과의 장점은 있지만 엔코더의 펄스가 이상적(Ideal)이지 않을 경우에는 오히려 나쁜 효과를 가져올 수도 있다. <그림 4.32>는 이상적이지 않은 엔코더 펄스에 대해 4체배를 할 경우에 발생할 수 있는 문제를 나타내고 있다. <그림 4.32(a)>는 A, B 펄스의 위상 차이가 정확하게 90°를 이루지 않을 때 발생하는 문제점

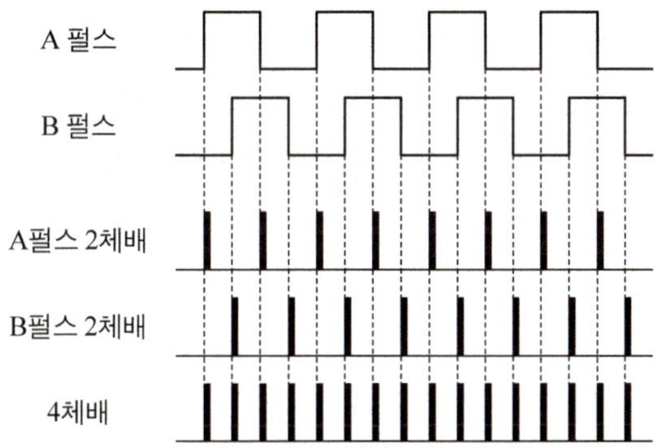

그림 4.31 엔코더 펄스의 상승 및 하강 모서리를 이용한 체배

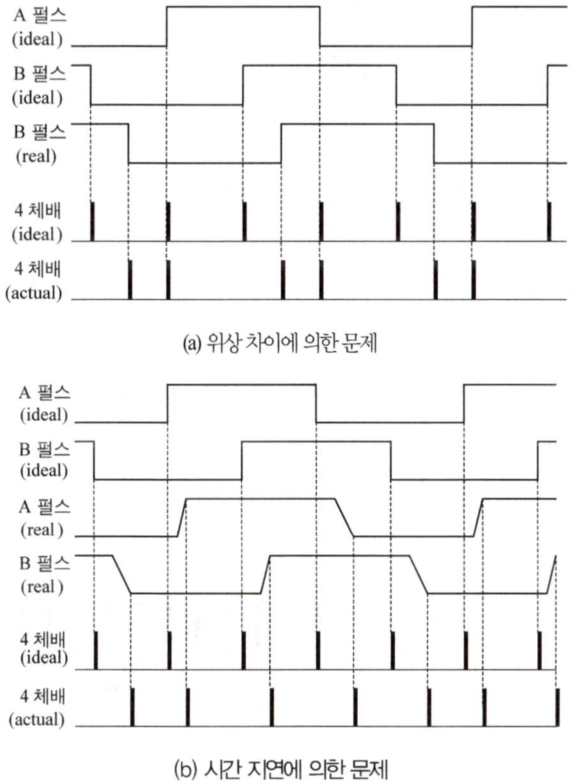

그림 4.32 4체배의 문제점

을 나타내고 있다. 이상적으로는 4체배 후에도 펄스가 균등하게 분포되어야 하지만 위상 차이의 오차 때문에 4체배 후의 펄스들이 균등하게 분포되지 않는 것을 알 수 있다. <그림 4.32(b)>는 A, B 펄스가 정확하게 90°의 위상 차이를 가지더라도 엔코더 펄스를 처리하는 소자들의 시지연이나 상승 시간(Rising Time), 하강 시간(Falling Time)에 의

하여 4체배 후의 펄스들이 균등하게 분포되지 못하는 문제를 나타낸다. 이와 같이 불균등한 펄스의 분포는 회전자의 위치나 속도를 계산함에 있어서 오차를 가져오게 되는데, 펄스의 수가 충분한 고속 영역에서는 이 오차의 영향을 무시할 수 있으나 저속 영역에서는 오차의 영향을 무시할 수 없게 되어 4체배를 하지 않는 것이 오히려 좋은 특성을 나타낼 수도 있다.

엔코더에서 측정되는 값은 회전 각이므로 회전 속도를 얻기 위해서는 측정된 각을 어떤 형태로든지 시간에 대해 미분(Differentiation) 연산을 해야 한다. 각은 통상 펄스 형태로서 이산적(Discrete)으로 입력되기 때문에 이를 미분하는 방법은 여러 가지가 있을 수 있다. 다음은 산업체에서 활용되고 있는 미분 방법들의 몇 예이다(참고문헌 [29]).

4.3.2.2 M 방법에 의한 속도 측정

이 방법은 일정한 시간 동안 발생하는 펄스의 수를 세어 속도를 계산하는 방법으로 <그림 4.33>에 그 기본 원리가 나타내어져 있고 이 방법에 의해 측정된 속도는 식 (4-40)과 같이 나타낼 수 있다. 식에서 α 는 펄스 간격당 회전 변위이고 Ppr 은 엔코더의 1회전당 펄스수이다.

$$N_M = \frac{60m\alpha}{2\pi T_c} = \frac{60m}{PprT_c}(r/\min)\,. \tag{4-40}$$

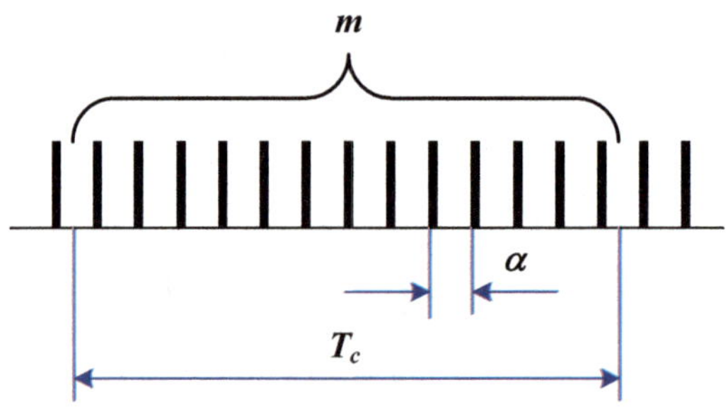

그림 4.33 M 방법에 의한 속도 측정

M 방법은 구현이 간단하며 측정 시간이 일정하여 일정주기로 실행되는 디지털 제어기와 호환성을 가지는 장점이 있으나, 측정 속도의 절대 오차가 속도에 관계없이 발생한다. 측정 속도의 최대 오차는 $\frac{60}{PprT_c}$(r/min)으로 주어지며 저속으로 갈수록 측정 속

도의 정확도(Accuracy)와 해상도(Resolution)가 떨어진다는 단점이 있다. 측정 속도의 오차는 1회전당 펄스수가 높을수록 감소하는데, 앞에서 언급한 바와 같이 2^{23} Ppr 이상의 고해상도의 엔코더를 이용할 경우 M 방법만으로도 수 r/min 이내의 극저속에서도 충분한 정밀도를 가지는 속도 정보를 수백 μs마다 얻을 수 있어 높은 대역폭의 제어가 가능하다.

4.3.2.3 T 방법에 의한 속도 측정

이 방법은 펄스 사이의 시간 간격, 즉 펄스의 주파수를 측정하여 속도를 측정하는 방법이다. <그림 4.34>에 T 방법에 의한 속도 측정의 원리가 나타내어져 있으며, 측정된 속도는 식 (4-41)에 나타내어져 있다. 여기서 엔코더 펄스와 펄스 사이의 시간 간격을 측정하기 위한 높은 주파수의 펄스열(Clock Pulse)의 주파수는 $f_c = \dfrac{1}{T_c}$ 로 주어진다.

$$N_T = \frac{60\alpha f_c}{2\pi m} = \frac{60 f_c}{mPpr}(r/\min). \quad (4\text{-}41)$$

T 방법에 의한 속도 측정은 저속에서 정밀한 속도를 측정할 수 있으며 측정에 따른 시간 지연이 적다는 장점이 있으나 실제 구현 시 나눗셈이 필요하고 측정 시간이 속도에 따라 변하는 문제점이 있으며, 속도의 부호가 바뀔 때 측정 오차가 커지는 단점이 있다.

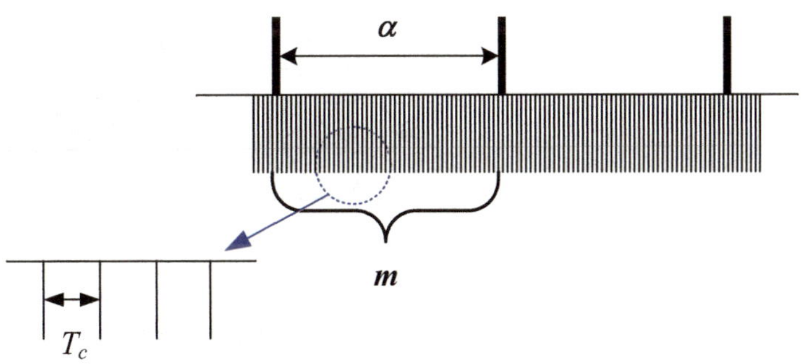

그림 4.34 T 방법에 의한 속도 측정

4.3.2.4 M/T 방법에 의한 속도 측정

현재 산업계에서는 <그림 4.35>에 나타내어진 것과 같이 참고문헌 [29]에서 제안된 M 방법과 T 방법을 조합한 M/T 방법에 의한 속도 측정 방법이 많이 사용된다. 전체 측정 시간 T_D는 주어진 샘플링 시간 T_c 이후에 처음으로 발생되는 엔코더 펄스에 동기(Synchronization)되어 결정되며 측정된 속도는 식 (4-42)과 같이 나타내어진다.

$$N_{M/T} = \frac{60\alpha m_1}{Ppr 2\pi(T_c + \Delta T)} = \frac{60 f_c m_1}{m_2 Ppr}(r/\min) \cdot \tag{4-42}$$

이 방법은 이산화(Discrete)된 값 m_1과 m_2를 얻고, 디지털 연산 시스템을 이용하여 속도를 측정하는 것이다. 이 방식은 대부분의 전동기 구동 시스템에서 디지털 엔코더를 이용한 속도 측정에 널리 사용되고 있으며, 특히 디지털 회로를 이용하여 쉽게 구현될 수 있다. M/T 방식은 고속에서 좋은 특성을 보이는 M 방식과 저속에서 유리한 T 방식을 결합했기 때문에 일반적인 속도 범위에서 좋은 특성을 가지지만 측정 시간의 편차 ΔT가 속도에 반비례하기 때문에 아주 낮은 속도 영역에서는 T 방식처럼 측정의 시지연에 의하여 속도 제어 시스템의 제어 대역폭이 제한되는 단점이 있다(참고문헌 [30]).

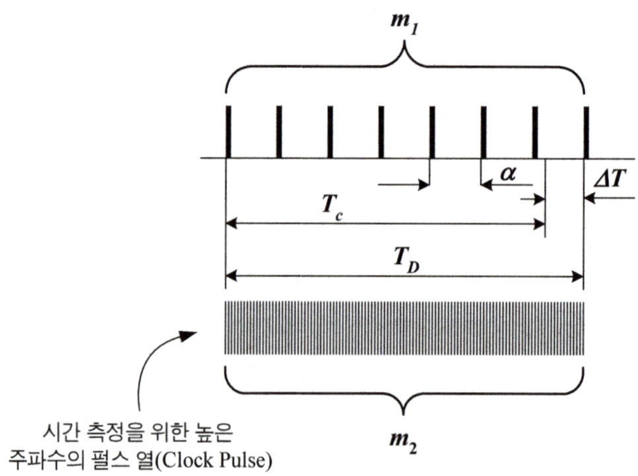

그림 4.35 M/T 방법에 의한 속도 측정

이 방식의 해상도(Resolution), $Q_n(r/\min)$,과 실제 전동기 속도에 따른 측정 시간, T_D, 계산해 보면 다음 식과 같이 표현된다. 식에서 $Integer(x)$는 x의 정수 부분을 의미한다.

$$Q_N = \frac{60 f_c m_1}{Ppr}\left(\frac{1}{m_2-1} - \frac{1}{m_2}\right) = \frac{60 f_c m_1}{m_2(m_2-1)Ppr} . \quad (4\text{-}43)$$

$$\begin{cases} T_D = T_c & (\Delta T = 0) \\ T_D = \left\{\left[Integer\left(\frac{PprN_{M/T}T_c}{60}\right)\right]+1\right\}\frac{60}{PprN_{M/T}} & (\Delta T \neq 0) \\ \text{또는 } T_D = \left\{\left[Integer\left(\frac{PprN_{M/T}T_c}{60}\right)\right]\right\}\frac{60}{PprN_{M/T}} & (\Delta T \neq 0) \end{cases} . \quad (4\text{-}44)$$

이 식들을 $P_{PR} = 1000\text{PPR}$, $f_c = 30\text{MHz}$, $T_c = 1\text{ms}$ 인 경우에 대해 3r/min부터 500 r/min까지의 속도 범위에서 그림으로 표현하면 <그림 4.36>과 같다. <그림 4.36>에서 볼 수 있듯이 저속에서 해상도는 전동기 속도가 감소할수록 좋아지지만, 상대 해상도(해상도/회전 속도)는 속도에 관계없이 거의 일정하다. 상대 해상도를 개선하려면 m_2 값을 크게 해야 하는데, m_2 값을 증가시키면 디지털 로직(Logic)의 처리 속도 문제가 발생하게 된다. 또한 m_2를 어느 정도 이상 즉, 엔코더의 펄스 발생 정밀도 (엔코더의 펄스와 펄스 사이 간격의 정밀도) 이상으로 늘리는 것은 해상도 향상에 아무런 의미가 없다. 또, 극저속 운전에 있어서는 <그림 4.36>과 <그림 4.37>에 나타난 바와 같이 측정 시간 T_D가 속도에 반비례하여 증가하므로 이에 의한 속도 측정상의 시지연(Time Delay)이 속도 제어 시스템의 주파수 대역폭을 제한하게 된다.

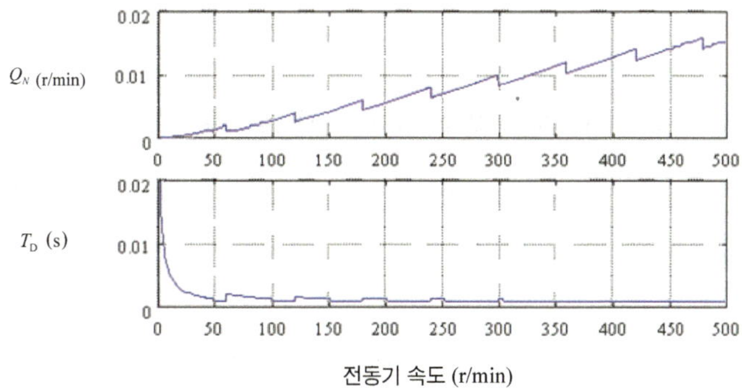

그림 4.36 M/T 방식에서의 해상도와 측정 시간

<그림 4.37>에서 볼 수 있듯이 극저속 영역에서는 샘플링 시간보다 다음 엔코더 펄스를 기다리는 시간이 커지게 된다. 이렇게 되면 디지털 제어에서 일정 시간마다 속도

제어를 할 수가 없게 되어 시스템의 동작 특성이 설계된 바와 다르게 된다. 극단적인 저속에서는 속도제어 시스템의 응답이 T 방법과 유사하게 된다.

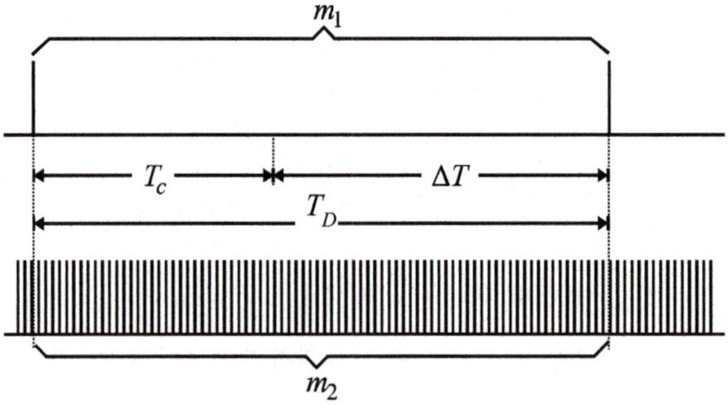

그림 4.37 극저속 영역에서의 펄스 입력과 측정 지연 시간

4.3.3 상태 관측기(State Observer)를 이용한 속도의 추정

전동기 구동 시스템의 제어기를 구성할 때 필요한 상태 변수(State Variables, $\mathbf{x}$)를 궤환(Feedback)하게 되는 경우가 있다. 그러나 많은 경우에 모든 상태 변수를 전부 측정할 수 있는 것은 아니다. 이는 상태 변수를 측정하는 센서(Sensor)가 고가(Expensive)이어서 실용적으로 사용하기가 곤란하거나, 물리적으로 필요한 상태 변수를 측정할 수 없기 때문이다. 이 절에서는 측정된 상태 변수(본 절에서는 엔코더로 측정된 전동기 회전자의 회전각)로부터, 시스템에서 필요로 하는 다른 상태 변수(특히 각속도)를 추정하는 방법을 기술한다.

4.3.3.1 전차원 관측기(Full Order Observer) (참고문헌 [31])

상태 변수를 추정하는 한 가지 방법으로 다음과 같은 시스템의 방정식을 그대로 사용하는 경우를 생각할 수 있다.

$$\dot{\hat{\mathrm{x}}} = \mathrm{A}\hat{\mathrm{x}} + \mathrm{Bu}\,. \tag{4-45}$$

여기서, 벡터 $\hat{\mathbf{x}}$ 는 시스템의 상태 변수 벡터 $\mathbf{x}$ 의 추정치이다. **시스템 행렬(Matrix) $\mathbf{A}$ 와 입력 행렬 $\mathbf{B}$, 시스템의 입력 $\mathbf{u}$를 알고 있으므로 정확한 상태 변수의 초기 값 $\mathbf{x}(0)$ 을 알고 있으면 추정치의 초기 값 $\hat{\mathbf{x}}(0)$ 을 실제 상태 변수의 초기치 $\mathbf{x}(0)$ 로 설정함으로써 만족스러운 관측기를 구성할 수 있다.** 그러나, 관측기를 구성하는 상태 변수의 초기치를 정확하게 알 수 없는 경우, 추정된 상태 변수의 값은 실제 상태 변수의 값을 정확하게 추종할 수 없게 된다. 더욱이 시스템 행렬과 출력 행렬 $(\mathbf{A},\mathbf{B})$를 잘못 알고 있는 경우 추정치는 실제 값에서 조금씩 벗어나게 된다. 이 관측기의 동특성(Dynamics) 해석을 위하여 추정된 상태의 오차를 나타내면 다음과 같다.

$$\tilde{\mathbf{x}} = \mathbf{x} - \hat{\mathbf{x}} \,. \tag{4-46}$$

이 오차의 동적 방정식은 다음과 같이 주어진다.

$$\dot{\tilde{\mathbf{x}}} = \mathbf{A}\tilde{\mathbf{x}},\ \tilde{\mathbf{x}}(0) = \mathbf{x}(\mathbf{0}) - \hat{\mathbf{x}}(\mathbf{0}) \,. \tag{4-47}$$

안정된 시스템(행렬 $\mathbf{A}$ 의 모든 극점(Pole)이 좌반평면(Left Half Plane of Laplace Domain)에 존재하는 경우)인 경우, 실제 값 $\mathbf{x}$ 와 추정 값 $\hat{\mathbf{x}}$ 의 오차 $\tilde{\mathbf{x}}$ 는 "0"으로 수렴한다. 오차의 수렴 특성은 행렬 $\mathbf{A}$ 의 고유 값(Eigenvalue)에 의해서 결정되는데, 고유 값의 절대 값이 작은 경우에는 수렴 속도가 매우 낮아지게 된다. 추정 오차를 더 빨리 "0"으로 수렴시켜 의미 있는 상태 추정을 하기 위해서는, 추정된 상태와 측정된 상태의 오차를 궤환하여 이 오차로부터 상태 추정 모델을 연속적으로 수정해 나가는 것이 필요하다. 이러한 방법이 <그림 4.38>에 나타나 있고, 식 (4-48)과 같은 방정식으로 표현될 수 있다. 여기서 행렬 $\mathbf{C}$는 시스템의 상태 변수로부터 측정 가능한 상태를 도출하는 행렬이며 출력 행렬이라고 부른다. $y(t)$ 는 측정된 출력 벡터이고 $\hat{y}(t)$ 는 추정된 출력 벡터이다.

$$\dot{\hat{\mathbf{x}}} = \mathbf{A}\hat{\mathbf{x}} + \mathbf{B}\mathrm{u} + \mathbf{L}\left(y - \mathbf{C}\hat{\mathbf{x}}\right) \,. \tag{4-48}$$

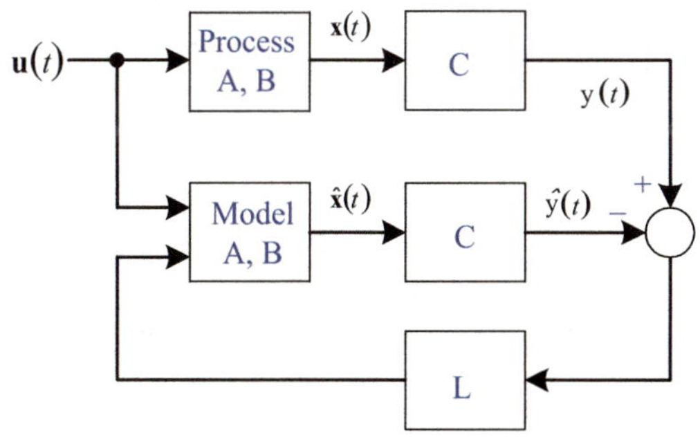

그림 4.38 폐루프(Closed Loop) 관측기

여기서, $\mathbf{L}$ 은 비례 이득으로써 만족스러운 추정 오차 특성을 얻기 위하여 설계자가 설정하는 값이다. 이상에서 오차의 식은 다음과 같이 구할 수 있다.

$$\dot{\tilde{\mathbf{x}}} = (\mathbf{A} - \mathbf{LC})\tilde{\mathbf{x}} + \mathbf{G}_1\mathbf{w} . \tag{4-49}$$

여기서 $\mathbf{w}$ 는 시스템의 외란(Disturbance)을 나타내는 벡터이며 $\mathbf{G}_1$ 은 외란이 상태 변수 추정에 미치는 영향을 표시하는 행렬이다. 식 (4-49)의 특성 방정식(Characteristic Equation)은 다음과 같이 주어진다.

$$det\left[s\mathbf{I} - (\mathbf{A} - \mathbf{LC})\right] = 0 \tag{4-50}$$

여기서 $det[\bullet]$ 는 행렬 $[\bullet]$ 의 특성 값(Determinant)을 의미한다.

만약 $\mathbf{L}$ 을 $\mathbf{A} - \mathbf{LC}$ 가 안정하고 어느 정도 빠르게 수렴할 수 있는 근을 가지도록 정한다면, $\tilde{\mathbf{x}}$ 는 외란, $\mathbf{w}$,가 없을 경우 초기치, $\hat{\mathbf{x}}(0)$, 에 관계없이 "0"으로 수렴할 것이다. 이것은 곧 $\hat{\mathbf{x}}(t)$ 가 초기치 $\hat{\mathbf{x}}(0)$ 에 관계없이 $\mathbf{x}(t)$ 에 수렴한다는 것을 의미한다. 비례 이득 $\mathbf{L}$ 을 조정하면 오차의 동적 특성을 개루프(Open Loop) 동적 특성 $\mathbf{A}$ 보다 더 빠르게 정할 수도 있다. 식 (4-50)은 관측기에서 사용된 시스템의 상수(A, B, C)가 실제 시스템의 상수와 같다고 가정한 경우인데(이 경우 입력은 오직 외란, $\mathbf{w}$, 밖에 없으므로), 외란이 없는 경우에는 제어 입력 $\mathrm{u}(t)$ 와 상태 $\mathbf{x}(t)$ 에 관계없이 추정 오차, $\tilde{\mathbf{x}}$,는 "0"으로 수렴하여 계속 "0"으로 유지된다. 만약, 실제 시스템의 정확한 모델을 구할 수 없을 경우에는 오차의 동적 방정식은 식 (4-49)과 같이 표현될 수 없다. 그러나 일반적으로 작은 모델링 오차와 외란 입력이 있는 경우라도 오차 시스템을 안정하게 하고 오차를 허용할 만큼 작게 할 수 있도록 비례 이득 $\mathbf{L}$ 을 정할 수 있다. 비례 이득 $\mathbf{L}$ 을 선정하는 방법은 여러 가지가 있을 수 있는데, 만약 관측기 오차 특성 방정식의 근을 다음과 같이 두고 싶다면

$$s_i = \beta_1, \beta_2, \cdots, \beta_n , \tag{4-51}$$

이 되고 관측기의 특성 방정식은 다음과 같이 표현된다.

$$\alpha_e(s) = (s - \beta_1)(s - \beta_2)\cdots(s - \beta_n) = 0 . \tag{4-52}$$

식 (4-52)과 식 (4-50)의 계수를 비교함으로써 비례 이득 $\mathbf{L}$ 을 선정할 수 있다.

4.3.3.2 전차원 관측기(Full Order Observer)를 이용한 속도 추정 (참고문헌 [32])

이러한 방법을 전동기 기계계(Mechanical System)에 적용하면 <그림 4.39>와 식 (4-53)에 표시된 시스템 모델로부터, 시스템의 상태 변수에 부하(외란) 토크, T_L,을 부가하여(Augument) 구하면 상태 변수, $\mathbf{x}=\begin{bmatrix}\theta\\ \omega\\ T_L\end{bmatrix}$ 이고, 따라서 식 (4-54)와 같은 상태 변수에 관한 식을 얻을 수 있다.

$$T_e = J\frac{d\omega_{rm}}{dt} + B\omega_{rm} + T_L\,. \tag{4-53}$$

여기서 부하 토크의 시간에 대한 변화는 매우 느리다고 가정하여 $\frac{dT_L}{dt}=0$ 으로 두면 식 (4-54)와 같은 상태 방정식을 얻을 수 있다.

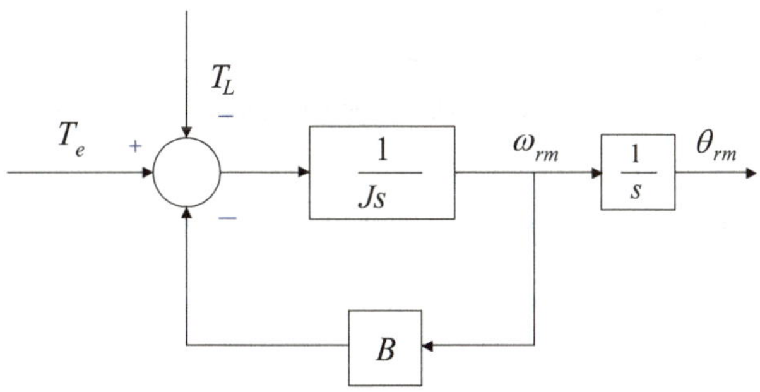

그림 4.39 전동기 기계계

$$\frac{d}{dt}\begin{bmatrix}\theta_{rm}\\ \omega_{rm}\\ T_L\end{bmatrix}=\begin{bmatrix}0 & 1 & 0\\ 0 & -\frac{B}{J} & -\frac{1}{J}\\ 0 & 0 & 0\end{bmatrix}\begin{bmatrix}\theta_{rm}\\ \omega_{rm}\\ T_L\end{bmatrix}+\begin{bmatrix}0\\ \frac{1}{J}\\ 0\end{bmatrix}T_e\,. \tag{4-54}$$

식 (4-54)의 상태 방정식으로부터 관측기를 구성하면 식 (4-55)와 같고 이를 제어 블록도로 표시하면 <그림 4.40>과 같다.

$$\frac{d}{dt}\begin{bmatrix}\hat{\theta}_{rm}\\ \hat{\omega}_{rm}\\ \hat{T}_L\end{bmatrix}=\begin{bmatrix}0 & 1 & 0\\ 0 & -\frac{\hat{B}}{\hat{J}} & -\frac{1}{\hat{J}}\\ 0 & 0 & 0\end{bmatrix}\begin{bmatrix}\hat{\theta}_{rm}\\ \hat{\omega}_{rm}\\ \hat{T}_L\end{bmatrix}+\begin{bmatrix}0\\ \frac{1}{\hat{J}}\\ 0\end{bmatrix}T_e+\begin{bmatrix}l_1\\ l_2\\ l_3\end{bmatrix}\left(\theta_{rm}-\begin{bmatrix}1 & 0 & 0\end{bmatrix}\begin{bmatrix}\hat{\theta}_{rm}\\ \hat{\omega}_{rm}\\ \hat{T}_L\end{bmatrix}\right). \tag{4-55}$$

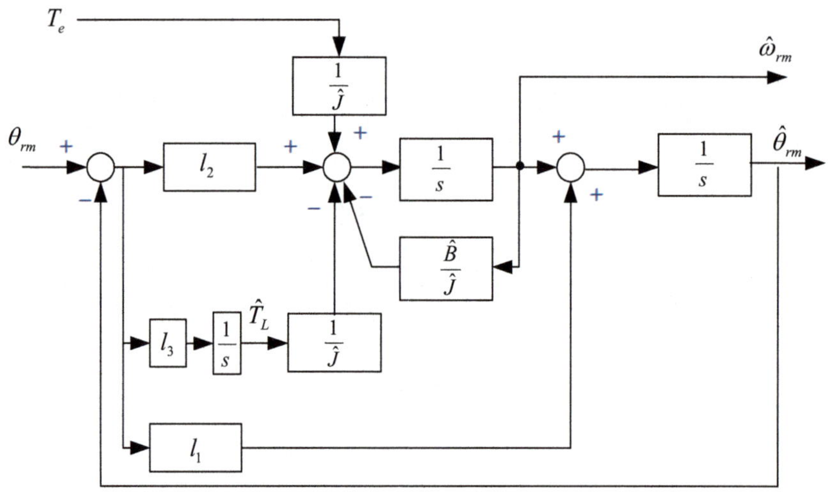

그림 4.40 관측기 이론을 이용한 속도 관측기의 블록도

구동 토크, T_e, 측정된 위치 정보, θ_{rm},으로부터 외란 토크, T_L, 과 속도, ω_{rm},을 검출하는 데 있어 정상 상태와 과도 상태에서 안정된 특성을 갖는 관측기의 극점, 즉 비례 이득 행렬 **L** 을 설정하는 것이 관측기 설계의 관건이다.

비례 이득을 계산하기 위하여 식 (4-50)을 계산하면 다음과 같다.

$$det\left[s\mathbf{I}-(\mathbf{A}-\mathbf{LC})\right]=s^3+\frac{l_1J+B}{J}s^2+\frac{l_2J+l_1B}{J}s-\frac{l_3}{J}=0\,. \tag{4-56}$$

식 (4-52)를 풀어 쓰면 다음과 같다.

$$\begin{aligned}\alpha_e(s)&=(s-\beta_1)(s-\beta_2)(s-\beta_3)\\ &=s^3-(\beta_1+\beta_2+\beta_3)s^2+(\beta_1\beta_2+\beta_2\beta_3+\beta_3\beta_1)s-\beta_1\beta_2\beta_3=0\end{aligned}. \tag{4-57}$$

식 (4-56)과 식 (4-57)을 비교하여 관측기의 이득 l_1, l_2, l_3 를 다음과 같이 구할 수 있다.

$$\begin{aligned} l_1 &= -(\beta_1+\beta_2+\beta_3)-\frac{B}{J} \\ l_2 &= (\beta_1\beta_2+\beta_2\beta_3+\beta_3\beta_1)-\frac{B}{J}l_1 \\ &= (\beta_1\beta_2+\beta_2\beta_3+\beta_3\beta_1)+(\beta_1+\beta_2+\beta_3)\frac{B}{J}+\left(\frac{B}{J}\right)^2 \\ l_3 &= \beta_1\beta_2\beta_3 J \end{aligned} \tag{4-58}$$

만일, 특성 방정식의 근을 $\beta=\beta_1=\beta_2=\beta_3$ 의 삼중근(Triple Roots)으로 설정한다면 관측기의 이득은 다음과 같다.

$$\begin{aligned} l_1 &= -3\beta-\frac{B}{J} \\ l_2 &= 3\beta^2-\frac{B}{J}l_1 \\ &= 3\beta^2+3\beta\frac{B}{J}+\left(\frac{B}{J}\right)^2 \\ l_3 &= \beta^3 J \end{aligned} \tag{4-59}$$

또한, 마찰 계수, B, 와 관련된 마찰에 의한 토크를 부하 토크의 일부로 가정하여 무시하면 관측기의 이득은 다음과 같이 간단히 표시된다.

$$\begin{aligned} l_1 &= -3\beta \\ l_2 &= 3\beta^2 \\ l_3 &= \beta^3 J \end{aligned} \tag{4-60}$$

β 에 의해 결정되는 관측기의 주파수 대역폭은 속도 제어 시스템의 주파수 대역폭 ω_{bw} 보다 충분히 커야 한다(3～5배). β 의 크기가 너무 작으면 추정치가 실제 값에 수렴하는 데 오랜 시간이 걸리고, β 의 크기가 너무 크면 측정상의 잡음(Measurement Noise) 또는 고려되지 않은 모델링 오차와 구현상의 시지연에 의해 관측기가 불안정해질 우려가 있다. 또 다른 β_1, β_2, β_3 결정 방법은 근을 3차 버터워스(3rd Order Butterworth) 필터의 특성근(Poles)과 같게 두는 것으로 이때 필터의 차단 주파수(Cut-off Frequency)가 관측기의 수렴 속도를 결정한다. 차단 주파수가 클수록 수렴 속도는 빨라지나 안정도는 떨어진다. 그 외에도 최적 제어(Optimal Control) 이론을 이용하여 근을 구하는 방법 등을 생각해 볼 수 있다. 관측기의 주파수 대역폭은 삼중근의 경우

β 에 의해 결정되나, 그 값은 다음 절의 식 (4-63), (4-64)의 전달 함수의 크기를 구함으로써 계산될 수도 있다.

4.3.3.3 전차원 관측기(Full Order Observer)의 물리적 이해

전차원 관측기의 식 (4-55)를 다시 쓰면 식 (4-61)과 같다. 이 식을 보면 측정된 각, θ_{rm}, 과 시스템 모델을 통하여 추정된 각, $\hat{\theta}_{rm}$, 사이의 오차를 제어기를 통하여 줄여 나가는 제어 시스템으로 이해될 수 있다. 식 (4-61)을 블록도로 나타내면 <그림 4.41>과 같다.

$$\dot{\hat{\mathbf{x}}} = \mathbf{A}\hat{\mathbf{x}} + \mathbf{B}u + \mathbf{L}(\mathrm{y} - \mathbf{C}\hat{\mathbf{x}})$$

$$= \begin{bmatrix} 0 & 1 & 0 \\ 0 & -\frac{\hat{B}}{\hat{J}} & -\frac{1}{\hat{J}} \\ 0 & 0 & 0 \end{bmatrix} \begin{bmatrix} \hat{\theta}_{rm} \\ \hat{\omega}_{rm} \\ \hat{T}_L \end{bmatrix} + \begin{bmatrix} 0 \\ \frac{1}{\hat{J}} \\ 0 \end{bmatrix} T_e + \begin{bmatrix} l_1 \\ l_2 \\ l_3 \end{bmatrix} \left(\theta_{rm} - \begin{bmatrix} 1 & 0 & 0 \end{bmatrix} \begin{bmatrix} \hat{\theta}_{rm} \\ \hat{\omega}_{rm} \\ \hat{T}_L \end{bmatrix} \right)$$

$$\begin{bmatrix} \dot{\hat{\theta}}_{rm} \\ \dot{\hat{\omega}}_{rm} \\ \dot{\hat{T}}_L \end{bmatrix} = \begin{bmatrix} \hat{\omega}_{rm} + l_1\left(\theta_{rm} - \hat{\theta}_{rm}\right) \\ -\frac{\hat{B}}{\hat{J}}\hat{\omega}_{rm} - \frac{1}{\hat{J}}\hat{T}_L + \frac{1}{\hat{J}}T_e + l_2\left(\theta_{rm} - \hat{\theta}_{rm}\right) \\ l_3\left(\theta_{rm} - \hat{\theta}_{rm}\right) \end{bmatrix}. \tag{4-61}$$

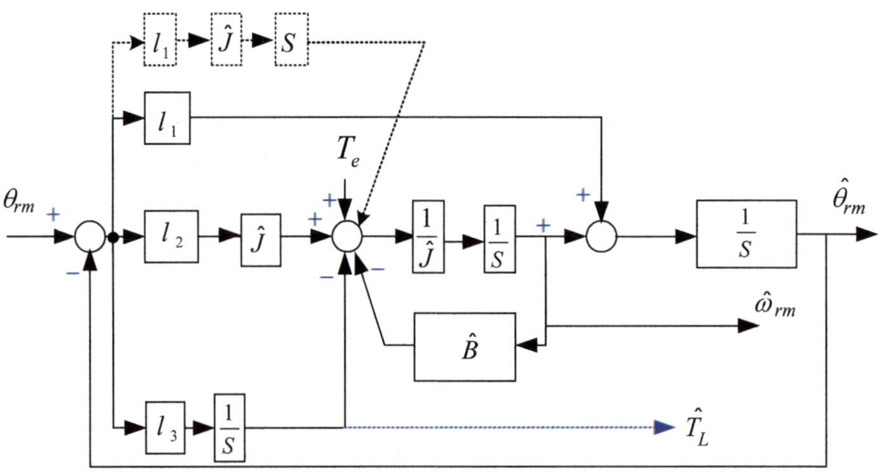

그림 4.41 속도 관측기의 제어기로서의 이해

그림에서 l_3 는 적분 제어기의 이득이며, l_2 는 비례 제어기의 이득이며, l_1 은 <그림 4.41>에서 점선으로 표시한 바와 같이 그 출력을 비례 제어기와 적분 제어기 출력이 더해지는 곳으로 이동하면 미분 제어기의 이득으로 이해될 수 있다. 따라서 관측기는 비례, 적분, 미분 제어기(Proportional Integral Differential Controller, PID Controller)의 형태로 해석될 수 있으며 비례, 적분, 미분 제어기와 유사하게 그 이득을 설정할 수 있다. 속도 관측기를 완전한 제어기의 형태로 바꾸면 <그림 4.42>와 같이 표시될 수 있다.

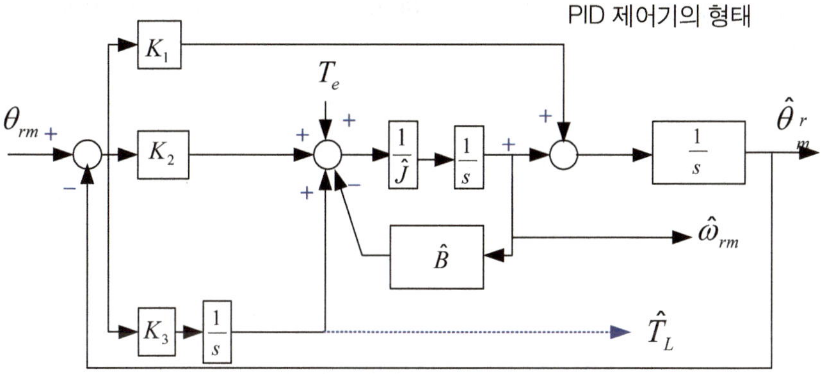

$K_1 = l_1,\ \ K_2 = \hat{J}l_2,\ \ K_3 = -l_3$

그림 4.42 속도 관측기의 PID 제어기 형태로의 표현

관측기의 이득은 관측기의 전달 함수로부터 설정될 수도 있다. <그림 4.42>의 속도 관측기의 블록도에서 측정각에 대한 추정각의 전달 함수를 $T_e = J\dfrac{d\omega_{rm}}{dt} + B\omega_{rm}$, $\omega_{rm} = \dfrac{d\theta_{rm}}{dt}$, 즉 $T_e = (Js^2 + Bs)\theta_{rm}$ 를 이용하여 구하면 다음 식과 같다.

$$\frac{\hat{\theta}_{rm}}{\theta_{rm}} = \frac{Js^3 + (B + \hat{J}K_1)s^2 + (\hat{B}K_1 + K_2)s + K_3}{\hat{J}s^3 + (\hat{B} + \hat{J}K_1)s^2 + (\hat{B}K_1 + K_2)s + K_3}. \tag{4-62}$$

전달 함수에서 알 수 있듯이 $s(= j\omega)$ 에 관한 상수항, 1차항의 크기가 2차, 3차항에 비해 큰, 낮은 주파수 영역에서는 제어기에 설정된 $\hat{J}, \hat{B}$ 가 실제 J, B 와 다르더라도, 즉 관측기에서 사용하는 기계계의 관성, 마찰 계수가 실제 값과 다르더라도, 추정각은 실제 각을 잘 따라가게 되고, 추가적으로 $\hat{J}K_1$ 을 B 보다 훨씬 크게 할 경우 s 에 관한 2차항 역시 거의 같게 되어 실제 값과 관측기의 추정치가 더 유사해지게 된다. 즉 기계계 제정수의 오차는 관측기의 높은 주파수 영역에서만 영향을 주므로 관측된 속도 추정치를 낮은 주파수 영역에서 사용할 경우 제정수의 오차에 관계없이 정확한 속도를 시지연 없이 얻을 수 있다. 관측기에 의한 실제 속도와 추정 속도에 대한 전달 함수 역시 유사하게 다음 식과 같이 구할 수 있다(참고문헌 [33]).

$$\frac{\hat{\omega}_{rm}}{\omega_{rm}} = \frac{Js^3 + (B + JK_1)s^2 + (BK_1 + K_2)s + K_3}{\hat{J}s^3 + (\hat{B} + \hat{J}K_1)s^2 + (\hat{B}K_1 + K_2)s + K_3}. \tag{4-63}$$

관측기에 의해 추정된 속도는 식 (4-62)에 비해 기계계 제정수(Parameters)에 보다 민감해진다. 만약 <그림 4.42>에서 추정된 속도로써 추정 위치의 미분을 취하면 <그림 4.43>과 같고 이 경우 위치에 대한 추정 위치의 전달 함수, 속도에 대한 추정 속도의 전달 함수가 식 (4-64)와 같이 식 (4-62)와 동일하게 되므로 제정수의 오차에 보다 강인한 속도 추정이 가능하다. 그러나 이 경우에는 측정각의 측정 오차가 직접 속도 추정치에 영향을 주므로 추정된 속도가 위치 측정 잡음에 민감해지는 단점이 있다.

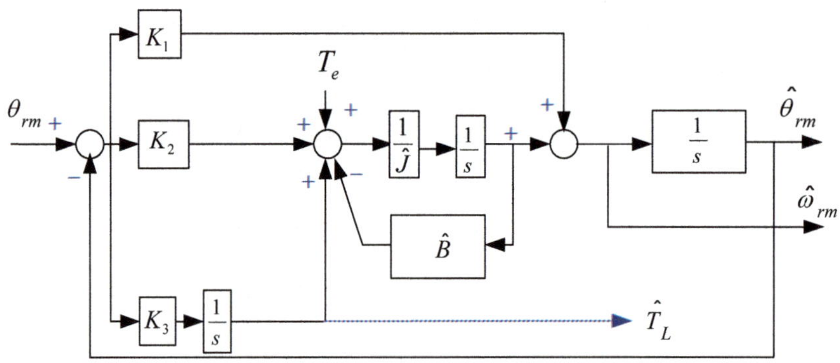

그림 4.43 제정수 오차에 강인한 변형된 속도 관측기

$$\frac{\hat{\theta}_{rm}}{\theta_{rm}} = \frac{\hat{\omega}_{rm}}{\omega_{rm}} = \frac{Js^3 + (B + \hat{J}K_1)s^2 + (\hat{B}K_1 + K_2)s + K_3}{\hat{J}s^3 + (\hat{B} + \hat{J}K_1)s^2 + (\hat{B}K_1 + K_2)s + K_3}. \tag{4-64}$$

관측기의 이득을 설정하는 또 다른 방법은 관측기가 일종의 미분, 비례, 적분항을 가지는 제어기와 동일한 구조라는 데 착안하여 관측기의 이득 설정을 제어기처럼 설정하는 것이다. 이를 위해서는 먼저 관측기의 입력 θ_{rm} 을, 원하는 관측기의 주파수 대역폭의 10% 정도의 주파수를 가지는 구형파 형태로 외부에서 입력한다. 이 경우 관측기 출력이 이득 설정 과정 동안 측정 범위를 벗어나지 않도록 구형파의 크기를 조정한다.

입력 구형파에 대한 관측기의 응답 $\hat{\theta}_{rm}$ 을 보면서 다음과 같이 각 이득을 결정한다. 모든 이득을 "0"으로 하고 먼저 10% 내외의 오버슈트(Overshoot)가 생길 때까지 비례 이득 K_2 를 증가시킨다. 그 값에서 비례 이득을 고정하고 대부분의 오버슈트가 없어지도록 미분 이득 K_1 를 증가시킨다. 만약 미분 이득이 없으면 관측기(제어기)가 안정된 동작을 하지 않을 경우 시스템이 안정적으로 동작할 수 있을 최소한의 미분 이득 K_1 을 설정한 후, 앞의 경우와 같이 비례 이득 K_2 를 증가시킨 후 다시 미분 이득을 크게 하여 오버슈트를 없앤다. 비례, 미분 이득의 설정이 끝나면, 비례, 미분 이득을 고정시키고 약 10% 내외의 오버슈트가 생기도록 적분 이득, K_3, 을 증가시킨다. 전체 이득 설정 중에 전향 보상항 T_e 는 "0"으로 설정한다. 모든 이득을 설정한 후 입력을 제어 대상 시스템에서 받고 전향 보상항 역시 제어기 출력에서 받도록 하고, 실제 운전 상황에서 관측기 입력/출력 특성을 보아가며 이득을 미세 조정한다(참고문헌 [34]).

4.3.3.4 외란 관측기(Disturbance Observer) (참고문헌 [35])

속도 관측기의 동특성이 충분히 빠를 경우 <그림 4.43>에서처럼 관측기로부터 외란 토크 T_L 의 추정치 $\hat{T}_L$ 를 얻을 수 있고 이를 <그림 4.44>와 같이 속도 제어기에 전향 보상하면 외란에 대한 속도 제어 특성을 개선할 수도 있다.

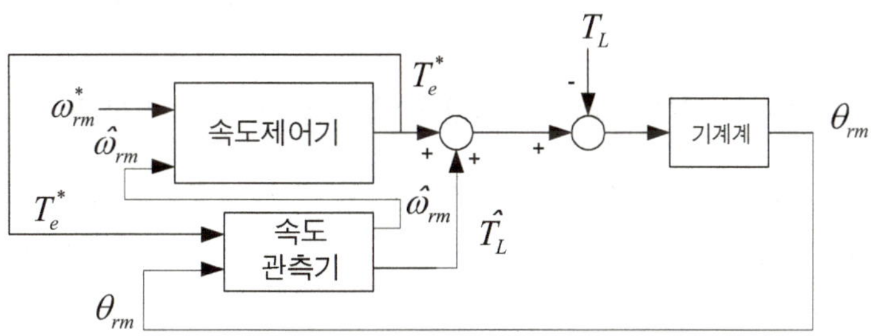

그림 4.44 추정된 외란 토크의 전향 보상

속도 관측기의 적분항에서 얻어진 외란 토크는 적분의 특성상 그 추정 특성이 떨어지므로 빠른 외란 토크의 추정이 필요하면 <그림 4.45>처럼 속도 관측기와 별도로 외란 토크 관측기를 구성하여 외란에 대한 속도 제어 특성을 개선할 수 있다. 이 경우 외란 관측기의 입력은 속도 관측기와 같이 측정된 각이지만 관측기의 또 다른 입력인 기준 토크가 속도 관측기의 경우와 달라지게 된다. 외란 관측기의 경우 속도 제어기 출력과 보상된 외란 토크의 합이 입력으로 사용된다. 이러한 외란 관측기를 사용할 경우 외란 특성에 맞추어 속도 관측기와 별도로 관측기 이득 K_{1L}, K_{2L}, K_{3L} 을 정할 수 있어 외란 추정 성능을 크게 개선할 수 있다.

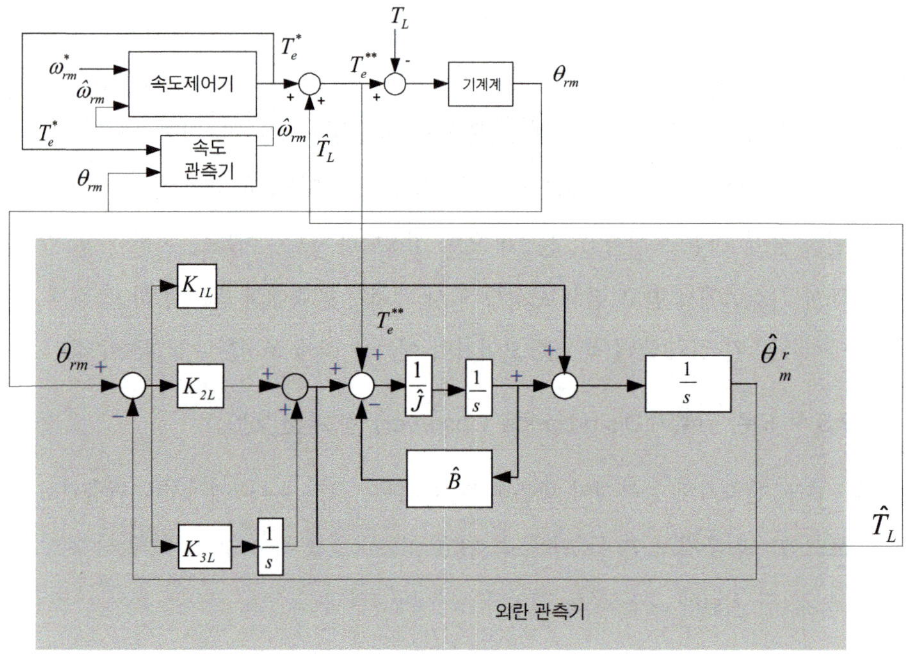

그림 4.45 속도 관측기와 별도로 설계된 외란 관측기

4.3.3.5 관측기의 이산(Discrete) 시간 영역에서의 구현 (참고문헌 [36])

<그림 4.46>은 연속 시간 영역에서 구성된 <그림 4.43>의 속도 관측기를 이산 시간 영역에서 구현한 것이다. <그림 4.46>을 살펴보면 세 가지의 적분기가 각각 다르게 구현되어 있는데 이는 각 적분기에 입력되는 신호가 다른 특성을 가지기 때문이다. 각각의 적분기의 특성을 입력과 관련지어 살펴보면 다음과 같다.

속도 관측기에서 위치 추정의 오차는 측정된 위치가 샘플링(Sampling)되는 시점마다 임펄스(Impulse) 형태로 발생되므로 위치 추정의 오차를 적분할 때에는 식 (4-65)와 같은 후진 차분법(Backward difference)을 사용하는 것이 가장 정확한 근사법이다. 후진 차분법은 지금 샘플링 시점에서의 적분값을 구할 때 지금 샘플링 시점까지의 입력을 이용하는 방법으로 이 방법을 사용하면 이산 시간 영역에서의 임펄스 응답이 연속 시간에

서의 임펄스 응답을 샘플링한 결과가 되기 때문에 임펄스 불변법(Impulse Invariance)이라고도 불리운다.

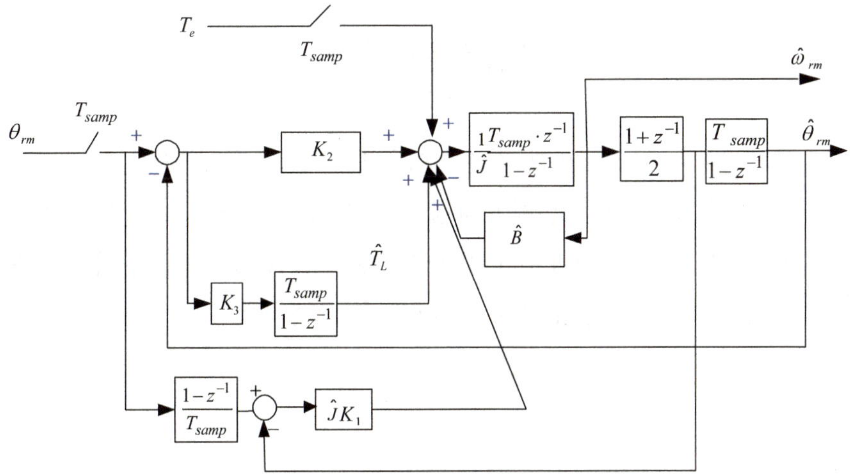

그림 4.46 이산 시간 영역에서의 속도 추정을 위한 전차원 관측기의 구현

$$\frac{1}{s} \rightarrow \frac{T_s z}{z-1} = \frac{T_s}{1-z^{-1}}\ . \tag{4-65}$$

속도 관측기에서 가속도 추정치를 적분하여 속도 추정치를 구하는데, 가속도는 계단 형태로 변하는 것이 가장 빠른 동특성이므로 추정 속도를 얻는 데 사용되는 적분기는 전진 차분법(Forward Difference)을 이용하는 것이 타당하다. 전진 차분법은 지금 샘플링 시점에서의 적분 값을 구할 때 이전 샘플링 시점까지의 입력을 이용하는 방법으로 이 방법을 사용하면 이산 시간 영역에서의 계단 응답(Step Response)이 단순히 연속 시간에서의 계단 응답을 샘플링한 결과가 되기 때문에 계단 불변법(Step Invariance)이라고도 불리 운다. 변환식은 식 (4-66)과 같다.

$$\frac{1}{s} \rightarrow \frac{T_s}{z-1} = \frac{T_s z^{-1}}{1-z^{-1}}\ . \tag{4-66}$$

속도 관측기에서 추정 위치를 얻을 때 사용되는 적분기는 추정 속도를 입력으로 하는데 회전자의 속도는 경사(Ramp) 형태가 가장 빠른 동특성이므로 추정 위치를 얻기 위해 사용되는 적분기는 겹선형 변환법을 사용하여 구현하는 것이 타당하다. 겹선형 변환법(Bilinear Transformation ; Tustin's Method)은 이전 샘플링과 지금 샘플링의 입력의 평균을 적분하는 방법으로 이 방법을 사용하면 이산 시간 영역에서의 경사 응답(Ramp Response)이 연속 시간 영역에서의 경사 응답의 샘플링이 되므로 경사 불변법(Ramp Invariance)이라고도 불리운다. 변환식은 다음과 같다.

$$\frac{1}{s} \rightarrow \frac{T_s z+1}{2z-1} = \frac{T_s}{2}\frac{1+z^{-1}}{1-z^{-1}}. \tag{4-67}$$

<그림 4.43>의 미분, 비례, 적분을 이용하는 제어기 형태에서 미분을 피하기 위하여 추정각과 실제각의 오차를 제어 대상 기계계 모델을 우회하여 입력하였으나, 이산 시간 영역에서 구현된 <그림 4.46>의 관측기에서는 차분을 이용한 근사 미분을 구현하여 실제 속도를 구하고, 추정 속도 역시 이와 같은 형태의 값이 되도록 겹선형 변환법의 변환식을 둘로 나누어 그 중간 값과 비교하여 추정 속도와 실제 속도의 차이를 구한 후 이를 바로 기계계 모델에 입력으로 이용하였다.

4.3.4 PI/IP 속도 제어기(Speed Controller)의 설계

4.3.4.1 PI 속도 제어기의 설계 (참고문헌 [37])

본 절에서는 전동기의 속도 제어기로 널리 사용되고 있는 비례 적분(Proportional and Integral, PI) 속도 제어기의 설계법을 <그림 4.47>를 이용하여 설명한다. 여기서 마찰 B에 의한 토크는 부하 토크에 포함된 것으로 가정하였다. <그림 4.47>에서 전류 제어기는 4.2.3.1절에서 설명된 바와 같이 구현된 것으로 가정하여 전류 제어기를 1차(First Order)의 시지연 요소로 간주한다. 직류 전동기는 정류자와 브러쉬, 보상 권선, 보극 등과 같은 기계적 구조에 의해서, 교류 전동기는 5장에서 설명할 벡터 제어 기법에 의해서, 각 전동기의 토크는 전류에 비례하는 것으로 가정하였다. 여기서 ω_{sc}는 속도 제어기의 제어 주파수 대역(Bandwidth, rad/s)이고, ω_{cc}는 전류 제어기의 제어 주파수 대역이다.

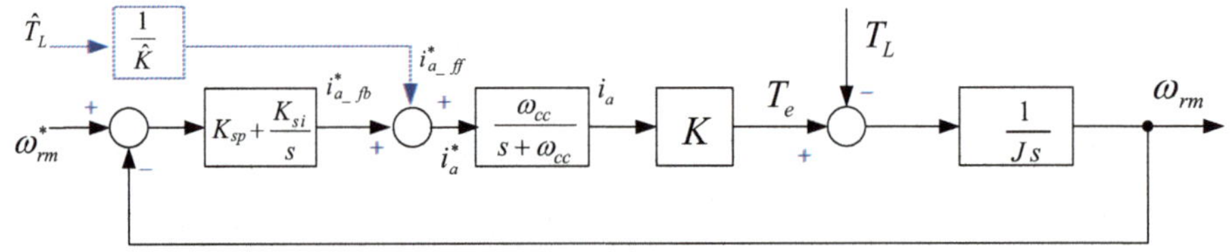

그림 4.47 비례 적분 속도 제어기

비례 적분(PI) 속도 제어기의 전달 함수는

$$G_s(s) = K_{sp} + \frac{K_{si}}{s}, \tag{4-68}$$

로 표시된다. 여기서 K_{sp}, K_{si} 는 각각 속도 제어기의 비례 이득 및 적분 이득이다. <그림 4.47>에서 전동기의 토크 상수, K, 및 관성 모멘트, J, 는 미리 알고 있다고 가정한다. 따라서 속도 제어계의 개루프(Open Loop) 전달 함수 $G_{sc}(s)$ 는

$$G_{sc}(s) = \left(K_{sp} + \frac{K_{si}}{s}\right) \cdot \frac{\omega_{cc}}{s+\omega_{cc}} \cdot \frac{K}{Js}, \tag{4-69}$$

가 되므로, 직선으로 근사화한 $G_{sc}(s)$ 의 주파수 특성은 <그림 4.48>과 같게 된다.

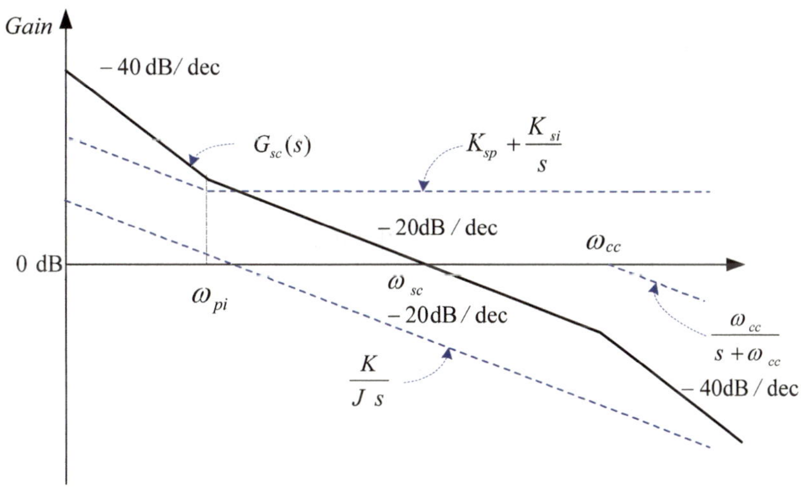

그림 4.48 비례 적분(PI) 속도 제어계의 개루프 주파수 특성

그림에서 $G_{sc}(s)$ 에 포함된 3개의 전달 함수 각각의 주파수 특성이 표시되어 있다. <그림 4.48>로부터 전류 제어계의 제어 주파수 대역 ω_{cc} 가 비례 적분(PI) 속도 제어계의 제어 주파수 대역, ω_{sc}, 에 비해 훨씬 크면, ω_{sc} 부근에서는 전류 제어계의 폐루프(Closed Loop) 전달 함수 $G_{cc}(s)$ 는

$$G_{cc}(s) = \frac{\omega_{cc}}{s+\omega_{cc}} \cong 1, \tag{4-70}$$

으로 근사할 수 있다. 다음에 비례 적분 제어기의 절점 주파수(Cut-off Frequency), ω_{pi},는

$$\omega_{pi} = \frac{K_{si}}{K_{sp}}, \tag{4-71}$$

인데, ω_{pi} 가 ω_{sc} 의 수분의 1 이하인 경우에는 ω_{sc} 부근에서는

$$G_s(s) = K_{sp} + \frac{K_{si}}{s} \approx K_{sp} \tag{4-72}$$

로 근사할 수 있다.

이와 같은 사실로부터 비례 적분 속도 제어계의 개루프 전달 함수 $G_{sc}(s)$ 는 ω_{sc} 부근에서는

$$G_{sc}(s) \approx K_{sp} \cdot \frac{K}{Js}, \tag{4-73}$$

으로 근사될 수 있다는 것을 알 수 있다. 그러므로 $|G_{sc}(j\omega_{sc})| = 1$ 이 되도록 결정하면 속도 제어기의 주파수 대역폭이 ω_{sc} 가 된다. 이 경우 비례 이득 K_{sp} 의 값은 다음과 같이 설정된다.

$$K_{sp} = \frac{J\ \omega_{sc}}{K}. \tag{4-74}$$

또, 적분 이득 K_{si} 값은 통상 비례 적분 제어기의 절점 주파수 ω_{pi} 가 ω_{sc} 보다 충분히 작아야 한다는 다음의 조건에서 결정될 수 있다.

$$\omega_{pi} \le \frac{\omega_{sc}}{5}. \tag{4-75}$$

따라서 K_{si} 는 다음과 같이 구한다.

$$K_{si} = K_{sp}\omega_{pi} \cong K_{sp}\frac{\omega_{sc}}{5}. \tag{4-76}$$

만약 $\omega_{pi} = \frac{\omega_{sc}}{5}$ 로 두면 속도 제어기의 감쇠(Damping) 계수 ζ 는 $\sqrt{5}/2$ 로 설계한 것이므로 부하 토크 및 기준 속도에 대한 응답은 오버댐핑(Over-damping)으로 나타난다. 그러나, 기준 속도(Reference Speed) 변동에 대한 응답은 식 (4-77)에서 알 수 있듯이 전달 함수의 영점(Zero)의 영향에 의해서 계단(Step)적인 속도 지령이 인가된 경우 오버댐핑(Over Damping)으로 설계되어 있더라도 진동적인(Oscillatory) 응답이 나타난다. 이러한 진동적인 응답은 속도 제어 성능에 있어 문제가 될 수도 있다.

$$\frac{\omega_{rm}}{\omega_{rm}^*} = \frac{K\ K_{sp}s + KK_{si}}{Js^2 + KK_{sp}s + K\cdot K_{si}} = \frac{\frac{K\,K_{sp}s}{J} + \frac{K\,K_{si}}{J}}{s^2 + \frac{K\cdot K_{sp}}{J}s + \frac{K\cdot K_{si}}{J}}. \qquad (4-77)$$

4.3.4.2 적분 비례(Integral and Proportional, IP) 속도 제어기

비례 적분 제어기 전달 함수의 영점에 의한 진동적인 응답의 문제점은 <그림 4.49>와 같은 적분 비례(Integral and Proportional, IP) 제어기를 이용함으로써 해결할 수 있다.

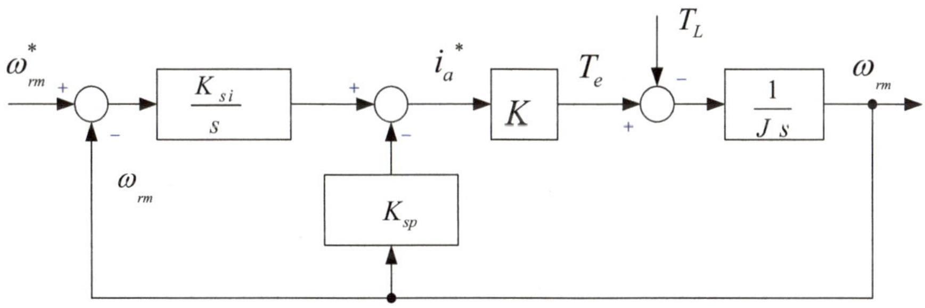

그림 4.49 적분 비례(IP) 속도 제어기의 블록도

적분 비례(IP) 제어기의 기준 속도에 대한 실제 속도의 전달 함수에는 식 (4-78)과 같이 영점이 없으므로 기준 속도에 대한 응답은 설정된 감쇠 계수(Damping Coefficient), ζ, 에 의해 결정된다.

$$\frac{\omega_{rm}}{\omega_{rm}^*} = \frac{\frac{K\,K_{si}}{J}}{s^2 + \frac{K\cdot K_{sp}}{J}s + \frac{K\cdot K_{si}}{J}}. \qquad (4-78)$$

적분 비례(IP) 제어기와 비례 적분(PI) 제어기 모두 외란 토크에 대한 속도 응답은 식 (4-79)와 같다.

$$\frac{\omega_{rm}}{T_L} = -\frac{s}{J\,s^2 + K\,K_{sp}s + K\,K_{si}}. \tag{4-79}$$

적분 비례 제어기는 기준 속도의 급격한 변동에 대하여 비례 적분 제어기에 비해 제어기 출력이 작으므로, 제어기 출력(이 경우 전동기의 토크분 전류 또는 토크)이 비례 적분 제어기와 같은 값으로 제한되어 있을 경우, 제어 주파수 대역폭을 크게 증가시킬 수 있다. <그림 4.50>은 관성 부하에 대해 감쇠 계수, ζ, 가 1로 설계된 경우에 있어 두 제어기의 출력을 비교한 것이다. 그림에서 알 수 있듯이 적분 비례 제어기는 같은 출력 값의 제한 하에서 ω_{sc}를 약 $2e \approx 5.44$ 배 증가시킬 수 있다.

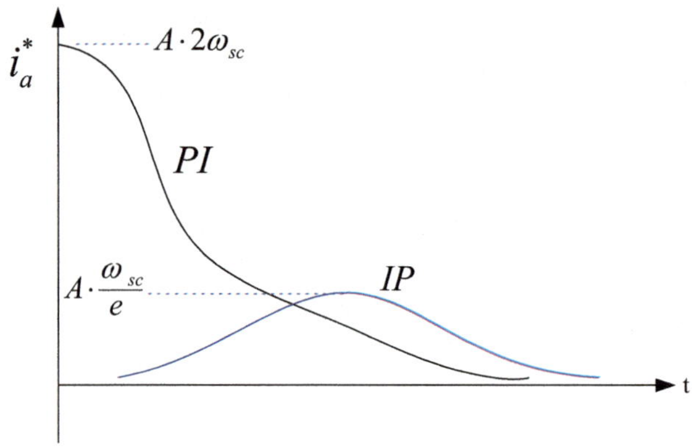

그림 4.50 감쇠 계수 ζ 가 1이고 B=0일 때 IP,PI 속도 제어기의 계단(Step) 입력에 대한 응답

4.3.4.3 비례 적분 속도 제어기와 적분 비례 속도 제어기-2 자유도(Two Degree of Freedom) 제어기

<그림 4.49>의 적분 비례(IP) 속도 제어기의 블록도를 등가 변환하면 <그림 4.51>과 같다. <그림 4.51>에서 볼 수 있듯이 적분 비례 제어기는 기준 명령 ω_{rm}^* 을 1차 저역 통과 필터(Low Pass Filter)를 이용하여 필터링한 후 비례 적분 제어기를 통과시킨 것과 같다. 이상의 개념을 확장하여 <그림 4.52>에서와 같은 제어계를 설계하면, 기준 명령 응답에 대해서는 $G_1(s)$를 이용하여 기준 속도 변동에 대해 원하는 응답을 얻고 외란에 대해 강인한 응답은 $G_2(s)$를 설계하여 달성할 수 있다. 이와 같은 제어기를 2 자유도 제어기(Two Degree of Freedom Controller)라고 한다(참고문헌 [38]).

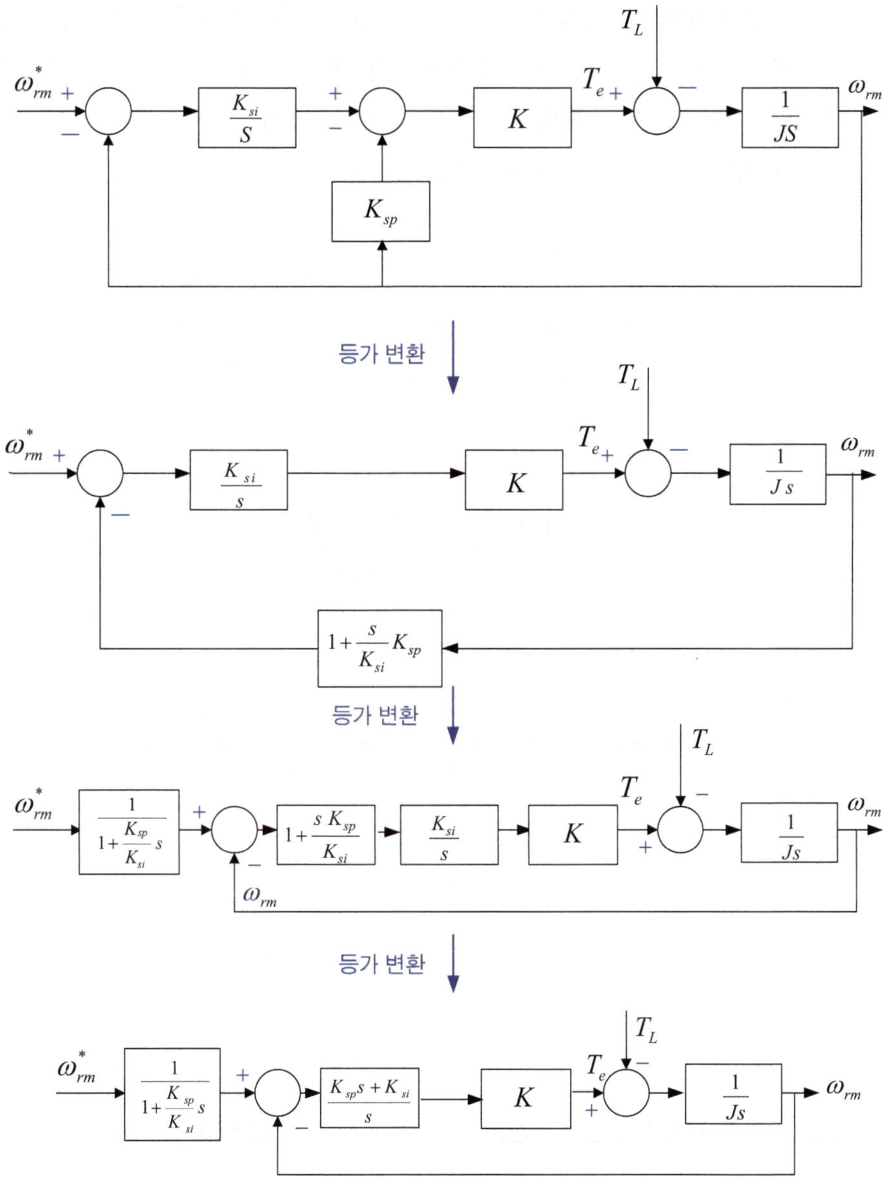

그림 4.51 적분 비례(IP) 속도 제어기 블록도의 등가 변환

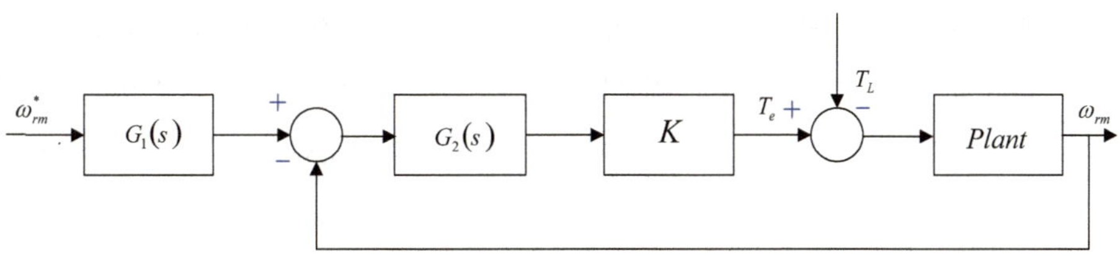

그림 4.52 2 자유도(Two Degree of Freedom) 제어기

이러한 2 자유도 제어기의 가장 간단한 예로써 앞에서 설명한 비례 적분(PI) 제어기와 적분 비례(IP) 제어기를 적절히 혼합한 제어기를 생각할 수 있다. 이 경우 부하 토크에 의한 응답과 기준 속도에 의한 응답을 적절히 조화시킬 수 있다. <그림 4.53>은 이러한 PI-IP 혼합 속도 제어기의 구조를 나타낸다. 이 경우 부하 토크에 의한 속도 응답에 관한 전달 함수는 식 (4-79)와 같으나 기준 속도에 대한 속도 응답의 전달 함수는 식 (4-80)과 같이 설정 변수 α에 따라 달라진다. 이와 같은 제어기는 4.1절에서 설명한 능동 댐핑의 개념으로 고찰해 보면 비례 적분 제어기의 비례 이득을 줄이고 $(1-\alpha)K_{sp}K$ 라는 능동 댐핑(여기서는 기계적 마찰계수, B_{active})을 추가한 것으로 이해할 수 있다.

$$\frac{\omega_{rm}(s)}{\omega_{rm}^{*}(s)} = \frac{K\ (\alpha K_{sp}s + K_{si})}{J\ s^2 + K\ K_{sp}s + K\ K_{si}}. \tag{4-80}$$

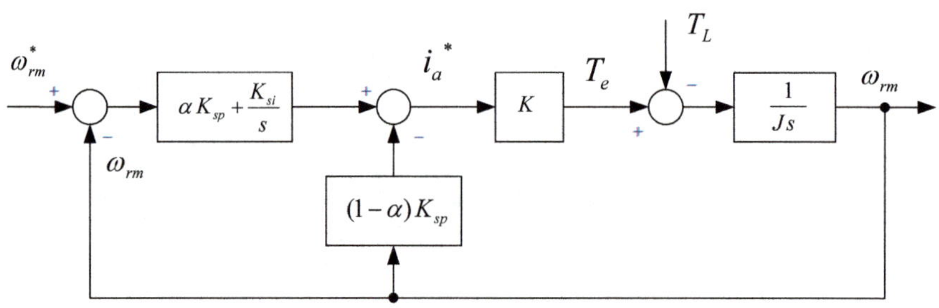

그림 4.53 PI-IP 혼합 속도 제어기

4.3.5 가속도 정보에 의한 속도 제어 특성의 개선 (참고문헌 [39])

4.3.5.1 기준 가속도의 전향 보상(Feed-forward Compensation)

4.2.4절에서 언급한 바와 같이 실제로 전동기의 가용(Available) 최대 토크는 물리적으로 제한되어 있기 때문에 실현 가능한 가속도는 제한될 수 밖에 없다. 대개의 물리적 제어 시스템은 기준 가가속도(Jerk)를 두번 적분 또는 기준 가속도를 적분하여 기준 속도를 얻으므로, 기준 가속도 정보는 원래의 기준 가속도 정보로부터 또는 <그림 4.54>에 점선으로 표현한 바와 같이 기준 속도를 미분함으로써 얻을 수 있다. 만약 이와 같이 기준 가속도 정보를 얻을 수 있는 경우에는 <그림 4.54>와 같이 기준 가속도를 전향 보상하면 속도 제어 특성을 개선할 수 있다. 기준 속도를 미분하여 기준 가속도를

얻는 것보다 <그림 4.54>에 실선으로 표현한 바와 같이 기준 속도를 만들기 위해 구한 원래의 기준 가속도 정보를 이용하는 것이 실제 구현 시 미분에 의한 잡음을 회피할 수 있어 유리하다.

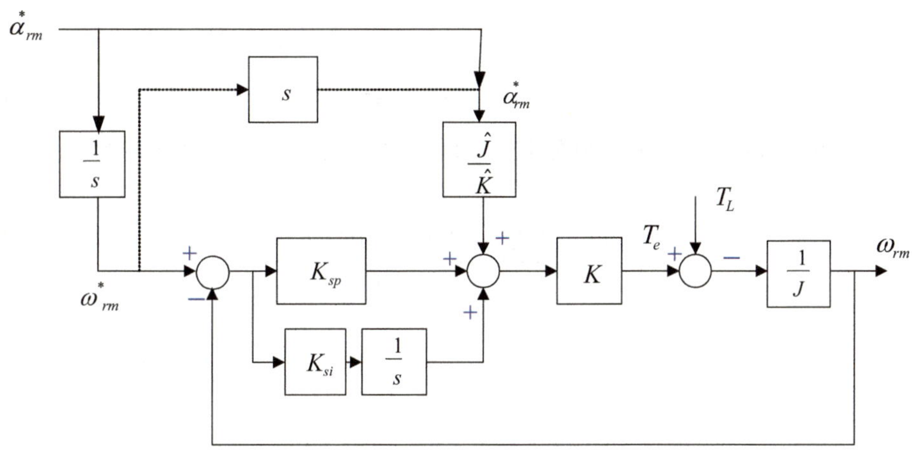

그림 4.54 기준 가속도를 전향 보상하는 속도 제어기

이러한 제어기에서 기준 속도에 대한 속도 응답의 전달 함수는 식 (4-77)에서 식 (4-81)로 변경된다.

$$\frac{\omega_{rm}}{\omega^*_{rm}} = \frac{\frac{\hat{J}}{\hat{K}}\frac{K}{J}s^2 + K_{sp}\frac{K}{J}s + K_{si}\frac{K}{J}}{s^2 + K_{sp}\frac{K}{J}s + K_{si}\frac{K}{J}}. \tag{4-81}$$

식 (4-81)에서 알 수 있듯이 $\frac{\hat{J}}{\hat{K}} = \frac{J}{K}$ 라면, 즉 제어기에 설정된 추정된 관성과 토크 상수가 실제와 같다면 전달 함수는 1이 되어서 실제 속도는 기준 속도를 완벽하게 추종한다. 실제로 관성과 토크 상수가 약간의 오차를 가지더라도 기준 속도에 대한 응답 특성은 기준 가속도 전향 보상이 없을 때와 비교하여 대폭 개선될 수 있다. 이러한 기준 가속도의 전향 보상은 속도 제어기의 제어 대역폭을 키울 수 없는 시스템(예를 들면 엘리베이터와 같이 유연한(Flexible) 연결 구조로 인하여 내부적으로 공진(Resonance) 점이 있는 기계 시스템)에 있어 **기준 속도에 대한 실제 속도의 응답 특성을 향상 시키는데** 매우 유용하다.

4.3.5.2 가속도 궤환 제어

식 (4-79)로 주어지는 외란 토크(부하 토크)에 대한 속도의 전달 함수에서 전달 함수의 절대 값이 작을수록 외란 토크에 강인한 제어 특성을 갖는다. 식 (4-79)의 역수를 취한 후 그 크기를 식 (4-82)와 같이 $s = j\omega$ 를 이용하여 각속도 ω 의 함수로 표시하고 이를 동적 강성(Dynamic Stiffness)이라고 정의하면 이는 물질의 강성(Stiffness)과 유사한 물리적 성질을 갖는다. 즉 식 (4-82)는 외란(여기서는 부하 토크)에 대한 변위(Displacement(여기서는 회전각 속도)),즉 강성을 주파수영역에서 표시한 것이다.

$$\left|\frac{T_L}{\omega_{rm}}\right| = \frac{\left|J(j\omega)^2 + K \cdot K_{sp} j\omega + K \cdot K_{si}\right|}{|j\omega|}. \tag{4-82}$$

식 (4-82)에서 알 수 있듯이 외란의 각주파수 ω 가 매우 낮은 부분에서(즉 외란이 아주 천천히 변할 때), 동적 강성은 제어기의 적분 이득에 의해 결정되고 직류($\omega = 0$)에서는 무한대의 강성을 갖는다. 즉, 주어진 제어 시스템은 일정한 외란(Constant Disturbance) 토크에 대해서는 정상 상태(Steady State) 속도 오차가 없다. 또한 외란이 아주 빨리 바뀔 때(ω 가 매우 클 때)의 강성은 관성 J 값에만 의존된다. ω 가 커질수록 같은 관성에 대해 동적 강성은 커지지만 그 값은 관성과 ω 에 의해서만 결정된다. 만약 관성 J 를 늘릴 수 있다면 빠른 외란 토크 변동에 대해 강인한 속도 제어 시스템을 만들 수 있으나 실제로 관성을 늘리는 것은 같은 전동기 토크 출력에 대해 속도 응답성, 즉 각가속도 $\left|\frac{d\omega_{rm}}{dt}\right|$ 를 낮게 하고 구동 시스템의 부피, 무게를 크게 만드는 단점이 있어 불리해 진다. 또한 감속 시 관성에 축적된 에너지를 방출해야 하므로 구동 시스템의 에너지 효율을 떨어뜨리는 추가적인 문제점도 있다. 그러나 만약 가속도를 측정할 수 있고 이를 <그림 4.55>와 같이 궤환(Feedback)할 수 있다면 관성을 늘리는 것과 같은 효과(Active Inertia Effect)를 얻을 수 있다.

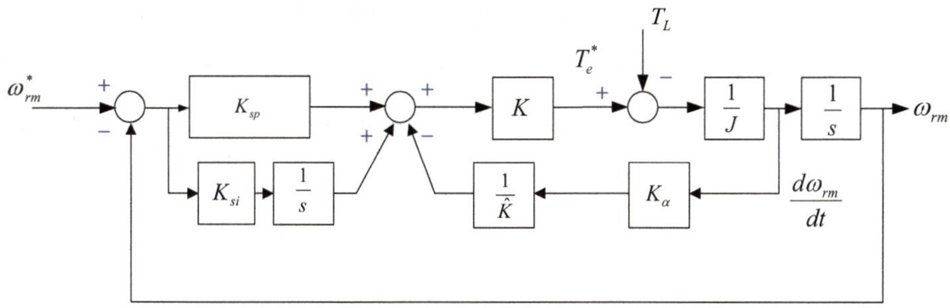

그림 4.55 가속도를 궤환하는 속도 제어기

위의 시스템에 대한 동적 강성을 구하면 식 (4-83)과 같다.

$$\left|\frac{T_L}{\omega_{rm}}\right| = \frac{\left|J\left(1+\frac{K_\alpha}{J}\cdot\frac{K}{\hat{K}}\right)\cdot(j\omega)^2 + K\cdot K_{sp}j\omega + K\cdot K_{si}\right|}{|j\omega|}. \tag{4-83}$$

위의 식에서 알 수 있듯이 $\frac{K}{\hat{K}}$ 가 1이라면, 즉 제어기가 알고 있는 토크 상수가 실제 토크 상수와 같다면, 기계계의 관성이 가속도 궤환 이득 K_α 에 따라 J 에서 $J\left(1+\frac{K_\alpha}{J}\right)$ 로 증가한 효과가 있고, 따라서 증가된 관성만큼 동적 강성이 증대되어 빠르게 변하는 외란 토크에 대해서도 강인한 속도 제어 시스템을 만들 수 있다.

최근 미세 전기기계 시스템(Micro-Electro Mechanical System, MEMS) 기술의 발달로 인하여 여러 형태의 가속도 측정 장치(Acceleration Sensor)가 값 싸게 공급되고 있다(참고문헌 [40]). 이러한 센서를 사용하여 가속도를 궤환하면 부하 외란에 대한 속도 제어 특성을 대폭 개선할 수 있다(참고문헌 [41]). 이 경우 가속도 측정 장치는 외란 토크의 변동 속도에 대해 충분히 큰 측정 대역폭(Bandwidth)을 가져야 한다. 만약 가속도를 직접 측정할 수 없는 경우에는 4.3.2절에서 언급한 관측기 이론을 이용하여 가속도를 추정할 수도 있다. <그림 4.56>은 이러한 가속도 관측기를 <그림 4.43>에 보인 속도 관측기와 유사하게 구성한 예이다(참고문헌 [42]).

<그림 4.56>의 가속도 관측기는 <그림 4.43>에 표시된 속도 관측기와 같이 엔코더로부터 얻는 위치 정보 θ_{rm} 로부터 추정 가속도 ,$\hat{\alpha}$, 를 얻고 있다. 여기서 가속도 관측기의 주파수 대역은 앞의 가속도 센서의 경우와 마찬가지로 억제하려는 외란 토크의

주파수 대역보다 커야 한다. 또한 속도 관측기와 마찬가지로 엔코더의 위치 정보가 이산적(Discrete)이라는 점과 이러한 관측기를 디지털 제어로 구현할 경우 속도, 가속도 관측기의 샘플링 시점이 엔코더 펄스 발생 시점과 다르다는 점에 대한 대책이 필요하다. 이러한 가속도 관측기는 기본적으로 측정된 위치 정보를 두 번 미분하여 가속도 정보를 얻으므로 엔코더의 일 회전당 펄스수, P_{PR}, 가 충분히 크지 않을 경우에는 그 실제적 효과를 기대하기가 어렵다.

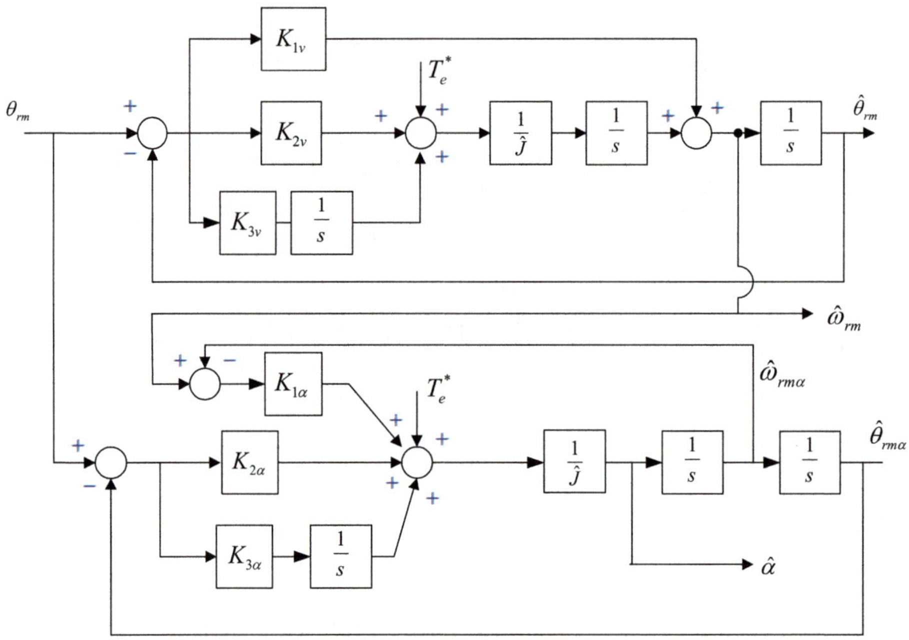

그림 4.56 속도 관측기와 연계된 가속도 관측기

4.3.6 안티 와인드업 제어기를 포함한 속도 제어기

2.2절에서 언급한 바와 같이 실제로 전동기 토크는 전동기 자체의 특성에 의해 제한되거나, 또는 2.18절에서 설명된 전력 변환 장치의 가용 전류, 전압의 크기에 의해 제한 되므로, 속도 제어기의 출력 (토크 또는 전기자 기준 전류) 역시 제한되어야 한다. 이러한 제한에 의해 속도 제어기의 성능은, 외란이 크거나 기준 속도의 변동이 심할 경우, 설계된 성능보다 떨어지게 된다. 이러한 성능 악화는 4.2.4절에서 설명한 안티 와인드업 제어기를 부가함으로써 어느 정도 개선될 수 있다. 안티 와인드업 제어기의 이득은 전류 제어기에서의 경우와 마찬 가지로 속도 제어기의 비례 이득의 역수 값을 기준

으로 원하는 제어 성능에 따라 가변하여 결정될 수 있다. 4.3.4.1절에서 설명된 비례 적분 속도 제어기에, 안티 와인드업 제어기, 기준 가속도 전향 보상, 가속도 궤환, 추정 외란 토크 전향 보상 등을 부가하여 제어 블록도로 나타내면 다음 그림과 같다.

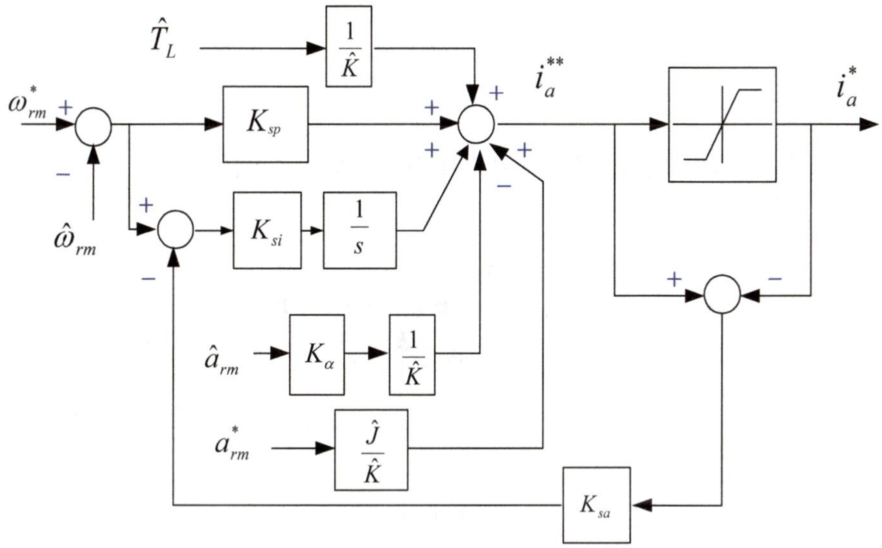

그림 4.57 안티 와인드업 제어기, 기준 가속도 전향 보상, 추정된 가속도 궤환, 외란 토크 전향 보상이 포함된 비례 적분 속도 제어기

4.4 위치 제어기(Position Controller)의 설계

전동기를 이용하여 기계 시스템을 제어할 때 많은 경우에 있어 기계 시스템의 정지 시 위치가 최종 제어 목적이 된다. 또한 기계가 움직이고 있는 중에도 주어진 경로(Trajectory)를 따라 가려면 위치 제어가 필수적이다. 이러한 위치 제어에 관해서는 많은 연구가 있어 왔으나 본 절에서는 산업계에서 널리 쓰이는 위치 제어 기법의 하나를 소개하고자 한다.

4.4.1 비례-비례 적분 직렬 (PID; P-PI Cascade) 제어기 (참고문헌 [43])

<그림 4.58>과 같이, 비례-비례 적분(P-PI) 직렬(Cascade) 제어기는 위치 제어기가 비례 제어기로 되어 있고, 속도 제어기가 비례 적분 제어기로 되어 있으며, 2개의 제어기

가 직렬 연결(Cascaded Connection)되어 있는 형태의 제어기를 말한다. 속도 제어기는 4.3.4.1절에서 설명한 비례 적분 제어기 형태로 설계하면 속도 제어기 이득은 다음 식과 같다.

$$K_{pv} = \hat{J} \cdot \omega_{sc}$$
$$K_{iv} = \frac{1}{5} K_{pv} \cdot \omega_{sc} \quad (4\text{-}84)$$

여기서, $\hat{J}$ 는 기계 시스템의 추정된 전체 관성을 의미한다.

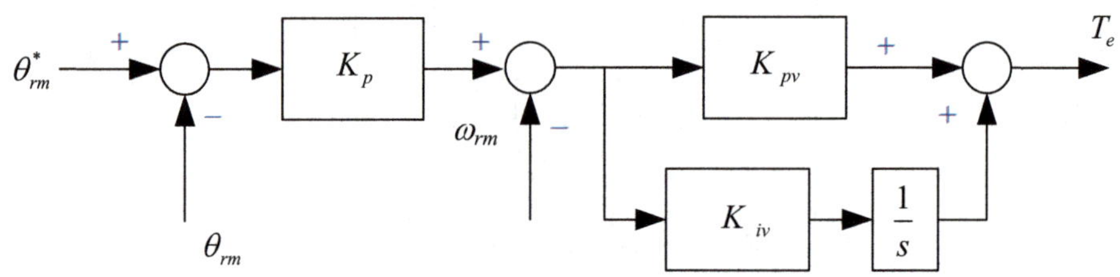

그림 4.58 비례 –비례 적분 직렬(P–PI Cascaded) 제어기

위에서 선정한 이득을 사용하면 지령 속도에 대한 실제 속도의 전달 함수는 식 (4-77)과 같이 2차 함수이나, 위치 제어기의 제어 주파수 대역 부근에서 보면 속도 제어기는 아래와 같이 간단히 1차 저역 통과 필터(Low Pass Filter, LPF) 형태로 가정할 수 있다. 이 경우, 위치 제어기를 포함한 간략한 전체 제어 블록도는 <그림 4.59>와 같이 표현될 수 있다.

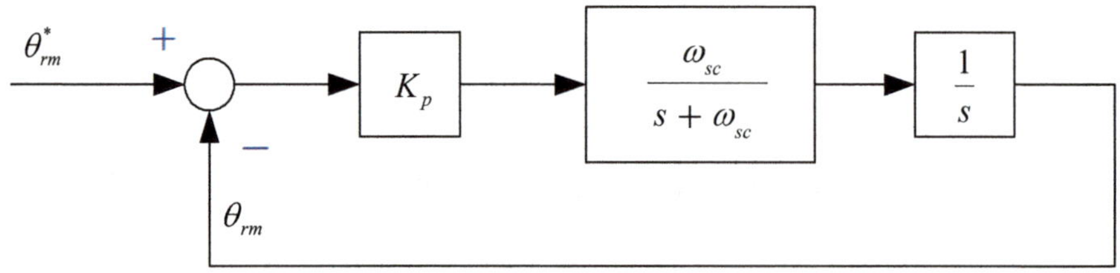

그림 4.59 위치 제어기를 포함한 간략화된 제어 블록도

따라서 지령 위치에 대한 실제 위치의 전체 전달 함수는 다음과 같이 표현될 수 있다.

$$\frac{\theta_{rm}}{\theta_{rm}^*}=\frac{K_p\dfrac{\omega_{sc}}{s+\omega_{sc}}\dfrac{1}{s}}{1+K_p\dfrac{\omega_{sc}}{s+\omega_{sc}}\dfrac{1}{s}}=\frac{K_p\omega_{sc}}{s^2+\omega_{sc}s+K_p\omega_{sc}}=\frac{\omega_n^{\ 2}}{s^2+2\zeta\omega_n s+\omega_n^{\ 2}}. \tag{4-85}$$

전달 함수는 2차 저역 통과 필터의 전달 함수와 같다. 통상 위치 제어는 오버슈트를 허용하지 않기 때문에 감쇠 계수, ζ, 를 1 이상으로 한다. 댐핑 계수를 1.5로 선정하면, 위치 제어기 이득 K_p 와 자연 비감쇠 각주파수(Natural Undamped Frequency), ω_n, 은 다음과 같이 선정할 수 있다.

$$K_p=\frac{\omega_{sc}}{9}\,,\ \ \omega_n=\frac{\omega_{sc}}{3}\,. \tag{4-86}$$

여기서 ω_{sc} 는 속도 제어기의 대역폭이다.

식 (4-86)과 같이 이득을 설정하면 위치 제어기의 대역폭 ω_{pc} 는 $0.374\omega_n$, 즉 속도 제어기 대역폭의 약 1/8 정도이다.

4.4.2 기준 속도와 기준 가속도의 전향 보상

앞에서 설계된 위치 제어기에 <그림 4.60>과 같이 기준 가속도를 전향 보상하면 제어 특성을 개선할 수 있다.

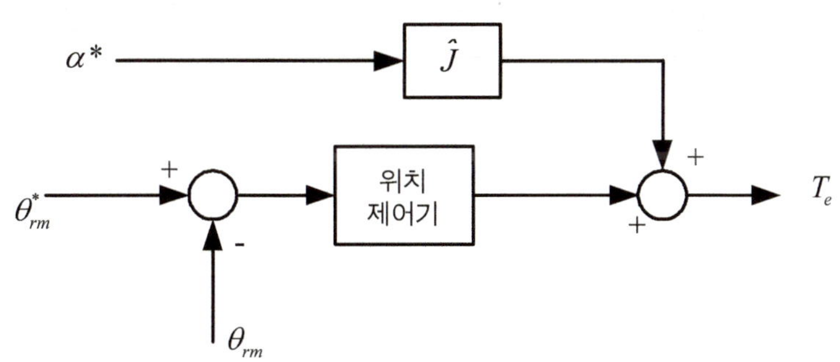

그림 4.60 기준 가속도의 전향 보상

또 <그림 4.60>을 속도 제어기를 포함하여 다시 그린 후 기준 속도를 추가로 전향 보상하면 다음 그림과 같다.

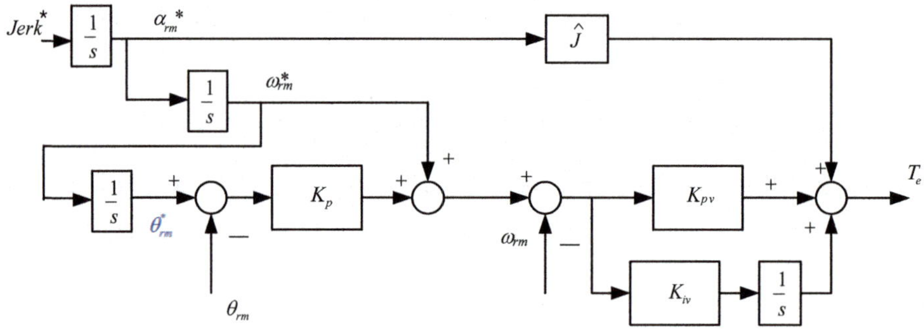

그림 4.61 기준 가속도와 기준 속도 전향보상이 포함된 비례 –비례 적분(P–PI) 직렬 위치 제어기

<그림 4.61>에서 기준 속도, 기준 가속도 전향 보상을 포함하여 속도 제어기와 관성 부하만을 가정한 기계계($T_e = Js^2\theta_{rm}$)를 고려한 위치 제어 시스템의 전달 함수는 다음과 같이 표현될 수 있다.

$$\frac{\theta_{rm}}{\theta_{rm}^*} = \frac{\hat{J}s^3 + K_{pv}s^2 + (K_pK_{pv} + K_{iv})s + K_pK_{iv}}{Js^3 + K_{pv}s^2 + (K_pK_{pv} + K_{iv})s + K_pK_{iv}} . \tag{4-87}$$

식 (4-87)에서 알 수 있듯이 관성이 정확히 추정될 경우 전체 전달 함수가 주파수 대역에 관계없이 1이 되어 실제 위치는 위치 지령을 완벽히 추종하게 된다. 비록 추정된 관성에 오차가 있더라도 상당히 높은 주파수 대역까지 실제 위치가 위치 지령을 추종함을 알 수 있다. 즉 $s(=j\omega)$ 에 관한 상수항, 1차항, 2차항의 크기가 3차항에 비해 큰 낮은 주파수 영역에서는 $\hat{J}$ 가 J 와 다르더라도 실제 위치는 지령 위치를 잘 따라가게 된다.

4.5 위상 동기화 제어기의 설계

2.18.1, 2.18.2절에서 소개된 3상 다이리스터 정류기, 3상 펄스폭 변조 승압형 정류기와 같이 전력변환기가 3상 전원과 연결되는 시스템에서 전원단 전압의 정확한 위상각 정보는 제어에 필수적이다. 왜냐하면 역률 제어나 유효 전력과 무효 전력의 제어, 고조파(Harmonics) 전류의 보상 등에서 전류나 전압의 지령치는 전원단 전압의 위상각과 동기(Synchronize) 되어야만 그 의미가 있기 때문이다. 이상적((Ideal) 인 3상 전원 조건(각 상전압의 크기와 주파수가 서로 같고 일정하며 각 상간의 위상차가 120°로 동일하고, 고조파가 포함되어 있지 않는 정현파 전원)에서는 단순히 한 상의 전압 또는 임의의 선간전압이 음에서 양으로 변동되는 시점을 파악하고 이를 기준으로 하여 알고 있는 주파수 정보로부터 주기를 계산한 후 위상각을 계산할 수 있다. 그러나, 실제 전원 조건에서는 이상적(Ideal)인 전압 조건은 존재하지 않으며 파형 자체의 모든 요소(주파수, 위상차, 크기, 고조파)가 시변(Time Varying)한다(참고문헌 [44]). 이러한 전원의 비이상적(Nonideal)인 현상은 전력전자 기술에 근거한 비선형(Nonlinear) 부하의 증가와 더불어 더욱 심해지리라 예상되고 있다. 이러한 비이상적인 전원 전압 조건 하에서, 잘못 설계된 위상각 검출용 제어기는 전력 변환기기의 전압, 전류의 지령치에 고조파 성분을 초래할 수 있고 결과적으로 전원 전압을 더욱 왜곡 시키는 요인이 될 수 있다. 본 절에서는 이러한 비이상적 전원 하에서도 전원의 위상각을 안정되게 검출하여 전원의 왜곡을 최소화할 수 있는 위상각 검출 기법에 대해서 논의한다.

4.5.1 동기 좌표계를 이용한 위상 검출

전원 전압이 각주파수 ω_e 를 가진 이상적인 3상 정현파 전압이라면, a상 전압을 기준각으로하여 3상 전원 전압을 다음 식과 같이 표현할 수 있다.

$$\begin{aligned} e_a &= -E\sin\omega_e t \\ e_b &= -E\sin(\omega_e t - \frac{2\pi}{3}) \cdot \\ e_c &= -E\sin(\omega_e t + \frac{2\pi}{3}) \end{aligned} \tag{4-88}$$

여기서 'E'는 상전압의 최대치이다. 이로부터 3.1절에서 논의한 좌표 변환을 이용하여 삼상 전압을 정지 좌표계, 동기 좌표계의 전압으로 변환하면 전원 전압은 다음 식들로 표현될 수 있다.

$$e_d^s = -E\sin(\omega_e t)$$
$$e_q^s = E\cos(\omega_e t) \quad (4\text{-}89)$$

$$e_d^e = 0$$
$$e_q^e = E \quad (4\text{-}90)$$

여기서 위상각은 $\theta_e = \omega_e t$ 로 주어진다. 전원 전압의 선간전압, 상전압, 정지 좌표계 상에서의 전압, 동기 좌표계 상에서의 전압과 함께 위상각을 표시하면 다음 <그림 4.62>와 같다. 전력 변환기의 제어기가 바라보는 위상각은 <그림 4.62>에서 보는 바와

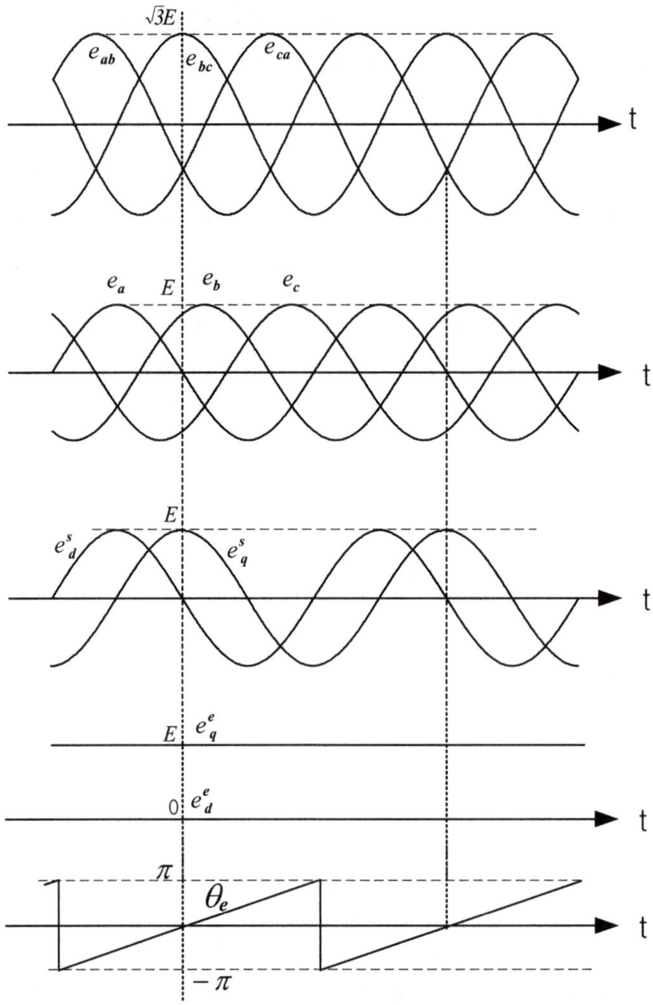

그림 4.62 위상각과 전원 전압과의 관계

같이 a상 전원 전압이 양에서 음으로 바뀌는 순간을 영으로 기준하였다. 따라서 순시적인 제어 위상각은 식 (4-91)로부터 얻을 수 있다.

$$\hat{\theta}_e = \tan^{-1}\left(\frac{-e_d^s}{e_q^s}\right). \tag{4-91}$$

전원 전압이 비이상적일 경우, 특히 고차(High Order) 고조파가 많거나 측정된 전원 전압에 잡음(Noise)이 있을 경우 식 (4-91)에 의해 검출된 위상각이 급변하게 되어 이러한 위상각에 근거하여 제어하는 시스템이 불안정하게 될 우려가 있다.

<그림 4.63>에서 보는 바와 같이, 제어기에서 추정된 동기 좌표계 d축 전압은 제어 위상각, $\hat{\theta}_e$,이 실제 위상각, θ_e, 와 일치할 경우에는 "0"이 되고, 제어 위상각이 실제 위상각보다 앞설 경우에는 양의 값을, 제어 위상각이 실제 위상각보다 뒤질 경우에는 음의 값을 가진다. 이러한 원리에 근거하여 제어기를 이용하여 위상각을 얻을 수도 있다. 이렇게 제어기를 이용하여 위상각을 구할 경우 제어기에 내재하는 필터링(Filtering) 효과에 의해 측정 잡음, 고차 고조파에 강인한 위상각 정보를 얻을 수 있다. 제어기가 알고 있는 위상각에서 측정된 동기 좌표계 d축 전원 상전압은 <그림 4.63>에 나타낸바와 같이 표시 될 수 있고 식(4-92)와 같이 유도된다.

$$e_{\hat{d}}^e = E\sin(\hat{\theta}_e - \theta_e). \tag{4-92}$$

각 오차가 작은 경우에는 식(4-92)는 다음과 같이 근사화 될 수 있다.

$$e_{\hat{d}}^e \approx E(\hat{\theta}_e - \theta_e). \tag{4-93}$$

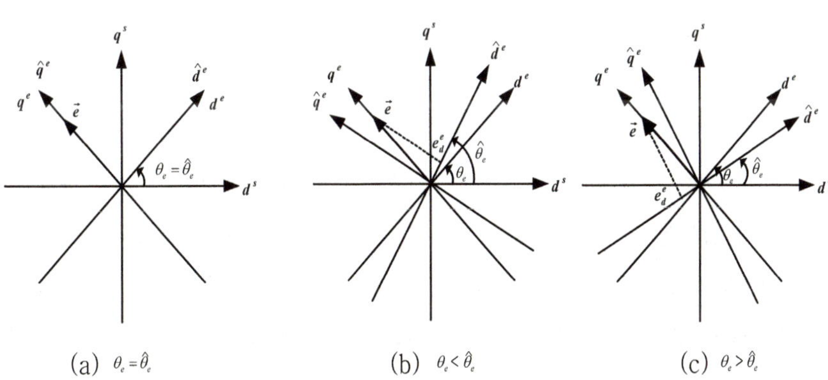

그림 4.63 제어 위상각 오차와 동기 좌표계 d 축 전원 전압

그러므로 동기 좌표계 d축 전원 전압이 “0”이 되도록 제어 위상각을 수정해 나가면 실제 위상각과 제어 위상각을 일치시킬 수 있다. 이는 <그림 4.64>와 같은 간단한 비례 적분(PI) 제어기로써 구현할 수 있다. 그림에서 ω_e^*은 정상 상태에서의 전원 전압의 각주파수(Nominal Angular Frequency)이고 “LPF” 블록은 저역 통과 필터(Low Pass Filter)로서 제어각의 맥동(Ripple)을 방지하기 위하여 사용된다. 각오차가 작고, 저역 통과 필터의 시정수가 작은 경우, 위상각 검출 시스템은 다음과 같이 해석될 수 있다.

$$\theta_e = (K_p + \frac{K_i}{s})\frac{1}{s}(-e_{\hat{d}}^e) = (K_p + \frac{K_i}{s})\frac{1}{s}E(\theta_e - \hat{\theta}_e)$$
$$\frac{\hat{\theta}_e}{\theta_e} = \frac{K_p Es + K_i E}{s^2 + K_p Es + K_i E} \quad (4\text{–}94)$$

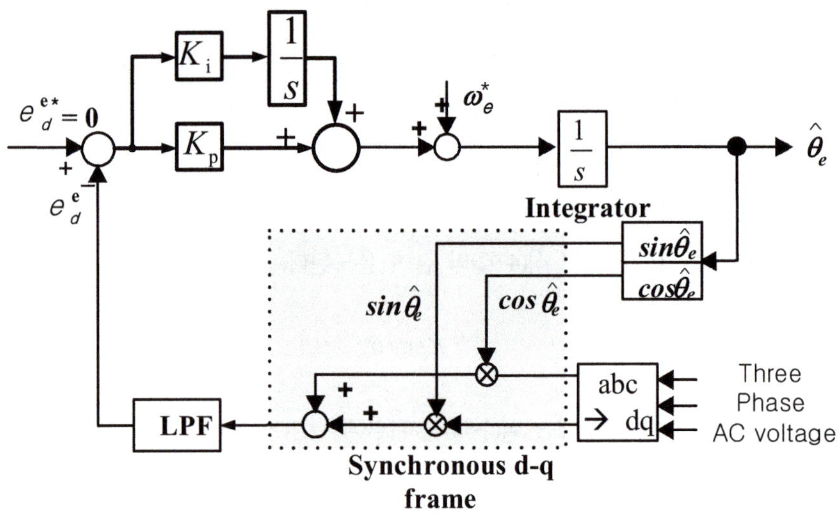

그림 4.64 동기좌표계 위상각 제어기의 제어 블록도

이는 매우 간단하고 안정적인 위상각 검출 방법이지만 전원 전압에 왜곡이 있는 경우 검출된 위상각으로부터 합성되는 전압, 전류 지령치에 많은 저차(Low Order) 고조파 성분이 포함되게 되는 단점이 있다. 전원단 전압에 포함되어 있는 고차의 고조파 전압 및 측정 잡음은 동기 좌표계 위상각 검출기 자체가 고차의 고조파들을 제거하는 구조로 설계되었기 때문에 큰 영향을 주지 못한다. 그러나 전원 전압 크기와 위상차의 불평형(Unbalance)과 저차 고조파들은 이러한 동기 좌표계 위상각 검출기를 이용하는 시스템에 3차, 5차, 7차 등의 저차의 고조파 전류를 전원측에 주입하기 때문에, 이 방법은 여러 종류의 전압 왜곡이 심하게 발생하는 전원 전압 조건에는 적합하지 못할 수도 있다. 그러나 이러한 동기좌표계 에서의 위상각 검출기는 **일반적인 전원 계통 전압 조건에서는 원활히 동작하기 때문에** 현재 산업계에서 널리 활용되고 있다.

4.5.2 정상분 전압과 동기 좌표계를 이용한 위상 검출 (참고문헌 [45])

<그림 4.64>의 제어기에서 비이상적인 3상의 불평형 전원에서 정상분(Positive Sequence) 전압만을 추출하여 이를 토대로 전원의 위상각을 구하면 불평형과 저차 고조파로 인해 발생되는 문제를 줄일 수 있다. <그림 4.65>는 전력 계통에서 단락 사고가 일어날 경우 나타날 수 있는 상전압 파형의 일 예이다. 여기서 사고후 가정된 상전압의 성분들은 다음과 같다. 정상상태 시 3상 평형 상전압 페이서는 $\mathbf{E} = 179.6\angle 0[\mathrm{V}]$, 사고 후에는 정상분 전압 페이서는 $\mathbf{E}_{+} = 89.8\angle -\frac{\pi}{6}[\mathrm{V}]$, 역상분(Negative Sequence) 전압 페이서는 $\mathbf{E}_{-} = 44.9\angle 1.92[\mathrm{V}]$, 5차 고조파의 전압 페이서는 $\mathbf{E}_{5-} = 35.9\angle 0[\mathrm{V}]$, 7차 고조파의 전압 페이서는 $\mathbf{E}_{7+} = 35.9\angle 0[\mathrm{V}]$ 이다.

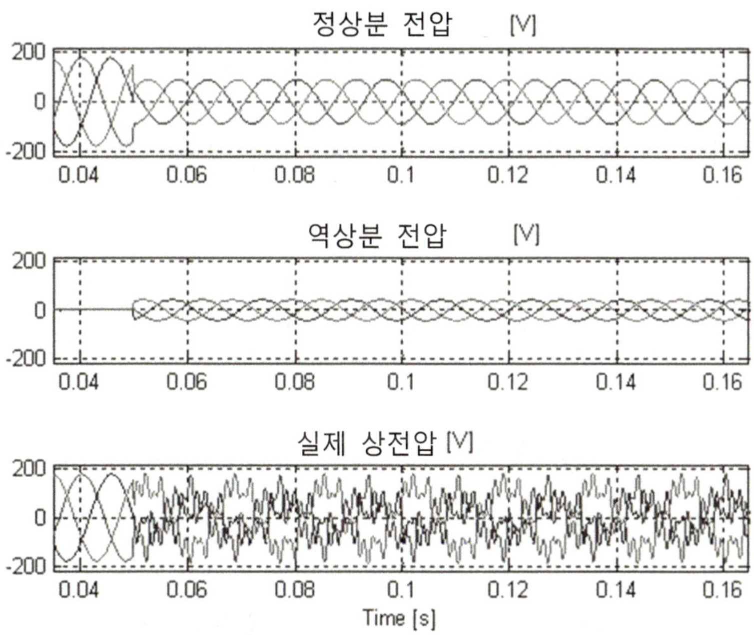

그림 4.65 전원 계통(정상상태 선간전압 220V) 에 단락 사고가 있을 때의 전원단 상 전압 파형의 일예와 파형에 포함된 정상분, 역상분 전압

각 상전압은 그 크기 위상 차 뿐 아니라 단락시 발생하는 아크(Arc)로 인하여 많은 고조파를 함유하고 있다. 이러한 상황에서 전원의 위상각을 찾는 것은 매우 어려운 일이다. <그림 4.64>의 위상각 제어기에 의한 위상각 검출은 이러한 사고 상황에서 적합한 전원의 위상각 정보를 제공할 수 없다. <그림 4.65>의 전체 전압 중의 기본파 전압을 분리하면 정상분 전압과 역상분 전압을 얻을 수 있다. 전원 상전압중에서 기본파 전압의 정상분이 <그림 4.63>의 (a)와 같이 동기 좌표계 q축에 동기되어 있다면 정상분 전압은 식 (4-95)와 같이, 역상분 전압은 식 (4-96)과 같이 표시할 수 있다. 이를 페이서도(Phasor Diagram)와 시간 영역에서 표시하면 <그림 4.66>과 같다.

$$
\begin{aligned}
e_{a+} &= -E_{m+}\sin\omega_e t \\
e_{b+} &= -E_{m+}\sin\left(\omega_e t - \frac{2\pi}{3}\right). \\
e_{c+} &= -E_{m+}\sin\left(\omega_e t + \frac{2\pi}{3}\right)
\end{aligned}
\tag{4-95}
$$

$$
\begin{aligned}
e_{a-} &= -E_{m-}\sin(\omega_e t + \phi_n) \\
e_{b-} &= -E_{m-}\sin\left(\omega_e t + \phi_n + \frac{2\pi}{3}\right). \\
e_{c-} &= -E_{m-}\sin\left(\omega_e t + \phi_n - \frac{2\pi}{3}\right)
\end{aligned}
\tag{4-96}
$$

여기서 E_{m+} 는 정상분 전압의 크기이며 E_{m-} 는 역상분 전압의 크기이다. 또 ϕ_n 은 역상분 전압의 위상각이다.

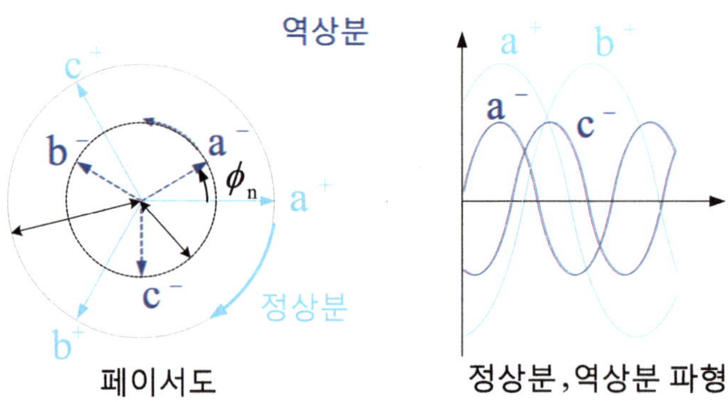

그림 4.66 정상분 역상분전압 전압의 페이서도와 파형

계통 사고 후에 같은 형태의 전원 전압이 지속 될 경우 전원 전압 파형에 저역 통과 필터를 적용하여 기본파를 얻은 후 그 기본파로 부터 식 (4-97)의 연산을 통해 정상분 전압을 얻을 수도 있다(참고문헌 [46]).

$$\begin{bmatrix} \mathbf{E}_{a+} \\ \mathbf{E}_{b+} \\ \mathbf{E}_{c+} \end{bmatrix} = \frac{1}{3}\begin{bmatrix} 1 & \mathbf{a} & \mathbf{a}^2 \\ \mathbf{a}^2 & 1 & \mathbf{a} \\ \mathbf{a} & \mathbf{a}^2 & 1 \end{bmatrix}\begin{bmatrix} E_a \\ E_b \\ E_c \end{bmatrix} = \begin{bmatrix} \frac{1}{2}E_a - \frac{1}{2\sqrt{3}j}\left(E_b - E_c\right) \\ -\left(E_{a+} + E_{c+}\right) \\ \frac{1}{2}E_c - \frac{1}{2\sqrt{3}j}\left(E_a - E_b\right) \end{bmatrix}. \tag{4-97}$$

여기서, $\mathbf{a} = e^{j\frac{2\pi}{3}}$ 이다.

식 (4-97)은 <그림 4. 67>과 같이 구현 될 수 있다. 여기서 90° 의 위상 지연(Phase Delay)을 얻기 위해서는 전원 각주파수에서 90° 의 위상 지연이 발생하고 출력의 크기는 입력과 같은 전역 통과(All-Pass) 필터가 필요하게 된다. 식 (4-98)은 2차로 구현된 전역 통과 필터의 전달함수의 한 예 이다.

$$\frac{s^2 - \sqrt{2}\omega_o s + \omega_o^2}{s^2 + \sqrt{2}\omega_o s + \omega_o^2}. \tag{4-98}$$

여기서 $\omega_o = \frac{1+\sqrt{3}}{\sqrt{2}}\omega_e^* \approx 1.9319\omega_e^*$ 이고, ω_e^* 은 90° 의 위상 차가 발생하는 기준 각주파수(전원의 기준 각주파수)이다.

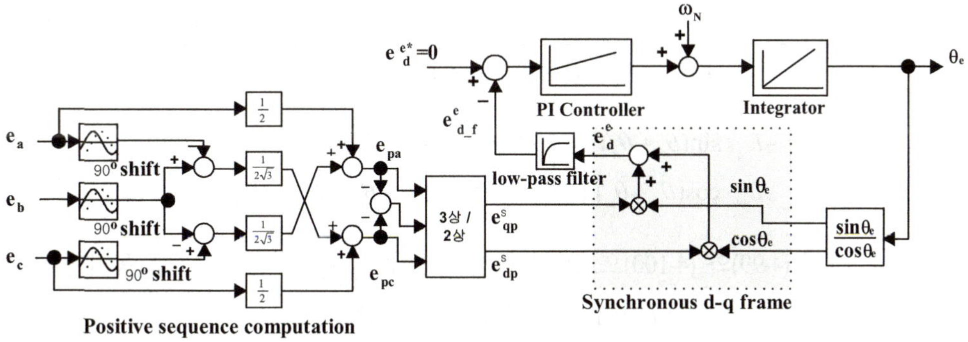

그림 4.67 정상분 전압을 이용한 위상각 검출기의 제어 블록도

이렇게 얻어진 정상분 전압을 동기 좌표계로 변환하면, 기존의 불평형된 전원 전압을 동기 좌표계로 변환한 경우와 비교할 때 동기 좌표계 d축과 q축의 전압에 나타나게 되는 전원단 주파수의 2배에 해당하는 맥동(Ripple)이 사라진다. 이러한 정상분 전압을 입력으로하여 <그림 4.64>의 위상각 제어기를 통하여 전원에 포함된 정상분 전압의 위상각을 추출할 수 있다(참고문헌 [47]).

그러나 계통 사고상황은 계속 변화하기 때문에 저역통과 필터에 의해 기본파 전압을 얻은 후 식 (4-97)에 의한 정상분 전압 추출은 응답이 느려 순시적으로 정확한 전원 위상각과 전원 주파수를 얻기에는 어려울 수 있다. 전원 계통 사고로 인한 심각한 왜곡이 있는 전원 계통에서의 정상분 위상각 추출은 아래와 같은 관측기(Observer)를 도입하여 가능하다(참고문헌 [45]).

먼저 식 (4-95)와 (4-96)을 추정 동기 좌표계로 변환하면 식 (4-99), (4-100)과 같다.

$$\begin{bmatrix} e_{d+} \\ e_{q+} \end{bmatrix} = \frac{2}{3} \times \begin{bmatrix} \cos\hat{\theta}_e & \cos(\hat{\theta}_e - \frac{2\pi}{3}) & \cos(\hat{\theta}_e + \frac{2\pi}{3}) \\ -\sin\hat{\theta}_e & -\sin(\hat{\theta}_e - \frac{2\pi}{3}) & -\sin(\hat{\theta}_e + \frac{2\pi}{3}) \end{bmatrix} \begin{bmatrix} e_{a+} \\ e_{b+} \\ e_{c+} \end{bmatrix} = \begin{bmatrix} E_{m+}\sin(\hat{\theta}_e - \theta_e) \\ E_{m+}\cos(\hat{\theta}_e - \theta_e) \end{bmatrix} = \begin{bmatrix} -E_{m+}\sin\theta_d \\ E_{m+}\cos\theta_d \end{bmatrix}, \ (\theta_d = \theta_e - \hat{\theta}_e) \quad (4-99)$$

여기서, θ_e 는 정상분 전압의 위상각이며, $\hat{\theta}_e$ 는 추정 위상각이고, θ_d 는 두 위상각의 차이 즉 위상각 추정에서의 오차이다.

$$\begin{bmatrix} e_{d-} \\ e_{q-} \end{bmatrix} = \frac{2}{3} \times \begin{bmatrix} \cos\hat{\theta}_e & \cos\left(\hat{\theta}_e - \frac{2\pi}{3}\right) & \cos\left(\hat{\theta}_e + \frac{2\pi}{3}\right) \\ -\sin\hat{\theta}_e & -\sin\left(\hat{\theta}_e - \frac{2\pi}{3}\right) & -\sin\left(\hat{\theta}_e + \frac{2\pi}{3}\right) \end{bmatrix} \begin{bmatrix} e_{a-} \\ e_{b-} \\ e_{c-} \end{bmatrix} = \begin{bmatrix} -E_{m-}\sin(\hat{\theta}_e + \theta_n) \\ -E_{m-}\cos(\hat{\theta}_e + \theta_n) \end{bmatrix} = \begin{bmatrix} -E_{m-}\sin(2\hat{\theta}_e + \theta_d + \phi_n) \\ -E_{m-}\cos(2\hat{\theta}_e + \theta_d + \phi_n) \end{bmatrix}, \ (\theta_n = \theta_e + \phi_n) \quad (4-100)$$

식 (4-99)와 (4-100)으로부터 실제 상전압, e_a, e_b, e_c 의 기본파를 동기좌표계로 변환한 전압은 식 (4-101)과 같이 표현될 수 있다.

$$\begin{bmatrix} e_d \\ e_q \end{bmatrix} = \begin{bmatrix} e_{d+} \\ e_{q+} \end{bmatrix} + \begin{bmatrix} e_{d-} \\ e_{q-} \end{bmatrix} = \begin{bmatrix} -E_{m+}\sin\theta_d \\ E_{m+}\cos\theta_d \end{bmatrix} + \begin{bmatrix} -E_{m-}\sin(2\hat{\theta}_e + \theta_d + \phi_n) \\ -E_{m-}\cos(2\hat{\theta}_e + \theta_d + \phi_n) \end{bmatrix}. \quad (4-101)$$

만약 위상각 추정 오차와 역상분의 위상각 변화가 느리다면 즉 $d\theta_d/dt$와 $d\theta_n/dt$의 크기가 작다면 식 (4-101)의 시간에 대한 미분은 식 (4-102)와 같이 표시될 수 있다.

$$\begin{aligned}\frac{d}{dt}\begin{bmatrix} e_d \\ e_q \end{bmatrix} &\approx \frac{d}{dt}\begin{bmatrix} e_{d-} \\ e_{q-} \end{bmatrix} = 2\frac{d}{dt}\hat{\theta}_e \cdot \begin{bmatrix} -E_{m-}\cos(2\hat{\theta}_e + \theta_d + \phi_n) \\ E_{m-}\sin(2\hat{\theta}_e + \theta_d + \phi_n) \end{bmatrix} \\ &= 2\hat{\omega}_e \begin{bmatrix} e_{q-} \\ -e_{d-} \end{bmatrix} = 2\hat{\omega}_e \begin{bmatrix} e_q - e_{q+} \\ e_{d+} - e_d \end{bmatrix}\end{aligned} \quad (4\text{-}102)$$

여기서 $\hat{\omega}_e = \dfrac{d\hat{\theta}_e}{dt}$ 이다. 식 (4-102)를 이용하여 식 (4-103), (4-104)의 상태(State) 방정식을 얻을 수 있다.

$$\frac{d}{dt}\mathbf{E}_s = \begin{bmatrix} 0 & 2\hat{\omega}_e & 0 & -2\hat{\omega}_e \\ -2\hat{\omega}_e & 0 & 2\hat{\omega}_e & 0 \\ 0 & 0 & 0 & 0 \\ 0 & 0 & 0 & 0 \end{bmatrix} \cdot \mathbf{E}_s = \mathbf{A} \cdot \mathbf{E}_s . \quad (4\text{-}103)$$

$$\begin{bmatrix} e_d \\ e_q \end{bmatrix} = \begin{bmatrix} 1 & 0 & 0 & 0 \\ 0 & 1 & 0 & 0 \end{bmatrix} \cdot \mathbf{E}_s = \mathbf{C} \cdot \mathbf{E}_s . \quad (4\text{-}104)$$

여기서 $\mathbf{E}_s = \begin{bmatrix} e_d & e_q & e_{d+} & e_{q+} \end{bmatrix}^T$, $\mathbf{A} = \begin{bmatrix} 0 & 2\hat{\omega}_e & 0 & -2\hat{\omega}_e \\ -2\hat{\omega}_e & 0 & 2\hat{\omega}_e & 0 \\ 0 & 0 & 0 & 0 \\ 0 & 0 & 0 & 0 \end{bmatrix}$,

$\mathbf{C} = \begin{bmatrix} 1 & 0 & 0 & 0 \\ 0 & 1 & 0 & 0 \end{bmatrix}$ 이다.

식 (4-103)과 (4-104)로 주어지는 시스템은 관측 가능하므로 4.3.3.1에서 언급한 바와 같이 식 (4-105)의 폐루프(Closed Loop) 관측기를 구성할 수 있다.

$$\frac{d}{dt}\hat{\mathbf{E}}_s = \mathbf{A} \cdot \hat{\mathbf{E}}_s + \mathbf{L} \cdot \begin{bmatrix} e_d - \hat{e}_d \\ e_q - \hat{e}_q \end{bmatrix} . \quad (4\text{-}105)$$

여기서

$$\mathbf{L} = \begin{bmatrix} p_1 & p_3 & q_1 & q_3 \\ p_2 & p_4 & q_2 & q_4 \end{bmatrix}^T , \quad (4\text{-}106)$$

$\hat{\mathbf{E}}_s = \begin{bmatrix} \hat{e}_d & \hat{e}_q & \hat{e}_{d+} & \hat{e}_{q+} \end{bmatrix}^T$ 이다. 식 (4-106)에서 관측기의 극점은 궤환 이득 행렬, $\mathbf{L}$,에 의해 결정된다. 만약 관측기의 추정 성능을 d, q축이 서로 대칭이도록 설계한다면 아래와 같이 궤환 이득 행렬의 요소들 사이의 관계가 결정 될 수 있다.

$$q_1 = q_4 = 0,\ p_1 = p_4,\ q_2 = -q_3,\ p_2 = -p_3 . \tag{4-107}$$

여기서 p_1과 p_4는 위상각 주파수, ω_e,의 일정 배수로 결정 될 수 있다. 즉

$$p_1 = p_4 = 2\alpha\omega_e , \tag{4-108}$$

로 결정할 수있다.

또 q_2과 $-q_3$ 역시 위상각 주파수, ω_e의 일정 배수로 결정 될 수 있다.

즉

$$q_2 = -q_3 = \beta\omega_e , \tag{4-109}$$

로 결정할 수 있다.

또

$$p_2 = -p_3 = 2\omega_e . \tag{4-110}$$

로 두면 식 (4-103),(4-104)의 관측기는 다음과 같은 블록도로 나타낼 수 있다.

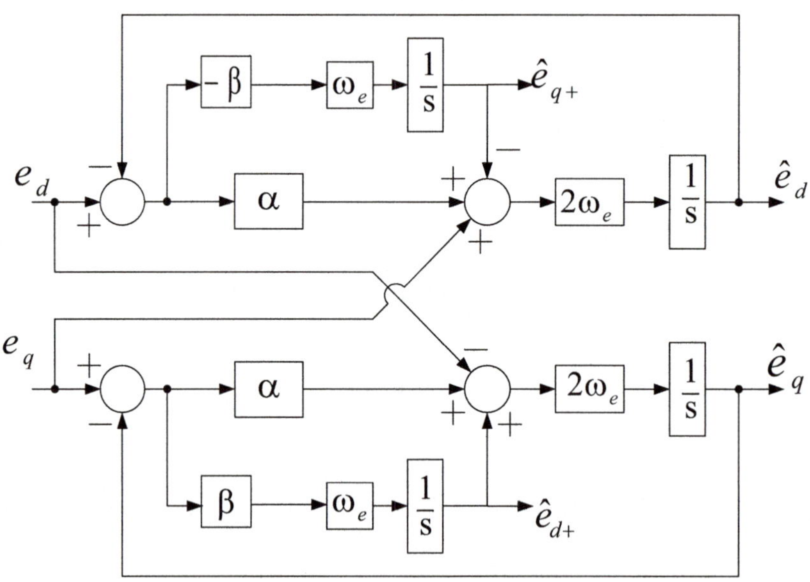

그림 4.68 전원 전압의 정상분 전압 추정을 위한 관측기의 블록도

위의 그림에서 관측기의 이득, α, β 를 결정하여 관측기의 특성을 조절할 수 있다. α, β 의 조정에 따라 정상분 전압의 추정 속도와 정상분 전압이 아닌 역상분, 고조파 성분을 억제하는 성능이 달라지게 된다. α 는 0.5~3, β 는 0.25~2정도의 범위에서 적절히 결정 될 수 있다. 이러한 값들을 이용하면 사고시 계통 파형에 나타나는 역상분 및 고조파 전압을 효과적으로 제거하면서 동시에 전원 전압에 포함된 정상분 전압을 비교적 빠르게 추정할 수 있다.

위의 관측기에서 나온 추정된 정상분 전압을 이용하는 동기좌표계 위상 제어기를 포함한 위상각 추정기 전체 블록도는 <그림 4.69>와 같다.

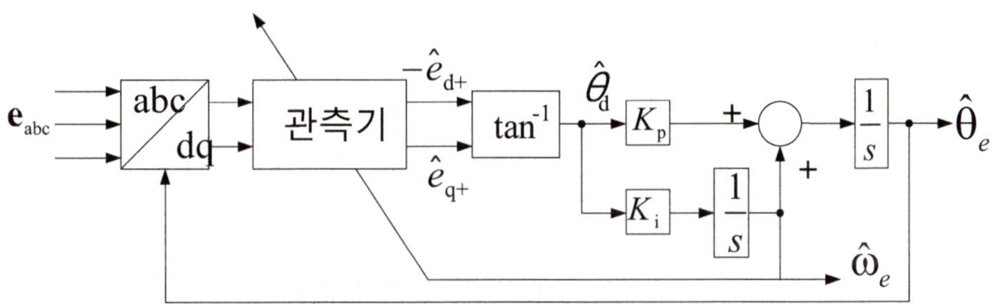

그림 4.69 정상분 전압 관측기와 동기 좌표계 위상 제어기를 포함한 위상각 추정기 블록도

<그림 4.69>에서 위상 동기화 제어기는 크게 두 부분으로 나누어 생각을 할 수 있는데, 첫 번째 부분은 관측기를 이용하여 전원단의 3상 전압으로부터 정상분 전압을 추출하는 부분이고 두 번째 부분은 기존의 동기 좌표계 위상각 검출 방법을 이용하여 정상분 전압의 위상각과 각주파수를 추정하는 부분이다. 추정된 각주파수, $\hat{\omega}_e$,는 관측기의 이득으로 사용 되며, 동기 좌표계의 교류 전류 제어기에서 간섭항을 제거하기 위한 식 (4.22)의 전향 보상항에 이용 된다.

<그림 4.69>의 위상각 추정기의 이득을 식(4-111)과 같이 결정하여 <그림 4.65>와 같은 사고 파형에 적용하면 <그림 4.70>과 같은 위상각 추정 성능을 얻을 수 있다. 그림에서 종축은 추정각 오차, $\theta_d = \theta_e - \hat{\theta}_e$ 이다.

$$\alpha = 1,\ \ \beta = 1, K_p = 2\omega_n, K_i = \omega_n^2\ . \tag{4-111}$$

여기서 $\omega_n = 2\pi \bullet 15[rad/s]$ 로 설정되었다.

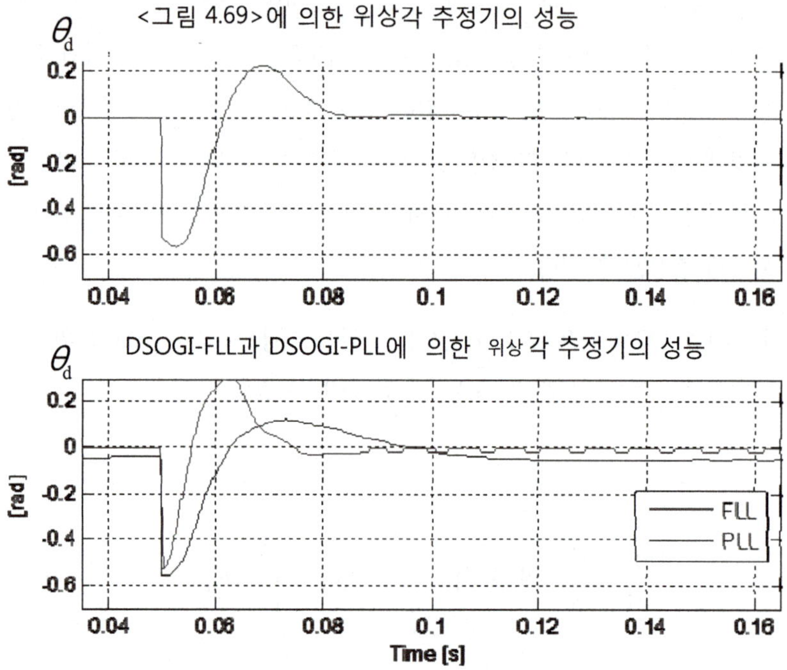

그림 4.70 여러 위상각 추정기의 위상각 추정 성능

<그림 4.70>에는 참고문헌 [48,49]에 제안된 DSOGI-FLL, DSOGI-PLL의 위상각 추정 특성도 같이 표시하였다. 이러한 결과들로부터 그림 <4.68>의 관측기를 이용한 위상각 추정기의 성능이 더 뛰어난 것을 알 수 있다. <그림 4.65>의 사고 시 파형에서 정상분 전압은 사고 직후 크기는 반으로 줄어 들고 위상은 $-\frac{\pi}{6}$ 만큼의 이동(Jump)하였다. 모든 위상각 제어기가 사고 직후 $-\frac{\pi}{6}$ 의 위상 오차를 가지게 되지만 위상각 제어기에 의해 그 오차는 점점 줄어 들어 거의 없어진다. <그림 4.69>에서 알 수 있듯이 <그림 4.68>의 나타낸 위상각 추정기의 오차가 과도 상태와 정상상태에서 가장 적음을 알 수 있다.

4.6 전압 제어기의 설계

4.6.1 펄스폭 변조 승압형 정류기의 직류단 전압

4.6.1.1 시스템 모델링

2.18.2절의 <그림 2.66>과 <그림 2.67>에서 모델링한 펄스폭 변조 승압형 정류기의 상전압에 관한 방정식은 식 (2-85)의 정류기가 합성하는 교류 상전압과 식 (2-86)의 전원 전압식을 이용하여 다음과 같이 표시할 수 있다.

$$\begin{aligned} V_{As} &= L_{\text{int}\,er}\frac{di_a}{dt} + V_{as} \\ V_{Bs} &= L_{\text{int}\,er}\frac{di_b}{dt} + V_{bs} \; . \\ V_{Cs} &= L_{\text{int}\,er}\frac{di_c}{dt} + V_{cs} \end{aligned} \tag{4-112}$$

이를 3.1절의 좌표 변환을 이용하여 동기 좌표계에 관한 식으로 변환하면 다음 식과 같다.

$$e_d^e = -\omega_e L_{\text{int}\,er} i_q^e + L_{\text{int}\,er}\frac{di_d^e}{dt} + e_{ds}^e \, ,$$

$$e_q^e = \omega_e L_{\text{int}\,er} i_d^e + L_{\text{int}\,er}\frac{di_q^e}{dt} + e_{qs}^e \, . \tag{4-113}$$

여기서 e_d^e 과 e_q^e 는 동기 좌표계 상에서의 전원 전압, e_{ds}^e 과 e_{qs}^e 는 펄스폭 변조 정류기가 합성하는 교류측 상전압의 동기 좌표계 상의 값, i_d^e 과 i_q^e 는 3상 교류 전원에서 승압형 정류기 쪽으로 흐르는 전류를 동기 좌표계 상에서 표현한 값이다.

4.5절에서 정한 바와 같이 전원 전압의 위상각을 선정하게 되면 다음 식과 같이 전원으로부터 정류기에 입력 되는 유효 전력을 구할 수 있다.

$$P_{in} = V_{as}i_{as} + V_{bs}i_{bs} + V_{cs}i_{cs} = \frac{3}{2}(e_q^s i_q^s + e_d^s i_d^s) = \frac{3}{2}(e_q^e i_q^e + e_d^e i_d^e) = \frac{3}{2}Ei_q^e \, . \tag{4-114}$$

윗 식에서 알 수 있듯이, 입력 전력과 관계된 전류는 동기 좌표계 q축 전류이며, 동기 좌표계 d축 전류와는 아무런 관계가 없다. 그러므로 동기 좌표계 q축 전류를 '유효 전력분 전류'라고 할 수 있고, 이는 5장에서 설명할 유도 전동기, 표면 부착형 영구자석 전동기의 벡터 제어에 있어 동기 좌표계 q축 전류(토크분 전류)와 흡사하다. d축 전류는 유효 전력과 무관하며 무효 전력과 관련이 있으므로 '무효 전력분 전류'라고 할 수 있고, 역률을 제어할 수 있는 전류임을 알 수 있다. 이는 5.2절에서 설명할 유도 전동기의 벡터 제어에서 자속을 제어하는 d축 전류(자속분 전류)와 유사하다. 전원 전압과 전류가 정현파인 경우에, 역률(Power Factor, PF)은 식 (4-115)와 같이 표현할 수 있다. 통상 승압형 정류기에서 단위 전류당 최대의 유효 전력을 전달하기 위하여 d축 전류는 0으로 제어한다. 이 경우 전원단에서 바라본 승압형 정류기의 역률은 1이 된다.

$$PF = \frac{\mathbf{e}_{dq}^{e} \bullet \mathbf{i}_{dq}^{e}}{\left|\mathbf{e}_{dq}^{e}\right|\left|\mathbf{i}_{dq}^{e}\right|} = \frac{i_q^e}{\sqrt{i_d^{e^2} + i_q^{e^2}}} \tag{4-115}$$

여기서 $\mathbf{e}_{dq}^{e} = e_d^e + je_q^e$, $\mathbf{i}_{dq}^{e} = i_d^e + ji_q^e$ 이며 $\mathbf{e}_{dq}^{e} \bullet \mathbf{i}_{dq}^{e}$ 는 동기 좌표계 상의 전원 전압 복소수 벡터와 전류 복소수 벡터의 내적(Inner Product)을 의미하며 $\left|\mathbf{e}_{dq}^{e}\right|\left|\mathbf{i}_{dq}^{e}\right|$ 는 각 복소수 벡터의 크기의 곱을 의미한다.

4.6.1.2 제어기 설계

식 (2-87)에서 알 수 있듯이 전원측에서 공급되는 입력 전력이 부하에서 소비하는 출력 전력($P_{out} = i_{dcl}V_d$)보다 클 경우에는 직류단 전압 V_d 가 증가하고, 반대의 경우에는 직류단(DC Link)의 전압이 감소하므로 입력 전력을 제어함으로써 직류단 전압을 제어할 수 있다. 이는 곧 유효 전력분 전류를 제어함으로써 직류단 전압을 제어하는 것과 동일하다. 일반적으로 q축 전류 지령치를, 직류단 전압을 일정하게 유지하기 위하여 부하측에서 소비하는 전력의 추정치 $\hat{P}_{out}$ 에 대한 전향 보상(Feed Forward)항과, 직류단 전압의 오차에 대한 궤환(Feedback)항의 합으로 구성할 수 있다. 궤환 제어기로써 기준 직류단 전압에 대한 오버슈트(Overshoot)를 방지하기 위하여 4.3.4.2절에서 설명한 적분 비례(IP) 제어기를 사용하는 경우에는 <그림 4.71>과 같고 이를 식으로 표현하면 식 (4-116)과 같다. 통상 d축 기준 전류는 앞에서 설명한 바와 같이 "0"으로 주어진다.

$$i_q^{e*} = (V_d^* - V_d)K_p + K_i\int(V_d^* - V_d)dt) + \hat{P}_{out}/(\frac{3}{2}E). \tag{4-116}$$

직류단 전압에 관한 전력 방정식은 다음과 같다.

$$\frac{C}{2}\frac{dV_d^2}{dt} = P_{in} - P_{out}. \tag{4-117}$$

여기서 C는 직류단에 있는 전체 커패시턴스이다.

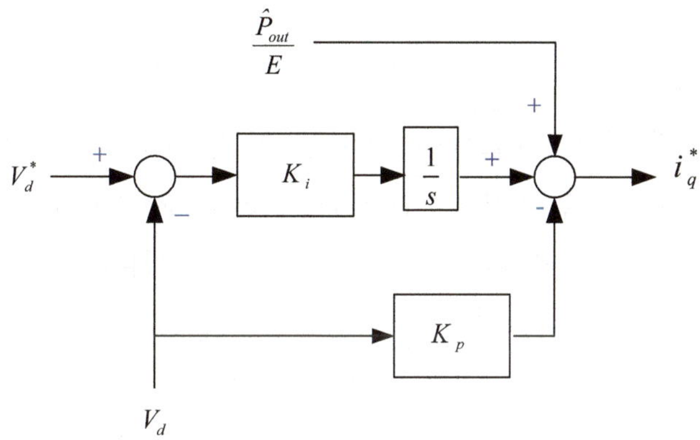

그림 4.71 펄스폭 변조 승압형 정류기의 직류단 전압 제어기 블록도

q축 전류 제어와 부하측에서 소비하는 전력에 대한 보상이 완벽하다면 식 (4-114), (4-116), (4-117)로부터

$$\frac{C}{2}\frac{dV_d^2}{dt} = \frac{3}{2}E((V_d^* - V_d)K_p + K_i\int(V_d^* - V_d)dt), \tag{4-118}$$

이 성립한다.

식 (4-118)은 비선형 미분 방정식이므로 이를 선형 미분 방정식으로 바꾸기 위하여, 소신호 분석법(Small Signal Analysis)을 이용하여 동작점(Operating Point) 부근에서 해석하면 다음과 같다. 먼저 직류단 전압의 동작점 V_{d0}에서 직류단 전압의 제곱을 테일러(Taylor) 급수(Sreies)로 전개한 후, 2차 이상의 항을 무시하여 근사하면

$$V_d^2 = V_{d0}^2 + 2(V_d - V_{d0}), \tag{4-119}$$

가 되고, 이 식을 식 (4-118)에 대입하면

$$CV_{d0}\frac{dV_d}{dt}=\frac{3}{2}E((V_d^*-V_d)K_p+K_i\int(V_d^*-V_d)dt)\,, \tag{4-120}$$

가 된다. 윗 식의 전달 함수를 구하면,

$$\frac{V_d(s)}{V_d^*(s)}=\frac{\dfrac{\frac{3}{2}EK_i}{CV_{d0}}}{s^2+\dfrac{\frac{3}{2}EK_p}{CV_{d0}}s+\dfrac{\frac{3}{2}EK_i}{CV_{d0}}}=\frac{\omega_n^2}{s^2+2\zeta\omega_n+\omega_n^2}\,, \tag{4-121}$$

과 같이 된다. 식 (4-121)에서 ω_n 는 자연 비감쇠 주파수(Natural Undamped Frequency)이고 ζ 는 감쇠 계수(Damping Coefficient))이다. 적분 비례(IP) 제어기의 비례 이득과 적분 이득은 주파수 영역에서의 해석을 통하여 구할 수 있다. 이때, 직류단 전압 제어가 원활히 수행되는 경우에는 직류단 전압의 동작점을 직류단 전압 지령치라고 생각할 수 있으므로, 비례 이득과 적분 이득은 다음과 같이 구할 수 있다.

$$\begin{aligned}K_p&=2\zeta\omega_n\frac{CV_d^*}{\frac{3}{2}E}\\K_i&=\omega_n^2\frac{CV_d^*}{\frac{3}{2}E}\end{aligned} \tag{4-122}$$

이 경우 제어기의 대역폭(Bandwidth), ω_{bw} , 은 다음과 같이 정해진다.

$$\omega_{bw}=\omega_n[(1-2\zeta^2)+\sqrt{4\zeta^4-4\zeta^2+2}]^{1/2} \tag{4-123}$$

동작점 부근에서의 선형화에 따르는 오차는 비례 이득과 적분 이득의 선정에 영향을 미치므로, 마치 시스템 정수(Parameter)의 오차와 같이 해석될 수 있다. 만약 직류단 전압이 지령치를 중심으로 소폭(10% 정도) 변한다면 선형화에 대한 오차는 무시 할 수 있다. 직류단 전압의 오버슈트를 허용하지 않으려면 ζ 는 1 이상이어야 한다.

또 승압형 정류기의 운영에 있어 필요할 경우 교류 전원단 역률도 제어될 수 있다.

전원 전압과 전류가 정현파인 경우에, 역률은 식 (4-115)와 같이 표시된다. 그러므로 역률 제어를 행하기 위해서는 d축 전류 지령치를 다음과 같이 생성하면 된다.

$$i_d^{e*} = i_q^{e*} \frac{\sqrt{1 - PF^{*2}}}{PF^*} \tag{4-124}$$

역률1(Unity Power Factor) 제어를 수행하는 경우에는 d축 전류를 영으로 제어하면 된다. 교류 전원단에서 관찰할 때 승압형 정류기가 진상(Leading)의 부하로 작용하려면 d축 전류를 음의 값으로 제어하고 지상(Lagging)의 부하로 작용하려면 d축 전류를 양의 값으로 제어하면 된다. 승압형 정류기를 이용하여 역률을 제어할 경우, 통상 전원단 역률은 대개의 여타 부하가 지상이므로 지상 전력을 보상하기 위하여 정류기는 진상 역률로 제어된다. 그러나 직류단 전압의 크기가 교류 전원 전압의 선간전압 최대치에 비해 작아서 인터페이스 인덕터의 전류를 제어할 만큼의 전압 여유분이 확보되지 않을 정도로 크지 않거나, 최악의 경우 교류 전원 선간전압 최대 값 그 자체 보다도 작을 경우에는 식 (4-113)에서 알 수 있듯이 d축 전류 지령치를 양의 값으로 함으로써 승압형 정류기가 합성하여야 할 값 e_{qs}^e 를 작게 할 수 있어 작은 직류단 전압으로도 교류단의 전류 제어와 직류단 전압 제어가 가능하다. 이 경우 교류 전원단에서 본 승압형 정류기의 역률은 지상(Lagging)이 되며, 승압형 정류기의 전류 정격은 d축 전류에 의해 승압형 정류기 전체 전류가 늘어나는 만큼 커지게 된다.

연습문제(Exercises)

01 아래 그림과 같이 부하가 전동기에 길고 가는 축으로 연결되어 있는 구동 시스템이 있다. 전동기의 발생 토크 $T_e = T \cdot \sin(\omega t)$ N-m로 주어질 때 다음 질문에 답하라. 시스템의 마찰은 무시할 수 있고 부하 토크 $T_L = 0$ 이다.

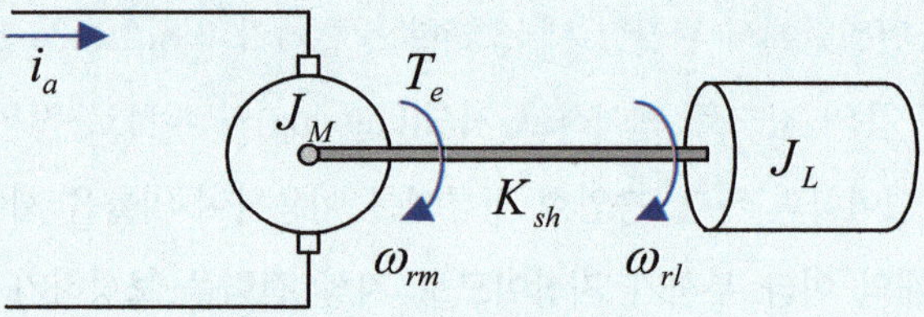

그림 p4.1 축 진동이 있는 구동 시스템

부하의 관성; $J_L = 0.5$ [kg-m^2]
전동기의 관성; $J_M = 0.1$ [kg-m^2]
부하와 연결된 축의 강성(Stiffness); $K_{sh} = 700$ [N-m/rad]

1) ω_{rl} / T_e 의 전달 함수를 구하라.

2) ω_{rl} 의 진폭이 최대가 되는 ω 를 구하라.

3) 진동을 억제할 수 있는 궤환(Feedback) 제어 시스템을 설계하고 진동이 억제됨을 보여라. 단, 축에 걸리는 토크는 측정할 수 없으며, 전동기와 부하 각가의 회전각은 각각 이상적인(Ideal) 엔코더를 이용하여 충분히 정확하게 측정할 수 있다고 가정한다.

02 다음과 같은 제정수(Parameter)를 갖는 3.08kW 영구자석 직류 서보(Servo) 전동기가 있다. 아래 질문에 답하고 결과가 의미하는 바에 대하여 의견을 제시하라.

$R_a = 0.26[\Omega]$, $L_a = 1.7$ [mH]
정격 전기자 전류; 24.9 [A]
정격 회전 속도; 3000 [r/min]
정격 전기자 전압; 139 [V]
전동기 관성; 0.00252 [kg-m^2]

1) 전기자의 시정수(Time Constant)와 전기기계적(Electromechanical) 시정수를 구하고 이로부터 부하가 연결되지 않았을 때 단자 전압 (전기자 전압) 변동에 대한 속도의 응답 형태를 유추하라(Underdamping, Critical Damping, Overdamping).

2) 부하가 전동기에 연결되었다. 부하의 관성은 전동기의 관성과 같고 마찰 계수 $B = 0.005(\text{N-m/(rad/s)})$ 이며 부하 토크는 없다. 시점 0s에서 50V의 전기자 전압이 계단적(Step)으로 인가될 때 0~0.2초 동안의 속도(r/min), 전기자 전류 $i_a(A)$, 발생 토크 $T_e(\text{N-m})$ 를 시간에 대해 도시(Plot)하고, 회전 속도(r/min)를 가로축, 전동기 발생 토크 $T_e(\text{N-m})$ 를 세로축으로 하여 파형을 도시하라.

3) 2)번과 같은 조건에서 <그림 p4.2>와 같이 전류 제어기 $G_c(S)$를 설계하여 제어 계통에 삽입하였다. 그림에서 K는 2.3.2절에서 정의된 바와 같으며 부록 B.1.5에 언급된바와 같이 정격 출력, 정격전류, 정격 속도를 통하여 추정할 수 있다.

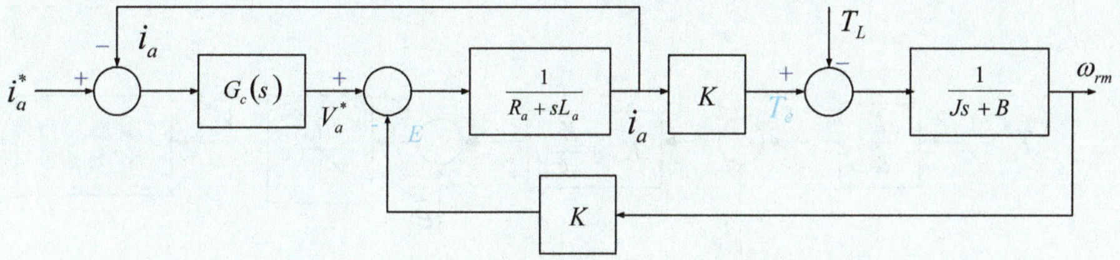

그림 p4.2 전류 제어기에 의한 속도 응답의 변화

여기서 $G_c(S) = K_p$ 로 단순한 비례 제어기이다. $\frac{\omega_{rm}}{i_a^*}$ 의 전달 함수의 극점(Pole)들이 전부 실수(Real) 축에 있고 가장 큰 극점의 크기(Magnitude)가 가장 작은 극점의 크기의 10배가 되게 K_p 를 정하라. 이때 기준 전류, i_a^*, 가 $t = 0$s에서 계단적으로 50A만큼 변할 때 회전 속도(r/min), 전기자 전류(A), 발생 토크(N-m)를 0~0.2초 동안 도시하고, 전동기 토크를 회전 속도에 대해 도시하라. 부하 토크는 없다고 가정하라.

4) 전류 제어기 이득 K_p 가 50일 때 3)을 반복하라. 이때 V_a^* 는 제한이 없는 것으로 가정한다.

5) V_a^*가 ± 150V 로 제한되어 있다고 생각하고 4)를 반복하라.

6) <그림 4.12>에서처럼 전동기의 역기전력을 정확히 전향(Feedforward) 보상한다고 가정하고 5)를 반복하라.

7) 아래 그림과 같이 전류 제어기 출력에 200μs 의 시지연(Time Delay)이 존재한다고 가정한다. $K_p = 1, 10, 50$ 의 각각의 경우에 대해 i_a^*가 $t = 0$s 에서 계단적으로 0에서 50A로 변한다고 할 때 6)의 경우에 대하여 V_a^*, i_a, i_a^*, ω_{rm}(r/min) 을0~0.2초동안 도시 하라.

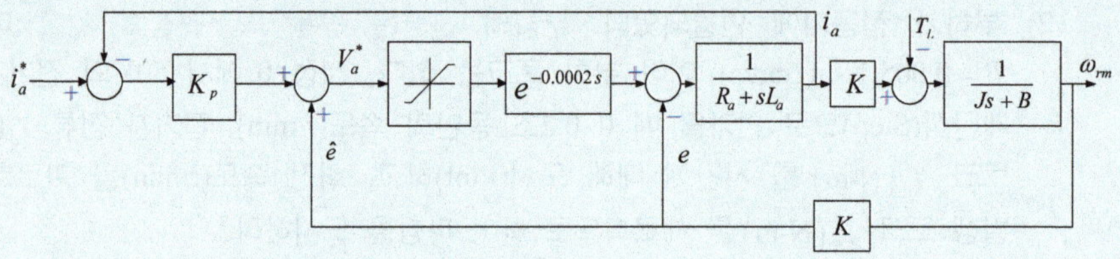

그림 p4.3 시지연(Time Delay)이 있는 전류 제어기

03 연습문제 2와 같은 직류 서보(Servo) 전동기가 동일한 부하 조건(부하 관성, 마찰 계수)에서 2.4.2절과 2.18.4절에서 설명한 4상한 DC/DC 변환 회로에 의해 구동되고 있다. 전류 제어기는 아래 그림과 같다.

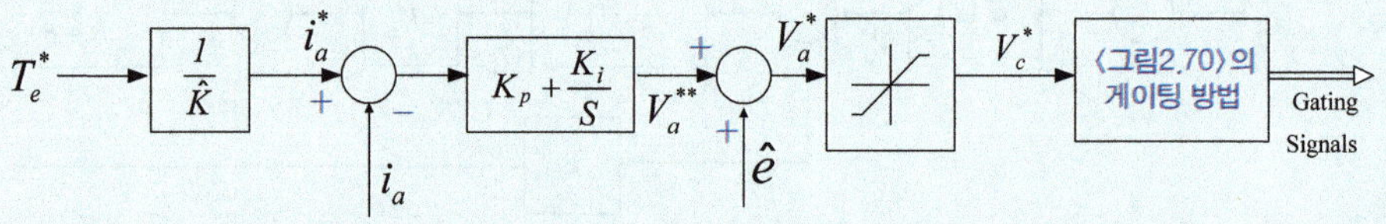

그림 p4.4 비례 적분(PI) 전류 제어기

전류 제어기는 비례 적분 제어기이고 역기전력은 실제 역기전력의 95%만큼 전향 보상되고 있다. 즉 $\hat{e}=0.95e$ 이고 $\hat{K}$ 은 실제 K 값의 95%이다. 4상한 DC/DC 컨버터의 직류 전압 입력은 300V이고 기준 전압 (V_a^*)은 ±250V로 제한되어 있다. DC/DC 컨버터의 스위칭 주파수(=PWM 삼각파의 주파수)는 5kHz이고 그 제어 블록은 <그림 2.70>과 같다.

1) PWM 출력 전압 발생을 제외한 모든 측정과 제어는 아날로그(Analog)적으로 이루어지고 있다. 기준 토크가 아래와 같이 변할 때 다음 질문에 답하고 결과에 대한 의견을 제시하라.

0~0.02초 동안 $T_e^*=30\text{N-m}$.
0.02초~0.03초 동안 $T_e^*=-30\text{N-m}$.
0.03초~0.04초 동안 $T_e^*=2\sin(2000\pi t)\text{N-m}$

가) 안티 와인드업(Anti-Windup) 제어기가 없다고 가정(단, 기준 전압의 제한은 있음, 즉 V_d 는 250V로 제한되고 있음)하고 전류 제어기 대역폭이 1kHz가 되도록 PI 이득을 결정하고 0 ~ 0.04초 동안 다음 파형을 시간 축에 대해 도시하라.

a) i_a와 i_a^*　　b) T_e와 T_e^*　　c) $\omega_{rm}(\text{r/min})$　　d) V_a^*

e) 0.039초부터 0.04초 동안 V_c^*(제한기 출력)와 실제 전동기에 인가되는 PWM 전압 파형

나) 안티 와인드업(Anti-Windup) 제어기를 부가하고 가)를 반복하라. 이때 안티 와인드 제어기의 이득은 $K_a = \dfrac{1}{K_p}$ 이다.

2) 모든 제어가 디지털로 이루어지고 있다고 가정하라. 안티 와인드업(Anti-Windup)을 포함하는 제어 알고리즘(Algorithm) 계산을 위해서 1샘플링(Sampling) 주기가 필요하다고 가정한다. 샘플링 주파수는 PWM 스위칭 주파수와 같다. 평균 전류를 측정하기 위해 측정된 전류를 차단(Cut-off) 주파수가 1kHz인 2차 저역(Low Pass) 버터워스(Butterworth) 필터를 통과하게 하여 제어에 이용하였다(필터는 아날로그 영역에서 동작한다). 전류 제어 성능을 유지하면서 대역폭(Current Control Bandwidth)이 최대가 되도록 비례 적분(PI) 제어기 이득을 결정하라. 이때 설계된 전류 대역폭은 얼마인가? 이 조건에서 1) 가)의 a), b), c), d), e)의 파형을 도시하라. 또한 0.039초부터 0.04초 동안 i_a^*와 i_a의 필터된 전류, i_{af},를 도시하라.

3) 문제 2)에서 PWM을 발생시키는 삼각파의 꼭지점에서 전류를 샘플링(Sampling)하여 제어에 이용함으로써 저역 통과 필터를 제거하였다. 전류 제어 대역폭이 최대가 되도록 제어기 이득을 설계하라. 이때 설계된 전류 제어 대역폭은 얼마인가? 이 조건에서 1)의 가)의 a), b), c), d), e)의 파형을 도시하라. 또한 0.039초부터 0.04초 동안 i_a^*와 실제 전류, i_a, 실제 전류를 샘플링한 전류, $i_a(n)$, 를 도시하라.

4) 샘플링 주파수를 스위칭 주파수의 두 배로 하였다. 모든 제어 알고리즘은 줄어든 샘플링 주기 1번 안에 수행될 수 있다고 가정한다. 전류를 삼각파의 최대점(Peak)과 최소점(Valley)에서 샘플링한다고 가정하고 전류 제어 대역폭이 최대가 되게 비례 적분 제어기 이득을 결정하라. 이때 설계된 전류 대역폭은 얼마인가? 이 조건에서 1)의 가)의 a), b), c), d), e)의 파형을 도시하라. 또한 0.039초부터 0.04초 동안 i_a^*와 실제 전류, i_a, 실제 전류를 샘플링한 전류, $i_a(n)$, 를 도시하라.

5) 문제 4)의 조건에서 전류를 예측하여 제어하였다. 전류 예측에 사용되는 역기전력 정보는 실제 값의 95%이고 전기자 인덕턴스는 실제 값의 90%이다. 전류 예측에서 전기자 저항에 의한 전압 강하는 무시하였다. 이때 가능한 최대 전류 제어 대역폭은 얼마인가? 이 조건에서 1)의 가)의 a), b), c), d), e)의 파형을 도시하라. 또한 0.039초부터 0.04초 동안 i_a^*와, 실제 전류, i_a, 실제 전류를 샘플링한 전류, $i_a(n)$, i_a의 예측 된 전류, $i_a(n+1)$, 를 도시하라.

04 연습문제 3과 같은 직류 서보 전동기가 동일한 부하 조건(부하 관성, 마찰 계수)에서 동일한 회로에 의해 구동되고 있다. 속도 명령과 부하 토크가 아래와 같을 때 다음 질문에 대해 답하고 얻어진 결과에 대해 의견을 기술하라.

$0 \le t < 0.005\text{s}$ $\qquad \omega_{rm}^* = \dfrac{200}{0.005}t$ [r/min]

$0.005\text{s} \le t < 0.025\text{s}$ $\omega_{rm}^* = 200$ [r/min]

$0.025\text{s} \le t < 0.055\text{s}$ $\omega_{rm}^* = 200 + 20\sin(400\pi t)$ [r/min]

$0.055\text{s} \le t$ $\omega_{rm}^* = 200$ [r/min]

$0 \le t < 0.065\text{s}$ $T_L = 0$ [N-m]

$0.065\text{s} \le t < 0.08\text{s}$ $T_L = 10$ [N-m]

$0.08\text{s} \le t$ $T_L = 0$ [N-m]

전류 제어기는 연습문제 3의 4)의 조건으로 설계되어, 설계된 제어 대역폭을 차단 주파수로 하는 1차 저역 통과 필터(1st Order Low Pass Filter)로 가정할 수 있다. 속도 제어기의 출력인 전기자 기준 전류, i_a^*, 는 ±75A 로 제한되어 있고, 속도 제어기는 안티 와인드업 제어기를 포함하고 있다. 속도 제어기를 다음과 같은 조건으로 설계하고자 하며 이때 토크 상수, $\hat{K}$, 는 실제 값의 95%라고 가정한다.

1) 속도 제어기는 아날로그로 구현된다. 속도 제어기 주파수 대역폭 f_{sc} 가 200Hz이고 댐핑(Damping) 계수가 $\frac{\sqrt{5}}{2}$ 인 비례 적분 제어기의 이득을 결정하라. 이때 속도 측정은 이상적인 것(속도 측정치는 실제 속도와 같다)으로 가정한다.

   가) 0 ~ 0.09s 동안 ω_{rm}, ω_{rm}^*, i_a^*를 도시하라.

   나) 0.045s ~ 0.055s 동안 ω_{rm}, ω_{rm}^*, i_a^*를 도시하라.

   다) 0.065s ~ 0.08s 동안 T_e, T_L, ω_{rm}, i_a^*를 도시하라.

   속도제어기를 이산(Discrete) 영역에서 설계된 디지털 제어기로 변경하였다. 제어기의 대역 폭은 200Hz로 설계하였다.

2) 속도 샘플링이 200μs마다 수행된다고 할 때 문제 1)을 반복하라.

3) 속도 샘플링이 2ms마다 수행된다고 할 때 문제 1)을 반복하라.

4) 속도 측정이 다음과 같은 성능을 가지는 엔코더를 이용하여 이루어지고 있다. 엔코더는 1회전당 8192개의 펄스를 발생(P_{PR}=8192)하고 측정각 θ_{rm} 는 $\frac{2\pi}{8192}$ 에 대해 실효치(Root Mean Square, RMS) 4%, 샘플링 주기 100μs 인 백색 잡음(White Noise)을 가진다. 이러한 엔코더를 이용하여 속도 샘플링 주기가 1ms이고 M 방법에 의해 속도를 측정할 때 문제 1)의 가), 나), 다)를 반복하라. 이때 속도 계산 알고리즘 수행 시간은 무시할 수 있다.

5) 4)와 같은 엔코더를 사용하여 1ms 속도 샘플링 주기에서 M/T 방법에 의해 속도를 측정할 때 문제 1)의 가), 나), 다)를 반복하라. 이때 속도 계산 알고리즘 수행 시간은 무시할 수 있다.

6) 속도 관측기의 대역폭이 500Hz가 되도록 속도 관측기를 이산영역에서 설계하고 회전각 측정이 이상적(Ideal)이라고 생각할 때 문제 1)의 가), 나), 다)를 반복하라. 이때 관측기에 사용되는 $\hat{B}$는 실제 B값의 20%, $\hat{J}$는 실제 J값의 70%이다.

7) 4)와 같은 엔코더를 통하여 각도를 100μs 마다 측정할 때 6)을 반복하라. 이때 속도 계산 알고리즘 수행 시간은 무시할 수 있다.

8) 7)의 조건에서 기준 속도의 미분 즉, 기준 가속도를 전향 보상하였을 때 7)을 반복하라. 가속도 전향 보상 시 추정된 관성 값은 실제 관성의 70%이며 관측기는 아날로그 영역에서 구현된다고 가정한다. 이때 속도 계산 알고리즘 수행 시간은 무시할 수 있다.

9) 8)과 같은 제어기에서 가속도를 궤환하여 부하 토크 외란에 대한 강인성을 개선하고자 한다. 시스템의 관성이 실제 관성의 2배가 된 것처럼 반응하도록 <그림 4.47>의 K_α를 결정하고 8)을 반복하라. 이때 가속도 측정은 이상적(Ideal)인 것으로 하고 제어기는 이산영역에서 구현한다.

10) 7)의 방법으로 각을 측정하고 이산영역에서 속도 관측기와 가속도 관측기를 구성하고 제어가 원활히 될 수 있는 관측기 이득을 결정하라. 이 조건 하에서 9)를 반복하라.

11) 엔코더를 바꾸었다. 엔코더는 1회전당 2^{22}개의 펄스를 발생($P_{PR}=2^{22}$)하고 측정각 θ_{rm}는 $\frac{2\pi}{2^{22}}$에 대해 실효치(Root Mean Square, RMS) 20%, 샘플링 주기 100μs 인 백색 잡음(White Noise)을 가진다. 이러한 엔코더를 이용하여 속도 샘플링 주기가 100μs 이고 M 방법에 의해 속도를 측정할 때 문제 1)의 가), 나), 다)를 반복하라. 이때 속도 계산 알고리즘 수행 시간은 무시할 수 있다.

12) 문제 11)의 엔코더를 이용하여 100μs 마다 각을 측정하고 이를 이용하여 가속도, 속도, 별도의 독립적인 외란 관측기를 구성한 후 속도 응답이 외란에 강인하고 기준 속도를 잘 추종할 수 있도록 제어계를 이산영역에서 설계한 후 1)의 가), 나), 다)를 반복하라. 이때 속도 계산 알고리즘 수행 시간은 무시할 수 있다.

05 문제 4의 조건에서 속도 제어기를 적분 비례(IP) 제어기로 바꾸어 설계하였다. 적분 비례 제어기 이득은 기준 속도가 10r/min만큼 계단적으로 변할 때 적분 비례 제어기의 출력이 같은 입력 및 같은 부하 관성에 대해 비례 적분(PI) 제어기의 출력과 같은 최대값을 갖도록 설계하였다. 문제 4의 1)을 반복하라.

06 다음 그림과 같은 2개의 선형 전동기(Linear Motor)로 구동되는 X축과 1개의 선형 전동기로 구동되는 Y축으로 이루어진 X-Y 테이블(Table)이 있다.

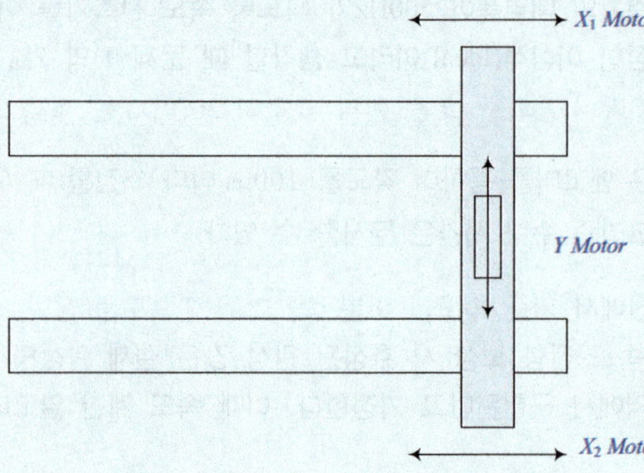

그림 p4.5 선형 전동기로 구동되는 X-Y Table

X_1, X_2 축 선형 전동기의 추력(Thrust Force), F_{X1}, F_{X2}, 를 각각 제어하여 다음과 같이 X_1, X_2 전동기의 속도 및 위치가 제어되도록 하고자 한다. Y축 선형 전동기 가동자(Mover)의 위치에 따라 X_1, X_2의 가동자의 등가 무게는 10kg ± 5kg 범위로 변동한다. 주어진 기계 시스템의 블록도는 그림 p4.6과 같다. $M_1 = 5\text{kg}$, $M_2 = 15\text{kg}$ 인 최악의 경우를 가정해서 그림 p4.7과 같은 속도 제어 시스템을 다음 과정을 통하여 설계하라. 여기서 K_{coup} 는 10^6 N/m이다. 제어기는 아래와 같은 비례 제어기를 기반으로 하며 능동 댐핑, 비간섭(Decoupling) 제어기, 가속도 전향 보상항을 추가하여 설계한다.

제어기의 구조는 <그림 p4.7>과 같고, K_{P1}, K_{P2} 는 동일한 이득 K_P 를 사용한다. 기계 시스템 블록도를 기반으로 하여 2개의 X축 전동기가 Y축 가동자의 위치와 관계없이 서로 간섭 받지 않도록 하는 비간섭 제어기의 입력을 결정하고 제어기를 설계한다. 가속도 지령은 <그림 p4.8>과 같다. 다음 질문에 답하라.

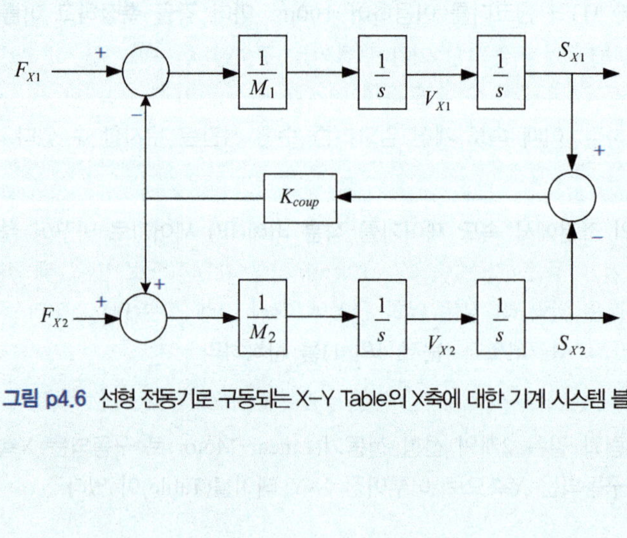

그림 p4.6 선형 전동기로 구동되는 X-Y Table의 X축에 대한 기계 시스템 블록도

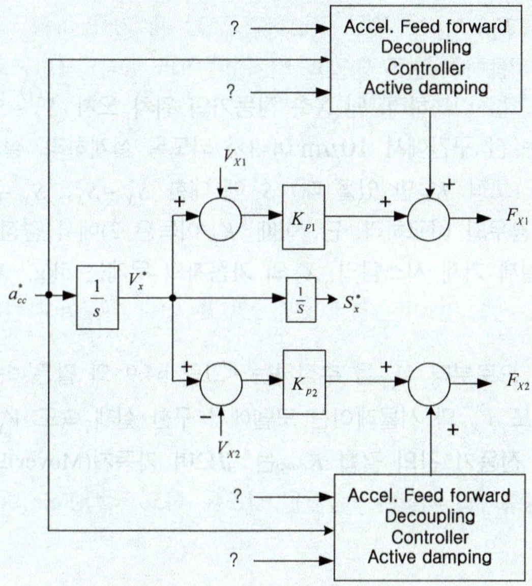

그림 p4.7 제어기의 블록도

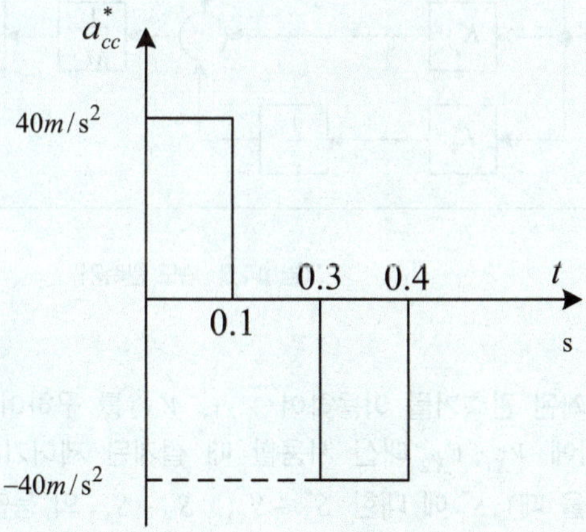

그림 p4.8 가속도 지령

1) 주어진 가속도 지령 a_{cc}^* 에 따라 X_1, X_2 의 가동자가 이동했을 때 전체 이동 거리를 구하라.

2) 2개의 X축 전동기의 운동을 결합(Coupling)하는 K_{coup}를 무시했을 때(즉 K_{coup}=0일 때), $\frac{V_{X1}^*}{V_X}$ 의 제어 주파수 대역폭이 50Hz가 되도록 비례 이득 K_P 를 결정하라. 이득을 계산할 때 X_1, X_2 전동기의 가동자의 무게는 전부 10kg으로 가정한다.

3) $S_{x1}, S_{x2}, V_{x1}, V_{x2}$ 는 측정 가능하다고 할 때 기준 가속도를 전향 보상하고, 측정된 정보를 이용하여 능동 댐핑과 비간섭(Decoupling) 제어기와 가속도 전향 보상이 되는 제어기를 설계하라. 단 X축 전동기의 위치 오차 $S_X^* - S_{X1}$, $S_X^* - S_{X2}$ 가 가동자가 움직이는 전 구간에서 $10\mu m$ 이내가 되도록 설계하라. 설계된 제어기가 있을 때와 없을 때 (오직 K_P 만 있을 때) S_x^* 에 대한 $S_X^* - S_{X1}$, $S_X^* - S_{X2}$ 의 응답을 설계된 제어기의 경우와 비교하라. 단, 이때 K_P 이득은 2)에서 결정된 값으로 한다. 성능 비교 시 실제 기계 시스템의 X_1 의 가동자의 무게는 5kg, X_2 의 가동자는 15kg이다. 또한 F_{X1}, F_{X2} 는 어떤 경우에도 ±700N 범위 이내여야 한다.

4) S_{X1}, F_{X1} 으로부터 V_{X1} 을 추정하는 <그림 p4.9>와 같은 속도 관측기를 설계하고 추정된 속도 $\hat{V}_{X1}$ 와 시뮬레이션 모델에서 구한 실제 속도 V_{X1} 을 보여라. 관측기 설계 시 X축 전동기 간의 결합 K_{coup}는 없으며 가동자(Mover)의 무게는 10kg으로 가정한다. 관측기의 극점은 3중근을 갖도록 하고 극점(Pole)의 위치는 -150Hz에 있도록 한다.

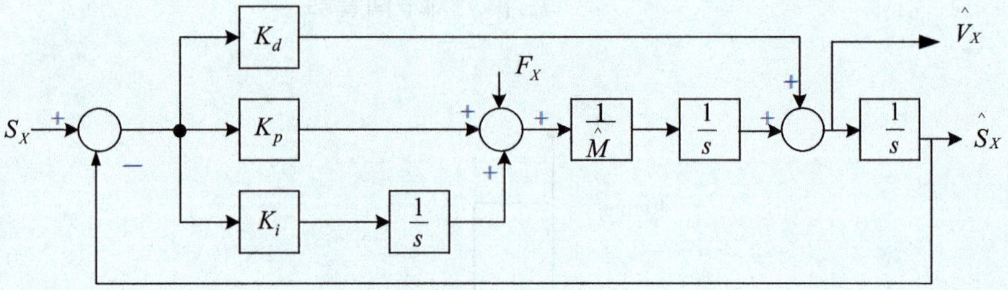

그림 p4.9 속도 관측기

5) 4)에서 설계된 관측기를 이용하여 $\hat{V}_{X1}$, $\hat{V}_{X2}$ 를 구하여 3)에서 설계된 제어기 및 속도 제어기에 V_{X1}, V_{X2} 대신 사용할 때 설계된 제어기가 있을 때와 없을 때 (오직 K_P 만 있을 때) S_X^* 에 대한 $S_X^* - S_{X1}$, $S_X^* - S_{X2}$ 의 응답을 비교하라.

07 <그림 p4.1>과 같은 시스템에서 부하의 위치를 제어하고자 한다. 부하와 전동기, 연결축의 제정수는 문제 1과 같다. 위치 지령은 부하가 30 회전하는 것이며 부하 위치의 오버 슈트(Over Shoot)는 허용되지 않는다. 각가가속도, 각가속도, 각속도의 지령치의 절대 값의 최대 값은 다음과 같다. 최대 각가가속도는 $100 \times 2\pi$ rad/s^3, 최대 각가속도는 $20 \times 2\pi$ rad/s^2, 최대 속도는 $20 \times 2\pi$ rad/s 이다. 모든 제어기는 연속 시간 영역에서 설계한다.

1) 허용된 최대치를 지키면서 최소 시간에 위치지령을 따라 갈 수 있는 각가가속도, 각가속도, 각속도, 각도 지령을 동시에 도시하라. 가로축은 시간(t = 0~3초), 세로축은

각가가속도($-1000\text{rad/s}^3 \sim 1000\text{rad/}s^3$), 각가속도($-200\text{rad/s}^2 \sim 200\text{rad/s}^2$), 각속도 ($-200\text{rad/s}^2 \sim 200\text{rad/s}^2$), 각도($-100\text{rad} \sim 100\text{rad}$)의 범위로 표시하라.

2) 부하의 각과 속도를 이상적(Ideal)으로 측정할 수 있을 때 속도 제어기 주파수 대역폭이 16Hz가 되고 위치 제어기 주파수 대역폭이 2Hz가 되게 위치 제어기(P 제어기)와 속도 제어기(PI 제어기)의 이득을 결정하라. 이때 전동기와 부하는 1개의 관성으로 가정한다. 속도, 위치 제어기 설계 시 전류 제어기는 이상적(전달함수가 1이 된다)이라고 가정하고 이득을 구하라. 시스템 시뮬레이션 시에 전류 제어기의 동특성은 $\dfrac{\omega_c}{s+\omega_c}$ 로 고려한다. 여기서 $\omega_c = 200 \times 2\pi$ rad/s 이다. 전동기의 토크분 전류 i_a의 최대 값은 50A이고 토크 상수(역기전력 상수, K)는 2N-m/A이다. 제어기 이득 계산 시 전동기의 토크 상수 추정치는 실제 값의 90%로 하고 관성 추정치는 실제 전체 관성의 90%로 한다.

3) 2)에서 설계된 제어기를 이용하여 위치 제어를 했을 때 각속도, 각도 지령에 대한 응답을 도시하라. 단 부하 토크는 없다. 가로축은 시간($t = 0$~3초), 세로축은 각가가속도 ($-1000\text{rad/s}^3 \sim 1000\text{rad/s}^3$), 각가속도($-200\text{rad/s}^2 \sim 200\text{rad/s}^2$), 각속도($-200\text{rad/s} \sim 200\text{rad/s}$), 각도($-100\text{rad} \sim 100\text{rad}$)의 범위로 표시하라. 또 0~3초 동안의 위치 오차의 제곱 값의 시간에 대한 적분 값($t = 3$초에서)을 구하라.

4) 전동기의 속도와 부하의 속도를 이상적으로 측정할 수 있다고 가정할 때 2)에서 설계된 제어기에 능동 댐핑(Active Damping)항을 포함시켜 3)의 응답을 개선하고 그 결과를 3)과 같은 양식으로 표시하라. 능동 댐핑이 동작할 때 전동기 전류가 지속적으로 진동하지 않도록 설계하라. 또 0~3초 동안의 위치 오차의 제곱 값의 시간에 대한 적분 값($t = 3$초에서)을 구하라.

5) 4)에서 설계된 제어기에 각가속도 지령과 각속도 지령의 전향 보상항을 추가하여 위치 명령 추종(Trajectory Following) 성능을 개선하고자 한다. 전동기의 토크 상수는 실제 값의 90%로 하고 관성은 실제 전체 관성의 90%로 한다. 개선된 응답을 4)와 같은 양식으로 표시하라. 또 0~3초 동안의 위치 오차의 제곱 값의 시간에 대한 적분값($t = 3$초에서)을 구하라.

6) 5)의 제어기를 이용하여 위치 제어가 끝난 시점($t = 3$초 이후)에서 아래와 같은 부하 토크가 인가되고 있을 때 그 응답을 도시하라. 가로축은 시간($t = 3$~4초), 세로축은 각가가속도($-1000\text{rad/s}^3 \sim 1000\text{rad/s}^3$), 각가속도($-200\text{rad/s}^2 \sim 200\text{rad/s}^2$), 각속도 ($-200\text{rad/s} \sim 200\text{rad/s}$), 각도($-100\text{rad} \sim 100\text{rad}$)의 범위로 표시하라. 부하 토크 $T_L = 60\sin\ (20 * \pi * t)$ N-m 이다.

7) 6)의 경우의 응답을 개선하기 위하여 부하의 각가속도를 궤환하고자 한다. 각가속도는 이상적으로 측정할 수 있으나 10ms의 시지연이 있다. 즉 $\hat{\alpha}(s) = \alpha(s) * e^{-.01s}$ 이

다. 각가속도 궤환 제어기를 5)의 제어기에 추가하여 6)의 경우에서의 응답을 도시하라.

08 다음과 같은 2가지 전류제어기를 가지는 R-L-역기전력($\mathbf{e}^r_{dqs}$) 회로에대해 전류 지령과 실제 전류의 복소수 전달함수를 구하라. 전류제어기의 출력은 PWM인버터의 육각형 안에 존재한다고 가정한다. 또 제어기의 이득은 두 제어기 전부 $K_i = R\omega_c$, $K_p = L\omega_c$ 로 설정 되어 있다. 또 역기전력, $\mathbf{e}^r_{dqs}$ 은 전향 보상항, $\hat{\mathbf{e}}^r_{dqs}$ 에의해 완벽하게 보상 된다고 가정한다.

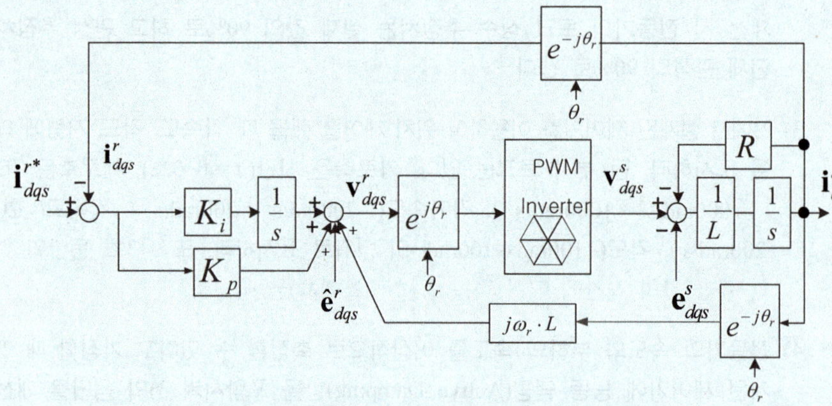

그림 p4.10 상태 궤환을 이용한 전류제어기

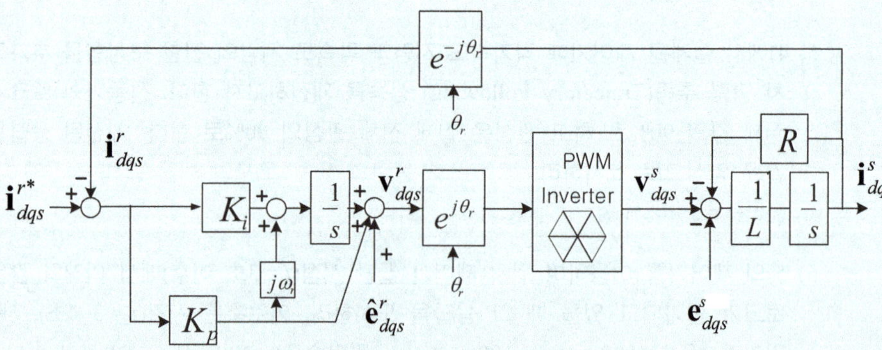

그림 p4.11 복소수 전류 제어기

09 식 (4-29)로 부터 좌표 변환을 이용하여 회전자 기준 좌표계에 대한 유도 전동기 회전자 자속에 관한 다음 미분 방정식을 유도하라.

$$\frac{d\lambda_{dr}^r}{dt} = -\frac{R_r}{L_r}\lambda_{dr}^r + R_r\frac{L_m}{L_r}i_{ds}^r$$

$$\frac{d\lambda_{qr}^r}{dt} = -\frac{R_r}{L_r}\lambda_{qr}^r + R_r\frac{L_m}{L_r}i_{qs}^r .$$

10 아래와 같은 제정수와 정격을 가지는 영구자석 직류 서보(Servo) 전동기가 <그림 4.1 (c)>와 같은 제어기 구성에 따라 제어 되고 있다. 여기서 전동기 회전자 위치, 속도, 전동기 전류는 이상적(Ideal)으로 측정 될 수 있다고 가정한다. 전동기 회전자와 부하의 전체 관성, J_{M+L} , 은 전동기 축에서 $1.29\times10^{-3}kg-m^2$ 이고 기준 전류에 대한 실제 전류 응답을 표시하는 전류 제어기의 전달함수는 $\frac{\omega_{cc}}{s+\omega_{cc}}$ 로 표시 될 수 있다. 여기서 제어 대역폭(Bandwidth), ω_{cc} , 는 1000π rad/s이다. 그리고 속도 제어기 제어 대역폭, ω_{sc} , 는 20π rad/s 이다.

정격 출력; 200W,
$R_a = 0.8\Omega$, $L_a = 5mH$, $K_e\lambda_f = K_T\lambda_f = K = 0.55V/(rad/s)$.

1) 전류제어기는 <그림 4.12>처럼 설계 되었다. 전류제어기의 비례 이득과 적분 이득을 각각 구하라.

2) 속도제어기는 <그림 4.47>처럼 설계 되었다. 속도제어기의 비례 이득과 적분 이득을 각각 구하라. 여기서 속도 제어기의 전달함수의 감쇠 계수(Damping Coefficient), ζ , 는 $\sqrt{6}$ 으로 한다.

3) 전류 제어기, 속도 제어기를 포함하는 위치 제어기는 아래 그림처럼 설계 되었다. 여기서 비감쇠(Undamped) 자연주파수(Natural Frequency), ω_n 은 속도제어기 제어 대역폭의 1/4로하고 위치 제어기의 감쇠계수는 2로 설정한다. 이러한 **위치 제어기의 제어 정수 설정과 1), 2)에서 설정된 전류 제어기와 속도 제어기의 이득을 고려하여 위치제어기의 제어 대역폭을 계산**하라.

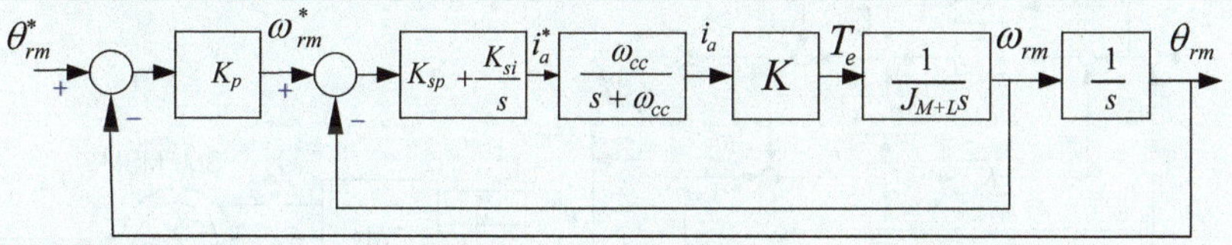

그림 p4.12 영구 자석 직류 서보 전동기의 위치 제어기

4) 위치 지령은 아래 그림과 같은 각가속도의 미분(Jerk) 지령을 연속 적분하여 얻는다.

$$\theta_{rm}^* = \int_0^t \omega_{rm}^* dt,\ \ \omega_{rm}^* = \int_0^t \alpha_{rm}^* dt,\ \ \alpha_{rm}^* = \int_0^t Jerk^* dt$$

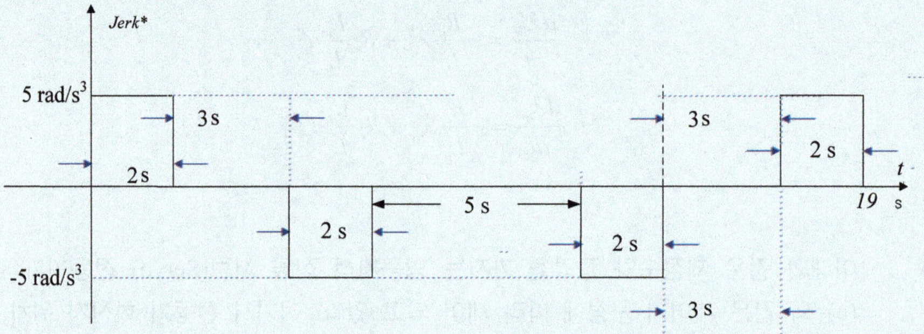

그림 p4.13 영구 자석 직류 서보 전동기의 각가속도의 미분 지령

가) 전동기가 1)~3)의 과정으로 설계된 제어기에 의해 제어 되고 4)와 같은 조건으로 구동 될 때, 컴퓨터 시뮬레이션을 통해 전체 구동시간(0~19s) 동안 다음식으로 주어지는 위차 오차의 실효치를 구하라.

$$\theta_{rm\_error} = \sqrt{\frac{1}{19}\int_0^{19} (\theta^*_{rm} - \theta_{rm})^2 \, dt}$$

나) 만약 위치 제어기가 <그림 4.61>처럼 수정 된다면, 즉 속도와 가속도 지령이 전향 보상 된다면 전체 구동시간(0~19s) 동안 위차 오차의 실효치는 얼마인가? 여기서 관성 추정치는 실제 관성의 80%로 둔다. 즉 $\hat{J} = 0.8\ J_{M+L}$ 이다.

11 아래와 같은 표면 부착형 영구자석 동기전동기(SMPMSM) 구동 시스템이 있다. 부하 쪽 관성, J_L, 의 각 위치를 제어하고자 한다. 전동기 회전자의 위치/속도는 정확히 측정할 수 있으나 부하 관성의 위치/속도는 측정할 수 없다. 또 전동기 회전자와 부하 관성은 가늘고 긴 축으로 연결 되어 있다. 위치 제어 동안 부하 토크, T_L, 은 없으며 마찰도 무시할 수 있다.

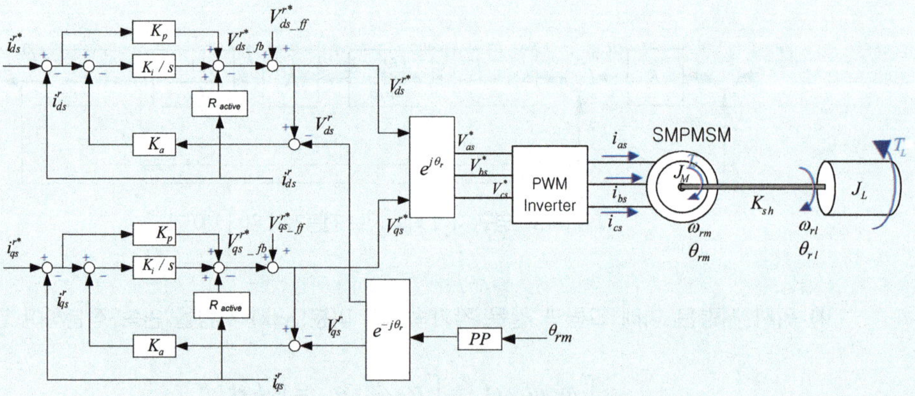

그림 p4.14 전류제어기를 포함한 SMPMSM을 이용한 위치제어 시스템

SMPMSM은 이상적으로 제어되어 <그림 p4.15>에서 출력 되는 기준 토크를 전동기가 시지연(Time Delay) 없이 바로 출력할 수 있다고 가정한다. *PP*는 전동기의 극쌍수(Pole pair)이다. 즉 *PP*는 극수의 반이다. 능동 댐핑 저항(R_{active}) 은 전동기 고정자 권선 저항의 10배로 한다. 전동기의 정격과 전동기 및 부하의 제정수는 다음과 같다.

정격 출력 40kW, 정격 회전속도 273 r/min, 상저항 $R_s = 0.0651\,\Omega$, 상인덕턴스 $L_s = 2.85\ mH$, 영구자석 쇄교 자속, $\lambda_f = 0.62\ V/(rad/s)$, 전동기 극수 24극, 전동기 회전자 관성, J_M , 은 25 kg-m^2, 부하 관성, J_L , 은 25 kg-m^2 이며, 연결 축의 강성, $K_{sh} = 2500\ N-m/rad$. 이다.

PWM인버터는 이상적으로 가정하여 기준 전압이 바로 전동기에 인가 된다. 부하와 전동기를 연결하는 축의 관성은 무시할 수 있다.

1) 전류 제어기가 제어 대역폭(Bandwidth)이 200Hz인 1차 저역 통과 필터 형태로 설계 될때 전류 제어기의 비례이득, 적분 이득, Anti-windup 제어이득(K_a)을 각각 구하라.

2) 전동기에 대한 토크 지령이 1000N-m로 일정할 때 i_{ds}^{r*}, i_{qs}^{r*} 를 구하라.

위의 전류 제어 시스템에 아래와 같은 위치/속도 제어 시스템을 부가하였다. 위치/속도 제어기 최종 출력인 토크 지령, T_e^*, 은 적절한 과정을 통해 i_{ds}^{r*}, i_{qs}^{r*} 로 변환 되어 전류 제어기로 입력 된다. 가속도 전향 보상 부분이 작동하고 있지 않다. 즉 SW$_a$가 Off상태이다.

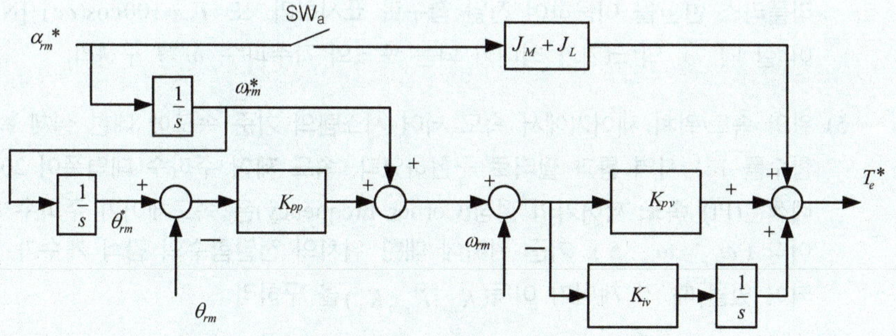

그림 p4.15 기준 가속도 전향 보상항이 있는 위치 제어 시스템

기준 가속도, α_{rm}^* 는 아래와 같다. 각 특이점의 좌표는 다음과 같다. (0,0), (1,15), (1.5, 15), (2.5, 0), (7.5,0), (8.5,-15), (9., -15), (10, 0), (15,0). 기준위치와 기준 속도는 기준 가속도를 적분하여 얻는다.

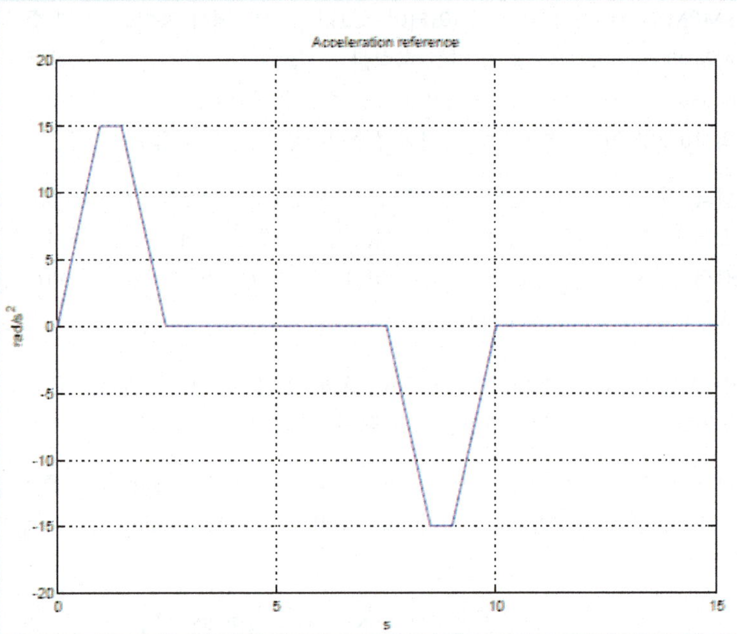

그림 p4.16 위치제어 시스템의 기준 가속도

3) 기준 가속도에 따라 정확히 부하 관성이 회전한다면 t=10s 에서 부하 관성은 얼마나 회전하였나? 회전한 전체 각을 구하라.

4) 위의 시스템에서 전동기가 발생 시키는 토크에 대한 부하 관성의 속도, ω_{rl} / T_e 를 라플라스 변환을 이용하여 전달 함수로 표시하라. 또 $T_e = 100\cos(\omega t)$ [N-m] 로 주어 질 때 ω_{rl} 의 크기가 최대가 되는 토크의 각주파수 ω 를 구하라.

5) 위의 속도/위치 제어기에서 속도 제어 시스템의 기준 속도에 대한 실제 속도의 전달함수를 1차 저역 통과 필터로 구현하였다. 속도 제어 주파수 대역폭이 20Hz이고 비례적분(PI) 속도 제어기의 절점(Corner Frequency)은 속도제어기 주파수 대역의 1/5 이다 ($\omega_{pi} = \omega_{sc} / 5$). 기준 위치에 대한 위치의 전달함수의 감쇠 계수가 1.5로 설계되어 있을 때 각 제어기 이득(K_{pp}, K_{pv}, K_{iv})을 구하라.

6) 전체 시스템을 시뮬레이션하여 기준 위치에 대한 부하 관성의 각 위치를 t=10s~15s 동안 도시하라. 이 때 전류 제어기와 전동기는 이상적이어서 $T_e^* = T_e$ 라고 생각한다.

7) 속도 제어기 대역 폭을 1.5Hz로 두고 5)를 반복하여 각각의 제어기 이득을 구하고 6)을 반복하라.

8) 가속도 전향 보상을 연결하고, 즉 SW_a를 On상태로하고 6)을 반복하라. 이때 속도 제어기 대역 폭과 제어기 이득은 7)의 경우와 같다.

참고문헌(References)

[1] M. A. Valenzuela and et al., "*Start-up and Commisioning Procedure for Electronically Line-shafted Paper Machine Drive* " IEEE Trans. Ind. Appl., Vol. 38 , July/Aug., 2002, pp.966-973.

[2] Honeywell, "*Hall Effect Sensing and Application,*" http://sensing.honeywell.com/index.php?ci_id=47847.

[3] NVE Co., "*Current Measurement Using GMR Sensors,*" http://www.nve.com/Downloads/SB-SA-001_Current_Measurement_using_GMR_Sensors.pdf

[4] T. Krishnan and et al., "*Speed Control of DC Motor Using Thyristor Dual Converter,*" IEEE Trans. on Ind. Elec.& Cont. Inst., Vol. 23, No. 4, November, 1976, pp.391-399.

[5] W. Leonhard, "*Control of Electrical Drives, Chapter 7.2 & 8.5,*" 2nd Edition, Springer, 1996.

[6] R.Kennel and et al., "*Predictive Control Strategy for Converters,*" Proceeding of IFAC Control in Power Electronics and Electrical Drives, 1983, pp.415-422.

[7] J. Rodriguez and et al., "*Predictive Control of Power Converters and Electrical Drivs,*" Wiley-IEEE Press, April, 2012.

[8] T. Geyer and et al., "*Multistep Direct Model Predictive Control for Power Electronics Part I &II,*" ECCE Tutorial, Denver, Colorado, Sept.,2013.

[9] P. Cortes and et al., "*Predictive Control in Power Elecronics and Drives,*" IEEE Trans. on Ind. Elec., Vol. 55, No. 12, Nov./Dec.,2008, pp.4312-4324.

[10] H. Sugimoto and et al., "*Practical Aspects of Theory and Design of AC Servo System, Chapter 3.2,*" in Japanese, Motor Electronics Publications, 1990 .

[11] V. Blasko and et al., "*Sampling of Discontinuous Voltage and Current Signals in Electrical Drives: A System Approach,*" IEEE Trans. on Ind. Appl., Vol. 34, No. 5, September/October 1998, pp.1123-1130.

[12] Ahno Yoo and et al., "*Design of Current Regulator with Extended Bandwidth for Servo Motor Drive,*" Power Conversion Conference (PCC) Proceeding, IEEJ, 2007.

[13] C. Bohn and et al., "*An Analysis Package Comparing PID Anti-Windup Strategies,*" IEEE Control Systems Magazine, Vol. 16, No. 2, April, 1995, pp.33-40.

[14] A. Visioli, "*Modified Anti-windup Scheme for PID controllers,*" IEE Proc.-Control Theory Appl., Vol. 150, Jan., 2003, pp.49-54.

[15] B.K. Bose, "*Power Electronics and Variable Frequency Drives, Chapter 5.5,*" IEEE Press, 1997.

[16] 장지훈, "*영구자석 동기전동기 센서레스 제어의 운전 영역 확장에 관한 연구,*" 서울대학교 공학박사 학위논문, 부록 B, 2006. 2.

[17] F. Briz and et al., "*Analysis and Design of Current Regulators Using Complex Vectors*," IEEE Trans. Ind. Appl., Vol. 36, May/June, 2000, pp.817-825.

[18] 유현재 외, "*복소 벡터 동기 좌표계 비례 적분 전류 제어기의 안티 와인드업 이득 설정*," 전력전자학회 논문지, 11권, 5호, 2006, pp. 404-407.

[19] 정유석, "*영구자석 동기기의 자기포화를 고려한 실시간 최소 동손 제어*," 서울대학교 공학박사 학위논문, 2005. 2.

[20] D. Zmood and et al., "*Frequency Domain Analysis of Three-phase Linear Current Regulator*", IEEE Trans.Ind.Appl., 2001, 37, pp. 601~610.

[21] S. Khajehoddin and et al., "*A Resonant Controller with High Structural Robustness for Fixed-point Digital Implementations*," IEEE Trans. Power Elec., vol. 27, no. 7, 2012, pp. 3352–3362.

[22] M. Liserre and et al., "*Multiple Harmonics Control for Three-phase Grid Converter Systems with the Use of PI-RES Current Controller in a Rotating Frame,*" IEEE Trans. Power Elec., vol. 21, no. 3, 2006, pp. 836–841.

[23] Y. Yamamoto, "*Learning Control and Related Problems in Infinite-dimensional Systems*." Essays on Control, Birkhäuser Boston, 1993. 191-222.

[24] K. Jaesuk and et al., "*Harmonic Currents Control of Three-phase Four-wire Grid-connected PWM Inverter Based on High-order Repetitive Controller*," in 2015 9th International Conference on Power Electronics and ECCE Asia (ICPE-ECCE Asia), 2015, pp. 2161–2166.

[25] 조영훈, "*전력 품질 향상을 위한 동적 전압 보상기용 반복 제어기의 설계*," 서울대학교 공학석사 학위논문, 2004.

[26] *Rotary Encoders,* https://en.wikipedia.org/wiki/Rotary_encoder

[27] TI Designs,"*Interface to Sin/Cos Encoders with High-Rsolution Position Interpolation,*" http://www.ti.com/lit/ug/tidua05a/ tidua05a.pdf, 2015

[28] K. Kubo and et al., "*Disturbance Torque Compensated Speed Observer for Digital Servo Drives,*" in Proc. IEEE-IECON, 1990, pp.1182-1187.

[29] T. Ohmae and et al., "*A Microprocessor-controlled High-accuracy Wide-range Speed Regulator for Motor Drives*," IEEE Trans. Ind. Elec., Vol. IE-29, Aug., 1982, pp.207-211.

[30] 김희욱, "*칼만 필터를 이용한 영구자석 동기전동기의 극저속 제어 특성 개선*," 박사학위논문, 서울대학교, 1999.

[31] G. Franklin, and et al., "*Feedback Control of Dynamic System*," 2nd Edition, Addison-Weseley, 1991, pp.361-458.

[32] H. Kim and et al., "*A New Motor Speed Estimator Using Kalman Filter in Low-Speed Range,*" IEEE Trans. on Ind. Appl., Vol. 43, No. 4, August, 1996, pp. 498-504.

[33] Robert D. Lorenz, "*High-Resolution Velocity Estimation for All-Digital AC Servo Drives*," IEEE Trans. on Ind. Appl., Vol. 27, No. 4, July/Aug., 1991, pp.701-705.

[34] G. Ellis, "*Control System Design Guide*," 3rd Edition, Ch.10, Elsevier Academic Press, 2004.

[35] Y.D. Yoon and et al., "*Dual Observers for the Disturbance Rejection of a Motion Control System*," IEEE Industrial Application(IAS) Annual Meeting Conference Record, 2007.

[36] 장지훈, "*영구자석 동기전동기 센서레스 제어의 운전 영역 확장에 관한 연구*," 서울대학교 공학박사 학위논문, 부록 C, 2006.2.

[37] H. Sugimoto and et al., "*Practical Aspects of Theory and Design of AC Servo System, Chapter 7.1*," in Japanese, Motor Electronics Publications, 1990.

[38] T. Umeno and et al., "*Robust Speed Control of DC Servomotors Using Modern Two Degrees-of Freedom Controller Design*," IEEE Trans. on Ind. Elec., Vol. 38, No. 5, October, 1991, pp.363-368.

[39] P. Schmit, "*Acceleration Feedback Implemented through the Utilization of an Observer as Applied to a Robotic Manipulator*," Ph.D. Thesis, ECE Department, University of Wisconsin-Madison, U.S.A., 1991.

[40] http://www.columbiaresearchlab.com

[41] H, Shim and et al., "*Use of Accelerometer for Precision Motion Control of Linear Motor Driven Positioning System*," IEEE Ind. Elec. Society, IECON '98, Proceedings of the 24th Annual Conference of the IEEE , Vol. 4 , 1998, pp.2409-2414.

[42] P. Schmit and et al., "*Design Principles and Implementation of Acceleration Feedback to Improve Performance of DC Drives*," IEEE Trans. on Ind. Appl., Vol. 28, No. 3, May. 1992, pp.594-599.

[43] J. K. Kim, and et al., "*High Precision Position Control of Linear Permanent Magnet Synchronous Motor for Surface Mount Device Placement System*," in Conf. Rec. PCC-Osaka, Vol. 1, 2002, pp. 37-42.

[44] M. Bollen, "*Understanding Power Quality Problems-Voltage Sags and Interruptions*," IEEE Press, New York, 2000.

[45] Y. Park, and et al.,"*Phase-Locked Looop Based on an Observer for Grid Synchronization*," IEEE Trans. on Ind. Appl., Vol. 50, No., 2, March/April, 2014, pp1256-1265.

[46] 이상준, "*순간 전압 강하 보상용 직렬 보상기를 위한 새로운 PLL 및 전압 제어기에 관한 연구*," 박사학위논문, 서울대학교, 2003. 8.

[47] S.J. Lee, and et al., "*A New Phase Detection Method for Power Conversion Systems Considering Distorted Conditions in Power System*," IEEE Industrial Application (IAS) Annual Meeting Conference Record, 1999, pp.2167-2172.

[48] P. Rodriguez, and et al., "*A Stationary Reference Frame Grid Synchronization System for Three-Phase Grid-Connected Power Converters under Adverse Grid Conditions*," IEEE Trans. Power Elec., vol. 27, No. 1, Jan. 2012.

[49] P. Rodriguez, and et al.., "*new Positive-Sequence Voltage Detector for Grid Synchronization of Power Converter under Faulty Grid Conditions*," in Proc. IEEE Power Electronics Specialist Conf., June, 2006, pp.1-7.

05

벡터(Vector)제어

(참고문헌 [1], [2])

전동기는 기본적으로 전기 에너지를 이용하여 회전축에서 기계적 회전력(토크(Torque))을 얻는 장치이다. 그러나 통상 많은 전동기 제어 시스템에서 전동기의 속도만이 제어의 대상이고 전동기의 토크는 기계적 관성(Inertia)에 의해 저주파 필터링(Filtering)된 후 속도의 변화로 나타나므로 직접적인 제어의 대상은 아니다. 이러한 경우 전동기의 순시 토크(Instantaneous Torque)보다는 평균 토크가 주요 관심 대상이며 평균 토크에 의한 전동기 또는 시스템의 속도가 제어 대상이 된다. 반면에 압연 공정에서는 장력 제어를 위해서, 로봇(Robot) 및 수치 제어 선반(Numerically Controlled Machining Center) 등과 같은 정밀 제어 분야의 경우에서는 위치(Position) 제어 또는 경로 추종(Trajectory Following) 제어를 위해서 전동기의 순시 토크를 제어해야 할 필요가 있다. 이 경우 제어 대상은 전동기의 순시 토크이고 순시 토크의 제어에 따라 가속도, 속도, 위치 등이 결정된다. 전동기의 순시 토크는 자속의 크기와 자속에 직각으로 쇄교(Linkage)하는 전류의 크기에 의해 결정되므로 순시 토크의 제어를 위해서는 전류와 자속을 공간적으로 크기(Magnitude)뿐만 아니라 방향(Orientation)까지 순시 제어할 필요가 있다. 벡터(Vector)란 스칼라(Scalar)에 대응하는 개념으로 크기와 방향을 가지는 물리량이다. 따라서 벡터 제어란 전동기의 전기적 변수의 크기와 방향을 동시에 제어하는 기법을 말한다. 전동기 제어에 있어 벡터 제어는 공간 상에서 자속에 기준하여 전류의 크기와 방향을 제어하는 개념으로써 자속 기준 제어(Field Oriented Control)라고도 불리운다. 본장에서는 직류기로부터 유도기에 이르는 다양한 전기기계의 토크 제어를 벡터 제어의 관점에서 살펴본다. 본 장에서 벡터 제어를 전동기의 관점에서 주로 기술하지만, 전자기적(Electromagnetic) 원리를 이용하는 전기기계는 그 자체가 동시에 전동기이며 발전기이므로 발전기를 벡터 제어할 경우 전기적 출력인 전압/전류를 순시 제어할 수 있다. 또한 본 장에서는 2장에서 언급한 물리적인 제한(주로 전압과 전류, 자속 밀도의 제한)으로 인한 교류 전기기계의 속도와 토크 평면 상에서의 운전 영역 – 능력 곡선(Capability Curve) – 의 확장을 위하여, 3장에서 논의한 좌표 변환 기법과 4장에서 설명한 제어기 설계 기법에 근거하여 더욱 정밀한 약자속 제어 방법에 대해 알아본다.

5.1 전동기의 순시 토크 제어

전동기의 토크는 전류 벡터(전류방향의 단위 벡터에 전류 크기를 곱해서 얻어진 벡터)와 이와 쇄교(Linkage)하는 자속 벡터의 벡터 곱(Cross Product)에 의해 주어진다. 따라서 토크의 발생은 자속과 전류 각각의 크기뿐 아니라 두 벡터가 이루는 각에 의해 결정된다. 본 절에서는 먼저 2장에서 모델링한 직류 전동기를 통하여 전동기의 토크 발생 원리를 알아보고 이를 통해 교류 전동기의 순시 토크 제어의 원리를 알아본다.

5.1.1 타여자 분권 직류 전동기 (참고문헌 [1])

타여자 분권 전동기에서는 <그림 5.1(a)>에서 알 수 있듯이 계자 자속은 계자 전류에 의해 제어되고 토크를 발생시키는 전기자 전류는 전기자 전압에 의해 제어된다. 전기자 전류는 <그림 2.4>에 나타난 것처럼 계자 자속을 교란시킬 수도 있으나 – 전기자 반작용 – 이는 <그림 2.5>에 보인 것처럼 보극 또는 보상 권선에 의해 보정될 수 있다. 따라서 전기자와 쇄교하는 자속은 계자 전류에 의해서만 만들어진다고 가정할 수 있다. 자속과 전류는 정류자와 브러쉬에 의해 공간적으로 항상 90°의 관계를 유지하므로 전동기의 토크는 단순히 계자 자속의 크기와 전기자 전류의 산술적인 곱에 의해 주어진다. 만약 계자 전류를 일정하게 제어하고 전기자 전류의 크기를 원하는 토크에 따라 순시 제어하면 전동기의 발생 토크는 원하는 토크를 순시적으로 추종(Tracking)한다. 이와 같은 토크 제어는, <그림 5.1(b)>에 보인 것 처럼 전기자 권선과 계자 권선의 원주상(Circumferential)에서 상대적 위치가 일정하다면 각각의 권선이 회전하더라도 가능하다. 그리고 전기자 권선과 계자 권선은 회전축을 중심으로 그 위치를 서로 바꿀 수도 있다. 즉 <그림 5.1(c)>의 경우에도 순시 토크 제어는 권선 상호간의 원주상에서 상대 위치가 90°의 관계를 유지하고 계자권선의 전류가 일정하면 전기자 전류의 크기를 순시 제어함으로써 가능하다. 2.5절에서 언급한 바와 같이 <그림 5.1(c)>의 전기자 권선에의한 기자력은 <그림 5.1(d)>에 표시한 삼상 대칭 권선에 의해서도 등가적으로 얻을 수 있다. 따라서 순시 토크 제어는 타여자 분권 전동기 뿐 아니라 교류 전동기에도 동일하게 적용될 수 있다.

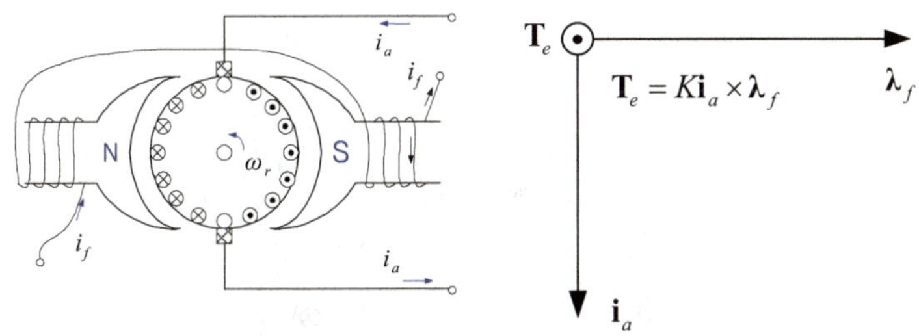

(a) 전기자 전류와 계자 자속의 공간에서의 상호 위치

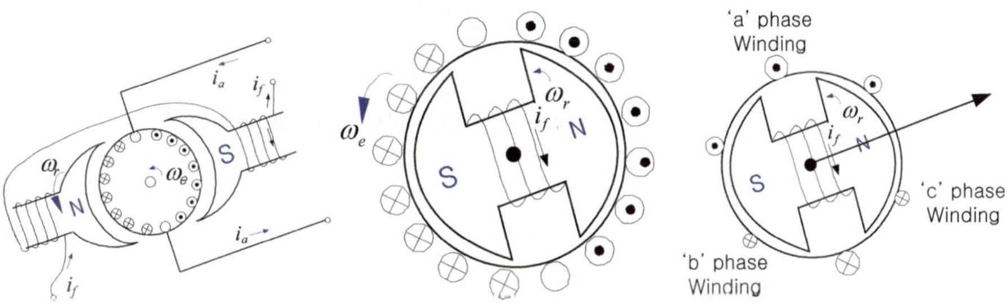

(b) 회전하는 계자와 전기자 권선 (c) 계자와 전기자 권선의 위치 변경 (d) 삼상권선에 의한 전기자 권선 등가

그림 5.1 직류 전동기 모델과 직류기의 교류기로의 등가 변환

5.1.2 표면 부착형 영구자석 동기 전동기(Surface Mounted Permanent Magnet Synchronous Motor, SMPMSM)의 벡터 제어

<그림 5.2>에 나타낸 표면 부착형 영구자석 전동기의 토크는 3.3.3.1절에서 유도된 바와 같이 회전자에 고정된 d-q 좌표계에서 표현하면 $T_e = \frac{3}{2}\frac{P}{2}\lambda_f i_{qs}^r$ 로 주어지므로, 회전자의 위치를 측정하고 회전자에 동기된 좌표계의 q축 전류지령을 $i_{qs}^{r*} = \frac{T_e^*}{\frac{3}{2}\frac{P}{2}\lambda_f}$ 로 제어하면, 자속 λ_f 는 영구자석에 의해 일정하게 유지되고 있으므로 원하는 순시(Instantaneous) 토크를 얻을 수 있다. 회전자 좌표계 기준 고정자 전류 i_{ds}^r, i_{qs}^r 은 전동

기 상전류를 회전자의 회전각에 따라 식 (3-1), (3-3)을 근거로 하여 식 (5-1)과 같이 계산하여 얻을 수 있으므로 이를 이용하여 전류를 제어할 수 있다.

$$\mathbf{i}^{\mathrm{r}}_{\mathrm{dqs}} = i^r_{ds} + ji^r_{qs} = \frac{2}{3}(i_{as} + \mathrm{a}i_{bs} + \mathrm{a}^2 i_{cs})e^{-j\theta_r} \ . \tag{5-1}$$

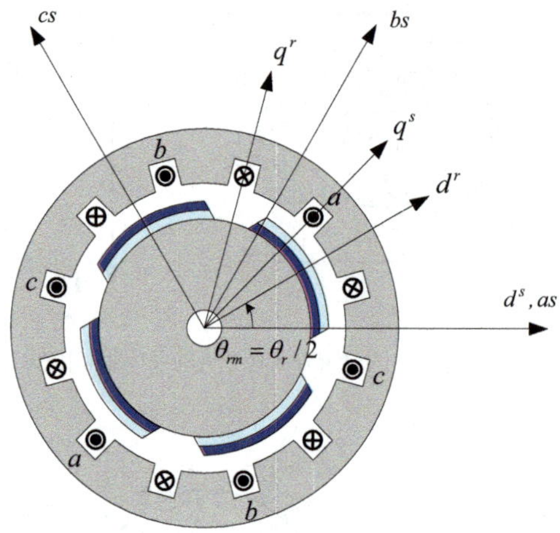

그림 5.2 4극 표면 부착형 영구자석 전동기의 좌표계

주어진 입력 전류 $\mathbf{i}^r_s$ 의 크기에 대해 최대 토크를 얻기 위해서는 i^r_{ds} 은 토크 생성에 기여하지 않으므로 식 (5-1)에서 $i^r_{ds} = 0$ 으로 두면 i^r_{qs} 의 방향은 회전자에 위치한 영구자석에 의한 자속의 방향(θ_r)과 항상 90°의 각을 이루게 된다. 이 경우 토크는 i^r_{qs} 의 크기에 의해 순시적으로 결정된다. 이상과 같은 제어를 블록도로 표시하면 <그림 5.3>과 같다.

이상의 타여자 분권 전동기와 표면 부착형 영구자석 전동기의 순시 토크 제어 조건을 종합하면 아래와 같은 사실을 유추할 수 있다.

(1) 역기전력, 누설 인덕턴스, 권선 저항 등에 관계없이 전기자 전류(토크분 전류)의 독립적이고 순시적인 제어

(2) 계자 자속의 독립적인 제어

(3) 계자 자속과 전기자 전류(토크분 전류)의 공간각이 서로 직각을 이룰 것

이상의 세 가지 조건이 순시적으로 만족되면 토크를 순시적으로 제어할 수 있다.

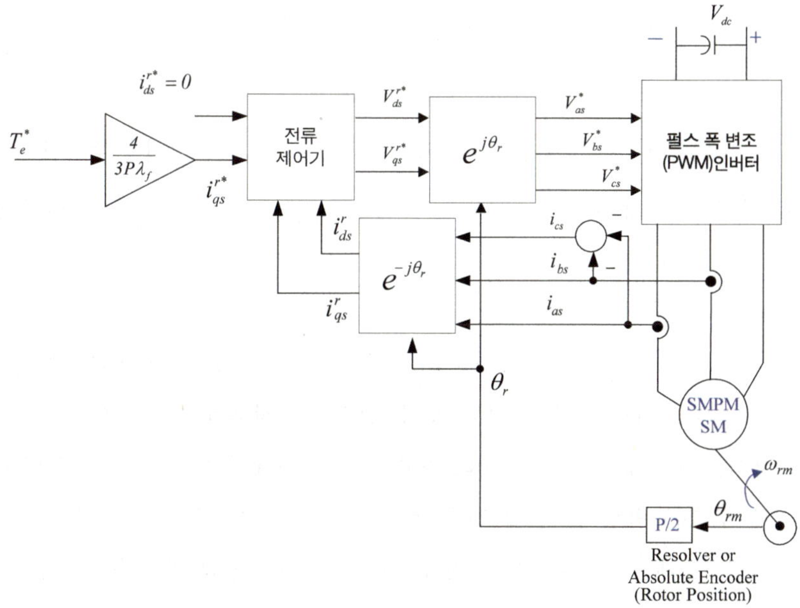

그림 5.3 표면 부착형 영구자석 동기 전동기(SMPMSM)의 순시 토크 제어 블록도

5.1.3 매입형 영구자석 동기 전동기(Interior Permanent Magnet Synchronous Motor, IPMSM)의 벡터 제어

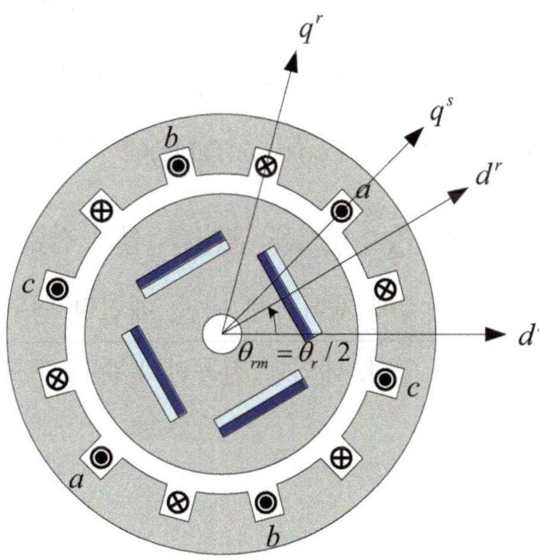

그림 5.4 4극 매입형 영구자석 전동기

<그림 5.4>에 나타낸 매입형 영구자석 전동기의 토크는 3.3.3.2절에서 유도된 바와 같이 회전자에 고정된 d-q 좌표계에서 표현하면 식 (3-133)에 표시한 것처럼 자기 저항

(Reluctance)의 차이에 의한 토크와 영구자석에 의한 토크의 합, $T_e = \frac{3}{2}\frac{P}{2}\left\{\left(L_d - L_q\right) i_{ds}^r i_{qs}^r + \lambda_f i_{qs}^r\right\}$ 으로 주어지므로, 영구자석에 의한 자속 λ_f 가 일정하더라도 주어진 토크를 발생시키는 전류 i_{ds}^r, i_{qs}^r 의 쌍(Pair)은 무수히 많다. 그러나 주어진 기준 토크, T_e^*, 를 발생시키면서 손실을 최소화하는 전류 쌍은 유일하게 결정된다. 만약 철손을 무시할 수 있다면 식 (5-1)의 고정자 전류 벡터의 크기를 최소화하는 것이 동손을 줄임으로써 효율을 최대화하는 운전 방법이다. 이러한 운전 방법을 단위 전류당 최대 토크(Maximum Torque Per Ampere, MTPA) 운전이라고 한다. 통상 매입형 영구자석 전동기의 경우 회전자의 철손은 무시할 수 있으며 고정자의 철손 역시 정격 속도, 정격 출력에서는 동손에 비해 매우 작다. 이러한 조건 하에서 순시 토크를 제어하려면, 주어진 기준 토크를 발생시키면서 전류 벡터의 크기를 최소화하는 전류쌍을 실시간(Real Time)으로 계산하여야 한다. 만약 L_d, L_q 가 운전 조건과 관계없이 일정하다면 위의 토크식을 만족시키면서 ${i_{ds}^r}^2 + {i_{qs}^r}^2$ 을 최소화하는 해석적 해를 비교적 용이하게 구할 수 있으며 최근 발달하고 있는 제어용 컴퓨터로 실시간으로도 그 해를 구할 수 있다. 그러나 2.9.2절에서 언급한 바와 같이 L_d, L_q 는 운전 조건에 따라 크게 변하고 특히 L_q 는 전류 크기에 따라 그 값이 수십%에서 수백%까지 바뀌므로 해석적인 해를 구하여 제어에 이용하기는 어렵다. 그러므로 미리 실험에 의해 또는 L_d, L_q 의 변화가 고려된 설계 자료를 근거로 각 토크에 대해 전류 벡터의 크기가 최소화 되는 전류 쌍 i_{ds}^r, i_{qs}^r, 을 구하여 이를 참조표(Look-up Table)에 저장한 후, 주어진 토크 지령에 따라 참조표에서 기준 전류 쌍, ${i_{ds}^r}^*$, ${i_{qs}^r}^*$,을 구한 후 실제 전류, i_{ds}^r, i_{qs}^r,가 참조표의 전류를 따라 가도록 제어한다. 이렇게 제어하게 되면, 매입형 영구자석 전동기의 토크를 최대 효율에서 순시 제어할 수 있다. 매입형 전동기의 순시 토크 제어를 블록도로 표시하면 <그림 5.5>와 같다.

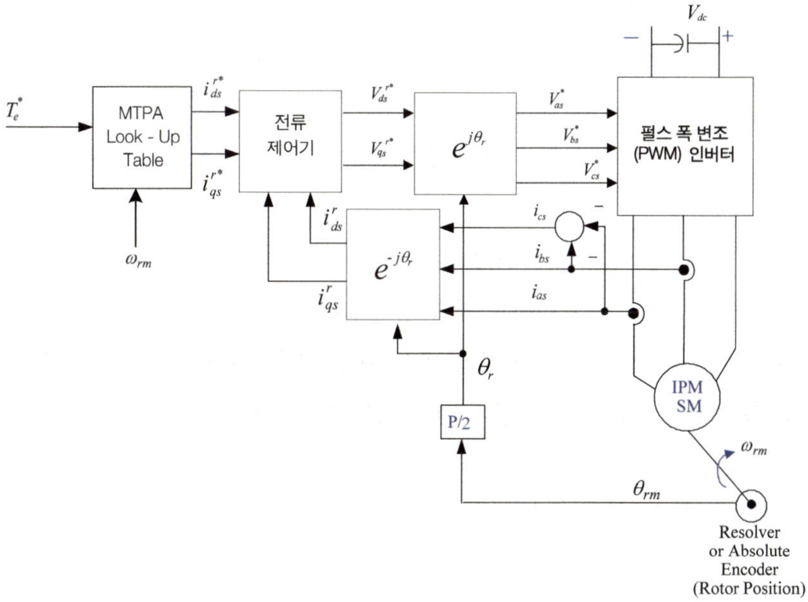

그림 5.5 매입형 영구자석 동기 전동기(IPMSM)의 순시 토크 제어 블록도

5.2 유도 전동기의 벡터 제어 (참고문헌 [1–3])

유도 전동기는 자속을 발생시키는 전류와 토크를 발생시키는 전류 전부를 전동기 단자(고정자)에서 공급해야 하므로 자속과 전류의 공간각과 그 크기의 독립적인 제어를 이해함이 다른 전동기에 비해 어렵다. 그러나 2장에서 설명한 회전자계와 유도 전동기 동작 원리를 바탕으로 3장의 좌표 변환 이론을 적용하면 유도 전동기의 순시 토크 제어(벡터 제어) 역시 쉽게 이해될 수 있다. 유도 전동기의 벡터 제어 기법은 대표적으로 간접(Indirect)과 직접(Direct)의 두 가지로 나눌 수 있으며 이를 혼용(Universal)한 기법들이 있다. 가장 먼저 실용화되어 널리 쓰이는 간접 벡터 방식은 유도 전동기의 슬립 각속도를 제어함으로써 간접적으로 자속의 크기를 일정하게 하면서 토크분 전류를 원하는 크기로 제어되게 하는 방법이다. 이 방법은 회전자 속도를 알 필요는 있으나 기동을 포함하는 정지 시부터 최대 속도에 이르기까지 광범위한 속도에서 안정된 토크 제어가 가능하므로 가장 먼저 실용화되었다. 이 방법의 문제점은 회전자 시정수(Time Constant) (회전자 자기인덕턴스, L_r ,과 회전자 저항, R_r ,의 비, $\tau_r = \dfrac{L_r}{R_r}$) 변동에 따라 그

제어 성능이 크게 변한다는데에 있다. 직접 벡터 제어 기법은 표면 부착형 영구자석 전동기의 제어와 같이 자속의 순시 위치를 적절한 방법으로 파악하고 이를 기준으로 하여 전체 전류를 자속과 공간적으로 동일한 위상을 가지는 전류(자속분 전류)와 이에 직각을 이루는 전류(토크분 전류)로 분해한 후, 자속분 전류는 통상 일정하게 (약자속 제어가 없는 경우) 유지하면서 토크분 전류는 원하는 토크 크기에 따라 순시적으로 제어하는 방법이다. 이 방법은 원리적으로 이해가 손 쉬우나 자속의 위치를 순시적으로 파악하는 것이 기동을 포함하는 저속 영역에서 용이하지 못하기 때문에 간접 벡터에 비해 고성능 유도 전동기 제어에 있어 그 활용이 제한되었었다. 그러나 최근 회전자의 속도 측정 장치 없는 유도 전동기 벡터 제어 기법의 발전으로 점차 그 응용 범위가 넓어지고 있다. 혼합형 방식은 간접과 직접을 적절히 혼합하여 양쪽 방법이 가지는 장점을 취하고자 한다. 이 방식은 제어가 비교적 복잡하나 최근 디지털 신호 처리 기술의 발전으로 광범위하게 활용되고 있다.

5.2.1 직접 벡터 제어

직접 벡터 제어는 앞에서 기술한 표면 부착형 영구자석 전동기의 벡터 제어와 유사하게 공간상에 형성된 자속의 위치를 파악하고 이를 기준으로 90° 떨어진 곳에 필요한 토크를 발생시키는 토크분 전류를 인가하는 것이다. 그러나 영구자석에 의해 자속이 형성되는 표면 부착형 전동기와 달리 유도전동기에서는 토크분 전류뿐 아니라 자속을 형성하는 전류 역시 고정자 전류가 공급해야 하고 항상 토크분 전류에 관계없이 자속을 일정하게 제어해야 한다는 제어 상의 어려움이 있다.

5.2.1.1 직접 벡터 제어 방법[2]

아래 식들은 3.2.1절에서 유도된 임의의 속도, ω, 로 회전하는 좌표축에서 표현된 농형 유도 전동기의 d-q축 전압 방정식이다. 농형 유도 전동기의 경우 유도 전동기의 중성점이 외부에 연결되어 있지 않고 각 상전압의 순시합이 "0"이라고 가정하면, 영상분(n축) 성분은 고려할 필요가 없다.

$$V_{ds}^{\omega} = R_s i_{ds}^{\omega} + p\lambda_{ds}^{\omega} - \omega\lambda_{qs}^{\omega} . \qquad (5\text{-}2)$$

$$V_{qs}^{\omega} = R_s i_{qs}^{\omega} + p\lambda_{qs}^{\omega} + \omega\lambda_{ds}^{\omega} . \qquad (5\text{-}3)$$

$$0 = R_r i_{dr}^{\omega} + p\lambda_{dr}^{\omega} - (\omega - \omega_r)\lambda_{qr}^{\omega} . \qquad (5\text{-}4)$$

$$0 = R_r i_{qr}^{\omega} + p\lambda_{qr}^{\omega} + (\omega - \omega_r)\lambda_{dr}^{\omega} . \qquad (5\text{-}5)$$

여기서 p 는 미분 연산자, $\frac{d}{dt}$, 이다.

또한, 고정자와 회전자의 쇄교 자속은 다음 식과 같이 전류와 인덕턴스의 함수로 표시될 수 있다..

$$\lambda_{ds}^{\omega} = L_s i_{ds}^{\omega} + L_m i_{dr}^{\omega} . \qquad (5\text{-}6)$$

$$\lambda_{qs}^{\omega} = L_s i_{qs}^{\omega} + L_m i_{qr}^{\omega} . \qquad (5\text{-}7)$$

$$\lambda_{dr}^{\omega} = L_m i_{ds}^{\omega} + L_r i_{dr}^{\omega} . \qquad (5\text{-}8)$$

$$\lambda_{qr}^{\omega} = L_m i_{qs}^{\omega} + L_r i_{qr}^{\omega} . \qquad (5\text{-}9)$$

쇄교자속과 고정자 전류로 표현한 출력 토크는

$$T_e = \frac{3}{2}\frac{P}{2}\frac{L_m}{L_r}\left(\lambda_{dr}^{\omega} i_{qs}^{\omega} - \lambda_{qr}^{\omega} i_{ds}^{\omega}\right), \qquad (5\text{-}10)$$

이다.

고정자 좌표계를 도입하여 $\omega = 0$이라 할 때, 회전자 자속의 공간상 위치 θ_e는 식 (5-11)로 주어진다.

$$\theta_e = \tan^{-1}\left(\frac{\lambda_{qr}^{s}}{\lambda_{dr}^{s}}\right) . \qquad (5\text{-}11)$$

d축과 q축의 회전자 자속은 유도 전동기의 전압 방정식과 쇄교 자속의 전류에 관한 식들로부터 구할 수 있다. 우선 식 (5-2)와 식 (5-3)에서 $\omega = 0$을 대입하여 고정자 자속을 구하면 각각 식 (5-12)와 식 (5-13)처럼 유도될 수 있다.

$$\lambda_{ds}^{s} = \int_0^{t}\left(V_{ds}^{s} - R_s i_{ds}^{s}\right) d\tau . \qquad (5\text{-}12)$$

$$\lambda_{qs}^{s} = \int_{0}^{t}\left(V_{qs}^{s} - R_s i_{qs}^{s}\right) d\tau \ . \qquad (5\text{-}13)$$

식 (5-6)과 식 (5-8), 식 (5-7)과 식 (5-9)로부터 회전자 쇄교 자속을 구하면, 각각 식 (5-14)와 식 (5-15)처럼 유도될 수 있다.

$$\lambda_{dr}^{s} = \frac{L_r}{L_m}\left(\lambda_{ds}^{s} - \sigma L_s i_{ds}^{s}\right). \qquad (5\text{-}14)$$

$$\lambda_{qr}^{s} = \frac{L_r}{L_m}\left(\lambda_{qs}^{s} - \sigma L_s i_{qs}^{s}\right). \qquad (5\text{-}15)$$

여기서, σ 는 누설 계수(Leakage factor)로서 $\sigma = \frac{L_s L_r - L_m{}^2}{L_s L_r}$ 로 표시된다. 따라서 식 (5-14)와 식 (5-15)를 식 (5-11)에 대입하면 회전자 자속의 순시 위치각 θ_e 을 구해낼 수 있다. 앞에서 얻어진 회전자 자속의 위치 θ_e 에 따라 고정자 전류 벡터 $\mathbf{i}_{abcs}$ 를 회전자 자속의 위치에 동기된 좌표계로 표시하면 식 (3-1), (3-3)에 의해 다음과 같다.

$$\mathbf{i}_{dqs}^{e} = i_{ds}^{e} + j i_{qs}^{e} = \mathbf{i}_{abcs} e^{-j\theta_e} \ . \qquad (5\text{-}16)$$

식 (5-11)에서 얻어진 θ_e 축에 동기된 동기 좌표계에서는 모든 회전자 자속이 d^e 축에만 존재하므로 q^e 축의 회전자 자속 λ_{qr}^{e} 은 항상 "0"이 된다. 따라서 식 (5-4)에서 $\lambda_{qr}^{e} = 0$으로 두면 식 (5-17)을 얻는다.

$$0 = R_r i_{dr}^{e} + p\lambda_{dr}^{e} \ . \qquad (5\text{-}17)$$

식 (5-8)과 식 (5-17)을 이용하여 i_{dr}^{e} 를 소거하면 식 (5-18)과 같다.

$$\lambda_{dr}^{e} = L_m i_{ds}^{e} - \frac{L_r}{R_r} p\lambda_{dr}^{e} \ . \qquad (5\text{-}18)$$

식 (5-18)을 변형하여 λ_{dr}^{e} 를 i_{ds}^{e} 로 표시하면 다음 식과 같다.

$$\lambda_{dr}^{e} = \frac{L_m}{1 + p\frac{L_r}{R_r}} i_{ds}^{e} \ . \qquad (5\text{-}19)$$

따라서 i_{ds}^e 를 제어함으로써 λ_{dr}^e 의 크기를 제어할 수 있다. 특히 i_{ds}^e 의 크기를 일정하게 한 후 충분한 시간 $\left(t > 4\tau_r = 4\frac{L_r}{R_r}\right)$ 이 지난 후에는, 회전자 자속의 크기는 다음 식과 같이 근사(Approximation)될 수 있다.

$$\left|\lambda_r\right| = \lambda_{dr}^e \approx L_m i_{ds}^e . \quad (5\text{-}20)$$

즉, 회전자 자속의 크기는 i_{ds}^e 가 일정한 값으로 유지될 때 i_{ds}^e 에 비례하게 된다. 얻어진 회전자 자속 기준축에서 관찰하면 식 (5-10)의 토크 식에서 $\lambda_{qr}^e = 0$ 이므로 토크는 아래 수식과 같이 간단히 표현된다.

$$T_e = \frac{3}{2}\frac{P}{2}\frac{L_m}{L_r}\lambda_{dr}^e i_{qs}^e . \quad (5\text{-}21)$$

식 (5-21)에 식 (5-19)를 대입하면 토크를 다음과 같이 회전자 자속 기준 좌표계에서 관찰된 고정자 전류의 d-q 성분으로 표시할 수 있다.

$$T_e = \frac{3}{2}\frac{P}{2}\frac{L_m^2}{L_r}\left(\frac{1}{1 + p\frac{L_r}{R_r}} i_{ds}^e\right) i_{qs}^e \quad (5\text{-}22)$$

여기서 회전자 자속의 크기 $\left|\lambda_r\right|$ 를 일정하게 하기 위해서 i_{ds}^e 의 크기를 $4\tau_r$ 이상의 시간 동안 일정한 값 $i_{ds}^e \approx \frac{\left|\lambda_r\right|}{L_m}$ 으로 계속 제어하고 있으면, 유도 전동기의 토크는 다음 식과 같이 i_{qs}^e 의 크기를 제어하여 순시적으로 제어될 수 있다.

$$T_e = \frac{3}{2}\cdot\frac{p}{2}\frac{L_m}{L_r}\left|\lambda_r\right| i_{qs}^e . \quad (5\text{-}23)$$

이상과 같은 직접 벡터 제어 방법은 식 (5-16), 식 (5-20), 식 (5-23)에서 알 수 있듯이 회전자 자속의 위치 θ_e 를 정확히 알아낼 수 있다면 앞의 표면 부착형 전동기의 벡터 제어 방법과 유사하게, 전동기 제정수의 변동에 비교적 강인하게 순시적으로 토크를 제어할 수 있다. 그러나 이러한 직접 벡터 제어 방법의 구현에 있어 가장 어려운 점은 회전자 자속의 순시각 위치, θ_e, 를 정확히 알아내는 것이다.

5.2.1.2 직접 벡터 제어의 구현 (참고문헌 [3,4])

회전자 자속의 순시 위치, θ_e, 를 얻는 방법으로 다음과 같은 방법들을 생각할 수 있다.

1) 홀 센서(Hall Sensor)에 의한 공극 자속의 측정

홀 센서는 자속(Flux)을 전압으로 변환하는 센서이다. <그림 5.6>과 같은 2극 유도 전동기의 경우 고정자 슬롯(Slot)과 공극(Air Gap) 사이에 전기각(=기계각, 2극기의 경우)으로 90° 떨어지게 2개의 홀 센서를 설치하면 전동기의 공극 자속에 비례하는 전압을 얻을 수 있다. 측정된 공극 자속 값, λ^s_{dm}, λ^s_{qm}, 로부터 다음 과정을 통하여 회전자 자속을 계산할 수 있다.

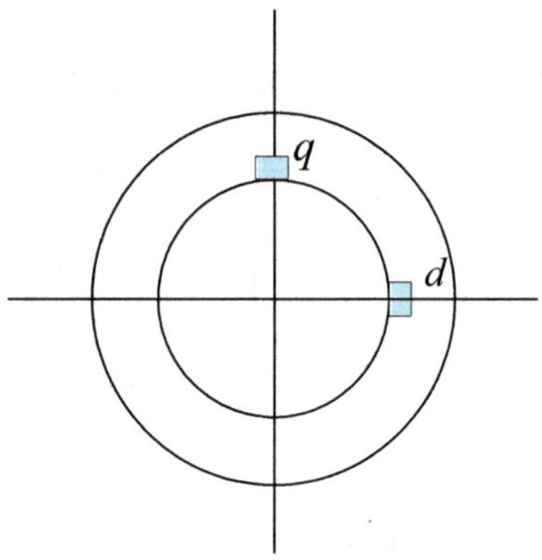

그림 5.6 2극 유도 전동기에서 홀 센서 부착 위치

먼저 회전자 자속식을 공극 자속과 회전자 전류로 표시하면 다음과 같다.

$$\begin{aligned}\boldsymbol{\lambda}^s_{dqr} &= L_{\ell r}\mathbf{i}^s_{dqs} + L_m\left(\mathbf{i}^s_{dqr} + \mathbf{i}^s_{dqs}\right) \\ &= L_{\ell r}\mathbf{i}^s_{dqr} + \boldsymbol{\lambda}^s_{dqm}\end{aligned} \quad (5\text{–}24)$$

회전자 전류는 공극 자속과 고정자 전류에 의해 다음 식과 같이 표시될 수 있다.

$$\mathbf{i}^s_{dqr} = \frac{\boldsymbol{\lambda}^s_{dqm} - L_m\mathbf{i}^s_{dqs}}{L_m}. \quad (5\text{–}25)$$

따라서 회전자 자속은 측정된 공극 자속과 고정자 전류에 의해 다음과 같이 간단히 계산될 수 있다.

$$\begin{aligned}\boldsymbol{\lambda}_{dqr}^{s} &= \left(\frac{\boldsymbol{\lambda}_{dqm}^{s}}{L_m} - \mathbf{i}_{dqs}^{s}\right)L_{\ell r} + \boldsymbol{\lambda}_{dqm}^{s} \\ &= \frac{L_r}{L_m}\boldsymbol{\lambda}_{dqm}^{s} - L_{\ell r}\mathbf{i}_{dqs}^{s}\end{aligned} \quad (5\text{-}26)$$

이러한 방법의 문제점은 홀 센서가 온도 변화에 취약하고 기계적으로 약하며, 기존의 전동기의 경우 전동기를 분해한 후 홀 센서를 부착해야 한다는 점이다. 또한 2.12.2절에서 언급된 바와 같이 회전자 누설 인덕턴스, $L_{\ell r}$,이 회전자 전류, $\mathbf{i}_{dqr}^{e}$, 의 크기에 따라 변동하므로 정확한 회전자 자속을 얻기 힘들다.

2) 측정 코일(Sensing Coil)에 의한 공극 전압의 측정

고정자 슬롯 또는 고정자 표면에 여러 턴(Turn)의 코일(Coil) 두 개를 전기각으로 90° 떨어지게 부착한 후 각 코일에 유기되는 전압, $\mathbf{e}_{dqm}^{s}$, 을 측정하면 공극 자속(Air-gap Flux)의 시간에 대한 변화율을 측정할 수 있으므로 유기 전압을 식 (5-27)처럼 적분하여 공극 자속을 계산할 수 있고 이로부터 식 (5-26)을 이용하여 회전자 자속의 크기와 위치를 알 수 있다.

$$\boldsymbol{\lambda}_{dqm}^{s} = k\int_{0}^{t} \mathbf{e}_{dqm}^{s}\, d\tau . \quad (5\text{-}27)$$

여기서 k는 코일의 턴수에 반비례하는 상수이다.

측정 코일의 유기 전압 $\mathbf{e}_{dqm}^{s}$ 의 크기는 2.10.2절에서 언급된 것 처럼 공극 자속을 일정하게 제어할 경우 식 (5-28)과 같이 정상 상태에서 고정자 주파수, ω_e,의 크기에 비례하므로 고정자의 주파수가 낮아지면 신호 대 잡음의 비(Signal to Noise Ratio, S/N Ratio)가 매우 나빠져 제어가 불가능해 진다.

$$|\mathbf{e}_{dqm}^{s}| \propto |\omega_e| . \quad (5\text{-}28)$$

또한 저주파수(Low Frequency) 영역에서는 측정 옵셋(Offset)의 영향으로 순수 적분이 불가능하므로 정확한 식 (5-27)의 구현이 불가능하다. 따라서 유기 전압, $\mathbf{e}_{dqm}^{s}$, 를

순수 적분하여 자속 정보를 얻는 방법은 실용상 정격 주파수의 1/10~1/20 정도까지가 적용 한계이다. 또한 홀 센서에 의한 방법과 마찬가지로 기존의 전동기의 경우 전동기를 분해한 후 고정자 슬롯 또는 고정자 표면에 코일을 부착해야 하는 문제점이 있으며 앞의 홀 센서에 의한 방법과 마찬가지로 회전자 누설 인덕턴스의 변동에도 영향을 받는다.

3) 단자 전압(고정자 인가 전압)과 상전류(Phase Current) 측정에 의한 회전자 자속 추정

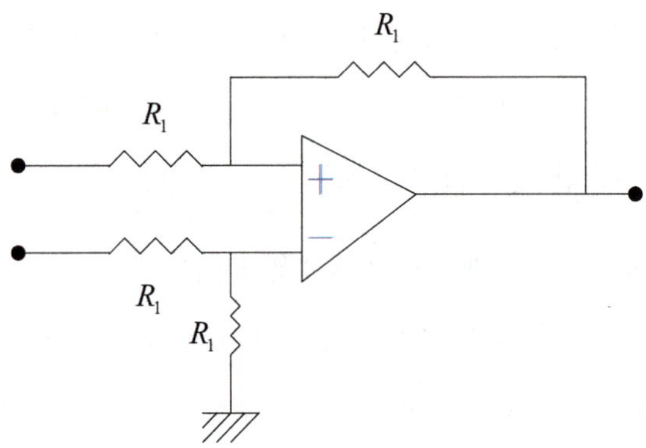

그림 5.7 차동 증폭기(Differential Amplifier)

<그림 5.7>과 같은 차동 증폭기를 이용하여 전동기에 인가되는 전압을 측정하고 이로부터 식 (5-29)와 같이 고정자 저항에 의한 전압 강하를 빼면 고정자 자속의 시간에 대한 변화율을 얻을 수 있고 이를 적분하여 고정자 자속을 얻은 후 식 (5-30)을 이용하여 회전자 자속의 크기와 위치를 계산할 수 있다.

$$p\boldsymbol{\lambda}_{dqs}^{s} = \mathrm{V}_{dqs}^{s} - R_s \mathrm{i}_{dqs}^{s} \, . \tag{5-29}$$

$$\boldsymbol{\lambda}_{dqr}^{s} = \frac{L_r}{L_m}(\boldsymbol{\lambda}_{dqs}^{s} - \sigma L_s \mathrm{i}_{dqs}^{s}) \, . \tag{5-30}$$

이 방법은 앞에서 언급된 신호 대 잡음의 문제, 순수 적분의 문제, 회전자 누설 인덕턴스와 고정자 저항 값의 동작 조건에 따른 변동의 문제 외에도 차동 증폭기의 절연 내압과 제한된 측정 대역폭(Bandwidth; 수~수십 kHz)으로 인하여 PWM 인버터로 구동되는 유도기의 저속 운전 시 회전자 자속 추정에는 많은 제약이 따른다.

4) 게이팅(Gating) 신호와 직류단 전압에 의한 인버터 입력 전압의 합성

이 방법은 <그림 5.8>과 같은 3상 펄스폭 변조 전압형 인버터에 의해 구동되는 유도 전동기 제어 시스템에서, 직류단(DC Link)의 전압을 측정하고 측정된 직류단 전압과 현재 제어기가 출력하고 있는 인버터의 게이팅(Gating) 신호로부터 유도 전동기에 인가되는 전압을 추정하여 고정자 단자 전압을 얻은 후, 이를 근거로 식 (5-29), (5-30)을 통하여 회전자 자속을 계산하는 방법이다. 전동기 고정자 권선을 Y 결선으로 가정하면 전동기 각 상의 전압은 아래와 같이 정의될 수 있다. 여기서 S_a, S_b, S_c는 각 상의 스위치의 도통(Conduction) 상태를 나타내는 스위칭 함수(Switching Function)이며 그 값이 1이면 해당 스위치가 닫힌(Conducting) 상태이고 0이면 열린(Non-conducting) 상태이다. 스위칭 함수로부터 각 상의 전압은 식 (5-31)과 같이 표시될 수 있다.

$$
\begin{aligned}
V_{as} &= \frac{V_d}{3}\left(2S_a - S_b - S_c\right) \\
V_{bs} &= \frac{V_d}{3}\left(2S_b - S_c - S_a\right). \\
V_{cs} &= \frac{V_d}{3}\left(2S_c - S_a - S_b\right)
\end{aligned}
\tag{5-31}
$$

그러므로 전동기 상전압은 직류단 전압, 스위칭 함수들로부터 쉽게 계산될 수 있다.

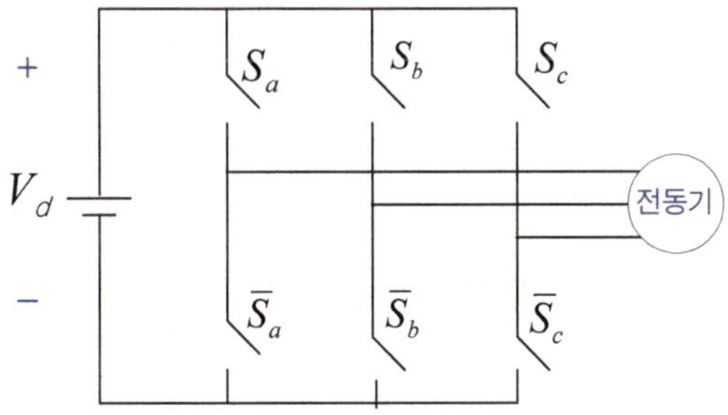

그림 5.8 스위칭(Switching) 함수에 의한 인버터의 동작

이러한 방법의 문제점은 7.1절에서 설명되는 데드타임(Dead Time)과 실제 스위치와 제어 신호 간의 시지연(Time Delay) 차이 등에 의해 제어기가 알고 있는 스위칭 함수, S_a, S_b, S_c,와 실제 스위칭되는 스위칭 함수가 다르다는 데 있다(7.1절 참조). 적절한 데드타임 보상에 의해 상전압 측정의 특성을 개선할 수는 있으나 동작 주파수가 낮아 단자 전압이 매우 낮을 경우(정격 전압의 수 % 이하), 정확한 상전압 정보를 얻는 데

어려움이 커서 저속 운전에서의 제어 성능이 제한된다.

5.2.2 간접 벡터 제어[4]

간접 벡터 제어는 유도 전동기의 고유한 특성인 슬립(Slip)과 고정자 전류의 크기를 제어하여 간접적으로 전동기의 자속과 이에 직각으로 쇄교하는 전류를 독립적으로 제어하는 방법이다. 이 경우 공간상의 자속의 위치를 파악할 필요가 없다는 장점은 있으나, 슬립을 제어하기 위하여 유도기의 속도를 정확하게 순시적으로 측정해야 한다는 단점이 있다. 특히 수백 kW 이상의 범용 고효율 유도기인 경우 정격 토크에서 슬립이 1% 이내이므로 만약 5% 정도의 토크 제어 정밀도를 필요로 한다면 속도는 최소한 0.05% 이내의 오차로 측정되어야 한다. 초기의 상업화된 유도 전동기 벡터 제어 시스템은 주로 4.3.1.2절에서 언급한 증분형(Incremental) 엔코더를 회전자에 부착한 간접 벡터 제어 방식이었다.

5.2.2.1 간접 벡터 제어 방법

식 (5-2) ~ 식 (5-9)에 $\omega = \omega_e$ 를 대입하면 동기 속도로 회전하는 좌표계로 표시된 유도 전동기의 d-q축에 관한 회로 방정식을 얻을 수 있다. 이 식들에서 회전자 자속이 d축에만 있다고 가정하면 $\boldsymbol{\lambda}_r^e = \lambda_{dr}^e + j\lambda_{qr}^e = \lambda_{dr}^e$ 이 된다. 즉

$$\lambda_{qr}^e = 0 , \tag{5-32}$$

이다.

식 (5-32)를 식 (5-9)에 대입하여

$$i_{qs}^e = -\frac{L_r}{L_m} i_{qr}^e , \tag{5-33}$$

를 얻을 수 있다.

또, 식 (5-32)를 식 (5-10)에 대입하면 유도 전동기의 토크를 식 (5-34)와 같이 구할 수 있다.

$$T_e = \frac{3}{2}\frac{P}{2}\frac{L_m}{L_r}\lambda_{dr}^e i_{qs}^e . \tag{5-34}$$

식 (5-32)를 식 (5-5)에 대입하여 정리하면 다음과 같은 슬립 각속도에 관한 관계식을 구할 수 있다.

$$\omega_e - \omega_r = \omega_{s\ell} = -\frac{R_r i_{qr}^e}{\lambda_{dr}^e} . \tag{5-35}$$

회전자 자속은 식 (5-32)의 조건에서 식 (5-19)처럼 표현될 수 있으므로 슬립 관계식은 식 (5-19)와 식 (5-33)을 이용해 식 (5-35)로부터 다음과 같이 표현될 수 있다.

$$\omega_e - \omega_r = \omega_{s\ell} = -\frac{R_r i_{qr}^e}{\lambda_{dr}^e} = \frac{R_r}{\lambda_{dr}^e}\frac{L_m}{L_r} i_{qs}^e = \left[\left(1 + p\frac{L_r}{R_r}\right)\frac{1}{i_{ds}^e}\right]\frac{R_r}{L_r} i_{qs}^e . \tag{5-36}$$

식 (5-34)에서 알 수 있듯이 토크는 자속이 일정한 경우, i_{qs}^e 에 비례하게 되므로 i_{qs}^e 를 토크분 전류라고 하고 회전자 자속은 식 (5-19)에서 보는 바와 같이 i_{ds}^e 로 제어할 수 있으므로 i_{ds}^e 를 자속분 전류라고 한다. 식 (5-36)에 따라 필요한 i_{ds}^e 와 i_{qs}^e 값에 의해 $\omega_{s\ell}$ 이 결정되면, 회전자 자속의 위치, θ_e ,를, 다음 식과 같이 회전자의 회전 속도를 측정한 후 원하는 슬립 각속도와 더한후 적분하여, 인가하므로써 $\omega_{s\ell}$ 을 제어할 수 있다.

$$\theta_e = \int_0^t \omega_e d\tau = \int_0^t (\omega_r + \omega_{s\ell})\,\mathrm{d}\tau . \tag{5-37}$$

이상과 같이 간접 벡터 제어는 θ_e 를 통하여 슬립각 속도 $\omega_{s\ell}$ 을 제어하여 고정자 전류의 분배비를 제어하고 이를 통하여 간접적으로 $\lambda_{qr}^e = 0$ 이 되도록 제어하여 자속 및 토크분 전류의 크기와 상대적 위치를 간접적으로 제어하는 방법이다.

5.2.2.2 간접 벡터 제어의 구현

<그림 5.9>는 전류 제어 펄스폭 변조(Current Regulated PWM) 인버터를 사용하여 간접 벡터 제어를 수행할 경우의 제어 블록도이다. 이러한 간접 벡터 제어의 문제점은 식 (5-36)의 벡터 제어를 위한 슬립각 속도의 계산 식에 전동기 상수, 특히 회전자 시정수(Rotor Time Constant, $\tau_r = \frac{L_r}{R_r}$)가 포함된다는 데 있다.

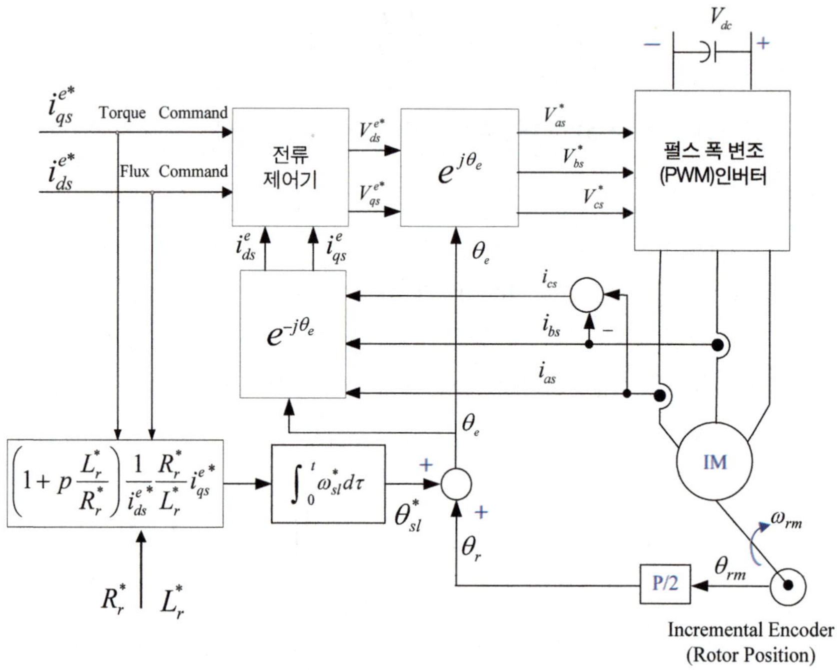

그림 5.9 PWM 인버터를 이용한 유도 전동기의 간접 벡터 제어 블록도

회전자 저항은 2.12.1절에서 언급한 바와 같이 전동기 회전자 온도에 따라 변하고(회전자 도체가 구리인 경우 대개 온도 30℃ 변동 시 회전자 저항은 10% 변한다), L_r 은 회전자 자속의 크기에 따라 변한다. 또한 정확한 회전자 저항과 회전자 인덕턴스를 구하기가 실제적으로 매우 어렵다. 따라서 정확한 벡터 제어를 위해서는 이러한 전동기 상수의 오차와 그 변동을 적절히 보상하는 것이 필수적이다. 이에 대한 자세한 내용은 부록 B에서 언급한다(참고문헌 [5], [6]).

5.3 유도 전동기의 자속 추정기

5.3.1 고정자 회로의 전압 모델

유도 전동기를 직접 또는 간접 벡터 제어하기 위해서는 회전자의 자속 정보가 필요하다. 회전자 자속은 5.2.1.2절에서 언급한 바와 같이 고정자에 인가되는 전압과 전류 값으로부터 계산될 수도 있고 또한 회전자 전압 방정식 식 (5-4), (5-5)로부터 계산될 수도 있다. 회전자 자속을 얻기 위하여 고정자 전압 방정식을 이용하는 방법을 전압 모델법이라 하고 회전자 전류 방정식(여기서 회전자를 농형으로 가정하면 회전자 전압은 0이므로 전압 방정식은 회전자 전류에 관한 방정식이 된다)을 이용한 방법을 전류 모델법이라고 부른다. 전압 모델법을 이용하여 자속을 추정하는 방법은 식 (5-12) ~ 식 (5-15)에 표시한 바와 같이 먼저 고정자 전압을 적분하여 고정자 자속을 구하고 이로부터 누설 자속에 대한 성분을 고려하여 회전자 자속을 추정한다.

이러한 방법은 5.2.1.2절에서 언급한 바와 같이 역기전력이 작은 저속 영역에서는 고정자 임피던스 $R_s + j\omega_e L_{\ell s}$ 에 의한 전압 강하 및 측정 잡음(Noise)의 영향으로 추정 값이 정확하지 않고, 또한 적분 시 측정 변수들의 옵셋(Offset) 때문에 적분기가 포화(Saturation)되기 쉽다. 따라서 전압 모델법은 순수 적분 대신 1차 저역 통과 필터(1st Order Low Pass Filter, $\frac{\omega_c}{s+\omega_c}$)를 사용하여 주로 영속(Zero Speed) 또는 극저속(Extremely Low Speed)이 아닌, 역기전력의 크기가 측정 잡음(Measurement Noise)에 비해 충분히 큰 저속 (Low Speed-대개 정격 속도의 10% 정도) 이상의, 속도 운전 영역에서 사용된다.

5.3.2 회전자 회로의 전류 모델

영속 또는 극저속 운전 영역에서는 회전자 속도와 고정자 전류로부터 자속을 연산하는 방법이 유용하다. 회전자의 전압 방정식을 회전자 속도에 동기된 좌표계($\omega = \omega_r$)에서 관찰된 회전자 자속과 고정자 전류로 표현하면 다음과 같이 된다.

$$\frac{d\lambda_{dr}^r}{dt} = -\frac{R_r}{L_r}\lambda_{dr}^r + R_r\frac{L_m}{L_r}i_{ds}^r . \tag{5-38}$$

$$\frac{d\lambda_{qr}^r}{dt} = -\frac{R_r}{L_r}\lambda_{qr}^r + R_r\frac{L_m}{L_r}i_{qs}^r . \tag{5-39}$$

여기서 i_{ds}^r 과 i_{qs}^r 은 회전자 좌표계에서의 고정자 전류이고 $\mathrm{i}_{dqr}^r = \mathrm{i}_{dqr}^s e^{-j\theta_r}$ 에서 다음과 같이 표시될 수 있다.

$$i_{ds}^r = i_{ds}^s \cos\theta_r + i_{qs}^s \sin\theta_r \,. \tag{5-40}$$

$$i_{qs}^r = -i_{ds}^s \sin\theta_r + i_{qs}^s \cos\theta_r \,. \tag{5-41}$$

식 (5-38), (5-39)의 1차(First Order) 미분 방정식을 연산하면 회전자 좌표계의 회전자 자속을 구할 수 있고, 정지 좌표계의 회전자 자속은 $\boldsymbol{\lambda}_{dqr}^s = \boldsymbol{\lambda}_{dqr}^r e^{j\theta_r}$ 에서 다음과 같이 표현된다.

$$\lambda_{dr}^s = \lambda_{dr}^r \cos\theta_r - \lambda_{qr}^r \sin\theta_r \,. \tag{5-42}$$

$$\lambda_{qr}^s = \lambda_{dr}^r \sin\theta_r + \lambda_{qr}^r \cos\theta_r \,. \tag{5-43}$$

이 방법은 회전자 자속을 구하기 위하여 회전자 저항 및 회전자 인덕턴스가 사용되기 때문에 이들 전동기 상수가 정확하지 않거나, 전동기 상수가 변화하는 경우에는 추정치에 오차를 수반한다. 또한 전동기 회전 속도의 정보가 필수적이기 때문에 속도 측정 없는 제어(Speed Sensorless Control)에는 적용할 수 없다.

5.3.3 전압 모델과 전류 모델을 함께 사용한 자속 추정기 (참고문헌 [7])

일반적으로 역기전력이 큰 고속 영역에서는 고정자 전압을 적분하여 구한 전압 모델이 전동기 제정수의 변동에 강인(Robust)하여 회전자 자속 추정에 유리하고, 역기전력이 작은 저속 영역에서는 회전자 회로를 이용한 전류 모델이 측정 신호의 오차에 강인하여 추정 특성이 우수하다. 그러므로 저속에서는 전류 모델법을 사용하고 고속에서는 전압 모델법을 사용하여 자속을 추정하는 것이 바람직하다. <그림 5.10>은 이러한 두 모델의 장점을 적절히 활용한 자속 추정기의 블록도이다.

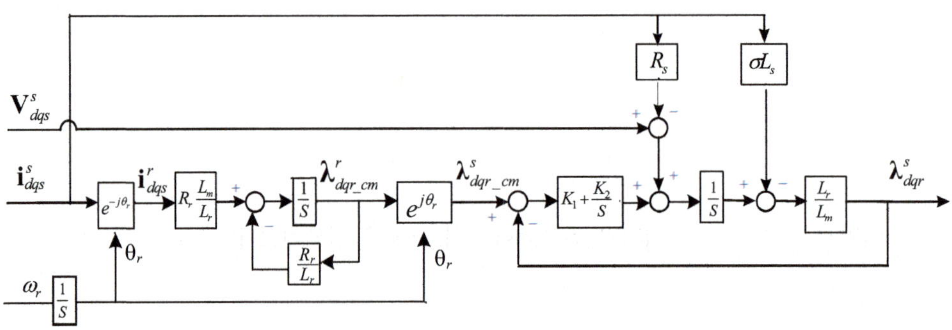

그림 5.10 전압, 전류 모델을 혼합한 자속 추정기

<그림 5.10>의 자속 추정기는 <그림 5.11>과 같이 해석될 수 있다. <그림 5.11>에서 $\boldsymbol{\lambda}^{s}_{dqr\_cm}$ 은 전류 모델로 구한 회전자 자속을, $\boldsymbol{\lambda}^{s}_{dqr\_vm}$ 은 전압 모델로 구한 회전자 자속을 의미한다. 또, <그림 5.10>의 비례 적분(PI) 제어기 이득은 <그림 5.11>의 비례 적분(PI) 이득과 다음의 관계를 가진다.

$$K_p = K_1 \frac{L_r}{L_m}. \tag{5-44}$$

$$K_i = K_2 \frac{L_r}{L_m}. \tag{5-45}$$

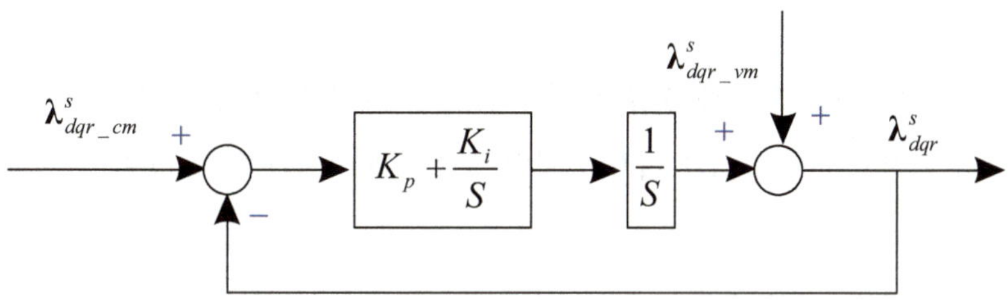

그림 5.11 자속 추정기의 간략화된 개념도

<그림 5.11>에서 추정된 자속을 전압 모델 및 전류 모델로 구해진 회전자 자속으로 표현하면 다음과 같은 전달 함수(Transfer Function)를 얻을 수 있다.

$$\boldsymbol{\lambda}^{s}_{dqr} = \frac{s^2}{s^2 + K_p s + K_i}\boldsymbol{\lambda}^{s}_{dqr\_vm} + \frac{K_p s + K_i}{s^2 + K_p s + K_i}\boldsymbol{\lambda}^{s}_{dqr\_cm}. \tag{5-46}$$

따라서 추정된 자속은 저속에서는 전류 모델이 우세하고 고속에서는 전압 모델이 우세하다. 전류 모델에서 전압 모델로 전이되는 주파수는 비례 적분(PI) 제어기의 이득으로 결정할 수 있으나 직관적으로 구하기는 어렵다. 식 (5-46)의 우변의 첫 번째 항은 고주파 통과 필터(High Pass Filter)의 전달 함수이고 두 번째 항은 대역통과 필터(Band Pass Filter)를 포함한 저주파 통과 필터(Los Pass Filter)의 전달 함수이다. 따라서 식 (5-46)의 전달 함수는 전압 모델로 구한 자속에 고주파 통과 필터(High Pass Filter)가, 전류 모델로 구한 자속에 저주파 통과 필터(Low Pass Filter)가 곱해진 형태로 재해석될 수 있다. 그러므로 전류 모델에서 전압 모델로 전이되는 주파수를 필터의 차단(Cut-off) 주파수 개념으로 다시 정의할 수 있다. 이 경우, 비례 적분 제어기의 이득(K_p, K_i)에 따라 다양한 종류의 필터의 설계가 가능하나, 실용적으로 사용하기에 편리하도록 비례 적분 제어기의 이득을 2차 버터워스(Butterworth) 필터의 개념에서 설계하면 다음과 같다.

$$K_p = \sqrt{2}\omega_c. \tag{5-47}$$

$$K_i = \omega_c^2. \tag{5-48}$$

여기서 ω_c 는 2차 버터워스 필터의 차단 각주파수(Cut-off Angular Frequency)이다.

5.3.4 위상 차이를 보상한 자속 추정기 (참고문헌[8])

앞 절의 전압 모델과 전류 모델을 함께 쓰는 자속 추정기에서 만약 전동기 제정수 특히 회전자 저항, R_r,과 여자 인덕턴스, L_m,에 오차가 있을 경우 두 모델이 전이되는 ω_c (rad/sec) 부근에서의 오차가 전압 모델 또는 전류 모델 단독의 경우보다 오히려 더 커지는 경우가 생기게 되고 이로 인해 자속 추정 특성이 나빠지게 된다. 이러한 현상은 전압, 전류 모델의 위상 변화를 적절히 보상함으로써 개선될 수 있다. <그림 5.12>는 전류, 전압 모델의 전이(Transition) 시 위상의 변화를 보상한 자속 추정기의 블록도이다.

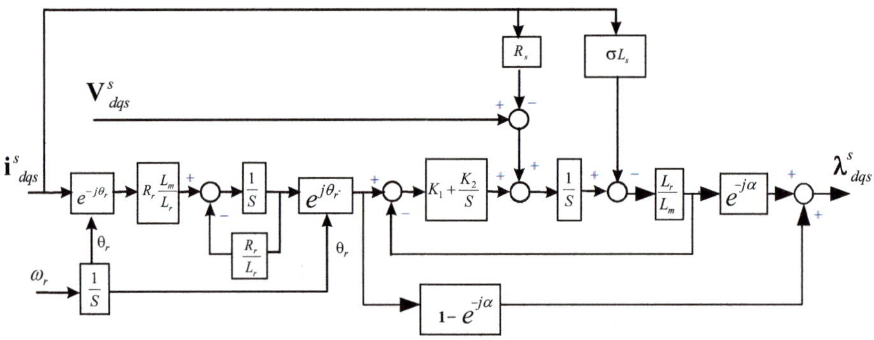

그림 5.12 위상 변화를 보상한 자속 추정기

<그림 5.12>에서 위상 보상 함수 $e^{-j\alpha}$ 의 α 는 다음 식과 같이 주어진다.

$$\alpha = \left[\pi - \tan^{-1}\left[\frac{K_p\omega_e}{K_i - \omega_e^2}\right]\right] \tag{5-49}$$

여기서 K_p, K_i 는 식 (5-44), (5-45)에 표시된 바와 같다.

이상과 같은 자속 추정기를 이용하면 유도 전동기 제정수 R_s, R_r, L_m, L_{lr} 의 오차에도 불구하고 전 속도 영역에서 비교적 강인한(Robust) 회전자 자속 추정 특성을 얻을 수 있다.

5.4 교류 전동기의 약자속(Flux Weakening) 제어

인버터로 구동되는 교류 전동기 가변속(Variable Speed) 시스템에서 전동기의 출력 토크는 인버터가 전동기에 공급할 수 있는 최대 전압과 전류에 의해 제한된다. 따라서 본 절에서는 주어진 전압과 전류의 제한 하에서 벡터 제어 시 최대 토크를 얻을 수 있는 약자속 운전에서의 최적의 제어 방법을 대표적 교류 전동기(표면 부착형 영구자석 전동기, 매입형 영구자석 전동기, 유도 전동기)에 대해서 기술한다.

5.4.1 전압과 전류 제한 조건 (참고문헌 [9])

교류 전동기를 구동하는 시스템(인버터)은 통상 전력용 반도체 스위치로 구성되어 있으며, 배터리(Battery)와 같은 직류 전원 또는 상용 전원을 정류한 직류 전원을 직류단(DC Link) 입력으로 사용하므로 이용 가능한 직류단 전압이 한정되어 있고, 또 반도체 소자의 정격으로 인하여 출력 전압과 전류 용량이 제한된다. 또한 인버터가 충분한 전압, 전류 용량을 가지더라도 전동기 역시 전압과 전류의 제한을 가지게 된다. 전동기의 열적 시정수는 인버터에 비해 무척 크므로 단시간(수초에서 수 십초)에는 정격 전류의 수백%에 이르는 전류를 흘릴 수 있어, 이 경우 인버터 용량이 충분히 크다면 주로 전류에 의해 특성이 제한이 되는 저속에서의 운전 영역은 크게 확장될 수 있다. 일반적으로 인버터의 용량 선정에 있어서 인버터의 정격 전압은 반도체 소자의 정격과 전동기의 절연 문제로 인해 전동기의 전압 정격과 일치하도록 선정되는 반면에, 빠른 가감속이 요구되는 서보(Servo) 전동기 구동에 있어서는 인버터의 정격 전류는 과도 상태 시 전동기가 높은 가감속 토크를 낼 수 있도록 전동기 정격의 150~300% 정도의 단시간 정격을 갖도록 선정되는 경우가 대부분이다. 반면에 팬, 펌프와 같은 유체 이송용 전동기 구동 시스템에서는 전동기와 인버터의 전류 정격이 대개 일치한다.

5.4.1.1 전압 제한 조건

2.18.5절에서 설명한 펄스폭 변조(Pulse Width Modulation, PWM) 인버터가 전동기에 인가할 수 있는 최대 고정자 상전압, $V_{s\max}$,은 주로 직류단(DC Link) 전압, V_d,에 의해 결정되며, 같은 직류단 전압 하에서도 전류 제어에 사용된 펄스폭 변조기법에 따라 고정자 전압의 최대 크기는 달라진다. 적절한 PWM 기법을 구현할 경우 선형적(Linear)으로 얻을 수 있는 최대(Peak) 고정자 상전압(Phase Voltage)은 $\frac{V_d}{\sqrt{3}}$가 되며, 이 값이 통상 최대 고정자 전압이 된다. 제어의 안정성을 고려하면 선형적으로 얻을 수 있는 최대 고정자 상전압은 다음 식과 같이 간단히 표현될 수 있다.

$$V_{s\max} = \frac{V_d}{\sqrt{3}}\eta \,. \tag{5-50}$$

여기서 η 는 원활한 전류 제어를 위한 제어 여분을 조정하는 상수로서 대개 0.9 ~ 0.95 정도이다.

또한 PWM 관련 하드웨어(Hardware)의 특성과 데드타임(Dead Time)의 영향을 고려하면 $V_{s\max}$ 는 좀 더 줄어든다. 만약 PWM을 하지 않고 출력 주파수에 따라 인버터의 각 반도체스위치를 출력 주파수 주기의 1/2 동안 켜고 끌 경우(Six Step 운전), 상전압 기본파의 최대치는 $\frac{2V_d}{\pi}$ 까지 증가될 수 있으므로, 주어진 전압 조건에서 어떤 제어 방법보다 큰 토크를 얻을 수 있다. 그러나 이 경우 인버터가 발생시키는 5차, 7차 고조파 전압에 의해 전동기에 6차의 고조파 토크가 발생하고 이로 인해 전동기를 포함하는 구동 기계계에 소음과 진동이 생길 수 있다. 또한 순시적인 전류 벡터의 제어가 불가능하여 전동기의 토크 제어 동특성이 떨어지게 되며 인버터의 직류단(DC Link) 캐패시터의 리플(Ripple) 전류를 크게 증가시킬 우려가 있다. 이러한 단점을 최대한 억제하면서 영구자석 동기 전동기를 식스 스텝 운전을 할 수 있는 방법을 5.4.3.4절에서 언급한다.

직류단 전압과 인버터의 PWM 방법에 의해 가용(Available)할 수 있는 최대 고정자 상전압, $V_{s\max}$,가 결정되면 전동기의 기준 전압은 다음 식을 만족해야 한다.

$$V_{ds}^{s*2} + V_{qs}^{s*2} = V_{ds}^{r*2} + V_{qs}^{r*2} = V_{ds}^{e*2} + V_{qs}^{e*2} \le V_{s\max}^2 . \quad (5\text{-}51)$$

5.4.1.2 전류 제한 조건

인버터가 전동기에 공급할 수 있는 최대 고정자 전류, $I_{s\max}$,는 인버터의 전류 정격과 인버터 및 전동기의 열정격(Thermal Rating)에 의해 결정된다. 주어진 최대 고정자 전류 하에서 전동기의 기준 전류는 다음 식과 같은 조건을 만족해야 한다. 최대 고정자 전류, $I_{s\max}$,는, 전류의 제한이 인버터에 의해 주어질 경우 전력용 반도체 소자의 스위칭 및 도통 손실의 방열(Dissipation) 조건에 의해, 전류의 제한이 전동기에 의해 주어질 경우 철손과 동손의 방열 조건에 의해 제한되므로 전류가 인가되는 시간이 매우 짧은 경우 (인버터의 경우 수십 ms에서 수 초, 전동기의 경우 수 초에서 수 분 이내), 인버터 또는 전동기의 정격 전류를 크게 상회할 수도 있다. 따라서 $I_{s\max}$ 는 전동기, 인버터의 방열 조건과 전류 인가 시간에 따라 합리적으로 결정되어야 하며 운전 조건, 주위 환경(특히 주변 온도와 냉각 방법)에 따라 수시로 변할 수 있다. 그러나 본 절에서는 $I_{s\max}$ 를 일정한 값으로 가정하고 수식을 유도한다. 인버터 또는 전동기가 흘릴 수 있는 최대 전류, $I_{s\max}$,가 결정되면, 전동기의 기준 전류는 다음 식을 만족해야 한다.

$$i_{ds}^{s*2} + i_{qs}^{s*2} = i_{ds}^{r*2} + i_{qs}^{r*2} = i_{ds}^{e*2} + i_{qs}^{e*2} \le I_{s\max}^2 . \quad (5\text{-}52)$$

5.4.2 영구자석 동기 전동기 구동 시스템의 운전 영역 (참고문헌 [10])

5.4.2.1 전류, 전압 제한 조건 하에서의 운전 가능 영역의 표시

식 (5-51)의 전압 제한 조건과 식 (5-52)의 전류 제한 조건은 각각 전압 및 전류 평면상에서 원으로 표현되어 있으므로 이러한 제한 조건을 동시에 고려하기가 쉽지 않다. 따라서 두 제한 조건을 전동기의 전압, 전류에 관한 관계식을 이용하여 전부 전압 평면 상에서의 제한 조건, 또는 전부 전류 평면 상에서의 제한 조건으로 표현할 필요가 있다. 전압 평면에서 해석할 경우 전압 및 전류의 위상각과 전압의 여유 상태를 해석하기에는 용이하나, 토크 식이 통상 전류에 의해 표시되므로 토크 출력 가능성 등에 대한 이해를 위해서는 전류 평면에서의 해석 방법이 유리하다. 또한 전류 평면에서의 해석은 전류 제어기를 최종 제어기로 채택하고 있는 대부분의 전동기 구동 시스템에서 약자속(계자 권선이 있는 전동기의 경우 약계자) 운전 시 제한된 전압 전류 조건 하에서 기준 전류를 발생시키는 데도 편리한 도구로 사용될 수 있다(참고문헌 [11]). 이 책에서는 전류 평면에서의 해석 방법을 사용하여 전동기의 운전 영역과 약자속 제어를 설명하기로 한다.

식 (5-51)의 전압 제한 조건을 전류 영역에서 해석하기 위해서 3.3.3.2절의 식 (3-134), (3-135)에 나타내어진 매입형 영구자석 동기 전동기의 회전자 좌표계에서의 전압 방정식을 이용하여 일반적인 영구자석 전동기의 전압 방정식을 동기 인덕턴스가 운전 조건에 관계없이 일정하다는 가정 하에서 회전자에 동기된 **d-q** 좌표계에서 유도하면 다음과 같다.

$$V_{ds}^r = R_s i_{ds}^r + L_d \frac{d}{dt} i_{ds}^r - \omega_r L_q i_{qs}^r . \tag{5-53}$$

$$V_{qs}^r = R_s i_{qs}^r + L_q \frac{d}{dt} i_{qs}^r + \omega_r L_d i_{ds}^r + \omega_r \lambda_f . \tag{5-54}$$

위의 전압 방정식을 정상 상태(Steady State)를 가정하여 d, q축 전류의 시간에 대한 변화, $\frac{d}{dt} i_{ds}^r$, $\frac{d}{dt} i_{qs}^r$,를 무시하고 식 (5-51)에 대입하여 전개하면 다음 식과 같이 전류로 표현된 전압 제한 조건을 얻을 수 있다.

$$Z_{ds}^2 \left(i_{ds}^r + \frac{\omega_r^2 L_d \lambda_f}{Z_{ds}^2} \right)^2 + Z_{qs}^2 \left(i_{qs}^r + \frac{\omega_r R_s \lambda_f}{Z_{qs}^2} \right)^2 + 2\omega_r R_s (L_d - L_q) i_{ds}^r i_{qs}^r + \frac{\omega_r^4 \lambda_f^2 R_s^2 (L_q^2 - L_d^2)}{Z_{ds}^2 Z_{qs}^2} \le V_{s\max}^2 . \tag{5-55}$$

식 (5-55)에서 Z_{ds} 와 Z_{qs} 는 각각 다음과 같이 정의된다.

$$Z_{ds} \equiv \sqrt{R_s^2 + (\omega_r L_d)^2}, \ Z_{qs} \equiv \sqrt{R_s^2 + (\omega_r L_q)^2} . \tag{5-56}$$

식 (5-55)를 다시 정리하면 식 (5-57)과 같고, 이는 중심이 원점이고 장축(Major Axis)이 i_{qs}^r 축에 수직인 타원(Ellipse)을 $\frac{1}{2}\tan^{-1}\left[\frac{2R_s}{\omega_r (L_d + L_q)}\right]$만큼 회전 변환한 후 중심을 $\left(-\frac{\omega_r^2 L_q \lambda_f}{R_s^2 + \omega_r^2 L_d L_q}, -\frac{\omega_r R_s \lambda_f}{R_s^2 + \omega_r^2 L_d L_q}\right)$만큼 이동시킨 <그림 5.13(a)>에 점선으로 나타낸 타원의 내부가 된다.

$$Z_{ds}^2\left(i_{ds}^r+\frac{\omega_r^2 L_q\lambda_f}{R_s^2+\omega_r^2 L_d L_q}\right)^2+Z_{qs}^2\left(i_{qs}^r+\frac{\omega_r R_s\lambda_f}{R_s^2+\omega_r^2 L_d L_q}\right)^2$$
$$+2\omega_r R_s\left(L_d-L_q\right)\left(i_{ds}^r+\frac{\omega_r^2 L_q\lambda_f}{R_s^2+\omega_r^2 L_d L_q}\right)\left(i_{qs}^r+\frac{\omega_r R_s\lambda_f}{R_s^2+\omega_r^2 L_d L_q}\right)\le V_{s\max}^2 \quad (5\text{–}57)$$

표면 부착형 영구자석 동기 전동기의 경우에는 $L_d = L_q = L_s$ 이므로 전압 제한 조건을 식 (5-58)과 같이 나타낼 수 있고, 이는 <그림 5.13(b)>에 점선으로 나타낸 중심이 $\left(-\frac{\omega_r^2 L_s\lambda_f}{R_s^2+\omega_r^2 L_s^2},-\frac{\omega_r R_s\lambda_f}{R_s^2+\omega_r^2 L_s^2}\right)$인 원의 내부가 된다.

$$\left(i_{ds}^r+\frac{\omega_r^2 L_s\lambda_f}{R_s^2+\omega_r^2 L_s^2}\right)^2+\left(i_{qs}^r+\frac{\omega_r R_s\lambda_f}{R_s^2+\omega_r^2 L_s^2}\right)^2\le\frac{V_{s\max}^2}{R_s^2+\omega_r^2 L_s^2}. \quad (5\text{–}58)$$

전동기의 속도가 충분히 높고 고정자 저항의 값이 작아 약자속 영역에서 고정자 저항에 의한 전압 강하 성분을 무시할 수 있다면 식 (5-57), (5-58)을 각각 식 (5-59), (5-60)과 같이 나타낼 수 있다.

$$\left(\omega_r L_d\right)^2\left(i_{ds}^r+\frac{\lambda_f}{L_d}\right)^2+\left(\omega_r L_q\right)^2 i_{qs}^{r2}\le V_{s\max}^2. \quad (5\text{–}59)$$

$$\left(i_{ds}^r+\frac{\lambda_f}{L_s}\right)^2+i_{qs}^{r2}\le\frac{V_{s\max}^2}{\omega_r^2 L_s^2}. \quad (5\text{–}60)$$

식 (5-59)는 <그림 5.13(a)>에 실선으로 표시 된 타원의 내부를, 식 (5-60)은 <그림 5.13(b)>에 실선으로 표시된 원의 내부를 뜻한다.

이미 언급했듯이 전류 제한 조건은 회전자 좌표계 상의 d, q축 전류 영역에서 원점을 중심으로 하는 원을 이룬다. 전압 제한 조건은 전류 평면에서 타원(또는 원)을 이루는데, 고정자 저항의 영향을 고려하지 않으면 식 (5-59)에서 알 수 있듯이 회전자 속도에 관계없이 타원의 중심은 일정하면서 장축과 단축(Minor Axis)의 길이가 회전자 속도에 반비례하여 감소하는 동심 타원을 이루지만 고정자 저항의 영향을 고려하게 되면 식 (5-57)에서 알 수 있듯이 장축이 기울어진 형태의 타원이 되며 그 중심도 회전자 속도에 따라 변하게 된다. 타원이 d축을 기준으로 기울어진 형태를 가지기 때문에 회전자

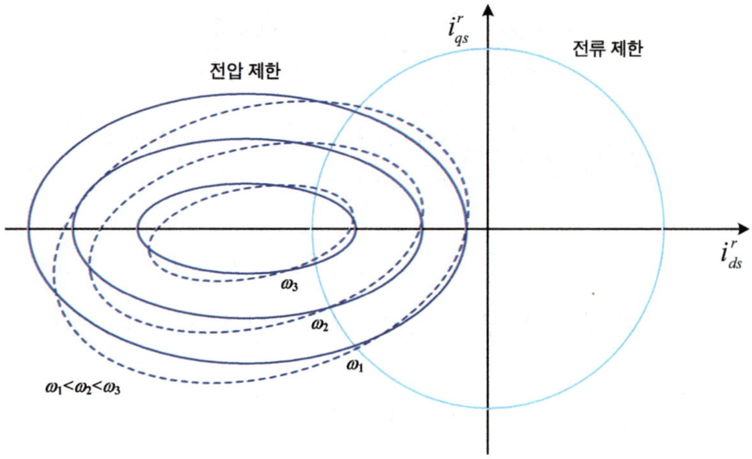

(a) 매입형 영구자석 전동기

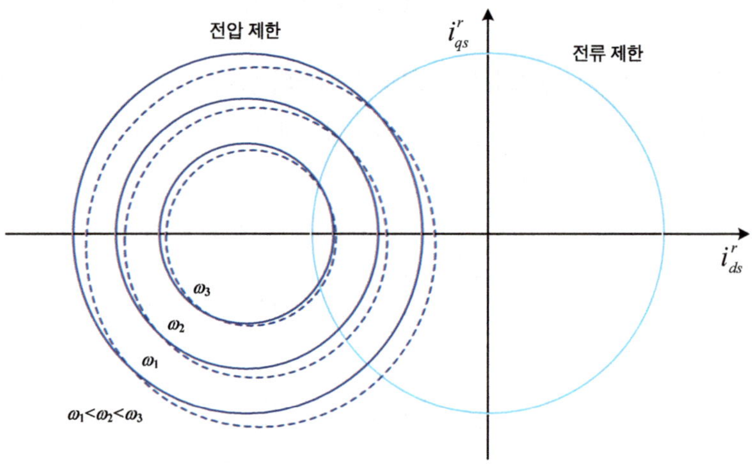

(b) 표면 부착형 영구자석 전동기

그림 5.13 영구자석 동기 전동기의 전압 제한과 전류 제한

의 속도가 같더라도 전동기로 동작될 때와 발전기로 동작될 때의 전압 제한 영역의 넓이가 달라지게 되어 발생 가능한 토크의 크기나 출력의 크기가 달라지게 된다. 또한 전동기/발전기가 가지는 내부의 기계적 손실(마찰, 풍손 등)을 고려하면 같은 전기기계가 전동기로 동작할 때와 발전기로 동작할 때 동일한 전압, 전류의 제한 하에서도 속도-토크 평면 상에서 그 크기가 다른 능력 곡선을 가지게 된다. 같은 전기적 제한 조건 하에서는 항상 발전기로 동작할 때가 전동기로 동작할 때에 비하여 속도 토크 평면상에서 더 큰 운전 영역을 가진다. 이는 직류기의 경우에서도 마찬가지이다.

주어진 전압, 전류의 제한 조건 하에서 운전 가능한 영역은 전압 제한 영역과 전류 제한 영역을 표시한 두 도형 내부의 겹치는 부분이 된다. 전동기 속도가 커질수록 전압 제한 조건에 의한 영역이 줄어 들어 겹치는 면적이 적어지게 된다. 극단적인 경우에는 겹치는 부분이 없어져 전동기 또는 발전기 운전이 불가능한 경우가 생긴다. 이 경우 전동기(발전기)는 더 이상 주어진 속도에서 토크를 발생(흡수)할 수 없다.

<그림 5.13(b)>의 표면 부착형 영구자석 전동기의 경우 고정자 저항의 영향을 고려하지 않으면 식 (5-60)으로부터 회전자 속도에 따라 전압 제한 조건이 동심원을 이루는 것을 알 수 있다. 고정자 저항의 영향을 고려하여도 여전히 원의 형태를 나타내지만 식 (5-58)로부터 전압 제한의 중심이 회전자의 속도에 따라 이동하는 것을 알 수 있다. 이 경우 역시 운전 가능한 영역은 두 원 내부의 겹치는 부분이며, 속도가 커질수록 겹치는 면적은 줄어 들게 된다.

5.4.2.2 전동기 설계에 따른 운전 영역

영구자석 동기 전동기의 운전 영역과 각 운전 영역에서의 출력 특성은 전압 제한과 전류 제한의 관계, 특히 전압 제한 타원(혹은 원)의 중심의 위치와 크기에 따라 결정된다. 전압 제한 타원(원)의 중심의 위치는 주로 전동기의 제정수에 의하여 결정되고 크기는 주로 속도에 따라 결정 된다.(참고문헌 [12]–[14]). 영구자석 동기 전동기 구동 시스템은 전압 제한의 중심의 위치와 전류 제한 원의 관계에 따라 유한 속도 시스템(Finite Speed Drive)과 무한 속도 시스템(Infinite Speed Drive)으로 구분될 수 있다(참고문헌 [14]).

유한 속도 시스템은 전동기를 운전할 수 있는 이론적인 최대 속도가 전기적인 요소에 의하여 제한되는 시스템으로 전압 제한 타원(혹은 원)의 중심이 전류 제한원의 외부에 위치하게 되면 유한 속도 시스템이 된다. 무한 속도 시스템은 전동기를 운전할 수 있는 이론적인 최대 속도가 전기적인 요소에 의하여 제한되지 않는 시스템을 의미하며 전압 제한 타원(원)의 중심이 전류 제한원의 내부 또는 경계에 위치하는 시스템이다. 무한 속도 시스템에서는 원심력을 이길 수 있는 기계적 강도 및 마찰과 풍손(Windage Loss) 등과 같은 기계적인 요소에 의하여 전동기를 운전할 수 있는 최대 속도가 제한되며, 이러한 기계적 제한 요소가 없다면 전동기는 무한 속도까지 운전될 수 있다.

<그림 5.14>에 고정자 저항의 영향을 고려하지 않았을 때 매입형 영구자석 전동기와 표면 부착형 영구자석 전동기에 대하여 유한 속도 시스템일 때와 무한 속도 시스템일

때의 전압 제한과 전류 제한 영역의 관계 및 최대 토크 운전을 위한 전류의 궤적(Trajectory)을 나타내었다. <그림 5.14(a)>는 매입형 영구자석 전동기에 대하여 유한 속도 시스템일 때의 전압 제한 및 전류 제한의 관계를 나타낸 그림이다. 전압 제한타원의 중심이 전류 제한원의 외부에 위치하므로 식 (5-61)의 조건을 만족한다. 최대 토크 운전을 하기 위해서는 ω_{1f} 의 속도까지는 전류의 궤적이 단위 전류당 최대 토크 운전(Maximum Torque Per Ampere, MTPA) 곡선을 따라 제어되다가(곡선 OA) 그 이상의 속도에서는 전류 제한 원의 원주상을 따라 제어되어야 한다(곡선 AB). ω_{3f} 이상의 속도에서는 전압 제한과 전류 제한을 동시에 만족시키는 동작점이 존재하지 않기 때문에 운전이 불가능하다. <그림 5.14(b)>는 매입형 영구자석 전동기에 대한 무한 속도 시스템의 전압 제한 및 전류 제한의 관계를 나타낸 그림이다. 이 경우에는 식 (5-62)의 조건을 만족하며 최대 토크 운전을 위해서는 유한 속도 시스템과 마찬가지로 전류의 궤적이 MTPA 곡선을 따라 제어되다가(곡선 OA) 전류 제한 원의 원주를 따라 제어되어야 한다(곡선 AB).

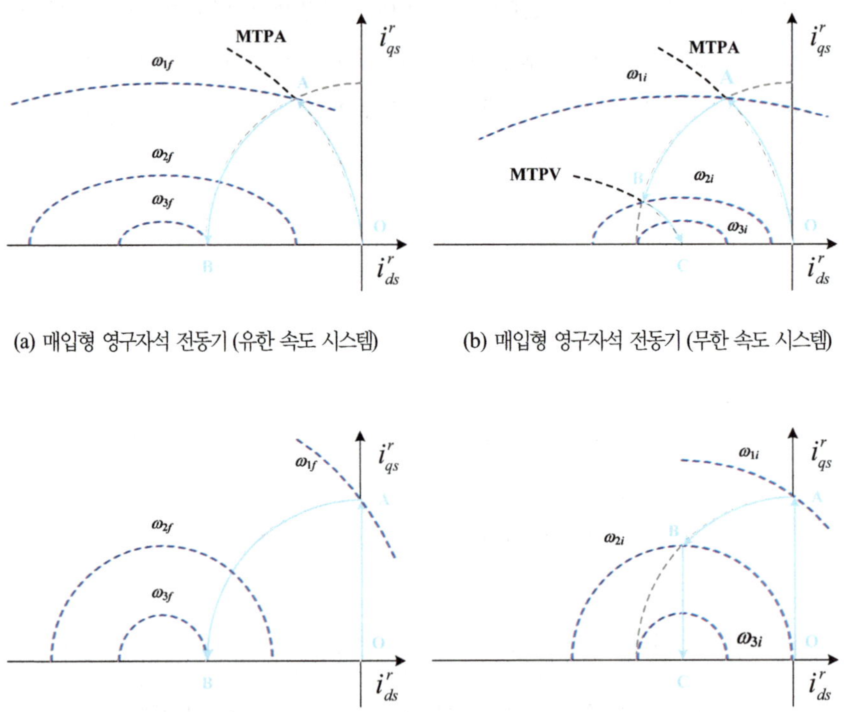

(a) 매입형 영구자석 전동기 (유한 속도 시스템) (b) 매입형 영구자석 전동기 (무한 속도 시스템)

(c) 표면 부착형 영구자석 전동기 (유한 속도 시스템) (d) 표면 부착형 영구자석 전동기 (무한 속도 시스템)

그림 5.14 전동기 설계에 따른 전류 제한과 전압 제한 사이의 관계

그러나 ω_{2i} 이상의 속도가 되면 전류 제한 원의 원주를 따라 제어되는 것보다 전류 제한 원 내부로 제어되는 것이 같은 토크에서 더 작은 전압을 나타내게 된다. 즉, 이 경우에는 단위 전압당 최대 토크(Maximum Torque Per Voltage, MTPV) 곡선을 따라 제어되어야 한다(곡선 BC). MTPV 곡선은 전압 제한의 중심을 지나므로 MTPV 곡선을 따라 전류의 궤적이 제어되면 기계적 제한 요소가 없다면 이론적으로는 무한대의 속도까지 운전이 가능하다.

$$\lambda_f > L_d I_{s\max} . \tag{5-61}$$

$$\lambda_f \le L_d I_{s\max} . \tag{5-62}$$

<그림 5.14(c)>는 표면 부착형 영구자석 전동기에 대한 유한 속도 시스템에서의 전압 제한과 전류 제한의 관계를 나타낸 그림이다. 이를 위해서는 식 (5-63)의 조건이 만족되어야 한다. ω_{1f} 이하의 속도에서는 MTPA를 위하여 전류 궤적이 제어되어야 하는데, 표면 부착형 영구자석 전동기에서는 d축 전류를 영으로 제어하는 것이 MTPA가 된다(직선 OA). 그 이상의 속도에서는 전류 제한 원의 원주를 따라 제어되어야 한다(곡선 AB). 회전자의 속도가 ω_{3f} 이상이 되면 전압 제한과 전류 제한을 동시에 만족시키는 동작점이 존재하지 않으므로 운전이 불가능하다. <그림 5.14(d)>는 표면 부착형 영구자석 전동기에 대하여 무한 속도 시스템일 때의 전압 제한과 전류 제한을 나타낸 그림이고 이를 위해서는 식 (5-64)의 조건이 만족되어야 한다. 매입형 영구자석 전동기에서와 마찬가지로 전류 궤적이 전류 제한 원의 원주를 따라 제어되다가 속도가 계속 증가 되면 전압 제한 조건에의해 MTPV 운전을 위해 전류 제한 원 내부의 직선으로 제어되게 된다(직선 BC).

$$\lambda_f > L_s I_{s\max} . \tag{5-63}$$

$$\lambda_f \le L_s I_{s\max} . \tag{5-64}$$

일반적으로 속도가 증가할 때 더 이상 MTPA 운전을 할 수 없는 속도(ω_{1f} 혹은 ω_{1i})를 기저 속도(Base Speed)라 부르고 ω_b 라 표시한다. 기저 속도 이하의 속도 영역을 일정 토크 영역(Constant Torque Region)이라 부르고 기저 속도 이상의 속도 영역을 약자속 제어 영역(Flux Weakening Region)이라 부른다. 무한 속도 시스템에서, 전압 제한만이 운전 영역을 결정하기 시작하는 속도를 임계 속도(Critical Speed)라 부르고 ω_c 라 표시한다. 고정자 저항의 영향을 고려하지 않으면, 기저 속도 및 유한 속도 시스템에서의 최대 속도와 무한 속도 시스템에서의 임계 속도를 전동기의 제정수와 전동기 구동 시스템의 제한 조건들을 사용하여 나타낼 수 있다.

기저 속도는 MTPA 운전과 약자속 제어 운전의 경계가 되는 속도로서 표면 부착형 영구자석 전동기에서는 전압 제한 원과 전류 제한 원이 회전자에 동기된 d-q 전류 평면 상의 q축과 만나는 속도가 되므로 식 (5-65)와 같이 나타낼 수 있다. 매입형 영구자석 전동기에서는 전압 제한 타원이, 토크 곡선과 전류 제한 원이 접하는 지점을 지나는 속도가 되므로 식 (5-66)과 같이 나타낼 수 있다. 기저 속도는 유한 속도 시스템이나 무한 속도 시스템에 관계 없이 동일하다.

$$\omega_{b,SMPMSM} = \frac{V_{s\max}}{\sqrt{\lambda_f^2 + \left(L_s I_{s\max}\right)^2}}. \tag{5-65}$$

$$\omega_{b,IPMSM} = \frac{V_{s\max}}{\sqrt{(L_d i_{ds1}^r + \lambda_f)^2 + \left(L_q i_{qs1}^r\right)^2}}. \tag{5-66}$$

여기서 $i_{ds1}^r = \dfrac{\lambda_f - \sqrt{\lambda_f^2 + 8(L_q - L_d)^2 I_{s\max}^2}}{4(L_q - L_d)}$ 이고 $i_{qs1}^r = \pm\sqrt{I_{s\max}^2 - i_{ds1}^{r2}}$ 이다.

유한 속도 시스템에서의 최대 속도는 전압 제한 원과 전류 제한 타원(원)이 접하는 속도이다. 이보다 높은 속도에서는 두 제한을 동시에 만족시키는 동작 영역이 없어져 전기적으로 운전이 불가능한 속도이다. 유한 속도 시스템에서의 최대 속도는 표면 부착형과 매입형에 대하여 각각 식 (5-67), (5-68)과 같이 나타낼 수 있다.

$$\omega_{\max,SMPMSM} = \frac{V_{s\max}}{\lambda_f - L_s I_{s\max}}. \tag{5-67}$$

여기서 $\lambda_f > L_s I_{s\max}$ 이다.

$$\omega_{\max,IPMSM} = \frac{V_{s\max}}{\lambda_f - L_d I_{s\max}}. \tag{5-68}$$

여기서 $\lambda_f > L_d I_{s\max}$ 이다.

무한 속도 시스템에서 속도가 증가할 때 전압 제한만이 운전 영역을 결정하기 시작하는 임계 속도는 MTPV곡선과 전류 제한원이 만나는 점에서의 속도가 된다. 따라서 표면 부착형 영구자석 동기기에 대하여서는 식 (5-69)와 같이 나타낼 수 있다.

$$\omega_{c,SMPMSM} = \frac{V_{s\max}}{\sqrt{(L_s I_{s\max})^2 - \lambda_f^2}} \cdot \tag{5-69}$$

여기서 $\lambda_f \le L_s I_{s\max}$ 이다.

매입형 영구자석 동기기의 경우 임계속도를 해석적으로 표시하기 힘들다. 임계속도는 식 (5-70)과 함께 MTPV의 조건 즉 $\frac{\partial T_e}{\partial \left| V_{dqs}^r \right|} = 0$, 이를 풀어 쓰면 $L_q^2 \left(I_{s\max}^2 - i_{ds}^{r2} \right)^2 - L_d^2 \left(i_{ds}^r + \frac{\lambda_f}{L_d - L_q} \right) \left(i_{ds}^r + \frac{\lambda_f}{L_d} \right) = 0$ 인 식을 동시에 만족하는 해를 수치 해석적으로 구할 수 있다.

$$\frac{V_{s\max}^2}{\omega_{c,IPMSM}^2} = \left(L_d i_{ds}^r + \lambda_f \right)^2 + L_q^2 \left(I_{s\max}^2 - i_{ds}^{r2} \right) \ . \tag{5-70}$$

여기서 $\lambda_f \le L_d I_{s\max}$ 이다.

<그림 5.14(a)>와 <그림 5.14(c)>에서 볼 수 있듯이 전압 제한 타원(원)의 중심이 전류 제한 원의 원주 밖에 위치하면 최대 속도가 식(5-67)과 (5-68)에 의해 제한 되는 유한 속도 시스템이되고 이 경우 한 개의 약자속 제어 영역을 가지게 됨을 알 수 있다. 반면에 <그림 5.14(b)>와 <그림 5.14(d)>의 경우 처럼 전압 제한 타원(원)의 중심이 전류 제한 원의 원주 상 또는 내부에 위치하면 무한 속도 시스템이 되고, 일반적으로 두 개의 약자속 제어 영역이 존재한다. 이러한 약자속 영역의 구분은, 전동기 영구자석의 자속, 인덕턴스 값의 변동이 없으며 고정자 저항에 의한 전압 강하를 무시했을 때의 경우이므로 실제의 전동기 구동에 있어서는 동작 조건과 제정수의 변동에 따라 그 영역에 약간의 변동이 있을 수 있다.

통상 표면 부착형 영구자석 전동기는 3.3.3.1절에서 언급한 바와 같이 영구자석에의한 쇄교자속, λ_f,이 정격 전류에 의한 고정자 권선의 자속, $L_s I_{s\_rated}$ 보다 훨씬 크므로 대개 유한 속도 시스템이다. 약자속 운전을 위해 특별히 동기인덕턴스, L_s,가 크게 설계되거나, 순간적으로 정격 전류의 수배 이상의 전류를 흘릴 수 있는 서보 전동기 구동에 있어서는 표면 부착형 영구자석 전동기가 순간적으로 무한 속도 시스템으로 운전될 수도 있으나 이는 매우 제한적인 경우이다. 매입형 영구자석 전동기를 견인전동기

로 사용하는 많은 경우에서 전동기는 무한 속도 시스템으로 동작한다. 이 경우 동작 조건에 따라 전동기 인덕턴스가 크게 변하므로, 무한 속도 시스템의 판별을 위해서는 $\lambda_f \le L_d I_{s\max}$ 의 조건을 해당 운전 점에서 만족하는지 검토하여야 한다.

5.4.3 영구자석 동기기의 약자속 제어 방법

동기기의 기준 전류가 앞 절에서 언급한 전류 제한 원이나 전압 제한 타원(원)의 외부에 존재하게 되면 실제 전류가 기준 전류를 추종하지 못하게 되어 원하는 운전 성능을 얻을 수 없게 된다. 약자속 제어는 회전자의 속도 및 기준 토크에 따라 기준 전류를 적절하게 조절하여 전류 제어기에 최종적으로 인가되는 기준 전류 가 제한 영역을 벗어나지 않게 하는 제어를 의미한다. 본 절에서는 순시 토크 및 전류 제어 특성을 유지하면서도 인버터의 식스 스텝(Six Step) 운전과 유사하게 전 속도 영역에서 가용 토크(Available Torque)를 최대로 할 수 있는 여러 제어 기법에 대해 중점적으로 기술 한다.

5.4.3.1 전향 보상(Feed-forward Compensation)을 이용하는 방법 (참고문헌 [15], [16])

전향 보상을 이용하는 약자속 제어 방법들은 정상 상태에서의 전압 방정식을 이용하여 기준 전류를 계산하는 제어 방법들이다. <그림 5.15>에 토크 제어 시스템에 대하여 전향 보상을 이용하는 약자속 제어 방법을 나타내었다. 토크 지령치는 회전자의 속도 및 직류 전압의 크기를 고려하여 출력 가능한 범위로 제한되며 제한된 토크 지령치와 회전자의 속도, 직류 전압의 크기 및 전류 제한을 고려하여 회전자 좌표계 상의 d, q축 기준 전류를 계산하여 전류 제어기의 입력으로 사용한다. 이러한 방법들은 정상 상태를 가정한 전압 방정식으로부터 운전 영역이 결정되므로 인덕턴스 및 고정자 저항에 의한 전압 강하의 영향을 고려하여 전압 제한을 설정할 때 식 (5-50)에서 언급한 제어 여유를 두어야 한다.

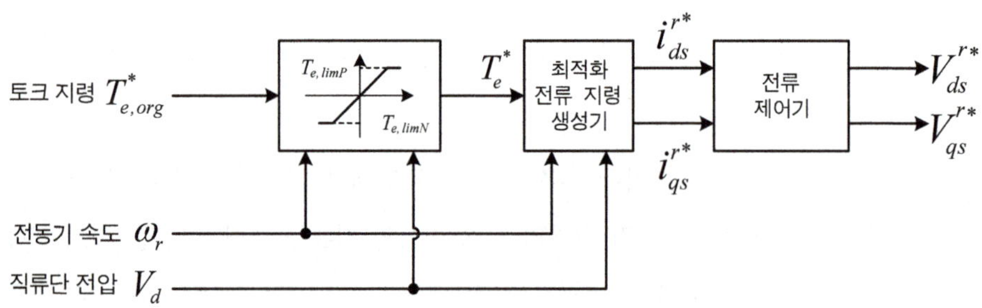

그림 5.15 전향 보상을 이용하는 약자속 제어 방법

전향 보상을 이용하는 약자속 제어 방법은 제어기에 사용되는 전동기의 제정수에 오차가 존재할 경우 원하는 성능을 얻을 수 없다는 단점이 존재한다.

5.4.3.2 전압 궤환을 이용하는 방법 (참고문헌 [17])

전압 궤환을 이용하는 방법은 <그림 5.16>에 나타내어진 것과 같이 기준 전압의 크기가 출력 가능한 최대 전압보다 작도록 유지하는 방법이다. 이를 위하여 전류 제어기의 출력인 회전자 좌표계 d-q 축 전압의 크기와 최대 출력 가능한 전압, $V_{\lim}^{*}$,의 오차를 궤환하여 회전자 좌표계 상의 d축 기준 전류를 변경한다. 이 방법은 기본적으로 전향 보상을 이용하는 방법과 달리 전동기 제정수나 전압 방정식을 사용하지 않기 때문에 전동기 제정수 오차의 영향을 받지 않는다는 장점을 가지고 있다. 통상 $V_{\lim}^{*}$ **은 전류제어 여유를 고려하여** $V_{s\max}$ 의 95% 부근으로 설정한다.

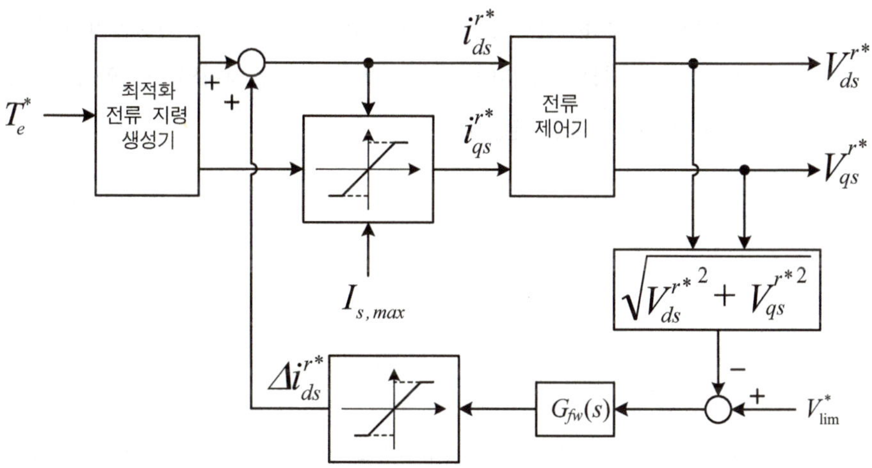

그림 5.16 전압 궤환을 이용하는 약자속 제어 방법

그러나 전류 제어기 출력 전압에는 4.2.5절에서 언급한 바와 같이, 전류의 오차를 영으로 만들기 위한 제어 전압뿐 아니라, 동기 좌표계 전류 제어기를 사용함에 따른 상호 간섭 성분과 역기전력의 영향을 제거하기 위한 전압 성분이 포함되어 있다. 상호 간섭 성분을 제거하기 위한 전압 성분에는 전동기의 인덕턴스가 사용되고 역기전력의 영향을 제거하기 위한 전압 성분에는 영구자석에 의한 자속의 크기, λ_f,가 사용되므로 전압 궤환을 이용하는 방법이 전동기 제정수의 오차로부터 완전히 자유롭다고는 할 수 없다. 또한 d축 전류와 전류 제어기 출력 전압의 크기가 비선형의 관계를 가지므로 전

압 오차를 제어하는 전압 제어기 $G_{fw}(s)$의 이득을 결정하기가 쉽지 않고, 전압 제어기와 전류 제어기와의 간섭 때문에 전압 제어기의 제어 대역폭을 크게 할 수 없어 응답성이 느리다는 단점이 있다.

5.4.3.3 비선형 변조 영역에서의 제어 방법

일반적인 약자속 제어 방법들은 전압 제한을 인버터가 전압 지령을 정확하게 합성할 수 있는 영역, 즉 선형 변조 영역(Linear Modulation Region)으로 설정하기 때문에 실제 인버터가 합성 할 수 있는 전압 영역의 관점에서 보면 사용되지 못하는 영역이 존재한다. 전압 제한 조건 하에서 큰 토크를 얻는 것이 시스템의 운전 효율 측면에서 절대적으로 유리한 배터리, 연료전지 등의 제한된 직류 전압원을 전원으로 하는 견인 전동기 구동 시스템에서는 전압 제한 영역을 모두 사용하는 것이 유리하다.

이를 위하여, 여러 가지 과변조(Over-modulation) 기법을 이용하여, 전압 지령이 선형 변조(Linear Modulation) 영역을 벗어나게 되면 전압 지령을 변경하여 최종적으로 출력되는 전압 지령의 기본파 성분의 크기를 원래의 전압 지령의 크기와 같게 되도록 유지하는 방법이 알려져있다(참고문헌 [18]).

영구자석 동기 전동기의 경우, 공극 자속은 영구 자석에 의한 자속과 고정자 권선 전류에 의한 자속의 합으로 주어지며, 영구 자속에 의한 자속은 일정하며, 고정자 권선에 의한 자속 또한 유도 전동기와 달리 회전자 시정수에 의한 동특성이 없으므로, 공극 자속이 고정자 전류에 의해 순시적으로 결정된다는 사실을 바탕으로 하여 안티 와인드업과 약자속 제어를 하나의 알고리즘으로 구현할 수 있다(참고문헌 [19]). 기존의 약자속 제어 방법들이 안티 와인드업을 포함하고 있는 비례 적분(PI) 제어기를 전류 제어기로 사용하고 전압 지령의 크기와 전압 제한의 오차를 궤환하여 기준 전류를 변경하는 방법을 채택하고 있는 것에 반하여 이 방법에서는 과변조 기법을 사용하면서 발생하는 전압의 오차, 즉 기준 전압이 전압 제한 육각형을 벗어났을 때 과변조 기법에 의하여 변경되는 최종적인 기준 전압과 원래의 기준 전압의 차이를 궤환하여 기준 전류를 변경하는 방법을 채택하고 있다. 이 방법을 사용하게 되면 영구자석 동기 전동기의 운전 영역을 인버터의 비선형(Nonlinear) 변조 영역까지 확장하여 식스 스텝(Six Step)의 운전 시와 유사한 최대 토크를 얻을 수 있다.

<그림 5.17>에 표면 부착형 전동기에 이러한 방법을 적용한 제어 블록도를 나타내

었다(참고문헌 [19]). D축 기준 전류는 q축 전압 오차를 사용하여 약자속 제어를 위하여 변경되며 q축 기준 전류는 전류 제한치, $I_{s\max}$ 와 변경된 d축 기준 전류, $i_{ds\_m}^{r*}$ 를 사용하여 전체 전류가 전류 제한치 이내로 유지될 수 있도록 제어된다. 그림에서 1차 저역 통과 필터(First Order Low Pass Filter)의 차단 각주파수 , ω_c ,는 비례 적분(PI) 전류 제어기의 이득이 식 (4-23)과 같이 주어지면 다음 식과 같이 설정될 수 있다.

$$\omega_c = \frac{K_i}{K_p} . \tag{5-71}$$

그림에서 α 는 q축 전압 부족분을 해소하기 위한 약자속 정도(Level)를 결정하는 이득이며 α 가 커질수록 약자속 제어가 강하게 작용하여 전류 제어는 용이해지나 식 (5-72)와 같이 주어지는, 식스 스텝 운전시 기본파 크기에 대한 인버터 출력 전압의 비, 즉 전압 이용률은 떨어지게 된다.

$$\text{전압 이용률} \equiv \frac{\sqrt{V_{ds}^{r2} + V_{qs}^{r2}}}{\frac{2}{\pi} V_d} . \tag{5-72}$$

2차 대역 통과 필터(Band Pass Filter)는 식 (5-73)에 보인 바와 같이 1차 저역 통과 필터와 1차(First Order) 고역 통과 필터(High Pass Filter)의 곱으로 표시될 수 있는데, 저역 통과 필터와 고역 통과 필터의 차단 각주파수는 각각 별도로 설정될 수 있으나 이득 설정의 편의상 전부 식 (5-71)과 같이 설정될 수 있다. 약자속 운전 영역에서 전동기가 정상 상태로 운전될 때는 대역 통과 필터의 출력은 "0"이므로 제어에 영향을 주지 않는다. 그러나 대역 통과 필터는 과도 상태, 특히 회생 운전 (표면 부착형 전동기가 발전기로 동작할 때) 시의 과도(Transient) 특성의 개선에 큰 역할을 한다.

$$\frac{\omega_{cL}}{s + \omega_{cL}} \frac{s}{s + \omega_{cH}} . \tag{5-73}$$

<그림 5.17>에 나타내어진 방법은 표면 부착형 영구자석 전동기를 대상으로 한 방법이기 때문에 q축 기준 전류가 단순히 전류 제한에 의해서만 변경되지만 매입형 영구자석 전동기를 대상으로 할 경우에는 <그림 5.18>에 보인 것처럼, d축 기준 전류의 변경과 같은 방법으로, d축 전압의 오차를 사용하여 q축 기준 전류도 변경해야 한다(참고문헌 [20]).

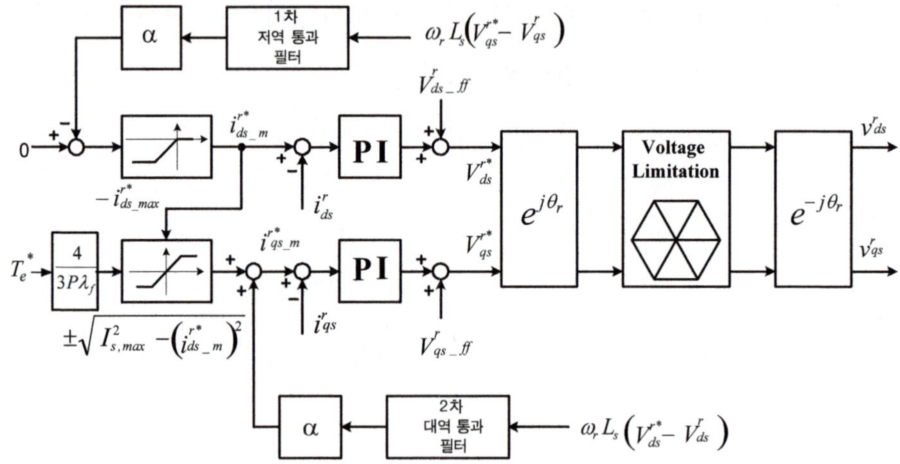

그림 5.17 약자속 제어와 안티 와인드업을 모두 고려한 방법(표면 부착형 영구자석 전동기의 경우)

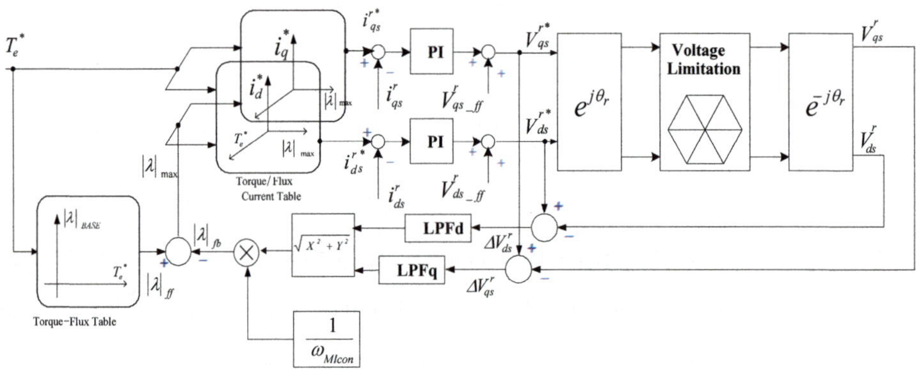

그림 5.18 약자속 제어와 안티 와인드업을 모두 고려한 방법 (매입형 영구 자석 전동기의 경우)

먼저 토크 입력에 대해 약자속 제어가 없는 경우에 해당 토크를 최소 전류로 출력할 수 있는 토크(MTPA)를 먼저 실험을 통하여 구한 후, 이를 토크에 대한 자속의 참조표(Torque/Flux Look-up Table)로 작성한다. 참조표에서 얻어진 자속이 해당 토크에서의 기준 자속이 되며 약자속 제어 시 기준 자속으로부터 자속이 줄어 들게 된다.

전동기의 속도가 증가하게 되어 전류 제어기 출력 전압이 제한치를 넘어서게 되면, 전류 제어기 출력 전압과 인버터에 의해 제한되어 실제 출력되는 전압과의 차이인 전압 오차, $\Delta V_{ds}^r, \Delta V_{qs}^r$,가 발생한다. 이 전압 오차를 d-q축 각각의 저역 통과 필터를 통과시킨 후 자속 기준치를 줄이는 요소로 사용하여 약자속 제어를 행한다. 저역 통과 필터는 앞의 표면 부착형 전동기의 경우와 같이 설정될 수 있다. 그러나 매입형 영구자석 전동기의 경우 같은 d, q축 전류 제어기의 제어 대역 주파수, ω_{bw},를 같게 설정하더라도 d, q축 전류 제어기의 이득은 달라지게 된다. d, q축 전압 오차에 대한 저역 통과 필터 LPFd, LPFq의 차단 주파수는 다음과 같이 설정된다.

$$\omega_{cd} = K_i / K_{pd} . \tag{5-74}$$

$$\omega_{cq} = K_i / K_{pq} . \tag{5-75}$$

여기서 K_{pd}, K_{pq} 는 4.2.5절에서 설명한 바와 같이 아래 식으로 주어진다.

$$K_{pd} = L_d \omega_{bw} . \tag{5-76}$$

$$K_{pq} = L_q \omega_{bw} . \tag{5-77}$$

전압 오차를 반영하여 자속 기준치를 수정한 후 수정된 기준 자속 값과 토크를 이용하여 기준 전류를 3차원 참조표(Three Dimensional Look-up Table)로부터 구한다. 3차원 참조표는 실험을 통하여 작성될 수 있다. 3차원 참조표에는 해당 자속에서 주어진 토크를 최소의 전류로 발생시킬 수 있는 전류 값이 기록되어 있다.

<그림 5.18>에서 ω_{MIcon} 은 약자속 제어 시 전압 이용률을 결정하는 이득으로, 통상 전동기의 기저 속도(Base Speed)에서 최고 속도의 범위 안의 특정 속도 또는 동작 속도 ω_r 로 설정될 수 있다. ω_{MIcon} 을 동작 속도에 따라 가변 하는ω_r 로 선정할 경우 제어계 설계 시 결정할 요소가 줄어들지만 전압 이용률이 속도에 따라 달라지게 되어, 높은 운전 속도 일수록 인버터 출력 전압이 식스 스텝(Six Step) 운전에 가까워 진다. 즉 전압 이용률이 고속에서 커지게 된다. 일반적으로 ω_{MIcon} 을 기저 속도에 가깝게 할수록 전류 제어 특성은 좋아지나 전압 이용률은 낮아지게 된다. 이와 반대로 ω_{MIcon} 을 최대 속도에 가깝게 할수록 전압 이용률은 높아지게 된다.

5.4.3.4 영구자석 동기 전동기(PMSM)의 식스 스텝(Six Step) 운전(참고문헌 [21])

PWM 인버터의 궁극적인 전압 제한은 <그림 5.17>에 나타낸 바와 같이 전압 평면에서 육각형으로 제한 되고, 가장 큰 전압 이용률을 가지는 경우는 식 (5-72)의 정의에서 식스 스텝 운전이다. 이 경우 인버터의 전압 벡터는 전압 평면상의 육각형의 꼭지점에서만 존재하며 전압 이용률은 1이된다. 인버터의 직류단 전압이 제한 되는 상황에서 가장 큰 토크를 얻을 수 있는 전압 변조 방법은 식스 스텝 운전이지만 이 경우 5.4.1.1절에 언급 된 바와 같이 출력 전압의 자유로운 합성이 어려워 전류 제어 특성은 악화된다. 이 절에서는 식스 스텝 운전하에서도 전류 제어 특성을 유지하여 영구자석 동기 전동기의 순시 토크 제어가 가능한 제어 기법에 대해 설명하고자 한다. 이러한 제어 기법울 구현한 전체 전동기 제어 블록도는 <그림 5.19>와 같다.

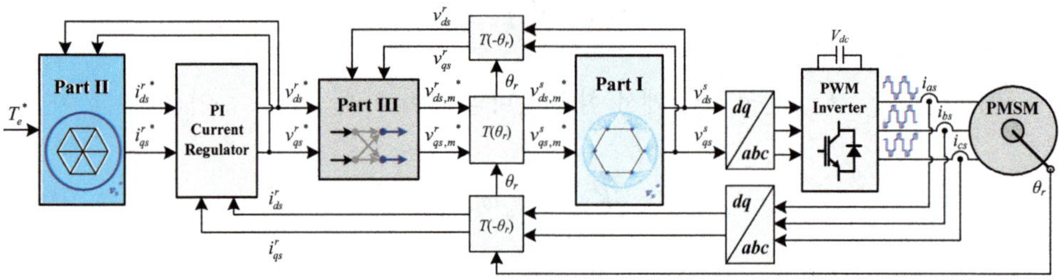

그림 5.19 영구자석 동기 전동기의 식스 스텝 운전을 위한 제어 블록도

<그림 5.19>의 제어 블록도는 3개의 부분(Part)으로 구성 되며 각 부분은 과변조 부분(Over Modulation, Part I), 약자속 제어 부분(Flux Weakening Control, Part II), 기준 전압 변경 부분(Voltage Reference Modification, Part III)이다. 첫번째 부분에서는 기준 전압 벡터, $\mathbf{V}_{dqs}^{r*}$,가 육각형 외부로 나갔을 때 기준 전압 벡터의 크기와 같고 그 벡터에 가장 근접한 육각형 변상의 1점 또는 꼭지점에 해당하는 전압을 출력하는 과변조 방법을 구현한다(참고 문헌 [22]). <그림 5.20>에서 기준 전압의 크기가 전압 이용률의 관점에서 0.97인 경우와 와 1.2인 경우에대하여 이러한 과변조 방법을 적용하였을 때 나타나는 전압 벡터의 궤적과 상전압을 기준 전압과 함께 표시하였다.

두 번째 부분인 약자속 제어 부분에서는 아래 그림에 보인 바와 같이 <그림 5.16>의 약자속 제어 기법과 유사하게 전류 제어기의 전압 제한 값을 궤환하여 전류 지령을 수정한다. <그림 5.21>에서 전압 제한치, $V_{\lim}^*$,는 육각형의 꼭지점의 크기, $\frac{2V_d}{3}$, 보다 크게 설정하여 식스 스텝 운전이 일어날 수 있도록한다. 이러한 제어기를 통하여 전류/전압 제한 조건하에서 가용한 최대 토크를 얻을 수 있다.

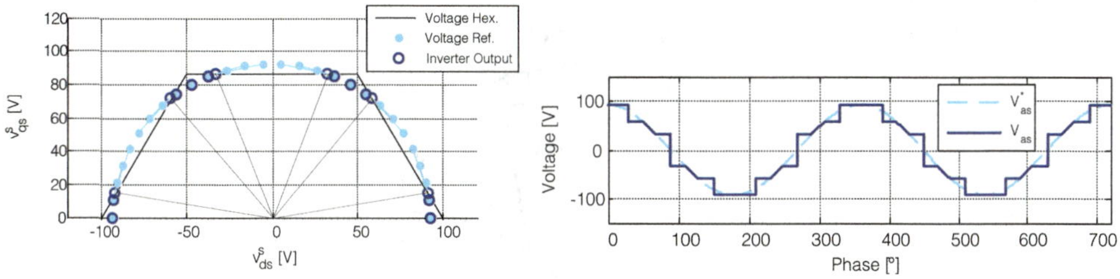

(a) 기준 전압 벡터의 전압 이용률이 0.97 일 때($\left|\mathbf{V}_{dqs}^{r*}\right| = 0.97\dfrac{2V_d}{\pi}$)

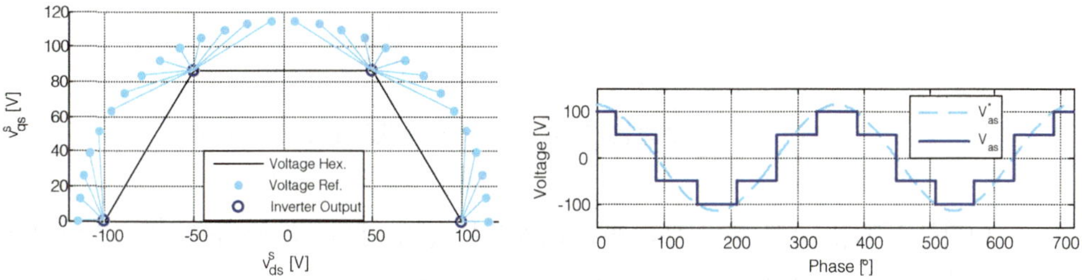

(b) 기준 전압 벡터의 전압 이용율이 1.2 일 때($\left|\mathbf{V}_{dqs}^{r*}\right| = 1.2\dfrac{2V_d}{\pi}$)

그림 5.20 식스 스텝 운전을 위한 과변조 방법

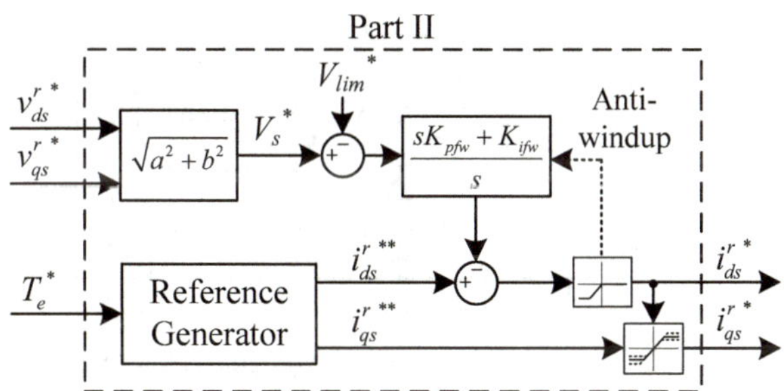

그림 5.21 식스 스텝 운전을 위한 약자속 제어 방법

세 번째 부분인 기준 전압 변경 부분에서는 전압의 여유분이 없어 전류 제어 성능이 나빠지는 것을 방지하기 위하여 기준 전압을 수정한다. 이 부분에서는 식 (5-53), (5-54)의 전압방정식에 나타난 바와 같이 동기 좌표계에서의 전동기의 d-q축 역기전력, $-\omega_r L_q i_{qs}^r$, $\omega_r L_d i_{ds}^r + \omega_r \lambda_f$ 이 상호 결합(Coupling)되어 있다는 점에 착안하여, <그림 5.22>의 전압 벡터도와 같이 인버터의 지령 전압, $\mathbf{v}_s^{r*}$ 과 실제 출력 전압, $\mathbf{v}_s^r$ 의 차이, $\Delta\mathbf{v}_s^r$,를 90도 위상 변이(Phase Shift)한 전압, $j\Delta\mathbf{v}_s^r$ 을 기준 전압에 더하여 이를 수정된 기준 전압, $\mathbf{v}_{s,m}^{r*}$,으로 출력한다.

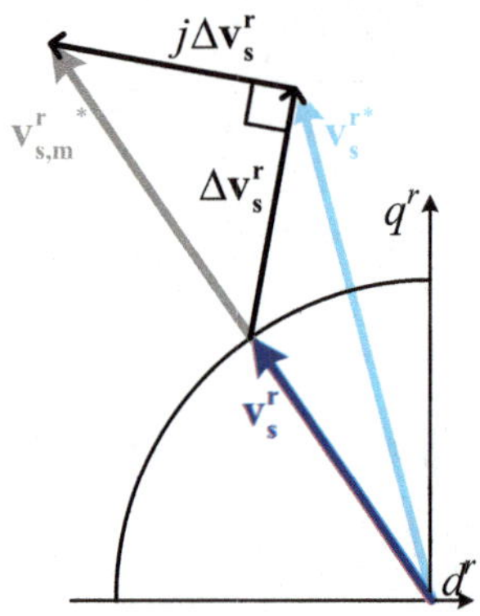

그림 5.22 식스 스텝 운전을 위한 기준 전압 수정을 나타낸 전압 벡터도

이러한 방법을 통해 빠른 동특성이 요구 되는 전류 제어기의 응답을 식스 스텝 영역에 이르기까지 광범위하게 개선할 수 있다. 이를 블록도로 나타내면 아래 그림과 같다.

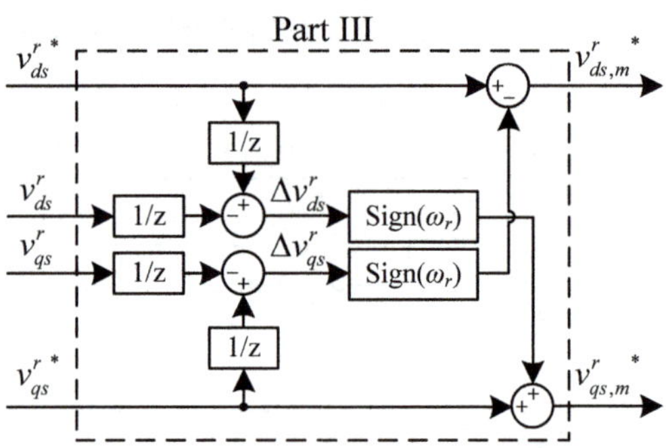

그림 5.23 식스 스텝 운전을 위한 기준 전압 수정기

이러한 제어기를 이용하여 매입형 영구자석 전동기를 구동하였을 때 전압과 전류의 실험 파형은 아래 그림과 같다. <그림 5.24>에서 전동기 토크 지령이 증가하여 q축과 d축 기준 전류가 변할 때 인버터는 식스 스텝 전압을 출력하면서 동시에 전류 제한 값에 맞추어 전류 크기를 d, q축 각각 제어하고 있음을 알 수 있다.

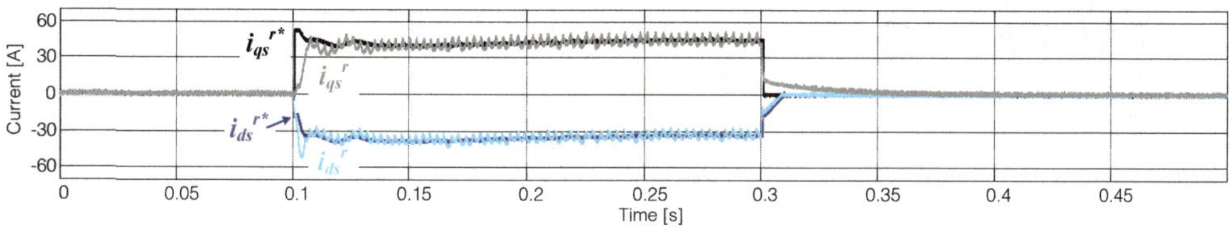

(a) 기준 전류와 실제 전류

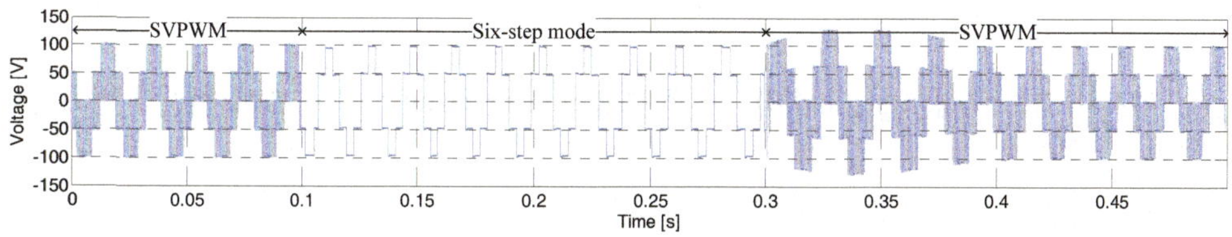

(b) a상 전압

그림 5.24 영구자석 전동기의 식스 스텝 운전 실험파형

5.4.4 유도 전동기의 약자속 제어 (참고문헌 [9])

5.4.4.1 전압 방정식

주어진 기준 전압과 전류의 제한 조건 하에서 제어 가능한 유도 전동기의 기준 토크분 전류, i_{qs}^{e*},와 기준 자속분 전류, i_{ds}^{e*},의 범위는 다음과 같이 구할 수 있다.

동기 좌표계에서 유도 전동기의 고정자 전압 방정식은 고정자 전류와 회전자 자속이 포함된 다음과 같은 식으로 표현될 수 있다.

$$V_{ds}^{e*} = R_s i_{ds}^{e*} + \sigma L_s \frac{di_{ds}^{e*}}{dt} + \frac{L_m}{L_r}\frac{d\lambda_{dr}^{e*}}{dt} - \omega_e \sigma L_s i_{qs}^{e*} . \tag{5-78}$$

$$V_{qs}^{e*} = R_s i_{qs}^{e*} + \sigma L_s \frac{di_{qs}^{e*}}{dt} + \frac{L_m}{L_r}\omega_e \lambda_{dr}^{e*} + \omega_e \sigma L_s i_{ds}^{e*} . \tag{5-79}$$

여기서 자속의 변동, $\frac{d\lambda_{dr}^{e*}}{dt}$,은 약자속 영역에서 속도에 따라 변동하기 때문에 통상 그 변화율이 크지 않아 무시할 수 있고, 전류의 변동에 의한 인덕터에서의 전압 강하 역시 전류가 급격히 변동하지 않는 경우라면 무시할 수 있다. 또한 고속 영역에서는 고정자 저항에 인가되는 전압은 인덕턴스에 인가되는 전압에 비해 매우 작은 값이므로 위 식에서 고정자 전압 강하에 의한 항을 무시하면 식 (5-78), (5-79)는 다음과 같이 간단하게 표현될 수 있다.

$$V_{ds}^{e*} \approx -\omega_e \sigma L_s i_{qs}^{e*}. \tag{5-80}$$

$$V_{qs}^{e*} \approx \frac{L_m}{L_r}\omega_e \lambda_{dr}^{e*} + \omega_e \sigma L_s i_{ds}^{e*}. \tag{5-81}$$

여기서 기준 자속, λ_{dr}^{e*},가 회전자 시정수(Rotor Time Constant)에 비해 천천히 변해서

$$\lambda_{dr}^{e*} = L_m i_{ds}^{e*}, \tag{5-82}$$

로 둘 수 있으면

$$V_{qs}^{e*} \approx \omega_e L_s i_{ds}^{e*}, \tag{5-83}$$

로 근사할 수 있다.

식 (5-80), (5-83)을 식 (5-51)에 대입하면 다음과 같은 식을 얻는다.

$$\left(\omega_e \sigma L_s i_{qs}^{e*}\right)^2 + \left(\omega_e L_s i_{ds}^{e*}\right)^2 \le V_{s\max}^2. \tag{5-84}$$

그러므로 기준 전류는 식 (5-84)와 (5-52)의 공통 범위 내에 존재하여야 한다.

5.4.4.2 최대 토크 발생을 위한 최적의 기준 전류

자속의 변동이 회전자 시정수(Time Constant)에 비해 비교적 느리다면 식 (5-82)가 성립하고, 따라서 출력 토크를 최대로 하는 최적의 기준 전류는 식 (5-84)의 전압 제한 조건과 식 (5-52)의 전류 제한 조건 하에서 식 (5-85)로 표현되는 정상 상태 토크를 최대로 하는 전류이다. 식 (5-84)의 전압 제한 조건은 d-q 전류 축에서 <그림 5.25>와 같이 타원의 내부로 주어지며, 속도가 증가할수록 타원의 반경이 줄어들게 된다.

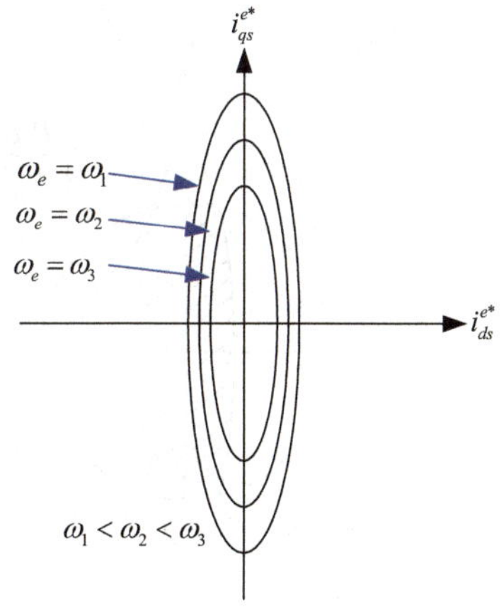

그림 5.25 전압 제한 타원

$$T_e = \frac{3}{2}\frac{P}{2}\frac{L_m^{\;2}}{L_r} i_{ds}^e i_{qs}^e \,. \tag{5-85}$$

식 (5-52)의 전류 제한 조건은 d-q 전류 축에서 <그림 5.26>과 같이 원의 내부로 표현된다. 그러므로, 전압 제한 조건과 전류 제한 조건을 모두 만족하는 영역은 <그림 5.27>과 같이 원과 타원의 공통 영역(빗금 친 부분)으로 주어지게 되며, 여기서 토크를 최대로 하는 전류가 제한된 전압, 전류 조건에서 최대 토크를 발생시키는 전류이다.

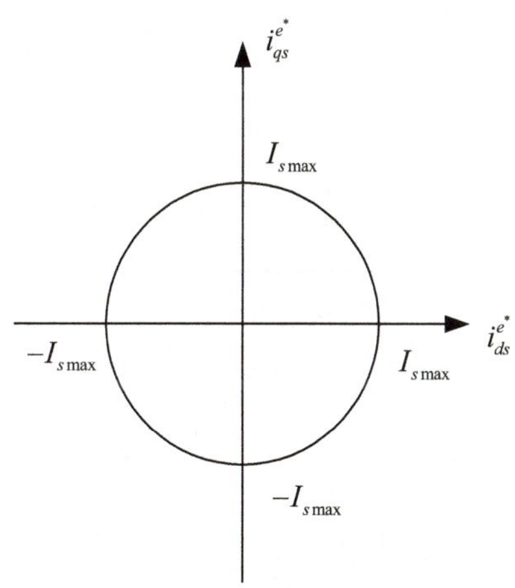

그림 5.26 전류 제한 원

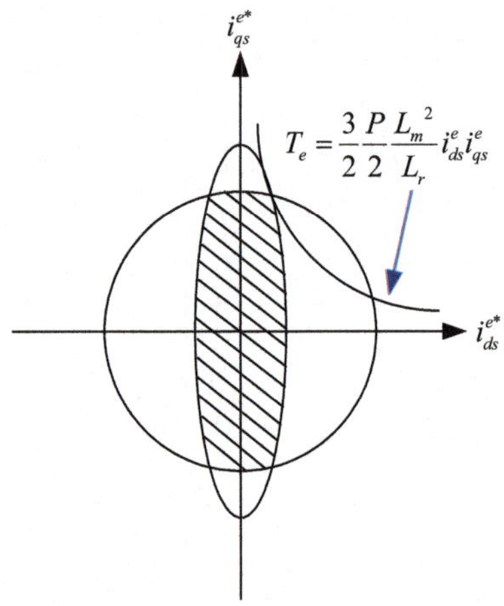

그림 5.27 전압 제한 타원, 전류 제한 원과 토크 곡선

5.4.4.3 정토크 구간 ($\omega_e \le \omega_b$)

이 영역은, 통상 <그림 5.28>의 점 A처럼, 전압 제한 타원과 전류 제한 원 내부에서 최대 토크(T_{el})를 발생시키는 d축 전류가 정격 d축 전류(정격 회전자 자속을 발생시키는 d축 전류, 그림에서 점선으로 표시한 직선), $i_{ds\_rate}^e$, 보다 큰 영역이다. 그런데 d축 전류를 $i_{ds\_rate}^e$ 보다 크게 하는 것은 전동기의 자기(Magnetic) 회로를 포화(Saturation)시켜 철손(Iron Loss)을 증가시킬 뿐 토크 발생에는 별 도움이 되지 않으므로 이 영역에서 d축 전류는 정격값으로 제한되고, 토크의 최대 값이 전류 제한 값에 의해서만 결정되는 정토크(Constant Torque) 구간이 된다.

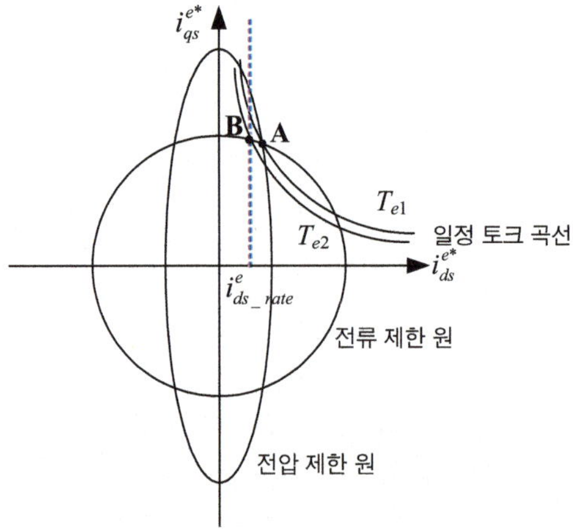

그림 5.28 정토크 구간

따라서, d축 전류를 식 (5-86)과 같이 정격 d축 전류로 유지하고 나머지 전류는 전부 q축에 흘리는 것이 최대 토크를 발생시킬 수 있는 운전 점(점 B)이 된다.

$$i_{ds}^{e*} = i_{ds\_rate}^{e} \,. \tag{5-86}$$

이때, 최대 토크 발생을 위한 q축 전류는 다음 식과 같이 주어진다.

$$i_{qs}^{e*} = \sqrt{I_{s\max}^2 - i_{ds\_rate}^{e2}} \,. \tag{5-87}$$

식 (5-82)로부터 기준 자속은 다음과 같이 표시될 수 있다.

$$\lambda_{dr}^{e*} = \lambda_{dr\_rate}^{e} = L_m i_{ds}^{e*} = L_m i_{ds\_rate}^{e} \,. \tag{5-88}$$

이 영역은 계속 속도가 증가하여 전압 제한 타원과 전류 제한 원의 교점이 정격 d축 전류가 될 때까지 지속된다. 이 교점에서의 인가 주파수가 정토크 영역이 끝나는 점 즉 약자속 제어가 시작 되는 점이다. 이 때의 주파수를 기저(Base) 주파수, ω_b,라고 정의한다. 유도전동기의 경우 인가 주파수와 전동기 회전 속도는 전동기 극수를 고려하더라도 슬립각주파수 만큼 차이가 발생하므로 기저 주파수에서의 전동기 회전 속도를 계산할 때에는 기저 주파수에서 해당 슬립 각속도, ω_{sl},를 뺀 후 이를 기계각으로 환산하여 속도를 구해야한다.

5.4.4.4 약자속 영역 I ($\omega_b < \omega_e < \omega_1$)

이 영역의 범위는 기저 주파수, ω_b,로부터 전압 제한 타원과 전류 제한 원과의 교점이 없어지는 때까지의 주파수 ω_1 까지이다.

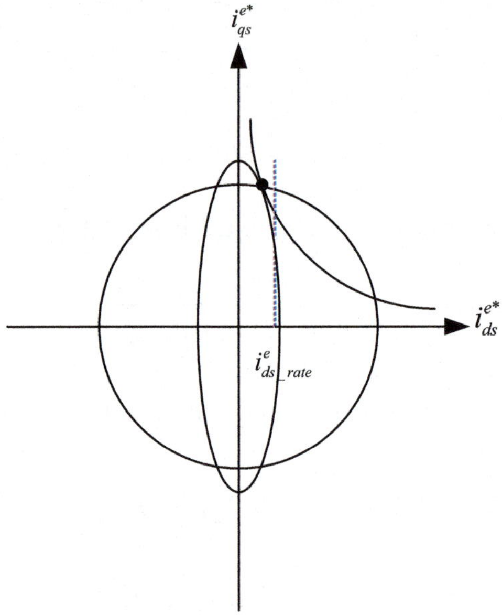

그림 5.29 약자속 영역 I

최대 출력 토크 발생을 위한 최적의 기준 전류는 <그림 5.29>와 같이, 전압 제한 타원과 전류 제한 원의 교점으로부터 다음과 같이 주어진다.

$$i_{ds}^{e*}=\sqrt{\frac{\left(\frac{V_{s\max}}{\omega_e}\right)^2-\left(\sigma L_s I_{s\max}\right)^2}{L_s^2-\left(\sigma L_s\right)^2}}\,. \tag{5-89}$$

$$i_{qs}^{e*}=\sqrt{I_{s\max}^2-\left(i_{ds}^{e*}\right)^2}\,. \tag{5-90}$$

그러므로 식 (5-89)로부터 최적의 기준 자속은 다음과 같이 구할 수 있다.

$$\lambda_{dr}^{e*}=L_m i_{ds}^{e*}=L_m\sqrt{\frac{\left(\frac{V_{s\max}}{\omega_e}\right)^2-\left(\sigma L_s I_{s\max}\right)^2}{L_s^2-\left(\sigma L_s\right)^2}}\,. \tag{5-91}$$

그리고, 약자속 영역 I의 시작점인 기준 주파수 ω_b 는 기준 주파수에서 식 (5-91)의 자속 지령이 정격 자속이므로, 다음과 같이 구할 수 있다.

$$\omega_b = \sqrt{\frac{(V_{s\max})^2}{\lambda_{dr\_rate}^{e^2} \frac{L_s^2 - (\sigma L_s)^2}{L_m^2} + (\sigma L_s I_{s\max})^2}} \,. \qquad (5\text{-}92)$$

여기서 $\lambda_{dr\_rate}^{e}$ 는 정격 자속 값이며 그 단위는 Wb-t이다.

5.4.4.5 약자속 영역 Ⅱ($\omega_e > \omega_1$)

약자속 영역 I에서 운전 주파수가 더욱 증가하여, 전압 제한 타원의 반경이 계속 감소하게 되면, <그림 5-30>과 같이, 전압 제한 타원은 전류 제한 원의 내부에 속하게 되어, 전압 제한 타원과 전류 제한 원의 교점이 없어지게 되어, 전류 제한 조건은 더 이상 제한 조건이 되지 못한다. 이 경우 최대 토크를 발생시키는 운전점은 전압 제한 타원과 토크 곡선의 접점에서 발생하게 되며 이러한 운전 영역을 약자속 영역 II(특성 영역, Characteristic Region)라고 한다. 여기서 ω_1 은 약자속 영역 II가 시작되는 주파수이다. 전압 제한 타원과 토크 곡선의 접점은 라그랑지언 승수법(Lagrange Multipliers)을 이용해서 손쉽게 구할 수 있다. 식 (5-34)의 토크 식과 식 (5-84)의 전압 제한 조건 식에서 토크가 최대가 될 조건은 아래와 같은 식으로 주어진다(참고문헌 [23]).

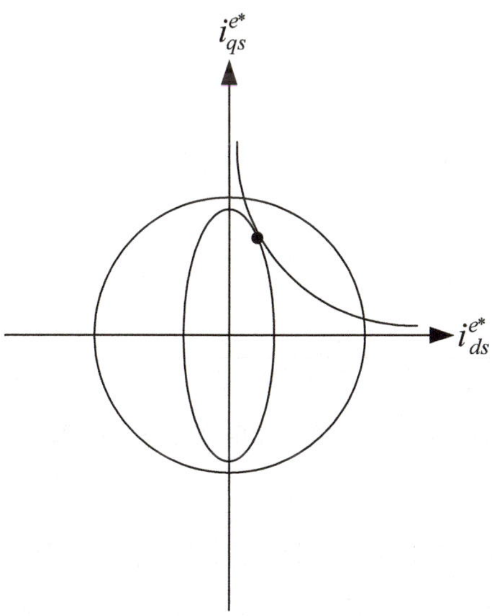

그림 5.30 약자속 영역 II

$$\frac{\partial(V_{ds}^{e2}+V_{qs}^{e2})}{\partial i_{ds}^{e}}\frac{\partial T_e}{\partial i_{qs}^{e}}-\frac{\partial(V_{ds}^{e2}+V_{qs}^{e2})}{\partial i_{qs}^{e}}\frac{\partial T_e}{\partial i_{ds}^{e}}=0\,. \tag{5-93}$$

식 (5-93)에 식 (5-80), (5-83), (5-85)를 대입하여 해(Solution)를 구하면 아래 식과 같이 주어진다.

$$i_{ds}^{e}=\sigma i_{qs}^{e}\,. \tag{5-94}$$

식 (5-94)와 (5-84)로 부터 접점의 전류평면에서의 좌표는 다음과 같다.

$$i_{ds}^{e}=\frac{V_{s\max}}{\sqrt{2}\omega_e L_s}\,,\quad i_{qs}^{e}=\frac{V_{s\max}}{\sqrt{2}\omega_e\sigma L_s}\,. \tag{5-95}$$

이때의 기준 자속은 다음과 같다.

$$\lambda_{dr}^{e*}=L_m i_{ds}^{e*}=\frac{L_m V_{s\max}}{\sqrt{2}\omega_e L_s}\,. \tag{5-96}$$

또, 약자속 영역 I과 약자속 영역 II의 전환점인 ω_1 에서는 전압 제한 타원과 전류 제한 원의 교점임과 동시에 전압 제한 타원과 토크 곡선의 접점이므로, ω_1 은 다음과 같이 구해진다.

$$\omega_1=\sqrt{\frac{L_s^2+(\sigma L_s)^2}{2(L_s\sigma L_s)^2}}\times\frac{V_{s\max}}{I_{s\max}}\,. \tag{5-97}$$

5.4.5 유도 전동기의 자속 제어기

5.4.4절에서 설명한 유도 전동기의 약자속 제어는 자속의 정상 상태를 가정하고 있다. 즉 식 (5-82)가 성립하는 경우에만 적용할 수 있다. 만약 유도 전동기의 가감속이 빠른 경우 자속 역시 급격히 변화하여야 하므로, 이 경우에는 자속이 순시적으로 제어되어야 한다. 이때는 원만한 약자속 운전을 위하여 자속을 제어하는 것이 필수적이다. 약자속 제어 영역에서 급격한 속도 변동 시 자속이 제대로 제어되지 않아 자속이 필요 이상으로 작아지게 되면 가용할(Available) 수 있는 출력 토크가 줄어 들게 되고, 이와 반대로 자속이 과다하게 되면 과도한 역기전력으로 인해 전류 제어 능력을 상실하는 경우가 발생한다. 이 절에서는 자속 제어기를 비례 적분(Proportional and Integral, PI)

제어기로 구현하였을 때의 자속 제어기의 특성과 이득 설정에 대해 알아본다. 벡터 제어가 완벽히 수행되는 경우, 동기 속도로 회전하는 좌표계에서의 회전자 d축 자속에 관한 방정식은 다음과 같다.

$$\frac{d\lambda_{dr}^{e}}{dt} = R_r \frac{L_m}{L_r} i_{ds}^{e} - \frac{R_r}{L_r} \lambda_{dr}^{e} \,. \tag{5-98}$$

위 식에서 알 수 있듯이 동기 회전 좌표계의 고정자 d축 전류로써 동기 좌표계의 회전자 d축 자속을 제어할 수 있으므로 아래와 같이 비례 적분 제어기를 기반으로 하여 자속 제어기를 구성할 수 있고 이 경우 제어기 출력은 회전 좌표계 고정자 d축 전류가 된다. 따라서 <그림 5.31>과 같이 자속 제어기를 구성할 수 있다. <그림 5.31>에서 통상 d축 전류 제어기는 자속의 변화에 비해 빠른 (전류 제어기의 대역폭이 자속 제어기의 대역폭보다 5배 이상 크다) 동특성(Dynamics)을 가지고 있으므로 이상적인 것으로 가정하였다.

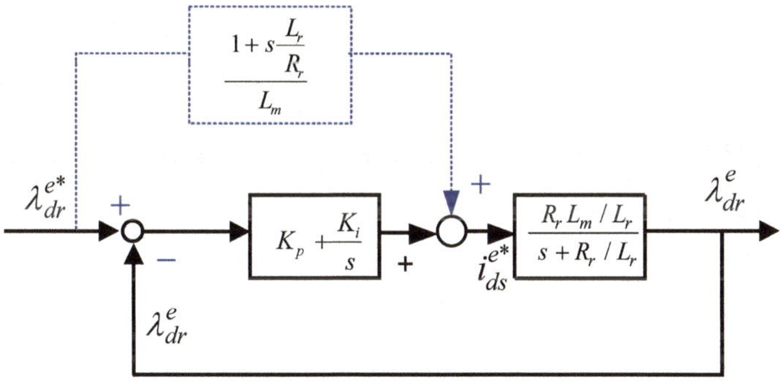

그림 5.31 유도 전동기의 자속 제어기

이 경우 기준 자속과 실제 자속과의 전달 함수는 다음과 같이 된다.

$$\frac{\lambda_{dr}^{e}(s)}{\lambda_{dr}^{e*}(s)} = \frac{R_r \dfrac{L_m}{L_r}(K_p s + K_i)}{s^2 + \dfrac{R_r}{L_r}(1 + L_m K_p)s + R_r \dfrac{L_m}{L_r} K_i} \tag{5-99}$$

여기서 K_p 는 자속 제어기의 비례 이득이고 K_i 는 자속 제어기의 적분 이득이다.

이 경우, 자속 제어기의 비례 이득을

$$K_p = \frac{L_r}{L_m}\frac{\omega_c}{R_r}, \tag{5-100}$$

으로 선정하고, 적분 이득을

$$K_i = \frac{\omega_c}{L_m}, \tag{5-101}$$

으로 선정하면 기준 자속과 실제 자속과의 전달 함수가 다음과 같게 된다.

$$\frac{\lambda_{dr}^{e}(s)}{\lambda_{dr}^{e*}(s)} = \frac{\omega_c}{s+\omega_c} \tag{5-102}$$

즉, 위 식에서 알 수 있듯이 ω_c 는 자속 제어기의 제어 대역폭(Bandwidth)이 된다. 그러므로 원하는 자속 제어기의 제어 대역폭을 정하고 식 (5-100), (5-101)과 같이 제어기 이득을 정하면 식 (5-102)와 같이 오버슈트(Over Shoot) 없는 자속 제어기를 구현할 수 있다. 또, 자속 제어기의 과도 상태 특성을 향상시키기 위해서 <그림 5.31>에서 점선으로 표시한 바와 같이 기준 자속의 변화분을 전향 보상(Feed Forward)하여 사용할 수도 있다. 자속 제어기 역시 제어기 출력 i_{ds}^{e*} 가 제한되므로 4.2.4절에서 설명한 바와 같이 제어기 적분항의 포화(Saturation)에 의한 문제를 해결하기 위하여 안티 와인드업 제어기가 필요하다.

연습문제(Exercises)

01 아래와 같은 제정수를 갖는 3상 영구자석 동기 전동기가 $t = 0$s에서 회전자 자속(Flux) 축과 고정자 권선의 A상(Phase)의 자속 축이 일치하고 있다. 자속 기준 제어(Field Orientation Control)를 행하면서 전동기의 회전 속도가 아래와 같이 변할 때 다음 질문에 답하라.

1) 필요한 토크의 식을 시간, t,에 대해 구하고 이를 주어진 속도와 함께 도시하라.

2) A상 전류를 시간, t,에 관한 식으로 표시하라.

<전동기 정격과 제정수>

정격 전압; 208V (선간전압 실효치)
정격 전류; 11.8A (상전류 실효치)
정격 출력; 5hp
극수; 4극
$R_s = 0.423\Omega$.
$L_s = L_d = L_q = 4.76$ mH.
$\lambda_f = 0.422$ V/(rad/s).

부하와 전동기의 전체 관성은 $J_{M+L} = 0.03$kg-m^{2}이고 부하와 전동기 전체의 마찰 계수는 $B_{M+L} = 0.04$ N-m/(rad/s)이며 전동기 고정자 권선의 3상 결선은 Y로 가정한다.

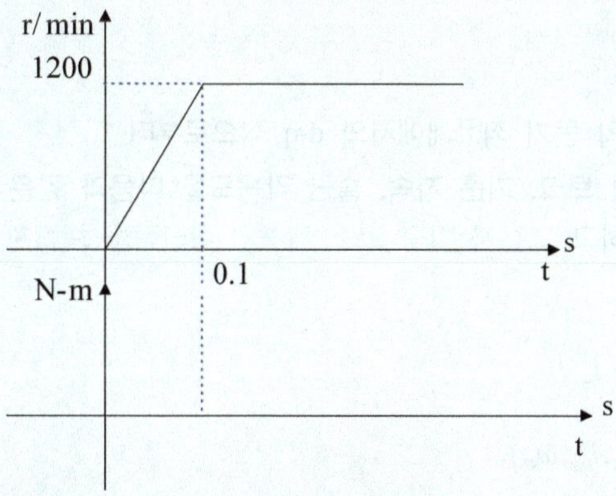

그림 p5.1 속도 변화 패턴

02 아래와 같은 정격과 제정수를 갖는 3상 농형 유도전동기를 회전자 자속 기준 제어하고자 한다.

정격 출력; 3hp, 정격 선간전압 실효치; 220V, 정격 주파수; 60Hz, 극수; 4극

$R_s = 0.435\Omega,\ X_{ls} = 0.754\Omega,\ X_m = 26.13\Omega$.
$X_{lr} = 0.754\Omega,\ R_r = 0.816\Omega$.

임피던스는 정격 주파수에서 구한 값이다.
부하와 전동기의 전체 관성은 $J_{M+L} = 1.0\text{kg-m}^2$ 이고 부하와 전동기 전체의 마찰 계수는 $B_{M+L} = 0.1$ N-m/(rad/s)이며 전동기 고정자 권선의 3상 결선은 Y로 가정한다.

전동기의 회전자 자속을 0.45V/(rad/s)로 유지하도록 자속분(Flux Component) 전류를 충분한 시간 동안 흘린 후 (이때 토크 명령은 0N-m이다) $t = 0$s에서 토크 명령을 20N-m로 계단적(Step)으로 인가하였을 때 전동기의 A상 전류를 0~0.5s 동안 도시하라. 전류 제어기는 이상적(Ideal)인 것으로 가정한다.

03 문제 1과 같은 영구자석 동기 전동기를 자속 기준 제어하고 있다. 인버터의 최대 허용 전류는 전동기 정격 전류의 최대 값(Peak Value)의 300%이고 인버터의 최대 출력 전압은 전동기의 정격 전압의 최대치(Peak Value)와 같으며 전류 제어기는 이상적(Ideal)인 것으로 가정한다. 아래 질문에 답하라.

1) 전동기의 기저 속도, ω_b (Base Speed), 는 얼마인가? 분당 회전수(r/min)로 표시하라.

2) 약자속 제어 시 인버터의 전류가 허용하는 범위 내에서 무부하로 도달할 수 있는 최고 속도(r/min)는 얼마인가?

3) 전동기가 정격 토크를 내면서 약자속 제어를 통하여 도달할 수 있는 최고 속도(r/min)는 얼마인가? 이때 전동기 입력 단자에서 바라본 전동기의 역률(Power Factor)은 얼마인가? 단, 인버터에 의한 전압, 전류의 고조파(Harmonics) 성분은 무시한다.

04 유도 전동기의 동기 좌표계에서의 d-q 식으로부터 고정자 자속(λ_{ds}^e)을 기준으로 벡터 제어를 할 때 토크, 기준 자속, 슬립 각속도를 다음과 같은 변수들과 전동기 제정수의 함수로 표시하고 고정자 자속 기준 제어의 장단점을 회전자 자속 기준 직접 벡터 제어와 비교하라.

1) $T_e = f\left(\lambda_{ds}^e, i_{qs}^e\right)$.

2) $\lambda_{ds}^e = g\left(i_{ds}^e, i_{qs}^e, \omega_{sl}\right)$.

3) $\omega_{sl} = h\left(\lambda_{ds}^e, i_{qs}^e, i_{ds}^e\right)$.

4) 얻어진 함수들에 근거하여 회전자 자속 기준 직접 벡터 제어와 고정자 자속 기준 제어 직접 벡터 제어의 구현상의 장단점을 비교하라.

05 8극, 3상 표면 부착형 영구자석 동기 전동기(SMPMSM)를 외부에서 1800r/min으로 회전시켰을 때 선간전압의 실효치가 180V였다. 이 전동기를 이용하여 벡터 제어를 통해 아래와 같은 속도 응답을 얻었다. 전류 제어가 이상적일 때 다음 질문에 답하라. 단, 전동기와 부하의 관성의 합은 $J_{M+L} = 0.01\text{kg-m}^2$이고 마찰 계수 $B_{M+L} = 0.1\text{N-m/(rad/s)}$이며 $t = 0\text{s}$에서 전동기의 A상 권선의 자속 축은 회전자 영구자석에 의한 자속 축의 방향과 일치한다. 전동기 고정자 권선의 3상 결선은 Y 결선이다.

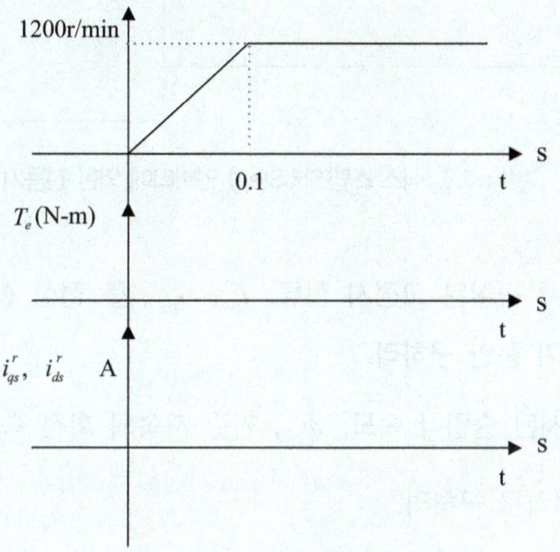

그림 p5.2 속도 변화 패턴

1) 토크, T_e, 를 도시하라.

2) 회전자 기준 좌표계에서 관찰한 고정자 전류, i_{qs}^r, i_{ds}^r,을 도시하라.

3) 회전자의 위치, θ_r(전기각),를 시간에 대한 함수로 표시하라.

4) A상 전류를 도시하라.

06 아래와 같은 제정수를 가지는 3상 4극 농형 유도전동기 가변속 구동 시스템에서 전동기의 회전자 자속이 0.4Wb-t, 회전 속도가 1200r/min, 발생 토크 20N-m인 상태에서 벡터 제어되고 있으며 정상 상태(Steady State)를 유지하고 있다. 인버터는 식스 스텝(Six Step)으로 운전되고 있다. 이때 직류 전원의 전압 V_d, 직류 전원 출력 전류의 평균치 $\langle i_{dc} \rangle$와 직류단 캐패시터 전압의 평균치 $\langle V_c \rangle$를 아래의 과정을 통하여 구하라. 단, 인버터에 의한 고조파 성분은 무시하며 전동기 제정수는 아래와 같다. 직류단의 인덕터와 캐패시터는 이상적(Ideal)인 것으로 가정한다. 또 직류 전원 V_d는 이상적인 직류 전압원이다.

유도전동기 제정수;

$$R_s = 0.4\Omega,\ L_{\ell s} = L_{\ell r} = 2\text{mH},\ L_m = 70\text{mH},\ R_r = 0.8\Omega\ .$$

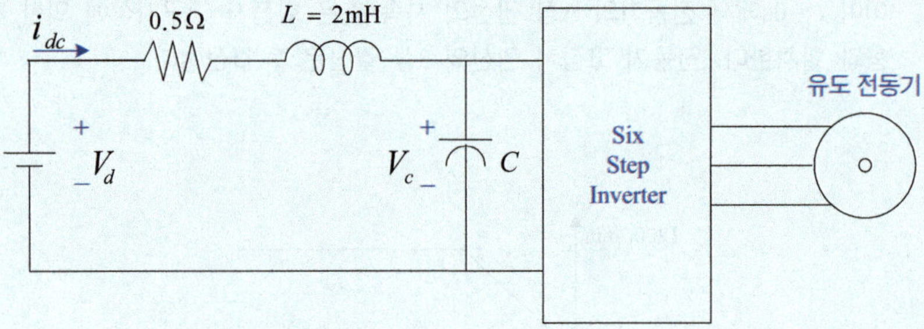

그림 p5.3 식스 스텝(Six Step) 인버터에 의한 전동기 구동

1) 동기 좌표계에서 관찰된 고정자 전류, i_{ds}^e, i_{qs}^e, 를 정상 상태 인버터 출력 교류 전압 기본파 1주기 동안 구하라.

2) 전기각으로 표시된 슬립각 속도, $\omega_{s\ell}$, 기준 자속의 회전 속도, ω_e, 를 구하라.

3) 전동기 입력 전력을 구하라.

4) $\langle V_c \rangle$, $\langle i_{dc} \rangle$, V_d 를 구하라.

07 2번 문제와 같은 유도 전동기를 이상적인 전류 제어기를 가지는 PWM 인버터로 전동기 회전 속도, 1200r/min, $i_{ds}^e = 6\text{A}$, 무부하 상태로 벡터 제어하여 정상 상태에 이르렀다. 이때($t = 0$ s), i_{qs}^e 를 5000A/s로 증가시키면서 계속 벡터 제어할 때 0 ~ 0.002s 동안의 선간전압 V_{ab} 를 나타내는 식을 다음 과정을 통해 구하라. 단 $t = 0$ s 순간에 회전자 자속의 위치는 B상 권선이 만드는 자속의 방향과 일치하며 전동기의 속도는 부하와 전동기의 관성이 매우 커서 1200r/min으로 계속 유지되고 있다고 가정한다.

1) 전기각으로 표시된 슬립각 속도, $\omega_{s\ell}$, 기준 자속의 회전 속도, ω_e,를 $t = 0 \sim 0.002$s 동안 시간, t,의 함수로 표시하라.

2) 동기 좌표계에서 관찰된 고정자 전압, V_{ds}^e, V_{qs}^e, 를 $t = 0 \sim 0.002$s 동안 시간, t, 의 함수로 표시하라.

3) 정지 좌표계에서 관찰된 고정자 전압, V_{ds}^s, V_{qs}^s, 를 $t = 0 \sim 0.002$s 동안 시간, t,의 함수로 표시하라.

4) A, B상 간의 선간전압, V_{ab}, 를 $t = 0 \sim 0.002$s 동안 시간, t,의 함수로 표시하라.

08 다음과 같은 등가 회로 정수와 기계적 정수를 갖는 3상 4극 농형 유도 전동기가 <그림 p5.4>와 같이 교류 전류를 제어하는 PWM 인버터에 의해 이상적(Ideal)으로 회전자 자속 기준 벡터 제어되고 있다. 이때 $i_{ds}^{e*} = 7\text{A}$ 이고 회전자 자속은 정상 상태에 이르렀으며 고정자에 인가되는 주파수는 55Hz이고 전동기 속도는 정상 상태에 이르렀다. 회전자 자속이 A상 권선의 자속 축과 일치하는 순간 $(t = 0\text{s})$ 에 <그림 p5.4>의 3상 스위치를 개방하여 전원을 차단하였다. $t = 0^+$ 부터 유도 전동기의 a, b상간 선간전압 V_{ab} 를 표시하는 식을 다음 과정을 통하여 구하라. 고정자에 흐르는 전류는 스위치를 개방하는 순간 "0"이 된다고 가정한다.

유도 전동기 제정수:

$$R_s = 0.55\Omega, R_r = 0.36\Omega$$
$$L_{ls} = 1.8\text{mH}, L_{lr} = 1.8\text{mH}$$
$$L_m = 59\text{mH}, J_M = 0.04\text{kg-m}^2$$

전동기 정격 출력은 5hp이며 부하의 관성은 전동기 관성의 9배이며 부하와 전동기 전체의 마찰 계수는 $B_{M+L} = 0.1\text{N-m/(rad/s)}$ 이다.

1) 차단 직후 전기각으로 표시된 회전자의 회전 각속도, 동기 좌표계에서 관찰된 고정자 자속, $\omega_r(0^+)$, $\lambda_{ds}^e(0^+)$, $\lambda_{qs}^e(0^+)$, 값을 구하라.

2) $\omega_r(t)$, $t > 0^+$ 를 시간에 대한 함수로 표시하라.

3) $\lambda_{dr}^e(t)$, $t > 0^+$ 를 시간에 대한 함수로 표시하라.

4) 상전압 $V_{as}(t)$, $t > 0^+$ 를 시간에 대한 함수로 표시하라.

5) 상전압 $V_{bs}(t)$, $t > 0^+$ 를 시간에 대한 함수로 표시하라.

6) 선간전압 $V_{ab}(t)$, $t > 0^+$ 를 시간에 대한 함수로 표시하라.

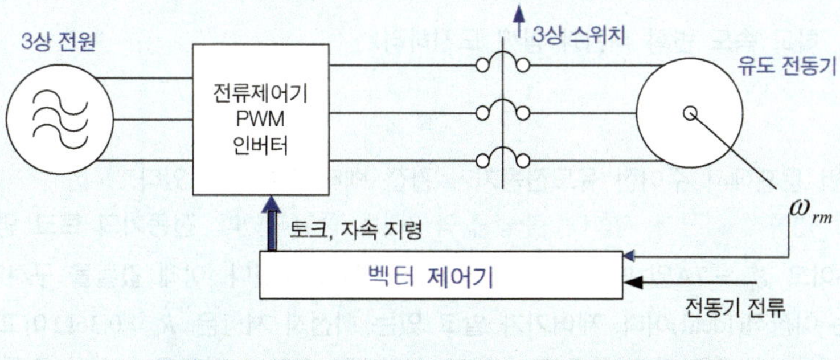

그림 p5.4 전류 제어 PWM 인버터에 의한 유도 전동기 제어

09 다음과 같은 전기적, 기계적 제정수를 갖는 3상 4극 표면 부착형 영구자석 동기 전동기(SMPMSM)가 마찰이 없고 관성만을 갖는 부하를 다음 그림과 같은 속도로 자속 기준 제어를 통하여 구동할 때 전동기 A상 전류 파형과 회전자 기준 좌표계에서 관찰한 q축 고정자 전압, V_{qs}^{r}, 의 파형을 다음 과정을 통하여 구하라. $t = 0s$에서 전동기의 A상 권선의 자속 축은 회전자 영구자석에 의한 자속 축의 방향과 일치한다. 전류 제어기는 이상적(Ideal)이다. $0 < t < 500\,ms$ 동안 아래 값들을 구하라.

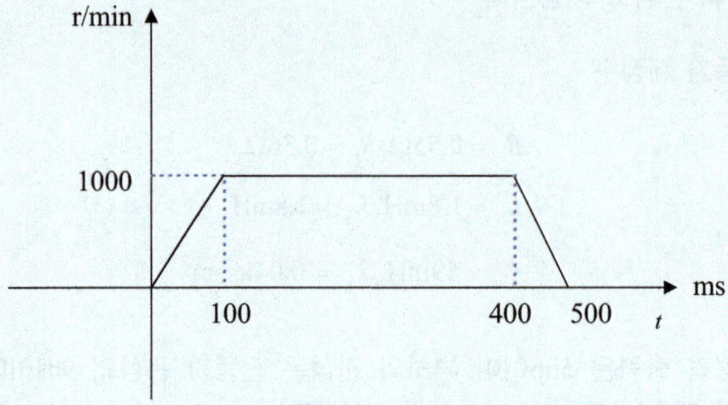

그림 p5.5 속도 변화 패턴

고정자 권선의 상당(Per Phase) 저항은 0.65Ω이며 정격 출력은 200W이며 전동기 관성은 1.29×10^{-4}kg-m^{2}이며 부하의 관성은 전동기 관성의 9배이다.
$L_m = 2mH$, $L_{ls} = 0.35mH$이며 영구자석의 쇄교 자속, $\lambda_f = L_m\ i_f = 0.061$ Wb-t이다.

1) 전동기 발생 토크를 시간에 대한 함수로 표시하고 속도 변화 패턴과 함께 도시하라.

2) 회전자 기준 좌표계에서 관찰한 고정자의 q축 전류, i_{qs}^{r}, 을 시간에 대한 함수로 표시하고 속도 변화 패턴과 함께 도시하라.

3) 상전류 i_{as}의 시간에 대한 함수로 표시하라.

4) 회전자 기준 좌표계에서 관찰한 고정자의 q축 전압, V_{qs}^{r}, 시간에 대한 함수로 표시하고 속도 변화 패턴과 함께 도시하라.

10 2번 문제에서 주어진 유도전동기가 간접 벡터 제어되고 있다. 운전 중에 온도 상승으로 인하여 회전자 저항이 원래 값의 2배로 증가하였다. 전동기의 토크 명령치가 10N-m이고 $i_{ds}^{e*} = 7A$일 때 전동기가 정상 상태에 이르렀다. 아래 값들을 구하라. 전류 제어는 이상적(Ideal)이다. 제어기가 알고 있는 회전자 저항은 $\hat{R}_r = 0.36\Omega$이고 온도 상승에 의한 실제 회전자 저항은 $R_r = 0.72\Omega$이다. 단 회전자 저항을 제외한 전동기의 다른 제정수는 운전중에 변동이 없다고 가정한다.

1) 공극 자속의 크기; $\left|\lambda_m^e\right| = \sqrt{\lambda_{dm}^2 + \lambda_{qm}^2}$.

2) 회전자 자속의 크기; $\left|\lambda_r^e\right| = \sqrt{\lambda_{qr}^{2e} + \lambda_{dr}^{2e}}$.

3) 현재 제어하고 있는 좌표 축에서의 λ_{qr}^e 의 실제 값

4) 실제 발생되고 있는 토크

11 아래와 같은 등가 회로 정수를 갖는 3상 8극 표면 부착형 영구자석 동기 전동기(SMPMSM)가 있다. 전동기의 역기전력은 정현파이고 이상적인 벡터 제어와 전류 제어를 가정할 때 다음과 같은 제한 조건에서 전동기의 능력 곡선(Capability Curve)을 속도-토크 평면상의 1사분면에서 구하라.

전류는 정격 상전류(실효치 8.3A)로 제한되며 선간전압은 정격 선간전압(실효치; 87V)으로 제한된다. 상당 전동기 등가 회로 정수(Y결선)는 다음과 같다.

$$R_s = 0.22\Omega$$
$$L_m = 2.1\text{mH}\ .$$
$$L_{ls} = 0.2\text{mH}$$

표면 부착형 영구자석 동기 전동기의 회전자 좌표계 등가 회로에서 등가 전류원의 크기는 $i_f = 36.2\text{A}$이다.

1) 정지 상태에서의 최대 토크

2) 1)에서 구한 최대 토크를 유지하면서 도달할 수 있는 최대 속도(r/min)

3) 무부하 상태에서 약자속 제어를 통해 도달할 수 있는 최대 속도(r/min)

12 아래와 같은 등가 회로 정수를 갖는 3상 4극 유도전동기를 회전자 자속 기준 벡터 제어하고 있다. $t = 0\text{s}$에서부터 자속 지령 전류 $i_{ds}^{e*} = 6\text{A}$로 일정하고 $t = 0.5\text{s}$에서 전동기의 토크 지령을 10N-m로 하였다. $t = 0$에서 동기 속도로 회전하는 d-q축의 d축이 A상 권선의 자속 축과 일치할 때, $t = 0 \sim 1\text{s}$까지 A상 전류의 파형을 다음 과정을 통하여 구하라. 전류 제어기와 벡터 제어기는 이상적인 것으로 가정하고 부하 토크와 마찰은 무시한다.

전동기 상수 $R_s = 0.435\Omega$, $R_r = 0.816\Omega$, $L_{ls} = L_{lr} = 2\text{mH}$
$L_m = 69\text{mH}$, 전동기와 부하의 관성 합 $J_{M+L} = 0.1\text{kg-m}^2$
$t = 0\text{s}$ 에서 전동기는 정지 상태이고 토크 지령은 0N-m이다.

1) 동기 좌표계에서 관찰한 고정자의 q축 전류지령 i_{qs}^{e*} 의 파형을 구하라.

2) ω_{sl}^{*} 의 파형(rad/s : 전기각)을 구하라.

3) ω_r 의 파형(rad/s : 전기각)을 구하라.

4) θ_e 의 파형(rad)을 구하라.

5) i_{as} 의 파형(A)을 구하라.

13 아래 그림과 같은 이중 농형(Double Cage Rotor) 유도전동기의 벡터 제어에 관한 조건을 다음 과정을 통하여 구하라(참고문헌 [24]).

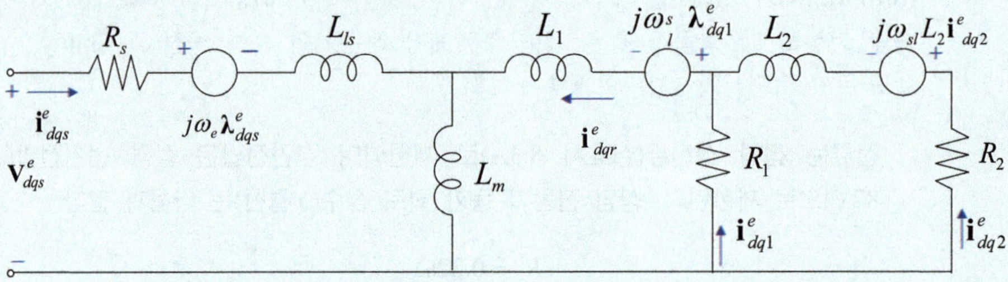

그림 p5.6 이중 농형(Double Cage Rotor) 유도 전동기의 d–q 등가 회로

$$\boldsymbol{\lambda}_{dqs}^e = (L_m + L_{ls})\,\mathbf{i}_{dqs}^e + L_m\mathbf{i}_{dqr}^e .$$

$$\boldsymbol{\lambda}_{dq1}^e = L_m\left(\mathbf{i}_{dqs}^e + \mathbf{i}_{dqr}^e\right) + L_1\mathbf{i}_{dqr}^e .$$

$$\boldsymbol{\lambda}_{dq2}^e = L_m\left(\mathbf{i}_{dqs}^e + \mathbf{i}_{dqr}^e\right) + L_1\mathbf{i}_{dqr}^e + L_2\mathbf{i}_{dq2}^e .$$

$$T_e = \frac{3}{2}\frac{P}{2}\frac{L_m}{L_m + L_1} Im\left(\boldsymbol{\lambda}_{dq1}^e \cdot \mathbf{i}_{dqs}^e\right).$$

여기서 "Im"은 복소수의 허수부(Imaginary Part)이다.

정상 상태 하에서 $\left(\dfrac{df^e(t)}{dt} = 0\right)$ 아래 물음에 답하라. 이때 $\lambda_{q1}^e = 0$ 으로 제어된다.

1) ω_{sl} 을 λ_{d1}^e, R_1, i_{q1}^e 의 함수로 표시하라.

2) ω_{sl} 을 λ_{d2}^e, R_2, i_{q2}^e 의 함수로 표시하라.

3) $\lambda_{d1}^e = L_m i_{ds}^e$ 이고 $\lambda_{d2}^e \approx \lambda_{d1}^e$ 라고 가정할 때 i_{q1}^e 와 i_{qs}^e 의 관계식을 유도하라.

4) ω_{sl} 을 전동기 제정수와 i_{ds}^e 와 i_{qs}^e 의 함수로 표시하라.

14 아래와 같은 상당 등가 회로를 갖는 3상 표면 부착형 영구자석 동기 전동기를 회전자 위치 센서(Position Sensor) 없이 벡터 제어하고자 한다. 다음 질문에 답하라. 전동기 고정자 권선의 결선은 Y 결선이다.

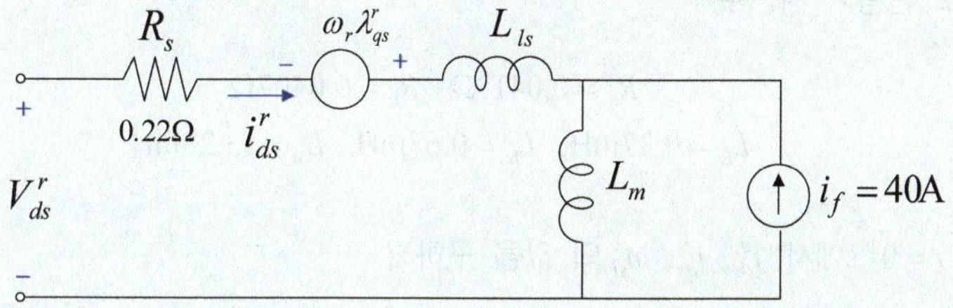

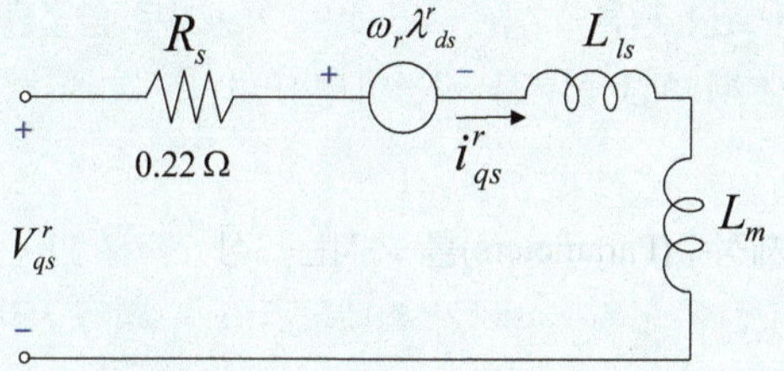

$L_{ls} = 0.2\text{mH},\ L_m = 2\text{mH},\ 8$극

그림 p5.7 표면 부착형 영구자석(SMPM) 동기 전동기의 d–q 등가 회로

1) 위의 등가 회로로부터 λ^s_{ds}, λ^s_{qs}를 V^s_{ds}, V^s_{qs}, i^s_{ds}, i^s_{qs} 로부터 계산하는 식을 유도하라.

2) 전동기가 $i^r_{ds} = 0\text{A}$, $i^r_{qs} = 10\text{A}$로 운전되고 있을 때 어떤 순간에서 $\lambda^s_{ds} = 0.06\text{Wb-t}$, $\lambda^s_{qs} = -0.0573\ \text{Wb-t}$이었다. 이때 전기각으로 표현된 회전자의 위치, θ_r, 을 구하라.

3) 2)의 경우에서 전동기 회전 속도가 600r/min일 때 V^s_{ds}와 V^s_{qs} 값을 구하라. 이 때 전동기는 정상상태(Steady State)에 있다고 가정한다.

4) 위의 1), 2)의 과정과 같이 단자 전압, 전류$\left(V^s_{ds}, V^s_{qs}, i^s_{ds}, i^s_{qs}\right)$로부터 회전자 자속의 위치를 얻어 제어하는 센서리스(Sensorless) 벡터 제어에서, 기동과 극저속 운전에서 예상되는 문제점을 기술하라.

15 다음과 같은 제정수(Parameters)를 갖는 정격 출력 22kW, 3상 4극 유도전동기가 1500r/min에서 100N-m의 토크를 발생시키면서 정상 상태로 운전되고 있다. 전동기는 회전자 자속 기준 간접 벡터 제어되고 있으며 전동기의 기준 회전자 자속의 크기는 0.45Wb-t이다. $t = 0\text{s}$에서 여자(Excitation) 전류 i^e_{ds}를 $\frac{1}{2}$로 계단적(Step)으로 줄였을 때 아래 물음에 답하라. 단 전동기 관성은 매우 커서 $t = 0\text{s}$ 이후에도 속도 변동은 없는

것으로 가정한다. $t=0\text{s}$ 이후, 전동기는 계속 벡터 제어되어 $\lambda_{qr}^{e}=0$ 으로 유지되고 있고 $i_{qs}^{e}(t)=i_{qs}^{e}(0^{-})$로 제어되고 있다.

유도 전동기 제정수

$$R_s=0.0413\Omega,\ R_r=0.0407\Omega$$
$$L_{ls}=0.37\text{mH},\ L_{lr}=0.67\text{mH},\ L_m=13.28\text{mH}\ .$$

1) $t=0^{+}$ s에서 i_{ds}^{e}, i_{qs}^{e}, ω_{sl} 의 값을 구하라.

2) λ_{dr}^{e} 를 시간의 함수로 표시하라.

3) $t=0\text{s}$ 에서 A상 전류가 양(Positive)의 기울기로 영점을 통과(Zero Crossing)하고 있다. $t=0^{+}$ 부터 A상 전류를 시간의 함수로 표시하라.

16 아래와 같은 제정수(Parameters)를 가지는 3상 자기저항(Synchronous Reluctance) 동기 전동기를 토크/전류의 비(Ratio)가 최대가 되도록 벡터 제어하고자 한다.

$$R_s=0.232\Omega,\ L_d=43\text{mH},\ L_q=3.5\text{mH}$$
$$J_{M+L}=0.026\text{kg-m}^2,\ 4\text{pole},\ 60\text{Hz},\ 170\text{V},\ 5\text{hp}\ .$$
$$B_{M+L}=0.1\text{N-m/(rad/s)},\ L_d=L_{\ell s}+L_{md},\ L_q=L_{\ell s}+L_{mq}$$

전류 제어기는 <그림 4.18>에 보인 역기전력이 전향 보상(Feed-forward Compensation) 되고 제어기의 영점이 전동기의 극점을 상쇄시키는 형태의 비례 적분 제어기(PI)이며, 전류 제어 주파수 대역(Control Bandwidth)은 500Hz이고 제어기는 연속 시간 영역에서 설계된다. PWM 인버터는 이상적(Ideal)이라고 생각한다(즉, 제어기 출력 전압이 전동기에 직접 인가되는 것으로 생각한다). 단, 전류 제어기 출력 전압의 크기, $|\mathbf{V}_{dqs}^{s*}|$, 은 $\frac{300}{\sqrt{3}}$V로 제한된다. 아래 질문에 답하라

1) 전류 제어기의 비례 이득, K_p, 적분 이득, K_i, 를 결정하라.

2) 토크 지령 T_e 가 아래와 같을 때 토크 지령, 실제 토크, 전동기 회전 속도(r/min), i_{as}, i_{ds}^{r*}, i_{ds}^{r}, i_{qs}^{r*}, i_{qs}^{r} 의 파형을 $t=0\sim0.5\text{s}$ 까지 그려라.

$$\text{토크 명령; } T_e^{*}\begin{cases}0\text{s}\le t\le 0.1\text{s} & 20\text{N-m}\\ 0.1\text{s}<t\le 0.3\text{s} & -20\text{N-m}\\ 0.3\text{s}<t\le 0.5\text{s} & 5\text{N-m}\end{cases}\ .$$

3) 유도 전동기의 벡터 제어와 자기저항동기 전동기의 벡터 제어를 자속의 크기, $\left|\boldsymbol{\lambda}_{dqs}^{e}\right|$,와 제어의 관점에서 차이점을 서술하라.

17 아래와 같은 제정수(Parameters)를 가지는 정격 출력 5hp, 정격 주파수 60Hz, 3상 4극, 정격 선간 전압 실효치 220V, 정격 전류 실효치 12A, 정격 속도 1739 r/min의 유도전동기를 <그림 p5.8>과 같이 직접 벡터 제어하고자 한다. 전동기 고정자 권선의 결선은 Y 결선이다.

$R_s = 0.55\Omega,\ R_r = 0.36\Omega,\ L_{\ell s} = 1.8\text{mH},\ L_{\ell r} = 1.8\text{mH},\ L_m = 59\text{mH},\ .$

전동기 관성은 $J_M = 0.02\text{kg-m}^2$ 이고,

전동기와 부하 관성의 합 $J_{M+L} = 0.04\text{kg-m}^2$ 이다.

전동기의 마찰과 부하 토크는 $t = 0\text{s}$에서 1s 동안은 무시할 수 있다고 가정한다. $t = 1\text{s}$부터 부하 토크는 마찰에 의한 토크의 형태로 나타나며 이때 마찰 계수 $B = 10\text{N-m/(rad/s)}$이다.

전류 제어기는 역기전력이 전향 보상(Feed-forward Compensation)되고, 제어기의 영점이 전동기의 극점을 상쇄시키는 형태의 비례 적분 제어기(PI)이며 제어 주파수 대역(Control Bandwidth)은 500Hz이다. 제어기는 연속 시간 영역에서 설계된다. PWM 인버터의 출력 전압은 공간 벡터 PWM에 의해 제한 되는 것으로 기정하고 PWM에 의한 스위칭 동작은 무시한다. 즉, 제어기 출력 전압이 공간 벡터 변조법(Space Vector PWM)에 의해 주어지는 육각형에 의해 제한된 후 전동기에 직접 인가되는 것으로 생각한다. 인버터의 직류단 전압 V_d는 300V로 일정하고 인버터는 이상적(Ideal)인 스위치로 구성되어 있다고 가정한다. 전동기는 토크 제어로 운전되고 있으며 토크 지령은 음과 같다.

$$\text{토크 명령 : } T_e^* \begin{cases} 0 \le t \le 0.5\text{s} & 0\text{N-m} \\ 0.5\text{s} < t \le 0.7\text{s} & 20\text{N-m} \\ 0.7\text{s} < t \le 0.9\text{s} & -20\text{N-m} \\ 0.9\text{s} < t \le 1.5\text{s} & 20\text{N-m} \end{cases}.$$

전동기의 기준 자속 λ_{dr}^{e*} 은 <그림 p5.8 (a)>와 같다.

아래 질문에 답하라.

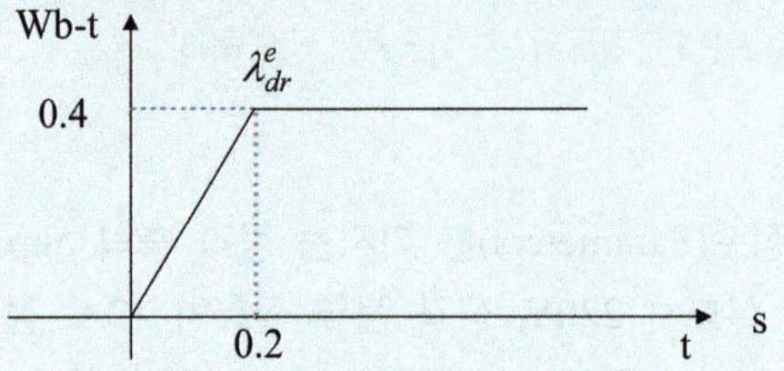

(a) 회전자 자속 기준 값

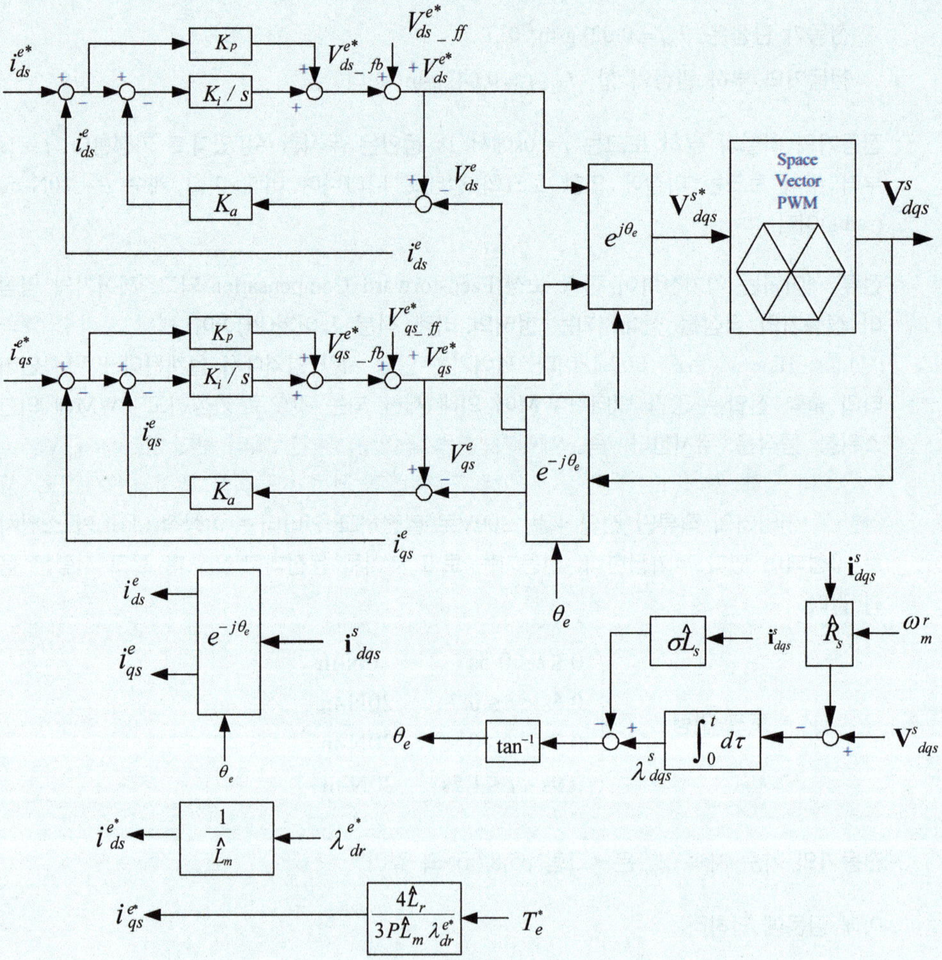

(b) 유도전동기의 직접 벡터 제어 블록도

그림 p5.8 유도전동기의 직접 벡터 제어

1) 전류 제어기의 K_p, K_i 이득을 결정하라.

다음의 각 경우에 대하여 토크 지령과 실제 토크 i_{qs}^{e*}, i_{ds}^{e*} 와 i_{qs}^{e}, i_{ds}^{e} 회전자 자속의 크기 $|\lambda_r|$와 λ_{dr}^{e*}, 전동기 회전 속도(r/min)의 파형을 0s부터 1.5s까지 그려라.

2) 전동기에 인가되는 상전압과 상전류를 완벽하게 측정할 수 있고 전동기 제정수의 변동이 없으며 전동기 제정수를 완벽하게 알 수 있다고 가정하고 직접 벡터 제어를 수행하라.

3) 전동기에 인가되는 상전압과 상전류를 완벽하게 측정할 수 있고 전동기 제정수에 다음과 같은 오차가 있을 때 직접 벡터 제어를 수행하라.

$$\hat{L}_m = 1.1L_m,\ \hat{L}_{ls} = 1.2L_{ls},\ \hat{L}_{lr} = 1.2L_{lr},\ \hat{R}_s = 0.8R_s,\ \hat{R}_r = 0.7R_r\ .$$

여기서 '^'는 제어기에 설정되는 전동기 상수 값이다.

4) 3)에서 주어진 오차와 함께 상전류 및 상전압 측정에 다음과 같은 측정 오차가 있을 때 직접 벡터 제어를 수행하라. 상전류, 상전압은 A, B상만을 측정하고, C상은 영상분(Zero Seqence) 전압, 전류가 없다는 가정에서 다음과 같이 구한다.

$$\hat{i}_{cs} = -(\hat{i}_{as} + \hat{i}_{bs}),\ \hat{V}_{cs} = -(\hat{V}_{as} + \hat{V}_{bs})\ .$$

여기서 '^'는 제어기의 입력으로 이용되는 측정 값이다.

상전류 측정 시 전동기의 정격 상전류 실효 값의 4%의 백색 잡음(White Noise, $\eta_i(t)$)이 포함되는 것으로 가정하라. 잡음의 샘플링 주기는 100μs이다. 또한 측정된 전류는 정격 상전류 실효 값의 1%의 옵셋(Offset, I_{offset}) 값을 가진다고 가정한다. 즉 측정 전류와 실제 전류는 다음의 관계식을 가진다.

$$\hat{i}_{as,bs} = i_{as,bs} + \eta_i(t) + I_{offset}\ .$$

또한 상전압 측정 시 전동기의 정격 상전압 실효 값의 1%의 백색 잡음(White Noise, $\eta_v(t)$)이 포함되는 것으로 가정하라. 잡음의 샘플링 주기는 100μs이다. 또한 측정된 전압은 정격 상전압의 실효 값의 0.5%의 옵셋(Offset, V_{offset}) 값을 가진다고 가정한다. 즉 측정 전압과 실제 전압은 다음의 관계식을 가진다.

$$\hat{V}_{as,bs} = V_{as,bs} + \eta_v(t) + V_{offset}\ .$$

5) 2), 3), 4)에서 얻은 결과를 분석하여 직접 벡터 제어의 문제점을 논하라.

18 <그림 p5.9>와 같은 간접 벡터 제어를 이용하여 17번의 2), 3), 4)를 반복하라. 전류 제어기는 17번의 경우와 같다. 2)번의 경우에서 속도 측정은 완벽한 것으로 가정한다. 얻은 결과를 분석 하여 간접 벡터 제어의 문제점을 논하라. 3), 4)의 경우에서는 전동기 회전 속도 ω_{rm} 측정 시 1r/min의 백색 잡음(White Noise, $\eta_{\omega}(t)$)이 포함되는 것으로 가정하라. 잡음의 샘플링 주기는 100μs이다. 또한 측정된 속도는 0.01r/min의 옵셋(Offset, ω_{offset}) 값을 가진다고 가정한다. 즉 측정 속도와 실제 속도는 다음의 관계식을 가진다.

$$\hat{\omega}_{rm} = \omega_{rm} + \eta_{\omega}(t) + \omega_{offset} .$$

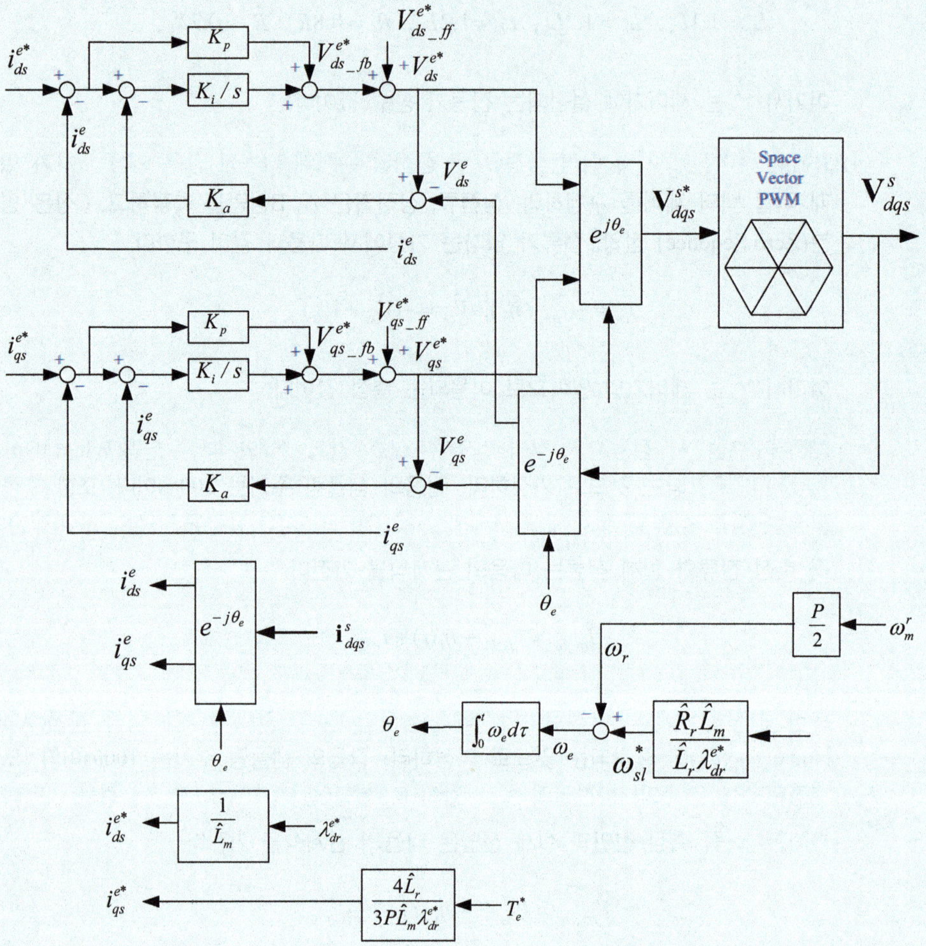

그림 p5.9 유도전동기의 간접 벡터 제어 블록도

19 17번의 문제에서 자속 추정기와 자속 제어기를 부가하였다. 자속 제어기의 제어 대역폭은 10Hz이다. 자속 추정기는 <그림 5.12>와 같고 자속 제어기는 <그림 p5.10>과 같다. 자속 성분 기준 전류, i_{ds}^{e*}, 의 크기는 전동기 정격 전류의 최대치 이내로 제한된다.

1) 자속 제어기의 이득 K_p, K_i 을 결정하라.

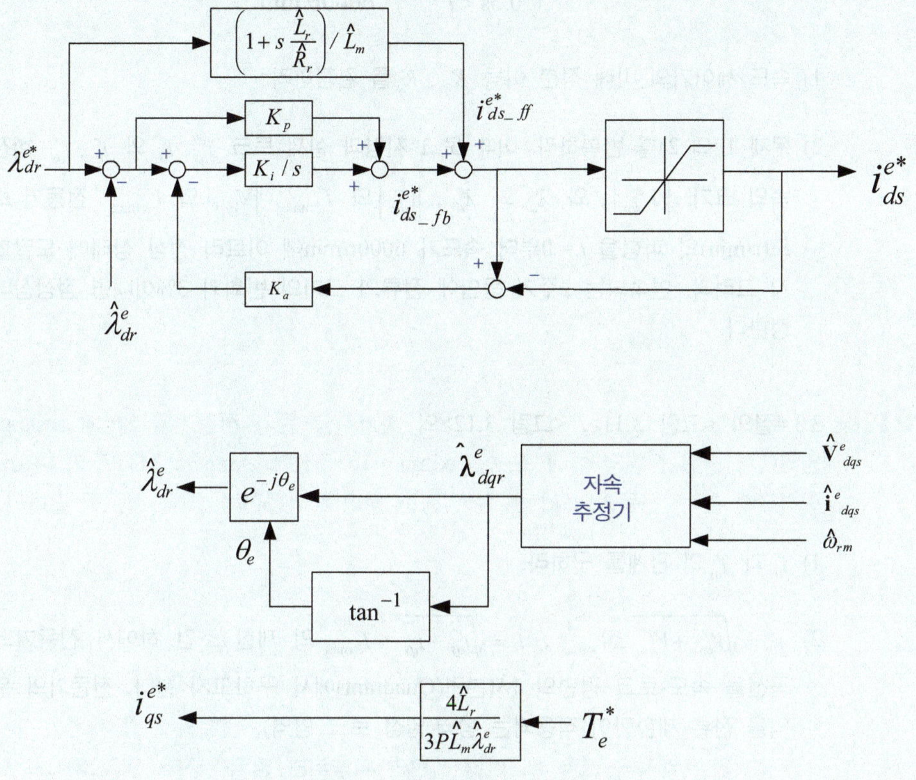

그림 p5.10 유도 전동기의 자속 제어기의 블록도

2) 17번의 2), 3), 4)를 반복하라. 이때 토크 지령과 실제 토크 i_{qs}^{e*}, i_{ds}^{e*} 와 i_{qs}^{e}, i_{ds}^{e}, $\left|\lambda_{dqr}^{e}\right|$ 와 λ_{dr}^{e*} 와 $\hat{\lambda}_{dr}^{e}$, 전동기 회전 속도(r/min)의 파형을 0s부터 1s까지 그려라.

3) 자속 제어와 토크 제어 성능의 관점에서 17번의 결과와 비교하라.

20 18번에서 주어진 전동기와 제어 기법을 이용하여 유도전동기를 속도 제어하고자 한다. 전동기의 속도 명령은 아래와 같다. 속도 제어기의 제어 대역폭은 40Hz이다. 속도 제어기는 비례 적분 제어기이고 모든 제어기는 연속 시간 영역에서 설계된다. 속도 제어기의 출력인 토크 지령은 정격 값의 150%로 제한되며 전동기와 부하의 마찰과 부하 토크는 무시한다. 전동기의 제정수는 문제 17번과 같으나 부하와 전동기의 관성의 합 J_{M+L} 은 문제 17의 경우의 4배이다. 기준 자속은 전동기가 기저 주파수, ω_b, 에 이를 때까지는 문제 17번과 같으나, 그 이후에는 주어진 전압과 전류의 제한 조건 ($V_{s\max} = \frac{300}{\sqrt{3}}\text{V}$, $I_{s\max} = 1.6\sqrt{2}I_{rated,rms}$) 하에서 최대 토크를 발생시킬 수 있도록 제어된다.

$$\omega_{rm}^* \begin{cases} 0s \le t \le 0.3s & 0r/\min \\ 0.3s < t & 6000r/\min \end{cases}$$

1) 속도 제어기의 비례 적분 이득 K_p, K_i를 결정하라.

2) 문제 17의 2)를 반복하라. 이때 토크 지령과 실제 토크 i_{qs}^{e*}, i_{ds}^{e*}와 i_{qs}^e, i_{ds}^e 회전자 자속의 크기, $|\boldsymbol{\lambda}_{dqr}^e|$, 와 λ_{dr}^{e*}와 $\hat{\lambda}_{dr}^e$, $|\mathrm{i}_{dqs}|$와 $I_{s\max}$, $|\mathrm{V}_{dqs}|$와 $V_{s\max}$, 전동기 회전 속도(r/min)의 파형을 $t=0$부터 속도가 6000r/min에 이르러 정상 상태에 도달할 때까지 그려라. 연속되는 2주기 동안에 전류의 크기의 변화가 3%이내면 정상상태로 가정한다.

21 3.3.4절의 <그림 3.11>, <그림 3.12>의 자기저항 동기 전동기를 일정(Constant) 토크 영역에서 단위 전류당 최대 토크(Maximum Torque Per Ampere, MTPA)가 나오도록 제어하고자 한다. 전동기의 제정수는 일정한 것으로 가정한다. 다음 질문에 답하라.

1) i_{ds}^r과 i_{qs}^r의 관계를 구하라.

2) $V_s = \sqrt{V_{ds}^{r^2} + V_{qs}^{r^2}} \le V_{s\max}$, $i_s = \sqrt{i_{ds}^{r^2} + i_{qs}^{r^2}} \le I_{s\max}$ 의 제한 조건 하에서 전동기의 능력곡선을 속도-토크 평면의 1사분면(Quadrant)에서 구하고자 한다. 전동기의 운전 영역을 전류 제한만이 적용되는 영역(일정 토크 영역), 전류와 전압 제한이 모두 적용되는 영역(약자속 영역 1), 전압 제한만 적용되는 영역(약자속 영역 2)으로 나눌 때 약자속 영역 1과 2가 시작하는 전동기 속도 ω_{base}와 ω_1을 전동기 상수와 $V_{s\max}$, $I_{s\max}$의 함수로 표시하라. 고정자 저항에 의한 전압 강하는 무시한다. 또 두 약자속 영역(영역1, 2)에서 최대 토크를 발생시키는 i_{ds}^r, i_{qs}^r을 $V_{s\max}$, $I_{s\max}$와 전동기 제정수와 전기각으로 표시된 회전자 속도, ω_r, 의 함수로 각각 표시하라.

22 인버터로 구동되는 유도전동기에서 입력 상전류 i_{as}, i_{bs}와 전동기 회전 속도, ω_{rm} (r/min), 를 측정하여 전동기의 회전자 자속 λ_{dr}^s, λ_{qr}^s를 추정하는 방법을 설명하라.

23 3장의 연습문제 3에서 주어진 22kw 유도전동기를 $\omega_{rm} = 1500$r/min의 일정 속도로 회전시키고 있다. 상전류가 아래와 같고 $t=0$에서 전기각으로 표시한 전동기의 회전자 자속의 위치, θ_e, 회전자의 위치, θ_r,은 $t=0$에서 $\theta_e = \theta_r = 0$이고 $t<0$s에서 전동기의 모든 쇄교 자속(Flux Linkage)은 영(Zero)이다.

$$i_{as} = 40\cos(100\pi t)\,\mathrm{A},\ i_{bs} = 40\cos(100\pi t - \frac{2\pi}{3})\,\mathrm{A},\ i_{cs} = 40\cos\left(100\pi t + \frac{2\pi}{3}\right)\mathrm{A}\text{이다.}$$

1) 정지 좌표계에서의 전동기의 회전자 자속, λ_{dr}^s, λ_{qr}^s,을 시간, t,의 함수로 표시하라.

2) 1)의 조건에서 전동기가 발생시키고 있는 토크를 시간, t,의 함수로 표시하라.

24 1) 4.2.5.4절의 복소수 벡터 전류 제어기를 이용하여 3장의 연습문제 3에서 주어진 22kW 유도전동기를 회전자 자속 기준 직접 벡터 제어하고 있다. 전류 제어기의 제어 대역폭을 3000rad/s로 설정하였다. 모든 제어기는 연속 시간 영역에서 설계한다. 여기서 $R_{active}=5R_s$로 둔다. 전류 제어기의 비례 적분 이득 K_p, K_i,를 구하라. 안티 와인드업 제어기 이득, K_a를 구하라[25].

2) 1)의 제어 방법을 이용하여 전동기가 50N-m의 토크를 발생시키며 1000r/min의 속도에서 정상 상태에 이르렀다. 벡터 제어의 회전자 기준 자속은 0.4Wb-t이다. 제어기에 설정되는 전동기의 제정수와 전류 측정이 정확하다고 할 때 i_{ds}^{e*}, i_{qs}^{e*}의 값을 구하라.

3) 2)의 조건에서 전향 보상되는 전압 $V_{ds\_ff}^{e*}$, $V_{qs_ff}^{e*}$의 값을 구하라.

4) 전류 제어가 완벽할 때 2)의 조건에서 PI 제어기 출력 전압 $V_{ds\_fb}^{e*}$, $V_{qs_fb}^{e*}$의 값을 구하라.

25 다음과 같은 등가 회로 제정수를 갖는 11kW, 3상 6극 매입형 영구자석 전동기가 있다. 고정자 상전압의 최대치 $V_{s\max}$가 170V로 상전류의 최대치 $I_{s\max}$가 60A로 제한될 때 얻을 수 있는 토크, 속도의 능력 곡선을 속도 토크 평면의 4상한(Quadrant)에서 다음의 과정을 통하여 구하라. 아래 문제 1) ~ 4)까지에서는 전동기 제정수는 동작 조건에 관계없이 일정하다고 가정한다.

$$R_s=0.109\Omega,\ L_d=3.6\text{mH},\ L_q=4.5\text{mH},\ \lambda_f=0.2595\text{Wb-t},$$

1) 전동기의 토크가 전류에 의해서만 제한될 때 (일정 토크 영역) 전동기가 발생시킬 수 있는 최대 토크를 구하라.

2) 1)에서 구한 토크를 발생시킬 수 있는 최대 속도(약자속 제어가 시작되는 점)는 몇 r/min인가? 이때 고정자 저항에 의한 전압 강하는 무시할 수 있다.

3) 5000r/min의 속도에서 제한 조건을 만족시키면서 전동기가 발생시킬 수 있는 최대 토크를 구하라. 이때 고정자 저항에 의한 전압 강하는 무시할 수 있다.

4) 제한 조건 하에서 최대로 운전 가능한 속도(r/min)를 구하라. 이때 고정자 저항에 의한 전압 강하는 무시할 수 있다.

5) 속도-토크 평면의 4 상한에서 능력 곡선을 그려라.

26 $V_{s\max}$, $I_{s\max}$ 와 유도 전동기 제정수가 주어졌을 때 5.4.4.5절의 식 (5-97)을 유도하라.

27 아래와 같은 회전자 기준 d-q 동기 좌표계 등가회로를 갖는 3상 8 극 표면부착형 영구자석 동기 전동기(SMPMSM)가 인버터에의해 이상적으로 벡터(Vector) 제어되고 있다. 고정자 권선 저항은 0 Ω이며 전동기는 정상상태에서 운전되고 있다고 가정한다.

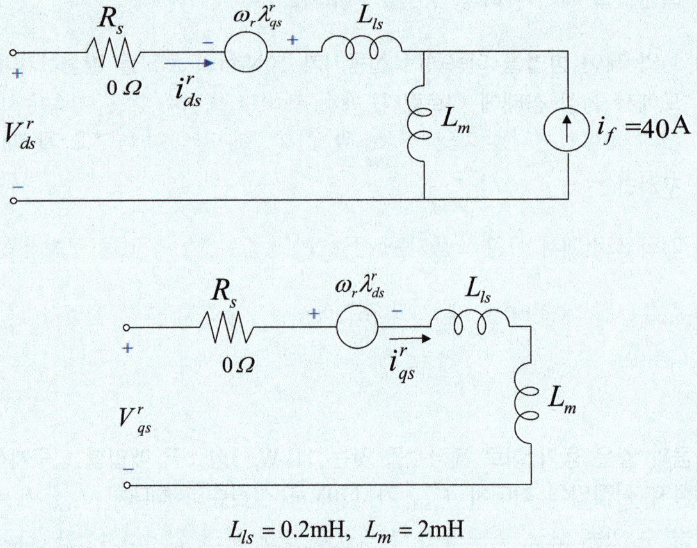

그림 p5.11 표면부착형 영구자석 동기 전동기의 회전자 기준 d–q 등가 회로

1) 고정자 권선에 인가되는 상전압 최대치, $V_{s\max}$,는 100V로 제한 되고 권선의 최대 전류, $I_{s\max}$,는 10A로 제한 된다. 전동기 구동에 있어 최고 속도는 전기적 조건 ($V_{s\max}$, $I_{s\max}$)에 의해서만 제한 된다고 할 때 운전 가능한 최대 속도(r/min)를 구하라. 이때 구동 시스템의 마찰, 부하 토크는 무시한다.

2) 1)의 제한 조건에서 최대 전류 조건만 40A로 바뀌었다. 운전 가능한 최대 속도 (r/min)를 구하라.

   또 전압 및 전류 제한($V_{s\max} = 100V$, $i_{s\max} = 40A$)이 동시에 적용 되는 영역에서 오직 전압 제한 조건(MTPV)만 적용 되는 속도로 바뀌는 운전점의 속도(r/min)을 구하라. 또 이 운전점에서 가용한(Available) 최대 토크와 이 운전점에서 고정자 권선에 인가되는 전압, V_{ds}^r, V_{qs}^r 을 구하라.

28 아래와 같은 제정수를 가지는 3상 6극 매입형 영구자석 동기 전동기(IPMSM)가 최대 전류조건($I_{s\max} = 80A$), 최대 전압 조건($V_{s\max} = 170V$)에서 구동되고 있다.

$$R_s \approx 0\Omega,\ L_d = 3.6\text{mH},\ L_q = 4.5\text{mH},\ \lambda_f = 0.2595\text{W}b - t,$$

주어진 제한 조건하에서 회전자 기준 동기 좌표계 전류 평면(i_{ds}^r, i_{qs}^r 평면)에서 아래 그림과 같은 고정자 권선 전류 벡터의 궤적(Trajectory)을 그려라. 이 때 회전에 따른 기계적 제한은 없으며 회전 속도는 오로지 전기적 제한에 의해서만 결정된다고 가정한다. 또 마찰과 부하 토크는 무시한다. 궤적에서 A, B, C 점의 좌표와 그 점에서의 전동기 회전 속도(r/min)를 구하라. 또 곡선, OA, AB, BC 각 각을 i_{ds}^r, i_{qs}^r 의 관계식으로 표시하라.

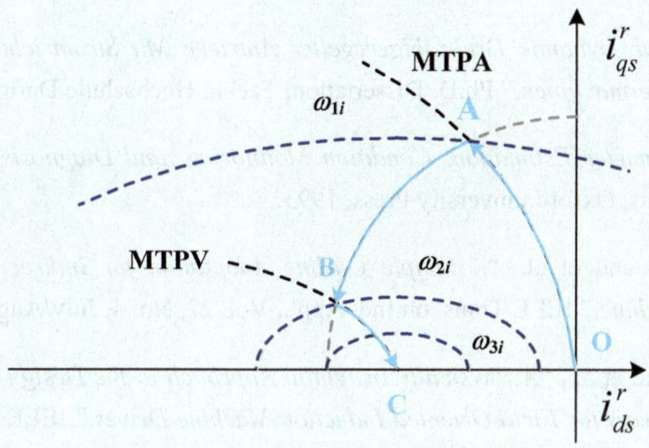

그림 p5.12 매입형 영구자석 동기 전동기의 전류 벡터 궤적

29 매입형 영구자석 전동기의 전압 방정식 식 (5-53)과 (5-54), 전압 제한식 식 (5-51)로부터 식(5-66)을 유도히리.

30 매입형 영구자석 전동기의 전압 방정식 식 (5-53)과 (5-54), 전압 제한식 식 (5-51)과 $\lambda_f > L_d I_{s\max}$ 의 조건으로부터 식(5-68)을 유도하라.

참고문헌(References)

[1] D. W. Novotny and et al., "*Vector Control and Dynamics of AC Drives*," Chapter 5 and 6, Clarendon Press, Oxford, 1996.

[2] F.Blaschke, "*The Principle of Field Orientation – the Basis for the Transvector Control of Three-Phase Machines*," Siemens Zeitschrift, Vol.45, No1, pp. 757-760,1971.

[3] W. Leonhard, "*Control of Electrical Drives, Chapter 12.2.2*," 2nd Edition, Springer, 1996.

[4] K. Hasse, "*Zur Dynamik Drehzahlgeregelter Antriebe Mit Stromrichter gespeisten Asynchron-Kuzschlublaufermachinen*," Ph.D. Dissertation, Techn. Hochschule Darmstadt,1969.

[5] P. Vas, "*Parameter Estimation, Condition Monitoring, and Diagnosis of Electrical Machines*," Clarendon Press, Oxford university Press, 1993.

[6] T. M. Rowan and et al., "*A Simple On-line Adaptation for Indirect Field Orientation of an Induction Machine*," IEEE Trans. on Ind. Appl., Vol. 27, No. 4, July/Aug., 1991, pp.720-727.

[7] P.L. Jansen and et al., "*A Physically Insightful Approach to the Design and Accuracy Assessment of Flux Observers for Field Oriented Induction Machine Drives*," IEEE Trans. on Ind. Appl., Vol. 30, No. 1, Jan./Feb., pp.101-110, 1994.

[8] 김장환, "*유도 전동기 벡터 제어를 위한 새로운 자속 추정기에 대한 연구*," 서울대학교 공학 석사 학위논문, 2001. 2.

[9] 김상훈,"*약계자 영역에서 유도 전동기의 최대 토크 운전*," 서울대학교 공학박사 학위논문, 1994. 8

[10] 장지훈, "*영구자석 동기전동기 센서레스 제어의 운전 영역 확장에 관한 연구*," 서울대학교 공학박사 학위논문, 2006. 2.

[11] 송종환,"*표면 부착형 영구자석 동기 전동기의 약계자 제어*," 서울대학교 공학박사 학위논문, 1996. 8.

[12] R. F. Schiferl and et al., "*Power Capability of Salient Pole Permanent Magnet Synchronous Motors in Variable Speed Drive Applications*," IEEE Trans. Ind. Appl., Vol. 26, Jan./Feb., 1990, pp.115-123.

[13] A. K. Adnanes, "*Torque Analysis of Permanent Magnet Synchronous Motors*," in Conf. Rec. IEEE-PESC, 1991, pp.695-701.

[14] W. L. Soong and et al., "*Field-weakening Performance of Brushless Synchronous AC Motor Drives*," IEE Proc.-B, Vol. 141, Nov., 1994, pp.331-340.

[15] J. Song and et al., "*Torque Maximizing Control of Permanent Magnet Synchronous Motor under Voltage and Current Limitations of PWM Inverter*," in Conf. Rec. IEEE-APEC, Vol. 2, 1996, pp. 758-763.

[16] J. Kim and et al., "*Improved Dynamic Performance of Interior Permanent Magnet Synchronous Motor Drive in Flux-weakening Operation*," in Conf. Rec. IEEE-PESC, Vol. 2, 1996, pp.1562-1567.

[17] J. Song and et al., "*A New Robust SPMSM Control to Parameter Variations in Flux Weakening Region*," in Proc. IEEE-IECON, Vol. 2, 1996, pp.1193-1198.

[18] J. Holtz and et al., "*On Continuous Control of PWM Inverters in the Overmodulation Range Including the Six-step Mode*," IEEE Trans. Power Electronics, Vol.4, Oct., 1993, pp.546-553.

[19] T. Kwon and et al., "*Novel Anti-windup of a Current Regulators of a Surface-mounted Permanent-magnet Synchronous Motor for Flux-weakening Control*," IEEE Trans. Ind. Appl., Vol. 42, Sept./Oct., 2006, pp.1293-1300.

[20] G. Choi and et al., "*Novel Flux Weakening Control of an IPMSM for Quasi Six-step Operation*," in Conf. Rec. IEEE-IAS Annual Meeting, 2007.

[21] Y. Kwon and et al., "*Six-Step Opeation of PMSM with Instantaneous Current control*," IEEE Trans. Ind. Appl., Vol. 50, No. 4, July/Aug., 2014, pp. 2614-2625.

[22] S. Bolognani and et al., "*Novel Digital Continuous Control of SVM Inverters in the Overmodulation Range*," IEEE Trans. Ind. Appl., Vol. 33, No. 2, Mar./Apr. 1997, pp. 525-530.

[23] 정유석, "*영구자석 동기기의 자기포화를 고려한 실시간 최소 동손 제어*," 서울대학교 공학박사 학위논문, 2005. 2.

[24] 석줄기, "*가상 회전자 자속 기준 제어를 이용한 심구형 유도 전동기의 고성능 운전*," 서울대학교 공학박사 학위논문, 1998. 2.

[25] 유현재 외, "*복소 벡터 동기 좌표계 비례 적분 전류 제어기의 안티 와인드업 이득 설정*," 전력전자학회 논문지, 11권, 5호, 2006, pp. 404-407.

06

속도/위치 센서 없는 (Sensorless) 교류 전동기의 제어

2.17절에서 언급한 V/F 제어를 이용하는 이른바 범용 교류 전동기 구동 장치들은, 전동기 제어를 위하여 정확한 전동기 제정수(Parameters) 값과 특별한 측정 장치 – 예를 들어 속도 및 위치 검출기 – 없이 손쉽게 적용될 수 있기 때문에 여러 응용 분야에서 활용되고 있다. 하지만, 기동 및 정지 시 토크 제어가 필요한 시스템에서는 제어 특성이 나쁘고 과도 상태의 응답이 느리기 때문에, 그 활용이 매우 제한적이다. 특히 동기 전동기의 경우 탈조(Out of Synchronization)와 같은 문제를 쉽게 해결할 수 없다. 이로 인해 벡터 제어(Vector Control)를 이용하는 고성능 교류 전동기 구동 장치의 사용이 증가하고 있다. 이 제어 방법은 5장에서 기술된 바와 같이 많은 장점이 있지만, 전동기 제정수를 비교적 정확히 알아야 하며 특히 쇄교자속(Flux Linkage)의 위치를 알기 위한 회전자의 위치 검출기 또는 속도 검출기가 필수적이다(참고문헌 [1]).

4.3.1절에서 언급한 속도 및 위치 검출기를 사용하는 경우 경제적, 기술적 측면 등에서 여러 문제점이 생길 수 있다. 즉, 하드웨어(Hardware)의 복잡성, 가격 상승, 전동기 축 방향 길이의 증가, 열악한 환경(특히 진동, 충격이 있는 환경)에서 사용의 어려움, 낮은 신뢰성, 속도/위치 센서 케이블(Cable)의 유지 및 점검의 필요성, 전기적 잡음(Noise)에 취약, 기계적 부착의 어려움 등이다.

이와 같은 문제점들을 해결하기 위해 지난 40여 년 동안 교류 전동기의 속도 및 위치 검출기가 없는 제어 즉, 센서리스(Sensorless) 제어에 대해 많은 연구가 진행되어 왔다(참고문헌 [2]). 1970년대에는 대부분의 연구가 2장에서 언급된 교류 전동기의 정상 상태 등가 회로에 기초한 간단한 방법들로 제한되어 있었다. 이 방법들은 빠른 동특성을 필요로 하지 않는 팬, 펌프 구동 또는 정밀도가 크게 요구되지 않는 속도/토크 제어 장치와 같은 비교적 간단한 구동 시스템에 사용되었으며, 2.17.2절의 전압/주파수 일정 제어(V/F control) 방법의 성능을 약간 향상시키는 것에 지나지 않았다(참고문헌 [3], [4]). 1980년대에는 반도체와 전력전자 기술의 발달로 인해 속도 및 위치 검출기를 사용하는 벡터 제어 기술에 필적할 만한 센서리스 제어 방법들이 개발되었다. 이 방법들은 주로 고정자 전압과 회전자 전류 모델을 기본으로 하고 있다(참고문헌 [5]–[7]). 1990년대에는 적응 제어 방법(Adaptive Control)이나, 상태 궤환 추정(State Feedback Estimation) 방법, 또는 비선형 제어(Nonlinear Control) 기법 등이 교류 전동기의 센서리스 제어에 응용되었고, 이 방법들은 산업계에 적용되어 상품화되고 있다. 현재 센서리스 제어 기술은 범용성에 있어 적용 가능한 시스템의 범위를 넓혀 고정도(High Precision)의 속도 및 위치 검출기를 사용하는 벡터 제어의 성능보다는 못하지만, 잘 설계된 매입형 영구자석 전동기 센서리스 구동의 경우 토크, 속도, 위치 제어 등에서 1024PPR(Pulse Per Revolution)의 엔코더(Encoder)를 부착한 센서 있는(Sensored) 제어시스템과 유사한 성능을 발휘할 정도로 발전하였다. 이러한 발전을 토대로 향후 토크 제어 정밀도 5%, 속도 제어 주파수 대역 250rad/s, 위치제어 주파수 대역 30rad/s, 위치제어 정밀도(전기각) 1^0 정도의 제어에 있어서는 매입형 영구자석 전동기 센서리스 구동 시스템이 폭넓게 활용 되리라 기대된다(참고문헌 [8]).

종래의 교류 전동기의 센서리스 제어를 위한 회전자 자속 혹은 회전자 위치 추정 방법은 주로 역기전력을 기본으로 하는 방법이다. 이것은 전압 모델을 이용하는 방법(참고문헌 [9]–[14]), 모델 기준 제어기를 이용하는 방법(참고문헌 [10]–[12]), 상태 추정기를 이용하는 방법(참고문헌 [15]–[26]), 칼만 필터, 비선형 제어, 지능 제어 등의 최신 제어 기법을 이용한 방법(참고문헌 [27]–[35]) 등으로 나뉜다. 이러한 기존 교류 전동기 센서리스 방법들의 근본적인 문제점은 정확한 단자 전압 값을 알아야 하고 전동기 상수에 대한 의존성이 크다는 것이다(참고문헌 [36]–[39]). 이 방법들은 전동기의 상수들을 이용하는 속도 추정기(Estimator) 혹은 관측기(Observer)를 사용한다. 교류 전동기의 상수들은 2.9절, 2.12절에서 언급한 바와 같이 운전 조건에 따라 변하기 때문에 이 방법들로는 특히 정지 또는 극저속 운전을 포함하는 모든 운전 조건에서 만족할 만한 성능을 얻을 수는 없다. 이 방법들은 역기전력의 크기가, 측정 잡음 또는 인버터의 비선형성에 의한 전압 오차의 크기에 비해, 상대적으로 큰 정격 속도의 5% 이상의 속도 영역에서는 비교적 좋은 결과를 나타낸다.

<그림 6.1>은 교류 전동기 벡터 제어 시의 운전 영역을 나타낸다. 이상적인 벡터 제

어 시스템은 모든 영역 특히 영속 또는 극저속에서도 운전 가능해야 하며 고속에서도 제한된 전압, 전류 조건 하에서 가용 토크의 순시 제어가 가능해야 한다. 그러나, 속도 및 위치 검출기를 사용하는 경우에서 조차 엔코더의 분해능(Resolution, Pulse Per Revolution-PPR)이 낮을 경우 (수십 PPR) 영역 2에서의 안정된 운전은 매우 어렵다. 특히 유도 전동기에 센서리스 방법을 적용하는 경우 영역 3과 같이 불안정한 영역은 더욱 커지게 된다. 유도 전동기의 경우 회생 시에는 슬립 각주파수, $\omega_{s\ell}$,가 음이 되므로 양의 방향으로 회전하는 회생 운전의 경우 저속에서 안정된 동작을 하기 더욱 어려워 영역 3은 세로축에 관하여 비대칭성을 가진다.

교류 전동기 구동에 있어 일반적인 센서리스 방식의 단점으로는 전동기 제정수(Parameters)에의 의존성을 제외하고도 크게 다음의 두 가지를 생각할 수 있다. 첫째, 적분기의 사용에 따른 문제가 발생할 수 있다. 일반적으로 전동기 고정자 전압 모델을 이용하여 센서리스 제어를 하는 경우, 속도 추정에 있어서는 적분을 직접 이용하지 않더라도 자속 계산을 위해서는 전압 적분을 이용하게 된다. 저속 및 영속에서는 전동기의 입력 전압 주파수가 거의 "0"에 가깝기 때문에 단자 전압의 크기는 매우 작게 되어, 단자 전압 측정 값 또는 추정 값의 오차 – 특히 직류 옵셋(DC Offset) – 에 취약하게 된다. 이를 회피하기 위한 여러 방법들이 제시되었지만, 어느 정도의 기동만을 가능하게 할 뿐 극저속 및 영속에서의 토크 제어에는 여전히 많은 문제점을 안고 있다(참고문헌 [7], [29]).

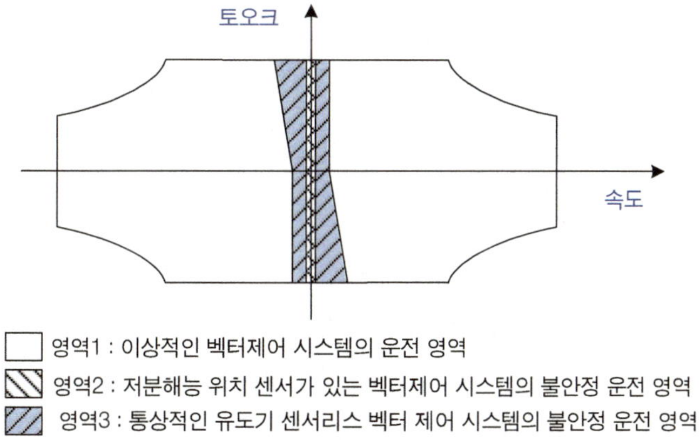

그림 6.1 벡터 제어시의 운전 영역

둘째, 전동기의 입력 전압과 센서리스 제어 알고리즘에 사용되는 전압의 오차에 의한 문제가 발생한다. 앞에서 언급한 바와 같이 기존의 센서리스 제어 방법에서 더 좋은 저속 제어 특성을 얻으려면, 보다 정확한 교류 전동기 입력 전압 정보를 필요로 한다. 교류 전동기 구동을 위해 일반적으로 사용되는 전압형 PWM 인버터는 각 상의 직류단 단락을 방지하기 위해 7.1절에서 설명되는 데드타임(Dead time)을 필요로 한다. 데드타임의 크기는 인버터에 사용되는 전력용 반도체 소자에 따라 다르지만 IGBT를 사용하는 수 ~ 수십 kW 정도의 인버터의 경우 현재 보통 3μs 내외의 값이 사용된다. 따라서, 스위칭 주파수 5kHz(스위칭 주기가 200μs)인 경우 데드타임에 의한 전압 오차의 크기는 직류단(DC Link) 전압의 3% 정도가 된다. 그러므로, 대략 정격 속도의 3%보다 낮은 속도로 운전하는 경우 역기전력의 크기보다 데드타임에 의한 전압 오차의 크기가 더 커질 수 있다. 그리고, 인버터의 각 상의 전력용 반도체 스위치마다 시지연(Time Delay)이 약간 씩 다르기 때문에 이로 인해 전압 출력의 오차가 더 커진다. 특히 직류단 전압이 낮은(300V 이내) 인버터의 경우 반도체 스위치에 의한 도통(Conduction) 전압강하 역시 정격 출력 전압 대비 1~3% 이상의 출력 전압 오차를 초래한다. 이러한 인버터의 비선형성(Nonlinearity) 문제를 없애기 위해 인버터 출력 전압을 직접 측정하여 오차를 줄이려는 연구들이 있었지만, 측정을 위한 비용이 상승하며 측정 방법의 구현 시 측정 오차로 인한 문제점들을 여전히 가지고 있다(참고문헌 [30]).

이와 같은 여러 문제점들을 극복하기 위해 회전자의 편심(Eccentricity), 회전자 슬롯 고조파(Slot Harmonics), 전자기적(Electro-magnetic) 불균형(Unbalance) 등의 교류 전동기의 비이상적(Non-ideal) 현상에 근거한 센서리스 제어 방법들이 연구되었다. 그러나 이 방법들은 측정 및 연산 시간이 길고 잡음에 대한 신호의 충실도(Signal to Noise Ratio)가 낮음으로 인한 문제점들과 함께 전동기 슬롯의 형태와 개수를 알아야 하는 단점들을 가지고 있다(참고문헌 [40], [41]).

최근 연구되고 있는 또 다른 방법은 자기적(Magnetic)인 돌극성(Saliency)을 이용하는 방법이다(참고문헌 [42]–[49]). 이런 방법들은 대부분 회전자의 자속 방향 또는 형상에 따른 인덕턴스의 변화를 이용하며, 이 돌극성을 이용하기 위해 교류 전동기에 특정 신호를 주입하여 그 반응을 이용하여 회전자 또는 쇄교자석의 위치를 알아낸다(참고문헌 [50]–[64], [67]–[71], [73]–[77]). 이러한 방법들은 전동기의 역기전력이 가지는 저속에서의 제어 불능 문제를 근원적으로 해결할 수 있어 완전한 영(Zero) 속도에서도 토크 제어가 가능하다. 따라서 저속에서의 속도 제어뿐 아니라 위치 제어까지도 가능하다. 전동기 인덕턴스에 돌극성이 있는 자기저항 전동기, 또는 매입형 영구자석 전동기에 있어서는 비교적 손쉽게 회전자 위치 정보를 얻을 수 있다(참고문헌 [61], [62]). 그러나 회전자 구조에 돌극성이 없는 유도 전동기, 원통형 동기 전동기, 표면 부착형 영구 자석 전동기의 경우, 회전자 슬롯의 형태에 따라, 또는 회전자 구조에 따라, 주입되는 고주파 신호에 의해 돌극성이 생길 수 있고 이를 신호 처리하여 회전자 위치 또는 회전자 자속의 위치를 실시간으로 파악하는 것이 가능하다(참고문헌 [59, 60], [64], [69]). 또 센서리스 제어를 전동기 회전자의 절대각(Absolute angle)을 추정하는데 활용하기 위하여, 매입형 영구 자석 전동기 설계 및 신호 주입 방법을 결합하여 회전자 위치의 전기각 뿐 아니라 절대각을 추정하여 제어하는 연구 결과도 발표되고 있다(참고문헌 [78],[79]). 본 장에서는 주로 산업계에서 실용화된 몇 가지 교류 전동기 센서리스 제어 기법을 소개하고자 한다. 먼저 역기전력과 전동기 모델에 근거한 기존의 센서리스 제어 방법들을 전동기 별로 설명하고, 고주파 신호를 주입하여 회전자 자속의 위치를 추정하는 방법의 원리를 설명한 후 이를 각 전동기에 적용한 사례를 설명한다.

6.1 역기전력과 전동기 모델에 근거한 제어 방법

이러한 방법은 앞에서 설명한 바와 같이 정확한 전동기의 제 정수 추정과 운전 상태에 따른 제정수 변동을 실시간으로 반영하여야 좋은 센서리스 성능을 얻을 수 있으며, 전동기에 인가되는 전압을 정확하게 측정 또는 추정하는 것이 저속에서의 성능 개선에 필수적이다. 그러나 이러한 모델에 의존하는 센서리스 제어의 경우 교류 전동기에 인가되는 주파수(유도 전동기의 경우 무부하의 경우를 제외하면 회전 주파수와 인가 주파수가 서로 다름)가 0인 경우 부하를 인가한 상태에서의 정상 상태 운전은 현실적으로 불가능하다. 이 경우에는 식 (3-39), (3-92)에서 $\omega=0$, $\omega_r=0$ 를 대입하면 알 수 있듯이, **어떠한 회전자 정보(회전자 자속, 회전자 전류 등)도 고정자에 반영 되지 않아 고정자 전압과 전류의 측정 만으로 회전자의 위치(또는 회전자 자속의 위치) 정보를 얻을 수 없다.**

6.1.1 유도 전동기의 센서리스 제어

속도 제어 정밀도가 ±0.5%, 토크 제어의 정밀도와 속도 제어 대역폭이 각각 ±10%, 120rad/s 정도이며 순시 토크 제어가 가능한 최저 속도가 정격의 5% 이내 등의 운전 성능을 가지는 통상의 유도 전동기 응용에 있어 이미 광범위하게 속도 센서 없는 제어 기법이 개발되어 활용되고 있다. 이러한 정도의 성능은 유도 전동기 응용 분야의 대부분을 만족시킬 수 있으리라 생각된다. 본 절에서는 구현이 용이하면서 앞에서 언급한 정도의 성능을 낼 수 있는 두 가지 센서리스 방식에 대하여 알아보도록 한다. 기본적으로 이 방법은 5.2.1절에서 언급한 유도 전동기 직접 벡터 제어 방법에 기반하고 있다.

6.1.1.1 모델 기준 적응 제어(Model Reference Adaptive System, MRAS) (참고문헌 [7])

1) 회전자 자속의 추정

유도 전동기의 고정자 전압 방정식과 자속 방정식을 d-q 정지 좌표계 상에서 복소수 벡터로 표현하면 다음과 같다.

$$\mathbf{V}_s^s = R_s \mathbf{i}_s^s + \frac{d}{dt}\boldsymbol{\lambda}_s^s . \tag{6-1}$$

$$\boldsymbol{\lambda}_s^s = L_s \mathbf{i}_s^s + L_m \mathbf{i}_r^s . \tag{6-2}$$

$$\boldsymbol{\lambda}_r^s = L_m \mathbf{i}_s^s + L_r \mathbf{i}_r^s . \tag{6-3}$$

여기서 R_s 는 고정자 저항, L_s 는 고정자 자기(Self) 인덕턴스이다. 또한 L_r 은 회전자 자기 인덕턴스이고 L_m 은 상호(Mutual) 인덕턴스이다.

식 (6-3)에서 회전자 전류는 아래와 같이 표시된다.

$$\mathbf{i}_r^s = \frac{\boldsymbol{\lambda}_r^s - L_m \mathbf{i}_s^s}{L_r} . \tag{6-4}$$

위 식을 식 (6-2)에 대입하면, 고정자 자속을 회전자 자속과 회전자 전류로 표현할 수 있다.

$$\boldsymbol{\lambda}_s^s = L_s \mathbf{i}_s^s + L_m \frac{\lambda_r^s - L_m \mathbf{i}_s^s}{L_r} = \frac{L_m}{L_r}\boldsymbol{\lambda}_r^s + \left(L_s - \frac{{L_m}^2}{L_r} \right) \mathbf{i}_s^s = \frac{L_m}{L_r}\boldsymbol{\lambda}_r^s + \sigma L_s \mathbf{i}_s^s . \tag{6-5}$$

여기서, $\sigma L_s = L_s - \frac{L_m{}^2}{L_r}$ 는 고정자 과도 인덕턴스(Stator Transient Inductance)이다.

식 (6-5)를 식 (6-1)에 대입하면

$$\mathbf{V}_s^s = R_s\mathbf{i}_s^s + \frac{d}{dt}\left(\frac{L_m}{L_r}\lambda_r^s + \sigma L_s\mathbf{i}_s^s\right). \tag{6-6}$$

가 되고, 이 식으로부터 다음 식과 같이 회전자 자속을 추정할 수 있다.

$$\hat{\boldsymbol{\lambda}}_r^s = \frac{L_r}{L_m}\left(\int_0^t\left(\mathbf{V}_s^s - R_s\mathbf{i}_s^s\right)d\tau - \sigma L_s\mathbf{i}_s^s\right). \tag{6-7}$$

여기서 $\hat{\boldsymbol{\lambda}}_r^s$ 는 $\boldsymbol{\lambda}_r^s$ 의 추정치이다.

식 (6-7)과 같이 회전자 자속을 추정하게 되면, 전압 혹은 전류에 옵셋(Offset)이 포함되어 있는 경우 적분기가 발산하게 되어 실용적으로는 사용할 수가 없게 된다. 일반적으로 이러한 문제를 해결하기 위하여 고주파 통과 필터(High Pass Filter, HPF)를 식 (6-7)에 적용하여 회전자 자속을 다음과 같이 추정한다.

$$\hat{\boldsymbol{\lambda}}_r^s = \frac{T_c s}{1+T_c s}\frac{L_r}{L_m}\left(\frac{1}{s}\left(\mathbf{V}_s^s - R_s\mathbf{i}_s^s\right) - \sigma L_s\mathbf{i}_s^s\right) = \frac{T_c}{1+T_c s}\frac{L_r}{L_m}\left(\mathbf{V}_s^s - (R_s + \sigma L_s s)\mathbf{i}_s^s\right). \tag{6-8}$$

여기서 T_c 는 고주파 통과 필터의 차단 각주파수, ω_c, 의 역수, 즉 $T_c = \frac{1}{\omega_c}$ 이고 s 는 라플라스 연산자(Laplace Operator)이다.

이 경우, 추정 자속에 대한 일정 전압 옵셋 $\left(\mathbf{V}_{s\_o}^s = \left[V_{ds\_o}^s \;\; V_{qs\_o}^s\right]^T\right)$ 과

일정 전류 옵셋 $\left(\mathbf{i}_{s\_o}^s = \left[i_{ds\_o}^s \; i_{qs\_o}^s\right]^T\right)$ 에 의한 영향을 분석하면,

$$\begin{aligned}\lim_{t\to\infty}\hat{\boldsymbol{\lambda}}_{r\_o}^s(t) &= \lim_{s\to 0}s\hat{\boldsymbol{\lambda}}_{r\_o}^s(s) = \lim_{s\to 0}\left(s\frac{T_c}{1+T_c s}\frac{L_r}{L_m}\left(\frac{\mathbf{V}_{s\_o}^s}{s} - R_s\frac{\mathbf{i}_{s\_o}^s}{s}\right)\right) \\ &= T_c\frac{L_r}{L_m}\left(\mathbf{V}_{s\_o}^s - R_s\mathbf{i}_{s\_o}^s\right)\end{aligned} \tag{6-9}$$

이 되어, 추정된 자속의 옵셋은 고주파 통과 필터의 시정수 T_c 를 작게 설정할수록 작

아지게 됨을 알 수 있다. 또, 고주파 통과 필터를 사용하지 않은 경우($T_c = \infty$) 는 아주 작은 전압 또는 전류 옵셋에서도 회전자 자속의 옵셋이 시간이 지남에 따라 계속 커져 (발산, Diverge) 회전자 자속 추정이 불가능함을 알 수 있다.

또한, 고주파 통과 필터의 위상(Phase) 오차 특성과 크기(Magnitude) 특성은 다음 식과 같다

$$\delta = \tan^{-1}\left(\frac{1}{T_c|\omega_e|}\right). \tag{6-10}$$

$$Magnitude = \left|\frac{T_c\omega_e}{\sqrt{1+(T_c\omega_e)^2}}\right|. \tag{6-11}$$

동작 주파수 ω_e 가 증가하고, 고주파 통과 필터의 시정수 T_c 를 크게 설정할 수록 위상 오차가 줄어 들고, 크기가 1에 접근함을 알 수 있다. 따라서 T_c 를 작게 설정할수록 위상 오차와 크기 오차가 커지게 되어 자속 추정의 정확도가 떨어진다. 그러므로, 고주파 통과 필터의 시정수 T_c 는 주 운전 영역(Dominant Operating Region)에서의 전압 옵셋과 전류 옵셋에 의한 영향과 고주파 통과 필터의 위상 오차와 크기 특성을 고려하여 적절히 선정되어야 한다. 이러한 방법을 적용하면 정격 속도의 수% 속도 이상에서의 센서리스 제어 특성을 개선할 수 있다. 그러나, 이러한 방식을 사용하더라도 근본적으로 운전주파수가 고주파 통과 필터 차단 각주파수, ω_c, 보다 낮은 영역에서는 고주파 통과 필터의 특성으로 인해 좋은 센서리스 제어 성능을 기대할 수 없다.

식 (6-8)의 고주파 통과 필터를 사용한 자속 추정 특성은 다음과 같이 회전자 지령 자속을 저주파 통과 필터(Low Pass Filter)를 이용하여 보완함으로써 상당 부분 개선할 수 있다.

$$\hat{\boldsymbol{\lambda}}_r^s = \frac{T_c}{1+T_c s}\frac{L_r}{L_m}\left(\mathbf{V}_s^s - (R_s + \sigma L_s s)\mathbf{i}_s^s\right) + \frac{1}{1+T_c s}\boldsymbol{\lambda}_r^{s*}. \tag{6-12}$$

여기서, $\boldsymbol{\lambda}_r^{s*} = \left[\lambda_{dr}^{s*} \;\; \lambda_{dr}^{s*}\right]^T = \left[\lambda_{dr}^{e*}\cos\hat{\theta}_e \;\; \lambda_{dr}^{e*}\sin\hat{\theta}_e\right]^T$ 이고, $\hat{\theta}_e$ 는 추정된 회전자 자속각이다.

식 (6-12)에서, 추정된 각 $\hat{\theta}_e$ 와 회전자 자속 지령의 크기 λ_{dr}^{e*} 가 정확한 경우, 고주

파 통과 필터에 의한 위상 오차와 크기 오차가 회전자 지령 자속의 저주파 통과 필터에 의하여 보상됨을 알 수 있다. 즉, 고정자 회로를 사용하여 추정된 자속을 $\hat{\boldsymbol{\lambda}}_{r\_vm}^{s}$ 이라고 하면,

$$\hat{\boldsymbol{\lambda}}_{r\_vm}^{s} = \frac{L_r}{L_m}\left(\frac{1}{s}\left(\mathbf{V}_s^s - R_s\mathbf{i}_s^s\right) - \sigma L_s\mathbf{i}_s^s\right). \tag{6-13}$$

이고, 이를 식 (6-12)에 대입하면 식 (6-14)를 얻을 수 있다.

$$\hat{\boldsymbol{\lambda}}_r^s = \frac{T_c s}{1+T_c s}\hat{\boldsymbol{\lambda}}_{r\_vm}^{s} + \frac{1}{1+T_c s}\boldsymbol{\lambda}_r^{s*}. \tag{6-14}$$

이 식으로부터, $\hat{\boldsymbol{\lambda}}_{r\_vm}^{s}$ 과 $\hat{\boldsymbol{\lambda}}_r^{s*}$ 이 실제 자속과 일치하는 경우, 추정되는 자속은 전 운전 주파수 영역에서 실제 자속과 일치함을 알 수 있다.

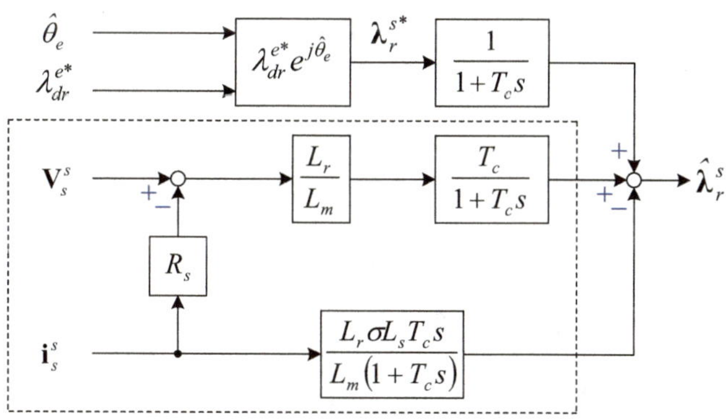

그림 6.2 회전자 자속 추정기의 블록도

<그림 6.2>는 식 (6-12)의 회전자 자속 추정 방법을 블록도로 표시한 것이다. 여기서 고정자 전류에 대한 미분 연산을 피하기 위하여 미분 연산과 저역 통과 필터를 결합하여 고주파 통과 필터로 구현하였다. 또한 점선 안의 부분은 아날로그 회로로도 구현될 수 있다. 이 경우 디지털제어에 비해 정확하고 시지연이 없는 전압과 전류의 측정으로 인하여 제어 성능을 개선할 수 있다. 그러나 이와 같은 보완 과정을 거치더라도 <그림 6.2>의 제어 방법은 기동시 또는 전동기 인가 주파수가 0에 가까운 운전 조건에서 근본적인 문제점을 가진다. 즉 식 (6-14)에서 알 수 있듯이 $s = j\omega \approx 0$ 에서 추정된 회전자 자속은 오직 기준 자속에 의해서만 결정 되므로 전동기로부터 오는 실제 정보가 전

혀 없어 전동기 운전이 불가능해 질 수 있다. 통상 유도전동기는 기동 시에도 슬립 각속도가 있어 이 문제를 해결할 수 있으나, 정방향으로 회전하며 회생 운전을 하는 경우와 같이, 인가 주파수가 0에 가깝게 되면 운전 특성은 나빠질 수 밖에 없다.

2) 제어각의 연산

<그림 6.2>의 회전자 자속 추정기를 구현하기 위해서는 회전자 자속각의 추정치, $\hat{\theta}_e$, 를 계산하여야 한다. <그림 6.3>의 좌표계 관계에서 $\hat{\theta}_e$ 는 고정된 d 축(d^s axis)에서 추정된 제어각이며, $\hat{\theta}_e^*$ 는 같은 축에서 추정된 회전자 자속 벡터의 각이다. 센서리스 벡터 제어를 위해서는 $\hat{\theta}_e$ 이 $\hat{\theta}_e^*$ 를 추종(Tracking)하도록 제어해야 한다. γ^* 는 추정된 동기 좌표계 d^e 축과 고정자 전류 벡터 사이의 각이며, γ 는 추정된 회전자 자속 벡터, $\hat{\boldsymbol{\lambda}}_r^s$, 와 고정자 전류 벡터, $\mathbf{i}_s^s$, 사이 각이다. i_{qs}^{e*}는 제어각, $\hat{\theta}_e$,에서 정의된 고정자 기준 전류(Reference Current) 벡터의 동기 좌표계 q축 성분이며,

$$i_{qs}^{e*} = \left|\mathbf{i}_s^s\right| \sin\gamma^* , \qquad (6\text{–}15)$$

로 표시할 수 있다.

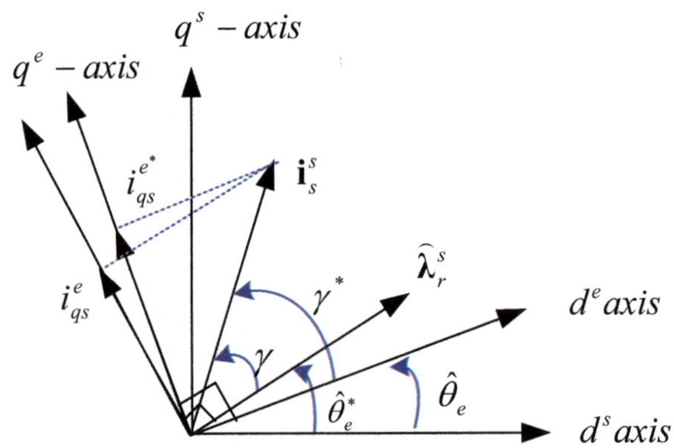

그림 6.3 추정 제어 좌표계와 추정된 회전자 자속

또, i_{qs}^e 는 추정된 회전자 자속 벡터를 기준으로 한 좌표에서 정의되는 고정자 전류 벡터의 동기 좌표계 q축 성분이며,

$$i_{qs}^{e} = \left|\mathbf{i}_s^s\right| \sin\gamma \, , \tag{6-16}$$

이다.

제어각 $\hat{\theta}_e$ 과 추정된 회전자 자속 벡터의 각, $\hat{\theta}_e^*$, 가 일치하기 위해서는, γ^* 와 γ 가 일치해야 한다. 즉, i_{qs}^{e*} 와 i_{qs}^{e} 가 일치하여야 한다.

여기서

$$i_{qs}^{e} = \left|\mathbf{i}_s^s\right| \sin\gamma = \left|\mathbf{i}_s^s\right| \sin\left(\left(\gamma + \hat{\theta}_e^*\right) - \hat{\theta}_e^*\right) = \left|\mathbf{i}_s^s\right| \left(\sin\left(\gamma + \hat{\theta}_e^*\right)\cos\hat{\theta}_e^* - \cos\left(\gamma + \hat{\theta}_e^*\right)\sin\hat{\theta}_e^*\right), \tag{6-17}$$

이고,

$$\begin{aligned} \left|\mathbf{i}_s^s\right| \cos\left(\gamma + \hat{\theta}_e^*\right) &= i_{ds}^{s} \\ \left|\mathbf{i}_s^s\right| \sin\left(\gamma + \hat{\theta}_e^*\right) &= i_{qs}^{s} \end{aligned} \tag{6-18}$$

$$\begin{aligned} \cos\left(\hat{\theta}_e^*\right) &= \frac{\hat{\lambda}_{dr}^{s}}{\sqrt{\hat{\lambda}_{dr}^{s\,2} + \hat{\lambda}_{qr}^{s\,2}}} \\ \sin\left(\hat{\theta}_e^*\right) &= \frac{\hat{\lambda}_{qr}^{s}}{\sqrt{\hat{\lambda}_{dr}^{s\,2} + \hat{\lambda}_{qr}^{s\,2}}} \end{aligned} \tag{6-19}$$

이므로, 식 (6-18)~(6-19)를 식 (6-17)에 대입하면

$$i_{qs}^{e} = \frac{i_{qs}^{s}\hat{\lambda}_{dr}^{s} - i_{ds}^{s}\hat{\lambda}_{qr}^{s}}{\sqrt{\hat{\lambda}_{dr}^{s\,2} + \hat{\lambda}_{qr}^{s\,2}}} \, , \tag{6-20}$$

로 표시될 수 있다. <그림 6.4>는 추정된 회전자 자속과 전동기 입력 전류 및 지령으로부터 자속 각을 계산하는 블록도이다. i_{qs}^{e*} 와 i_{qs}^{e} 의 오차를 비례 적분 제어기(PI)를 통과 시켜 추정 회전자 각주파수, $\hat{\omega}_r$, 를 얻고, 추정된 슬립 주파수, $\hat{\omega}_{sl}$, 를 추정 속도와 더하여 추정 동기 주파수, $\hat{\omega}_e$, 를 얻은 다음, 이를 적분하여 추정각, $\hat{\theta}_e$, 을 얻는다. 이때 $\hat{\omega}_{sl}$ 은 5.2.2.1절에서 유도된 간접 벡터 제어를 위한 슬립 각속도 식과 같이 다음 식에서 계산될 수 있다.

$$\hat{\omega}_{sl} = \hat{\tau}_r \frac{i_{qs}^{e*}}{\lambda_{dr}^{e*}} \tag{6-21}$$

여기서 $\hat{\tau}_r$ 는 회전자 시정수 $\frac{L_r}{R_r}$ 의 추정된 설정 값이다.

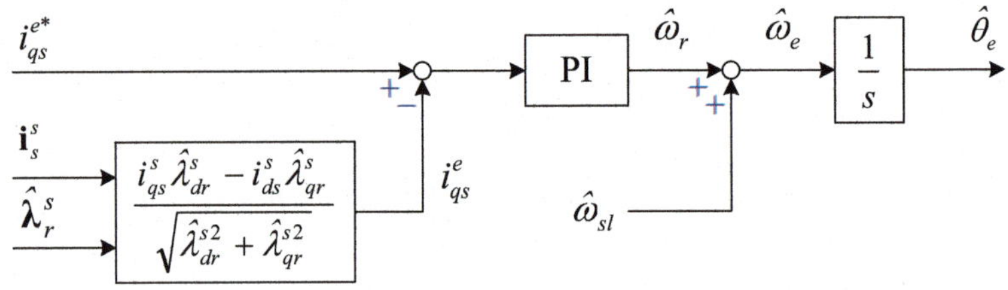

그림 6.4 제어각의 연산

6.1.1.2 적응 속도 관측기(Adaptive Speed Observer, ASO) (참고문헌 [23])

1) 유도 전동기 상태(State) 방정식

식 (6-4)를 복소수로 표현된 회전자 전압식 (6-22)에 대입하여 정리하면 식 (6-23)을 얻는다.

$$0 = R_r \mathbf{i}_r^s + \frac{d}{dt}\boldsymbol{\lambda}_r^s - j\omega_r \boldsymbol{\lambda}_r^s . \tag{6-22}$$

$$0 = R_r \left(\frac{1}{L_r}\boldsymbol{\lambda}_r^s - \frac{L_m}{L_r}\mathbf{i}_s^s \right) + \frac{d}{dt}\boldsymbol{\lambda}_r^s - j\omega_r \boldsymbol{\lambda}_r^s . \tag{6-23}$$

위 식을 회전자 자속의 미분식으로 나타내면 다음과 같다.

$$\frac{d}{dt}\boldsymbol{\lambda}_r^s = R_r \frac{L_m}{L_r}\mathbf{i}_s^s - \frac{R_r}{L_r}\boldsymbol{\lambda}_r^s + j\omega_r \boldsymbol{\lambda}_r^s . \tag{6-24}$$

식 (6-4)를 이용하면 고정자 자속은 다음 식과 같이 회전자 자속과 고정자 전류로 표현할 수 있다.

$$\boldsymbol{\lambda}_s^s = L_s \mathbf{i}_s^s + L_m \mathbf{i}_r^s = L_s \mathbf{i}_s^s + L_m \left(-\frac{L_m}{L_r}\mathbf{i}_s^s + \frac{1}{L_r}\boldsymbol{\lambda}_r^s \right) = \left(L_s - \frac{L_m^2}{L_r} \right)\mathbf{i}_s^s + \frac{L_m}{L_r}\boldsymbol{\lambda}_r^s = \sigma L_s \mathbf{i}_s^s + \frac{L_m}{L_r}\boldsymbol{\lambda}_r^s . \tag{6-25}$$

이 식을 식 (6-1)의 고정자 전압식에 대입하여 정리하면

$$\begin{aligned}\mathbf{V}_s^s &= R_s\mathbf{i}_s^s + \frac{d}{dt}\boldsymbol{\lambda}_s^s = R_s\mathbf{i}_s^s + \sigma L_s\frac{d}{dt}\mathbf{i}_s^s + \frac{L_m}{L_r}\frac{d}{dt}\boldsymbol{\lambda}_r^s \\ &= R_s\mathbf{i}_s^s + \sigma L_s\frac{d}{dt}\mathbf{i}_s^s + \frac{L_m}{L_r}\left(R_r\frac{L_m}{L_r}\mathbf{i}_s^s - \frac{R_r}{L_r}\boldsymbol{\lambda}_r^s + j\omega_r\boldsymbol{\lambda}_r^s\right) \\ &= \left\{R_s + R_r\left(\frac{L_m}{L_r}\right)^2\right\}\mathbf{i}_s^s + \sigma L_s\frac{d}{dt}\mathbf{i}_s^s - R_r\frac{L_m}{L_r^2}\boldsymbol{\lambda}_r^s + \left(\frac{L_m}{L_r}\right)j\omega_r\boldsymbol{\lambda}_r^s\end{aligned} \quad , \text{(6–26)}$$

이 되고, 위 식을 고정자 전류에 대한 미분식으로 나타내면 다음 식과 같이 표시될 수 있다.

$$\frac{d}{dt}\mathbf{i}_s^s = -\frac{\left\{R_s + R_r\left(\frac{L_m}{L_r}\right)^2\right\}}{\sigma L_s}\mathbf{i}_s^s + \frac{\left(R_r\frac{L_m}{L_r^2}\right)}{\sigma L_s}\boldsymbol{\lambda}_r^s - \frac{L_m}{\sigma L_s L_r}j\omega_r\boldsymbol{\lambda}_r^s + \frac{1}{\sigma L_s}\mathbf{V}_s^s \,. \quad \text{(6–27)}$$

회전자 자속과 고정자 전류의 미분식으로 표현된 식 (6-24)와 식 (6-27)에서 각 계수는, 누설 계수(Leakage Coefficient, σ)와 회전자 시정수의 다음 두 관계식을 이용하면 다음과 같이 변형될 수 있다.

$$\sigma = 1 - \frac{L_m^2}{L_s L_r} \,. \quad \text{(6–28)}$$

$$\tau_r = \frac{L_r}{R_r} \,. \quad \text{(6–29)}$$

즉,

$$\frac{\left\{R_s + R_r\left(\frac{L_m}{L_r}\right)^2\right\}}{\sigma L_s} = \frac{R_s}{\sigma L_s} + \frac{\frac{L_m^2}{L_s L_r}\frac{R_r}{L_r}}{\sigma} = \frac{R_s}{\sigma L_s} + \frac{(1-\sigma)\frac{1}{\tau_r}}{\sigma} = \frac{R_s}{\sigma L_s} + \frac{(1-\sigma)}{\sigma\tau_r} \,. \quad \text{(6–30)}$$

$$\frac{\left(R_r\frac{L_m}{L_r^2}\right)}{\sigma L_s} = \frac{L_m\frac{R_r}{L_r}}{\sigma L_s L_r} = \frac{L_m\frac{1}{\tau_r}}{\sigma L_s L_r} = \frac{L_m}{\sigma L_s L_r}\frac{1}{\tau_r} \,. \quad \text{(6–31)}$$

$$R_r\frac{L_m}{L_r} = L_m\frac{R_r}{L_r} = \frac{L_m}{\tau_r} \,. \quad \text{(6–32)}$$

이 관계식들을 다시 고정자 전류와 회전자 자속의 미분식, 식 (6-27)에 대입하면 다음 두 식과 같이 정리할 수 있다.

$$\frac{d}{dt}\mathbf{i}_s^s = -\left\{\frac{R_s}{\sigma L_s} + \frac{(1-\sigma)}{\sigma \tau_r}\right\}\mathbf{i}_s^s + \frac{L_m}{\sigma L_s L_r}\frac{1}{\tau_r}\boldsymbol{\lambda}_r^s - \frac{L_m}{\sigma L_s L_r} j\omega_r \boldsymbol{\lambda}_r^s + \frac{1}{\sigma L_s}\mathbf{V}_s^s . \tag{6-33}$$

$$\frac{d}{dt}\boldsymbol{\lambda}_r^s = \frac{L_m}{\tau_r}\mathbf{i}_s^s - \frac{1}{\tau_r}\boldsymbol{\lambda}_r^s + j\omega_r \boldsymbol{\lambda}_r^s . \tag{6-34}$$

식 (6-33)과 식 (6-34)의 복소수 벡터로 표시된 유도 전동기의 상태 방정식을 다음 식과 같은 4×4 행렬(Matrix)의 형태로 표현할 수 있다.

$$\frac{d}{dt}\begin{bmatrix}\mathbf{i}_s \\ \boldsymbol{\lambda}_r\end{bmatrix} = \begin{bmatrix}\mathbf{A}_{11} & \mathbf{A}_{12} \\ \mathbf{A}_{21} & \mathbf{A}_{22}\end{bmatrix}\begin{bmatrix}\mathbf{i}_s \\ \boldsymbol{\lambda}_r\end{bmatrix} + \begin{bmatrix}\mathbf{B}_1 \\ 0\end{bmatrix}\mathbf{V}_s = \mathbf{AX} + \mathbf{BV}_s . \tag{6-35}$$

$$\mathbf{i}_\mathrm{S} = \mathbf{CX} . \tag{6-36}$$

$$\mathbf{X} = \left[i_{ds}^s \ i_{qs}^s \ \lambda_{dr}^s \ \lambda_{qr}^s \right]^T$$

여기서, $\mathbf{i}_s = \left[i_{ds}^s \ i_{qs}^s \right]^T$ 이고,

$$\boldsymbol{\lambda}_r = \left[\lambda_{ds}^s \ \lambda_{qr}^s \right]^T$$

$$\mathbf{A}_{11} = -\left\{\frac{R_s}{\sigma L_s} + \frac{(1-\sigma)}{\sigma\tau_r}\right\}\mathbf{I} = a_{r11}\mathbf{I} ,$$

$$\mathbf{A}_{12} = \frac{L_m}{\sigma L_s L_r}\left\{\left(\frac{1}{\tau_r}\right)\mathbf{I} - \omega_r \mathbf{J}\right\} = a_{r12}\mathbf{I} + a_{i12}\mathbf{J} ,$$

$$\mathbf{A}_{21} = \frac{L_m}{\tau_r}\mathbf{AI} = a_{r21}\mathbf{I} ,$$

$$\mathbf{A}_{22} = -\left(\frac{1}{\tau_r}\right)\mathbf{I} + \omega_r \mathbf{J} = a_{r22}\mathbf{I} + a_{i22}\mathbf{J} ,$$

$$\mathbf{B}_1 = \frac{1}{\sigma L_s}\mathbf{I} = b_1\mathbf{I} ,$$

$\mathbf{C} = [\mathbf{I} \quad 0]$ 이다.

또

$$\mathbf{I} = \begin{bmatrix} 1 & 0 \\ 0 & 1 \end{bmatrix},$$

$$\mathbf{J} = \begin{bmatrix} 0 & -1 \\ 1 & 0 \end{bmatrix} \text{이다.}$$

또한,

$$a_{r11} = -\left\{\frac{R_s}{\sigma L_s} + \frac{(1-\sigma)}{\sigma\tau_r}\right\},\ a_{r12} = \frac{L_m}{\sigma L_s L_r}\cdot\frac{1}{\tau_r} = \frac{1}{c}\cdot\frac{1}{\tau_r},\ a_{i12} = -\frac{L_m}{\sigma L_s L_r}\omega_r = -\frac{1}{c}\omega_r,$$

$$a_{r21} = \frac{L_m}{\tau_r},\ a_{r22} = -\frac{1}{\tau_r},\ a_{i22} = \omega_r,\ b_1 = \frac{1}{\sigma L_s},\ c = \frac{\sigma L_s L_r}{L_m} \text{ 이다.}$$

이러한 상태 방정식을 이용하여 상태 관측기를 구성하면 유도 전동기의 회전 속도를 추정할 수 있다.

2) 상태 관측기(State Observer)

고정자 전류와 회전자 자속을 함께 추정하는 상태 관측기는 다음 식과 같이 표현될 수 있다.

$$\frac{d}{dt}\hat{\mathbf{X}} = \hat{\mathbf{A}}\hat{\mathbf{X}} + \mathbf{B}\mathbf{V}_s \mathrm{G}(\hat{\mathbf{i}}_\mathrm{s} - \mathbf{i}_\mathrm{s}) \tag{6-37}$$

여기서 '∧'은 추정된 값을 의미하고 **G**는 다음 식과 같은 관측기의 이득 행렬(Observer Gain Matrix)이다.

$$\mathbf{G} = \begin{bmatrix} g_1 & g_2 & g_3 & g_4 \\ -g_2 & g_1 & -g_4 & g_3 \end{bmatrix}^T \tag{6-38}$$

식 (6-37)을 다시 쓰면 다음 식과 같이 된다.

$$\frac{d}{dt}\begin{bmatrix}\hat{i}_{ds}^{s}\\ \hat{i}_{qs}^{s}\\ \hat{\lambda}_{dr}^{s}\\ \hat{\lambda}_{qr}^{s}\end{bmatrix}=\begin{bmatrix}a_{r11} & 0 & a_{r12} & -\hat{a}_{i12}\\ 0 & a_{r11} & \hat{a}_{i12} & a_{r12}\\ a_{r21} & 0 & a_{r22} & -\hat{a}_{i22}\\ 0 & a_{r12} & \hat{a}_{i22} & a_{r22}\end{bmatrix}\begin{bmatrix}\hat{i}_{ds}^{s}\\ \hat{i}_{qs}^{s}\\ \hat{\lambda}_{dr}^{s}\\ \hat{\lambda}_{qr}^{s}\end{bmatrix}+\begin{bmatrix}b_1 & 0\\ 0 & b_1\\ 0 & 0\\ 0 & 0\end{bmatrix}\begin{bmatrix}V_{ds}^{s}\\ V_{qs}^{s}\end{bmatrix}+\begin{bmatrix}g_1 & -g_2\\ g_2 & g_1\\ g_3 & -g_4\\ g_4 & g_3\end{bmatrix}\begin{bmatrix}\hat{i}_{ds}^{s} & -i_{ds}^{s}\\ \hat{i}_{qs}^{s} & -i_{qs}^{s}\end{bmatrix} \quad \text{(6-39)}$$

식 (6-35)와 식 (6-37)로부터, 고정자 전류와 회전자 자속의 추정 오차를 다음 식과 같이 구할 수 있다.

$$\begin{aligned}\frac{d}{dt}\left(\mathbf{X}-\hat{\mathbf{X}}\right)&=\left(\mathbf{AX}-\hat{\mathbf{A}}\hat{\mathbf{X}}\right)-\mathbf{G}\left(\mathbf{i}_s-\hat{\mathbf{i}}_s\right)\\ \frac{d}{dt}\mathbf{e}&=\left(\mathbf{AX}-(\mathbf{A}+\Delta\mathbf{A})\hat{\mathbf{X}}\right)-\mathbf{GC}\left(\mathbf{X}-\hat{\mathbf{X}}\right).\\ &=(\mathbf{A}-\mathbf{GC})\mathbf{e}-\Delta\mathbf{A}\hat{\mathbf{X}}\end{aligned} \quad \text{(6-40)}$$

여기서, $\mathbf{e}=\mathbf{X}-\hat{\mathbf{X}}$, $\Delta\mathbf{A}=\hat{\mathbf{A}}-\mathbf{A}=\begin{bmatrix}0 & -\Delta\omega_r\mathbf{J}/c\\ 0 & \Delta\omega_r\mathbf{J}\end{bmatrix}$, $\mathbf{C}=[\mathbf{I}\quad \mathbf{0}]$, $c=\dfrac{\sigma_s L_r}{L_m}$,

$\Delta\omega_r=\hat{\omega}_r-\omega_r$ 이다.

식 (6-41)과 같은 리아프노프 함수(Lyapunov Function)를 정의하면, 리아프노프 함수, V, 의 시간에 대한 미분은 식 (6-42)와 같다.

$$\mathrm{V}=\mathbf{e}^T\mathbf{e}+(\hat{\omega}_r-\omega_r)^2/\gamma \quad \text{(6-41)}$$

여기서, γ 는 양(Positive)의 상수이다.

$$\begin{aligned}\frac{d}{dt}\mathrm{V}&=\frac{d}{dt}\mathbf{e}^T\mathbf{e}+\mathbf{e}^T\frac{d}{dt}\mathbf{e}+2(\hat{\omega}_r-\omega_r)\frac{d}{dt}\hat{\omega}_r/\gamma\\ &=\mathbf{e}^T\left\{(\mathbf{A}+\mathbf{GC})^T+(\mathbf{A}+\mathbf{GC})\right\}\mathbf{e}-\mathbf{X}^T\Delta\mathbf{A}^T\mathbf{e}-\mathbf{e}^T\Delta\mathbf{AX}+2\Delta\omega_r\frac{d}{dt}\hat{\omega}_r/\gamma\\ &=\mathbf{e}^T\left\{(\mathbf{A}+\mathbf{GC})^T+(\mathbf{A}+\mathbf{GC})\right\}\mathbf{e}-2\Delta\omega_r\left(e_{ids}\hat{\lambda}_{qr}^{s}-e_{iqs}\hat{\lambda}_{dr}^{s}\right)/c+2\Delta\omega_r\frac{d}{dt}\hat{\omega}_r/\gamma\end{aligned} \quad \text{(6-42)}$$

여기서, $e_{ids} = i_{ds}^s - \hat{i}_{ds}^s$, $e_{iqs} = i_{qs}^s - \hat{i}_{qs}^s$ 이다.

속도 추정의 적응 법칙(Adaptive Law)은 식 (6-42)의 두 번째 항과 세 번째 항이 서로 상쇄 되도록 설정함으로써 다음 식과 같이 구할 수 있다.

$$\frac{d}{dt}\hat{\omega}_r = \frac{\gamma\left(e_{ids}\hat{\lambda}_{qr}^s - e_{iqs}\hat{\lambda}_{dr}^s\right)}{c} \tag{6-43}$$

그러므로, 추정기 이득 행렬 $\mathbf{G}$를 식 (6-42)의 첫 번째 항 $\mathbf{e}^T\left\{(\mathbf{A}+\mathbf{GC})^T + (\mathbf{A}+\mathbf{GC})\right\}\mathbf{e}$ 가 "0" 또는 음의 값을 가지도록(Negative-semidefinite) 설정한다면, 추정기는 안정되게 된다. 전동기의 속도가 빨리 변화하므로, 속도 추정에 있어 수렴(Convergence) 속도를 증가시키기 위하여 식 (6-43)에 미분항을 추가하여 다음과 같은 비례 적분기(PI) 형태로 속도를 추정하는 것이 실질적으로 유용하다.

$$\hat{\omega}_r = K_p(e_{ids}\hat{\lambda}_{qr}^s - e_{iqs}\hat{\lambda}_{dr}^s) + K_i\int_0^t (e_{ids}\hat{\lambda}_{qr}^s - e_{iqs}\hat{\lambda}_{dr}^s)\,d\tau \tag{6-44}$$

3) 관측기 이득 행렬의 선정

유도 전동기 자체가 안정적인 시스템이므로 관측기를 포함한 전체 시스템의 극점(Pole)이 전동기의 극점과 비례하도록 관측기의 이득 행렬, $\mathbf{G}$, 를 설정할 수 있으며, 이 경우 전체 시스템 또한 안정적으로 동작한다. 수식 전개의 간략화를 위하여 관측기를 다음과 같이 복소수로 표현할 수 있다.

$$\frac{d}{dt}\mathbf{X} = \hat{\mathbf{A}}\mathbf{X} + \mathbf{B}\mathbf{V}_s + \mathbf{G}\left(\hat{\mathbf{i}}_s - \mathbf{i}_s\right) \tag{6-45}$$

여기서, $\mathbf{X} = \begin{bmatrix}\hat{\mathbf{i}}_s^s & \hat{\boldsymbol{\lambda}}_r^s\end{bmatrix}^{\mathrm{T}}$,

$$\hat{\mathbf{i}}_s^s = \hat{i}_{ds}^s + j\hat{i}_{qs}^s,$$

$$\hat{\boldsymbol{\lambda}}_r^s = \hat{\lambda}_{dr}^s + j\hat{\lambda}_{qr}^s,$$

$$\mathbf{i}_s^s = i_{ds}^s + ji_{qs}^s,$$

$$\mathbf{V}_s^s = V_{ds}^s + jV_{qs}^s,$$

$$\hat{\mathbf{A}} = \begin{bmatrix} \hat{a}_{r11} & \hat{a}_{r12} + j\hat{a}_{i12} \\ \hat{a}_{r21} & \hat{a}_{r22} + j\hat{a}_{i22} \end{bmatrix},$$

$$\mathbf{B} = \begin{bmatrix} b_1 \\ 0 \end{bmatrix},$$

$$\mathbf{G} = \begin{bmatrix} g_1 + jg_2 \\ g_3 + jg_4 \end{bmatrix}$$ 이다.

관측기를 포함한 전체 시스템의 극점은 다음 식과 같이 특성 방정식(Characteristic Equation)을 구함으로써 알 수 있다.

$$\det\left[s\mathrm{I} - \left(\hat{\mathbf{A}} + \mathbf{GC}\right)\right] = \det\begin{bmatrix} s-(\hat{a}_{r11}+g_1+jg_2) & -(\hat{a}_{r12}+j\hat{a}_{i12}) \\ -(\hat{a}_{r21}+g_3+jg_4) & s-(\hat{a}_{r22}+j\hat{a}_{i22}) \end{bmatrix} = 0. \tag{6-46}$$

여기에 $\hat{a}_{r22} = -c\hat{a}_{r12}$, $\hat{a}_{i22} = -c\hat{a}_{i12}$ 의 관계를 대입하여 정리하면 다음 식을 얻는다.

$$\begin{aligned} s^2 &- \{(\hat{a}_{r11} + \hat{a}_{r22} + g_1) + j(\hat{a}_{i22} + g_2)\}s \\ &- (\hat{a}_{r12} + j\hat{a}_{i12})\{c\hat{a}_{r11} + cg_1 + \hat{a}_{r21} + g_3 + j(cg_2 + g_4)\} = 0 \end{aligned} \tag{6-47}$$

유도 전동기만의 특성 방정식은 관측기의 이득 행렬을 “0”으로 함으로써($g_1 = g_2 = g_3 = g_4 = 0$) 구할 수 있다.

$$s^2 - \{(\hat{a}_{r11} + \hat{a}_{r22}) + j\hat{a}_{i22}\}s - (\hat{a}_{r12} + j\hat{a}_{i12})(c\hat{a}_{r11} + \hat{a}_{r21}) = 0. \tag{6-48}$$

이로부터 유도 전동기 만의 특성 방정식에서 얻은 전동기의 극점과 비례(k 배)하는 전체 관측기의 특성 방정식은 다음 식과 같다.

$$s^2 - k\{(\hat{a}_{r11} + a_{r22}) + j\hat{a}_{i22}\}s - k^2(\hat{a}_{r12} + j\hat{a}_{i12})(c\hat{a}_{r11} + \hat{a}_{r21}) = 0 \tag{6-49}$$

이 식과 관측기의 특성 방정식, 식 (6-47)의 실수부와 허수부를 각각 비교함으로써 관측기의 이득들을 다음과 같이 구할 수 있다.

$$g_1 = (k-1)(\hat{a}_{r11} + \hat{a}_{r22}). \tag{6-50}$$

$$g_2 = (k-1)\hat{a}_{i22}. \tag{6-51}$$

$$g_3 = (k^2 - 1)(c\hat{a}_{r11} + \hat{a}_{r21}) - cg_1 = (k^2 - 1)(c\hat{a}_{r11} + \hat{a}_{r21}) - c(k-1)(\hat{a}_{r11} + \hat{a}_{r22})\ . \quad (6\text{–}52)$$

$$g_4 = -cg_2 = -c(k-1)\hat{a}_{i22}\ . \quad (6\text{–}53)$$

이상과 같은 적응 속도 관측기를 이용한 센서리스 제어 기법을 이용할 경우, 정격 속도의 2~3% 정도의 저속에서 정격 부근에서 전동기로 동작(Motoring)하는 경우에서 실용적인 제어 특성을 얻을 수 있다. 그러나 회생 운전의 경우에는 정방향 운전에서 슬립 각속도가 음이 되므로 인가 주파수가 0에 가까워지게 되어 제어가 불가능해 진다. 따라서 저속에서 회생운전은 불가능하다. 또 적응 속도 관측기를 이용하더라도 전동기 단자 전압의 정확한 측정 또는 추정이 필수적이다. 따라서 7장에서 설명할 데드타임 보상 방법 또는 여러가지의 단자 전압 측정 및 추정 방법이 함께 고려 되어야 한다.

6.2 표면 부착형 영구자석 동기 전동기(SMPMSM)의 센서리스 제어

동기 전동기는 유도 전동기와 달리 기동 시 기동 토크를 발생 시킬 때에도 인가 주파수가 0이므로 역기전력과 전동기 모델에 근거한 센서리스 운전을 할 경우 반드시 별도의 기동 방법을 강구하여야 한다. 통상적으로 고정자에 낮은 주파수의 전류를 흘려 저속으로 회전하는 회전자계를 만들어 회전자가 따라 돌게하는 오픈 루프(Open Loop) 방법으로 기동 한 후 인가 주파수를 서서히 증가시켜 일정 속도 이상에서 역기전력의 크기가 제어에 사용할 수 있을 정도로 커지게 되면 역기전력과 모델에 의한 궤환(Feedback) 방식의 센서리스 제어로 절환하는 방법을 사용한다.

<그림 6.5>는 표면 부착형 영구자석 동기 전동기의 센서리스 제어를 위한 블록도이다(참고문헌 [64]). 영구자석 동기 전동기의 센서리스 제어 기법에는 다양한 방법이 개발되어 상용화되고 있으나 본 절에서는 d축 전류 제어의 오차를 이용한 간단한 센서리스 기법에 대해 언급하고자 한다. <그림 6.5>와 같은 제어 기법은 위치 제어나 저속에서 지속적인 운전이 필요 없고 부하 토크의 변동이 심하지 않은 경우에 적합하다.

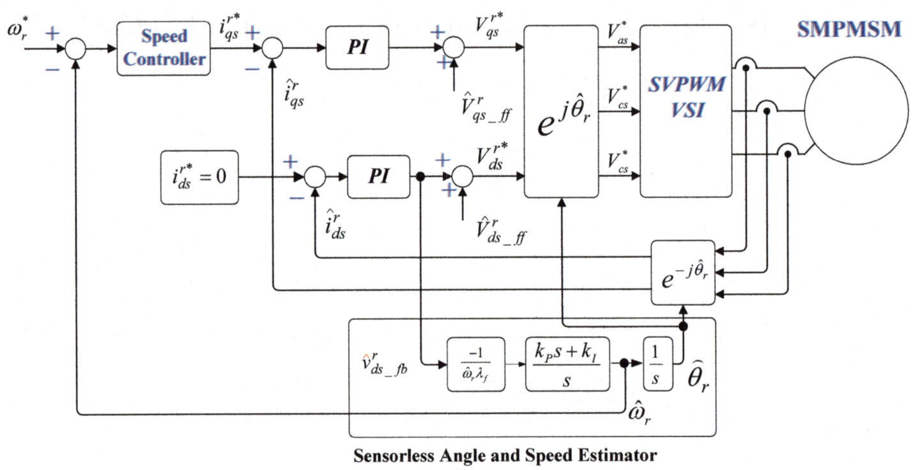

그림 6.5 표면 부착형 영구자석 전동기의 센서리스 제어 블록도

<그림 6.5>에서 전향 보상항(Feed Forward Term) $\hat{V}^r_{ds\_ff}$, $\hat{V}^r_{gs\_ff}$ 은 아래 수식과 같이 주어진다.

$$\hat{V}^r_{ds\_ff} = \hat{R}_s i^{r*}_{ds} - \hat{L}_s \hat{\omega}_r i^{r*}_{qs} . \tag{6-54}$$

$$\hat{V}^r_{qs\_ff} = \hat{R}_s i^{r*}_{qs} + \hat{L}_s \hat{\omega}_r i^{r*}_{ds} + \hat{\omega}_r \hat{\lambda}_f . \tag{6-55}$$

여기서 $\hat{\omega}_r$ 은 전기각으로 표시된 회전자의 추정 각속도이다.

과도 상태(Transient State)를 무시하면 표면 부착형 영구자석 전동기의 전압 방정식은 추정된 기준 좌표계(추정된 회전자의 d축에 동기된 좌표계)에서 다음 식과 같다.

$$\hat{V}^r_{ds} = R_s \hat{i}^r_{ds} - \hat{\omega}_r \hat{L}_s \hat{i}^r_{qs} + \hat{\omega}_r \hat{\lambda}_f \sin\theta_{err} . \tag{6-56}$$

$$\hat{V}^r_{qs} = \hat{R}_s \hat{i}^r_{qs} + \hat{\omega}_r \hat{L}_s \hat{i}^r_{ds} + \hat{\omega}_r \hat{\lambda}_f \cos\theta_{err} . \tag{6-57}$$

여기서 각오차, θ_{err} , 은 실제 회전자의 회전각 θ_r 과 추정된 $\hat{\theta}_r$ 과의 차이로 다음과 같이 정의된다.

$$\theta_{err} = \hat{\theta}_r - \theta_r . \tag{6-58}$$

식 (6-54)와 식 (6-56)으로부터 각 오차 θ_{err} 가 있을 때, 추정된 d축에서의 전압 오차는 식 (6-59)와 같이 표시될 수 있다.

$$V^r_{ds\_error} = R_s(\hat{i}^r_{ds} - i^{r*}_{ds}) - \omega_r L_s(\hat{i}^r_{qs} - i^{r*}_{qs}) + \omega_r \lambda_f \sin\theta_{err} . \tag{6-59}$$

만약 d, q축 전류가 전류 제어기에 의해 기준 전류를 잘 추종하도록 제어되고(즉 $\hat{i}^r_{ds} \approx i^{r*}_{ds}$, $\hat{i}^r_{qs} \approx i^{r*}_{qs}$) 또한 θ_{err} 가 작은 범위에 있다면($\sin\theta_{err} \approx \theta_{err}$), d축 전류 제어기의 출력 $V^r_{ds\_fb}$ 는 다음 식과 같이 근사화될 수 있다.

$$\hat{V}^r_{ds\_fb} \approx V^r_{ds\_error} \approx \omega_r \lambda_f \sin\theta_{err} \approx \omega_r \lambda_f \theta_{err} . \tag{6-60}$$

식 (6-60)의 d축 전류 제어기 출력의 부호를 반전한 후(식 (6-60)의 값은 추정각이 실제각 보다 커질수록 커지므로) 추정된 속도, $\hat{\omega}_r$ 와 추정된 전동기 정수 $\hat{\lambda}_f$ 로 나눈 후 이를 비례 적분 제어기의 입력으로 하고 비례 적분 제어기의 출력을 추정 회전자 각속도 $\hat{\omega}_r$ 로 두면, 비례 적분 제어기는 θ_{err} 를 0으로 만들기 위해 회전자 속도를 조절하게 된다. 따라서 제어를 위한 추정각 $\hat{\theta}_r$ 은 $\hat{\omega}_r$ 을 적분함으로써 손쉽게 구할 수 있다.

이러한 센서리스 제어 기법은 통상적인 제어 범위(정격 속도의 수% 이상의 속도 범위, 수십 rad/s 이하의 속도 제어 대역폭)에서 비교적 우수한 제어 성능을 나타낸다. 정지 상태에서의 기동(Starting)을 위해서는 <그림 6.6>에 보인 바와 같이 일정 크기(정격 전류 또는 전류 제한 값)의 대칭 3상 전류를 인가하여 부하의 관성과 기동 토크를 고려한 낮은 주파수로 회전자계를 형성한 후, 일정 시간(구간 I) 동안 이를 인가하여 회전자가 회전 자속에 동기된 후, 천천히 가속(구간 II)하여 일정 속도를 지난 후 <그림 6.5>의 제어 기법으로 전환(구간 III)한다. 구간 I, II의 운전에서는 궤환(Feedback)이 없으므로(Open Loop Control) 이때 큰 외란(Disturbance)이 인가될 경우 전동기가 탈조(Out of Synchronization)할 우려가 있다.

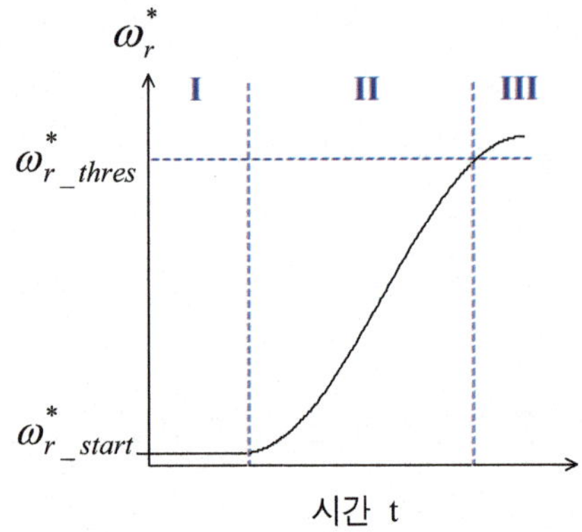

그림 6.6 표면 부착형 영구자석 전동기의 기동 및 초기 가속을 위한 기준 속도의 변화

기동 및 초기 가속 운전 시 전류 제어는 <그림 6.7>과 같이 실행될 수 있다. 전동기가 충분히 가속되어 역기전력이 커지면 제어 방법을 <그림 6.5>의 기법으로 절환한다.

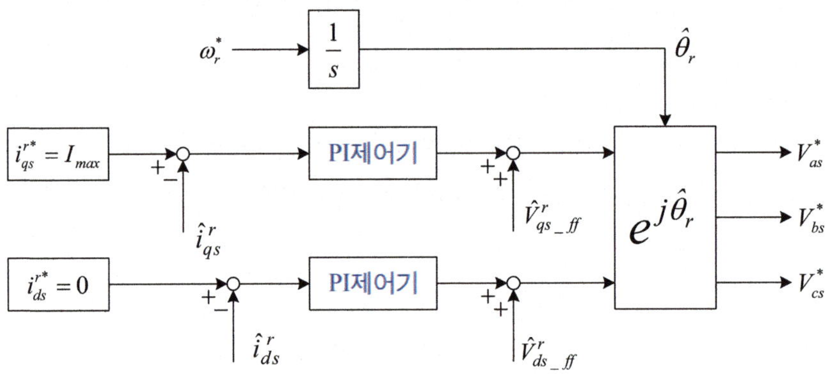

그림 6.7 기동 및 초기 가속 시 전류 제어를 위한 블록도

만약 약자속 제어를 위하여 또는 매입형 영구자석 동기전동기 제어를 위하여 d축 전류를 흘려야 할 경우에는 <그림 6.5>의 제어 방법을 적절히 수정하여 센서리스 제어기를 구현할 수 있다. **D축 전류가 0이 아닌 경우에는 식 (6-54), (6-55)의 전향 보상항에 d축 전류 성분이 포함 되어 제어에 영향을 미칠 수 있어 제어 성능이 악화될 우려**가 있다. 특히 속도가 높고 d축 전류의 크기가 클 경우 식 (6-55)의 $\hat{L}_s\hat{\omega}_r i_{ds}^{r*}$ 항에 오차가 크게 발생할 우려가 있어 이에 유의하여야 한다.

6.3 매입형 영구자석 동기 전동기(IPMSM)의 센서리스 제어

3.3.3.2절에서 모델링된 매입형 영구자석 동기 전동기의 경우 자기저항(Reluctance)에 의한 토크를 활용하기 위해서는 d-q축 전류를 전부 적절히 제어하여야 한다. 매입형 전동기의 센서리스 제어를 위하여 여러 방법들이 제안 되었고 실용화 되었다. 본 절에서는 대표적인 몇가지 방법을 소개한다. 앞절에서 언급한 바와 같이 표면 부착형 영구자석 전동기 센서리스 방법 역시 전향 보상항과 전동기 제정수의 적절한 수정을 통해 매입형 전동기에도 적용 될 수 있다. 또, 표면 부착형 영구자석 동기 전동기는 매입형 영구자석 전동기의 한 예이므로 본절에서 언급한 모든 방법이 표면 부착형 전동기에도 손쉽게 적용 될 수 있다. 일반적인 매입형 영구 자석 전동기의 센서리스 제어를 위한 블록도는 아래 그림같이 표시 될 수 있다.

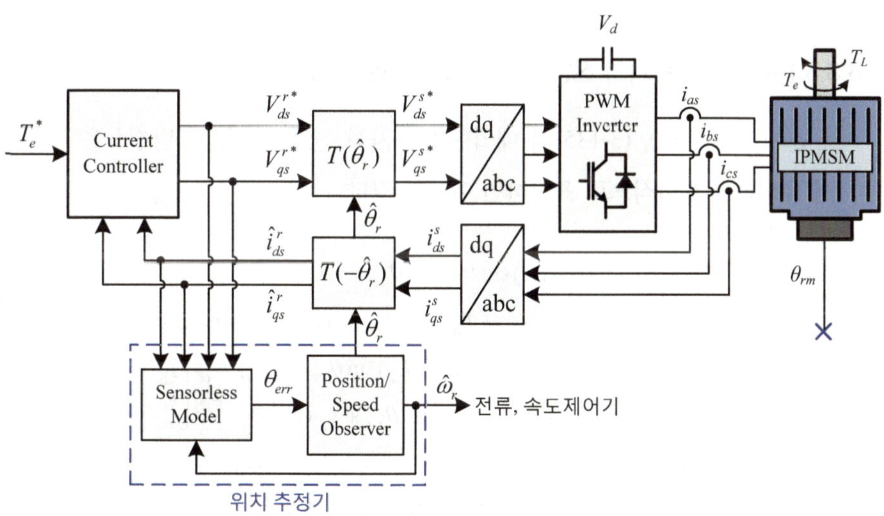

그림 6.8 매입형 영구자석 전동기의 센서리스 제어를 위한 블록도

토크지령은 속도제어/위치 제어에 있어서는 상위의 속도 제어기에서 주어질 수도 있다. 본 블록도에서는 토크 제어를 가정하였다. 여러 센서리스 알고리듬의 핵심은 어떻게 전동기 회전자의 전기각 오차, θ_{err}, 를 추정하는가 하는 것이다.

각 오차가 추정되면 위치/속도 관측기(Position/Speed Observer)는 여러가지 방법으로 구성 될 수 있으며, 아래와 같은 형태의 관측기가 유용하게 사용 될 수 있다.

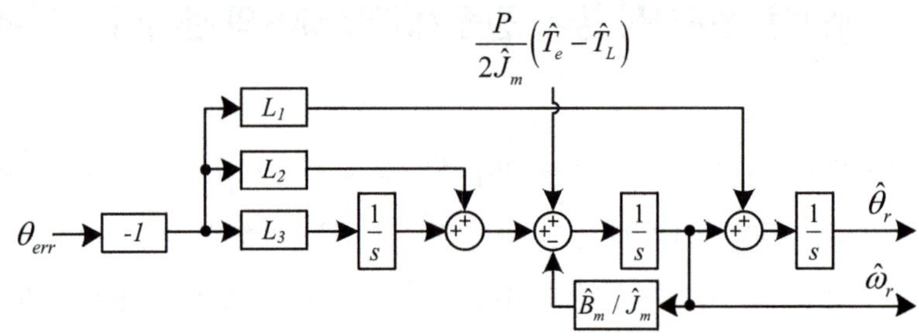

그림 6.9 센서리스 제어를 위한 위치/속도 관측기의 블록도

<그림 6.9>의 관측기는 PID+I(Proportional, Integral, Differential+Integral) 형태의 관측기로 L_3이득을 이용하여 낮은 주파수의 외란(Disturbance) 토크에 대하여 정상상태에서 회전자 위치를 비교적 정확하게 추정하고 토크전향 보상을 통하여 회전자 위치와 속도의 추정 성능을 향상 시킬 수 있다. 관측기의 구현과 이득 설정에 관해서는 4.3.3절의 내용을 참고한다.

6.3.3.1 매입형 전동기의 전압 방정식에 근거한 방법 [12]

먼저 식 (3-134), (3-135)의 매입형 영구자석 전동기의 전압 방정식을 추정 좌표축에서 유도하여 행렬식으로 표시하면 아래와 같다.

$$\begin{bmatrix}\hat{V}_{ds}^r\\ \hat{V}_{qs}^r\end{bmatrix} = R_s\begin{bmatrix}\hat{i}_{ds}^r\\ \hat{i}_{qs}^r\end{bmatrix} + \omega_{err}\begin{bmatrix}(L_q-L_d)\sin\theta_{err}\cos\theta_{err} & -L_d\cos^2\theta_{err}-L_q\sin^2\theta_{err}\\ L_d\sin^2\tilde{\theta}_{err}+L_q\cos^2\tilde{\theta}_{err} & (L_d-L_q)\sin\theta_{err}\cos\theta_{err}\end{bmatrix}\begin{bmatrix}\hat{i}_{ds}^r\\ \hat{i}_{qs}^r\end{bmatrix}$$
$$+\begin{bmatrix}L_d\cos^2\theta_{err}+L_q\sin^2\theta_{err} & (L_q-L_d)\sin\theta_{err}\cos\theta_{err}\\ (L_q-L_d)\sin\theta_{err}\cos\theta_{err} & L_d\sin^2\theta_{err}+L_q\cos^2\theta_{err}\end{bmatrix}\frac{d}{dt}\begin{bmatrix}\hat{i}_{ds}^r\\ \hat{i}_{qs}^r\end{bmatrix}$$
$$+\omega_r\begin{bmatrix}(L_d-L_q)\sin\theta_{err}\cos\theta_{err} & -L_d\sin^2\theta_{err}-L_q\cos^2\theta_{err}\\ L_d\cos^2\theta_{err}+L_q\sin^2\theta_{err} & (L_q-L_d)\sin\theta_{err}\cos\theta_{err}\end{bmatrix}\begin{bmatrix}\hat{i}_{ds}^r\\ \hat{i}_{qs}^r\end{bmatrix}+\omega_r\lambda_f\begin{bmatrix}\sin\theta_{err}\\ \cos\theta_{err}\end{bmatrix} \tag{6-61}$$

여기서 각오차, θ_{err}, 의 정의는 식 (6-58)과 같고 속도 오차, $\omega_{err}\equiv\frac{d\theta_{err}}{dt}$ 이다.

식 (6-61)에서 θ_{err} 와 ω_{err} 이 매우 작고 돌극비가 1에 가깝다면($L_d \approx L_q$)식 (6-61)은 $\sin\theta_{err}\approx\theta_{err}$, $\sin^2\theta_{err}\approx 0$ and $\cos\theta_{err}\approx 1$, $(L_q-L_d)\sin\theta_{err}\approx 0$ 의 근사식을 이용하여 아래 식과 같이 간단하게 표시될 수 있다.

$$\begin{bmatrix} \hat{V}_{ds}^r \\ \hat{V}_{qs}^r \end{bmatrix} = R_s \begin{bmatrix} \hat{i}_{ds}^r \\ \hat{i}_{qs}^r \end{bmatrix} + \begin{bmatrix} L_d & 0 \\ 0 & L_q \end{bmatrix} \frac{d}{dt} \begin{bmatrix} \hat{i}_{ds}^r \\ \hat{i}_{qs}^r \end{bmatrix} + \omega_r \begin{bmatrix} 0 & -L_q \\ L_d & 0 \end{bmatrix} \begin{bmatrix} \hat{i}_{ds}^r \\ \hat{i}_{qs}^r \end{bmatrix} + \omega_r \lambda_f \begin{bmatrix} \sin\theta_{err} \\ \cos\theta_{err} \end{bmatrix}. \quad (6\text{-}62)$$

식 (6-62)로부터 각오차를 표시하면 아래 식과 같다.

$$\sin\theta_{err} = \frac{1}{\omega_r \lambda_f} \left\{ \hat{V}_{ds}^r - \left(R_s \hat{i}_{ds}^r + L_d \frac{d}{dt} \hat{i}_{ds}^r - \omega_r L_q \hat{i}_{qs}^r \right) \right\} \quad (6\text{-}63)$$

여기서 각오차, θ_{err} 의 정의는 식 (6-58)과 같다. 만약 위치 오차가 없다면 식 (3-134)로 부터 d축에 인가되는 전압은 아래와 같아야 한다.

$$\hat{V}_{ds,est}^r = \hat{R}_s \hat{i}_{ds}^r + \hat{L}_d \frac{d}{dt} \hat{i}_{ds}^r - \hat{\omega}_r \hat{L}_q \hat{i}_{qs}^r \quad (6\text{-}64)$$

이 전압과 실제로 d축 전류 제어기를 통해 전동기에 인가되는 d축 전압, V_{ds}^{r*}, 과의 차이가 각 오차 정보를 가지고 있다. 따라서 각오차는 아래와 같이 표시될 수 있다.

$$\sin\theta_{err} = \frac{1}{\hat{\omega}_r \hat{\lambda}_f} \left(V_{ds}^{r*} - \hat{V}_{ds,est}^r \right) \approx \theta_{err} \quad (6\text{-}65)$$

또 이 방법은 전류 변화율을 이용하는 식으로 변형 될 수도 있다. 식 (6-63)을 전류 변화율을 기준으로 변형하면 다음 식과 같다.

$$\sin\theta_{err} = \frac{1}{\omega_r \lambda_f} \left\{ -L_d \frac{d}{dt} \hat{i}_{ds}^r + (\hat{V}_{ds}^r - R_s \hat{i}_{ds}^r + \omega_r L_q \hat{i}_{qs}^r) \right\} \quad (6\text{-}66)$$

또 각오차가 없다면 식 (3-134)로 부터 d축 전류의 변화율은 아래와 같아야 한다.

$$\frac{d}{dt} \hat{i}_{ds,est}^r = \frac{1}{\hat{L}_{ds}} (V_{ds,est}^{r*} - \hat{R}_s \hat{i}_{ds}^r + \hat{\omega}_r \hat{L}_q \hat{i}_{qs}^r) \quad (6\text{-}67)$$

식 (6-66), (6-67)로부터 각 오차는 아래와 같이 계산 될 수 있다.

$$\sin\theta_{err} = \frac{\hat{L}_d}{\hat{\omega}_r \hat{\lambda}_f} \left(\frac{d}{dt} \hat{i}_{ds,est}^r - \frac{d}{dt} \hat{i}_{ds}^r \right) \approx \theta_{err} \quad (6\text{-}68)$$

식 (6-65), (6-68) 전부 매입형 전동기의 전압 방정식에 근거하므로 제어 특성은 유사하다. 위의 방법은 실제로 각 오차와 속도 오차가 작다는 가정에서 식 (6-61)을 간략화한 방법에서 시작했으므로 부하 토크의 급격한 변동이나 전동기 속도의 가감속이 심할 경우 각오차가 커지고 전동기가 탈조(Out of Synchronization)할 수도 있다.

6.3.3.2 매입형 전동기의 확장된 역기전력(Extended Back EMF)을 이용한 방법

(참고문헌 [81])

식 (3-134), (3-135)에서 $L_\Delta \equiv L_d - L_q$ 의 정의를 이용하여 정리하면 다음 식을 얻을 수 있다.

$$\begin{bmatrix} V_{ds}^r \\ V_{qs}^r \end{bmatrix} = R_s \begin{bmatrix} i_{ds}^r \\ i_{qs}^r \end{bmatrix} + \begin{bmatrix} L_d & 0 \\ 0 & L_d \end{bmatrix} \frac{d}{dt} \begin{bmatrix} i_{ds}^r \\ i_{qs}^r \end{bmatrix} + \omega_r \begin{bmatrix} 0 & -L_q \\ L_q & 0 \end{bmatrix} \begin{bmatrix} i_{ds}^r \\ i_{qs}^r \end{bmatrix} + \begin{bmatrix} 0 \\ E_{ex} \end{bmatrix} \tag{6-69}$$

여기서

$$E_{ex} = \omega_r L_\Delta i_{ds}^r + \omega_r \lambda_f - L_\Delta \frac{d}{dt} i_{qs}^r , \tag{6-70}$$

이다.

이러한 변환을 통하여 매입형 전동기의 전압방정식을 표면 부착형 영구자석 동기 전동기와 같이 비돌극성(Non-salient)의 전동기로 해석할 수 있다. 확장된 역기전력을 통한 전동기 모델을 사용할 경우, E_{ex} 가 일정하다고 가정하면 추정된 동기좌표계로 변환하여도 식 (6-61)과 같은 돌극성(Saliency)에 의한 복잡한 항이 만들어지지 않는 장점이 있다. 식 (6-69)의 전압 방정식을 추정된 동기 좌표계로 변환하면 다음과 같다.

$$\begin{bmatrix} \hat{V}_{ds}^r \\ \hat{V}_{qs}^r \end{bmatrix} = R_s \begin{bmatrix} \hat{i}_{ds}^r \\ \hat{i}_{qs}^r \end{bmatrix} + \begin{bmatrix} L_d & 0 \\ 0 & L_d \end{bmatrix} \frac{d}{dt} \begin{bmatrix} \hat{i}_{ds}^r \\ \hat{i}_{qs}^r \end{bmatrix} + \omega_r \begin{bmatrix} 0 & -L_q \\ L_q & 0 \end{bmatrix} \begin{bmatrix} \hat{i}_{ds}^r \\ \hat{i}_{qs}^r \end{bmatrix} + \begin{bmatrix} \hat{e}_{ds}^r \\ \hat{e}_{qs}^r \end{bmatrix} . \tag{6-71}$$

여기서

$$\begin{bmatrix} \hat{e}_{ds}^r \\ \hat{e}_{qs}^r \end{bmatrix} = E_{ex} \begin{bmatrix} \sin\theta_{err} \\ \cos\theta_{err} \end{bmatrix} + \omega_{err} L_d \begin{bmatrix} \hat{i}_{qs}^r \\ -\hat{i}_{ds}^r \end{bmatrix} , \tag{6-72}$$

이다.

식 (6-72)에서 각 오차는 다음과 같은 $\hat{e}^r_{ds}$ 와 E_{ex} 의 근사치(추정치)를 통해서 계산될 수 있다.

$$\begin{cases} \hat{e}^r_{ds} \approx V^{r*}_{ds} - \hat{R}_s \hat{i}^r_{ds} - \hat{L}_d \dfrac{d}{dt}\hat{i}^r_{ds} + \hat{\omega}_r \hat{L}_q \hat{i}^r_{qs} \\ E_{ex} \approx \hat{\omega}_r \hat{L}_\Delta \hat{i}^r_{ds} + \hat{\omega}_r \hat{\lambda}_f - \hat{L}_\Delta \dfrac{d}{dt}\hat{i}^r_{qs} \end{cases} . \tag{6-73}$$

속도 오차, ω_{err},가 무시할 수 있을 만큼 작고($\omega_r \approx \hat{\omega}_r$), 각오차가 작다면 각오차는 식 (6-72)와 (6-73)으로부터 다음과 같이 구해진다.

$$\sin\theta_{err} = \frac{\hat{e}^r_{ds}}{E_{ex}} \approx \theta_{err}\,,\ \text{또는}\ \arctan\left(\frac{\hat{e}^r_{ds}}{\hat{e}^r_{qs}}\right) \approx \theta_{err}\,. \tag{6-74}$$

6.3.3.3 매입형 전동기의 역기전력 관측기를 이용한 방법 (참고문헌 [66])

폐루프(Closed Loop) 방식의 관측기를 이용하여 역기전력을 추정한 후 이를 이용하여 각오차를 구할 수도 있다.

식 (6-62)를 다음과 같이 다시 쓸 수 있다.

$$\begin{bmatrix} \hat{V}^r_{ds} \\ \hat{V}^r_{qs} \end{bmatrix} = R_s \begin{bmatrix} \hat{i}^r_{ds} \\ \hat{i}^r_{qs} \end{bmatrix} + \begin{bmatrix} L_d & 0 \\ 0 & L_q \end{bmatrix} \frac{d}{dt} \begin{bmatrix} \hat{i}^r_{ds} \\ \hat{i}^r_{qs} \end{bmatrix} + \omega_r \begin{bmatrix} 0 & -L_q \\ L_d & 0 \end{bmatrix} \begin{bmatrix} \hat{i}^r_{ds} \\ \hat{i}^r_{qs} \end{bmatrix} + \begin{bmatrix} \hat{e}^r_{ds} \\ \hat{e}^r_{qs} \end{bmatrix}. \tag{6-75}$$

여기서 추정 좌표계에서 본 역기전력은 식 (6-76)과 같다.

$$\begin{aligned} \hat{e}^r_{ds} &= \omega_r \lambda_f \sin\theta_{err} \\ \hat{e}^r_{qs} &= \omega_r \lambda_f \cos\theta_{err} \end{aligned} . \tag{6-76}$$

식 (6-75)를 이용하여 회전자 기준 좌표계의 고정자 전류와 역기전력을 상태 변수(State Variable)로 잡고, 추정 회전자 기준 좌표계에서의 매입형 영구자석 동기 전동기를 상태 방정식(State Equation)으로 표시하면 다음과 같은 관측기 방정식을 얻을 수 있다. 아래 식에서 역기전력의 시간에 대한 변화는 작아서 무시할 수 있다고 가정하였다.

즉 $\dfrac{d\hat{e}^r_{ds}}{dt} \approx 0, \dfrac{d\hat{e}^r_{qs}}{dt} \approx 0$ 이다.

$$\dot{\hat{x}} = \hat{A}\hat{x} + \hat{B}u^* + L(y-\hat{y}) = \frac{d}{dt}\begin{bmatrix}\hat{i}^r_{ds}\\ \hat{i}^r_{qs}\\ \hat{e}^r_{ds}\\ \hat{e}^r_{qs}\end{bmatrix} = \begin{bmatrix} -\frac{\hat{R}_s}{\hat{L}_d} & \frac{\hat{\omega}_r\hat{L}_q}{\hat{L}_d} & \frac{-1}{\hat{L}_d} & 0 \\ -\frac{\hat{\omega}_r\hat{L}_d}{\hat{L}_q} & -\frac{\hat{R}_s}{\hat{L}_q} & 0 & \frac{-1}{\hat{L}_q} \\ 0 & 0 & 0 & 0 \\ 0 & 0 & 0 & 0 \end{bmatrix}\begin{bmatrix}\hat{i}^r_{ds}\\ \hat{i}^r_{qs}\\ \hat{e}^r_{ds}\\ \hat{e}^r_{qs}\end{bmatrix}$$

$$+\begin{bmatrix}\frac{1}{\hat{L}_d} & 0\\ 0 & \frac{1}{\hat{L}_q}\\ 0 & 0\\ 0 & 0\end{bmatrix}\begin{bmatrix}V^{r*}_{ds}\\ V^{r*}_{ds}\end{bmatrix} + L\left(\begin{bmatrix}i^r_{ds}\\ i^r_{qs}\end{bmatrix} - \begin{bmatrix}\hat{i}^r_{ds}\\ \hat{i}^r_{qs}\end{bmatrix}\right) \quad . \tag{6-77}$$

$$\hat{y} = C\hat{x} = \begin{bmatrix}1 & 0 & 0 & 0\\ 0 & 1 & 0 & 0\end{bmatrix}\begin{bmatrix}\hat{i}^r_{ds}\\ \hat{i}^r_{qs}\\ \hat{e}^r_{ds}\\ \hat{e}^r_{qs}\end{bmatrix}$$

관측기의 동특성은 이득행렬 L에 의하여 결정된다. 관측기 식 (6-77)의 특성방정식을 다음과 같은 형태로 설계할 수 있다.

$$\det\left(sI - (\hat{A} - LC)\right) = \left(s^2 + 2\zeta_1\omega_{n1}s + {\omega_{n1}}^2\right)\left(s^2 + 2\zeta_2\omega_{n2}s + {\omega_{n2}}^2\right) = 0\,. \tag{6-78}$$

식 (6-78)을 만족하는 이득행렬은 아래 식과 같다.

$$L = \begin{bmatrix} -\frac{\hat{R}_s}{\hat{L}_d} + 2\zeta_1\omega_{n1} & \frac{\hat{\omega}_r\hat{L}_q}{\hat{L}_d} \\ -\frac{\hat{\omega}_r\hat{L}_d}{\hat{L}_q} & -\frac{\hat{R}_s}{\hat{L}_q} + 2\zeta_2\omega_{n2} \\ -{\omega_{n1}}^2\hat{L}_d & 0 \\ 0 & -{\omega_{n2}}^2\hat{L}_q \end{bmatrix}. \tag{6-79}$$

추정된 역기전력으로부터 각오차를 다음과 같이 구할 수 있다.

$$\sin\theta_{err} = \frac{\hat{e}^r_{ds}}{\hat{\omega}_r\hat{\lambda}_f} \approx \theta_{err}\,. \tag{6-80}$$

이를 블록도로 표시하면 <그림 6.10>과 같다.

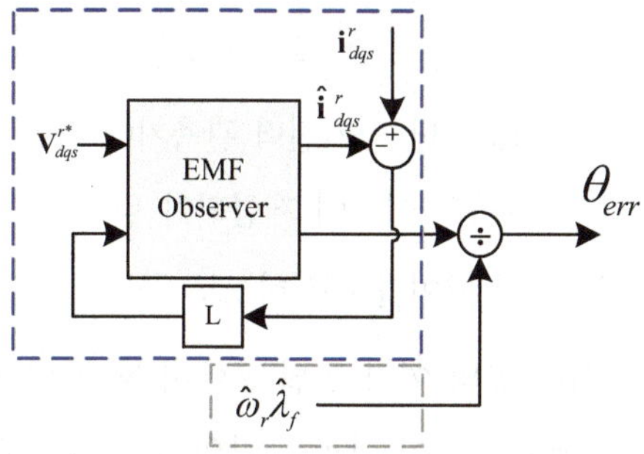

그림 6.10 폐루프 관측기(Observer)에 의한 각오차 추정 블록도

6.3.3.4 매입형 영구자석 전동기의 센서리스 제어 방법의 비교 (참고문헌 [81])

6.1.3절에서 소개된 세 가지 방법들은 각각 고유의 장점과 단점이 있으며 그로 인한 응용상의 한계를 가진다. 먼저 6.1.2에 언급된 방법을 매입형 전동기에 적용한 6.1.3.1에 소개된 방법의 경우 구현이 매우 간단하다는 장점이 있으나 d축 기준 전류, i_{ds}^{r*}가 급격히 변할 경우 고려 되지 않은 오차가 커져 제어 성능이 급격히 악화 될 수 있다. 따라서 이러한 제어 기법은 토크 변동이나 속도 변동이 적고 빠른 응답이 요구 되지 않는 매입형 전동기에 의한 펜, 펌프 구동 등에 적용 될 수 있다. 또 6.1.3.1에 언급된 방법은 각 오차를 얻는 과정에서 식 (6-61)에서 속도 오차, ω_{err},가 작다고 가정하여 식 (6-61)의 우변 세번째 항을 전부 무시하였으며 또 L_d와 L_q의 차이가 작다고 가정하여 식 (6-61)의 우변 두번째 항의 비대각(Off Diagonal) 성분을 0으로 근사하였다. 이러한 근사 과정을 통해 각 오차를 얻었으므로 만약 전동기의 돌극비가 큰경우 즉 L_d와 L_q의 차이가 큰 경우 제어 성능이 나빠지며 부하 토크 또는 속도가 급변하여 속도 오차가 커질 경우 제어 성능에 제한을 받는다. 또 측정된 전류를 이용하여 각 오차를 계산하므로 측정 잡음에 민감하여 제어 성능이 악화될 수 있다. 따라서, 이 방법은 비교적 돌극비(L_q / L_d)가 1에 가깝고 부하 토크나 속도 변동이 심하지 않은 부하에 적당하다. 6.1.3.2에 언급된 방법은 식 (6-61)의 우변 두번째 항을 전부 무시하였으나 L_d와 L_q의 차이는 고려되므로 돌극비가 큰 전동기에 대해서도 무리없이 적용될 수 있다. 이 방법 역시 부하 토크 또는 속도가 급변하여 속도 오차가 커질 경우 제어 성능에 제한을 받

으며 제어 성능이 악화 될 수 있다.

6.1.3.3의 방법은 6.1.3.1의 방식과 유사하나 역기전력을 관측기를 통하여 얻으므로 측정 잡음에 강인하여 <그림 6.9>의 위치/속도 관측기의 이득을 키울 수 있어 전반적인 제어 성능을 개선할 수 있다. 단 역기전력 관측기에 사용 되는 전동기 제정수에 오차가 있는 경우 위치/속도 관측기의 이득이 제한되어 원하는 만큼의 동특성을 얻을 수 없다. 이 방법 역시 L_d 와 L_q 의 차이를 무시하므로 돌극비가 큰 전동기의 경우 제어 성능이 떨어질 수 있다. 그러나 앞의 여러 방법 중에서 제어 대역폭의 관점에서 가장 좋은 성능을 얻을 수 있는 방법이다. 이 방법은 앞의 여러 방법에 비하여 구현이 복잡하며 설정해야 하는 이득의 개수 역시 가장 많다는 단점이 있다. 돌극비가 큰 전동기에 적용할 경우 각오차가 가장 작은 방법은 L_d 와 L_q 의 차이를 고려하는 6.1.3.2에서 언급된 방법이다.

6.3.3.5 매입형 영구자석 전동기의 센서리스 제어 방법의 개선(참고문헌 [81])

앞의 여러 방법들의 공통적인 문제점은 속도 오차, ω_{err} ,이 작다고 가정하여 식 (6-61)의 우변 세번째항을 전부 무시하였다는 것이다. 따라서 속도 오차가 심해지는 상황, 즉 부하 토크의 급변 또는 가감속이 심한 운전에 있어서는 센서리스 제어 성능이 나빠질 수 있으며 경우에 따라서는 각오차가 순간적으로 90°를 넘어서 탈조할 수도 있다.

이를 개선하기 위하여 속도 오차를 추정하여 이를 <그림 6.9>의 위치/속도 관측기에 추가함으로써 속도 오차로 인한 성능 악화를 개선할 수 있다.

먼저 식 (6-61)을 $\sin\theta_{err} \approx \theta_{err}$, $\sin^2\theta_{err} \approx 0$ and $\cos\theta_{err} \approx 1$ 이라는 가정하에 위치 오차, 속도 오차에 대한 항으로 분리하여 다시 쓰면 아래와 같다.

$$\begin{bmatrix} \hat{V}_{ds}^r \\ \hat{V}_{qs}^r \end{bmatrix} = \begin{bmatrix} R_s & -\hat{\omega}_r L_q \\ \hat{\omega}_r L_d & R_s \end{bmatrix} \begin{bmatrix} \hat{i}_{ds}^r \\ \hat{i}_{qs}^r \end{bmatrix} + \begin{bmatrix} L_d & 0 \\ 0 & L_q \end{bmatrix} \frac{d}{dt} \begin{bmatrix} \hat{i}_{ds}^r \\ \hat{i}_{qs}^r \end{bmatrix} + \begin{bmatrix} 0 \\ \hat{\omega}_r \lambda_f \end{bmatrix} + \begin{bmatrix} e_{ds,err}^r \\ e_{qs,err}^r \end{bmatrix}. \tag{6-81}$$

여기서 역기전력 오차는 다음식과 같이 표시된다.

$$\begin{bmatrix} e^r_{ds,err} \\ e^r_{qs,err} \end{bmatrix} = \omega_{err}\begin{bmatrix} (L_q - L_d)\hat{i}^r_{qs} \\ (L_q - L_d)\hat{i}^r_{ds} - \lambda_f \end{bmatrix} + \theta_{err}\begin{bmatrix} (L_q - L_d)\frac{d}{dt}\hat{i}^r_{qs} + \omega_r\lambda_f + \omega_r(L_d - L_q)\hat{i}^r_{ds} \\ (L_q - L_d)\frac{d}{dt}\hat{i}^r_{ds} + \omega_r(L_q - L_d)\hat{i}^r_{qs} \end{bmatrix} + \frac{1}{2}\frac{d}{dt}\theta_{err}{}^2\begin{bmatrix} (L_q - L_d)\hat{i}^r_{ds} \\ (L_d - L_q)\hat{i}^r_{qs} \end{bmatrix}. \tag{6-82}$$

식 (6-82)를 아래와 같이 정의하면, 우변의 각 항은 식 (6-82)의 우변의 각 항과의 계수 비교에 의해 결정될 수 있다.

$$\begin{bmatrix} e^r_{ds,err} \\ e^r_{qs,err} \end{bmatrix} \equiv \omega_{err}\begin{bmatrix} c_{\omega,d} \\ c_{\omega,q} \end{bmatrix} + \theta_{err}\begin{bmatrix} c_{\theta,d} \\ c_{\theta,q} \end{bmatrix} + \frac{d}{dt}\theta_{err}{}^2\begin{bmatrix} c_{\theta 2,d} \\ c_{\theta 2,q} \end{bmatrix}. \tag{6-83}$$

식 (6-83)의 우변의 셋째 항이, $\theta_{err} \approx 0$ 이라는 가정이 성립하면, 식 (6-83)으로부터 다음 식과 같이 속도 오차와 각 오차를 계산할 수 있다.

$$\begin{bmatrix} \omega_{err} \\ \theta_{err} \end{bmatrix} = \frac{1}{c_{\omega,d}c_{\theta,q} - c_{\theta,d}c_{\omega,q}}\begin{bmatrix} c_{\theta,q} & -c_{\theta,d} \\ -c_{\omega,q} & c_{\omega,d} \end{bmatrix}\begin{bmatrix} e^r_{ds,err} \\ e^r_{qs,err} \end{bmatrix}. \tag{6-84}$$

얻어진 각오차와 속도 오차는 <그림 6.9>의 위치/속도 관측기를 다음과 같이 보완하는데 사용될 수 있다.

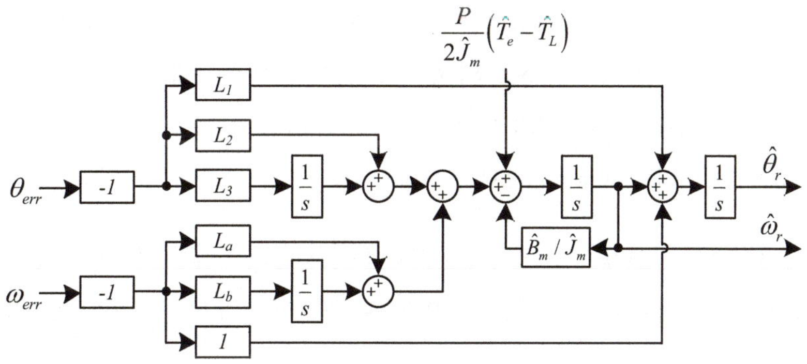

그림 6.11 추정된 속도 오차를 이용하여 보완한 위치/속도 관측기

속도 오차에 대한 관측기의 새로운 이득, L_a, L_b는 4.3.3절에서 언급된 내용을 참고하여 유사하게 설정될 수 있다. 속도 오차의 미분항에 대한 이득을 그림에 보인 바와 같이 1로 설정함으로써 외란 토크에 대한 각 오차를 최소화 할 수 있다.

<그림 6.11>에서 속도 추정치, $\hat{\omega}_r$,는 관측기의 부산물(Byproduct)로 얻어지지만

4.3.3.4에서 언급한 바와 외란 관측기와 유사하게 별도의 속도 관측기를 구성하여 속도 추정 특성을 더욱 개선할 수 있다. <그림 6.12>에 이와 같은 별도의 속도 관측기를 포함하는 위치 관측기의 블록도를 표시하였다.

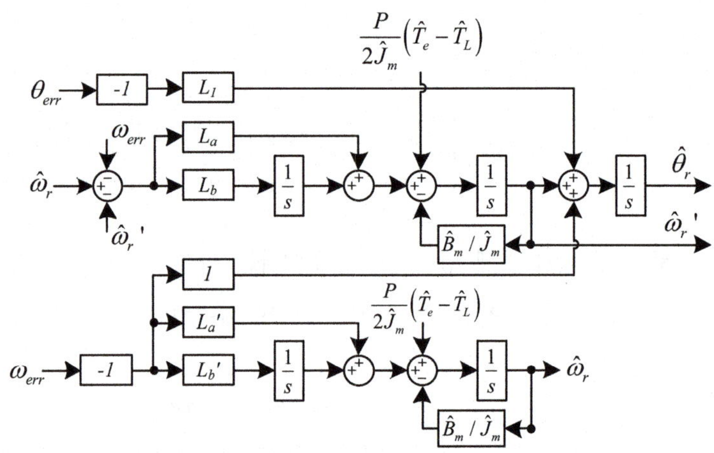

그림 6.12 별도의 속도 관측기를 가지는 위치 관측기

위의 개선된 위치/속도 관측기와 6.1.3.2에서 언급된 매입형 전동기의 확장된 역기전력에 의한 센서리스 방법을 기본으로하여 정격 출력 300W이고 돌극비가 1.4인 6극 전동기에 대해 여러 위치/속도 관측기의 제어 특성을 비교 실험하였다. 실험 조건은 세 경우 전부 같으며 부하는 50%의 부하 토크가 인가된 상태에서 500r/min의 속도로 돌고 있다가 2000r/min의 속도까지 20000(r/min)/s의 가속도로 가속하였으며 다시 2000 r/min의 속도에서 500r/min으로 20000(r/min)/s의 기울기로 감속하였다.

<그림 6.13>의 (a)의 경우 가속시의 각 오차와 속도 오차가 매우 큼을 알 수 있고 2000 r/min에서 500r/min으로의 감속 시에는 각 추정 오차가 90°를 넘어서며 탈조하였다.

이에 반하여 (b)의 경우 가감속 제어는 잘 되었지만 속도 오차는 여전히 큼을 알 수 있다. 별도의 속도 관측기를 가지는 (c)의 경우 속도 오차도 적으며 동시에 각 오차도 가장 적음을 알 수 있다. 급격한 부하 토크 변동에 대해서도 <그림 6.12>의 관측기를 적용하였을 때 가장 적은 위치 오차를 나타낸다.

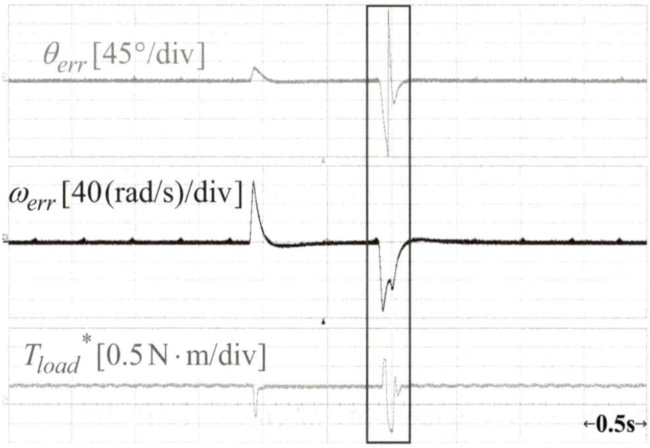

(a) 6.1.3.2에 언급된 매입형 전동기의 확장된 역기전력에 의한 제어법과 <그림 6.9>의 속도 관측기를 적용하였을 때

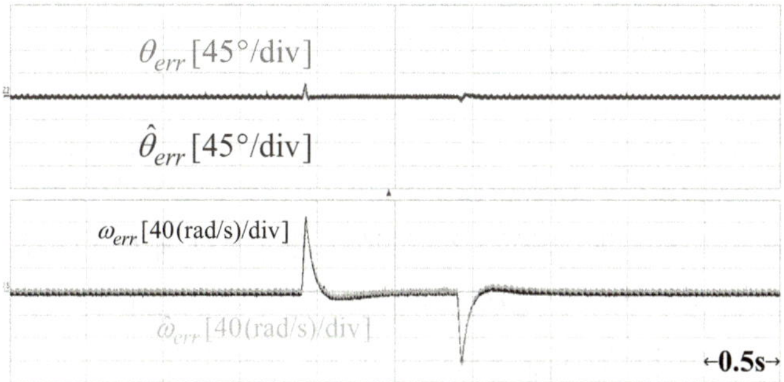

(b) 6.1.3.5에 언급된 매입형 전동기의 속도 오차 추정치를 활용한 센서리스 제어법과 <그림 6.11>의 속도 관측기를 적용하였을 때

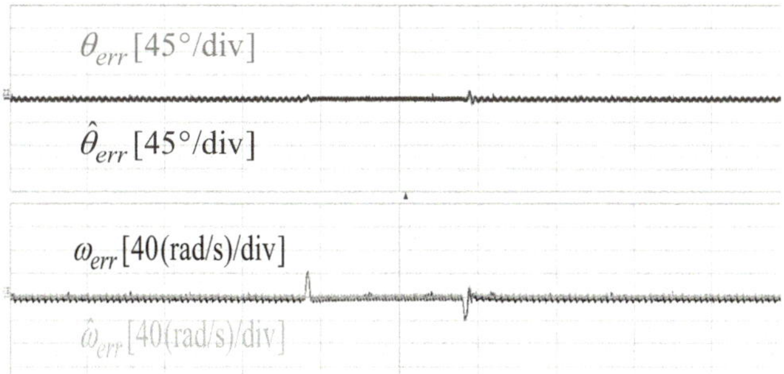

(c) 6.1.3.5에 언급된 매입형 전동기의 속도 오차 추정치를 활용한 센서리스 제어법과 <그림 6.12>의 별도의 속도 관측기를 적용하였을 때

그림 6.13 센서리스 제어 방법의 비교

또 매입형 영구자석 전동기는 표면 부착형 영구자석 전동기와 달리 회전자 기준 좌표축에서 관찰되는 인덕턴스의 크기가 위치에 따라 달라지므로 이를 이용하여 회전자의 위치(d축의 위치)를 알 수 있어 정확한 위치에서의 기동이 가능하다(참고문헌 [67]). 그러나 기동 후 속도가 낮을 경우에는 역기전력이 매우 작기 때문에 별도의 운전 방법이 없이는 토크/속도 제어 성능을 유지할 수 없다.

6.4 고주파 신호 주입에 의한 센서리스 제어 기법

본 절에서는 고주파 신호를 이용한 센서리스 제어 방법에 대해 언급한다. 이 방법은 교류 전동기의 고주파 영역에서의 임피던스를 이용하기 때문에 제어 대상 전동기의 다양한 부하 조건에서의 임피던스 특성에 대한 시험과 분석이 필요하다. 자기저항(Reluctance) 전동기와 매입형 영구자석 전동기는 기본적으로 자기적(Magnetic)인 돌극성(Saliency)을 가진다. 그러나, 유도 전동기나 원통형 동기 전동기, 표면 부착형 영구자석 전동기의 경우 회전자 형상의 돌극성은 없지만, 회전자 구조와 슬롯 형태에 따라 주입하는 고주파 신호에 대해 돌극성이 나타날 수도 있다.

높은 주파수의 신호를 인가하는 센서리스 제어 방법들은 인가되는 신호의 종류에 따라 <그림 6.14>와 같이 전압 신호를 인가하는 방법과 전류 신호를 인가하는 방법으로 나눌 수 있다. <그림 6.14(a)>는 높은 주파수의 전압 신호를 인가할 때의 블록도를 나타내고 있는데, 인가되는 신호는 전류 제어기의 출력 전압 지령치에 더해지게 되며 전류 제어를 위해서는 저역 통과 필터(Low Pass Filter, LPF)가, 회전자 위치 및 속도 추정을 위한 신호 처리를 위해서는 인가된 신호의 주파수 성분을 추출하기 위해서 대역 통과 필터(Band Pass Filter, BPF)가 사용된다. <그림 6.14(b)>는 높은 주파수의 전류 신호를 인가할 때의 블록도를 나타내고 있는데, 인가되는 신호가 전류 제어기의 입력에 더해지게 되며 신호 처리를 위해서는 대역 통과 필터가 사용되지만 전류 제어에는 저역 통과 필터가 사용되지 않는다.

<그림 6.14>로부터 알 수 있듯이 높은 주파수의 전류 신호를 인가하는 경우에는 전류 제어기를 사용하여 인가되는 높은 주파수의 전류 신호를 잘 제어해야 할 필요가 있

다. 이는 곧 전류 제어기의 제어 대역폭이 인가되는 신호의 주파수에 비하여 충분히 높아야 할 필요가 있음을 의미하는데, 일반적으로 전류 제어기의 제어 대역폭은 사용되는 시스템의 샘플링 주파수에 의하여 제한되므로 인가되는 신호의 주파수가 제한된다. 따라서 높은 주파수의 전류 신호를 인가하는 센서리스 제어 방법은 높은 주파수의 전압 신호를 인가하는 센서리스 제어 방법에 비하여 저역 통과 필터를 사용하지 않음으로 인한 소프트웨어 상의 장점은 있으나 사용할 수 있는 신호의 주파수가 제한되어 있어 돌극성을 검출하기 어렵다는 단점을 가지고 있다. 따라서 통상 높은 주파수의 전압을 주입하는 방법이 사용된다.

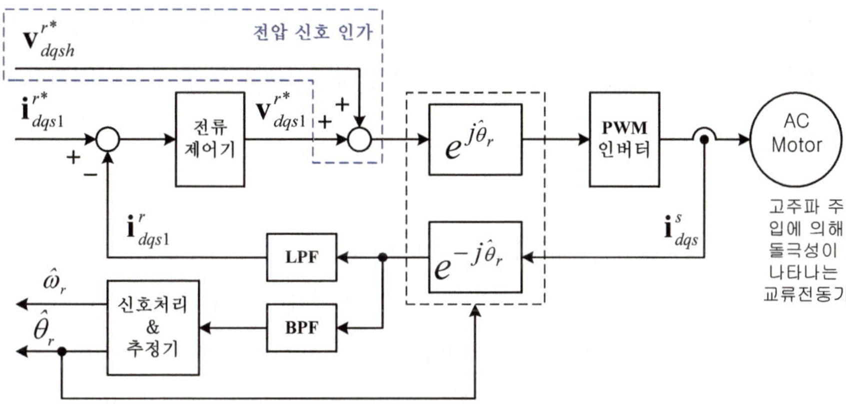

(a) 전압 신호를 인가하는 방법

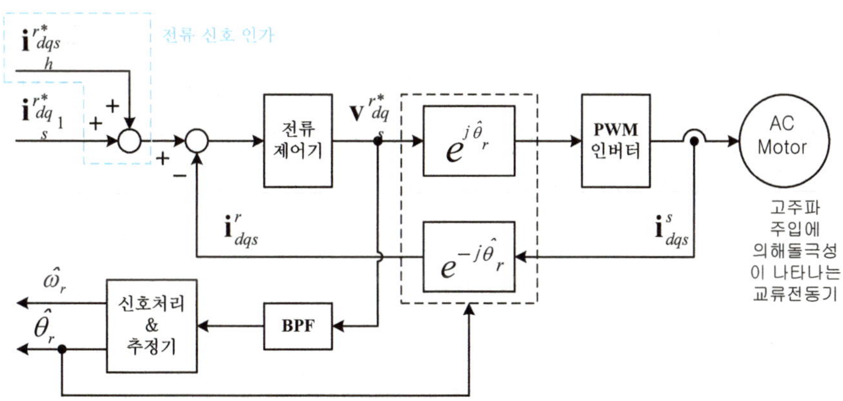

(b) 전류 신호를 인가하는 방법

그림 6.14 높은 주파수의 신호를 인가하는 센서리스 제어 방법들

높은 주파수의 전압 신호를 인가하는 센서리스 제어 방법들을 인가되는 신호의 형태에 따라 구분하면 정지 좌표계 상에서 높은 주파수로 회전(Rotating)하는 신호를 인가하는 방법과 회전자 좌표계 상에서 높은 주파수로 맥동(Fluctuating)하는 신호를 인가하는 방법으로 나눌 수 있다. 각각의 방법은 고유의 장단점이 있으나 회전 좌표계에서 맥동하는 고주파 신호를 주입하는 것이 측정 상의 잡음에 강인하며, 인가 신호의 크기가 같다면, 고주파 신호에 의한 손실이 1/2이 되므로 유리하다(참고문헌 [68]). 전압 신호가 회전자 좌표계 상에서 높은 주파수로 맥동한다는 것은 하나의 축에서 전압 신호의 크기가 높은 주파수로 변하는 것을 의미한다. 신호가 인가되는 축은 임의로 선택될 수 있으나, 신호 처리를 포함한 제어 알고리즘을 간단하게 하고 돌극성을 쉽게 검출하기 위해서는 회전자 좌표계 상의 d축이 가장 좋다. 센서리스 제어에서는 실제 회전자 좌표계를 알 수 없으므로 추정된 회전자 좌표계 상의 d축에 전압 신호를 인가하게 된다. 또한 추정된 d축에 신호를 인가하는 방법이 다른 축에 인가하는 것 보다 토크의 맥동이나 손실의 측면에서도 유리하다.

이러한 맥동하는 고주파 신호의 형태로 정현파(Sinusoidal Wave)를 인가하는 방법과 구형파(Square Wave)를 인가하는 방법이 있다[73]. 정현파를 인가하는 방법은 신호 처리에서 여러 형태의 필터가 사용 되며 주입 주파수가 스위칭 주파수의 1/5이하로 제한된다는 단점으로 인하여 제어 주파수 대역이 제한 된다는 단점이 있다. 그러나 신호 처리의 시지연 또는 인버터의 비선형성에 비교적 강인하다는 장점이 있다.

구형파를 주입할 경우 인버터의 스위칭 주파수까지 고주파 주입 신호의 주파수를 증가 시킬 수 있으나 시지연 및 인버터의 비선형성에 민감하다는 단점이 있다[82]. 그러나 신호 처리에서 여러 가지 필터의 구현과 차단 주파수 설정이 필요 없고 제어 주파수 대역을 대폭 향상 시킬 수 있어 센서리스 제어의 성능을 센서가 있는 제어와 유사하게 향상 시킬 수 있다[72]. 먼저 맥동하는 정현파를 주입하는 방법에 대해 서술하고 구형파를 주입하는 방법에 대해서 추가로 설명한다.

6.4.1 형상에 돌극성이 있는 전동기 (참고문헌 [61], [62], [67])

3.3.4절과 3.3.3.2절에 표시된 바와 같이 자기저항 전동기와 매입형 영구자석 전동기의 회전자 좌표계에서의 고정자 단자 전압은 다음과 같이 나타내어진다.

$$V_{ds}^r = R_s i_{ds}^r - \omega_r \lambda_{qs}^r + p\left(L_d i_{ds}^r + \lambda_f\right). \quad (6\text{-}85)$$

$$V_{qs}^r = R_s i_{qs}^r + \omega_r \lambda_{ds}^r + p\left(L_q i_{qs}^r\right). \quad (6\text{-}86)$$

자기저항 전동기의 경우 영구 자석이 없으므로 $\lambda_f = 0$ 이다.

만약 센서리스 제어를 위한 정현파의 고주파 주입을 영 혹은 낮은 주파수 동작 영역에서 수행한다면 식(6-85), (6-86)에서 속도에 따른 전압 성분은 매우 작기 때문에 무시될 수 있다. 이 경우 고주파 신호가 기본파와 중첩되어 인가되고 고주파 신호에 대해 회로가 정상 상태(Steady State)에 이르렀다면, 정현파 고주파 신호의 주파수, ω_h ,의 영역에서 미분 연산자(Differential Operator) p는 $j\omega_h$ 로 나타내어질 수 있으므로, 회전자 좌표계에서 측정된 회전자 좌표계 d축과 q축의 고주파 영역에서의 임피던스는 다음과 같이 표현될 수 있다.

$$Z_{dh} \approx \frac{v_{dh}}{i_{dh}} = \sqrt{R_{dh}^2 + (\omega_h L_{dh})^2}\ . \quad (6\text{-}87)$$

$$Z_{qh} \approx \frac{v_{qh}}{i_{qh}} = \sqrt{R_{qh}^2 + (\omega_h L_{qh})^2}\ . \quad (6\text{-}88)$$

이 때, $R_{dh} \equiv R_d \big|_{\omega = \omega_h}$, $L_{dh} \equiv L_d \big|_{\omega = \omega_h}$,

$R_{qh} \equiv R_q \big|_{\omega = \omega_h}$, $L_{qh} \equiv L_q \big|_{\omega = \omega_h}$

이다.

식 (6-87)와 (6-88)에서 임의의 회전자 위치, θ_r ,에서 고주파를 어떤 각, θ ,에 주입하였을 때 θ 위치에서의 고주파 임피던스는 식 (6-89)와 같이 나타내어질 수 있다.

$$Z_h(\theta) = Z_{ha} - \tfrac{1}{2} Z_{hp} \cos 2(\theta_r - \theta). \quad (6\text{-}89)$$

단, Z_{ha} 는 고주파 임피던스의 평균 값, 즉 $Z_{ha} = \dfrac{Z_{dh} + Z_{qh}}{2}$ 이며 Z_{hp} 는 고주파 임피던스의 차이, 즉 $Z_{hp} = Z_{qh} - Z_{dh}$ 이다.

<그림 6.15>는 11kW, 6극, 범용(General Purpose) 매입형 영구자석 동기 전동기의 무

부하 조건에서 회전자의 위치에 따른 고주파 임피던스를 나타낸다. 임피던스를 측정하기 위해 회전자 좌표계에서 연속적으로 맥동하는 신호를 인가하였다. 주파수 ($f_h = \frac{\omega_h}{2\pi}$)가 증가함에 따라 그 임피던스 차이가 증가한다. 고주파 임피던스의 평균치 Z_{ha}는 고정자 전류가 증가함에 따라 낮아진다. 자기적(Magnetic)인 돌극성 정도를 나타내는 임피던스 차이 Z_{hp}는 부하 전류의 증가에 따라 감소한다. 그러나, 그 차이는 d축 전류에 따라 증가한다. 이것은 자기포화(Magnetic Saturation)에 의한 현상이다. 회전자 기준 좌표계에서 고주파 임피던스 Z_h가 최소가 되는 점이 d축 또는 –d축이 된다. 자기저항 전동기의 경우 고조파 임피던스의 가장 큰 위치가 d축 또는 –d축이 된다. 또 자기저항 전동기는 영구자석이 없으므로 d축 또는 –d축의 구별이 의미가 없어 임피던스가 가장 큰 위치를 d축으로 결정하고 제어하면 벡터 제어를 행할 수 있다. 매입형 영구 자석 전동기의 경우 자기포화 현상에 의해 d축에서의 고조파 임피던스가 –d축의 고조파 임피던스에 비해 작아지므로 이를 이용하거나 히스테리시스 현상을 이용하여 d축 또는 –d축을 구별 할 수 있다(참고문헌 [67]). 이러한 자기적 돌극성은 매입형 전동기 설계에 따라 크게 달라질 수 있어 주의가 필요하다. 특히 돌극비가 비교적 낮고(1.2이하) 토크 밀도(Torque Density)가 높아 전동기 철심(Core)의 자속 밀도가 높은 경우 자기 포화의 영향으로 부하 전류에 따라 Z_h가 최소가 되는 점이 d축에서부터 이동할 수 있고 전기각에 따른 임피던스 특성이 <그림 6.15>의 경우와 달리 각, $(\theta_r - \theta)$에 따라 여러 고조파를 포함하는 왜곡된 형태일 수도 있다. 이러한 임피던스의 왜곡 현상은 부하 전류가 커짐에 따라 심해지며 극단적인 경우 돌극성의 역전(Inverse) 현상이 나타나기도 한다. 따라서 고주파 신호 주입에 의한 센서리스를 수행할 경우 반드시 전동기의 임피던스 특성을 부하 전류에 따라 파악할 필요가 있다.

특히 유도 전동기나 원통형 동기 전동기, 표면 부착형 영구자석 전동기의 경우처럼 회전자 형상의 돌극성은 없지만, 주입하는 고조파 신호에 의해 전동기의 자기적(Magnetic) 특성에 의해 돌극성이 형성 되는 경우에는 특히 이러한 임피던스 특성의 왜곡과 역전 현상이 두드러지게 나타난다.

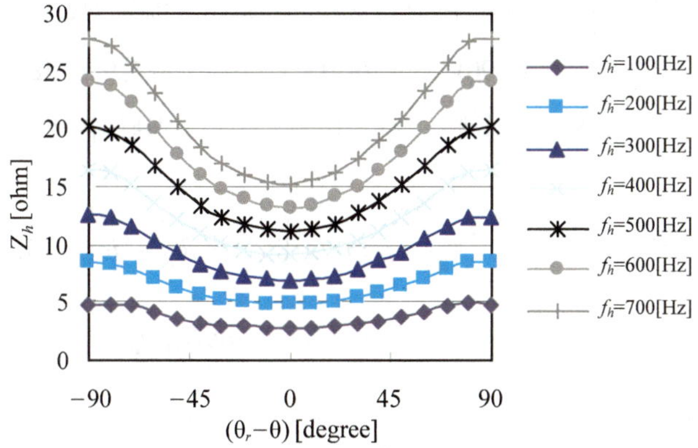

그림 6.15 무부하 조건에서 매입형 영구자석 전동기의 다양한 주입 주파수에서의 임피던스 변화

6.4.2 형상에 돌극성이 없는 전동기

6.4.2.1 유도 전동기 (참고문헌 [59], [60], [69], [70]).

일반적인 유도 전동기의 회전자는 회전축에 대하여 전자기적 특성이 대칭이기 때문에 "0" 혹은 낮은 고정자 주파수에서 전압과 전류의 측정으로 회전자 또는 회전자 자속의 위치를 알기 어렵다. 그러나, 자속이 생성된 유도 전동기의 경우 동기 좌표계에서 맥동하는 신호가 주입될 때 회전자 슬롯의 형태에 따라 생성된 자속에 의해 돌극성이 나타나고 이는 주입한 고주파 신호에 대한 임피던스의 차이로 측정될 수 있다. 동상 회전자가 전폐형(Closed) 슬롯 형태를 가질 때 맥동하는 고주파 신호에 대한 회전자 자속에 의한 임피던스의 변화가 뚜렷해진다. 회전하는 고주파 고정자 전류는 고정자 누설 자속과 회전자 누설 자속에 변화를 일으킨다. 그러므로, 만약 고주파 고정자 전류에 의한 회전자 누설 자속의 공간적 변형이 없다면 회전자 위치나 회전자 자속 위치의 어떠한 정보도 측정할 수 없다. 회전자 자속 기준 제어를 가정할 때, 즉 $\lambda_{qr}^e = 0$ 일 때, 4.2.5.2절에서 유도된 바와 같이 유도 전동기의 전압 방정식은 다음과 같이 기술될 수 있다.

$$
\begin{aligned}
V_{ds}^e &= (R_s + R_r \frac{L_m^2}{L_r^2}) i_{ds}^e + \sigma L_s \frac{d i_{ds}^e}{dt} - \omega_e \sigma L_s i_{qs}^e - R_r \frac{L_m}{L_r^2} \lambda_{dr}^e - \omega_r \frac{L_m}{L_r} \lambda_{qr}^e \\
V_{qs}^e &= (R_s + R_r \frac{L_m^2}{L_r^2}) i_{qs}^e + \sigma L_s \frac{d i_{qs}^e}{dt} + \omega_e \sigma L_s i_{ds}^e + \omega_r \frac{L_m}{L_r} \lambda_{dr}^e - R_r \frac{L_m}{L_r^2} \lambda_{qr}^e
\end{aligned}
\quad . \quad (6\text{-}90)
$$

영 혹은 낮은 고정자 주파수에서 즉 ω_e 의 크기가 매우 작을 때, 정현파 고주파 맥동 신호가 주입된다면, 식 (6-90)은 식 (6-91)과 같이 근사적으로 표현되고, 고조파 임피던스는 식 (6-87), (6-88)에 의해 <그림 6.16>과 같이 표현될 수 있다.

$$\begin{aligned} V_{dsh}^{e} &\approx \left(R_s + R_r \frac{L_m^{\ 2}}{L_r^{\ 2}} + j\omega_h \sigma L_s \right) i_{dsh}^{e} \equiv \left(R_{dh} + j\omega_h L_{dh} \right) i_{dsh}^{e} \\ V_{qsh}^{e} &\approx \left(R_s + j\omega_h \sigma L_s \right) i_{qsh}^{e} \equiv \left(R_{qh} + j\omega_h L_{qh} \right) i_{qsh}^{e} \end{aligned} \quad . \tag{6-91}$$

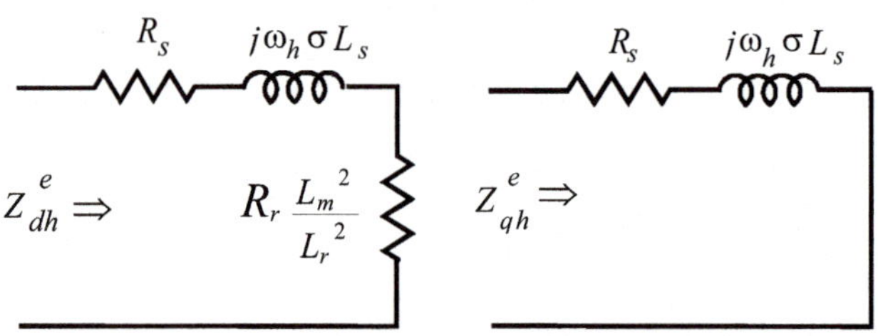

그림 6.16 동기 좌표계에서의 고주파 임피던스

주입된 고주파에서 표피 효과(Skin Effect)로 인해 회전자 저항 R_r 의 크기는 기본 주파수에서 측정된 값의 수십 배에 이르고 고정자 과도 인덕턴스 σL_s 의 크기는 기본파의 값보다 상당히 작다. 따라서, 동기 회전 좌표계에서 맥동하는 신호에 대해 회전자 자속 축 위에서 측정된 저항은 회전자 자속의 직교 축의 저항과 다른 값을 나타낸다. 즉, 회전자 자속 축 위의 고주파 저항은 다른 어느 축보다 큰 값을 나타낸다.

$$R_{dh} > R_{qh} \, . \tag{6-92}$$

고주파 영역에서 저항이 증가하더라도 고주파 고정자 전류는 주로 고정자 누설 자속과 회전자 누설 자속에 의해 크게 좌우된다. 그러므로, 회전자 누설 자속의 공간적인 변형이 없고 누설 자속이 임의의 각에서 일정하다면 실제적으로 회전자 위치 또는 회전자 자속의 위치를 측정하기는 힘들다. 그러나, 회전자 쇄교 자속이 형성된 유도 전동기의 경우 자기포화(Magnetic Saturation)로 인해 d-q축의 누설 인덕턴스의 차이가 나타나게 된다. <그림 6.17>에 주자속과 누설 자속의 경로를 나타내었다.

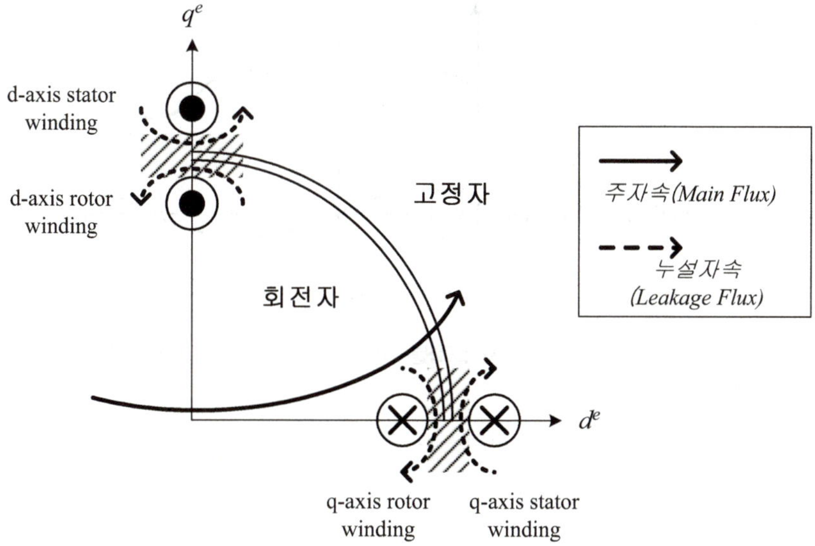

그림 6.17 주자속과 누설 자속의 경로 (2극 유도 전동기의 경우)

자속의 위치와 권선의 위치는 서로 직교한다. 유도 전동기에서 주자속은 <그림 6.17>에서와 같이 q축 권선을 통과한다. Q축 권선이 있는 곳은 주자속에 의해 포화된다. 즉, q축 누설 자속의 경로는 포화되고, 따라서 q축 누설 인덕턴스는 주자속의 경로로 인해 줄어든다. 반면, d축 권선 부근에는 주자속이 거의 없기 때문에 d축 권선의 누설 자속은 q축 권선의 누설 자속보다 쉽게 생성될 수 있다. 따라서, <그림 6.18>과 식 (6-93)에서와 같이 d축 누설 인덕턴스는 다른 어느 각의 인덕턴스보다 크다. 이 현상으로 유도 전동기의 동기 좌표계에서의 d-q축 누설 자속의 차이가 설명될 수 있다. 전류의 기본파 성분과는 달리 주입된 고주파 성분의 전류는 주로 누설 자속의 지배를 받는다. 따라서, 위에서 설명한 현상에 의한 임피던스 차이는 측정 가능하고, 이를 이용하여 회전자 자속 위치를 추정할 수 있다.

$$L_{dh} > L_{qh} . \tag{6-93}$$

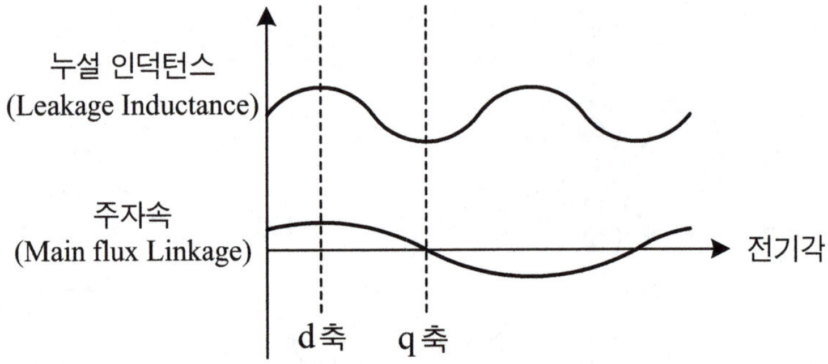

그림 6.18 자기포화를 고려한 누설 인덕턴스와 주자속의 분포

따라서, 고주파 저항과 인덕턴스를 모두 고려한 임피던스 역시 d축이 다른 어떤 축보다 크게 된다.

$$Z_{dh} > Z_{qh} . \quad \text{(6-94)}$$

동기 좌표계에서 주입하는 각에 대한 고조파 임피던스는 다음 식과 같이 표시될 수 있다.

$$Z_h(\theta) = Z_{ha} + \tfrac{1}{2} Z_{hp} \cos 2(\theta_e - \theta) . \quad \text{(6-95)}$$

<그림 6.19>는 3.7kW, 220V, 4극 전폐형(Closed) 회전자 슬롯을 가지는 농형 유도 전동기의 무부하 조건에서 주입하는 고조파 전압 신호의 크기에 따른 고주파 임피던스를 나타낸다.

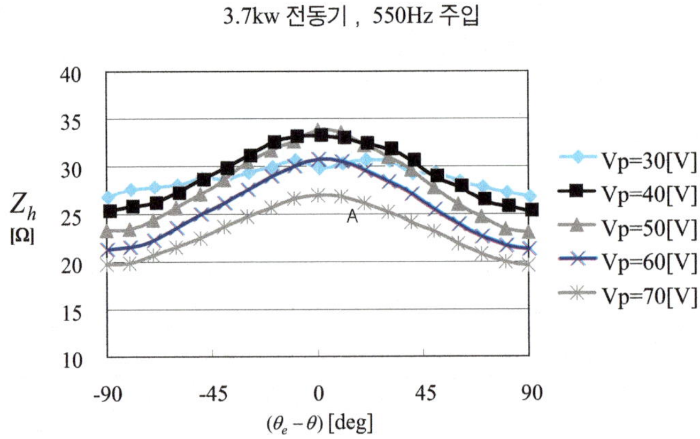

그림 6.19 유도 전동기의 고주파 임피던스(고주파 주입 신호: 550Hz)

통상 전폐형 슬롯(Closed Slot)의 회전자를 가지는 농형 유도 전동기는 고조파 임피던스가 식 (6-95)와 같이 근사화 될 수 있으나 개방형 또는 반폐(Open or Semiclosed)형의 슬롯 구조를 가지는 전동기의 경우 주입 신호에 대한 돌극성을 찾기 어렵다. 따라서 이러한 전동기는 고주파 신호에 의란 센서리스 제어에 적합하지 않다. 권선형 유도 전동기는 개방형 슬롯과 유사한 구조이므로 신호 주입에 의한 센서리스 제어가 매우 어렵다. 전폐형 슬롯(Closed Slot)의 회전자를 가지는 농형 유도 전동기라고 하더라도 전동기 설계에 따라 임피던스 형태가 부하 전류에 따라 심하게 왜곡 되어 센서리스 제어가 불가능한 경우가 있으므로 고주파 신호 주입에 의한 유도 전동기 센서리스를 수행할 경우 반드시 전동기의 임피던스 특성을 부하 전류에 따라 파악할 필요가 있다.

6.4.2.2 표면 부착형 영구자석 전동기 (참고문헌 [63], [64], [71])

표면 부착형 영구자석 전동기 역시 유도 전동기와 마찬가지로 회전자에 돌극성이 없어 운전 주파수에서는 회전자 위치에 따른 임피던스의 차이를 나타내지 않는다. 그러나 회전자 구조에 따라 고주파에 대해 회전자 위치에 의한 임피던스의 차이, 즉 돌극성을 보일 수도 있다. <그림 6.20>은 11kW 집중권(Concentrated Winding) 범용 8극 표면 부착형 전동기에 400Hz~850Hz의 고주파를 인가하였을 때 회전자의 위치에 대한 임피던스의 변화를 표시한 것이다. 이와 같이 형상에 돌극성이 없는 전동기의 경우에도 전동기의 설계에 따라 포화 현상에 의한 돌극성을 가질 수 있어 이를 이용하면 회전자 위치 및 속도 추정이 가능하다. <그림 6.20>으로부터 알 수 있는 임피던스의 특성은 주파수가 증가할수록 임피던스의 크기가 증가한다는 것, 즉 인덕턴스 성분이 임피던스의 대부분을 차지한다는 것과 $(\theta_r - \theta)$이 0°일 때 임피던스의 크기가 가장 크고 90°이거나 –90°일 때 가장 작은 것, 즉 고주파 주입 신호에 대해 회전자 좌표계 상의 d축 임피던스가 가장 크고 q축(혹은 –q축)의 임피던스가 가장 작다는 것이다. 높은 주파수 영역에서 회전자 좌표계 상의 d축의 임피던스가 가장 큰 것은 앞 절에서 유도 전동기의 경우에 언급한 물리적인 설명과 일치한다. 고정자 권선에 큰 전류가 흐를 경우 전동기 내부의 자속은 영구자석에 의한 자속과 고정자 권선에 의한 자속의 벡터 합으로 나타나기 때문에 고정자 철심이 포화되는 특성, 즉 포화되는 정도나 포화되는 위치에 따라 임피던스 특성이 바뀔 수도 있다. 특히 표면 부착형 영구자석 전동기는 전동기 설계에 따라 각에 따른 임피던스 형태가 부하 전류에 따라 심하게 왜곡 되어 제어가 불가능한 경우가 많으므로 반드시 임피던스 측정을 할 필요가 있다. <그림 6.20>과 같은 임피던스의 정현적인 특성은 표면 부착형 영구자석 전동기에서도 예외적인 특성이다.

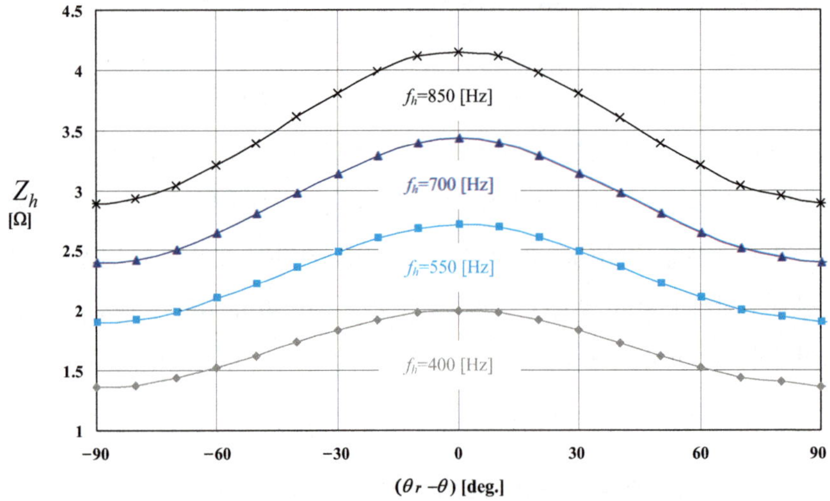

그림 6.20 전압 신호의 주파수에 따른 집중권 표면 부착형 영구자석 전동기의 임피던스 특성

6.4.3 맥동하는 정현파의 고주파 전압 신호를 이용한 회전자 자속의 위치와 속도의 추정

이러한 정현파의 맥동하는 고주파 주입 신호에 의한 d축과 q축의 임피던스 차이를 이용하여 회전자 또는 회전자 자속의 위치를 추정하기 위한 신호 처리 방법은 여러 가지가 있을 수 있으나 그 중 대표적인 두 가지를 기술하면 다음과 같다.

(1) 높은 주파수의 전압 신호가 인가되는 축과 별도로 전류 신호를 측정하는 측정 좌표계를 사용한다. 이 신호 처리 방법은 인가되는 전압 신호의 주파수 영역에서 전동기의 임피던스 특성이 회전자 좌표계 상의 d축을 중심으로 대칭이라는 가정 하에 높은 주파수의 전압 신호가 인가되는 축과 전기적으로 45° 떨어져 있는 좌표계를 측정 좌표계로 선택하여 측정 좌표계 상의 전류를 신호 처리하는 방법이다(참고문헌 [59], [60], [67]).

(2) 높은 주파수의 전압 신호가 인가되는 축과 직교하는 축의 전류를 이용한다. 즉, 추정된 회전자 좌표계 상의 q축 전류를 이용하는 방법이다(참고문헌 [52], [63], [64]).

두 방법은 원리적으로는 같으나 구현 상의 차이로 인하여 동작에 있어 약간의 특성 차이를 가진다. 형상에 돌극성이 있는 전동기의 경우 1)의 방법이 안정된 동작에 있어 유리하나 형상에 돌극성이 없을 경우에는 2)의 방법이 구현의 편리성으로 인해 선호된다. <그림 6.21>은 높은 주파수로 맥동하는 전압 신호를 인가하는 센서리스 제어 방법 중에서 별도의 측정 좌표계를 신호 처리에 사용하는 방법의 블록도 및 좌표계 사이의 관계, 신호 처리 방법을 나타낸 것이다. <그림 6.21(a)>는 제어 블록도를 보여준다. 대역 통과 필터를 사용하여 측정 좌표계 상의 전류 중에서 인가된 전압 신호와 같은 주파수 성분만을 추출한 후 전처리기(Pre-processor)와 수정 제어기(Correction Controller)를 통하여 회전자의 위치 및 속도를 추정한다. <그림 6.21(b)>는 이 방법에서 사용된 좌표계 사이의 관계를 보여준다. 실제 회전자 좌표계(d^r, q^r)와 추정된 회전자 좌표계($d^{\hat{r}}, q^{\hat{r}}$) 사이의 오차, 즉 회전자 위치 추정 오차는 θ_{err} 로 표시되어 있으며 측정 좌표계 (d^m, q^m)는 추정된 회전자 좌표계로부터 –45° 떨어져 있다.

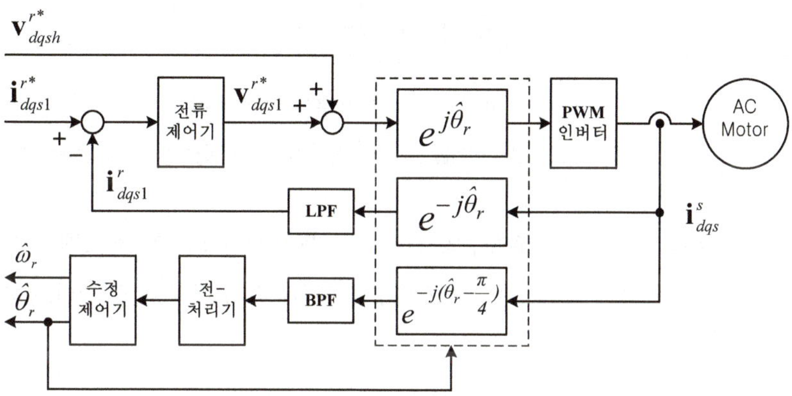

(a) 제어 블록도

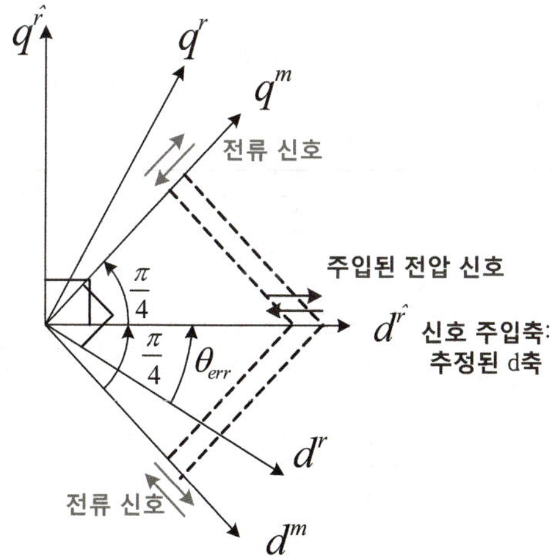

(b) 좌표계 사이의 관계

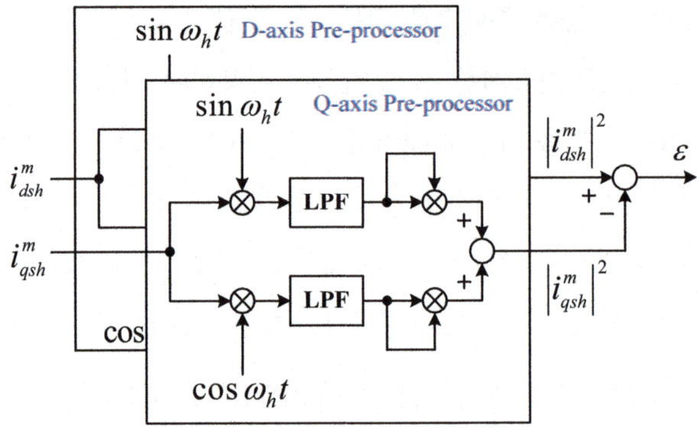

(c) 전처리기(Pre-processor)

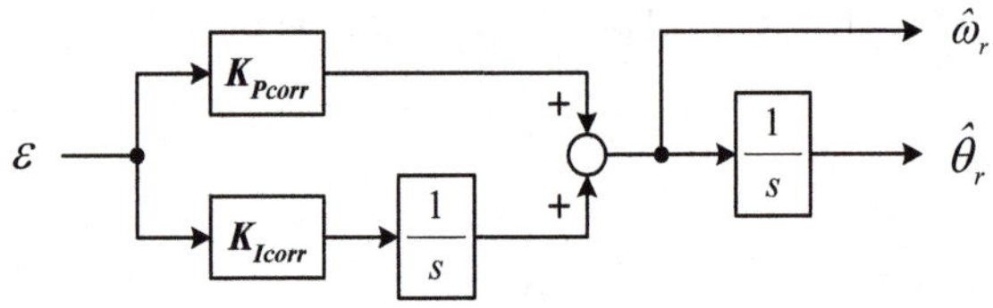

(d) 수정 제어기(Correction Controller)

그림 6.21 맥동하는 전압 신호를 인가하고 측정 좌표계를 이용하는 센서리스 제어 방법

식 (6-96)과 같은 높은 주파수의 전압 신호가 추정된 회전자 좌표계의 d축에 인가된다면 측정 좌표계 상의 전류를 식 (6-97), (6-98)과 같이 나타낼 수 있다(참고문헌 [63]).

$$\mathbf{v}^{\hat{r}}_{dqsh} = \begin{bmatrix} V_{inj}\cos\omega_h t \\ 0 \end{bmatrix}. \tag{6-96}$$

$$\begin{aligned} i^m_{dsh} = -\frac{V_{inj}}{\sqrt{2}\omega_h^2 L_{dh}L_{qh}} \Bigg\{ & \left(\frac{R_{dh}+R_{qh}}{2} + \frac{R_{qh}-R_{dh}}{2}\sin\left(2\theta_{err}+\frac{\pi}{4}\right)\right)\cos\omega_h t \\ & -\omega_h\left(\frac{L_{dh}+L_{qh}}{2} + \frac{L_{qh}-L_{dh}}{2}\sin\left(2\theta_{err}+\frac{\pi}{4}\right)\right)\sin\omega_h t \Bigg\} \end{aligned}. \tag{6-97}$$

$$\begin{aligned} i^m_{qsh} = -\frac{V_{inj}}{\sqrt{2}\omega_h^2 L_{dh}L_{qh}} \Bigg\{ & \left(\frac{R_{dh}+R_{qh}}{2} + \frac{R_{dh}-R_{qh}}{2}\sin\left(2\theta_{err}-\frac{\pi}{4}\right)\right)\cos\omega_h t \\ & -\omega_h\left(\frac{L_{dh}+L_{qh}}{2} + \frac{L_{dh}-L_{qh}}{2}\sin\left(2\theta_{err}-\frac{\pi}{4}\right)\right)\sin\omega_h t \Bigg\} \end{aligned}. \tag{6-98}$$

식 (6-97), (6-98)로부터 회전자 위치 추정 오차의 정보는 d, q축 저항이나 인덕턴스의 차이에 의해서 결정됨을 알 수 있다.

<그림 6.21(c)>에 나타내어진 전처리기는 식 (6-82), (6-83)과 같이 얻어진 측정 좌표계 상의 d, q축 전류의 크기(Amplitude)를 계산하고 비교한다. 하나의 주파수 성분만을 가지는 교류 신호의 크기는 같은 주파수를 가지면서 90°의 위상 차이를 가지는 두 신호를 대상 신호에 곱한 후 각각의 결과를 저역 통과 필터에 통과시킨 후 제곱하여 더함으로써 구할 수 있다. 이 과정을 포함한 전처리기(Pre-processor)의 처리 과정을 수식으로 나타내면 다음과 같다.

$$\begin{aligned}\varepsilon &\equiv \left|i_{dsh}^{m}\right|^2 - \left|i_{qsh}^{m}\right|^2 \\ &= \left\{LPF\left(i_{dsh}^{m}\cos\omega_h t\right)\right\}^2 + \left\{LPF\left(i_{dsh}^{m}\sin\omega_h t\right)\right\}^2 \\ &\quad - \left\{LPF\left(i_{qsh}^{m}\cos\omega_h t\right)\right\}^2 - \left\{LPF\left(i_{qsh}^{m}\sin\omega_h t\right)\right\}^2 \\ &= \frac{V_{inj}^2}{4\omega_h^2 L_{dh}L_{qh}}\left\{2\left(R_{avg}\Delta R + \omega_h^2 L_{avg}\Delta L\right) - \sqrt{2}\left((\Delta R)^2 + (\omega_h \Delta L)^2\right)\cos 2\theta_{err}\right\}\sin 2\theta_{err}\end{aligned} \quad . \quad (6\text{–}99)$$

식 (6-99)에서 R_{avg} 과 ΔR, L_{avg} 과 ΔL 은 다음과 같이 정의된다.

$$R_{avg} \equiv \frac{R_{dh}+R_{qh}}{2},\quad \Delta R = \frac{R_{dh}-R_{qh}}{2},\quad L_{avg} \equiv \frac{L_{dh}+L_{qh}}{2},\ \Delta L = \frac{L_{dh}-L_{qh}}{2} \quad . \quad (6\text{–}100)$$

식 (6-99)의 { } 내부에 있는 부분은 회전자 위치 추정 오차에 관계 없이 영이 되지 않으며 그 부호가 ΔR 과 ΔL 에 의해 결정된다. 따라서 식 (6-99)에 나타내어진 전처리기의 출력을 영으로 하는 제어기를 구성함으로써 회전자 위치를 추정할 수 있다. <그림 6.21 (d)>는 오차를 수정하는 제어기의 한 예를 나타내고 있다. 수정 제어기(Correction Controller)는 비례 적분 제어기와 적분기로 구성되어 있는데 전처리기(Pre-processor)의 출력을 식 (6-101)과 같이 나타내면 <그림 6.21(d)>와 같은 수정 제어기를 사용했을 때 실제 회전자 위치로부터 추정된 회전자 위치까지의 전달 함수는 식 (6-102)와 같이 나타낼 수 있다.

$$\varepsilon = K_{err}' \sin 2\theta_{err} \approx K_{err}\theta_{err} . \quad (6\text{–}101)$$

$$\frac{\hat{\theta}_r}{\theta_r} = \frac{K_{err}K_{Pcorr}s + K_{err}K_{Icorr}}{s^2 + K_{err}K_{Pcorr}s + K_{err}K_{Icorr}} . \quad (6\text{–}102)$$

<그림 6.15>의 고주파 임피던스 특성을 가지는 매입형 전동기를 부하 전동기와 결합

하여 저속에서 센서리스 제어하면 <그림 6.22> ~ <그림 6.25>와 같은 제어 특성을 얻을 수 있다. <그림 6.22>는 무부하 조건에서 속도 지령이 0r/min에서 50r/min으로 다시 0r/min으로 바뀔 때의 실제 속도, 추정 속도, 추정 토크, 측정된 토크를 각각 보여 준다. 토크 측정기가 두 전동기 사이에 부착되어 있으므로, 관성 부하만이 작용하는 과도 상태에서 측정된 토크의 크기는 부하와 전동기의 관성이 같을 경우 전동기 출력 토크 크기의 반이 된다. <그림 6.23>은 부하 토크가 0%에서 100%로 계단 형태로 변화할 때 0r/min 속도 제어 시 응답을 보여 주고 있다. 과도 상태에서도 추정 속도와 실제 속도가 일치 하고 외부 부하가 인가될 때에도 센서리스 벡터 제어가 안정적으로 수행됨을 알 수 있다. <그림 6.24>에서는 100% 계단(Step) 부하 토크 인가 조건에서의 "0" 위치 제어 시 응답을, <그림 6.25>에서는 100% 부하 조건에서의 -180°(-π rad.)에서 180°(π rad.)로의 위치 이동 제어 시 응답을 보여 주고 있다.

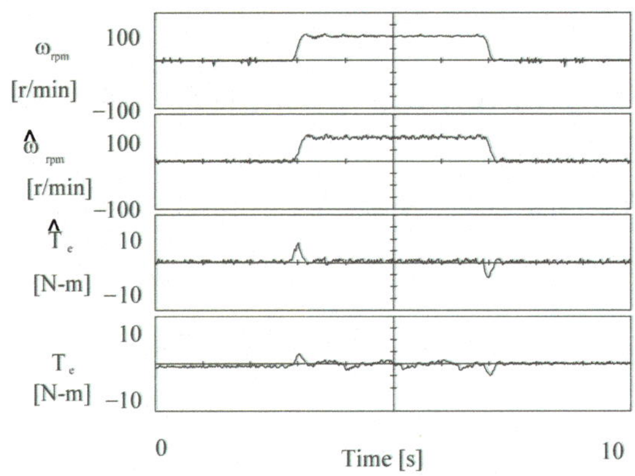

그림 6.22 고주파 전압 주입에 의한 센서리스 제어; 속도 지령의 계단 변화 시 응답 (매입형 영구자석 전동기, 0r/min에서 50r/min, 무부하 조건)

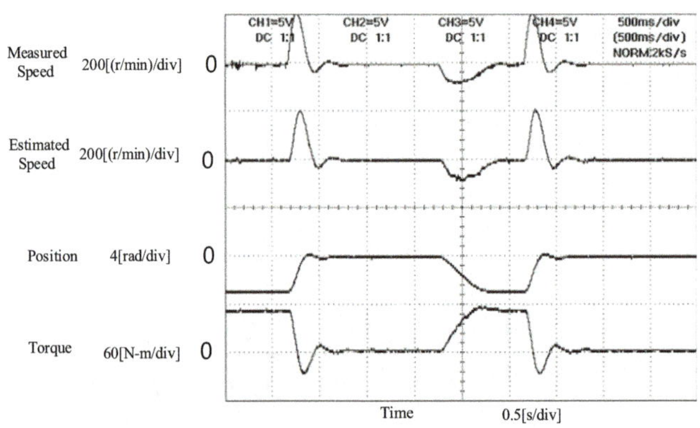

그림 6. 23 고주파 정현파 맥동 전압 주입에 의한 11kW, 6극, 범용 매입형 영구자석 전동기 센서리스 제어; 0r/min 속도 지령에 대한 속도 제어 시 응답 (부하 토크가 0%에서 100%로 계단 형태로 변화할 때)

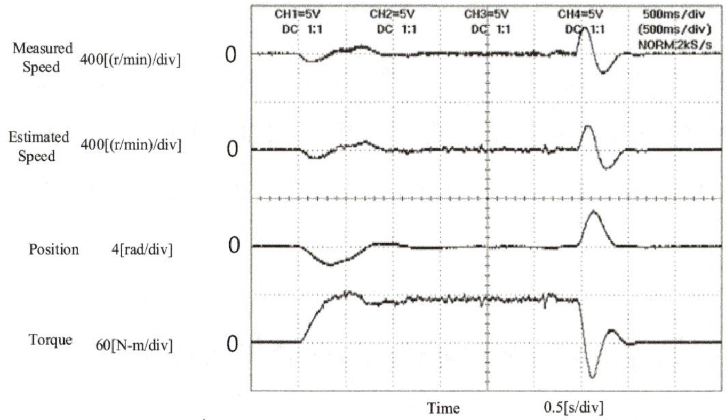

그림 6.24 고주파 정현파 맥동 전압 주입에 의한 11kW, 6극, 범용 매입형 영구자석 전동기 센서리스 제어; 0rad. 위치 지령에 대한 위치 제어 시 응답 (부하 토크가 0%에서 100%로 계단 형태로 변화할 때)

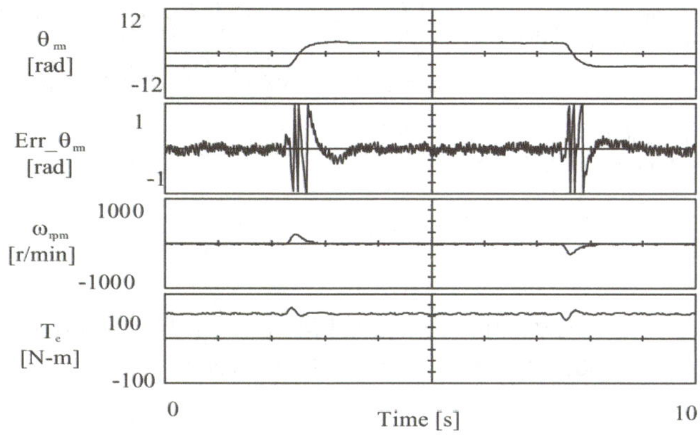

그림 6.25 고주파 정현파 맥동 전압 주입에 의한 11kW, 6극, 범용 매입형 영구자석 전동기 센서리스 제어; 100% 부하 토크 인가 상태에서 −180°(−π rad.)에서 180°(π rad.)로의 위치 이동 제어 시 응답

<그림 6.24>와 <그림 6.25>에서 알 수 있듯이 100% 부하 조건에서도 정상상태에서는 위치 제어 오차가 거의 "0"이 됨을 알 수 있다. 형상에 돌극성이 있으면서 돌극비가 매우 큰 자기저항 동기 전동기에 대해서도 비슷한 결과를 얻을 수 있다(참고문헌 [61]).

형상에 돌극성이 없는 4극, 범용 11kW 전폐형 회전자 슬롯을 가지는 유도 전동기를 저속에서 센서리스 제어하면 <그림 6.26>, <그림 6.27>과 같은 제어 특성을 얻을 수 있다. 주입 주파수 f_h는 550Hz, 주입 전압의 크기 V_{inj}^*는 50V인 신호를 사용하였다. <그림 6.26>은 100%의 부하 조건에서의 "0" 속도 제어 시 응답을 보여 주고 있다. 역기전력과 전동기의 모델을 사용하는 방법은 영속 혹은 극저속에서 역기전력이 작아 신호와 잡음의 비가 나빠져 제어 불능에 빠지는 특성을 나타내지만, 고주파 전압을 주입

하는 센서리스 제어의 경우 데드타임 등의 전압 왜곡으로 인해 속도 맥동이 발생하지만 과도 상태에서도 안정된 동작 특성을 보여 주고 있다. <그림 6.27>은 “0” 속도 제어 상태에서 100%의 계단 부하 토크 인가 시 응답을 보여 주고 있다. 부하 토크 인가 시와 제거 시 비교적 큰 속도 맥동이 발생하지만 역시 안정된 동작을 보여 준다.

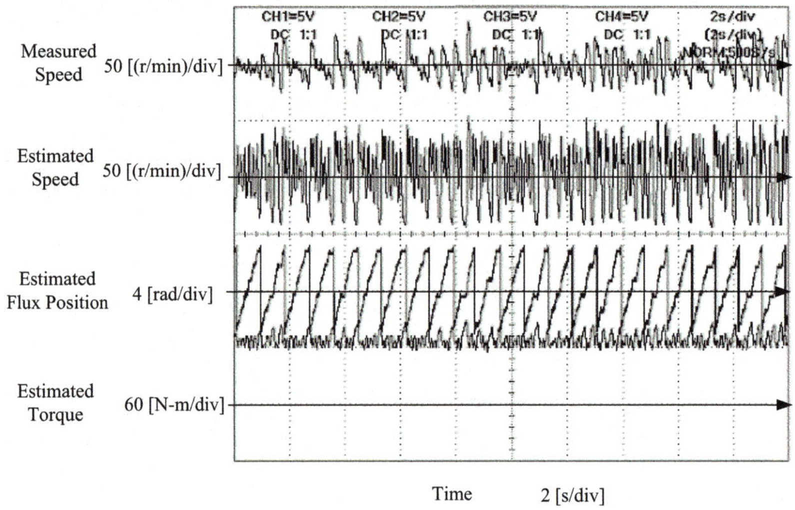

그림 6. 26 4극, 범용 11kW 전폐형 농형 유도 전동기의 고주파 전압 주입에 의한 센서리스 제어; 100% 부하 조건에서의 “0” 속도 제어 시 응답

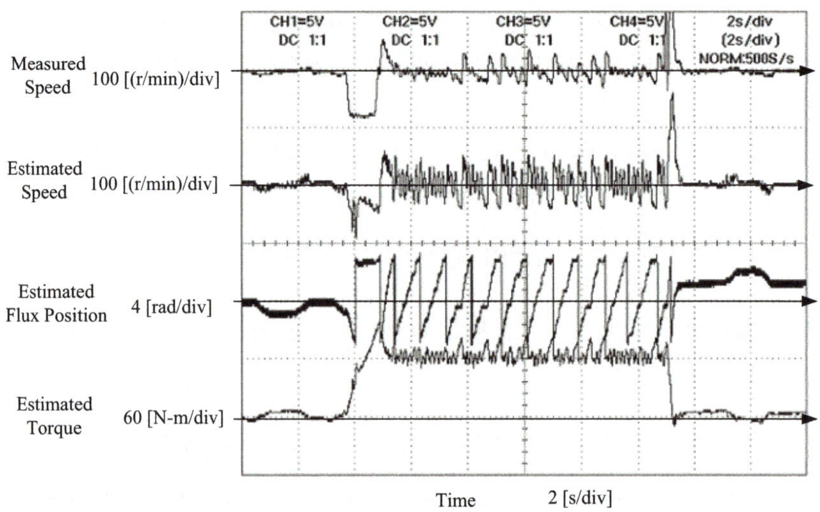

그림 6.27 4극, 범용 11kW 전폐형 농형 유도 전동기의 고주파 전압 주입에 의한 센서리스 제어; “0” 속도 제어에서 100% 계단 부하 토크 인가 시 응답

본 절에서 살펴본 부가의 신호를 인가하는 센서리스 제어 방법은 역기전력 전압이 낮은 영역에서 부가의 측정 장치나 하드웨어의 변형 없이 소프트웨어의 변경만으로 사용이 가능하며, 회전자에 돌극성이 없는 전동기에도 고주파 신호에 대해 돌극성이 나타나면 적용이 가능하다는 장점을 가지고 있다. 그러나 전동기의 제어와는 관계 없는 부가의 전압을 필요로 한다는 단점을 가지고 있다. 이로 인하여 회전자의 속도가 증가하여 역기전력 전압의 크기가 큰 영역에서는 인버터가 인가할 수 있는 전압의 한계 때문에 주입하는 전압 신호의 크기가 제한되어 돌극성을 검출하기에 충분한 크기의 고주파 전압 신호를 인가할 수 없게 된다. 이 경우에는 적절한 속도에서 6.1, 6.2, 6.3절에서 설명한 역기전력에 기반한 센서리스 제어 방법으로 절환해야 한다(참고문헌 [60], [61], [63]). 또한, 포화 현상에 의한 돌극성은 회전자 자속, 즉 영구자석에 의한 자속에 의해서 뿐만 아니라 고정자 전류에 의한 자속에 의해서도 발생할 수 있다. 따라서 고정자 자속에 의하여 포화(Saturation) 현상이 발생할 경우 부가의 신호를 인가함으로써 얻어지는 회전자 위치 정보의 정확도가 감소하게 되므로 보다 정확한 추정을 위해서는 고정자 전류에 의한 자속 포화의 효과를 고려해야 한다(참고문헌 [60], [63]).

6.4.4 맥동하는 구형파 고주파 전압 신호를 이용한 회전자 자속의 위치와 속도의 추정[73]

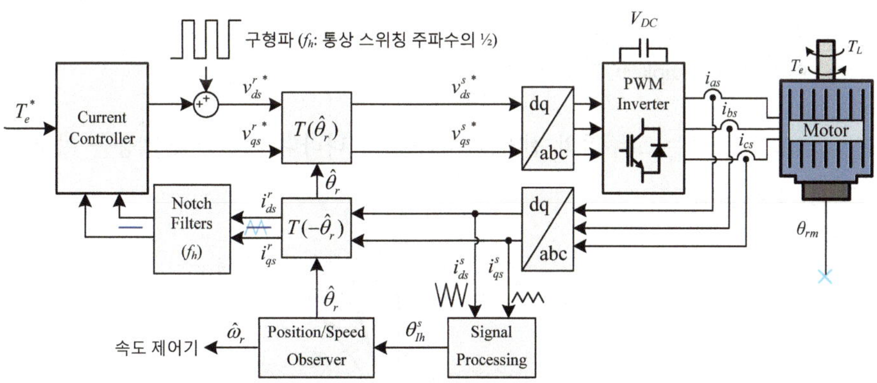

그림 6.28 맥동하는 구형파 고주파 신호를 주입하는 센서리스 제어 블록도

<그림 6.28>은 구형파 맥동 전압 주입 센서리스 제어의 전체적인 알고리즘을 보여준다. 추정된 동기 좌표계의 d축에 스위칭 주파수의 절반에 해당하는 주파수를 가지는 구형파 전압을 주입하여, 맥동하는 전류를 전류 센서로 측정한다. 신호 처리 기법을 이용

하여, 측정한 전류 성분에 존재하는 회전자 위치를 추출하고 이 정보를 속도 관측기의 입력으로 설정한다. 측정한 전류에는 기본파 성분과 전압 주입에 따른 고주파 성분이 섞여 있기 때문에 기본적인 전류 제어를 수행하기 위해서 주입하는 주파수를 차단 주파수로하는 노치 필터(Notch Filter)를 이용하여 추정된 동기 좌표계 전류의 주입 주파수 성분에 해당하는 고주파 성분을 제거한 후 전류 제어기에 입력한다.

매입형 영구자석 전동기(IPMSM)의 전압 방정식을 행렬로 표현하면 식 (6-103)과 같다. 신호 주입상황을 가정하여 전류 및 전압의 고주파 성분을 분리하면 식 (6-104)와 같이 표현할 수 있다. 이 때 V^r_{dqsh} 은 고주파의 구형파 주입전압이며 i^r_{dqsh} 는 이에 반응하여 출력으로 측정되는 고주파의 전류 성분이다. 주입 주파수가 전동기의 전기각 회전 주파수 보다 충분히 크다면, 역기전력의 기본파 성분은 무시할 수 있다. 또 주입 주파수가 매우 높을 경우 인덕턴스에 의한 전압 강하가 대부분을 차지하므로 저항에 의한 전압 강하 또한 무시할 수 있다. 따라서 **주입 전압의 주파수가 매우 높을 경우, 매입형 영구자석 전동기의 전압 방정식은 간단한 인덕턴스 모델**로 나타낼 수 있다.

$$\begin{bmatrix} V^r_{ds} \\ V^r_{qs} \end{bmatrix} = \begin{bmatrix} R_s + sL_d & -\omega_r L_q \\ \omega_r L_d & R_s + sL_q \end{bmatrix} \begin{bmatrix} i^r_{ds} \\ i^r_{qs} \end{bmatrix} + \begin{bmatrix} 0 \\ \omega_r \lambda_f \end{bmatrix}. \tag{6-103}$$

$$\begin{bmatrix} V^r_{dsh} \\ V^r_{qsh} \end{bmatrix} = \begin{bmatrix} sL_d & 0 \\ 0 & sL_q \end{bmatrix} \begin{bmatrix} i^r_{dsh} \\ i^r_{qsh} \end{bmatrix}. \tag{6-104}$$

여기서 s는 Laplace 연산자이다.

<그림 6.29>는 고주파의 전압을 주입할 때 나타나는 전류의 맥동을 여러 좌표 축에서 나타낸다.

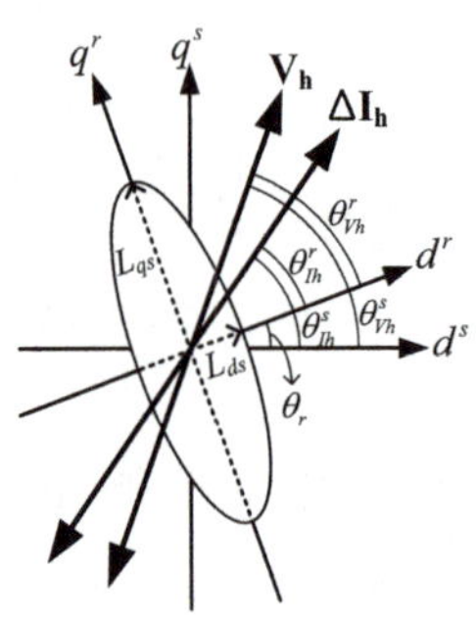

그림 6.29 추정각 오차 발생 시, 구형파 주입에 의한 전류 맥동

여기서 d^s는 정지 좌표계의 d축을, d^r은 회전자 기준 동기 좌표계의 d축을 의미한다. $\mathbf{V_h}$는 주입된 구형파 전압을 식 (6-105)와 같은 벡터로 표시한 것이고, $\mathbf{\Delta I_h}$는 전압 주입에 반응하여 기준 동기 좌표계에서 θ_{Ih}^r의 각도로 맥동하는 전류를 벡터로 표시한 것이다. 추정된 회전자 동기 좌표계의 d축에 구형파 전압을 주입할 경우 나타나는 맥동 전류, $\mathbf{\Delta I_h}$,는 전동기 모델 식 (6-104)과 식 (6-105)를 이용하여 식 (6-106)과 같이 계산될 수 있다.

$$\mathbf{V_h} = \begin{bmatrix} v_{dsh}^r \\ v_{qsh}^r \end{bmatrix} = V_{inj} \begin{bmatrix} \cos\theta_{Vh}^r \\ \sin\theta_{Vh}^r \end{bmatrix}. \qquad (6\text{–}105)$$

$$\mathbf{\Delta I_h} = \begin{bmatrix} \Delta i_{dsh}^r \\ \Delta i_{qsh}^r \end{bmatrix} = V_{inj} \cdot T_{samp} \begin{bmatrix} \dfrac{1}{L_{ds}} \cos\theta_{Vh}^r \\ \dfrac{1}{L_{qs}} \sin\theta_{Vh}^r \end{bmatrix}. \qquad (6\text{–}106)$$

여기서 V_{inj}는 <그림 6.28>에 표시한 바와 같이 1/2 주기 동안은 그 크기가 V_h이고 나머지 1/2 주기 동안 $-V_h$인 구형파이다.

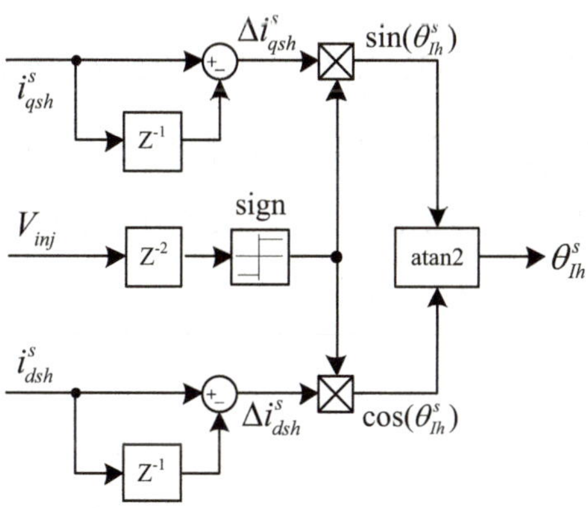

그림 6.30 신호 처리(Signal Processing) 블록도

<그림 6.28>에서의 신호처리(Signal Processing) 블록은 <그림 6.30>과 같이 나타낼 수 있다. 그림에서 z는 z변환(z Transform)의 변수이고 z^{-1}은 샘플링 주기(Sampling Period) 만큼의 신호 지연을 의미한다. 전압 지령의 계산과 PWM에 의한 전압 합성,

그리고 전류 측정의 지연을 고려하면 주입한 전압의 효과는 2 샘플링기간 이후에 나타나므로, 위와 같이 2 샘플링 기간이 지연(z^{-2})된 V_{inj}의 부호를 전류의 증분과 곱하여 정현(Sine)파와 여현(Cosine)파 신호를 얻을 있다. 이는 식 (6.107)로 표현될 수 있다.

$$\begin{bmatrix} \Delta i_{dsh}^{s}{}' \\ \Delta i_{qsh}^{s}{}' \end{bmatrix} = \mathrm{sign}(V_{inj} \cdot z^{-2}) \cdot \begin{bmatrix} \Delta i_{dsh}^{s} \\ \Delta i_{qsh}^{s} \end{bmatrix} = V_h \cdot T_{samp} \begin{bmatrix} \dfrac{1}{L_{ds}} \cos\theta_{Vh}^{r} \\ \dfrac{1}{L_{qs}} \sin\theta_{Vh}^{r} \end{bmatrix}. \tag{6.107}$$

<그림 6.31>은 <그림 6.30>의 블록 다이어그램에 의한 신호 처리의 각 과정을 파형으로 나타낸 것이다. 위의 신호 처리의 결과인 전류 맥동각, θ_{Ih}^{r},이 -90°와 90°사이에 위치해 있을 때 맥동각은 식 (6-108)로 표현된다.

$$\theta_{Ih}^{r} = \mathrm{atan2}\left(\Delta i_{qsh}^{s}{}', \Delta i_{dsh}^{s}{}'\right) = \mathrm{atan}\left(\frac{1}{\sigma} \tan\theta_{Vh}^{r}\right). \tag{6-108}$$

여기서 σ는 돌극비, L_{qs} / L_{ds}를 의미한다.

<그림 6.32>는 이상적인 매입형 영구자석 전동기에 대하여 식 (6-108)에 따라 θ_{Vh}^{r}와 θ_{Ih}^{r}의 관계를 그린 그래프이다. 주입각에 대한 전류 맥동각을 새로운 주입각으로 연속적으로 바꿀 경우, <그림 6.32>와 같이 최종적으로 θ_{Vh}^{r}과 θ_{Ih}^{r}이 같아지게 된다. 센서리스 제어 시 전압 주입각을 추정된 회전자 위치로 둔다면($\theta_{Vh}^{s} = \hat{\theta}_{r}$), $\theta_{Vh}^{r} = \hat{\theta}_{r} - \theta_{r} = \theta_{err}$이므로 위치 추정 오차, θ_{err}, 는 0으로 수렴하게 된다.

실제 센서리스 제어 시에 식 (6-108)의 계산에 의해 얻어진 정지 좌표계의 전류 맥동각은 많은 잡음(noise) 성분을 가지고 있기 때문에 제어에 곧바로 사용할 수 없다. 회전자 위치 정보의 잡음 성분을 제거하고 속도를 추정하기 위하여 4.3.3절, 6.3.1절 에서 언급된 위치 및 속도 관측기를 적용할 수 있다. <그림 6.33>은 이러한 관측기의 일 예이다.

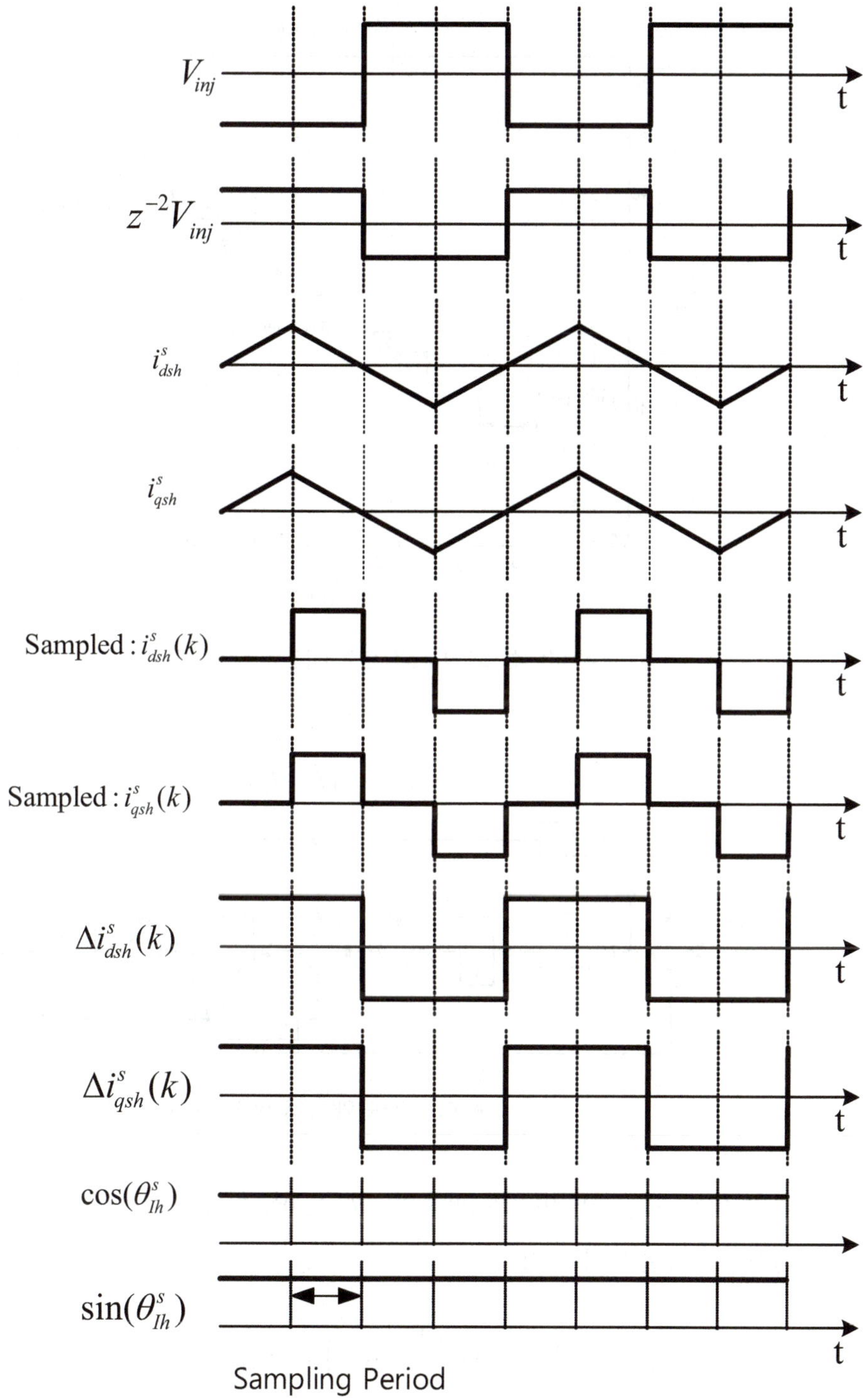

그림 6.31 $\theta^s_{Ih} = \dfrac{\pi}{4}$ 일 때 고주파 구형파 전압과 신호 처리 과정

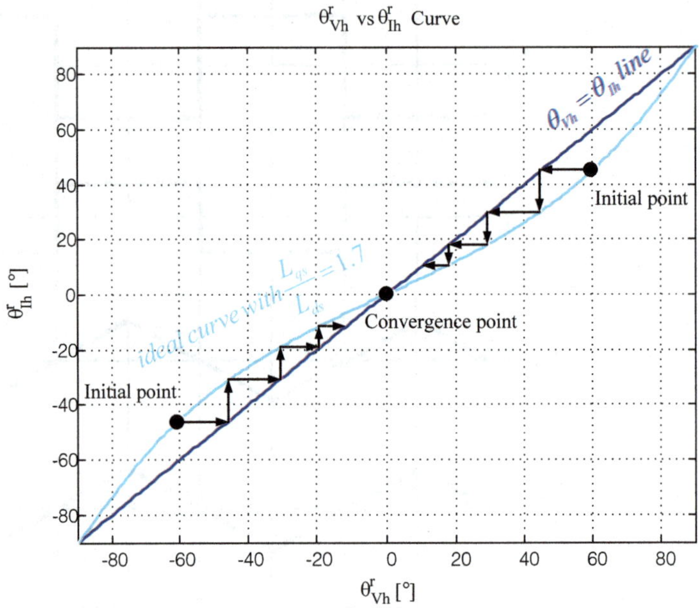

그림 6.32 이상적(ideal)인 매입형 영구자석 전동기의 θ_{Vh}^r 와 θ_{Ih}^r 곡선

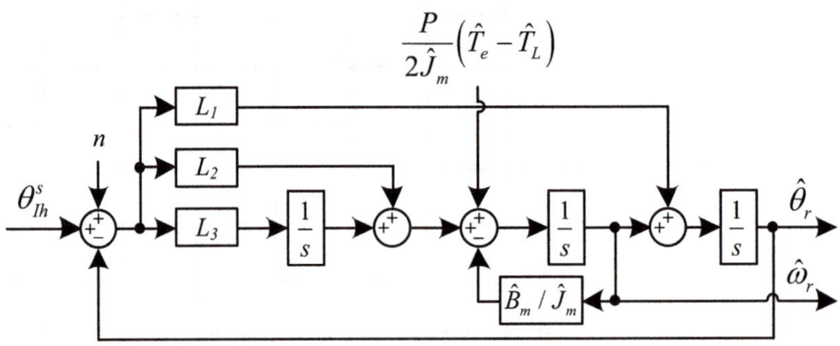

그림 6.33 센서리스 제어를 위한 위치 및 속도 관측기

위 그림에서 n은 잡음 입력을 의미한다. θ_{Vh}^r 이 0에 가깝다면, θ_{Ih}^s 는 식 (6-109), (6-110)과 같이 표현 될 수 있다.

$$\theta_{Ih}^r = \arctan\left(\frac{1}{\sigma}\tan\theta_{Vh}^r\right) \approx \frac{1}{\sigma}\theta_{Vh}^r . \tag{6-109}$$

$$\theta_{Ih}^s = \theta_{Ih}^r + \theta_r \approx \frac{1}{\sigma}\theta_{Vh}^r + \theta_r = \frac{1}{\sigma}(\theta_{Vh}^s - \theta_r) + \theta_r . \tag{6-110}$$

신호 주입 센서리스 제어 시, θ_{Vh}^{s}는 추정각 $\hat{\theta}_r$과 동일하므로 관측기의 입력 $\theta_{Ih}^{s}-\hat{\theta}_r$은 식 (6-111)과 같이 표현될 수 있다.

$$\theta_{Ih}^{s}-\hat{\theta}_r \approx \frac{1}{\sigma}(\hat{\theta}_r-\theta_r)+\theta_r-\hat{\theta}_r=\left(1-\frac{1}{\sigma}\right)\cdot\left(\theta_r-\hat{\theta}_r\right). \quad \text{(6-111)}$$

식 (6-111)을 이용하면 <그림 6.33>의 관측기는 <그림 6.34>와 같이 등가 변환 될 수 있다.

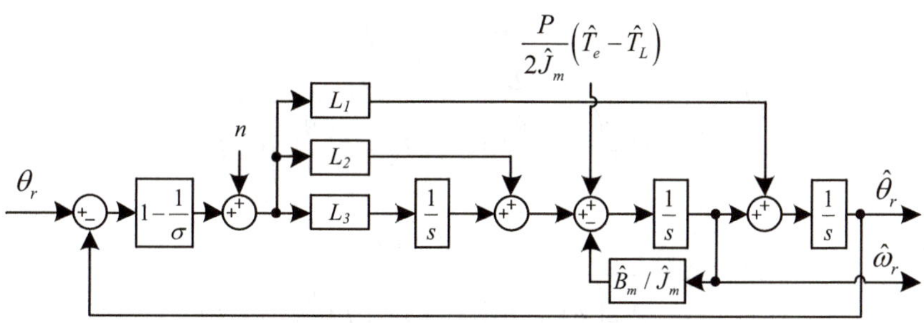

그림 6.34 〈그림 6.33〉의 관측기의 등가 변환

즉, 관측기의 이득이 (1-1/σ) 만큼 곱해진 크기로 변화하는 효과가 생긴다. 위의 속도 관측기를 적용하면, 신호 주입 센서리스 제어 적용 시, 회전자의 위치와 속도는 다음과 같이 표현될 수 있다.

$$\hat{\theta}_r=H_{\theta\theta}(s)\theta_r+H_{\theta T}(s)\Delta T+H_{\theta n}(s)n. \quad \text{(6-112)}$$

$$\hat{\omega}_r=H_{\omega\omega}(s)\omega_r+H_{\omega T}(s)\Delta T+H_{\omega n}(s)n. \quad \text{(6-113)}$$

여기서

$$H_{\theta\theta}(s)=\frac{\dfrac{J_m}{\hat{J}_m}s^3+\left(L_1'+\dfrac{B_m}{\hat{J}_m}\right)s^2+\left(L_2'+L_1'\dfrac{\hat{B}_m}{\hat{J}_m}\right)s+L_3'}{s^3+\left(L_1'+\dfrac{\hat{B}_m}{\hat{J}_m}\right)s^2+\left(L_2'+L_1'\dfrac{\hat{B}_m}{\hat{J}_m}\right)s+L_3'}. \quad \text{(6-114)}$$

$$H_{\theta T}(s)=\frac{\dfrac{P}{2\hat{J}_m}s}{s^3+\left(L_1'+\dfrac{\hat{B}_m}{\hat{J}_m}\right)s^2+\left(L_2'+L_1'\dfrac{\hat{B}_m}{\hat{J}_m}\right)s+L_3'}. \quad \text{(6-115)}$$

$$H_{\theta n}(s)=\frac{L_1 s^2+\left(L_2'+L_1'\frac{\hat{B}_m}{\hat{J}_m}\right)s+L_3'}{s^3+\left(L_1'+\frac{\hat{B}_m}{\hat{J}_m}\right)s^2+\left(L_2'+L_1'\frac{\hat{B}_m}{\hat{J}_m}\right)s+L_3'}. \tag{6-116}$$

$$H_{\omega\omega}(s)=\frac{\frac{J_m}{\hat{J}_m}s^3+\left(L_1'\frac{J_m}{\hat{J}_m}+\frac{B_m}{\hat{J}_m}\right)s^2+\left(L_2'+L_1'\frac{B_m}{\hat{J}_m}\right)s+L_3'}{s^3+\left(L_1'+\frac{\hat{B}_m}{\hat{J}_m}\right)s^2+\left(L_2'+L_1'\frac{\hat{B}_m}{\hat{J}_m}\right)s+L_3'}. \tag{6-117}$$

$$H_{\omega T}(s)=\frac{\frac{P}{2\hat{J}_m}s^2+L_1'\frac{P}{2\hat{J}_m}s}{s^3+\left(L_1'+\frac{\hat{B}_m}{\hat{J}_m}\right)s^2+\left(L_2'+L_1'\frac{\hat{B}_m}{\hat{J}_m}\right)s+L_3'}. \tag{6-118}$$

$$H_{\omega n}(s)=\frac{L_2's^2+L_3's}{s^3+\left(L_1'+\frac{\hat{B}_m}{\hat{J}_m}\right)s^2+\left(L_2'+L_1'\frac{\hat{B}_m}{\hat{J}_m}\right)s+L_3'}. \tag{6-119}$$

$$\begin{aligned}L_1'&=\left(1-\frac{1}{\sigma}\right)L_1\\ L_2'&=\left(1-\frac{1}{\sigma}\right)L_2.\\ L_3'&=\left(1-\frac{1}{\sigma}\right)L_3\end{aligned} \tag{6-120}$$

$$\Delta T=\left(\hat{T}_e-T_e\right)-\left(\hat{T}_L-T_L\right). \tag{6-121}$$

식 (6-112) ~ (6-121)에서 다음과 같은 추론이 가능하다.

$H_{\theta\theta}(s)$와 $H_{\omega\omega}(s)$는 영(zero) 주파수에서 1의 이득을 가지며 특히 관성 및 마찰상수의 오차가 없을 경우 전체 전달함수가 1이 된다. 제정수 오차가 크지 않다면 $H_{\theta\theta}(s)$와 $H_{\omega\omega}(s)$는 관측기의 다른 전달함수에 비하여 제정수 오차에 의한 영향이 크지 않다.

$H_{\theta T}(s)$와 $H_{\omega T}(s)$는 대역 통과 필터(Band Pass Filter: BPF)의 특성을 가진다. 추정 위치 및 속도는 영 주파수 및 높은 주파수의 토크 외란에는 강인하지만, 중간 대역폭에 해당하는 주파수의 외란은 추정 위치 및 속도에 큰 오차를 발생시킬 수 있다. 관측기

이득을 키울수록 전달함수의 이득이 감소하므로 토크 외란에 강인한 특성을 가지게 된다.

$H_{\theta n}(s)$는 저역 통과 필터(Low Pass Filter)의 특성을 가지므로 추정 위치 정보는 낮은 주파수의 잡음에 매우 민감하며 높은 주파수의 잡음에는 상대적으로 강인하다. $H_{\omega n}(s)$는 대역 통과 필터의 특성을 가지므로 추정 속도 정보는 중간 주파수 대역의 잡음에 민감할 수 있다. 관측기의 이득을 키울수록 전달함수의 이득이 같이 증가하므로 잡음에 대하여 더욱 민감해진다.

<그림 6.33>의 관측기의 이득 설정시 고려해야 할 요소는 토크 외란에 대한 강인성 및 잡음에 대한 민감성이다. 관측기 이득을 크게 하여 토크 외란에 대하여 강인하게 할 경우 잡음에 대한 민감성이 커지므로 추정 위치 및 속도에 진동 성분이 생길 수 있다. 반대로 관측기 이득을 작게 하여 잡음에 대한 민감도를 낮출 경우 순간적인 토크 외란에 의하여 위치 및 속도 추정 성능을 잃어버리고 탈조할 수도 있다. 토크의 전향 보상을 사용할 경우 토크 외란 입력이 작아지는 효과가 생기므로 추정 성능을 유지하면서 관측기 이득을 낮출 수 있는 장점이 있다.

위와 같은 맥동하는 구형파의 고주파 전압을 주입하는 센서리스 제어 기법은 일반적인 신호 주입 기법이 가지는 모든 단점들-가청 주파수 소음 발생, 전동기 및 인버터에서 추가적인 손실 발생, 주입 전압 합성을 위한 추가적인 전압 제어 여유의 필요성, 인버터 비선형성에 의한 주입 전압 및 그에 따른 전류 왜곡-이 같이 발생하며 그 정도가 심해 질 수 있다. 가청 주파수 소음의 경우 정현파 주입의 경우 주입 주파수가 대개 수백 Hz~1kHz정도이나 구형파 주입의 경우 수 kHZ이므로 가청 주파수 소음이 더 심하게 느껴 질 수 있다. 이 경우 주입 구형파 주파수를 스위칭 주파수와 같게하고 스위칭 주파수를 가청 대역 이상(대개 16kHz이상)으로 할 경우 가청 주파수 소음을 근원적으로 제거할 수도 있다[83]. 또 주입하는 주파수가 정현파 주입에 비해 높으므로 전동기의 철손이 급격히 증가할 우려가 있다. 따라서 주입 전압의 크기와 이로 인한 고주파 전류의 크기를 최소화할 필요가 있다. 또 스위칭 주파수 대역에 가까운 고주파 전류가 발생하므로 정현파 주입 방법에 비해 인버터 비선형성에 더욱 민감하게 되어 세심한 데드타임 보상 기법과 이에 따른 신호 처리 기법이 요구 된다[82]. 특히 주입 주파수를 스위칭 주파수와 같게 할 경우, 부하 토크가 줄어들어 무부하에 가까워 짐에 따라, 인버터 비선형성에 의한 신호 왜곡이 심해지므로 보상에 특히 유의하여야한다.

그러나 정현파 전압 주입 기법에 비교하여 구형파 주입 방법은 신호 처리에 있어 여러 필터들이 제거 되며 이에 따라 제어 대역 폭을 대폭 향상 시킬 수 있는 장점이 있다. 통상 같은 특성의 전동기를 사용할 경우 속도제어기, 위치 제어기 대역폭(Bandwidth)을 10배 가까이 크게 할 수 있다[83]. 6.4.3절의 <그림 6.22> ~ <그림 6.25>에 나타낸 맥동하는 정현파 전압을 주입하는 센서리스 제어와 비교하기 위하여 동일한 11kW매입형 영구자석을 사용하여 맥동하는 구형파 고주파 전압을 주입하였을 때의 실험 결과는 <그림 6.35> ~ <그림 6.38>과 같다. 앞의 정현파 주입에 비해 반응 속도가 대폭 빨라진 것을 알 수 있다. 이때 주입한 구형파의 크기, V_h, 는 80V이고 주입 주파수는 5kHz이다. 인버터의 스위칭 주파수는 10kHz이고 직류단 전압은 300V이다. 속도 제어기 대역폭은 50Hz, 위치 제어기 대역폭은 10Hz로 설정되어있다. 먼저 <그림 6.35>는 구형파 전압을 주입하였을 때 <그림 6.30>의 신호 처리에 의한 전류와 식 (6-108)에 의해 계산된 각, θ^r_{Ih},과 관측기에 의해 추정된 각, $\hat{\theta}_r$,을 표시하고 있다. 맥동전류, $\Delta i^{s'}_{dsh}$, $\Delta i^{s'}_{qsh}$ 에는 잡음이 포함되어 있고 이를 이용하여 계산된 각, θ^r_{Ih},에도 잡음이 포함되어 있지만 관측기를 통과한 추정각, $\hat{\theta}_r$ 에는 잡음이 거의 제거 된 것을 알 수 있다. 이러한 추정각을 이용하여 센서리스 속도 제어한 결과인 <그림 6.36>으로부터 속도 제어 대역 폭이 50Hz 이상임을 확인할 수 있으며 위치 제어 결과인 <그림 6.37>로부터 위치 제어 대역 폭이 10Hz이상임을 확인할 수있다. 이를 통해 앞의 6.4.3절의 <그림 6.22> ~ <그림 6.25>의 결과에 비해 그 반응 속도가 10배 정도 빠르다는 것을 확인할 수 있다.

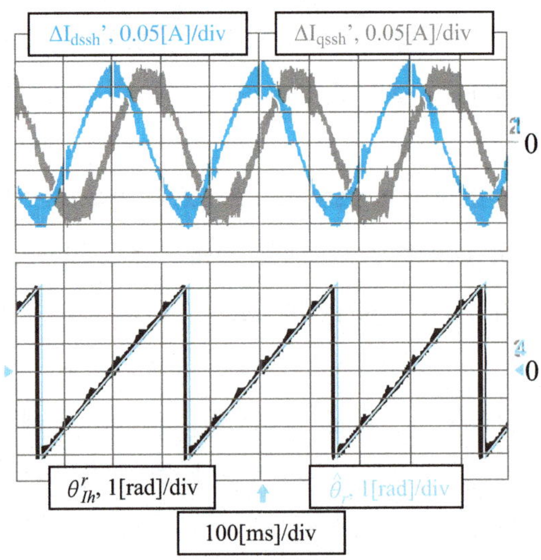

그림 6.35 〈그림 6.30〉의 신호 처리에 의한 전류와 (6-108)에 의해 계산된 각, θ^r_{Ih},과 관측기에 의해 추정된 각, $\hat{\theta}_r$

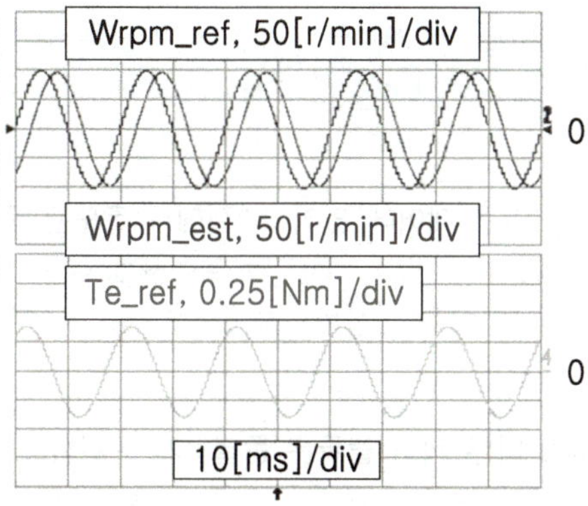

그림 6.36 50 Hz, 100 r/min의 정현파 속도 지령(Wrpm_ref)에 대한 센서리스 기법에 의한 추정 속도(Wprm_est), 토크 지령(Te_ref)

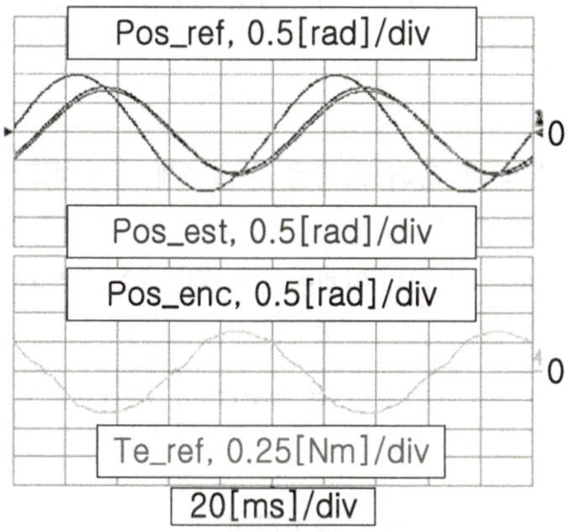

그림 6.37 10 Hz, 1 rad.의 정현파 위치 지령(Pos_ref)에 대한 센서리스 기법에 의한 추정 위치(Pos_est), 엔코더로 측정된 실제 위치(Pos_enc), 토크 지령(Te_ref)

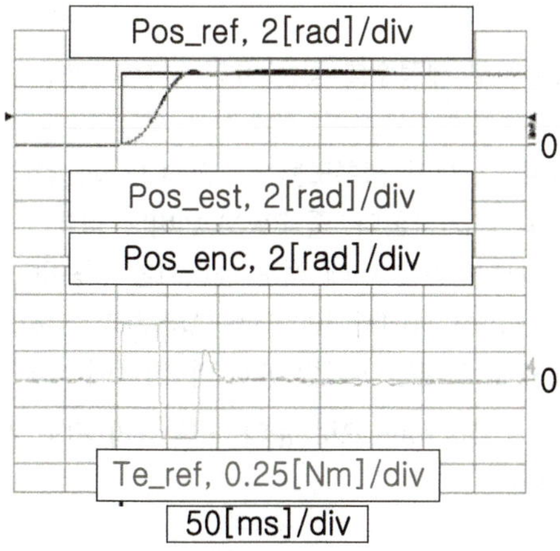

그림 6.38 0 rad.에서 5 rad. 의 계단파 위치 지령(Pos_ref)에 대한 센서리스 기법에 의한 추정 위치(Pos_est), 엔코더로 측정된 실제 위치(Pos_enc), 토크 지령(Te_ref)

연습문제(Exercises)

01 유도 전동기의 센서리스 제어에 있어 3.2절에서 유도된 등가 회로를 이용할 경우 회전자계의 각속도 ω_e가 0일 때는 전동기의 제정수를 정확하게 알고 있더라도, 전동기 단자 전압, 전류의 측정만으로는 전동기 회전각 속도 ω_r을 추정할 수 없음을 보여라.

02 연습문제 5.17에서, 다른 제어 블록은 동일하게 유지하고 회전자 자속의 위치 θ_e를 추정하는 방법만을 <그림 6.4>의 방법으로 바꾸었을 때 다음 질문에 답하라.

1) 연습문제 5.17의 1)부터 4)를 수행하라.

2) 전동기의 저속 운전 시($\omega_e \approx 0$) <그림 6.2>의 방법이 자속 $\hat{\lambda}_r^s$ 추정에서 가지는 문제점에 대해 논하라.

03 연습문제 5.17에서 다른 제어 블록은 동일하게 유지하고 회전자 자속의 위치 θ_e를 추정하는 방법만이 6.1.2절의 방법으로 바뀌었을 때 다음 질문에 답하라. 식 (6-49)에서 k는 1.5로 둔다. 또한 자속의 위치는 추정된 자속으로부터 다음 식과 같이 구한다.

$$\theta_e = arctan\left(\frac{\hat{\lambda}_{dr}^s}{\hat{\lambda}_{qr}^s}\right)$$

1) 연습문제 5.17의 1)부터 4)를 수행하라.

2) 전동기의 저속 운전 시($\omega_e \approx 0$) 6.1.2절의 방법이 자속 $\hat{\lambda}_r^s$의 추정에서 가지는 문제점에 대해 논하라.

04 다음과 같은 등가 회로 제정수를 갖는 표면 부착형 영구자석 전동기가 있다. 이 전동기를 <그림 6.5>의 방법을 이용하여 센서리스 제어하고자 한다. 전류 제어기의 제어 대역폭은 400Hz이며 그 제어 블록도는 <그림 4.18>과 같다. 단 전류 제어기 출력 전압은 제한되지 않는다고 가정한다. 즉 PWM 인버터 직류단 전압은 충분히 크다. 속도 제어기는 4.3.4.1절에서 설명한 비례 적분 제어기를 사용하고 속도 제어기 대역폭은 속도 추정이 완벽하다는 가정 하에서 30rad/s로 설계한다. 부하의 관성은 전동기 관성의 2배로 두고 $t = 0$에서 1s까지는 <그림 6.6>의 방법에 의해 기동한다. 여기서 $\omega_{r\_start}^* =$ 10r/min, $\omega_{r\_thres}^* = 150$ r/min으로 둔다. 구간 I의 지속 시간은 0.3초, 구간 II의 지속 시간은 0.7초로 한다.

전동기 상수; 11kW, 8극, 정격 속도; 1500r/min, 정격 전류; 58.6A(rms),

$R_s = 0.0217\Omega$, $L_s = 0.7\text{mH}$, $\lambda_f = 0.1473\text{Wb-t}$, 전동기 관성; $J_M = 0.0281\text{kg-m}^2$

1) 전동기의 기준 속도와 부하 토크가 다음과 같을 때 전동기의 기준 속도, 실제 속도, 발생 토크, 실제각과 추정각 사이의 오차를 시간축($t = 0\text{~}5\text{s}$)에 대해 도시하라. 전류 측정과 전압 합성이 이상적(Ideal, 즉 전류 제어기 출력이 PWM 없이 그대로 전동기에 인가된다)이며 정확한 전동기의 제정수를 알고 있다고 가정한다. 모든 제어기는 연속 시간 영역에서 설계된다.

$$\begin{aligned} \omega_{rm}^* &= 0 \quad s \le t < 1s \ \ (Starting) \\ & \quad 1s \le t < 3s \ \ 500 r/\min \\ & \quad 3s \le t < 5s \ \ 50 r/\min \end{aligned} \qquad T_L = \begin{cases} 0s \le t < 2s & 0N-m \\ 2s \le t < 2.5s & 60N-m \\ 2.5s \le t < 4s & 0N-m \\ 4s \le t < 4.5s & 60N-m \\ 4.5s \le t < 5s & 0N-m \end{cases}$$

2) 제어기에 설정된 전동기 상수에 다음과 같은 오차가 있을 때 1)을 반복하라.

$$\hat{R}_s = 0.9R_s,\ \hat{L}_s = 0.9L_s,\ \hat{\lambda}_f = 0.95\lambda_f$$

3) 2)에서 주어진 오차와 함께 상전류 측정 및 상전압 합성에 다음과 같은 오차가 있을 때 1)을 반복하라. 상전류는 A, B상 만을 측정하고, C상은 영상분 전류가 없다는 가정에서 다음과 같이 구한다.

$$\hat{i}_{cs} = -(\hat{i}_{as} + \hat{i}_{bs})$$

여기서 '^'는 제어기의 입력으로 이용되는 측정 값이다.

상전류 측정 시 전동기의 정격 상전류 실효 값의 4%의 백색 잡음(White Noise, $\eta_i(t)$)이 포함되는 것으로 가정하라. 잡음의 샘플링 주기는 100μs이다. 또한 측정된 전류는 정격 상전류 실효 값의 1%의 옵셋(Offset, I_{offset}) 값을 가진다고 가정한다. 즉 측정 전류와 실제 전류는 다음의 관계식을 가진다.

$$\hat{i}_{as,bs} = i_{as,bs} + \eta_i(t) + I_{offset}$$

또한 상전압 합성 시 전동기의 정격 상전압 실효 값의 1%의 백색 잡음(White Noise, $\eta_v(t)$)이 포함되는 것으로 가정하라. 잡음의 샘플링 주기는 100μs이다. 또한 전압 합성 시 정격 상전압의 실효 값의 0.5%의 옵셋(Offset, V_{offset}) 값을 가진다고 가정한다. 즉 측정 전압과 실제 전압은 다음의 관계식을 가진다.

$$V_{as,bs,cs} = V_{as,bs,cs}^* + \eta_v(t) + V_{offset}$$

05 다음과 같은 등가 회로 제정수를 갖는 매입형 영구자석 전동기가 있다. 이 전동기를 6.1.3.2절의 방법을 이용하여 센서리스 제어하고자 한다. 전류 제어기의 제어 대역폭은 400Hz이며 <그림 6.9>와 같은 관측기를 적용한다. 단 전류 제어기 출력 전압은 제한되지 않는다고 가정한다. 즉 PWM 인버터 직류단 전압은 충분히 크다. 속도 제어기는 4.3.4.1절에서 설명한 비례 적분 제어기를 사용하고 속도 제어기 대역폭은 속도 추정이 완벽하다는 가정 하에서 30rad/s로 설계한다. $t=0$에서 회전자의 위치, θ_r, 은 초기각 추정 방법에 의해 완벽하게 알 수 있다고 가정한다. 즉 $t=0$에서 다음 식이 성립한다.

$$\hat{\theta}_r = \theta_r = 0$$

부하의 관성은 전동기 관성의 2배로 가정하며 전동기는 단위 전류당 최대 토크가 발생하도록(Maximum Torque Per Ampere, MTPA) i^r_{ds}, i^r_{qs} 의 비를 조정한다(참고문헌 [72]). 운전중에 전동기 상수의 변동은 없다고 가정한다.

전동기 상수; 11kW, 6극, 정격 속도; 1750r/min, 정격 전류; 39.5A(rms), $R_s = 0.109\Omega$, $L_d = 3.6\text{mH}$, $L_q = 4.5\text{mH}$, $\lambda_f = 0.2595\text{wb-t}$, 전동기 관성; $J_M = 0.0281\text{kg-m}^2$

1) 전동기의 기준 속도와 부하 토크가 다음과 같을 때 전동기의 기준 속도, 실제 속도, 발생 토크, 실제각과 추정각 사이의 오차를 시간축($t=0$~5s)에 대해 도시하라. 전류 측정과 전압 합성이 이상적(Ideal, 즉 전류 제어기 출력이 PWM 없이 그대로 전동기에 인가된다)이며 전동기의 제정수를 정확히 알고 있다고 가정한다. 모든 제어는 아날로그적으로 처리된다.

$$\omega^*_{rm} = \begin{matrix} 0s \le t < 3s \;\; 500r/\min \\ 3s \le t < 5s \;\; 50r/\min \end{matrix} \qquad T_L = \begin{cases} 0s \le t < 1s & 0N\text{-}m \\ 1s \le t < 2.5s & 60N\text{-}m \\ 2.5s \le t < 4s & 0N\text{-}m \\ 4s \le t < 4.5s & 60N\text{-}m \\ 4.5s \le t < 5s & 0N\text{-}m \end{cases}$$

2) 제어기에 설정된 전동기 상수에 다음과 같은 오차가 있을 때 1)을 반복하라.

$$\hat{R}_s = 0.9R_s,\ \hat{L}_d = 0.9L_d,\ \hat{L}_q = 0.8L_q,\ \hat{\lambda}_f = 0.95\lambda_f$$

3) 2)에서 주어진 오차와 함께 상전류 측정 및 상전압 합성에 다음과 같은 오차가 있을 때 1)을 반복하라. 상전류는 A, B상만을 측정하고, C상은 영상분 전류가 없다는 가정에서 다음과 같이 구한다.

$$\hat{i}_{cs} = -(\hat{i}_{as} + \hat{i}_{bs})$$

여기서 '^'는 제어기의 입력으로 이용되는 측정 값이다.

상전류 측정 시 전동기의 정격 상전류 실효 값의 4%의 백색 잡음(White Noise, $\eta_i(t)$)이 포함되는 것으로 가정하라. 잡음의 샘플링 주기는 100μs이다. 또한 측정된 전류는 정격 상전류 실효치의 1%의 옵셋(Offset, I_{offset}) 값을 가진다고 가정한다. 즉 측정 전류와 실제 전류는 다음의 관계식을 가진다.

$$\hat{i}_{as,bs} = i_{as,bs} + \eta_i(t) + I_{offset}$$

또한 상전압 합성 시 전동기의 정격 상전압 실효 값의 1%의 백색 잡음(White Noise, $\eta_v(t)$)이 포함되는 것으로 가정하라. 잡음의 샘플링 주기는 100μs이다. 또한 전압 합성 시 정격 상전압의 실효 값의 0.5%의 옵셋(Offset, V_{offset}) 값을 가진다고 가정한다. 즉 측정 전압과 실제 전압은 다음의 관계식을 가진다.

$$V_{as,bs,cs} = V^*_{as,bs,cs} + \eta_v(t) + V_{offset}$$

06 6.4.3절에서 언급된 정현파 맥동 전압 신호가 인가되는 축과 직교하는 축의 전류를 이용하여 회전자 자속각의 위치를 얻는 방법 즉, 추정된 회전자 좌표계 상에서 q축 전류의 주입 주파수 성분을 표면부착형 영구자석 전동기의 제정수와 추정각 오차로 표시하라. 단 추정각 오차(<그림 6.21>의 (b)에 표시된 θ_{err})는 충분히 작다고 가정한다. 또 전동기 제정수는 식 (6-100)과 같이 정의된다. 이때 주입하는 고주파 신호는 식 (6-96)과 같다(참고문힌 [63]).

07 식 (6-101)과 <그림 6.21>의 (d)의 제어 블록도를 이용하여 식 (6-102)를 유도하라. 만약 식 (6-101)이 아래 식과 같은 시지연 T_d를 기지는 것으로 표시될 때 실제각에 대한 회전자 각의 추정이 안정적으로 이루어 질 수 있는 실제각에 대한 추정각의 최대 주파수 대역폭을 구하라. 이때 수정 제어기의 비례 이득과 적분 이득을 구하라. 여기서 K_{err}는 -1로 가정하며 T_d는 2ms이다. 이 경우 실제각에 대한 추정각의 전달 함수의 주파수 특성(Bode Plot)을 그려라.

$$\varepsilon = K_{err}\theta_{err}e^{-T_d s}$$

08 매입형 영구자석 전동기의 전압방정식 식 (3-134),(3-135)와 좌표 변환식 식(3-3)을 이용하여 식 (6-61)을 유도하라.

09 식 (6-61)로부터 식 (6-81),(6-82)를 유도하라.

10 맥동하는 정현파 전압 주입을 이용한 매입형 영구자석 전동기의 센서리스 제어에서 아래 그림과 같은 신호 처리를 할 때 얻어지는 $i^{\hat{r}}_{qsh}$을 주입 전압의 크기, V_{inj}, 와 주입

전압의 각주파수, ω_h , 주입 주파수 영역에서의 회전자 기준 d-q축 인덕턴스, L_{dsh} , L_{qsh} , 실제 회전자각, θ_r ,과 추정 회전자각, $\hat{\theta}_r$,과의 차이, $\theta_{err} = \hat{\theta}_r - \theta_r$ 의 함수로 유도하라. 전동기의 회전 속도는 매우 적어 0이라고 가정한다. 또 센서리스 제어가 충분히 잘 되어 $\sin(\theta_{err}) \approx \theta_{err}$ 로 $\cos(\theta_{err}) \approx 1$ 로 근사할 수 있다. 주입전압은 아래와 같다.

$$\mathbf{v}_{dqsh}^{\hat{r}} = \begin{bmatrix} V_{inj}\cos\omega_h t \\ 0 \end{bmatrix}.$$

또 주입 전압의 주파수가 충분히 커서 아래 전압 근사가 성립한다.

$$\begin{aligned} v_{ds}^r &= R_s i_{ds}^r + L_d \frac{di_{ds}^r}{dt} - \omega_r L_q i_{qs}^r \\ v_{qs}^r &= R_s i_{qs}^r + L_q \frac{di_{qs}^r}{dt} + \omega_r L_d i_{ds}^r + \omega_r \lambda_f \end{aligned} \quad . \quad \rightarrow \quad \begin{aligned} v_{dsh}^r &\approx L_{dh} \frac{di_{ds}^r}{dt} \\ v_{qsh}^r &\approx L_{qh} \frac{di_{qs}^r}{dt} \end{aligned}$$

아래 그림에서 BPF는 입력 신호 중에서 ω_h 성분 만을 골라내는 이상적인 필터이다.

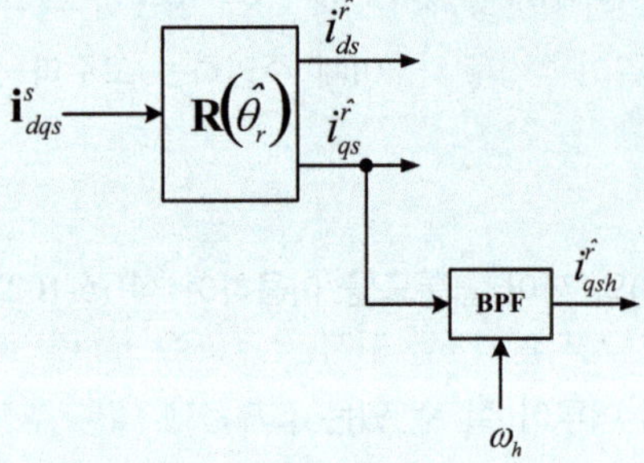

11 $\theta_{Ih}^s = \dfrac{\pi}{2}$ 일 때 <그림 6.31>에 표시된 신호들을 그려라.

12 <그림 6.34>와 식 (6-112), (6-113)으로부터 식 (6-114), (6-117)을 유도하라.

참고문헌(References)

[1] F. Briz and et al., "*Speed Measurement Using Rotary Encoders for High Performance AC Drives*," Proc. of the 20th International Conference on Industrial Electronics, Control and Instrumentation, IECON '94, Vol. 1, 1994, pp.538-542.

[2] J. Holtz, "*Sensorless Control of Induction Machine-with or without Signal Injection*," IEEE Trans. on Ind. Elec., Vol. 53, No. 1, Jan., 2006, pp.7-30.

[3] A. Abbondanti, "*Method of Flux Control in Induction Motors Driven by Variable Frequency, Variable Voltage Supplies*," Conf. Rec. of the 1977 IEEE Industry Applications Society Annual Meeting, 1977, pp.177-184.

[4] R. Joetten and et al., "*Control Method for Good Dynamic Performance Induction Motor Drives Based on Current and Voltage as Measured Quantities*," IEEE Trans. on Ind. Appl., Vol. IA-19, No. 3, May/June, 1983, pp.356-363.

[5] I. Takahashi and et al., "*A New Quick Response and High Efficiency Control Strategy of an induc-tion Machine*," Conf. Rec. of the 1985 IEEE Industry Applications Society Annual Meeting, 1985, pp.496-502.

[6] K. Iizuka and et al., "*Microcomputer Control for Sensorless Brushless Motor*," IEEE Trans. on Ind. Appl., Vol. IA-21, No. 4, May/June, 1985, pp.595-601.

[7] T. Ohtani and et al., "*Vector Control of Induction Motor without Shaft Encoder*," IEEE Trans. on Ind. Appl., Vol. 28, No. 1, Jan./Feb., 1992, pp.157-164.

[8] S.M. Kim and et al., "*Sensorless control of AC motor - Where are we now?*," Conf. Rec. of 2011, IEEE ICEMS.

[9] A. Consoli and et al., "*Sensorless Vector and Speed Control of Brushless Motor Drives*," IEEE Trans. on Ind. Elec., Vol. 41 No. 1, Feb., 1994, pp.91-96.

[10] R. Lagerquist and et al., "*Sensorless-Control of the Synchronous Reluctance Motor*," IEEE Trans. on Ind. Appl., Vol. 30, No. 3, May/June, 1994, pp.673-682.

[11] T. Kanmachi and et al., "*Sensor-less Speed Control of an Induction Motor*," IEEE Industry Applications Magazine, Vol. 1 No. 1, Jan./Feb., 1995, pp.22-27.

[12] N. Matsui, "*Sensorless PM Brushless DC Motor Drives*," IEEE Trans. on Ind. Elec., Vol. 43, No. 2, April, 1996, pp.300-308.

[13] M. G. Jovanovic and et al., "*Sensorless Vector Controller for a Synchronous Reluctance Motor*," IEEE Trans. on Ind. Appl., Vol. 34, No. 2, March/April , 1998, pp.346-354.

[14] R. B. Sepe and et al., "*Real-Time Observer-Based (adaptive) Control of a Permanent-Magnet Synchronous Motor without Mechanical Sensors*," IEEE Trans. on Ind. Appl., Vol. 28, No. 6, Nov./Dec., 1992, pp.1345-1352.

[15] L. A. Jones and et al., "*A State Observer for the Permanent-Magnet Synchronous Motor*," IEEE Trans. on Ind. Elec., Vol. 36, No. 3, Aug., 1994, pp.374-382.

[16] J.-S. Kim and et al., "*New Approach for High-Performance PMSM Drives without Rotational Position Sensors*," IEEE Trans. on Power Elec., Vol. 12, No. 5, Sept., 1997, pp.904-911.

[17] K. R. Shouse and et al., "*Sensorless Velocity Control of Permanent-Magnet Synchronous Motors*," IEEE Trans. on Control Systems Technology, Vol. 6, No. 3, May, 1998, pp.313-324.

[18] N. Ertugrul and et al., "*Indirect Rotor Position Sensing in Real Time for Brushless Permanent Magnet Motor Drives*," IEEE Trans. on Power Elec., Vol. 13, No. 4, July, 1998, pp.608-616.

[19] M. H. Shin and et al., "*An Improved Stator Flux Estimation for Speed Sensorless Stator Flux Orientation Control of Induction Motors*," IEEE Trans. on Power Elec., Vol. 15, No.2, March, 2000, pp.312-318.

[20] K. Tatemarsu and et al., "*New Approaches with Sensorless Drives*," IEEE Industry Applications Magazine, Vol. 6, No. 4, July/Aug., 2000, pp.44-50.

[21] C. Schauder, "*Adaptive Speed Identification for Vector Control of Induction Motor without Rotational transducers*," IEEE Trans. on Ind. Appl., Vol. 28, No. 5, Sep./Oct., 1992, pp.1054-1061.

[22] H. Tajima and et al., "*Speed Sensorless Field-Orientation Control of the Induction Machine*," IEEE Trans. on Ind. Appl., Vol. 29, No. 1, Jan./Feb., 1993, pp.175-180.

[23] H. Kubota and et al., "*DSP-Based Adaptive Flux Observer of Induction Motor*," IEEE Trans. on Ind. Appl., Vol. 29, No. 2, March/April, 1993, pp.344-348.

[24] L. Tian-Hua and et al., "*Adaptive Control for a Sensorless Permanent-Magnet Synchronous Motor Drive*," IEEE Trans. on Aerospace and Electronic Systems, Vol. 30, No. 3, July, 1994, pp.900-909.

[25] R. Blasco-Gimenez, and et al., "*Dynamic Performance Limitations for MRAS Based Sensorless Induction Motor Drives. I. Stability Analysis for the Closed Loop Drive*," IEE Proceedings of Electric Power Applications, Vol. 143, No. 2, March, 1996, pp.113-122.

[26] J. Maes and et al., "*Speed-Sensorless Direct Torque Control of Induction Motors Using an Adaptive Flux Observer*," IEEE Trans. on Ind. Appl., Vol. 36, No. 3, May/June, 2000, pp.778-785.

[27] Y. R. Kim and et al., "*Speed Sensorless Vector Control of Induction Motor Using Extended Kalman Filter*," IEEE Trans. on Ind. Appl., Vol. 30, No. 5, Sep./Oct., 1994, pp.1225-1233.

[28] L. Ben-Brahim, "*Motor Speed Identification via Neural Networks*," IEEE Industry Applications Magazine, Vol. 1, No. 1, Jan./Feb., 1995, pp.28-32.

[29] H. S. Yoo and et al., "*A Polar Coordinate-Oriented Method of Identifying Rotor Flux and Speed of Induction Motors without Rotational Transducers*," IEEE Trans. on Control Systems Technology, Vol. 4, No. 3, May, 1996, pp.230-243.

[30] N. Hur, and et al., "*Sensorless Vector Control in the Presence of Voltage and Current Measurement Errors by Dead-time*," Conf. Rec. of 1997 IEEE Industry Applications Society Annual Meeting, Vol. 1, 1997, pp.433-438.

[31] T. L. Hsien and et al., "H^{∞} *Control for a Sensorless Permanent-Magnet Synchronous Drive*," IEE Proc. of Electric Power Applications, Vol. 144, No. 3, May, 1997, pp.173-181.

[32] L. Che-Ming and et al., "*Speed Sensorless Vector Control of Induction Motor Using Kalman-Filter-Assisted Adaptive Observer*," IEEE Trans. on Ind. Elec., Vol. 45, No. 2, April, 1998, pp.359-361.

[33] S. Bolognani and et al., "*Sensorless Full-Digital PMSM Drive with EKF Estimation of Speed and Rotor Position*," IEEE Trans. on Ind. Elec., Vol. 46, No. 1, Feb., 1999, pp.184-191.

[34] Y. H. Kim and et al., "*High Performance IPMSM Drives without Rotational Position Sensors Using Reduced-Order EKF*," IEEE Trans. on Energy Conversion, Vol. 14, No. 4, Dec., 1999, pp.868-873.

[35] F. Z. Peng and et al., "*Robust Speed Identification for Speed-Sensorless Vector Control of Induction Motors*," IEEE Trans. on Ind. Appl., Vol. 30, No. 5, Sept./Oct., 1994, pp.1234-1240.

[36] R. Blasco-Gimenez and et al., "*Dynamic Performance Limitations for MRAS Based Sensorless Induction Motor Drives. II. Online Parameter Tuning and Dynamic Performance Studies*," IEE Proceedings of Electric Power Applications, Vol. 143, No. 2, March, 1996, pp.123-134.

[37] K. D. Hurst and et al., "*A Self-Tuning Closed-Loop Flux Observer for Sensorless Torque Control of Standard Induction Machines*," IEEE Trans. on Power Elec., Vol. 12, No. 5, Sept., 1997, pp.807-815.

[38] G. S. Garcia and et al., "*Reduced-Order Observers for Rotor Flux, Rotor Resistance and Speed Estimation for Vector Controlled Induction Motor Drives Using the Extended Kalman Filter Technique*," IEE Proceedings of Electric Power Applications, Vol. 146, No. 3, May, 1999, pp.282-288.

[39] K. Akatsu and et al., "*Online Rotor Resistance Estimation Using the Transient State Under the Speed Sensorless Control of Induction Motor*," IEEE Trans. on Power Elec., Vol. 15, No. 3, May, 2000, pp.553-560.

[40] M. Ishida and et al., "*A New Slip Frequency Detection of an Induction Motor Utilizing Rotor Slot Harmonics*," IEEE Trans. on Ind. Appl., Vol. IA-20, No. 3, May/June, 1984, pp.575-1233.

[41] R. Blasco-Gimenez and et al., "*Performance of FFT-Rotor Slot Harmonic Speed Detector for Sensorless Induction Motor Drives*," IEE Proceedings of Electric Power Applications, Vol. 143, No. 3 , May, 1996, pp.258-268.

[42] M. S. Arefeen and et al., "*Sensorless Position Measurement in Synchronous Reluctance Motor*," IEEE Trans. on Power Elec., Vol. 9, No. 6, Nov., 1994, pp.624-630.

[43] S. Ogasawara and et al., "*Implementation and Position Control Performance of a Position-Sensorless IPM Motor Drive System Based on Magnetic Saliency*," IEEE Trans. on Ind. Appl., Vol. 34, No. 4, July/Aug., 1998, pp.806-812.

[44] S. Ostlund and et al., "*Sensorless Rotor-Position Detection from Zero to Rated Speed for an Integrated PM Synchronous Motor Drive*," IEEE Trans. on Ind. Appl., Vol. 32, No. 5, Sept./Oct., 1996, pp.1158-1165.

[45] J. S. Lee and et al., "*Stator-Flux-Oriented Sensorless Induction Motor Drive for Optimum Low-Speed Performance*," IEEE Trans. on Ind. Appl., Vol. 33, No. 5, Sept./Oct., 1997, pp.1170-1176.

[46] K. D. Hurst and et al., "*Zero-Speed Tacholess IM Torque Control : Simply a Matter of Stator Voltage Integration*," IEEE Trans. on Ind. Appl., Vol. 34, No. 4, July/Aug., 1998, pp.790-795.

[47] R. Mizutani and et al., "*Current Model-Based Sensorless Drives of Salient-Pole PMSM at Low Speed and Standstill*," IEEE Trans. on Ind. Appl., Vol. 34, No. 4, July/Aug., 1998, pp.841-846.

[48] E.K.K Sng and et al., "*New Observer-Based DFO Scheme for Speed Sensorless Field-Oriented Drives for Low-Zero-Speed Operation*," IEEE Transactions on Power Elec., Vol. 13, No. 5, Sept., 1998, pp.959-968.

[49] A. Consoli and et al., "*A New Zero-Frequency Flux-Position Detection Approach for Direct-Field-Oriented-Control Drives*," IEEE Trans. on Ind. Appl., Vol. 36, No. 3, May/June, 2000, pp.797-804.

[50] F. Blaschke and et al., "*Sensorless Direct Field Orientation at Zero Flux Frequency*," Conf. Rec. of IEEE 1996 Industry Applications Annual Meeting, Vol. 1, 1996, pp.189-196.

[51] M. Schroedl and et al., "*EMF-Based Rotor Flux Detection in Induction Motors Using Virtual Short Circuits*," IEEE Trans. on Ind. Appl., Vol. 34, No. 1, Jan./Feb., 1998, pp.142-147.

[52] T. Aihara and et al., "*Sensorless Torque Control of Salient-Pole Synchronous Motor at Zero-Speed Operation*," IEEE Trans. on Power Elec., Vol. 14, No. 1, Jan., 1999, pp.202-208.

[53] P. L. Jansen and et al., "*Transducerless Position and Velocity Estimation in Induction and Salient AC Machines*," IEEE Trans. on Ind. Appl., Vol. 31, No. 2, March/April, 1995, pp.240-247.

[54] P. L. Jansen and et al., "*Transducerless Field Orientation Concepts Employing Saturation-Induced Saliencies in Induction Machines*," IEEE Trans. on Ind. Appl., Vol. 32, No. 6, Nov./Dec., 1996, pp.1380-1393.

[55] J. Holtz, "*Sensorless Position Control of Induction Motors-an Emerging Technology*," IEEE Trans. on Ind. Elec., Vol. 45, No. 6, Dec., 1998, pp.840-851.

[56] M. J. Corley and et al., "*Rotor Position and Velocity Estimation for a Salient-Pole Permanent Magnet Synchronous Machine at Standstill and High Speeds*," IEEE Trans. on Ind. Appl., Vol. 34, No. 4, July/Aug., 1998, pp.784-789.

[57] S. J. Kang and et al., "*Position Sensorless Control of Synchronous Reluctance Motor Using High Frequency Current Injection*," IEEE Trans. on Energy Conversion, Vol. 14, No. 4, Dec., 1999, pp.1271-1275.

[58] A. Consoli and et al., "*Low- and Zero-Speed Sensorless Control of Synchronous Reluctance Motors*," IEEE Trans. on Industry Applications, Vol. 35, No. 5, Sept./Oct., 1999, pp.1050-1057.

[59] J. I. Ha and et al., "*Sensorless Field-Orientation Control of an Induction Machine by High-Frequency Signal Injection*," IEEE Trans. on Industry Applications, Vol. 35, No.1, Jan./Feb., 1999, pp.45-51.

[60] 하정익, "*고주파 신호 주입을 이용한 속도 및 위치 검출기가 없는 교류 전동기의 제어*," 박사학위논문, 서울대학교, 2001. 2.

[61] J. I. Ha and et al., "*Position Controlled Synchronous Reluctance Motor Without Rotational Transducer*," IEEE Trans. on Ind. Appl., Nov./Dec., Vol. 35, No. 6, 1999, pp.1193-1198.

[62] J. I. Ha and et al., "*Sensorless Position Control and Initial Position Estimation of Interior Permanent Magnet Motor*," Conf. Rec. of 2001 IEEE Industry Applications Society Annual Meeting, 2001, Vol. 4, pp.2607-2613.

[63] 장지훈, "*속도 및 위치 검출기가 없는 영구자석 동기전동기의 운전 영역 확장에 관한 연구*," 박사학위논문, 서울대학교, 2006. 2.

[64] J. H. Jang and et al., "*Sensorless Drive of Surface Mounted Permanent Magnet Motor by High Frequency Signal Injection Based on Magnetic Saliency*," IEEE Trans. on Ind. Appl., Vol. 39, No. 4, July/Aug., 2003, pp.1031-1039.

[65] B.H. Bae and et al., "*Implementation of Sensorless Vector Control for Super-High Speed PMSM of Turbo-Compressor*," IEEE Trans. on Ind. Appl., Vol. 39, No. 3, May/June, 2003, pp.811-818.

[66] Y. C. Son and et al., "*Sensorless Operation of Permanent Magnet Motor using Direct Voltage Sensing Circuit*" Conf. Rec. of the 2002 IEEE Industry Applications Society Annual Meeting, 2002.

[67] J.I. Ha and et al., "*Sensorless Rotor Position Estimation of an Interior Permanent Magnet Motor from Iinitial States*," IEEE Trans. on Ind. Appl., Vol. 39, No.3, May/June, 2003, pp.761-766

[68] J. Holtz, "*Initial Rotor Polarity Detection and Sensorless Control of PM Synchronous Machines* ," Conf. Rec. of 2006 IEEE Ind. Appl. Society Annual Meeting, 2006, Vol. 4, pp.2040-2047.

[69] J. I. Ha and et al., "*Physical Understanding of High Frequency Injection Method to Sensorless Drives of an Induction Machine*," Conf. Rec. of 2000 IEEE Industry Applications Society Annual Meeting, 2000, Vol. 3, pp.1802-1808.

[70] J. I. Ha and et al., "*Design and Selection of AC machines for Saliency-based Sensorless Control*," Conf. Rec. of 2000 IEEE Industry Applications Society Annual Meeting, 2002, Vol. 2, pp.1155-1162.

[71] J.H. Jang and et al., "*Analysis of Permanent Magnet Machine for Sensorless Control Based on High Frequency Signal*," IEEE Trans. on Ind. Appl., Vol. 40, No. 6, Nov./Dec., 2004, pp.1595-1604.

[72] T.M. Jahns and et al., "*Interior Permanent Magnet Synchronous Motor for Adjustable Speed Drive*," IEEE Trans. on Ind. Appl., Vol. IA-22, No. 4, July/Aug., 1986, pp.738-747.

[73] Y.-D. Yoon and et al., "*High Bandwidth Sensorless Algorithm for AC Machines Based on Square-wave-type Voltage Injection,*" *IEEE Trans. Ind. Appl.*, vol. 47, no. 3, pp. 1361-1370, May/Jun. 2011.

[74] N. Bianchi and et al., "*Comparison of PM Motor Structures and Sensorless Control Techniques for Zero-Speed Rotor Position Detection*," IEEE Trans. on Power. Electronics, Vol. PE-22, No. 6, 2007, pp.2466-2475.

[75] J.M. Liu et al., "*Novel Sensorless Control Strategy With Injection of High-Frequency Pulsating Carrier Signal Into Stationary Reference Frame*," IEEE Trans. on Ind. Appl., Vol. 50, No. 4, July/Aug., 2014, pp.2574-2583.

[76] P. Garcia and et al., "*Accuracy, Bandwidth, and Stability Limits of Carrier-Signal-Injection-Based Sensorless Control Methods*," IEEE Trans. on Ind. Appl., Vol. 43, No. 4, July/Aug., 2007, pp.990-1000.

[77] S. Shinnaka, "*A New Speed-Varying Ellipse Voltage Injection Method for Sensorless Drive of Permanent-Magnet Synchronous Motors With Pole Saliency—New PLL Method Using High-Frequency Current Component Multiplied Signal*," IEEE Trans. on Ind. Appl., Vol. 44, No. 3, May/June, 2008, pp.777-788.

[78] Y.C. Kwon and et al., "*Design and Control of IPMSM Sensorless Drive for Mechanical Rotor Position Estimation Capability*," IEEE Journal of Emerging and Selected Topics in Power Electronics, 2014, Vol. 2, No.2, pp.152-158.

[79] Y.C. Kwon and et al., "*Design of IPMSM with Eccentric Rotor and Search Coils for Absolute Position Sensorless Drive*," Conf. Rec. of 2015 ICPE-ECCE Asia, pp. 1135-1142

[80] S. Morimoto et al., *"Sensorless Control Strategy for Salient-pole PMSM Based on Extended EMF in Rotating Reference Frame,"* IEEE Trans. Ind. Appl., 2002, Vol. 38, July/Aug., pp. 1054-1061.

[81] Y.G. Lee and et al., "*Model-based Sensorless Control of IPMSM with Enhanced Robustness based on the Estimation of Speed Error*," Conf. Rec. of 2016 IEEE SLED.

[82] D. Kim and et al., "*Suppression of Injection Voltage Disturbance for High-Frequency Square-Wave Injection Sensorless Drive With Regulation of Induced High-Frequency Current Ripple*," IEEE Trans. on Ind. Appl., Vol. 52, No. 1, Jan./Feb., 2016, pp.302-312.

[83] S. Kim and et al., "*PWM Switching Frequency Signal Injection Sensorless Method in IPMSM,*" Conf. Rec. of 2011 ECCE, pp. 3021-3028.

07

실제적인 문제점들 (Practical Issues)

본 장에서는 앞의 여러 장에서 논의된 전기기기 제어 방법을 실제로 구현함에 있어서 나타나는 여러 문제점들 중 중요한 몇 가지에 대해 언급하고 그 해결책에 대해 토의하고자 한다. 먼저, 2.18.2절부터 2.18.5절에서 설명한 전력 변환기를 이용하여 전기기계를 구동하고자 할 때, 전력 변환기 내부의 스위칭 소자의 유한한 스위칭 시간과 게이팅 신호 발생부의 신호 발생 지연으로 인해 발생할 수 있는 직류단 단락(Short)을 방지하기 위해 이용 되는 데드타임(Dead Time)의 문제와 그 영향을 살펴보고 이에 대한 몇 가지 대응책을 제시한다. 다음으로는 전류 제어의 기본 조건인 전류의 정확한 측정에 대해 다룬다. 또한 현재 거의 모든 전기기기 제어 알고리즘(Algorithm)이 디지털 방법으로 처리되므로, 디지털 신호 처리와 PWM에 기인한 신호의 지연(Signal Delay)과 그 영향 및 대책에 대해 언급한다.

7.1 데드타임(Dead Time)에 의한 전압 왜곡과 그 보상 (참고문헌 [1]–[3])

<그림 7.1>은 교류 전동기를 부하로 가지는 3상 IGBT(Insulated Gate Bipolar Transistor) PWM 인버터이다. 인버터의 출력 전압은 각 상의 위쪽과 아래쪽의 스위치에 대한 상보적인(Comple-mentary) 스위칭에 의해 정해진다. 만약 각 상에서 위쪽 스위치의 턴오프(Turn-off) 지령과 동시에 아래쪽 스위치의 턴온(Turn-on) 지령을 만들거나, 또는 아래쪽 스위치의 턴오프 (꺼짐) 지령과 동시에 위쪽 스위치의 턴온 (켜짐) 지령을 만들면, 실제 게이팅(Gating) 신호 전달에서의 시간 지연의 차이와 반도체 스위치의 온-오프 시간의 차이로 인하여 두 스위치가 동시에 도통(Conduction)되어 단락 사고를 일으킬 위험이 있다. 그러므로 각 상에서 한 상의 스위치의 턴오프가 보장되는 일정 시간 경과 후에 그 상의 다른 스위치를 턴온하도록 제어한다. 이러한 턴오프가 보장되는 일정 시간을 데드타임, T_{dead}, 또는 블랭킹 타임(Blanking Time)이라고 한다. 데드타

임 동안에는 한 상의 위쪽과 아래쪽의 IGBT 스위치가 동시에 꺼져 있게 되어 일시적으로 제어 불능 상태가 된다. 이로 인해 전압 왜곡(Voltage Distortion)이 발생하게 되어 출력 전압 지령치와 실제 PWM 인버터의 출력 전압이 달라지게 된다. 이는 제어되는 전기기기에 있어 전류의 왜곡을 일으키게 되고 소음과 진동 같은 문제를 발생시키게 된다. 그러므로 데드타임에 의한 전압 왜곡을 보상해 주어야 하는데 이를 위해서는 데드타임 동안 인버터의 동작을 정확히 이해할 필요가 있다.

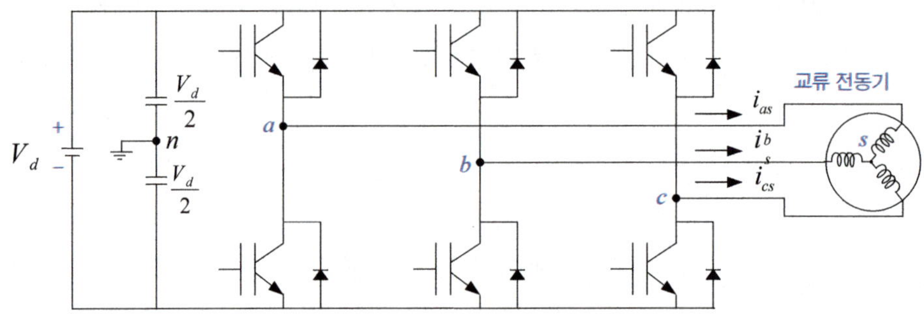

그림 7.1 교류 전동기를 부하로 가지는 3상 PWM 인버터

데드타임 동안에는 인버터의 능동 스위칭 소자(Active Switching Device – <그림 7.1> 에서는 IGBT)로는 전류가 흐르지 못하고 아래쪽 혹은 위쪽 다이오드로만 전류가 흐른다. 만약 전류가 인버터에서 부하측으로 흐르고 있다면 아래쪽 다이오드가 도통하고, 전류가 부하측에서 인버터로 흘러 들어온다면 위쪽 다이오드가 도통한다. 전류가 부하측으로 흐르고 있는 상태를 전류의 양의 방향으로 정의하면, 전류가 부하측으로부터 흘러 들어오는 상태는 전류의 음의 방향을 의미한다. 전류 방향에 따라 데드타임 동안 회로 동작이 달라지므로 전류 방향에 따라 전압 왜곡이 어떻게 발생하는지 알아 보고 이를 보상해 주기 위한 방법을 a상 한 상에 대해 기술한다.

7.1.1 데드타임 보상

기본 보상 원리는 한 샘플링 주기 동안의 실제 출력 전압을 출력 전압 지령치와 같게 만들어 주기 위해서 전류의 방향과 게이팅 순서(온(On)/오프(Off))에 따라 게이팅을 인가하는 시점을 조절하는 것이다. <그림 7.2>는 데드타임 시 전류 방향에 따른 회로 동작과 게이팅 순서에 따른 전압 왜곡 보상 방법을 보여주고 있다. <그림 7.2(a)>를 보면 전류가 양의 방향일 경우에는 데드타임 동안 아래쪽 다이오드가 도통하므로 인버터 출력 전압은 위쪽 게이팅 신호에 의해서 결정된다. 위쪽 스위치(+ Gating)가 켜지면 V_d의 전압이 발생하고 꺼질 때 "0"의 전압이 발생하게 된다. 아래쪽 스위치(– Gating)는 출력 전압에 영향을 미치지 못한다. 따라서 데드타임에 의한 전압 왜곡을 없애기 위해서는 출력 전압을 "0"으로 만들 때는 이상적인 스위칭 시점(Time Point)에서 위쪽 스위치를 끄면 된다. 그리고 출력 전압을 V_d로 만들 때는 이상적인 스위칭 시점으로부터 데드타임 만큼 전에 아래 스위치를 꺼서 위쪽 스위치가 이상적인 스위칭 시점에서 켜지도록 한다.

반대로 <그림 7.2(b)>를 보면 전류가 음의 방향일 경우에는 데드타임 동안 위쪽 다이오드가 도통하므로 인버터 출력 전압은 아래쪽 게이팅 신호에 의해서 결정된다. 아래 상 스위치가 켜지면 "0" 전압이 발생하고 꺼지면 V_d의 전압이 발생하게 된다. 따라서 위쪽 스위치의 동작(On, Off)은 출력 전압에 영향을 미치지 못한다. 그러므로 출력 전압을 "0"으로 만들 때는 이상적인 스위칭 시점에서 데드타임 만큼 전에 위 스위치를 꺼서 아래 스위치가 이상적인 시점에서 켜지도록 한다. 그리고 출력 전압을 V_d로 만들 때는 이상적인 스위칭 시점에서 아래 스위치를 끈다. 위 스위치는 이상적인 스위칭 시점에서 데드타임 만큼 시지연(Time Delay) 후 켜지도록 한다.

이를 요약하면 다음 식과 같다.

– 전류가 양의 방향인 경우: Off Sequence $\Rightarrow T_{set} = T_{org}$ (7–1)

On Sequence $\Rightarrow T_{set} = T_{org} - T_{dead}$

– 전류가 음의 방향인 경우: Off Sequence $\Rightarrow T_{set} = T_{org} - T_{dead}$ (7–2)

On Sequence $\Rightarrow T_{set} = T_{org}$

켜지는 순서(On Sequence)와 꺼지는 순서(Off Sequence)에 대한 정의는 <그림 7.2>에 표시되어 있다. 켜지는 순서와 꺼지는 순서의 기준은 윗상 스위치의 게이팅 신호(+ Gating)이다.

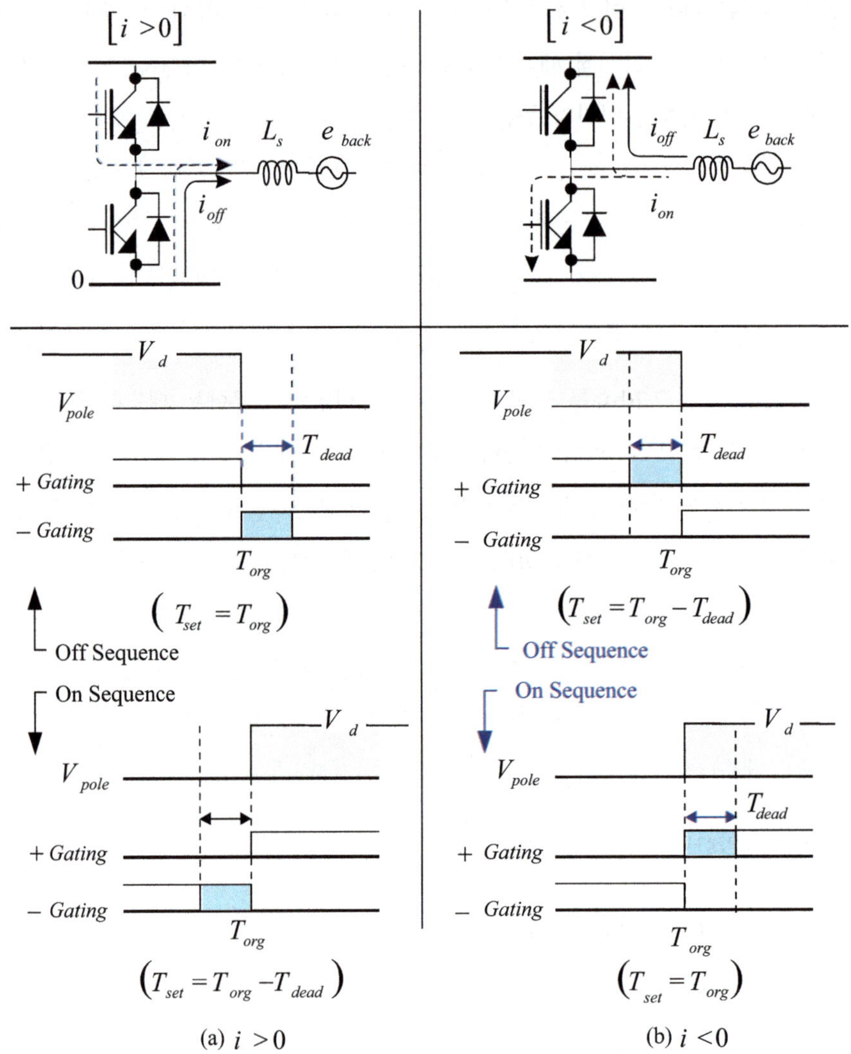

그림 7.2 전류 방향과 게이팅 순서(Sequence)에 따른 데드타임 보상 방법
(i_{on} : 데드타임이 아닐 때 흐르는 전류, i_{off} : 데드타임 동안 흐르는 전류,
T_{dead} : 데드타임, T_{org} : 이상적인 스위칭 시점, T_{set} : 데드타임 보상 후 스위칭 시점,
L_s : 교류 전동기의 고정자에서 본 등가 인덕턴스, e_{back} : 교류 전동기의 고정자에서 본 역기전력)

위와 같이 스위치를 제어한다면 최적의 데드타임 보상이 이루어지게 된다. 그러나 스위칭 소자 및 게이팅 신호 전달 지연이 이상적이지 않으므로 이러한 온, 오프의 지연(Delay)을 고려하여 데드타임을 보상해 주어야 하는 경우가 생길 수 있다는 점에 유의해야 한다(참고문헌 [1]).

7.1.2 영 전류 클램핑(Zero Current Clamping, ZCC) (참고문헌 [2])

데드타임 현상에 의한 전압 왜곡은 전압 변조 지수(Modulation Index)가 작고, 출력 전압의 주파수가 낮을 경우 더욱 심화되는데 특히 전류의 크기가 "0" 부근일 때 전류의 증감률이 감소하여 전류가 "0" 부근 상태를 오랫동안 유지하는 현상이 발생한다. 데드타임 동안 (위, 아래쪽 능동(Active) 스위치가 모두 꺼져 있는 동안) 전류는 다이오드를 통해서만 흐르고 이 경우에는 부하의 인덕터에 충전된 에너지가 감소하기 때문에 전류의 크기가 줄어들게 되어 "0" 부근의 전류는 더욱 감소하게 된다. 만약 데드타임 동안 어떤 상에 흐르는 전류가 "0"이 되면, 전류는 더 이상 흐를 수 없게 되어 계속 "0"을 유지한다. 만약 전압 변조 지수가 작고 출력 전압의 주파수가 낮을 경우 한 PWM 제어 주기 동안 인가되는 평균 전압이 적어 영 전압 벡터가 아닌 유효 전압 벡터(Active Voltage Vector)가 인가되는 동안에도 전류 크기가 충분히 커지지 못하여 연속되는 여러 PWM 제어 주기 동안 전류는 계속 "0" 전류 부근에서 머물게 된다. 이러한 데드타임 동안 전류가 "0" 부근으로 고착(Clamping)되는 현상을 영 전류 클램핑(Zero Current Clamping) 현상이라고 한다. 이러한 현상을 보상하기 위해서는 "0" 전류 부근에서의 정밀한 전압 합성이 요구된다.

7.1.3 기생 캐패시턴스(Stray Capacitance)의 충방전(Charge and Discharge)에 의한 전압 왜곡 (참고문헌 [3])

전류가 "0" 부근인 경우 데드타임 동안 스위칭 소자의 기생(Stray) 캐패시턴스의 충방전 현상으로 인하여 7.1.1 또는 7.1.2절에서 언급한 바와는 다른 현상이 나타나게 된다. 이 경우 스위치의 기생 캐패시턴스의 충방전기간 동안 스위치 양단 전압이 선형으로 변화하므로 이로 인해 출력 전압에 왜곡이 생긴다. 이러한 현상은 전력용 반도체 스위치의 기생 캐패시턴스, C_{st},의 크기가 다음 식 (7-3)에 주어진 것과 같이, 상전류 크기 i, 데드타임 T_{dead}, 인버터 직류단 전압 V_d로 주어지는 C_{zcc}의 크기보다 클 때 두드러지게 나타나며 전류의 크기가 작은 구간에서 주기적으로 발생하게 된다. 이를 분석하기 위해 영 전류 부근에서 인버터의 전압 합성 특성을 살펴보자.

$$C_{zcc} = \frac{|i|}{2}\frac{T_{dead}}{V_d} \tag{7-3}$$

<그림 7.3>과 같이 모스펫(MOSFET) 반도체 스위치에 의해 구현된 인버터의 한 상에서 전류가 양(Positive)의 매우 작은 값이라고 가정하자. 초기에 아래쪽 스위치가 도통하고 있을 때, 위쪽 스위치를 켜기 위해서는 먼저 아래쪽 스위치를 꺼야 한다. 데드타임 동안에 출력 전류(여기서는 편의상 A상 전류)는 아래쪽 다이오드를 통하여 흐르고 있었으므로 아래쪽 스위치를 끄는 것은 전류의 경로에 영향을 미치지 않는다. 데드타임이 끝나면 위쪽 스위치가 켜지고 스위칭 소자는 직류단의 양의 단자와 'a'점 사이의 경로를 형성하기 때문에 스위칭 소자와 병렬로 연결된 기생 캐패시터는 순식간에 충전되고 극(Pole) 전압 V_{an} 역시 순식간에 상승하게 된다. 위쪽 스위치가 켜져 있는 동안에는 상전류는 위쪽 스위치를 통하여 흐르게 된다. 아래쪽 스위치를 켜기 위해서 또 데드타임이 삽입되어야 하는데, 이때 위쪽 스위칭 소자로는 더 이상 전류가 흐를 수 없고 또 아래쪽 다이오드 역시 역전압(Reverse Voltage)이 인가되어 있는 상태여서 전류가 흐를 수 없는 상태가 된다. 그러므로 출력 전류, i_{as},는 아래쪽 다이오드로 흐르기 전에 먼저 위쪽 기생 캐패시터(<그림 7.3>의 경우에는 모스펫의 드레인(Drain) 소스(Source) 간의 캐패시턴스)를 충전시켜야 한다. 인버터의 부하는 보통 유도성(Inductive)이고 유도성 부하는 짧은 기간 동안 전류원(Current Source)으로 동작하므로 위쪽 기생 캐패시터 양단의 전압은 거의 선형적(Linear)으로 증가하게 된다. 전압의 변화율은 기생 캐패시터의 용량에 반비례하고 전류의 크기에 비례한다. 그러므로 실제의 극전압은 <그림 7.4(a)>처럼 선형적으로 감소하게 된다. 만약 A상 전류가 음인 경우의 극전압은 <그림 7.4(b)>에 나타나 있다. 이러한 현상은 전류의 크기가 작은 경우, 즉 거의 영인 경우에 심각하게 나타나게 된다. 따라서 이러한 전압 왜곡이 일어나는 경우 이를 고려한 정밀한 전압 합성이 요구된다.

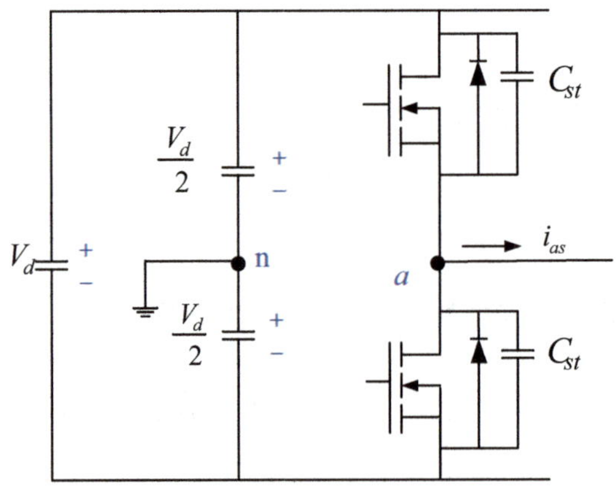

그림 7.3 모스펫(MOSFET) 스위치에 의해 구현된 PWM 인버터의 한 상 (여기서는 편의상 A상)

만약 <그림 7.4(a)>에 있는 극(Pole)전압의 하강 시간, T_{fall},이 데드타임, T_{dead}, 보다 클 경우에는 이 현상은 조금 다르게 나타난다. 만약 <그림 7.4(c), (d)>처럼 극(Ploe)전압이 $-V_d/2$에 도달하기 전에 데드타임이 끝난다면, 아래 스위치가 켜지는 순간 위 쪽 스위치의 기생 캐패시터가 거의 순식간에 충전되기 때문에 극전압은 갑자기 감소하게 된다. <그림 7.4(b)>의 극전압의 상승 시간, T_{rise},이 데드타임 보다 큰 경우 역시 비슷한 현상이 발생하며 이 경우는 <그림 7.4(d)>에 나타나 있다. 이러한 기생 캐패시턴스에 의한 전압 왜곡을 보상하기 위하여 기준 극전압(Reference Pole Voltage)의 제어 주기, T_{samp}, 동안의 평균 값과 실제로 출력되는 극전압의 평균치를 구하면 각각 식 (7-4), (7-5)와 같다.

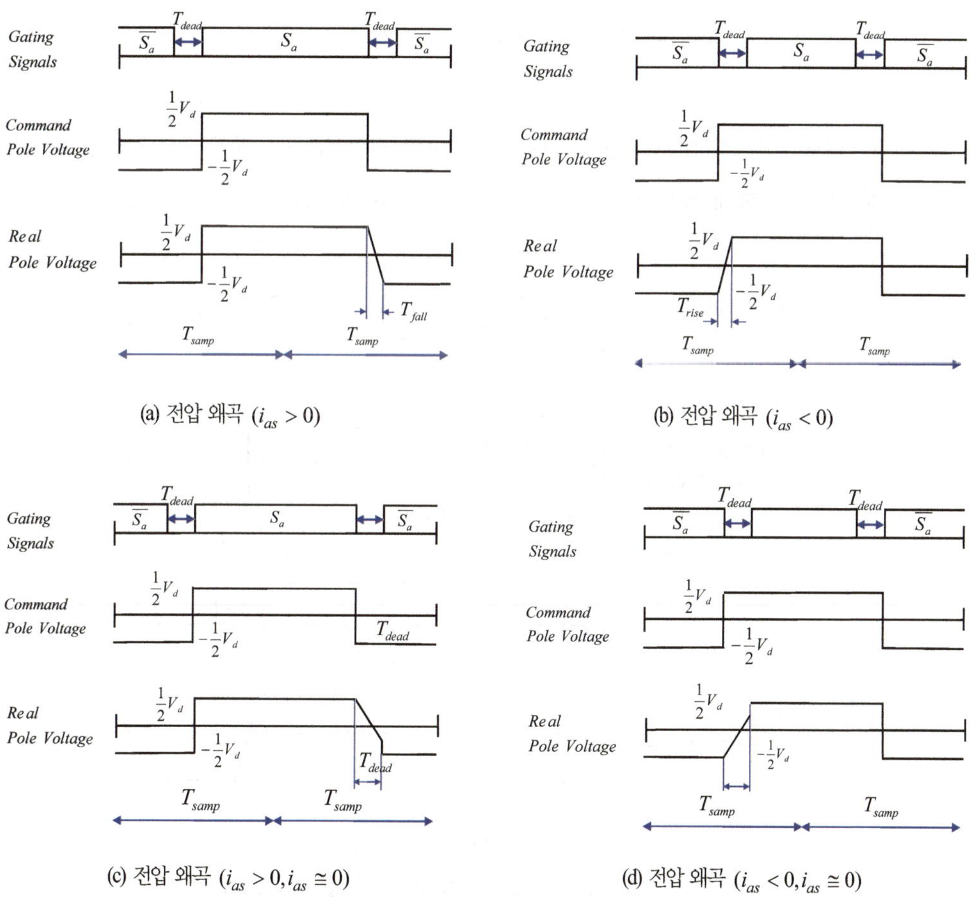

(a) 전압 왜곡 ($i_{as}>0$)

(b) 전압 왜곡 ($i_{as}<0$)

(c) 전압 왜곡 ($i_{as}>0, i_{as}\cong 0$)

(d) 전압 왜곡 ($i_{as}<0, i_{as}\cong 0$)

그림 7.4 기생 캐피시턴스에 의한 데드타임 시 전압 왜곡

$$\left\langle V_{an}^{*}\right\rangle = \frac{1}{T_{samp}}\int_{0}^{T_{samp}} V_{an}^{*}(t)dt \tag{7-4}$$

$$\left\langle V_{an}\right\rangle = \frac{1}{T_{samp}}\int_{0}^{T_{samp}} V_{an}(t)dt \tag{7-5}$$

왜곡된 전압을 보상하기 위해서는 평균 극전압 지령치 $\left\langle V_{an}^{*}\right\rangle$ 와 평균 극전압 $\left\langle V_{an}\right\rangle$ 이 같아야만 한다. 문제를 단순화시키기 위하여 스위칭 소자의 턴-온, 턴-오프 시간은 "0"이고 소자의 전압 강하 역시 없다고 가정하고 A상 전류가 양인 경우를 고려해 보자. 만약 이상적으로 <그림 7.5(a)>에 있는 스위칭 신호가 <그림 7.5(b)>와 같은 극전압을 생성하는 것이 목적이었다면, 실제로는 <그림 7.5(c)>와 같이 보상된 게이팅 신호를 인가해 주면 <그림 7.5(d)>와 같은 극전압을 생성하게 되어 평균 극전압 지령치와 평균 극전압이 같게 된다. 이때 <그림 7.5>와 <그림 7.6>에서 T_{comp} 는 기생 커패시턴스에 의한 데드타임 구간 전압 왜곡을 보상하기 위한 보상 시간이다. 극전압의 하강 시간이 데드타임보다 클 경우에도 적당한 보상 시간으로 전압 왜곡을 피할 수 있다. 전류가 음인 경우도 비슷하게 해석할 수 있고 이는 <그림 7.6>에 나타나 있다.

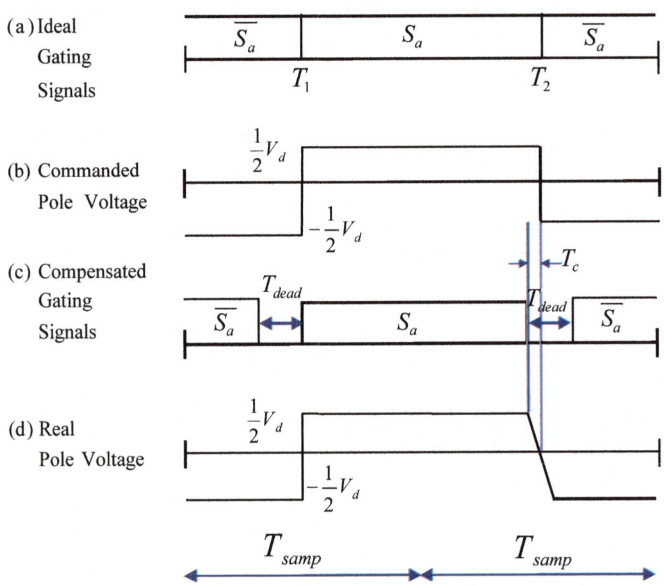

그림 7.5 기생 커패시턴스에 의한 데드타임 구간 전압 왜곡의 보상 ($i_{as} > 0$)

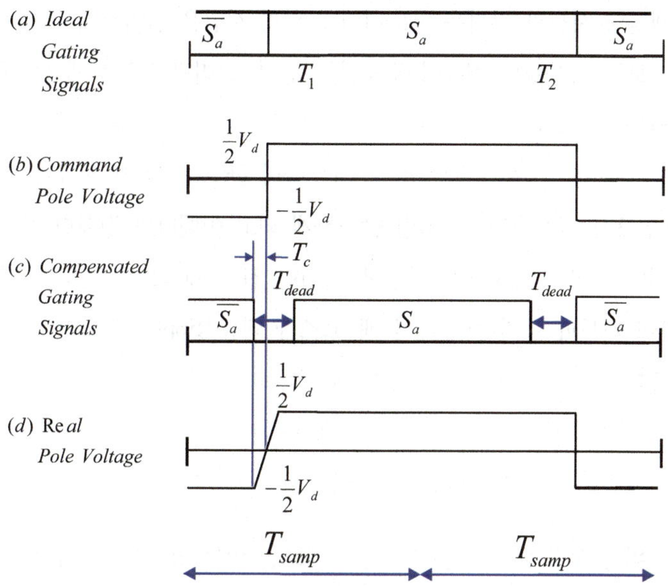

그림 7.6 기생 커패시턴스에 의한 데드타임 구간 전압 왜곡의 보상 ($i_{as} < 0$)

이 보상 시간은 전류의 크기에 대한 비선형(Nonlinear)적인 함수이고 비선형성은 전류의 크기가 감소할수록 두드러진다. 보상 시간은 여러 전류 크기에 대한 오프-라인(Off -line) 시험을 통하여 구할 수 있다.

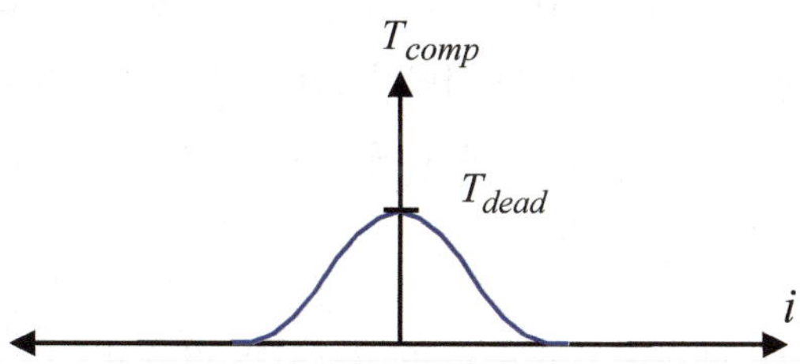

그림 7.7 보상 시간과 상전류의 관계(T_c : 보상 시간, T_{dead} : 데드타임, i : 상전류)

7.1.4 스위칭 순간의 전류 예측 (참고문헌 [4])

데드타임 보상을 위해서는 전류 부호와 그 크기를 알 필요가 있다. 따라서 정확한 보상을 위해서는 스위칭 시점(Time Point)의 정확한 전류 측정이 요구된다. 그러나 실제로는 <그림 7.8>에 나타낸 바와 같이 전류를 측정하는 시점과 보상하는 시점 사이에 통상적인 디지털 제어로 인한 시점(Time Point)의 차이가 발생한다. 통상 전류를 측정하는 샘플링 시점과 전력용 반도체의 스위칭 시점은 일치하지 않으므로 스위칭 시점의 전류 정보는 샘플링된 전류와 오차가 생긴다. 그러므로 보상에 필요한 정확한 전류 정보를 얻을 수 없다. 특히 영 전류 근처에서는 약간의 오차가 발생해도 전류 부호가 달라지므로 문제가 더욱 심각해진다. 기본파의 한 주기 동안 전류가 영을 지나는 경우는 정상적인 3상 시스템에서는 6번 발생하게 되고 이때마다 정확한 보상이 이루어지지 못하게 되며 보상 후에도 데드타임에 기인한 전압 왜곡으로 인하여 인버터로 구동 되는 전동기에 기본파 주파수의 여섯 배 고조파 맥동(Ripple) 토크가 나타나는 현상이 발생하게 된다. 이러한 기본파의 여섯 배 주파수의 맥동(Ripple) 토크를 줄이기 위해서는 스위칭 시점에서의 순간 전류 값(Instantaneous Current Value)을 예측하여 영 전류 근처에서의 정확한 전류 정보를 얻는 방법이 필요하다.

각 스위칭 시점에서의 정확한 전류 정보를 얻는 방법은 두 가지가 있다. 하나는 실제 전류의 측정이고 다른 하나는 샘플링 시점의 전류를 바탕으로 스위칭 시점의 전류를 추정하는 것이다. 전자는 가장 정확하고 각종 회로 및 제어되는 전기기기의 제정수(Parameters)에 대해 독립적이지만 구현하기가 어렵다. 그리고 후자는 예측을 위해 사용하는 각종 제정수 값의 변동에 영향을 받지만 구현하기가 쉽다는 장점이 있다. 유도기 및 동기기의 경우 전류에 관한 미분 방정식을 이산화(Discretization)한 후 이를 이용하여 샘플링 시점의 전류로부터 스위칭 시점의 전류를 비교적 정확하게 추정할 수 있다. 3상 대칭 공간 벡터 PWM 인버터의 전형적인 게이팅(Gating) 형태와 상전류(Phase Current)의 파형은 <그림 7.8>에 나타나 있다. 샘플링된 전류로부터 스위칭 시점의 전류를 추정하는 방법을 3상 대칭 공간 벡터 PWM 인버터로 구동되는 유도 전동기를 예로 들어 설명하면 다음과 같다.

통상적인 전류 제어를 위하여 사용되는 전류 값은 4.2.3.2절에서 언급한 바와 같이 평균 전류 측정에 따른 시지연을 최소화하기 위하여 PWM의 반송파인 삼각파의 극점에서 샘플링된 것이다. 그리고 디지털 시스템의 신호 처리 때문에 샘플링된 전류에 의한 반도체 스위치의 게이팅 신호는 한 샘플링 시간 동안 지연된다. 그러므로 <그림 7.8>에서 알 수 있듯이 샘플링된 전류를 근거로 결정된 게이팅 정보가 실제로 반영되는 스위칭 시점(A상 스위칭 경우에서 t_{sw2} 점)에서의 전류는 t_{sp1} 점에서의 샘플링된 전류와 완전히 다르다. 그러므로 상전류가 영 근처를 지날 때에는 전류의 크기 뿐아니라 방향까지도 잘못 측정되어 전류 극성(Polarity)의 오류에 의해 극전압의 왜곡이 발생한다. 이렇게 잘못 측정된 전류에 근거하여 앞절에서 언급한 데드타임 보상을 시도할 경우 왜곡은 더욱 심해 질 수 있다.

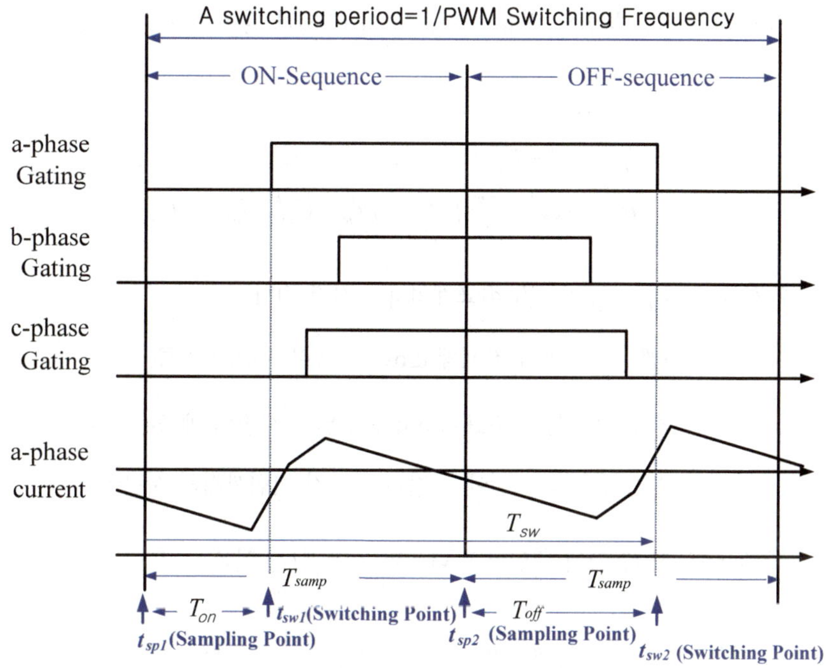

그림 7.8 공간 벡터 PWM과 상전류

동기 좌표계에서 회전자 자속 기준 벡터 제어 되고 있는 유도 전동기의 고정자 전압 방정식은 4.2.5.2절에서 유도된 바와 같이 다음과 같다.

$$
\begin{aligned}
V_{ds}^{e} &= R_s i_{ds}^{e} + \sigma L_s p i_{ds}^{e} + \frac{L_m}{L_r} p \lambda_{dr}^{e} - \omega_e \sigma L_s i_{qs}^{e} \\
V_{qs}^{e} &= R_s i_{qs}^{e} + \sigma L_s p i_{qs}^{e} + \omega_e \left(\sigma L_s i_{ds}^{e} + \frac{L_m}{L_r} \lambda_{dr}^{e} \right)
\end{aligned} \quad (7\text{-}6)
$$

만일 자속이 일정한 값으로 유지된다면 $\lambda_{dr}^{e} = L_m i_{ds}^{e}$ 이고 식 (7-6)은 다음과 같다.

$$
\begin{aligned}
V_{ds}^{e} &= R_s i_{ds}^{e} + \sigma L_s p i_{ds}^{e} - \omega_e \sigma L_s i_{qs}^{e} \\
V_{qs}^{e} &= R_s i_{qs}^{e} + \sigma L_s p i_{qs}^{e} + \omega_e L_s i_{ds}^{e}
\end{aligned} \quad (7\text{-}7)
$$

샘플링 시점으로부터 전류를 예측하려는 시점까지의 지연시간($T_{sw} = T_{samp} + T_{off}$)은 고정자 시정수(유도기의 경우: $\tau_s = \dfrac{\sigma L_s}{R_s}$, 동기기의 경우: $\tau_s = \dfrac{L_d}{R_s}$ 또는 $\tau_s = \dfrac{L_q}{R_s}$)에 비해 매우 작기 때문에 지연 시간 T_{sw}에서의 전류 변화는 선형으로 생각할 수 있다. 그러면 지연 시간 동안의 전류 변화율은 식 (7-8)과 같이 표현될 수 있다.

$$
\begin{aligned}
&V_{ds}^{e} = V_{ds}^{e*},\ V_{qs}^{e} = V_{qs}^{e*} \\
&i_{ds}^{e} = \left(i_{ds}^{em} + i_{ds}^{eP}\right)/2,\ i_{qs}^{e} = \left(i_{qs}^{em} + i_{qs}^{eP}\right)/2 \\
&pi_{ds}^{e} = \left(i_{ds}^{eP} - i_{ds}^{em}\right)/T_{sw},\ pi_{qs}^{e} = \left(i_{qs}^{eP} - i_{qs}^{em}\right)/T_{sw}
\end{aligned}
\quad . \tag{7-8}
$$

여기서 V_{ds}^{e*}, V_{qs}^{e*} : 동기 좌표계 d, q축 지령 전압,

i_{ds}^{em}, i_{qs}^{em} : 동기 좌표계 d, q축 샘플링 시점의 전류,

i_{ds}^{eP}, i_{qs}^{eP} : 동기 좌표계 d, q축 스위칭 시점의 예측된 전류,

T_{sw} : 샘플링 시점에서 전류 스위칭 시점까지의 시간이다.

식 (7-8)을 식 (7-7)에 대입하면 다음과 같은 식을 얻을 수 있다.

$$
\begin{bmatrix} i_{ds}^{eP} \\ i_{qs}^{eP} \end{bmatrix} = \frac{1}{a^2 - bc}\left(\begin{bmatrix} ad+bc & -ab-bd \\ -cd-ac & bc+ad \end{bmatrix} \begin{bmatrix} i_{ds}^{em} \\ i_{qs}^{em} \end{bmatrix} + \begin{bmatrix} a & -b \\ -c & a \end{bmatrix} \begin{bmatrix} V_{ds}^{e*} \\ V_{qs}^{e*} \end{bmatrix} \right). \tag{7-9}
$$

여기서 $a = R_s/2 + \sigma L_s/T_{sw}$, $b = -\omega_e \sigma L_s/2$, $c = \omega_e \sigma L_s/2$, $d = \sigma L_s/T_{sw} - R_s/2$ 이다.

통상 T_{sw}가 매우 작은 값이기 때문에, R_s, $\omega_e L_s \ll \sigma L_s/T_{sw}$ 라고 가정할 수 있다. 이를 바탕으로 위 식을 정리하면 다음과 같다. 위와 아래 식들에서 동기기의 경우, σL_s는 L_d 또는 L_q로 ω_e는 ω_r로 바뀐다.

$$
\begin{aligned}
V_{ds}^{e*} &= R_s i_{ds}^{em} + \sigma L_s \left(i_{ds}^{eP} - i_{ds}^{em}\right)/T_{sw} - \omega_e \sigma L_s i_{qs}^{em} \\
V_{qs}^{e*} &= R_s i_{qs}^{em} + \sigma L_s \left(i_{qs}^{eP} - i_{qs}^{em}\right)/T_{sw} + \omega_e L_s i_{ds}^{em}
\end{aligned}
\quad . \tag{7-10}
$$

$$
\begin{aligned}
i_{ds}^{eP} &= i_{ds}^{em} + \left(V_{ds}^{e*} - R_s i_{ds}^{em}\right) T_{sw}/\sigma L_s + \omega_e T_{sw} i_{qs}^{em} \\
i_{qs}^{eP} &= i_{qs}^{em} + \left(V_{qs}^{e*} - R_s i_{qs}^{em}\right) T_{sw}/\sigma L_s - \omega_e T_{sw} i_{ds}^{em}
\end{aligned}
\quad . \tag{7-11}
$$

이상의 과정을 요약하면, 스위칭 시점의 상전류 예측은 다음과 같은 단계로 진행된다.

(1) 영 전류 근처의 상전류를 선택한다. 또는 세 개의 상전류 중 중간 값을 선택한다.

(2) (1)에서 선택한 상의 샘플링 시점과 스위칭 시점 사이의 중간 시간을 계산한다.

(3) 샘플링 시점과 스위칭 시점 사이에 공급되는 전압을 계산한다.

(4) (2)와 (3)에서 결정된 전압과 시간을 사용하여 식 (7-11)을 계산한다. 즉 동기 좌표계 d-q축에서의 고정자 전류를 예측한다.

(5) 예측된 동기 좌표계 d-q축 전류를 3상 전류로 변환한다.

(6) 예측된 3상 전류에 따라 7.1.1, 7.1.2, 7.1.3절에서 언급된 데드타임 보상법을 실현한다.

그러나 이 경우에도 전류 센서의 옵셋 오차에 의한 극성 판별의 오류는 피할 수 없으며 식 (7-10), (7-11)에 사용된 전동기 제정수가 실제 값과 상당히(수십%오차) 다를 경우 좋은 성능을 얻기 어렵다.

7.1.5 비선형 함수에 의한 인버터 비선형성의 보상 (참고문헌 [5, 6])

인버터는 데드타임에 의한 전압 왜곡 뿐 아니라 인버터에 사용되는 스위칭 소자의 전류 도통시 전압 강하(0~수V)에 의해서도 출력 전압에 왜곡이 생긴다. <그림 7.1>에 표시한 것처럼 스위칭 소자가 만약 IGBT와 역병렬 연결된 다이오드로 이루어져 있다면 스위칭 소자에 흐르는 전류의 방향에 따라 도통 되는 소자가 다르므로 전압강하가 달라지고, 또한 전압 강하는 전류의 크기에 따라서도 달라진다. 통상 직류단 전압이 소자의 선압강하에 비해 매우 크다면 즉 직류단 전압, V_d ,가 500V를 넘어서면 소자의 전압강하 수 Volt는 정격 출력 전압 대비 1% 내외의 영향을 미친다. 그러나 직류단 전압이 낮아지거나 출력전압이 정격 전압보다 매우 작아질 경우 무시할 수 없는 오차를 발생시킨다. 이러한 전압 강하와 함께 앞에서 언급한 데드타임에 의한 출력 전압 왜곡을 전부 보상하기 위하여 다음과 같은 비선형 함수를 도입할 수 있다. <그림 7.1>에 표시된 인버터의 실제 출력 3상 극전압, V_{an},V_{bn},V_{cn} , 은 인버터의 비선형성으로 인해 기준 극전압, $V_{an}^*,V_{bn}^*,V_{cn}^*$,와 식 (7.12)로 표시된 바와 같이 왜곡 전압, $D(i_{as}),D(i_{bs}),D(i_{cs})$, 만큼의 차이가 생긴다. 여기서 인버터 각상의 스위칭 소자의 특성은 서로 같다고 가정하였으며 왜곡 전압은 각상의 스위치가 도통하고 있는 전류에 대해 동일한 비선형 함수, $D(\bullet)$, 로 표시할 수 있다고 가정하였다. 또 전류에 비례해서 선형적으로 변하는 스위칭 소자의 전압 강하는 전동기 고정자 권선이나 전동기와 인버터를 연결하는 전선의 저항 성분으로 모델링할 수 있으므로 도통 전류에 대해 선형적으로 비례하는 왜곡 전압은 비선형 함수에서 제외하였다. 이러한 선형적인 왜곡 전압은 해당 왜곡 전압을 도통 전류로 나눈 등가 저항 만큼 전동기 제어시 권선 저항을 모델링할 때 저항 값을 크게 설정함으로써 손쉽게 보상될 수 있다. 따라서 아래 수식의 $D(\bullet)$ 항은 비선형적인 왜곡 전압만을 포함한다.

$$V_{xn}^{*} = V_{xn} + D(i_{xs}), \tag{7-12}$$

여기서 'x'는 a, b, c 중의 하나이다.

<그림 7.1>에 식 (7.12)를 적용하면 교류 전동기에 인가되는 전압을 <그림 7.9>와 같이 표시할 수 있다. 여기서 가상적인 단자 (Conceptual Terminal), a*, b*, c*, 에는 이상적인 기준 극전압이 출력 된다고 모델링하였다.

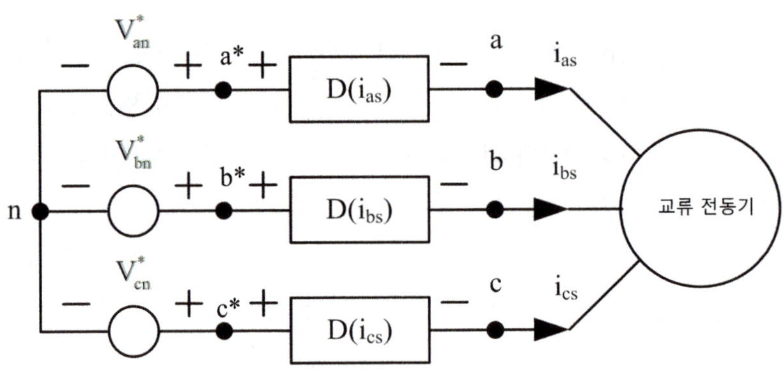

그림 7.9 왜곡 전압을 포함하는 인버터의 모델링

만약 상전류에 따른 왜곡 전압을 식 (7-13)과 같이 각상의 극전압 기준 출력에 미리 더해서 인버터가 출력하면 왜곡 전압의 효과를 없앨 수 있다.

$$V_{xn}^{**} = V_{xn}^{*} + D(i_{xs}) . \tag{7-13}$$

왜곡 전압은 인버터 스위치의 도통 전압 강하, 영전류 클램핑, 데드타임, 기생 캐패시턴스등의 종합적인 영향으로 <그림 7.10>과 같이 나타난다. 여기에 사용된 스위칭 소자는 75A, 1200V, IGBT이고 직류단 전압, V_d ,는 540V이며 스위칭 주파수는 5kHz, 설정된 데드타임은 3μs이다.

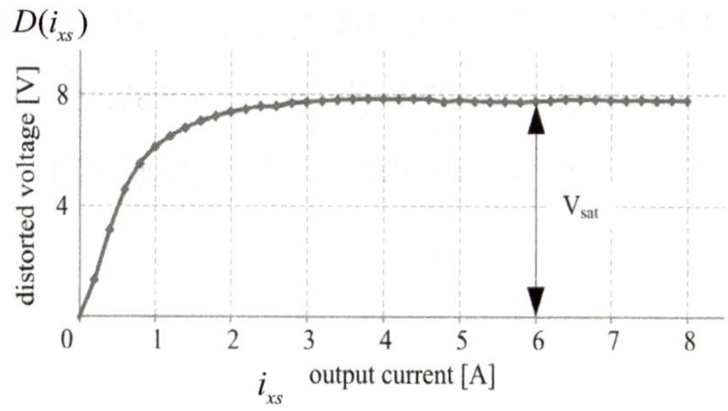

그림 7.10 도통 전류에 대한 왜곡 전압의 실제 측정 치(75A, 1200V, IGBT, 직류단 전압: 540V, 스위칭 주파수: 5kHz, 설정된 데드타임: 3μs)

<그림 7.10>의 파형을 근사화하여 도통전류의 양방향에 대해 표시하면 <그림 7.11>과 같이 사다리꼴(Traperzoidal) 전압의 형태로 근사화할 수 있다.

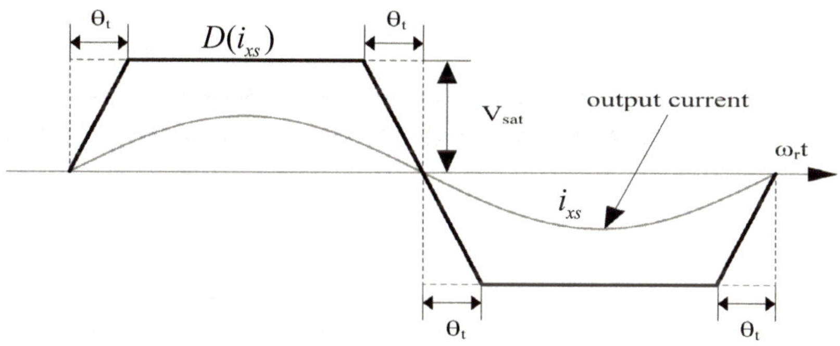

그림 7.11 양방향 도통 전류에 대한 왜곡 전압의 모델링

<그림 7.11>에서 근사화된 사다리꼴의 전압에서 사다리꼴의 높이는 <그림 7.10>에서 충분히 큰 전류가 흐를 때 나타나는 왜곡 전압, Vsat, 으로 설정하면 되지만 사다리꼴의 기울기를 결정하는 각, θ_t,는 전동기 출력 전류에 나타나는 고조파 전류를 이용하여 7°~17° 범위 에서 적절히 조절 될 수 있다 (참고문헌[6]). 만약 아무런 보상이 없다면 1.8kW 정격의 표면 부착형 영구자석 전동기를 정격 속도의 1/10 (150r/min), 정격 토크의 1/13(1.5N-m)로 구동할 때 인버터의 비선형성에 의해 전동기로 출력 되는 전류는 <그림 7.12>에 보인 바와 같이 왜곡 된다. 전류의 주파수 분석에서 알 수 있듯이, 각각 10%, 7%가 넘는 5, 7고조파가 출력 전류에 포함되게 된다. 실험에 사용된 스위칭 소자는 75A, 1200V, IGBT이고 직류단 전압, V_d,는 310V이며, 스위칭 주파수는 5kHz, 설정된 데드타임은 3μs이다. 같은 조건에서 위에서 언급한 사다리꼴 형태의 왜곡 전압을 기

준전압에 미리 더하는 보상 방법을 적용한 경우 <그림 7.13>과 같은 전류 파형을 얻을 수 있다. 이 때 보상 되는 사다리꼴 전압은 V_{sat} = 5.6V, $\theta_t = 10.3°$ 이다. <그림 7.12>와 비교해 볼 때 5,7차 고조파가 1/10이하로 대폭 감소했으며 11, 13고조파 역시 줄어 듦을 알 수 있다.

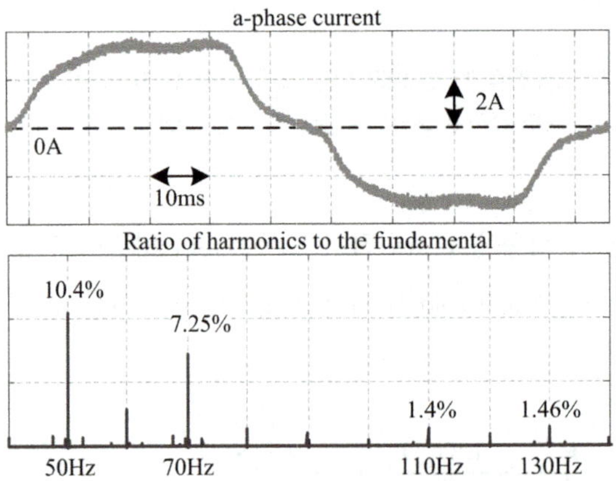

그림 7.12 인버터 비선형성 보상이 전혀 없을 때 인버터 출력 전류 파형과 주파수 스펙트럼 (75A, 1200V, IGBT, 직류단 전압: 310V, 스위칭 주파수: 5kHz, 설정된 데드타임: 3μs)

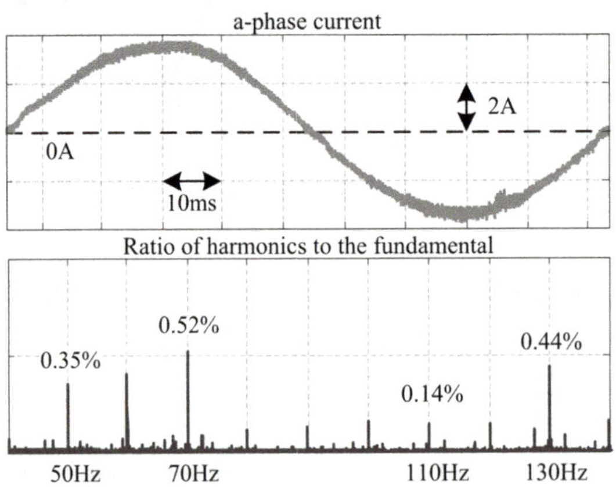

그림 7.13 사다리꼴 전압 보상 방법을 적용했을 때의 인버터 출력 전류와 주파수 스펙트럼 (75A, 1200V, IGBT, 직류단 전압: 310V, 스위칭 주파수: 5kHz, 설정된 데드타임: 3μs, V_{sat} = 5.6V, $\theta_t = 10.3°$)

7.2 상전류의 측정

고성능 전동기 구동 시스템에서 뛰어난 토크 제어 응답성을 얻기 위해서는 4.2절에서 언급한 바와 같이 고성능 전류 제어가 필수적이다. 전류 제어는 측정된 전류를 바탕으로 이루어지므로 전류 측정은 고성능 전류 제어를 위한 기본적이고도 가장 중요한 요소라고 할 수 있다(참고문헌 [7]). PWM 인버터로 구동되는 교류 전동기 제어 시스템에서 전동기에 흐르는 전류는 기본파 성분 이외에도 스위칭에 따른 맥동(Ripple) 성분을 포함하고 있다. 이러한 맥동 성분을 포함한 전류를 디지털 제어기로 제어하기 위해서는 아날로그(Analog)의 전류 신호를 디지털로 변환하여 입력하는 것이 필요하다. 이러한 맥동 성분이 포함된 전류로부터 기본파 성분을 검출하는 전류 측정 방법으로는 여러 가지 방법이 있을 수 있으나, 4.2.3.2절에서 언급한 바와 같이, 전류 제어기 대역폭을 극대화하기 위하여 전류의 순시치(Instantaneous Value)를 샘플링하는 방법이 널리 사용되고 있다(참고문헌 [8], [9]). 이 방법은 3상 대칭 공간 벡터 PWM에서 영 전압 벡터가 인가되는 구간의 정 중앙에서 전류를 샘플링하는 것이다. 이러한 방법을 이용하면 한 스위칭 주기 동안 측정 지연 없이 전류의 기본파 순시 값을 두 번씩 읽을 수 있다. 이러한 측정 방법은 PWM 제어 주기와 전류 샘플링 주기를 일치시킴으로써 손쉽게 구현될 수 있다. 그러나 이러한 순시치 샘플링 방법에서도 전류 측정을 위한 하드웨어(예를 들면 아날로그/디지털 변환기, 저역 통과 필터(Low Pass Filter) 등)의 특성에 따라 전류 측정 오차가 발생하게 된다. 저역 통과 필터의 시지연(Time Delay)은 동기 좌표계 d-q축 상호 결합(Cross Coupling) 성분을 유발하여 토크 제어 특성을 저하시키게 된다(참고문헌 [10]). 또한 필터에 의한 시지연이 존재할 경우 샘플링된 전류가 스위칭 주파수 성분의 맥동 성분을 포함하게 되고 이러한 맥동은 결국 전류 제어기 대역폭을 떨어뜨려 과도 상태 제어 특성을 악화시키는 원인이 된다.

7.2.1 전류 측정 지연의 모델링 (참고문헌 [11])

디지털 교류 전동기 구동 시스템에 사용되는 전형적인 전류 측정 시스템을 <그림 7.14>에 보였다. 전동기 전류를 디지털 제어 프로그램에서 읽어 들이기 위해서는 전류 센서(Sensor), 필터, 아날로그/디지털(A/D) 변환기 등이 필요하다. 일반적으로 전동기 구동 시스템에서는 전동기 전류에 포함되어 있는 스위칭 잡음(Noise) 성분을 제거하기 위하여 아날로그 저역 통과 필터를 사용한다. A/D 변환기와 전류 센서 자체도 시간 지연을 일으키는 요소이나, 전류 측정 시스템의 시지연은 주로 아날로그 필터에 의해 발생되며 아날로그 부품의 특성 및 오차 등에 의해 그 크기가 달라지게 된다. 필터를 2차 저역 통과 필터(Second Order Low Pass Filter)로 설계한 경우 그 전달 함수는 식 (7-14)와 같이 주어진다. 따라서 전류 센서 및 아날로그/디지털(A/D) 변환기의 특성을 이상적(Ideal)이라고 가정할 때 위의 전류 측정 시스템의 시지연은 식 (7-15)와 같이 표현될 수 있다.

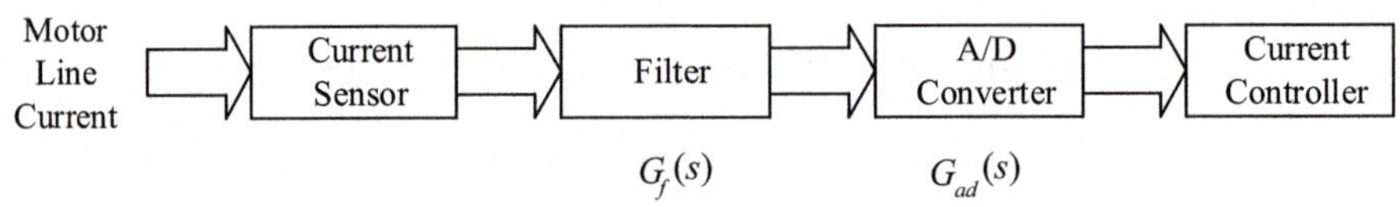

그림 7.14 디지털 교류 전동기 구동 장치의 전류 측정 시스템

$$G_f(s) = \frac{(2\pi f_n)^2}{s^2 + 4\pi\zeta\, f_n s + (2\pi f_n)^2}. \tag{7-14}$$

$$T_d = \tau_1 + \frac{1}{2\pi f_x}\tan^{-1}\frac{(2\zeta f_x / f_n)}{\left(1-\left(f_x/f_n\right)^2\right)}. \tag{7-15}$$

여기서 $G_f(s)$는 2차 저역 통과 필터의 전달 함수이며, τ_1은 필터를 제외한 다른 요소들의 측정 지연 시간의 총합(Total Sum)이다. f_x는 입력 신호의 주파수, f_n은 필터의 차단(Cut-Off) 주파수, ζ는 필터의 감쇠(Damping) 계수이다. 만일 f_x가 f_n보다 충분히 작으면 식 (7-15)는 (7-16)과 같이 간단하게 표현될 수 있다.

$$T_{delay} = \tau_1 + \frac{\zeta}{\pi f_n}. \tag{7-16}$$

만일 실제 전류와 샘플링된 전류 간에 시지연이 없다면, 샘플링 구간의 시작점(PWM 반송파인 삼각파의 극점)에서 샘플링한 전류가 전동기 전류의 기본파 성분에 해당한다. 그러나 <그림 7.15>에서 보인 것처럼 약간의 지연이라도 존재하면 샘플링한 값에는 상당히 큰 오차가 발생하게 된다. 예를 들어 <그림 7.15>처럼 샘플링 시점에서 실제 전류, i_{as}^0, 가 감소하고 있는 경우에는 필터링된 전류, i_{as}^f, 를 샘플링한 I_{as}^f 값이 실제 전류를 샘플링한 I_{as}^{0} 값 보다 커진다. 여기서 위첨자 '0'('f')는 실제(필터링된) 전류를 의미한다. 전류의 기울기는 샘플링 시점에서 인가되는 전압 벡터(Vector)에 따라 결정된다. 따라서 스위칭 구간의 시작점에서 샘플링한 전류 값은 전류의 기본파 순시치와 큰 차이를 나타내게 되고 스위칭 주파수에 해당하는 맥동 성분을 포함하게 된다. 이렇게 샘플링된 전류를 사용하여 전류 제어를 수행하면 전류 제어기의 응답성을 높일 수 없을 뿐만 아니라 정확한 전류 제어가 어렵게 된다.

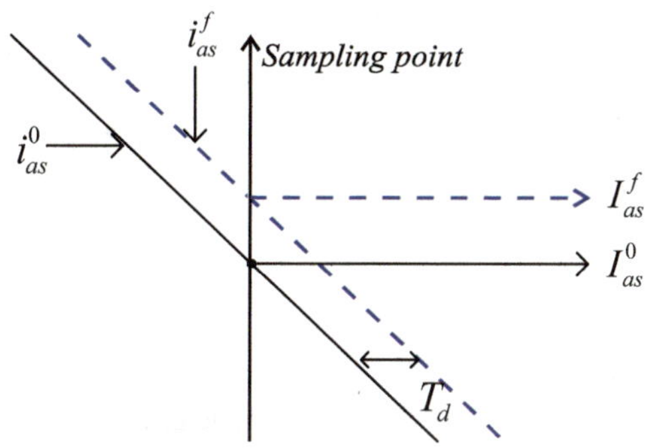

그림 7.15 측정 전류의 지연(i_{as}^{0} ; 실제 전류, i_{as}^{f} ; 필터링된 전류 , I_{as}^{0} ; 실제 전류의 샘플링 값, I_{as}^{f} ; 필터링된 전류의 샘플링 값)

<그림 7.16>에 3상 대칭 공간 벡터 PWM에 의해 전압을 합성할 때, 기준 전압이 존재하는 전압 평면에서 표시한 인버터가 합성 가능한 전압 영역인, 정육각형의 각 구역(Sector)에서 실제 전류와 2차 저역 통과 필터에 의해 지연된 전류의 파형을 컴퓨터 시뮬레이션을 통하여 도시하였다.

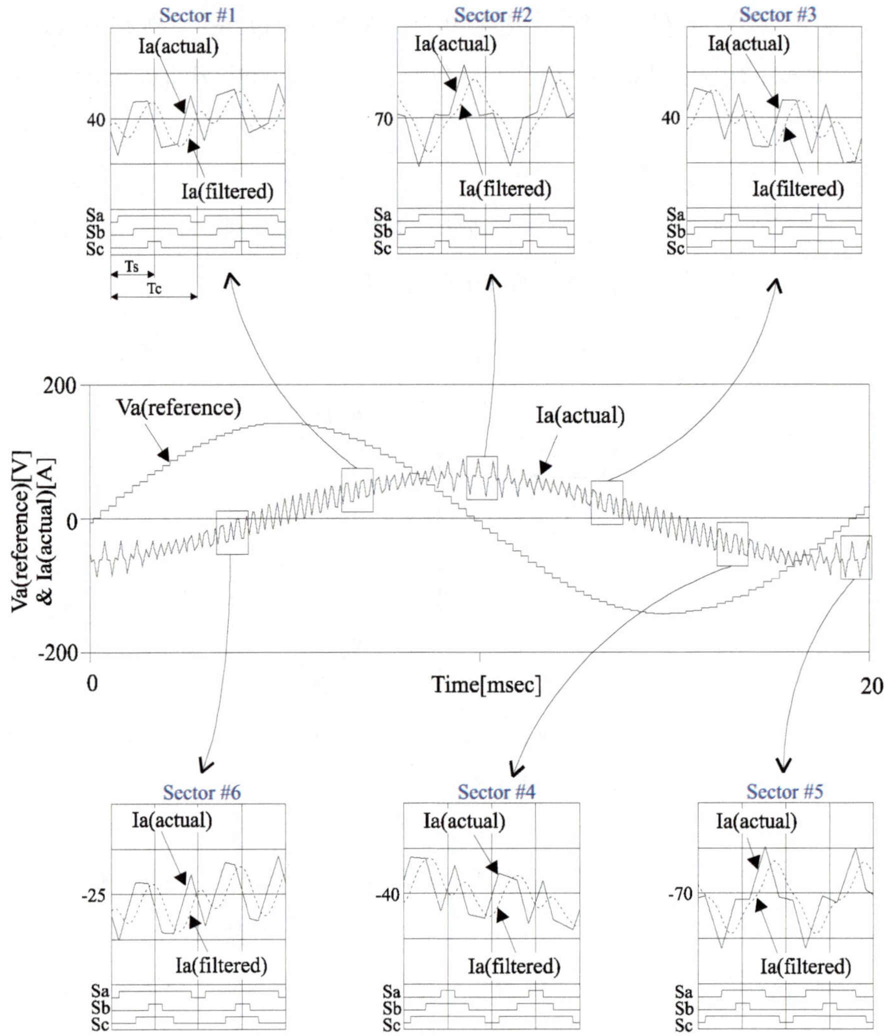

그림 7.16 PWM 전압 합성 시 전압 벡터가 존재하는 구역(Sector)에 따른 전류 측정의 컴퓨터 시뮬레이션 결과

이러한 전류 샘플링에서의 오차에 관한 문제는 전류 센서로부터 A/D 변환기 입력에 이르기까지의 시지연(Time Delay)만큼 전류 샘플링 시점을 샘플링 제어 주기의 시작점인 PWM 반송파(Carrier Wave)인 삼각파의 극점으로부터 지연(Delay)시켜 샘플링함으로써 간단히 해결될 수 있다. <그림 7.17>은 이러한 방법을 이용하여 얻은 실험 결과이다. 단순히 전류를 지연시켜 샘플링함으로써 샘플링에 따른 오차를 1/20 정도로 줄일 수 있다. 적절한 지연 값, T_{delay}, 는 식 (7-16)에서 알 수 있듯이 하드웨어 필터의 설계치와 전류 측정 시스템의 특성으로부터 손쉽게 결정될 수 있다.

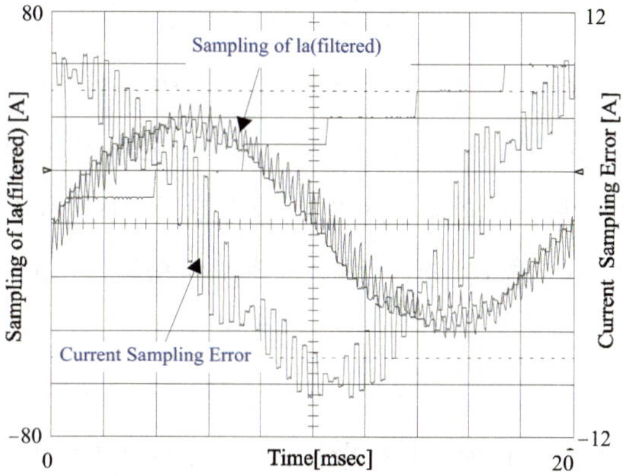

(a) PWM 제어 주기의 시작점에서 샘플링하였을 때

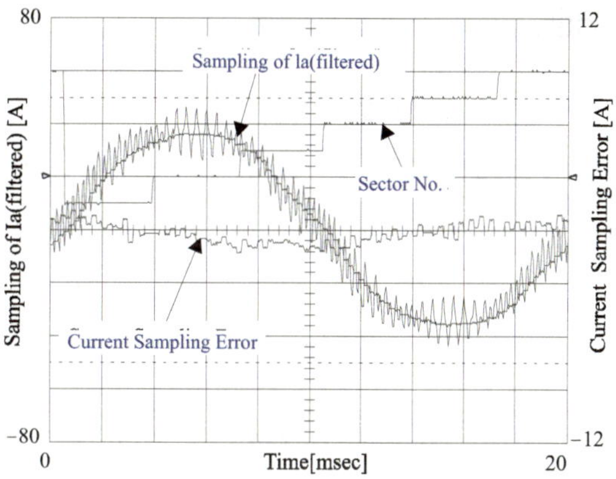

(b) PWM 제어 주기의 시작점에서 T_{delay} 만큼 지연하여 샘플링하였을 때

그림 7.17 유도 전동기 벡터 제어 시 전류 제어 특성

7.2.2 전류 측정 시 옵셋(Offset)과 측정 이득(Scaling) 차이에 의한 오차의 모델링 (참고문헌 [12])

<그림 7.1>과 같은 교류 전동기 구동 시스템에서, 통상 두 상의 전류만을 측정하고 나머지 상의 전류는 3상의 전류의 합이 영이라는 가정에서 구한다. 즉 A상과 B상의 전류만을 측정한다면 C상의 전류는 아래식과 같이 구해질 수 있다.

$$i_{cs} = -(i_{as} + i_{bs}) . \tag{7-17}$$

만약 <그림 7.14>와 같은 제어 시스템을 이용하여 전류를 제어할 경우 각 상의 전류 센서와 저주파 통과 필터, A/D 변환기 등의 아날로그 소자에 의하여 디지털로 변환된 전류는 실제 전류와는 옵셋(Offset)을 가지게 된다. 이러한 옵셋은 초기에 하드웨어(Hardware)가 결정되면 비교적 일정한 값을 가지나, 외부 잡음(Noise), 경년(Aging) 변화 등에 의해 시변(Time Varying)할 수도 있다. 또한 각 상의 센서, 필터, 변환기 등의 이득이 약간씩 차이가 날 수 있으므로 실제로 각 상의 전류가 완벽하게 같은 값이라 하더라도 디지털로 변환된 값은 차이가 생길 수 있다. 이러한 이득차에 의한 전류 스케일(Scale)의 차이 역시 하드웨어가 결정되면 비교적 일정한 값을 가지나, 외부 잡음(Noise), 경년(Aging) 변화 등에 의해 시변(Time Varying)할 수도 있다. 본 절에서는 이러한 옵셋과 스케일의 차이에 기인한 전류 측정상의 오차와 그 영향을 분석하고, 전동기의 회전 속도 측정에 의해 이러한 오차를 최소화시키는 방법을 기술하고자 한다.

7.2.2.1 옵셋의 영향

식 (7-17), <그림 7.14>와 같은 측정 시스템에서 각 상의 아날로그 부품(전류 센서, 필터, A/D 변환기) 전체가 가진 옵셋이 각각 δi_{as}, δi_{bs} 라 두면 a, b, c 상의 디지털로 변환된 전류는 옵셋을 포함하여 다음과 같이 표시될 수 있다.

$$i_{as\_AD} = i_{as} + \delta i_{as} . \tag{7-18}$$

$$i_{bs\_AD} = i_{bs} + \delta i_{bs} . \tag{7-19}$$

$$i_{cs\_AD} = -(i_{as\_AD} + i_{bs\_AD}) . \tag{7-20}$$

이를 ω_e 의 속도로 회전하는 동기 좌표계로 변환하여 표시하면 다음과 같다.

$$i^e_{ds\_AD} = i^e_{ds} + \delta i^e_{ds} . \tag{7-21}$$

$$i^e_{qs\_AD} = i^e_{qs} + \delta i^e_{qs} . \tag{7-22}$$

여기서 δi^e_{ds}, δi^e_{qs} 는 아래와 같이 표시된다.

$$\delta i^e_{ds} = \frac{2}{\sqrt{3}} \sqrt{\delta i^2_{as} + \delta i_{as} \delta i_{bs} + \delta i^2_{bs}} \sin(\omega_e t + \alpha) . \tag{7-23}$$

$$\delta i^e_{qs} = \frac{2}{\sqrt{3}} \sqrt{\delta i^2_{as} + \delta i_{as} \delta i_{bs} + \delta i^2_{bs}} \cos(\omega_e t + \alpha) . \tag{7-24}$$

여기서 $\alpha = \tan^{-1}\left(\frac{\sqrt{3}\delta i_{as}}{\delta i_{as} + 2\delta i_{bs}}\right)$ 이다.

식 (7-23), (7-24)로부터 알 수 있듯이 상전류 측정에서의 옵셋은 동기 좌표계 상에서는 동기 각속도에 해당하는 주파수 성분을 가지는 교류 성분의 오차를 초래한다. 이러한 전류 오차로 인한 유도 전동기 벡터 제어 시 전동기 발생 토크의 오차를 구하면 다음과 같다. 여기서 ω_e 는 유도 전동기의 회전자 시정수 $\tau_r = \frac{L_r}{R_r}$ 의 역수(Inverse)에 비해 충분히 커서 옵셋 성분에 의한 d축 전류의 오차가 d축 자속 제어에는 영향을 주지 않는다고 가정한다. 또한 전류 제어가 완벽하여 변환된 디지털 전류가 기준 전류를 완벽하게 추종한다($i_{ds}^{e*} = i_{ds\_AD}^{e}$, $i_{qs}^{e*} = i_{qs\_AD}^{e}$)고 가정한다. 이 경우 실제 전류 i_{ds}^{e}, i_{qs}^{e} 는 다음 식과 같다.

$$i_{ds}^{e} = i_{ds\_AD}^{e} - \delta i_{ds}^{e}. \tag{7-25}$$

$$i_{qs}^{e} = i_{qs\_AD}^{e} - \delta i_{qs}^{e}. \tag{7-26}$$

이로부터 식 (5-22)를 이용하여 발생 토크의 오차를 구할 수 있다.

$$T_e = T_e^{*} - \delta T_e = K_T i_{qs}^{e*} - K_T \delta i_{qs}^{e}. \tag{7-27}$$

여기서 $K_T = \frac{3}{2}\frac{P}{2}\frac{L_m}{L_r}\ \lambda_{dr}^{e}$ 이다.

$$\delta T_e = K_T \delta i_{qs}^{e} = K_T \frac{2}{\sqrt{3}}\sqrt{\delta i_{as}^{2} + \delta i_{as}\delta i_{bs} + \delta i_{bs}^{2}}\cos(\omega_e t + \alpha) \tag{7-28}$$

따라서 전동기의 토크는 동기 각속도에 해당하는 맥동(Ripple) 성분을 가진다. 이러한 토크 맥동은 정속도(Constant Speed) 제어 시스템에서 속도의 맥동을 초래하므로, 속도를 관찰하여 옵셋의 영향을 파악하고 이를 제거할 수 있다.

표면 부착형 영구자석 전동기 구동 시스템의 경우 d축 전류가 토크에 영향을 주지 않으므로 토크 오차는 식 (7-28)과 유사하게 나타나고 따라서 동기 각속도에 해당하는 맥동(Ripple) 성분을 가진다. 매입형 전동기의 경우 자석에 의한 토크와 자기저항에 의한 토크 전부를 이용하므로, 옵셋에 의하여 토크는 동기 각속도에 해당하는 맥동

(Ripple) 성분과 함께 두 배 주파수의 맥동 성분도 가진다. 이 경우에도 d축 전류를 "0"으로 제어하면 옵셋에 의한 토크 맥동은 동기 각속도의 주파수 성분만이 존재하므로 이를 이용하여 옵셋을 제거할 수 있다. 그러나 자기저항 동기 전동기(Synchronous Reluctance Motor)의 경우 토크는 d축, q축 전류의 곱에 비례하므로 전동기의 토크는 동기 각속도의 맥동과 함께 동기 각속도의 두 배에 해당하는 주파수 맥동(Ripple) 성분을 가진다. 이 경우 d축 전류를 "0"으로 제어하면 토크가 발생하지 않으므 d축 전류를 적절히 설정하고 두배 주파수 성분의 속도 맥동을 관찰하여 옵셋을 줄일 수 있다.

7.2.2.2 스케일링의 영향

식 (7-17)과 같은 측정 시스템에서 각 상의 아날로그 부품 전체가 가진 스케일이 각각 k_a, k_b 라 두고 전류 제어가 완벽하다면 a, b, c상의 디지털 값으로 변환된 전류는 정상 상태(Steady State)에서 다음과 같이 크기가 같고 위상이 120° 차이나는 값으로 보일 것이다.

$$i_{as\_AD} = I\cos(\theta_e + \phi)\,. \tag{7-29}$$

$$i_{bs\_AD} = I\cos\left(\theta_e - \frac{2}{3}\pi + \phi\right). \tag{7-30}$$

여기서 I 는 상전류의 크기(Magnitude)이며, θ_e 는 $\theta_e = \omega_e t$ 로 표시되는 기준 좌표계의 각 , ϕ 는 삼상 전류를 복소수 벡터로 표시했을 때 그 벡터와 기준좌표계 d축 사이의 각이다. 또한 7.2.2.1절에서 언급한 옵셋 오차와 이 절의 스케일링 오차는 독립적(Orthogonal)이어서 각각 별도로 고려할 수 있다고 가정한다.

전류 스케일링을 고려한 실제 상전류는 다음과 같을 것이다.

$$i_{as} = \frac{I\cos(\theta_e + \phi)}{k_a}\,. \tag{7-31}$$

$$i_{bs} = \frac{I\cos\left(\theta_e - \frac{2}{3}\pi + \phi\right)}{k_b}\,. \tag{7-32}$$

식 (7-29), (7-30)으로부터 토크 발생에 오차를 주는 동기 좌표계 d,q축 전류의 오차를 구하면 복소수 벡터로 표시하면 다음과 같다.

$$\delta\mathbf{i}^e_{dqs} = \mathbf{i}^e_{dqs\_AD} - \mathbf{i}^e_{dqs} = (i^e_{qs\_AD} - i^e_{qs}) + j(i^e_{qs\_AD} - i^e_{qs}) = \delta i^e_{ds} + j\delta i^e_{qs}$$
$$= \left(\frac{k_a - 1}{k_a}\right) I\cos(\phi) - \left(\frac{k_a - k_b}{k_a k_b}\right)\frac{I}{\sqrt{3}}\left[\sin\left(2\omega_e t - \frac{2\pi}{3} + \phi\right) - \sin\left(\phi - \frac{2\pi}{3}\right)\right]$$
$$+ j\left\{\left(\frac{k_a - 1}{k_a}\right) I\sin(\phi) - \left(\frac{k_a - k_b}{k_a k_b}\right)\frac{I}{\sqrt{3}}\left[\cos\left(2\omega_e t - \frac{2\pi}{3} + \phi\right) + \cos\left(\phi - \frac{2\pi}{3}\right)\right]\right\} \quad (7\text{-}33)$$

따라서 스케일링에 따른 유도 전동기 벡터 제어 시 토크 오차는 아래와 같다.

$$\delta T_e = T_e^* - T_e = \frac{3}{2}\frac{P}{2}\frac{L_m^2}{L_r}\left(i^{e*}_{ds} i^{e*}_{qs} - i^e_{ds} i^e_{qs}\right) \approx \frac{3}{2}\frac{P}{2}\frac{L_m^2}{L_r}\left(\delta i^e_{ds} i^{e*}_{qs} + \delta i^e_{qs} i^{e*}_{qds}\right)$$
$$= \frac{3}{2}\frac{P}{2}\frac{L_m^2}{L_r}\left\{\delta i^e_{ds} I\sin(\phi) + \delta i^e_{qs} I\cos(\phi)\right\} \quad (7\text{-}34)$$

만약 각 상의 전류 스케일이 같다면 인가 주파수의 두배로 맥동하는 토크는 발생하지 않는다. 만약 일정 속도 제어 시스템에서, 이러한 토크 맥동으로 인한 속도 맥동을 측정할 수 있다면, 맥동 속도를 줄일 수 있도록 전류 측정 스케일을 조정하여 전류 측정의 스케일은 서로 같게 할 수 있다. 그러나 이 경우에도 식(7-33)과 (7-34)에서 알 수 있듯이 토크의 오차는 피할 수 없다. 그러나 스케일링을 같게하면 두 배 주파수의 맥동 토크는 제거할 수 있다. 표면 부착형 영구자석 전동기 구동 시스템에서도 전류 스케일링에 오차가 있을 경우 유도 전동기와 같이 동기 각속도의 두 배에 해당하는 맥동(Ripple) 성분을 가진다. 매입형 전동기의 경우 자석에 의한 토크와 자기저항에 의한 토크 전부를 이용하므로, 스케일 차이에 의하여 토크는 동기 각속도의 두 배에 해당하는 맥동(Ripple) 성분과 함께 네 배 주파수의 맥동 성분도 가진다. 이 경우에도 d축 전류를 영으로 제어하면 토크 맥동에는 동기 각속도의 두 배 주파수 성분만이 존재하므로 이를 이용하여 스케일 차이를 줄일 수 있다.

7.2.2.3 옵셋과 스케일링 오차의 보상

교류 전동기의 속도를 제어하는 벡터 제어 시스템에서 앞에서 논의한 옵셋과 스케일 차이에 의한 토크 맥동은 해당 주파수 성분 또는 그 두 배, 네 배의 속도 맥동을 일으킨다. 따라서 유도 전동기, 표면 부착형 전동기의 경우 정속도(Constant Speed) 제어 하에서 발생하는 속도의 퓨리에(Fourier) 변환 등을 이용하여 주파수 성분(Frequency Spectrum)을 분석하여, 동기 속도에 해당하는 속도 맥동이 최소화되도록 먼저 A상 옵셋을 조정하고 다음 B상 옵셋을 조정하는 과정을 반복한다. 옵셋 조정이 완료된 후 동기 속도의 두 배에 해당하는 속도 맥동을 최소화하도록 A상의 스케일링을 조정한다. 앞에서 언급한 바와 같이 스케일의 차이가 없으면 맥동 성분이 발생하지 않으므로 A상의 스케일만 조정하면 두 배 주파수의 속도 맥동 성분을 최소화할 수 있다. 통상 데드타임에 의한 영향은 이론적으로 동기 각속도의 6배에 해당하는 주파수의 토크 맥동을 초래하나, 실제로는 게이팅 신호의 지연, 스위칭 소자의 동작 속도 차이가 상(Phase) 별로 다를 경우, 동기 각속도 또는 그 두 배에 해당하는 토크 맥동이 생길 수도 있다. 따라서 옵셋과 스케일 조정에 의해 동기 각속도 또는 그 두 배에 해당하는 속도 맥동을 완전히 없앨 수는 없다.

토크의 맥동 주파수가 구동 시스템의 관성에 비해 매우 클 경우 전동기 관성에 의해 토크 맥동 성분이 필터링(Filtering)되어 속도 맥동의 크기가 매우 작아 질 수 있다. 따라서 속도 맥동에 의하여 옵셋과 스케일링 차이의 영향을 파악하고 이를 제거하려면 회전 각속도, ω_{rm},이 충분히 작은 관성에 의한 필터링 효과가 영향을 크게 미치지 않는 조건에서 속도 맥동을 측정해야 측정상의 오차를 줄일 수 있다. 반대로 ω_{rm} 이 너무 작아서 토크의 맥동 주파수가 속도 제어기의 제어 대역폭(Bandwidth)보다 작을 경우 속도 제어기의 제어 동작에 의해 속도의 맥동이 억제되어 옵셋과 스케일링 차이의 영향을 파악하기 힘들 수도 있다. 이 경우에는 옵셋과 스케일 차이에 의한 토크 맥동이 외란으로 작용하고 속도 제어기가 이 외란을 억제하기 위하여 제어기 출력을 왜곡시키므로, 속도 제어기 출력을 관찰하면 옵셋과 스케일링 차이에 해당되는 주파수 성분에 대한 맥동을 관찰할 수 있다(B.5절 참조). 이때 제어기 출력 중 적분항의 성분을 관찰하는 것이 측정상의 오차를 줄이는 방법이다.

7.3 디지털 신호 처리에 따른 전류 제어의 문제점

최근 대부분의 교류 전동기 구동 장치 및 전력 변환 장치에서 PWM 발생 장치를 비롯한 전류 제어기가 디지털 회로 및 소프트웨어를 탑재한 연산 장치로 구현되고 있으며, 4.2.5절에서 언급한 바와 같이 동기 좌표계 전류 제어기는 넓은 주파수 영역에서의 안정된 전류 제어 특성으로 인해 산업계 표준으로 자리잡고 있다. 이러한 전류 제어기의 디지털 구현에는 전류 샘플링으로부터 제어 연산을 거쳐 PWM 발생으로 전압이 출력될 때까지의 시지연(Time Delay)이 불가피하게 발생한다. 일반적으로 전류 제어를 위한 연산을 위해 1샘플링 주기가 지연된다. PWM 발생을 위한 시지연은 그 특성상 분석이 난해한 반면, 가장 일반적으로 많이 쓰이는 공간 벡터 PWM의 경우 유효 전압을 중심 부분에 위치시키는 특성을 고려할 때 PWM 주기의 반을 지연 시간으로 보는 것이 효과적인 근사라 할 수 있다(참고문헌 [10]). 따라서 전류 샘플링으로부터 전압 출력까지 약 1.5배의 샘플링 시간에 해당하는 시지연이 발생하게 된다. 동기 좌표계 전류 제어기의 경우 이 지연 시간 동안 기준 좌표축이 이동하게 되고, 이를 고려하지 않을 경우 출력 전압의 위상과 크기에 오차가 발생한다. 이러한 오차는 출력 주파수에 대한 샘플링 주파수가 충분히 큰 경우에는 무시될 수 있으나, 그렇지 않은 경우 지연 시간 동안의 기준 좌표계의 이동으로 인하여 제어 시스템이 불안정하게 되는 경우가 발생할 수 있다. 또 샘플링 주파수가 출력 주파수에 비해 충분히 크지 못할 경우 7.2.1절에서 언급한 측정 지연에 의한 전류 측정의 오차와 별개로 샘플링 자체에 의한 오차가 발생한다. 본 절에서는 샘플링 주파수가 출력 주파수에 비해 매우 크지 않은 상태에서의 전류 제어의 안정성과 전류 측정 오차에 대해 언급하기로 한다.

7.3.1 전류 제어의 안정성(Stability) (참고문헌 [13,14])

<그림 7.18>은 4.2.5절에서 논의한 일반적인 3상 대칭 교류 부하에 대한 전류 제어기를 3.1절의 복소수 벡터의 개념을 이용하여 다시 표현한 것이다. 여기서 전류 제어기는 비례 적분(PI) 제어기로 가정하였다. 동기 좌표계에서 표현된 유도기의 고정자 전압 방정식은 식 (4-30)으로 표현되고 동기기의 고정자 전압 방정식은 식 (4-32)로 표시되는 것을 참조하기 바란다. <그림 7.18>과 같은 일반적인 동기 좌표계 전류 제어기 블록도에서 전향 보상(Feed-forward Compensation)되는 전압 값은 유도기의 경우 식 (7-35)와 같고 영구자석 동기 전동기의 경우 식 (7-36)과 같다.

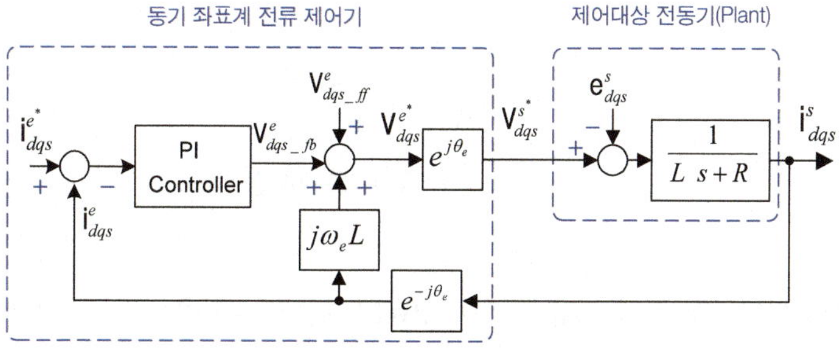

그림 7.18 대칭 3상 교류 전류 제어기의 동기 좌표계에서 복소수 벡터에 의한 표현

$$\mathbf{V}^{e}_{dqs\_ff} = \mathbf{e}^{e}_{dqs} = -\frac{L_m}{L_r}\omega_{br}\boldsymbol{\lambda}^{e}_{dqr}\,. \tag{7-35}$$

여기서 $\omega_{br} = \dfrac{R_r}{L_r} - j\omega_r$ 이다.

$$\mathbf{V}^{r}_{dqs\_ff} = -\omega_r L_q i^{r}_{qs} + j(\omega_r L_d i^{r}_{ds} + \lambda_f)\quad. \tag{7-36}$$

또 유도기의 등가 회로 상수는 <표 4.2>에서 표시한 것과 같이

$$L = L_\sigma \equiv L_s - \frac{L_m^2}{L_r},\;\; R = R_s + \left(\frac{L_m}{L_r}\right)^2 R_r\,, \tag{7-37}$$

이고 동기기의 경우는

$$L = L_d \text{ or } L_q,\, R = R_s \tag{7-38}$$

이다.

<그림 7.19>와 같이 동기 좌표계의 d축과 정지 좌표계의 d축이 θ_e 만큼 떨어져 있다면 동기 좌표계에서의 물리량은 3.1절에서 보인 것처럼 다음과 같이 표시될 수 있다.

$$\mathbf{V}^{s*}_{dqs} = \mathbf{V}^{e*}_{dqs} e^{j\theta_e} \tag{7-39}$$

$$\mathbf{i}^{e*}_{dqs} = \mathbf{i}^{s*}_{dqs} e^{-j\theta_e} \tag{7-40}$$

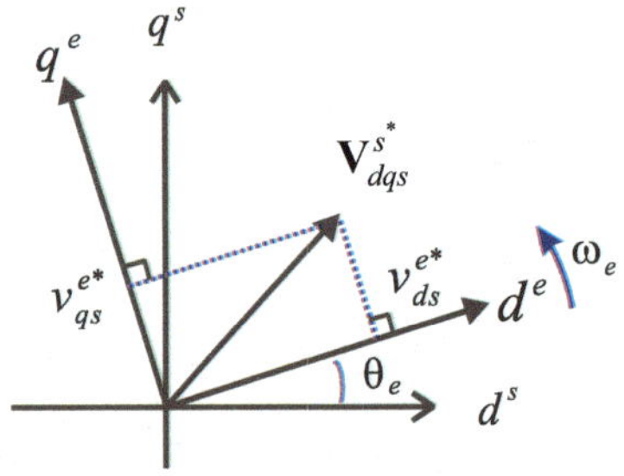

그림 7.19 동기 좌표계와 정지 좌표계

<그림 7.20>과 같이 전류 정보가 PWM 제어 주기마다 샘플링되어 갱신(Update)되고 갱신된 전류 정보에 의해 전류 제어기 알고리즘(Algorithm)이 계산된 후 다음 샘플

링이 시작하기 전에 PWM 정보가 갱신되어 다음 샘플링 주기(T_{samp}) 동안 계산된 PWM 신호가 출력된다면, 4.2.3.2절에서 설명한 바와 같이 전체 시지연(Time Delay)은 제어 소프트웨어 연산을 위한 1샘플링 주기와 PWM 출력의 평균 지연 시간인 0.5 샘플링 주기를 합쳐 1.5샘플링 주기, $1.5\,T_{samp}$, 가 된다.

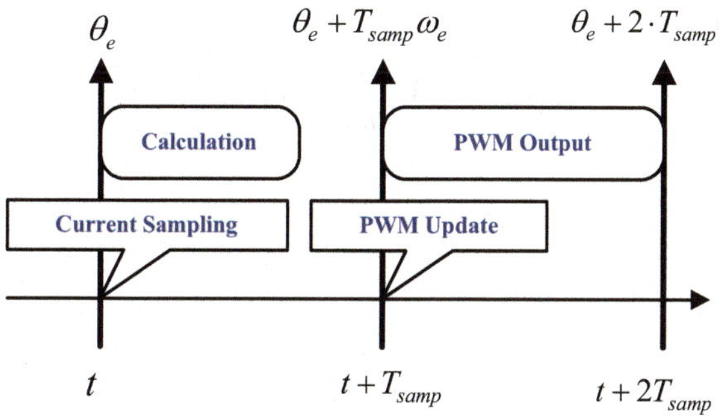

그림 7.20 전류 샘플링과 PWM 출력의 시간 흐름도

이러한 과정은 <그림 7.21>에서 동기 좌표축의 이동과 함께 표시되어 있다. t 시점(각으로는 θ_e)에서 샘플된 전류를 기점으로 하여 t 에서 $t+T_{samp}$ 동안 제어 알고리즘이 계산되고, 계산된 PWM 값은 $t+T_{samp}$ 부터 $t+2T_{samp}$ 사이에 출력된다. 그 동안 동기 좌표축은 이동하게 되어 원래 전류 제어기가 출력하려던 동기 좌표계 전압과 실제 출력되는 동기 좌표계 상의 전압에는 위상과 크기의 차이가 생기게 된다. 만약 1.5 T_{samp} 동안 회전자계의 속도, $\frac{d\theta_e}{dt}=\omega_e$,가 일정하다면 실제로 $t+T_{samp}$ 로부터 $t+2T_{samp}$ 동안 출력되는 전압을 정지 좌표계에서 계산하면 다음과 같다.

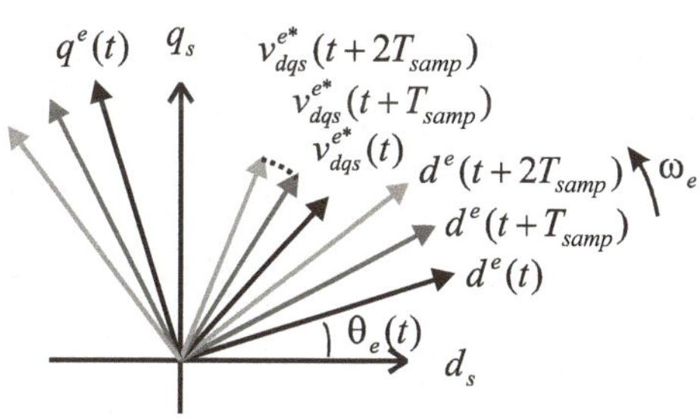

그림 7.21 시간의 진행에 따른 동기 좌표계의 이동

$$\mathbf{V}_{dqs-digital}^{s*} = \frac{1}{T_s}\int_{T_s}^{2T_s} \mathbf{V}_{dqs}^{e*} e^{j(\omega_e \tau + \theta_e)} d\tau \ . \quad (7\text{-}41)$$

이를 원래 출력하려던 전압 $\mathbf{V}_{dqs}^{e*}$ 와 비교하면 다음과 같다.

$$\mathbf{V}_{dqs-digital}^{s*} = K\left(\omega_e, T_s\right) e^{j\left(1.5T_{samp}\omega_e + \theta_e\right)} \mathbf{V}_{dqs}^{e*} \ . \quad (7\text{-}42)$$

여기서

$$K\left(\omega_e, T_{samp}\right) = \frac{2}{\omega_e T_s} \sin\left(\frac{\omega_e T_{samp}}{2}\right), \quad (7\text{-}43)$$

이다.

이상을 요약하면 $1.5T_{samp}$ 동안의 시지연으로 인하여 전압 지령치에는 $(1-K(\omega_e, T_{samp}))$ 만큼의 크기 오차와 $1.5T_{samp}\omega_e$ 에 해당하는 위상 오차가 생기게 된다. 이러한 크기와 위상의 오차는 다음과 같은 보상 함수를 전류 제어기 출력에 곱하여 계산함으로써 제거될 수 있다.

$$K\left(\omega_e, T_{samp}\right) e^{j\left(1.5T_{samp}\omega_e\right)} \ . \quad (7\text{-}44)$$

통상적인 제어 범위에서 $K\left(\omega_e, T_{samp}\right)$ 로 인한 크기의 오차는 수% 이내이므로 무시될 수도 있으나 $1.5T_{samp}\omega_e$ 에 의한 위상 오차는 샘플링 주파수, $f_{samp} = \frac{1}{T_{samp}}$,에 대한 출력 주파수, $f_e = \frac{\omega_e}{2\pi}$, 의 비가 20에 이르더라도 27°가 되어 제어상에 큰 영향을 준다. <그림 7.22>는 이러한 크기와 위상에 대한 보상기를 추가한 복소수 벡터로 표시된 전류 제어기의 블록도이다. <그림 7.23(a)>와 <그림 7.23(b)>는 이러한 시지연을 보상하지 않았을 때와 보상했을 때의 유도 전동기 구동 실험 결과이다. <그림 7.23>의 실험 파형에서 보듯이 시지연의 보상이 없으면 전동기의 가속에 따라 샘플링 주파수 $f_s = 1/T_{samp}$ 와 출력 주파수 $f_e = \omega_e/(2\pi)$ 의 비가 충분히 크지 않게 되어 위상 오차가 커지고 이로 인해 구동 시스템은 안정성(Stability)을 잃게 된다.

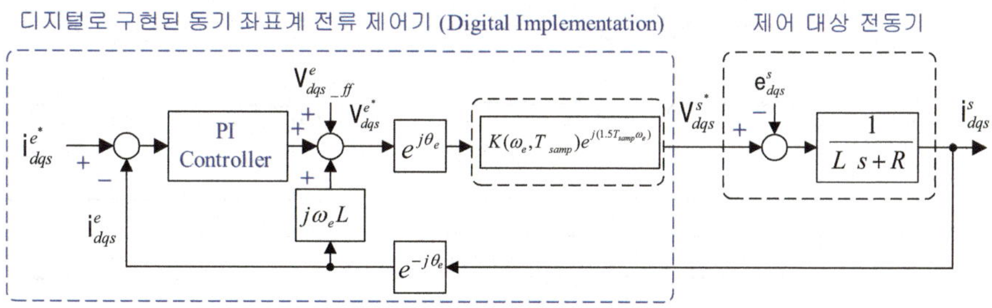

그림 7.22 시지연을 보상한 대칭 3상 교류 전류 제어기의 블록도

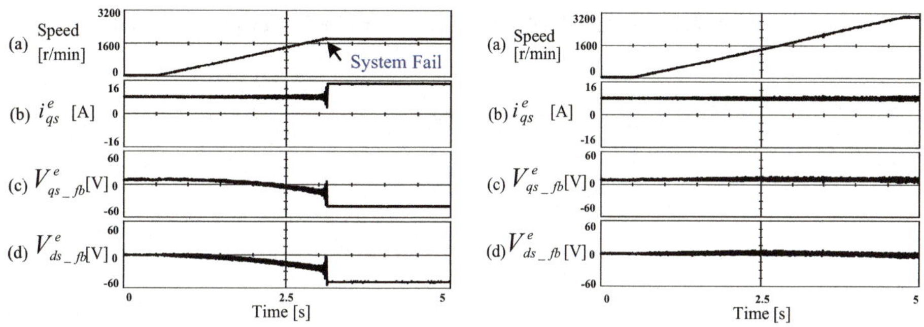

(a) 보상 전

(b) 보상 후

그림 7.23 5kW, 4극, 220V 유도 전동기 가속 실험 결과(샘플링 주기: 400μs, 위로부터 전동기 속도, q축 전류, 비례 적분 제어기 q축 전압 지령치, 비례 적분 제어기 d축 전압 지령치)

또한 <그림 7.24>의 전류 제어 응답에서도 보상하지 않았을 경우에는 보상한 경우와 비교하였을 때 실제 전류의 진동이 상당 시간 지속되는 것을 알 수 있다. 위와 같은 보상을 하더라도 샘플링 주파수와 출력 주파수의 비가 더욱 낮아질 경우 제정수의 오차와 모델링되지 않은 시지연으로 인하여 전류 제어 시스템이 불안정해 질 수 있다. 이 경우 4.2.5.4절에서 언급한 동기 좌표계 복소수 벡터 전류 제어기를 이용하여 제정수의 오차에 강인한 제어를 할 수 있으며 특히 <그림 4.19>와 같이 능동 저항(R_{active})을 이용할 경우 전류 제어 안정도를 개선할 수 있다. 특히 능동 저항을 구현하는 데 있어 측정 전류의 시지연을 없애기 위해 식 (4-17)과 같이 예측 전류를 구하여 능동 저항에 의한 전압 궤환 성분을 구현할 경우 제어 안정도를 더욱 개선할 수 있다(참고문헌[15]).

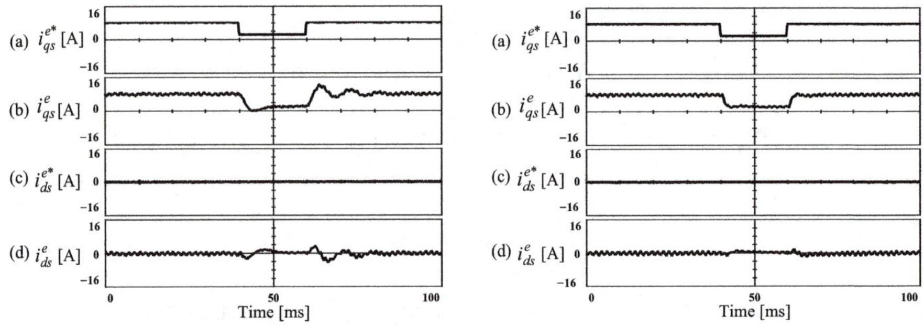

(a) 보상 전 (b) 보상 후

그림 7.24 전류 제어 응답(위로부터 q축 전류 지령치 q축 전류 실제 값, d축 전류 지령치, d축 전류 실제 값)

7.3.2 전류 측정상의 오차 (참고문헌 [14,15])

샘플링 주파수, f_{samp}, 와 출력 주파수, f_e,의 비가 낮아지면, 7.2절에서 언급한 측정상의 지연, 스케일링 오차, 옵셋 등을 완벽하게 보상한다 하더라도 디지털 제어로 인해 샘플링 주기에서 평균 전류 값을 읽는 데 불가피한 오차가 발생한다. 컴퓨터 시뮬레이션을 통해 65kW, 20극 매입형 영구 자석 전동기 구동 시스템에서 샘플링된 회전자에 동기된 d-q축 전류를 살펴보면, <그림 7.25>에 표시한 바와 같이 샘플링 주파수와 출력 주파수의 비가 낮아지면 샘플링 시 평균치가 아니라 전류의 최대치 또는 최소치를 샘플링하게 된다.

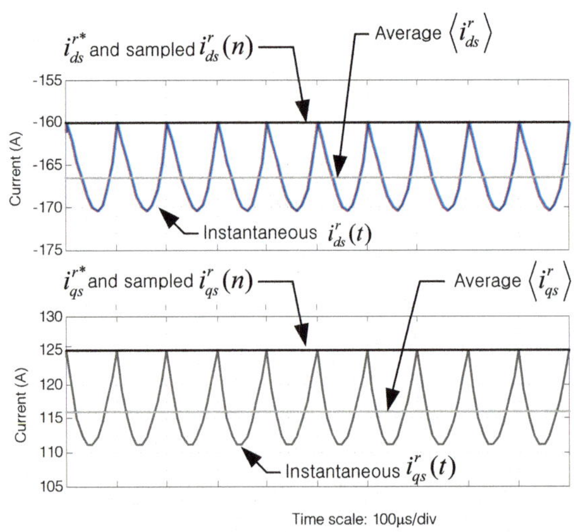

그림 7.25 전동기 구동 시스템에서의 전류 샘플링 결과($f_s = 10\text{kHz}$, $f_e = 1.5\text{kHz}$)

이를 전류 평면에서 나타내면 <그림 7.26>과 같다. 샘플링된 전류는 전류 평면상에서 전동기에 흐르는 실제 전류의 궤적의 평균 값으로 보기에는 큰 오차를 가지고 있다.

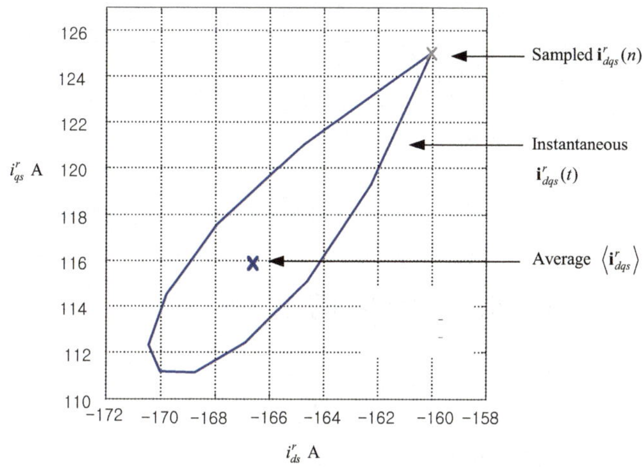

그림 7.26 전류 평면상에서 전동기의 전류 궤적과 샘플링된 전류($f_s = 10\text{kHz}$, $f_e = 1.5\text{kHz}$).

이와 같은 문제를 보상하기 위하여, 3.3.3.2절에 언급한 매입형 영구자석 전동기의 경우를 예로 들어 설명하면 다음과 같다.

출력 전압각이 $1.5 \cdot T_{samp}$ 만큼 지연되었을 때 나타나는 전류 샘플링 상의 오차가 없는 샘플링 구간의 평균 전류 값($\langle i^r_{ds} \rangle$, $\langle i^r_{qs} \rangle$)은 샘플링 된 전류($i^r_{ds\_samp}$, $i^r_{qs\_samp}$)로부터, 식 (7-45)~(7.51)의 과정을 통하여 식 (7-52)와 같이 구할 수 있다. 먼저 <그림 3.10>의 매입형 영구자석 전동기의 등가 회로로부터 다음과 같은 전압-전류 관계식을 얻을 수 있다.

$$\begin{bmatrix} V^r_{ds} \\ V^r_{qs} \end{bmatrix} = R_s \cdot \begin{bmatrix} i^r_{ds} \\ i^r_{qs} \end{bmatrix} + \begin{bmatrix} L_d & 0 \\ 0 & L_q \end{bmatrix} \cdot \frac{d}{dt} \begin{bmatrix} i^r_{ds} \\ i^r_{qs} \end{bmatrix} + \begin{bmatrix} 0 & -\omega_r \cdot L_q \\ \omega_r \cdot L_d & 0 \end{bmatrix} \cdot \begin{bmatrix} i^r_{ds} \\ i^r_{qs} \end{bmatrix} + \begin{bmatrix} 0 & 0 \\ \omega_r & 0 \end{bmatrix} \cdot \begin{bmatrix} \lambda_f \\ 0 \end{bmatrix}. \quad (7\text{-}45)$$

만약 회전자 좌표계 전압 V^r_{ds} 과 V^r_{qs} 이 원래의 제어기 출력 전압 V^{r*}_{ds} 과 V^{r*}_{qs} 에 대해 θ 만큼의 각 변위를 가진다면, 두 전압 사이에 아래와 같은 관계식이 성립한다.

$$\begin{bmatrix} V^r_{ds} \\ V^r_{qs} \end{bmatrix} = \begin{bmatrix} \cos\theta & \sin\theta \\ -\sin\theta & \cos\theta \end{bmatrix} \cdot \begin{bmatrix} V^{r*}_{ds} \\ V^{r*}_{qs} \end{bmatrix} = \begin{bmatrix} V^{r*}_{ds} \cdot \cos\theta + V^{r*}_{qs} \cdot \sin\theta \\ -V^{r*}_{ds} \cdot \sin\theta + V^{r*}_{qs} \cdot \cos\theta \end{bmatrix}. \quad (7\text{-}46)$$

각 변위, θ,는 시간의 진행에 따라 <그림 7.27>과 같은 궤적을 가진다.

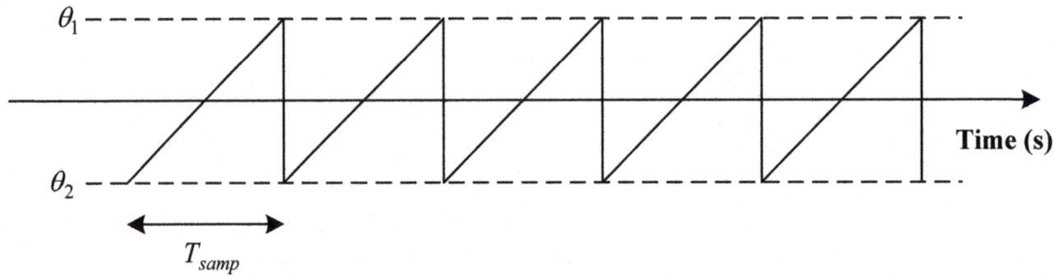

그림 7.27 시간에 대한 각 변위 θ 의 변화

이때, 식 (7-46)의 평균을 구하면 다음과 같다.

$$\begin{bmatrix} \left\langle V_{ds}^r \right\rangle \\ \left\langle V_{qs}^r \right\rangle \end{bmatrix} = \frac{1}{(\theta_1 - \theta_2)} \cdot \begin{bmatrix} \int_{\theta_2}^{\theta_1} V_{ds}^r \cdot d\theta \\ \int_{\theta_2}^{\theta_1} V_{qs}^r \cdot d\theta \end{bmatrix} = \frac{1}{(\theta_1 - \theta_2)} \cdot \begin{bmatrix} V_{ds}^{r*} \cdot (\sin\theta_1 - \sin\theta_2) - V_{qs}^{r*} \cdot (\cos\theta_1 - \cos\theta_2) \\ V_{ds}^{r*} \cdot (\cos\theta_1 - \cos\theta_2) + V_{qs}^{r*} \cdot (\sin\theta_1 - \sin\theta_2) \end{bmatrix} . \quad (7\text{–}47)$$

$f_{samp}(=\frac{1}{T_{samp}})$ 가 유한한 값을 가지는 경우, 즉 T_{samp} 가 "0"이 아닌 양의 값을 가지는 경우 <그림 7.27>에서 보는 바와 같이 $\theta_1 > \theta_2$ 이다. 따라서 식 (7-47)에서 교차항(Cross-coupling Term)이 없어지는 조건은 $\theta_2 = -\theta_1$ 뿐이다. 이 경우 변위 θ 의 "0"점은 샘플링 주기의 중간에 위치하게 된다. 이것은 동기 좌표계 상에서 이산(Discrete) 시간 제어를 하는 경우, 출력 전압의 동기각을 샘플링과 샘플링 사이의 중간에 위치 시켜야 출력 전압의 평균 값에서 교차항이 사라짐을 의미한다. 즉, 출력 전압각의 $0.5 \cdot T_{samp}$ 시간 보상은 샘플링으로 인해 발생할 수 있는 평균 출력 전압의 교차항을 없애, 평균 출력 전압이 d-q 각각의 축 변수로만 표현되도록 하게 하는 역할을 한다.

동기 속도, ω_r,이 일정하다면, θ_1 은 다음과 같다.

$$\theta_1 = \frac{T_{samp}}{2} \cdot \omega_r . \quad (7\text{–}48)$$

식 (7-45)에서 전압의 평균 값을 구하면 다음과 같다.

$$\begin{bmatrix} \langle V_{ds}^r \rangle \\ \langle V_{qs}^r \rangle \end{bmatrix} = \begin{bmatrix} R_s & -\omega_r \cdot L_q \\ \omega_r \cdot L_d & R_s \end{bmatrix} \cdot \begin{bmatrix} \bar{i}_{ds}^r \\ \bar{i}_{qs}^r \end{bmatrix} + \begin{bmatrix} 0 & 0 \\ \omega_r & 0 \end{bmatrix} \cdot \begin{bmatrix} \lambda_f \\ 0 \end{bmatrix}. \tag{7-49}$$

각이 진행하고 있는 동안의 전압 평균 값은, $\theta_2 = -\theta_1$ 의 조건 하에서 식 (7-47)로부터 다음과 같이 나타내어진다.

$$\begin{aligned} \begin{bmatrix} \langle V_{ds}^r \rangle \\ \langle V_{qs}^r \rangle \end{bmatrix} &= \frac{1}{2 \cdot \theta_1} \cdot \begin{bmatrix} \int_{-\theta_1}^{\theta_1} V_{ds}^r \cdot d\theta \\ \int_{-\theta}^{\theta_1} V_{qs}^r \cdot d\theta \end{bmatrix} \\ &= \frac{1}{2 \cdot \theta_1} \cdot \begin{bmatrix} V_{ds}^{r*} \cdot (\sin\theta_1 + \sin\theta_1) - V_{qs}^{r*} \cdot (\cos\theta_1 - \cos\theta_1) \\ V_{ds}^{r*} \cdot (\cos\theta_1 - \cos\theta_1) + V_{qs}^{r*} \cdot (\sin\theta_1 + \sin\theta_1) \end{bmatrix}. \\ &= \frac{\sin\theta_1}{\theta_1} \cdot \begin{bmatrix} V_{ds}^{r*} \\ V_{qs}^{r*} \end{bmatrix} \end{aligned} \tag{7-50}$$

식 (7-48), (7-49), (7-50)을 이용하여 전류의 평균치는 다음과 같이 나타내어진다.

$$\begin{aligned} \begin{bmatrix} \langle i_{ds}^r \rangle \\ \langle i_{qs}^r \rangle \end{bmatrix} &= \begin{bmatrix} R_s & -\omega_r \cdot L_q \\ \omega_r \cdot L_d & R_s \end{bmatrix}^{-1} \cdot \left(\begin{bmatrix} \langle V_{ds}^r \rangle \\ \langle V_{qs}^r \rangle \end{bmatrix} - \begin{bmatrix} 0 & 0 \\ \omega_r & 0 \end{bmatrix} \cdot \begin{bmatrix} \lambda_f \\ 0 \end{bmatrix} \right) \\ &= \frac{1}{R_s^2 + \omega_r^2 \cdot L_d \cdot L_q} \cdot \begin{bmatrix} R_s & \omega_r \cdot L_q \\ -\omega_r \cdot L_d & R_s \end{bmatrix} \quad . \\ &\quad \cdot \left(\frac{2}{\omega_r \cdot T_{samp}} \cdot \sin\left(\frac{\omega_r \cdot T_{samp}}{2} \right) \cdot \begin{bmatrix} V_{ds}^{r*} \\ V_{qs}^{r*} \end{bmatrix} - \begin{bmatrix} 0 & 0 \\ \omega_r & 0 \end{bmatrix} \cdot \begin{bmatrix} \lambda_f \\ 0 \end{bmatrix} \right) \end{aligned} \tag{7-51}$$

이를 계산하면 아래와 같이 표시 할 수 있다.

$$\begin{aligned} \langle i_{ds}^r \rangle &= a_1 \cdot i_{ds\_samp}^r + a_2 \cdot v_{ds}^{r*} + a_3 \cdot v_{qs}^{r*} + a_4 \cdot \omega_r \cdot \lambda_f \\ \langle i_{qs}^r \rangle &= b_1 \cdot i_{qs\_samp}^r + b_2 \cdot v_{ds}^{r*} + b_3 \cdot v_{qs}^{r*} + b_4 \cdot \omega_r \cdot \lambda_f \end{aligned} . \tag{7-52}$$

$R_s << \omega_r \cdot L_d$, $R_s << \omega_r \cdot L_q$ 의 가정을 이용하면 식 (7-52)의 식에서 각항의 계수들은 아래와 같이 근사적으로 표시 될 수 있다.

$$a_1 = \alpha \cdot \frac{1}{\cos\theta_1},\ a_2 = 0,\ a_3 = \frac{1}{\omega_r \cdot L_d} \cdot \left(\alpha - \frac{1}{\cos\theta_1}\right),\ a_4 = \frac{1}{\omega_r \cdot L_d} \cdot \left(\alpha \cdot \frac{1}{\cos\theta_1} - 1\right),$$

$$b_1 = \alpha \cdot \frac{1}{\cos\theta_1},\ b_2 = -\frac{1}{\omega_r \cdot L_q} \cdot \left(\alpha - \frac{1}{\cos\theta_1}\right),\ b_3 = 0,\ b_4 = 0.$$

여기서 $\alpha = \dfrac{\sin\theta_1}{\theta_1}$ 이다.

따라서 식 (7-52)를 이용하여 실시간으로 샘플링 된 전류로 부터 그 구간의 평균 전류를 계산할 수 있다.

연습문제(Exercises)

01 <그림 7.1>과 같은 인버터에서 각 상 아래쪽 IGBT와 위쪽 IGBT는 3μs의 데드타임이 있다. IGBT와 다이오드의 스위칭 시간은 무시할 수 있으며 데드타임은 아래 그림과 같이 정확한 스위칭 시점으로부터 전후 1.5μs로 설정되었다.

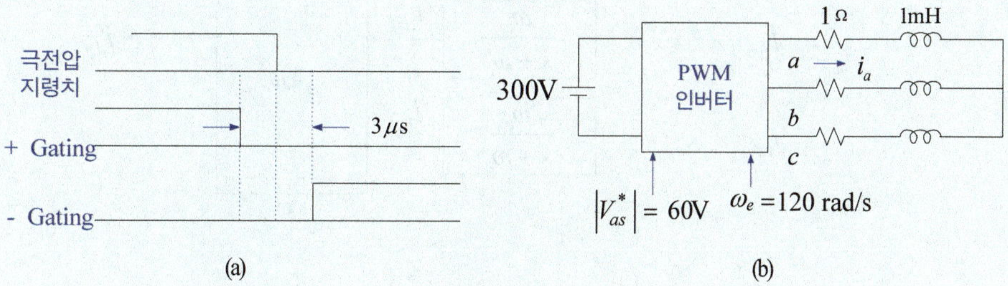

그림 p7.1 (a) 극전압(Pole Voltage) 지령치(Reference)와 데드타임을 고려하여 설정된 게이팅 신호
(b) R–L 직렬 부하를 구동하는 PWM 인버터

그림과 같이 인버터가 상전압 최대치 60V, 출력 주파수 60Hz의 대칭 3상 전압을 Y 결선된 $R = 1\Omega$, $L = 1\text{mH}$ 인 3상 $R-L$ 직렬 부하에 공급하려고 한다. 인버터의 스위칭 주파수는 10kHz이고 입력 직류 전압은 300V로 일정하다. IGBT와 다이오드는 전압 강하가 없는 이상적인 소자라고 생각한다. 다음 질문에 답하라(참고문헌 [16]).

1) 만약 데드타임이 없는 경우라면 A상 전류의 크기와, 상전압 기본파와 상 전류 기본파의 위상차로 측정되는 역률(Displacement Power Factor)은 얼마인가?

2) 3μs의 데드타임으로 인하여 발생되는 오차 전압의 기본파(60Hz 성분)의 크기는 얼마인가?

3) 실제로 출력되는 상전압의 기본파의 크기는 얼마이며 원래 출력하려던 A상 지령치와의 위상차는 얼마인가?

02 <그림 7.3>의 회로에서 각 스위치의 기생 캐패시턴스의 값이 3nF이고 스위치와 다이오드의 스위칭 시간 및 전압 강하는 무시할 수 있다고 했을 때 다음 질문에 답하라.

$T_{dead} = 3\mu s$ 이고 $V_d = 300\text{V}$ 이다.
상전류 값이 –2A인 순간 $(t = 0s)$ 아래쪽 스위치가 꺼졌다.

1) $t = 0 \sim 3\mu s$ 동안 상전류와 극(Pole)전압을 동시에 도시하라.

2) 전압 왜곡을 보상할 수 있는 보상 시간, T_c, 를 구하라.

3) 1), 2)를 상전류 값이 -0.5A인 경우에 대해 반복하라.

03 아래 그림과 같은 상전류 측정 시스템에서 디지털 샘플링 시 주파수 중복 현상(Aliasing)을 방지하기 위하여 차단 각주파수가 ω_c 인 1차 저역 통과 필터(Low Pass Filter)를 부착하였다. 상전류 기본파의 각주파수는 ω_e 이고 동기 좌표계에서의 전류 제어를 위하여 측정된 전류는 동기 좌표계의 값으로 변환되었다. 전류 측정에 있어, 샘플링 과정의 저역 통과 필터를 제외하고는 모두 측정이 이상적인 것으로 가정한다(참고문헌 [10]).

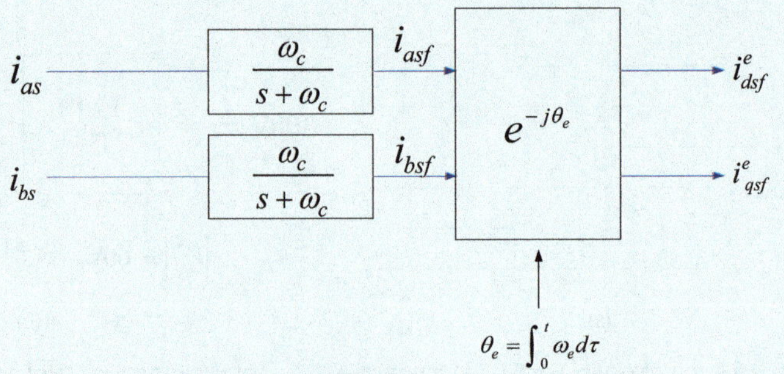

그림 p7.2 저역 통과 필터를 고려한 전류 측정 시스템

1) 필터가 없을 경우의 이상적인 i^e_{ds}, i^e_{qs} 와 필터가 있을 때의 i^e_{dsf}, i^e_{qsf} 의 관계식을 아래와 같은 행렬(Matrix)식으로 표시하라.

$$\begin{bmatrix} i^e_{dsf} \\ i^e_{qsf} \end{bmatrix} = \begin{bmatrix} a_{11} & a_{12} \\ a_{21} & a_{22} \end{bmatrix} \begin{bmatrix} i^e_{ds} \\ i^e_{qs} \end{bmatrix}$$

2) 필터의 차단 각주파수 $\omega_c = 1000\pi(\text{rad/s})$ 이고 동기각주파수 $\omega_e = 120\pi(\text{rad/s})$ 일 때 전류 제어기의 주파수 대역폭을 $\omega_{cc} = 500\pi(\text{rad/s})$ 로 설정하였다. ω_{cc} 에서 주어진 저역 통과 필터의 동기 좌표계에서의 감쇠율, $\left|\frac{i^e_{dsf}}{i^e_{ds}}\right| = |a_{11}|$, 과 상호 교차항(Cross Coupling Term)의 크기, $|a_{12}| = |a_{21}|$, 을 구하라.

3) 이러한 전류 측정 시스템을 전동기 벡터 제어 시스템에 적용하였을 때 a_{12}, a_{21} 이 제어 성능에 미치는 영향을 벡터 제어의 관점에서 설명하라.

04 3상 대칭 공간 벡터 PWM을 이용하여 다음의 3상 $R-L$ 직렬 부하를 PWM 인버터로 구동하고 있다. $R = 1\Omega$, $L = 1\text{mH}$ 이고 인버터의 직류 입력 전압은 300V, 스위칭 주파수는 5kHz이다. 출력 상전압 지령치는 아래와 같다.

$$V_{as}^* = 100\cos(200\pi t) \quad [\mathrm{V}]$$

$$V_{bs}^* = 100\cos\left(200\pi t - \frac{2\pi}{3}\right) \quad [\mathrm{V}]$$

$$V_{cs}^* = 100\cos\left(200\pi t + \frac{2\pi}{3}\right) \quad [\mathrm{V}]$$

인버터의 모든 스위치는 이상적(Ideal)이라고 가정한다.

$t = 0 \sim 20\mathrm{ms}$ 동안 아래 경우를 컴퓨터를 이용하여 모의(Simulation)하라.

1) PWM 발생을 위한 반송파인 삼각파의 각 꼭지점들(Peak and Valley)에서 A상 전류를 샘플링하고 이를 실제 A상 전류와 함께 도시하라.

2) A상 전류를 다음과 같은 2차 저역 통과 필터를 거친 후 1)과 같이 샘플링하고 이를 실제 A상 전류와 함께 도시하라.

$$i_{as} \rightarrow \boxed{\frac{(20000\pi)^2}{s^2 + 40000\pi s + (20000\pi)^2}} \rightarrow i_{asf}$$

그림 p7.3 2차 저역 통과 필터(2nd Order Low Pass Filter)

3) i_{asf} 를 삼각파의 각 꼭지점들에서 식 (7-16)에서 계산된 T_{delay} 만큼 지연시켜 샘플링한 후 이를 실제 A상 전류와 함께 도시하라. 이 때 식 (7-16)의 $\tau_1 = 0$ 이라고 가정한다

05 <그림 7.18>의 대칭 3상 교류 전류 제어기에서 $L = 5\mathrm{mH}$, $R = 0.5\Omega$ 이며 전류 제어기의 제어 대역폭은 100Hz이다. 제어기 이득은 4.2.5절의 식 (4-23)에 의해 설정되었다. 여기서 $R_{active} = 0\Omega$ 으로 두고, 샘플링 주기 T_{samp} 는 $300\,\mu\mathrm{s}$ 이다(참고문헌 [13]).

1) 신호 처리에 의한 지연 $1.5T_{samp}$ 를 고려하지 않았을 때 $\frac{i_{dqs}^e}{i_{dqs}^{e*}}$ 의 전달 함수의 극점(Pole)을 $\omega_e = 60\pi$, 600π 에서 각각 구하라.

2) 신호 처리로 인하여 제어기 출력, $\mathbf{V}_{dqs}^{e*}$,가 다음과 같이 변형되어 제어 대상(Plant)에 전달된다고 했을 때 1)을 반복하라.

$$\mathbf{V}_{dqs}^{s*} = \frac{2}{\omega_e T_{samp}} \sin\left(\frac{\omega_e T_{samp}}{2}\right) e^{j(1.5T_{samp}\omega_e)} \cdot e^{j\theta_e} \mathbf{V}_{dqs}^{e*}$$

1), 2)의 결과를 분석하여 신호 처리에 의한 신호 지연이 전류 제어 시스템에 미치는 영향을 언급하라.

06 1) 식 (7-23)과 식 (7-24)를 유도하라(참고문헌 [12]).

2) 5장의 연습문제 17번에서 주어진 전동기와 제어 기법을 이용하여 유도 전동기를 속도 제어하고자 한다. 전동기의 속도 명령은 아래와 같다. 속도 제어기의 제어 대역폭은 20Hz이다. 속도 제어기는 비례 적분 제어기이고 속도 제어기의 출력인 토크 지령은 정격 값의 150%로 제한되며 전동기와 부하의 마찰 토크와 부하 토크는 무시한다. 전동기의 제정수는 5장 연습문제 17번과 같으나 부하와 전동기의 관성의 합은 전동기 자체 관성의 4배이다. 모든 제어기는 연속 시간 영역에서 설계된다.

$$t = 0 \sim 1\mathrm{s} \qquad \omega_{rm}^* = 0(\mathrm{r/min})$$
$$t \ge 1\mathrm{s} \qquad \omega_{rm}^* = 600(\mathrm{r/min})$$

상전류는 A상과 B상만을 측정하고 C상 전류 값은 식 (7-15)에 의해 구한다. 전류 측정 시 전동기의 정격 상전류 실효 값(RMS)의 4%의 백색 잡음(White Noise, $\eta_i(t)$)이 포함되는 것으로 가정하라. 잡음의 샘플링 주기는 100μs이다. 또 측정된 전류는 정격 상전류 실효 값의 1%의 옵셋(Offset, $\delta i_{as}, \delta i_{bs}$) 값을 가진다고 가정한다. 또한 A상과 B상은 서로 1%의 스케일 차를 가진다. 즉 측정 전류와 실제 전류는 다음의 관계식을 가진다.

$$i_{as\_AD} = i_{as} + \delta i_{as} + \eta_i(t)$$
$$i_{bs\_AD} = \left(i_{bs} + \delta i_{bs} + \eta_i(t)\right)/0.99$$

가) $t = 0 \sim 5\mathrm{s}$ 동안 전동기 속도 $\omega_{rm}(\mathrm{r/min})$, 속도 제어기 출력 $T_e^*(\mathrm{N\text{-}m})$, 전동기 발생 토크 $T_e(\mathrm{N\text{-}m})$, d축 회전자 자속 $\lambda_{dr}^e(\mathrm{Wb\text{-}t})$, d-q축 기준 전류 $i_{ds}^{e*}(A)$, $i_{qs}^{e*}(A)$, d-q축 측정 전류 $i_{ds\_AD}^{e*}(A)$, $i_{qs\_AD}^{e*}(A)$, d-q축 실제 전류 $i_{ds}^e(A)$, $i_{qs}^e(A)$ 를 도시하라.

나) $t = 3 \sim 5\mathrm{s}$ 동안 주파수 분석(Fast Fourier Transform, FFT)을 통하여, 전동기 속도 $\omega_{rm}(\mathrm{r/min})$, 속도 제어기 출력 $T_e^*(\mathrm{N\text{-}m})$, 전동기 발생 토크 $T_e^*(\mathrm{N\text{-}m})$, d축 회전자 자속 $\lambda_{dr}^e(\mathrm{Wb\text{-}t})$, d-q축 기준 전류 $i_{ds}^{e*}(A)$, $i_{qs}^{e*}(A)$, d-q축 측정 전류 $i_{ds\_AD}^{e*}(A)$, $i_{qs\_AD}^{e*}(A)$, d-q축 실제 전류 $i_{ds}^e(A)$, $i_{qs}^e(A)$ 의 0~50Hz 사이에서 주파수 성분의 크기를 도시하라.

참고문헌(References)

[1] J. W. Choi and etc, "*Inverter Output Voltage Synthesis Using Novel Dead Time Compensation,*" IEEE Trans. on Power Elec., Vol. 11, No. 2, March, 1996, pp.221-227.

[2] Y. Murai and etc, "*PWM Strategy for High Frequency Carrier Inverters Eliminating Current-Clamps during Switching Dead-Time,*" Conf. Rec. of IEEE Industry Applications Society Annual Meeting, 1992, pp.317-322.

[3] J.S. Kim and etc, "*Analysis and Compensation of Voltage Distortion by Zero Current Clamping in Voltage-Fed PWM Inverter,*" Conf. Rec. of IPEC-Yokohama, 1995, pp.265-270.

[4] H.M. Ryu and etc, "*Compensation of Voltage Distortion in PWM-VSI by Prediction of Stator Currents at Switching Point ,*" Conf. Record, IAS, IEEJ, Vol. 3, 1999, pp.87-90.

[5] Y. S. Park and etc, "*A Novel Method Utilizing Trapezoidal Voltage to Compensate for Inverter Nonlinearity,*" IEEE Trans. on Power Electronics, Vol. 27, 2012, pp.4837-4846.

[6] Y. S. Park and etc, "*Implementation Schemes to Compensate for Inverter Nonlinearity Based on Trapezoidal Voltage,*" IEEE Trans. on Ind. Appl., Vol. 50, 2014, pp.1066-1073.

[7] T. M. Rowan and etc, "*A New Synchronous Current Regulator and an Analysis of Current-regulated PWM Inverters,*" IEEE Trans. on Ind. Appl., Vol. 22, 1986, pp.678-690.

[8] Y.Yamamoto and etc, "*Digital Current Control Method of Induction Motor Using Synchronous Current Detection with PWM Signals,*" Trans. on IEE-Japan, Vol. 112-D, No. 7, 1992(in Japanese), pp.613-622.

[9] V. Blasko and etc, "*Sampling of Discontinuous Voltage and Current Signals in Electrical Drives – a System Approach,*" IEEE Trans. on Ind. Appl., Vol. 34, No. 5, Sept./Oct., 1998, pp.1123-1130.

[10] R.B.Sepe and etc, "*Implementation of Discrete-Time Field-Oriented Current Control,*" IEEE Trans. on Ind. Appl., Vol. 30, No. 3, 1994, pp.723-727.

[11] S.H. Song and etc,"*Current Measurements in Digitally Controlled AC Drives,*" IEEE Industry Applications Magazine, July/August, 2000, pp.51-62.

[12] D.W.Chung and etc,, "*Analysis and Compensation of Current Measurement Error in Vector-Controlled AC Motor Drives,*" IEEE Trans. on Ind. Appl., Vol. 34, No. 2, 1998, pp.340-345.

[13] B.H. Bae and etc, "*A Compensation Method for Time Delay of Full Digital Synchronous Frame Current Regulator of PWM ac Drives,*" IEEE Trans. on Ind. Appl., Vol. 39, No. 3, 2003, pp.802-810.

[14] 임정식, "*고속 전동기 구동용 전류 제어 시스템의 안정도 및 샘플링 오차 개선,*" 박사 학위논문, 서울대학교, 2009. 2.

[15] J.S. Yim and etc, "*Control Issues of High Pole Count Machines at High Speed Operation*," Conf. Rec. of 2007 IEEE Industry Applications Society Annual Meeting.

[16] Y. Murai and etc, "*Waveform Distortion and Correction Circuit for PWM Inverters with Switching Lag-Times*," IEEE Trans. on Ind. Appl., Vol. 23, No. 5, Sept./Oct., 1987, pp.881-886.

A 기준 값(Per Unit)에 의한 제정수의 환산 : 단위법

변압기, 직류기, 전력 변환기를 포함하는 전기기기에서 등가 회로의 제정수, 정격 전류, 정격 전압, 정격 속도 등을 MKS단위의 값으로 표시할 경우 기기의 크기와 동작 전압, 동작 주파수에 따라 큰 차이가 있으므로 크기와 동작 조건이 다른 기기의 특성을 비교하는 데 있어 큰 의미를 갖지 못한다. 예를 들어 2kW, 440V의 직류 전동기의 전기자 권선 저항이 6.28 Ω 이라 할 때, 이 값이 110kW, 220V 전동기의 권선 저항 0.1027 Ω 에 비해 상대적으로 얼마나 큰 것인지는 그 절대 값에 의한 비교(약 60배의 차이)로는 알 수 없다. 또한 어떤 제어 시스템이 여러 가지의 전압과 정격 전력 용량이 다른 전기기기들로 구성되어 있을 때 전체 시스템을 통일적으로 해석하는 데 있어 MKS 단위계의 절대적인 값들은 시스템의 각 요소 기기가 전체에 미치는 영향을 파악하는 데 있어 매우 불편하다. 이러한 문제점들을 해결하고자 전기기기의 제정수를 정격 전압 또는 정격 출력에 관계없이 특정 전압, 특정 출력을 기준으로 환산하여 표시하는 방법을 기준 값(Per Unit)에 의한 표시 또는 단위법에 의한 표시라고 한다. 단일 기기의 경우 대개 정격 상전압(Phase Voltage) 실효치(rms), 출력 전력 또는 정격 입력 용량이 기준으로 사용된다. 통상 여러 개의 전기기기를 포함하는 전력 계통(Power System)의 해석에 있어서는 수전단(Receiving Terminal)의 용량(VA)을 기준 전력, S_B, 로, 수전단의 상전압 실효치를 기준 전압, V_B,로 하여 제정수들을 환산한다. 전동기, 발전기 등의 전기기계에 있어서는 정격 출력(W)을 기준 출력. P_B,로 정격 상 전압 실효치를 기준 전압, V_B,로 하여 제정수를 환산한다. P_B 또는 S_B 와 V_B 로부터 기준 전류 I_B 는 아래 수식과 같이 구해지고 기준 임피던스 Z_B 는 식 (A-2)와 같이 계산될 수 있다.

$$I_B = \frac{P_B}{m \cdot V_B} \text{ 또는 } I_B = \frac{S_B}{m \cdot V_B}. \quad \text{(A-1)}$$

여기서 m은 전원의 상수(Number of Phase)이다. 즉, 직류기 또는 단상 교류기의 경우 $m=1$이며 3상 교류기의 경우는 $m=3$이다.

$$Z_B = \frac{V_B}{I_B}. \quad \text{(A-2)}$$

직류기의 전기자 권선 저항을 기준 값으로 표현할 경우,

$$R_{a\,p \cdot u} = \frac{R_a}{Z_B}. \quad \text{(A-3)}$$

이 된다.

교류기의 경우 전원의 정격 각주파수(Angular Frequency, rad/s)를 기준 각주파수 ,ω_B, 로 교류기의 리액턴스 값은(ωL_s)은 기준 값으로 아래와 같이 표시된다.

$$X_{s\,p \cdot u} = \frac{\omega_B \cdot L_s}{Z_B}. \quad \text{(A-4)}$$

또한 교류 전기 기계의 기준 토크 T_B 값은 아래 수식과 같이 표시될 수 있다.

$$T_B = \frac{P_B}{\frac{2}{P} \cdot \omega_B}. \quad \text{(A-5)}$$

여기서 P는 전기기계의 극수(Number of Pole)이다. 따라서 실제 토크, T_e, 를 기준 값으로 표시하면 다음과 같다.

$$T_{e\,p \cdot u} = \frac{T_e}{T_B}. \quad \text{(A-6)}$$

이와 유사하게 전력변환기, 변압기등도 기준값으로 표시할 수 있다. 이러한 단위법에 의한 표현 방법은 전기기기의 물리적 특성을 비교하는데 있어 매우 유용하게 사용될 수 있다.

B 전기기기 제정수(Parameters)의 측정 및 추정(Estimation)

앞 장들에서 토의된 전기기기 제어 이론을 실제로 적용하여 제어기의 이득(Gain), 각종 제한 값(Limiting Value), 기준 값(Reference Value), 전향 보상치(Feed-Forwarding Value) 등의 제어 값들을 결정하려면 제어 대상 전기기기의 제정수(Parameters)들을 알아야 할 필요가 있다. 유도기 또는 동기기의 등가 회로 정수는 구속 시험(Locked Rotor Test), 무부하 시험(No Load Test) 등을 통하여 구할 수 있으나 이러한 시험으로 얻은 회로 정수는 전동기의 실제적인 동작 상태(Operating Condition)에서 얻은 값이 아니므로 전기기기의 제어를 위한 회로 정수로 사용하기에는 오차가 크다. 또한 제어 대상 전기기기의 설계 자료나 성능 시험(Performance Test) 결과로부터 등가 회로 정수를 구할 수도 있으나, 이러한 자료나 시험 결과는 손쉽게 얻을 수 없다. 또 속도 제어기, 전압 제어기 등의 이득 및 전향 보상항 설정을 위해서는 기계적 제정수와 전력 변환기 내부의 인덕턴스, 캐패시턴스 값 등이 필요하다. 본 장에서는 유도 전동기 또는 동기 전동기와 이를 구동하는 전력 변환기를 포함하는 여러 전기기기의 제정수를 결정하는 실제적인 방법을 기술하고자 한다.

B.1 직류 전동기 제정수의 결정

B.1.1 전기자 권선 저항, R_a

소형 직류기의 경우 전기자 권선 저항은 저항계를 통하여 측정할 수 있다. 이 경우 회전자를 회전시키면서 여러 위치에서 저항을 측정하고 그 평균치를 이용하는 것이 비교적 정확한 전기자 권선 저항을 얻는 방법이다. 그러나 이 경우에서 브러쉬와 정류자의 접촉 저항에 의한 오차는 피할 수 없다. 수 kW 이상의 중, 대형 전동기의 경우 전기자 저항이 작아서 정류자 접촉 저항에 의한 오차가 커지며, 또한 전기자 권선의 저항값 그 자체가 작으므로 통상의 저항계에 의한 측정은 매우 어렵다. 이 경우에는 전기자에 일정 직류 전류를 흘리고 전기자를 서서히 회전시키면서 (회전에 의한 역기전력 값이 전기자 권선 저항에 의한 전압 강하에 비해 무시할 만큼 작도록) 전기자 회로에 인가되는 전압을 전류로 나누어 전기자 저항을 계산할 수 있다.

B.1.2 전기자 인덕턴스, L_a

전기자 인덕턴스는 계자 전류를 원하는 크기(정격 계자 값)로 흘리면서 전기자 전압을 계단적으로 인가할 때 전기자 전류의 변화를 관찰함으로써 추정할 수 있다. 전기자 전압을 계단적으로 바꾸는 순간의 전류의 기울기는 계단 전압의 크기를 인덕턴스로 나눈 값이다.

이 경우 전기자 인덕턴스는 <그림 B.1>의 i_{ao} 값에 의해 영향을 받으므로 정격 전류 이내의 범위에서 i_{ao} 를 변경시키면서 같은 실험을 반복하면 i_{ao} 에 따른 L_a 의 변화 역시 파악할 수 있다. 이 때 계자전류 값을 줄이면서 같은 실험을 반복할 경우 계자 자속의 변동에 따른 전기자 인덕턴스의 변화도 측정할 수 있다.

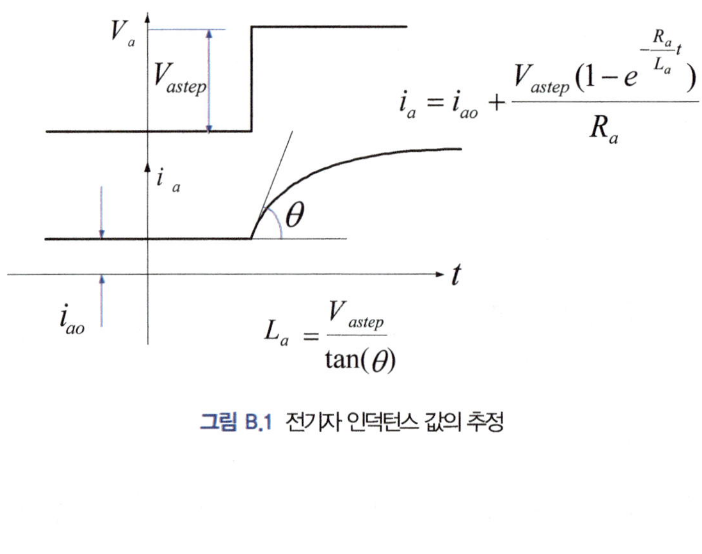

그림 B.1 전기자 인덕턴스 값의 추정

B.1.3 계자 저항, R_f

계자 저항은 정격 출력 수십 kW 이하, 정격 계자 전압 수백 V 급의 중, 소형기의 경우 저항계를 이용하면 손쉽게 측정할 수 있으며 대형기의 경우 또는 저전압(Low Voltage) 기계의 경우 일정 계자 전류를 흘리면서 계자 권선에 인가되는 전압을 측정하여 계자 저항을 계산 할 수 있다. 이 때 계자 권선의 발열로 저항 값이 바뀌는 것에 유의하여야 한다.

B.1.4 계자 인덕턴스, L_f

계자 인덕턴스는 전기자 인덕턴스와 같은 방법으로 추정할 수 있다. 이 경우 계자 인덕턴스는 자기포화(Magnetic Saturation) 현상에 의해 계자 전류, i_{fo}, 값에 따라 큰 차이를 보일 수 있으므로 여러 크기의 계자 전류 값에 대해 계자 인덕턴스, L_f, 를 추정할 필요가 있다.

B.1.5 토크 상수 $K = K_T \lambda_f$ 의 결정

MKS 단위계에서 식 (2-19), (2-20)의 K_e 와 K_T 는 같다. 따라서 식 (2-25), (2-26)의 상수 K 값은 역기전력으로부터 구할 수 있다. 일정한 계자 전류, i_{fo}, 를 흘리면서 전동기를 회전시킬 때 무부하 시 전기자 단자(Terminal)에 나타나는 전압을 측정함으로써 추정될 수 있다. 이때 브러쉬 전압 강하에 대한 오차를 줄이기 위해서 충분히 큰 속도(정격 속도의 1/2 이상)에서 단자 전압을 측정한다. 여러 속도에서 측정한 값을 평균함으로써 측정의 정밀도를 향상시킬 수 있다. 통상 자기포화에 의해 계자 전류, i_{f0}, 에 따라 λ_f 의 크기가 비선형적(Nonlinear)으로 바뀌므로 여러 i_{f0} 에 대해서 K 를 구하면 i_f 에 따른 λ_f 의 비선형적인 관계를 알 수 있다.

K 를 구하는 또 다른 방법은 <그림 4.12>의 제어 블록도에서 역기전력의 추정치, $\hat{e}$, 를 전향 보상(Feed Forward)할 때 $\hat{e} = K\omega_{rm}$ 으로 주어지므로 <그림 4.12>에 표시된 역기전력 전향 보상 제어를 여러 다른 속도에서 행하였을 때, 서로 다른 회전 속도에서 같은 전류명령 i_a^* 에 대해 전류 제어를 위한 비례 적분 제어기 출력, V_a, 가 같은 값을 가지도록 K를 조정하는 것이다. 이러한 방법은 제어기를 이용하여 K 값을 결정할 수

있어 별도의 측정 장치 없이 전류 제어기가 포함된 직류 전동기 속도 제어 시스템에서 손쉽게 구현될 수 있다.

또 다른 방법으로는, 전동기의 명판(Name Plate) 값으로부터 K를 구할 수도 있다. 전동기의 명판(Nameplate)에는 통상 정격 속도, 정격 출력, 정격 전기자 전압, 정격 계자 전류, 정격 전기자 전류 값이 표시되어 있다. 이러한 값들과 함께 전기자 권선 저항, R_a, 값을 측정하여 알고 있다면 다음과 같이 토크 상수(=역기전력 상수), K, 를 비교적 정확하게 추정할 수 있다. 단 이때의 역기전력 상수는 정격 계자 전류 조건에서의 값이다. 식 (2-10)에 명판에서 얻은 정격 전기자 전압과 정격 전기자 전류를 대입하면 정격 운전 상태에서 역기전력, e, 를 구할 수 있다. 얻어진 역기전력 값을 식 (2-9)에 대입하면 $K(=K_e\lambda_f)$ 값을 구할 수 있다. 이때 구한 K 값을 K_1이라 두자. 또한 명판에서 얻은 정격 출력을 정격 속도로 나눔으로써 정격 토크를 계산할 수 있고 계산된 정격 토크를 식 (2-11)에 대입하면 정격 전류 시 $K(=K_T\lambda_f)$ 를 얻을 수 있다. 이렇게 구한 K를 K_2라 두자. 이와 같이 계산하면 통상 $K_1 > K_2$가 성립한다. 그 이유는 다음과 같이 설명될 수 있다. 식 (2-10)은 식 (2-3)에서 브러쉬의 전압 강하를 무시하고 정상 상태만을 고려한 것이다. 만약 브러쉬 전압 강하를 고려하면 K_1 값은 약간 줄어들게 된다. 즉 K_1 값은 실제 K 값보다 약간 큰 값이다. 또한 K_2 계산에서 기계적 출력은 축 출력에서 회전자 자체의 풍손, 마찰손 등을 뺀 출력이므로 실제 전동기가 식 (2-11)에서 발생시켜야 할 토크는 마찰, 풍손을 위한 토크를 포함하여야 하므로 K_2 값은 약간 늘어나게 된다. 즉 K_2 값은 실제 K 값보다 작게 된다. 따라서 정확한 K 값은 K_1과 K_2사이의 값이므로 K_1과 K_2의 평균치를 K 값으로 결정하면 비교적 정확한 K 값을 얻을 수 있다.

B.2 유도 전동기 벡터 제어를 위한 정격 λ_{dr}^e 값과 L_m 값을 구하는 방법

유도 전동기에 회전자 자속 기준 벡터 제어가 행하여지는 경우$\left(\lambda_{qr}^e = 0\right)$에는 4.2.5.2절에서 유도한 바와 같이 다음과 같은 고정자 전압 방정식을 얻을 수 있다.

$$V_{ds}^e = (R_s + R_r \frac{L_m^2}{L_r^2}) i_{ds}^e + \sigma L_s \frac{di_{ds}^e}{dt} - \omega_e \sigma L_s i_{qs}^e - R_r \frac{L_m}{L_r^2} \lambda_{dr}^e$$
$$V_{qs}^e = (R_s + R_r \frac{L_m^2}{L_r^2}) i_{qs}^e + \sigma L_s \frac{di_{qs}^e}{dt} + \omega_e \sigma L_s i_{ds}^e + \omega_r \frac{L_m}{L_r} \lambda_{dr}^e \quad \text{(B-1)}$$

또 여기서 $\sigma L_s i_{ds}^e = \left(L_s - \frac{L_m^2}{L_r}\right)\left(\frac{\lambda_{dr}^e}{L_m}\right) = \left(\frac{L_s}{L_m} - \frac{L_m}{L_r}\right)\lambda_{dr}^e \approx \frac{L_{ls} + L_{lr}}{L_m}\lambda_{dr}^e << \lambda_{dr}^e$, $\frac{L_m}{L_r} \approx 1$이고 무부하 운전 시 $\omega_r = \omega_e$ 이며 정격 속도 부근에서 $(R_s + R_r \frac{L_m^2}{L_r^2}) i_{qs}^e << \omega_r \frac{L_m}{L_r} \lambda_{dr}^e$ 이므로 식 (B-1)의 V_{qs}^e 에 관한 식은 정격 속도 부근의 무부하 정상상태(Steady State) 운전 시 다음과 같이 근사화될 수 있다.

$$V_{qs}^e \approx \omega_r \lambda_{dr}^e = \omega_e \lambda_{dr}^e \,. \quad \text{(B-2)}$$

무부하에서 정격 속도 부근 운전 시 $V_{ds}^e << V_{qs}^e$ 이고 따라서 상전압 최대(Peak) 값은 $V_s = \sqrt{V_{ds}^{e^2} + V_{qs}^{e^2}} \approx V_{qs}^e$ 가 된다. 그러므로 유도 전동기의 정격 선간 전압과 정격 전원 각주파수를 알면 정격 회전자 자속을 근사적으로 구할 수가 있다. 즉 정격 상 전압 최대 값을 정격 각주파수로 나누면 정격 회전자 자속 값을 구할 수 있다. 정확한 λ_{dr}^e 의 기준 값은 상전압 최대 값에서, 정격부하 시 고정자 임피던스에 의한 전압 강하 $\left(\sqrt{R_s^2 |I_s|^2 + (\omega_e \sigma L_s)^2 |I_s|^2}\right)$ 를 뺀 값을 $\omega_e \frac{L_m}{L_r}$ 로 나눈 것이다. 여기서 $|I_s|$ 는 정격 전류의 크기를 뜻한다.

예를 들어 정격 선간전압 220Vrms, 60Hz 유도기의 경우 회전자 기준 자속은 대개 $(\frac{\sqrt{2}}{\sqrt{3}} 220)/(60 * 2 * \pi) = 0.4765$Wb-t가 된다.

또한 $\lambda_{dr}^e = L_m i_{ds}^e$ 에서 상호(Mutual) 인덕턴스 $L_m = \lambda_{dr}^e / i_{ds}^e$ 이므로, 무부하 운전 시 상전류 최대(Peak) 값은 $i_s = \sqrt{i_{ds}^{e^2} + i_{qs}^{e^2}} = i_{ds}^e$ 가 되어 무부하 시 상전류를 측정하면 상호 인덕턴스 값을 추정할 수 있다.

B.3 교류 전기기계의 고정자 저항의 추정 (참고문헌 [1])

고정자 자속 추정, 전류 제어기 이득 설정을 위해서는 고정자 저항, R_s, 값을 정확하게 아는 것이 중요하다. 고정자 저항 값은 2.9.1절과 2.12.3절에 언급한 바와 같이 온도에 따라 바뀌며 특히 저속에서 고정자 저항의 변동은 교류 전동기 고정자 자속 추정에 큰 영향을 미치므로 교류 전동기를 센서리스 제어할 때에는 고정자 저항 값의 정확한 추정이 요구된다.

고정자 저항 값을 구하는 가장 손쉬운 방법은 직류기에서처럼 측정 계기를 사용하여 대상 전기기계의 선간 저항을 직접 측정하는 방법이 있다. 이 방법은 일반적으로 220V 또는 380V 정격 전압의 수마력 이상의 전동기의 경우 고정자 저항이 1Ω 미만인 것을 감안하면 측정 계기의 정밀도가 요구되는 문제점이 있다. 또 다른 방법으로는 직류 전원 공급 장치를 이용하여 전동기의 선간에 직류 전압을 인가한 후, 이때 흐르는 전류의 크기를 이용하여 고정자 권선 저항을 구하는 방법이 있다. 이 경우 역시 측정 계기의 정밀도가 문제가 된다. 인버터가 연결되어 있는 전동기 구동 시스템에서는 인버터를 이용하여 PWM으로 전동기에 전압을 인가하고, 이때의 전류 크기를 검출하여 고정자 저항을 추정할 수 있다. 이러한 경우에는 7.1절에서 언급한 인버터의 데드타임(Dead Time)과 스위칭 소자에 의한 전압 강하(Voltage Drop) 효과에 의해 나타나는 인버터의 비선형성(Nonlinearity)을 반드시 고려하여야 한다. 인버터 구동에 의해 발생되는 이러한 비선형 요소는 인버터 출력 전압을 왜곡시킨다.

전압 왜곡이 있는 시스템에서의 일정 직류 전류로 제어되는 전류 제어 시스템의 블록도가 <그림 B.2>에 나타나 있다. 여기서 V'^{s}_{dqs} 는 인버터의 비선형성에 의한 전압 왜곡을 나타내고 R_{ce} 는 도통 스위치의 온(ON) 상태 저항, R_d 는 환류 다이오드(Free Wheeling Diode)의 온 상태 저항을 표시한다. <그림 B.2>에서 실제 전류가 지령 전류를 잘 추종하고 있다면 기준 전압이 왜곡(Distortion)된 전압의 효과를 상쇄하기 위해 또 다시 왜곡됨을 알 수 있다. 전동기가 정지된 상태에서 정지 좌표계에서의 q축 전류 i^{s*}_{qs} 를 0으로 제어하면서 d축 지령 전류를 i^{s*}_{ds1} 으로 두면, 전류가 잘 제어되고 있는 정상상태에서의 d축 기준 전압은 다음과 같은 식으로 표시된다.

$$V^{s*}_{ds1} = R'_s\, i^{s*}_{ds1} - V'^{s}_{ds1} \tag{B–3}$$

다른 크기의 d축 지령 전류, i_{ds2}^{s*},에 대한 정상 상태 기준 전압은, 고정자 등가 저항과 인버터의 비선형성에 의해 왜곡 되는 전압이 흐르는 전류 크기와 무관하다는 가정 하에서, 다음과 같다.

$$V_{ds2}^{s*} = R_s' \, i_{ds2}^{s*} - V_{ds2}'^{s} \tag{B-4}$$

두 식을 연립하면 다음과 같이 전동기 등가 고정자 저항을 구할 수 있다. 여기서, R_s 는 전동기 자체의 고유 고정자 저항이고 R_s' 는 제어기에서 바라본 시스템 전체의 등가(Equivalent) 고정자 저항을 나타낸다.

$$R_s' = R_s + \frac{R_{ce} + R_d}{2} = \frac{V_{ds1}^{s*} - V_{ds2}^{s*}}{i_{ds1}^{s*} - i_{ds2}^{s*}}. \tag{B-5}$$

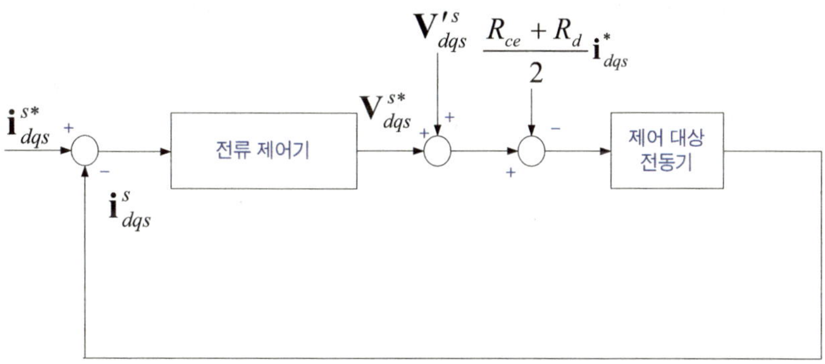

그림 B.2 전압 왜곡이 있는 교류 전동기 제어 시스템의 전류 제어 시스템

이상의 결과는 R_s'와 $\mathrm{V}_{dqs}'^{s}$ 은 전류의 함수가 아니라는 가정 하에 유도된 것이다. 따라서 7.1.5절에서 언급한 비선형성에의한 왜곡전압과 도통 전류의 상관관계가 없는 충분히 큰 전류(V_{sat}가 나타나는 전류보다 큰 전류)가 되도록i_{ds1}^{s*}, i_{ds2}^{s*} 을 설정해야한다.. 따라서 인가 전류는 전동기 정격 전류 값 부근의 서로 다른 값을 택하는 것이 좋다. 또한 기준 전압을 구할 때는 반드시 정상 상태(Steady State)에서 기준 전압을 취해야 한다. 정상 상태가 아닐 때는 쇄교 자속의 변동에 의한 과도 상태(Transient State) 전압까지 함께 검출되기 때문이다. 자속 변동에 의한 전압은 유도기의 경우 회전자 시정수의 약 4배 이후의 시간이 흐른 다음에는 무시할 수 있으므로, 전류 기준치를 변경한 후 회전

자 시정수의 4배 이상의 충분한 시간이 경과한 후에 기준 전압을 검출하는 것이 좋다. 표면 부착형 영구자석 동기 전동기의 시정수는 L_s/R_s 로 결정된다. 정상 상태의 기준 전압은 전류 제어기에 의해서도 조금씩 변화되므로 정상 상태의 기준 전압을 여러 번 평균해서 사용하도록 한다. 이 경우 전류 제어기는 직류 전류를 제어하게 되므로 제어기 이득을 실제 운전 상황보다 낮게 설정하는 것이 측정 잡음에 강인한 결과를 얻는 방법이다. <그림 B.3>은 상술한 추정 방법을 유도 전동기에 적용했을 때 전동기 내부의 전류 경로를 나타낸다. 여기서 L_m, L_{ls}, 그리고 L_{lr}은 각각 상호 인덕턴스, 고정자 누설 인덕턴스, 회전자 누설 인덕턴스를 나타내고 R_r은 회전자 저항을 표시한다. 이때 흐르는 전류는 직류이므로 정상 상태에서 L_m 및 L_{ls}에 의한 전압 강하는 없다.

동기 전동기의 경우 역시 전동기가 정지해 있고 인버터가 직류 전류를 전동기에 주입하고 있으면 전압 강하는 인버터 내부 저항과 전동기 고정자 저항의 합으로 표시된다. 3상 교류 전동기에 일정 전류 I_{dc} 를 흘려 고정자 저항을 추정할 때는

$$i_a = I_{dc},\ i_b = -\frac{I_{dc}}{2},\ i_c = -\frac{I_{dc}}{2},\ \text{또}\ i_a = -\frac{I_{dc}}{2},\ i_b = I_{dc},\ i_c = -\frac{I_{dc}}{2},$$

또 $i_a = -\frac{I_{dc}}{2},\ i_b = -\frac{I_{dc}}{2},\ i_c = I_{dc}$, 또 $i_a = -I_{dc},\ i_b = \frac{I_{dc}}{2},\ i_c = \frac{I_{dc}}{2}$,

또 $i_a = \frac{I_{dc}}{2},\ i_b = -I_{dc},\ i_c = \frac{I_{dc}}{2}$, 또 $i_a = \frac{I_{dc}}{2},\ i_b = \frac{I_{dc}}{2},\ i_c = -I_{dc}$ 의 6가지로 전류를 흘려 얻은 고정자 저항 값들을 평균하여 최종적인 고정자 저항 값으로 정한다.

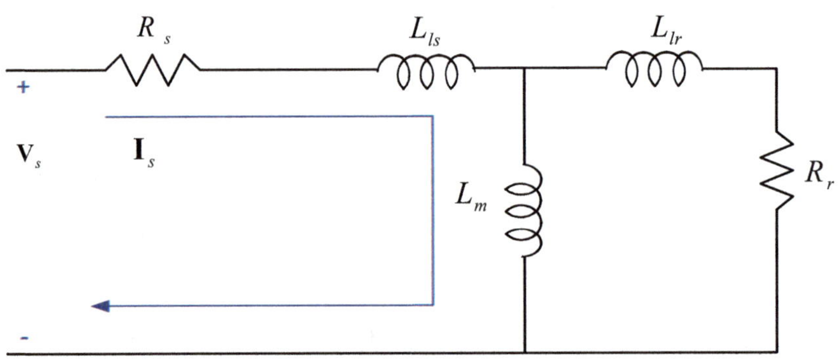

그림 B.3 고정자 저항 추정 시 유도 전동기 내부에서의 전류 경로

B.4 유도 전동기 제정수의 추정

B.4.1 고정자 과도 인덕턴스의 추정 (참고문헌 [2])

고정자 과도 인덕턴스 σL_s 는 고정자에서 바라본 유도기 누설 인덕턴스를 표시하고,

$$\sigma L_s = L_s - \frac{L_m^2}{L_r} \approx L_{ls} + L_{lr} , \tag{B-6}$$

와 같이 정의된다. 이는 근사적으로 고정자 누설 인덕턴스, L_{ls} , 와 회전자 누설 인덕턴스, L_{lr} , 의 합으로 표시된다. 2.12절에서 언급한 바와 같이 고정자 과도 인덕턴스는 주로 전동기에 인가된 전류의 크기에 의한 자기포화(Magnetic Saturation)와 인가되는 주파수에 의한 표피 효과(Skin Effect)에 따라 변동한다. σL_s 는 다음 식과 같이 측정 또는 추정된 고정자 쇄교 자속으로 부터 회전자 쇄교 자속을 계산하는 데 사용되므로 회전자 자속을 이용하는 회전자 자속 기준 직접 벡터 제어 및 고속 운전에서는 이에 대한 정확한 추정이 요구된다.

$$\lambda_{dqr}^s = \frac{L_r}{L_m}(\lambda_{dqs}^s - \sigma L_s \mathrm{i}_{dqs}^s) . \tag{B-7}$$

만약 σL_s 의 변동을 제어에 적절히 반영하지 않으면 회전자 쇄교 자속 추정에 오차가 발생하여 전동기 출력 토크에 진동(Oscillation)이 발생하고, 심한 경우에는 과전류(Over-current)에 의해서 시스템이 정지(Trip)하게 된다. 또한 유도기의 약자속 제어의 경우에는 5.4.4절에서 언급한 바와 같이 약자속 제어를 위한 기준 전류 및 기준 자속의 설정에 직접적인 영향을 미치므로 고속 운전의 성능을 향상시키기 위해서는 특히 이에 관한 보다 정확한 추정이 요구된다.

σL_s 를 간단히 추정하는 방법으로는 인버터를 이용하여 <그림 B.4>와 같이 전동기 A상의 입력단에 짧은 전압 펄스를 인가하는 방법이 주로 사용된다. 전압 펄스의 폭은 회전자 시정수의 1/10이하여야 한다.이 경우 전류는 <그림 B.5>와 같이 흐르므로 이에 대한 전압 방정식은 다음과 같다.

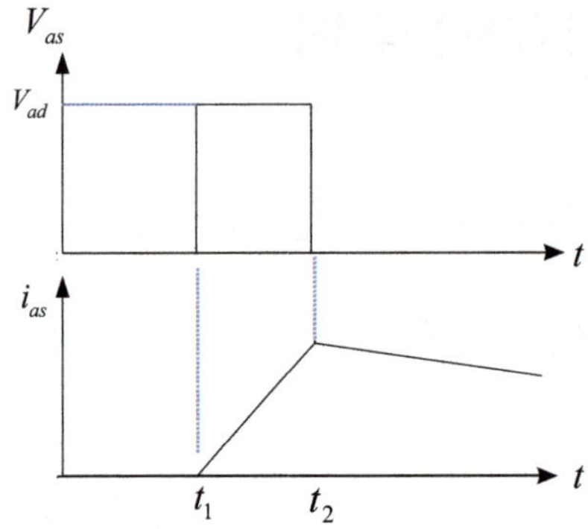

그림 B.4 유도 전동기 고정자 과도 인덕턴스 σL_s 의 추정

$$\begin{aligned} V_{as} &= (R_s + R_r)i_{as} + (L_{ls} + L_{lr})\frac{di_{as}}{dt} \\ &\approx (R_s + R_r)i_{as} + \sigma L_s \frac{di_{as}}{dt} \end{aligned} . \quad \text{(B-8)}$$

이때 전압의 대부분이 고정자 과도 인덕턴스, σL_s,에 인가되므로 다음과 같이 근사할 수 있다.

$$V_{as} \approx \sigma L_s \frac{di_{as}}{dt} . \quad \text{(B-9)}$$

따라서 <그림 B.4>와 같은 상황에서 σL_s 는 아래와 같이 구해진다.

$$\sigma L_s = V_{ad} \frac{t_2 - t_1}{i_{as}(t_2) - i_{as}(t_1)} \quad \text{(B-10)}$$

인가되는 전압은 <그림 5.8>과 같은 인버터 회로에서 임의의 스위칭에 의해 결정되고 그 크기 V_{ad} 는 직류단 전압이 V_d 이고 스위칭 함수 $S_a = 1,\ S_b = 0,\ S_c = 0$ 일 때 $\frac{2V_d}{3}$ 로 주어진다. 이때 흐르는 최대 전류, $i_{as}(t_2)$,는 과전류(Over Current) 검출 레벨(Level) 이하로 설정되어야 한다. 이러한 펄스(Pulse) 형태의 전압을 주입하여 <그림 B.4>와 같이 전류가 흐르면 표피 효과(Skin Effect)가 발생하여 실제 운전 상황보다 고정자 과도 인덕턴스가 적게 추정된다. 또한 실제 운전 상황에서는 일정하게 흐르는 부하 전류에 의해 σL_s가 자기포화(Magnetic Saturation)되므로 상술된 측정법으로 이러한 효과를 반영하는 데는 한계가 있다.

일반적으로 유도 전동기 상호(Mutual) 인덕턴스는 누설(Leakage) 인덕턴스의 10배 이상의 값을 가지므로 과도 상태(회전자 시정수 $\tau_r = \frac{L_r}{R_r}$ 에 비해 충분히 짧은 시간)에서는 고정자 입력 전류가 여자(Excitation) 회로로는 흐르지 않고 회전자를 통하여 <그림 B.5>와 같이 흐르게 된다. 따라서 고정자 과도 인덕턴스를 다른 정수의 영향과 무관하게 구하기 위해서는 입력 전압 또는 전류의 고주파 성분에 대한 정보를 이용하면 된다.

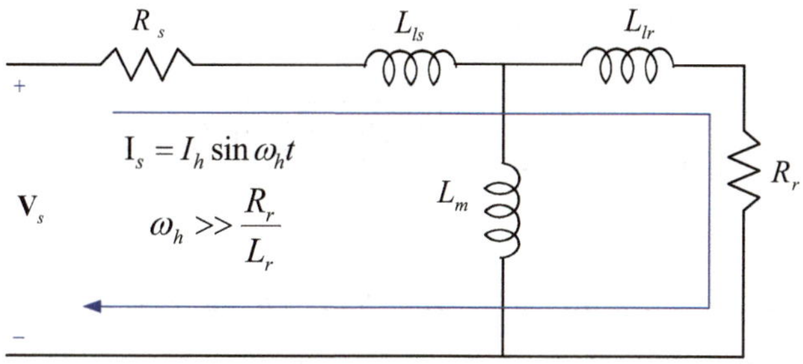

그림 B.5 고주파 성분에 전류에 대한 유도 전동기 내부의 전류 경로

이러한 원리를 이용하여, 유도기를 제어하고 있는 도중에 고정자 과도 인덕턴스의 변동을 실시간으로 보상하기 위하여 전류 또는 전압에 소량의 정현파를 주입하는 방법을 생각할 수 있다(참고문헌 [3]). 먼저 전류 주입법은 식 (B-11)과 같이 동기 좌표계 자속 성분 전류 지령에 정격 주파수의 수배~10배의 주파수 ω_h 를 갖는 소량의 정현파를 중첩하고 이러한 전류를 흘리기 위해 전류 제어기가 인가하는 전압 성분을 관찰한다. 자속 성분 전류 지령에 중첩된 고주파는 <그림 B.5>에서 알 수 있듯이 여자(Excitation) 회로로는 거의 흐르지 않기 때문에 자속의 변동을 유발하지 않고 따라서 전동기 토크 맥동을 유발하지 않는다.

$$i_{ds}^{e*} = I_d + \tilde{i}_{ds}^{e} = I_d + I_h \sin\omega_h t \ . \qquad \text{(B-11)}$$

여기서 I_d 는 정격 여자 전류(Excitation Current)이므로 주입되는 전류의 크기는 정격 전류의 수십 % 이내이다. 또한 I_h 는 I_d 의 수십 % 이내이므로 정격 전류 대비 I_h 는 10% 이내이다. '~'는 고주파 성분을 의미한다.

이에 따라 주입되는 고주파 성분에 대한 전동기 전압 방정식은 다음과 같이 표현된다.

$$\widetilde{V}_{ds}^e = (R_s + R_r)\widetilde{i}_{ds}^e + \omega_h(L_{ls} + L_{lr})I_h \cos\omega_h t \ . \quad \text{(B-12)}$$

식 (B-12)에서 저항 성분에 의한 전압 강하 항을 좌변의 인가 전압에서 뺀 후 양변을 제곱하면, 다음 식을 얻는다.

$$(\widetilde{V}_{ds}^e - (R_s + R_r)\widetilde{i}_{ds}^e)^2 = \omega_h^2 (L_{ls} + L_{lr})^2 I_h^2 \frac{1+\cos 2\omega_h t}{2} \ . \quad \text{(B-13)}$$

여기에 저역 통과 필터(Low Pass Filter, LPF)를 사용하여 직류 성분만을 추출하면 다음 식과 같이 σL_s 를 추정할 수 있다.

$$\sigma\hat{L}_s \approx L_{ls} + L_{lr} = \sqrt{\frac{2LPF[(\widetilde{V}_{ds}^e - (R_s + R_r)\widetilde{i}_{ds}^e)^2]}{\omega_h^2 I_h^2}} \quad \text{(B-14)}$$

여기서 회전자 저항 R_r 값을 알고 있으면 R_r 값을 대입하고, R_r 값을 알지 못하면 $R_s + R_r \approx 2R_s$ 로 근사한 후 계산하고 추후 R_r 을 얻은 후 다시 정확한 σL_s 값을 계산할 수 있다. 그러나 주입된 전류에 의해 발생되는 전압의 대부분은 σL_s 에 의한 전압 강하로 나타나므로 고정자 및 회전자 저항의 변동이 σL_s 의 추정에 크게 영향을 미치지는 않는다. 이 방법은 기본적인 전류, 전압 정보만을 이용하므로 구현이 간단하고 동작 주파수와는 상당히 다른 고주파를 주입하기 때문에 신호 처리가 용이하다. 그러나 주입된 고주파에 의해서 누설 인덕턴스의 표피 효과(Skin Effect)가 유발되기 때문에 얻어진 값은 실제 σL_s 보다 작게 된다. 여자 전류, I_d, 가 변동하는 약자속 영역에서는 I_d 의 영향이 식 (B-12)에 반영되어야 하므로 위에서 언급한 방법을 여러 I_d 값들에 대해 적용하여 σL_s 값을 구하고, 이로 부터 I_d 크기에 따른 σL_s 의 변화를 얻은 후 이를 고려하여 약자속 영역에서의 σL_s 값으로 사용할 필요가 있다.

B.4.2 상호 인덕턴스의 추정

유도 전동기 상호 인덕턴스, L_m, 는 여자 전류, I_d, 에 따라 비선형성을 나타내는 정수로서 자기포화에 따라 상호 인덕턴스가 변동하면 실제 기준 자속이 변동하고 간접 벡터 제어의 경우 전동기 슬립 주파수의 오차를 유발한다. 특히 고속 운전 또는 경부하시 철손 저감에 의한 효율 개선을 위하여, 전동기 자속을 제어할 경우 (약자속 제어) 반드시 <그림 B.6>과 같은 L_m 의 변동을 고려하여야 한다. <그림 B.6>에서 회전자 자속은 여자 전류의 함수이고 L_{mc} 는 동작점에서 회전자 자속의 여자 전류에 대한 평균적인 기울기로 정적 인덕턴스(Static Inductance)라고 불리우며, L_{md} 는 동작점의 접선의 기울기를 나타내는 것으로 동적 인덕턴스(Dynamic Inductance)라고 불리운다. 그림에서 알 수 있듯이 L_{mc} 와 L_{md} 는 자화 곡선의 선형 부분에서는 같은 값을 가지지만, 비선형 구간에서는 L_{mc}가 L_{md} 보다 크다. <그림 B.6>의 비선형적인 자화 곡선을 모델링하기 위하여 식 (B-15)와 같이 여자 전류를 자속에 대한 다항식으로 표시하거나, 식 (B-16)과 같이 자속에 대한 지수 함수(Exponential Function)로 나타내기도 한다.

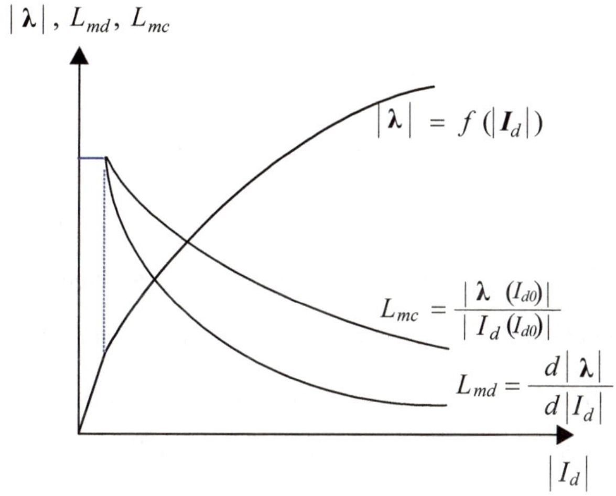

그림 B.6 여자 전류 크기에 따른 상호 인덕턴스의 변화

$$|I_d| = K_1|\lambda| + K_3|\lambda|^3 + K_5|\lambda|^5 + \cdots. \tag{B-15}$$

$$|I_d| = \alpha|\lambda| + (1-\alpha)|\lambda|^{\beta}. \tag{B-16}$$

식 (B-15)의 계수 및 식 (B-16)의 설정 값 α 와 β 는 실험을 통하여 구한다. 일반적으로 자화 곡선(Magnetization Curve)을 구하는 가장 쉬운 방법은 오프라인(Off-Line)으로 여자 전류에 따른 자속의 변동 추이를 구하여 이를 참조표(Look-up Table)로 처리하는 것이다.

B.5 제어기 구조를 이용한 정수 추정 방법(참고문헌 [4])

기존의 오프라인 정수 설정 방법은 다른 정수의 오차에 영향을 많이 받고 개별 정수의 오차에 대한 민감도(Sensitivity)가 떨어지는 단점이 있다. 본 절에서 언급하는 정수 추정 방법은 기존의 오프라인 정수 설정법과는 달리 개별 정수에 다른 정수의 오차가 개입되지 않으므로 추정하려고 하는 정수 오차에 대한 민감도가 매우 높은 장점을 가지고 있다. 제안된 알고리즘은 전동기 구동을 위한 내부 제어기의 특성을 이용하는 방법이므로 교류, 직류 전기기기의 정수 설정뿐 아니라 일반적인 제어 시스템 내부의 제정수를 추정하는 데도 효과적으로 이용될 수 있다.

B.5.1 일반적인 제어기를 가진 제어 시스템

일반적인 단일(Single) 입력, 단일 출력 제어 시스템은 <그림 B.7>과 같은 구조를 가진다. 여기서 $r(s)$ 는 시스템에 인가되는 기준 입력(Reference Input)으로 정의되고 시스템의 출력(Output)은 $y(s)$ 로 정의된다. $v(s)$, $d(s)$, $n(s)$ 는 각각 시스템의 불확실성(Uncertainty)에 의한 요소, 외란(Disturbance), 센서(Sensor) 등에 의해 생기는 잡음(Noise)성분으로 정의된다. 이 경우 제어 대상(Plant)을 $P(s)$, 제어기를 $C(s)$ 로 정의한 경우, 기준 입력에 대한 출력 값의 전달 함수(Transfer Function)는 식 (B-17)과 같다.

$$y(s)=\frac{C(s)P(s)}{1+C(s)P(s)}(r(s)-n(s))+\frac{P(s)}{1+C(s)P(s)}v(s)+\frac{1}{1+C(s)P(s)}d(s)\,. \tag{B-17}$$

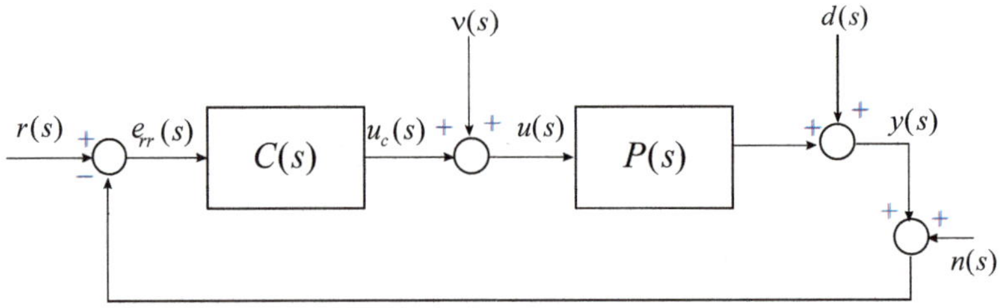

그림 B.7 일반적인 제어 시스템 구성도

식 (B-17)의 우변 첫째 항은 기준 입력과 센서 잡음, 둘째 항은 시스템의 불확실성 그리고 세째 항은 외란이 각각 출력에 미치는 영향을 나타낸다. 기준 입력과 플랜트 출력의 오차 $e_{rr}(s)$ 는 다음과 같이 각 입력의 항으로 표시된다.

$$e_{rr}(s) = \frac{1}{1+C(s)P(s)}(r(s)-d(s)-n(s)) - \frac{P(s)}{1+C(s)P(s)}\nu(s) \tag{B-18}$$

위와 같은 일반적인 제어 시스템의 제어 목적은 출력, $y(s)$,가 기준 입력, $r(s)$, 를 정확히 추종하여 오차 함수 $e_{rr}(s)$ 가 "0"이 되게 하는 것이다. 해석의 단순화를 위해서 시스템의 외란 성분을 무시하고 센서 잡음도 제어 성능에 영향을 미치지 않을 만큼 충분히 작다고 가정하면, 다음의 식 (B-19)와 같은 조건을 만족시키는 제어기의 구성에 의해 오차 값이 "0"에 가까워지도록 시스템을 제어할 수 있다.

$$|C(s)P(s)| >> 1 . \tag{B-19}$$

이때 제어기 출력을 살펴보면 다음 식과 같다.

$$\begin{aligned} u_c(s) &= \frac{C(s)}{1+C(s)P(s)}r(s) - \frac{C(s)P(s)}{1+C(s)P(s)}\nu(s) \\ &\approx \frac{C(s)}{1+C(s)P(s)}r(s) - \nu(s) \end{aligned} . \tag{B-20}$$

그리고 식 (B-20)과 같은 제어기의 출력에 대한 시스템의 입력은 아래 식과 같다.

$$u(s) = u_c(s) + \nu(s) = \frac{C(s)}{1+C(s)P(s)}r(s) \tag{B-21}$$

위의 식 (B-20)에서 알 수 있듯이, 시스템의 정수 값의 변동 등으로 인한 모델링 오차와 같은 시스템의 불확실성 $\nu(s)$ 는 제어기의 출력, $u_c(s)$,에 포함되어서 제어기의 출력을 왜곡시킨다. 이것은 시스템의 불확실성에 의해서 시스템의 출력 $y(s)$ 가 왜곡되고 궤환된 출력 성분의 왜곡을 제거하기 위해서 제어기의 출력이 왜곡되는 것을 의미한다. 따라서 이를 이용하면 시스템의 모델링 오차, 즉 전동기 제정수의 오차를 추정할 수 있다. 제안된 방법을 사용하면 정수 값의 추정을 위해서 제어기의 특성만을 이용하기 때문에 제어기 출력 왜곡의 원인이 되는 정수 값의 오차 이외의 다른 영향은 존재하지 않는다. 또한 제어 대상 시스템(Plant)의 정수의 오차가 제어기 출력에 직접적으로 나타나기 때문에 정수 추정 오차에 대한 민감도가 상당히 크다는 장점이 있다.

B.5.2 유도 전동기 정수 추정

B.5.2.1 회전자 시정수의 추정

회전자 시정수의 추정은 유도 전동기 구동 시스템의 속도 제어기 특성을 이용한다. 원하는 제어기 특성을 살펴보기 위해서 급격한 부하 변동은 없다고 가정한다. 속도 제어기를 사용하여 유도 전동기 시스템을 살펴볼 경우 내부의 전류 제어기가 정상적으로 동작한다고 가정하고 제어 대상 기계계를 <그림 B.8>과 같은 단순한 관성으로 설정한다. 따라서 제어대상(Plant)의 전달함수, $P(s)$,와 비례 적분(PI) 제어기의 전달함수, $C(s)$,는 각각 식 (B-22)와 식 (B-23)처럼 나타낼 수 있다.

$$P(s) = \frac{1}{Js}. \tag{B-22}$$

$$C(s) = K_p + \frac{K_i}{s}. \tag{B-23}$$

여기서, K_p 와 K_i 는 각각 비례 적분 속도 제어기의 비례 이득과 적분 이득이다.

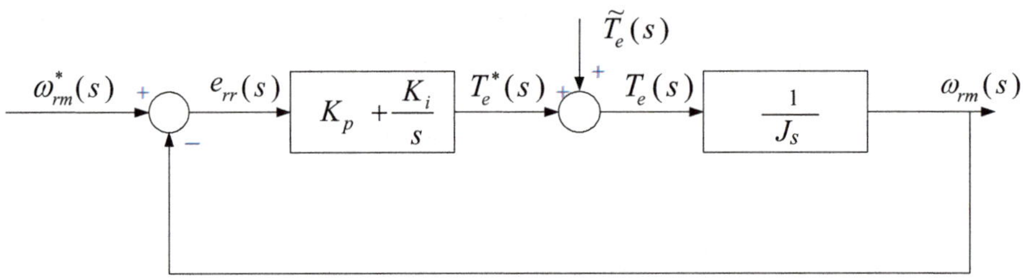

그림 B.8 비례 적분 속도 제어기의 구성도

<그림 B.8>의 속도 제어기가 정상적으로 작동한다고 가정하고, 벡터 제어가 정확하게 수행될 경우에는 <그림 B.9(a)>에 도시한 램프(Ramp) 형태의 속도 지령에 대해서 <그림 B.9(b)>와 같은 구형파 모양의 제어기 출력 T^*_e 을 얻게 된다. 하지만 시스템의 모델링에 오차가 있는 경우와 같이 시스템의 불확실성이 존재할 경우는 이런 요소들에 의해서 제어기 출력이 <그림 B.9(c)>와 <그림 B.9(d)>처럼 왜곡되게 된다. 이런 시스템의 불확실성은 <그림 B.9>에서 나타나 있는 것처럼 제어기 출력 T^*_e 에 외란 $\tilde{T}_e$ 가 반영되어 왜곡된 형태로 관찰된다. 일반적으로 사용되는 벡터 제어 기법인 회전자 자속

기준 간접 벡터 제어의 경우 회전자 자속각은 전동기 속도에 슬립 주파수를 합한 전기각 속도를 적분하여 구한다. 따라서 전동기 속도의 오차나 슬립 주파수 연산을 위한 회전자 시정수에 오차가 발생하면 이는 자속 위치 검출에 오차를 발생시켜 전동기 토크의 외란 요소로 작용한다.

전동기 구동 시스템에서 전동기 속도에서 발생되는 오차 및 시간 지연은 무시할 만하다면 이러한 토크의 비선형성은 회전자 시정수의 오차로부터 직접적으로 생긴다. 토크에 비선형적인 외란 요소, $\tilde{T}_e$, 가 나타나면 속도 제어기는 궤환되는 속도에 나타나는 외란 요소를 제거하도록 동작하고, 결국 토크 지령에 <그림 B.9(c)> 또는 <그림 B.9(d)>와 같은 왜곡이 발생하게 된다. 따라서 속도 램프 지령에 대해서 속도 제어기 출력인 토크 지령을 <그림 B.9(b)>와 같은 형태가 되도록 회전자 시정수를 조정하면 다른 전동기 정수 오차에 무관한 회전자 시정수 값을 얻을 수 있고, 이 경우 회전자 시정수 오차에서 기인한 토크 왜곡 정도가 제어기 출력에 직접적으로 나타나므로 오차에 대한 민감도가 매우 높다. 이러한 시험의 전제 조건은 식 (B-22)에 표시한 바와 같이 부하를 포함하는 기계계의 마찰 토크 및 부하 토크는 시스템의 관성을 가속하는 데 필요한 토크에 비해 무시할 수 있을 만큼 작아야 한다는 것이다. 만약 부하의 마찰 토크 또는 부하 토크가 클 경우에는, 부하를 전동기와 분리한 후 적어도 정격 토크의 10% 이상의 토크가 가속에 사용되도록 기준 속도 변화를 설정한 후 시험해야 한다.

이상적인 경우와는 달리 실제 전동기 구동 시스템에는 속도나 전류를 측정할 때 잡음 성분이 존재하게 되고 이는 제어기 출력에 영향을 미친다. 그 결과로 제어기 출력인 토크 지령치에 잡음으로 인한 맥동(Ripple)이 발생하게 되고 이렇게 되면 위의 방법을 적용하기 어렵게 된다. 그러나 이 맥동 성분은 주로 제어기의 비례 성분에 의한 것이므로 비례 적분 제어기의 적분항의 출력(<그림 B.8>에서 $e_{rr}(s)\cdot\dfrac{K_i}{s}$ 값)만을 살펴보면 리플 성분이 거의 없는 <그림 B.9>의 (c), (d)와 같은 파형을 관찰할 수 있다. 실제 실험을 통해서 회전자 시정수를 추정할 경우에는 정격 속도 영역 근처에서 실험을 하는 것이 저속 영역에서 시정수 값을 추정하는 것보다 정확한 값을 얻을 수 있다. 이는 저속 영역에서는 속도 정보가 부정확하고 잡음 성분에 대한 영향이 더 크기 때문이다.

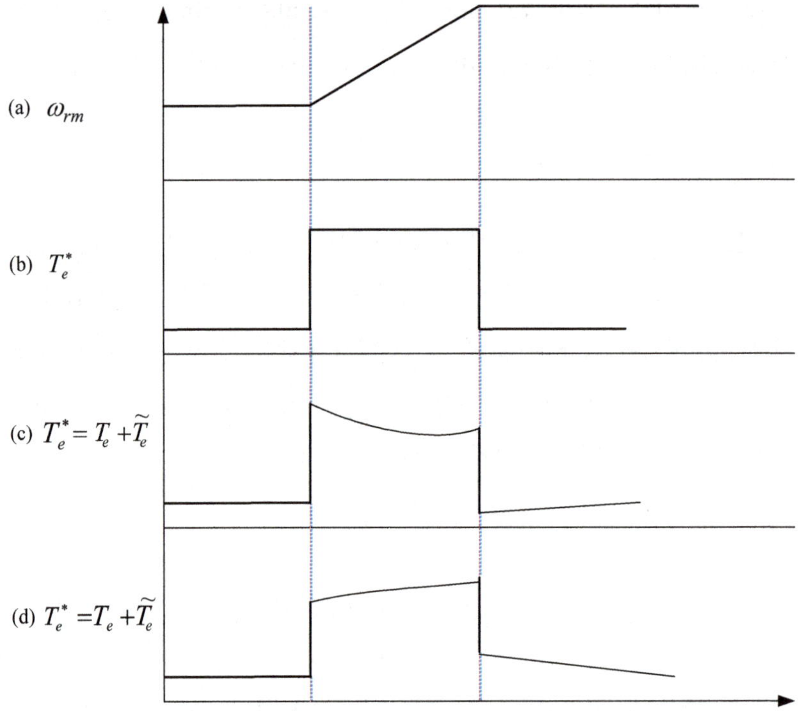

그림 B.9 회전자 시정수 초기 설정을 위한 속도 제어기 출력

B.5.2.2 유도 전동기 인덕턴스의 추정

유도 전동기 인덕턴스의 추정은 전동기 구동 시스템 내부의 전류 제어기 특성을 이용한다. 먼저 유도 전동기 고정자 자기(Self) 인덕턴스, L_s, 값의 추정에 대해서 알아보자. 비례 적분 전류 제어기를 고려하면 제어기 $C(s)$는 식 (B-24)와 같고 플랜트, $P(s)$, 는 고정자 측으로 환산된 등가 저항과 인덕턴스의 값으로부터 <표 4.2>에 나타낸 바와 같이 식 (B-25)처럼 정의된다.

$$C(s) = K_p + \frac{K_i}{s}. \tag{B-24}$$

$$P(s) = \frac{1}{(R_s + R_r \frac{L_m^2}{L_r^2}) + \sigma L_s s}. \tag{B-25}$$

유도 전동기 인덕턴스 값의 변화에 의한 제어기의 영향을 살펴보기 위해서 동기 좌표계에서의 q축 전류 제어기의 특성을 살펴본다. q축 전류 제어기의 구성은 <그림

B.10>과 같고 정상 상태, 즉 자속의 변화가 없다는 가정 하에서의 q축 역기전력 전향(Feed-forward) 보상 성분은 식 (B-26)과 같다.

$$V_{qs\_ff}^{e*} = \omega_e \hat{L}_s i_{ds}^e - \omega_{sl} \frac{\hat{L}_m^2}{\hat{L}_r} i_{ds}^e . \quad \text{(B-26)}$$

이미 B.5.2.1절에서 언급한 속도 제어기 특성을 이용해서 회전자 시정수 결정이 이루어진 상태라고 가정하면, 식 (B-26)의 전동기 슬립 각속도, ω_{sl},과 전류 센서를 통해 측정되어지는 전류의 d축 성분, i_{ds}^e,은 실제 값과 같다고 할 수 있다.

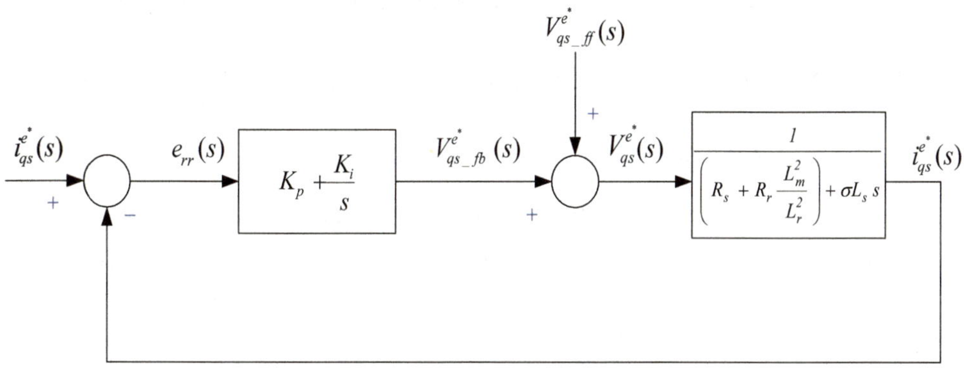

그림 B.10 q축 전류 제어기의 구성도

추정된 고정자 인덕턴스 값 $\hat{L}_s$ 에 ΔL_s 만큼의 오차가 존재한다면, 즉 $\hat{L}_s = L_s^\circ + \Delta L_s$ 라면, q축 역기전력 전향 보상 성분은 식 (B-27)과 같이 변형된다. 여기서 L_s° 는 유도 전동기 실제 고정자 인덕턴스를 나타낸다. 정격 속도 부근에서 무부하 또는 경부하에서 실험을 통해서 인덕턴스 값을 설정한다고 하면, $\omega_{sl} \approx 0$ 이므로 식 (B-27)의 우변의 세 번째 항 $\omega_{sl} \frac{L_m^2}{L_r} i_{ds}^e$ 은 두 번째 항 $\omega_e \Delta L_s i_{ds}^e$ 에 비해 무시할 만하다.

$$\begin{aligned} V_{qs\_ff}^{e*} &= \omega_e \hat{L}_s i_{ds}^e - \omega_{sl} \frac{\hat{L}_m^2}{\hat{L}_r} i_{ds}^e \\ &= \omega_e L_s^\circ i_{ds}^e + \omega_e \Delta L_s i_{ds}^e - \omega_{sl} \frac{\hat{L}_m^2}{\hat{L}_r} i_{ds}^e \end{aligned} . \quad \text{(B-27)}$$

따라서, 전향 보상되는 q축 역기전력 성분의 오차는 전적으로 고정자 인덕턴스 값의 오차에 의한 것이라고 생각할 수 있다. 즉, 식 (B-27)의 우변의 둘째 항에 의한 전압 강하 만큼이 전동기 정수 오차에 의한 인가 전압의 외란 요소로서 작용하고 오차 전압은 전동기 속도에 비례하는 형태를 가진다. 회전자 시정수 설정의 경우와 같이 이러한 전압의 외란 요소는 전류 제어기 출력을 왜곡시키는 형태로 나타나게 된다.

<그림 B.11(a)>의 속도 램프(Ramp) 지령에 대해서 실제 속도와 이를 제어하기 위한 q축 전류 지령은 <그림 B.11(b)>와 같은 특성을 나타낸다. 이상적인 경우에는 동일한 전류 지령에 대해서 전류 제어기 출력이 왜곡되지 않지만, $\hat{L}_s$ 에 오차 ΔL_s 가 존재하면 제어기 출력은 궤환되는 전류에 나타나는 외란 요소를 제거하도록 동작하고, 결국 전압 지령이 왜곡된다. 이러한 왜곡은 전류 제어기 출력 $V^{e*}_{qs\_fb}$ 에 나타난다. $V^{e*}_{qs\_fb}$ 은 비례 적분(PI) 제어기의 경우 비례항 $K_p(i^{e*}_{qs} - i^e_{qs})$ 과 적분항 $K_p\int_0^t (i^{e*}_{qs} - i^e_{qs})dt$ 의 합(Sum)으로 주어지는데 앞에서 언급한 것처럼 제어기 출력의 적분항이 ΔL_s 에 의한 영향을 잘 나타내준다. <그림 B.11(c)>는 ΔL_s 가 0인 경우, 즉 오차가 없는 경우이며, <그림 B.11(d)> 또는 <그림 B.11(e)>는 각각 ΔL_s 가 양인 경우와 음인 경우를 나타낸다.

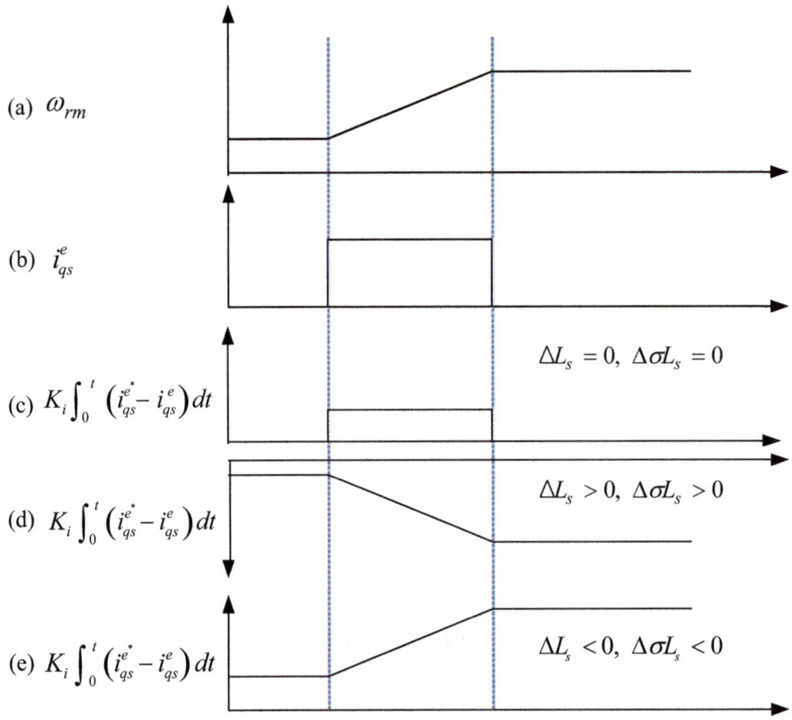

그림 B.11 유도 전동기 인덕턴스 설정을 위한 전류 제어기 출력

<그림 B.11>에서 알 수 있듯이 오차가 있을 경우 적분항에 전동기 속도에 비례하는 왜곡이 발생하게 된다. 따라서 속도 램프 지령에 대해서 전류 제어기 출력인 전압 지령의 적분항을 <그림 B.11(b)>와 같은 형태가 되도록 고정자 인덕턴스를 조정하면 다른 전동기 정수 오차에 무관한 고정자 인덕턴스 값을 얻을 수 있고, 이 경우 고정자 인덕턴스 오차에서 기인한 전압의 왜곡 정도가 제어기 출력에 직접적으로 나타나므로 오차에 대한 민감도가 매우 높다. 이러한 실험에서 전동기 가속 토크가 너무 크지 않도록 즉 ω_{sl} 의 크기가 작아서 $\omega_{sl}\frac{L_m^2}{L_r}i_{ds}^e$ 이 $\omega_e \Delta L_s i_{ds}^e$ 에 비해 무시할만큼 작을 정도로 가속 시간을 늘려서 시험할 필요가 있다.

또한 고정자 인덕턴스의 오차 외에도 전류 제어기 출력을 왜곡시키는 요소로서 인버터 비선형성에의한 출력 전압의 왜곡에 따른 영향이 있다. 하지만, 인가 전압이 정격 전압 부근인 정격 속도 근처에서 시험하면 이러한 출력 전압의 왜곡에의해 발생되는 오차는 무시될 수 있다.

고정자 과도 인덕턴스를 설정하기 위해서 전류 제어기 q축 역기전력 성분을 다음의 식 (B-28)과 같이 변형시킨다.

$$V_{qs\_ff}^{e*} = \omega_e \frac{\hat{L}_m}{\hat{L}_r}\lambda_{dr}^{e*} + \omega_e \sigma \hat{L}_s i_{ds}^e - \omega_{sl}\frac{L_m^2}{L_r}i_{ds}^e . \tag{B-28}$$

위에서 제안된 방법으로 유도 전동기 고정자 인덕턴스, L_s , 를 구하면 고정자 과도 인덕턴스의 값은 상호 인덕턴스의 값에 비해서 상당히 작은 값을 가지므로 비교적 정확하게 유도 전동기 상호 인덕턴스, L_m , 값을 구할 수 있다. 따라서, 이로부터 구한 여자 전류를 이용하여 전동기 자속을 확립하면 정상 상태에서 회전자 자속 지령, λ_{dr}^{e*} , 와 실제 전동기 회전자 자속은 거의 일치하고 $\frac{\hat{L}_m}{\hat{L}_r} \approx 1$ 이므로 식 (B-28)의 우변의 첫째 항은 전향 보상되는 역기전력의 정확도에 큰 영향을 미치지 않는다. 또한 앞서 회전자 시정수와 고정자 인덕턴스를 설정하였으므로 셋째 항도 비교적 정확하게 구할 수 있다. 따라서 전향 보상되는 역기전력 성분의 오차는 제어기에 설정된 고정자 과도 인덕턴스 $\sigma \hat{L}_s$ 에 기인한다고 생각할 수 있다. 만약 $\sigma \hat{L}_s$ 에 오차 $\Delta \sigma L_s$ 가 존재하면 q축 역기전력 성분은 다음과 같다.

$$
\begin{aligned}
V_{qs\_ff}^{e*} &\approx \omega_e \frac{\hat{L}_m}{\hat{L}_r} \lambda_{dr}^{e*} + \omega_e \sigma \hat{L}_s i_{ds}^e \\
&= \omega_e \frac{\hat{L}_m}{\hat{L}_r} \lambda_{dr}^{e*} + \omega_e \sigma L_s^{\circ} i_{ds}^e + \omega_e \Delta \sigma L_s i_{ds}^e
\end{aligned} \qquad \text{(B-29)}
$$

여기서 σL_s° 는 유도 전동기 실제 고정자 과도 인덕턴스(Transient Inductance)를 나타낸다. 따라서 식 (B-29)의 우변의 세번째 항에 의한 전압이 고정자 과도 인덕턴스 오차에 의한 전압의 외란 요소로서 작용하고 오차 전압은 전동기 속도에 비례하는 형태를 가진다.

<그림 B.11(a)>의 속도 램프(Ramp) 지령에 대해서 실제 속도와 이를 제어하기 위한 q축 전류 지령은 <그림 B.11(b)>와 같은 특성을 나타낸다. 이상적인 경우에는 동일한 전류 지령에 대해서 전류 제어기 출력이 <그림 B.11(c)>와 같이 나타나지만, 고정자 인덕턴스 설정의 경우와 같이 $\sigma \hat{L}_s$ 에 오차 $\Delta \sigma L_s$ 가 존재하면 제어기 출력은 궤환되는 전류에 나타나는 외란 요소를 제거하도록 동작하고 결국 전압 지령에 <그림 B.11(d)> 또는 <그림 B.11(e)>와 같은 전동기 속도에 비례하는 왜곡이 발생하게 된다. 따라서 속도 램프 지령에 대해서 전류 제어기 출력인 전압 지령을 <그림 B.11(b)>와 같은 형태가 되도록 고정자 과도 인덕턴스를 조정하면 다른 전동기 정수 오차에 무관한 고정자 과도 인덕턴스 값을 얻을 수 있다. 그러나 만약 고정자 인덕턴스 L_s 추정에 약간의 오차가 있으면 고정자 과도 인덕턴스 σL_s 값의 추정에 큰 오차가 생길 수도 있으므로, 먼저 L_s 를 충분히 정확하게 추정할 필요가 있다.

B.5.3 영구자석 동기 전동기의 정수 추정 (참고문헌 [2])

B.5.3.1 표면 부착형 영구자석 동기 전동기(SMPMSM)의 정수 추정

표면 부착형 동기 전동기의 회전자 좌표계 방정식은 3.3.3.1절에서 유도한 바처럼 <그림 B.12>의 등가 회로로부터 다음과 같이 표시될 수 있다.

$$
\begin{aligned}
V_{ds}^r &= R_s i_{ds}^r + L_s \frac{di_{ds}^r}{dt} - \omega_r L_s i_{qs}^r \\
V_{qs}^r &= R_s i_{qs}^r + L_s \frac{di_{qs}^r}{dt} + \omega_r L_s i_{ds}^r + \omega_r \lambda_f
\end{aligned} \qquad \text{(B-30)}
$$

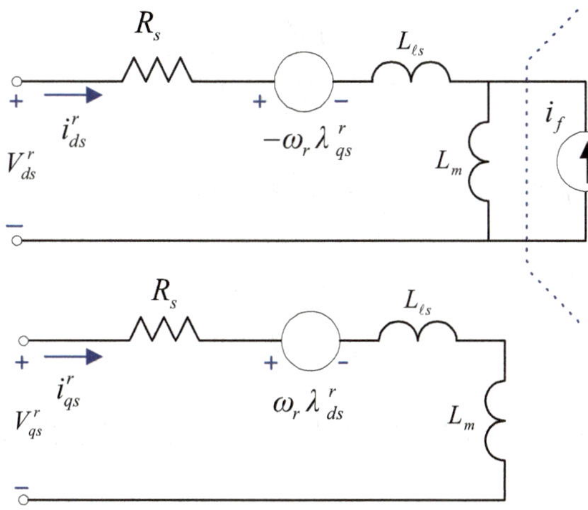

그림 B.12 영구자석 동기 전동기 등가 회로

여기서 영구자석에 의한 쇄교 자속,, λ_f 는 전류원(Current Source) i_f 에 의해 $\lambda_f = L_m i_f$ 로 표시될 수 있다. 또한 전동기가 발생시키는 토크는 다음과 같이 표현된다.

$$T_e = \frac{3}{2}\cdot\frac{P}{2}\cdot\lambda_f i_{qs}^r \quad \text{(B-31)}$$

1) 전동기 회전자 위치각, θ_r , 의 추정

회전사 위치각, θ_r ,을 잘못 알 경우, 지령 토크와 발생 토크 간에 오차가 생기게 되고, 전동기 상수 추정에 오차를 가져온다. 따라서 전동기의 상수를 추정하기 위해서는 우선 전동기 회전자의 위치각을 정확히 알아야 한다. 절대 엔코더(Absolute Encoder)에 의한 위치각 판정은, 엔코더 부착 시 오차에 의해 기계각(Mechanical Angle, θ_{rm})으로 수°(Several Degree)의 오차를 가질 수 있다. 만약 극수가 많은 $(P > 12)$ 저속 전동기의 경우 비록 작은 기계각의 오차라 하더라도 전기각(Electrical Angle, $\theta_r = \frac{P}{2}\theta_{rm}$)으로는 큰 오차가 발생된다. 따라서 엔코더의 부착 오차에 의한 위치각의 오차분을 보상하여 제어에 사용해야 한다. 위치각을 정확히 파악하는 원리는 다음과 같다. 전동기 전류 제어기에서 d, q축에 역기전력으로 나타나는 성분을 전향(Feedforward) 보상해 준다면 각 축에 해당하는 전압 지령치는 4.2.5절이 <그림 4.18>에 표시한 바와 같이 다음과 같이 표현될 수 있다.

$$V_{ds}^{r*} = V_{ds\_fb}^{r*} + V_{ds\_ff}^{r*}$$
$$V_{qs}^{r*} = V_{qs\_fb}^{r*} + V_{qs\_ff}^{r*} . \tag{B-32}$$

여기서 $V_{ds_ff}^{r*}$과 $V_{qs_ff}^{r*}$은 각각 다음과 같다.

$$V_{ds\_ff}^{r*} = -\omega_r L_s i_{qs}^r$$
$$V_{qs\_ff}^{r*} = \omega_r L_s i_{ds}^r + \omega_r \hat{\lambda}_f . \tag{B-33}$$

다음의 그림과 같이 전동기의 초기 각을 틀리게 알고 있을 경우를 생각해 보자.

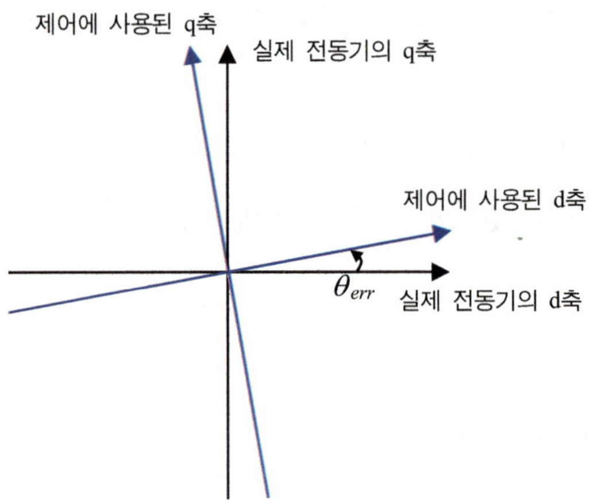

그림 B.13 전동기 각 오차

이 경우 영구자석으로 인한 역기전력 성분은 q축에만 나타나지 않고 d축에도 영향을 미친다. 그림에서처럼 각을 θ_{err} 만큼 잘못 알고 있다면 영구자석의 영향에 의해 제어에 사용된 d축에 나타나는 역기전력 성분은 다음과 같다.

$$e_{ds-err}^r = \omega_r \lambda_f \sin\theta_{err} . \tag{B-34}$$

따라서 이 전압이 d축의 전류제어기 출력, $V_{ds\_fb}^{r*}$,에 나타나게 된다. 이러한 현상을 이용하여 초기 각을 찾을 수 있다. <그림 B.14>에는 각각 전기각으로 10°와 –10°의 오차가 있을 때의 24극 영구자석 동기 전동기의 전류, 속도, 전압 파형이 나타나 있다. 이 경우 역시 d축의 전압 지령치 $V_{ds_fb}^{r*}$의 적분항을 관찰하여 e_{ds-err}^r의 값으로 한다. 전동기의 속도는 –50~50r/min으로 제어되고 있다. 각이 양(Positive)의 오차를 갖고 있다면

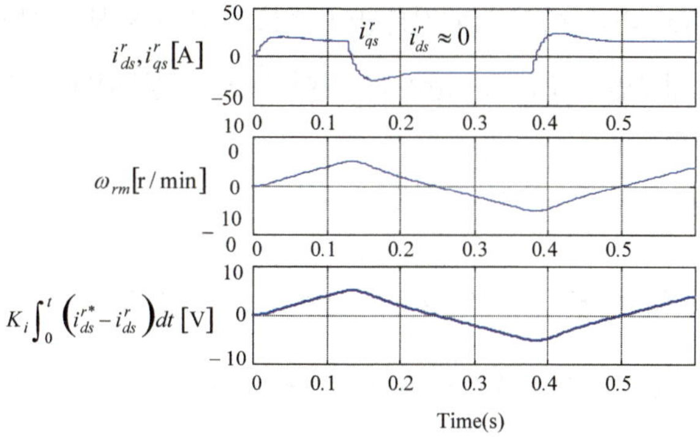

(a) 10°의 오차가 있을 경우

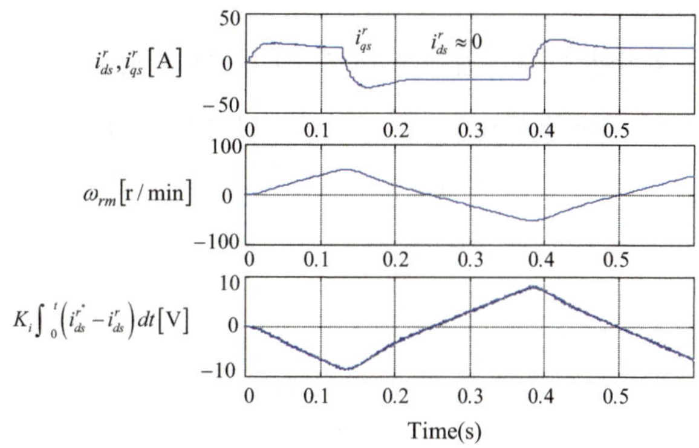

(b) -10°의 오차가 있을 경우

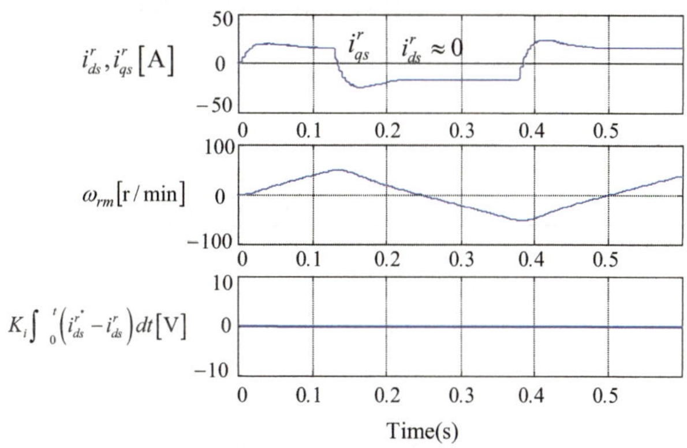

(c) 각의 오차가 없을 경우

그림 B.14 제어 시 회전각 추정에 오차가 있을 때 속도 변동에 따른 전류 전압 파형 위로부터 동기 좌표계 d, q축에서의 전류, 속도, 동기 좌표계 d축 전류 제어기의 적분항 출력

<그림 B.14(a)>와 같이 d축의 적분항이 속도와 같은 위상을 가지며, 음(Negative)의 오차를 갖고 있다면 <그림 B.14(b)>와 같이 180° 위상차(Phase Difference)를 나타낸다. 따라서 위상을 비교하여 각의 보정 방향을 판별할 수 있고, 보정을 통하여 d축 전압이 직선으로 나타날 때까지 각을 조정하면 오차 없는 회전자 전기각을 찾게 된다.

2) 영구자석에 의한 쇄교 자속(Flux Linkage) $\lambda_f = L_m i_f$ 의 추정

쇄교자속, λ_f,는 인버터 게이팅을 차단하고 전동기가 일정 속도로 회전할 경우 발생하는 전동기 선간전압의 크기를 보고 추정할 수 있다.

이 경우 선간 전압에는 영구자석에 의한 역기전력(Back EMF)만이 나타나게 된다. 즉 q축으로 환산한 선간 전압에는 $\frac{P}{2}\omega_{rm}\lambda_f$ 만큼의 전압이 나타난다. 24극 표면 부착형 영구자석 동기 전동기를 160r/min으로 운전하다가 게이팅을 차단하였을 때 측정된 전동기 선간전압 파형이 <그림 B.15>에 나타나 있다. 선간전압의 최대 값(Peak)으로부터 쇄교 자속을 구하는 식은 아래와 같다.

$$\hat{\lambda}_f = \frac{V_{ab\_peak}}{\sqrt{3}\frac{P}{2}\omega_{rm}} \cdot \qquad \text{(B-35)}$$

여기서 V_{ab_peak} 는 게이팅 차단 후 나타나는 전동기 A상과 B상 단자 사이의 전압(V)의 최대치이며, ω_{rm} 은 그 순간의 전동기 각속도(rad/s)이다.

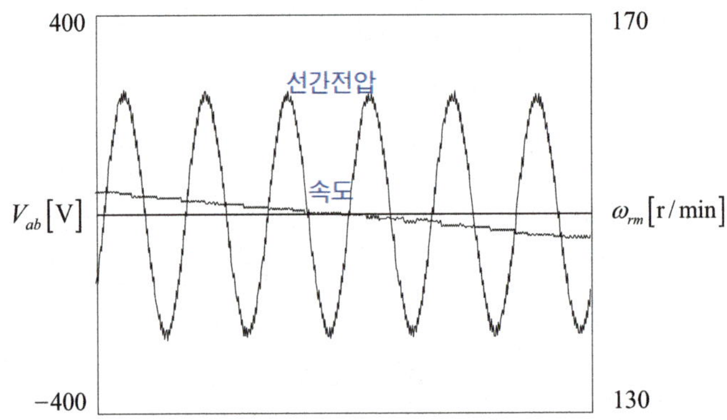

그림 B.15 인버터 게이팅 차단 시 전동기의 선간전압(Line to Line Voltage)과 전동기 속도

또 일반적인 영구자석 동기기의 쇄교자속, λ_f, 는 B.1.5절에서 언급한 직류기의 상수, K, 처럼, 전류제어기의 전향 보상항을 이용하여 추정 될 수도 있다. 만약 회전자 기준 좌표계의 d축 전류를 "0"으로 제어하고, 여러 속도에서 일정한 q축 전류에 대한 q축 비례적분 전류제어기의 적분항을 관찰함으로써 λ_f 를 추정할 수 있다. 만약 전향 보상항에 포함된 $\hat{\lambda}_f$ 이 정확하다면 적분항은 속도에 관계없이 일정한 q축 전류에 대해서는 같은 값을 가져야 한다. 또 다른 방법으로 위에서 언급한 게이팅을 차단하는 방법과 유사하게 동기기에 흐르는 d, q축 전류 전부를 "0"으로 제어하면서 q축 전류제어기 출력을 측정한다. 이 경우 $V_{qs}^r = \omega_r \lambda_f$ 이므로 이로부터 λ_f 를 추정할 수 있다.

3) 동기 인덕턴스 추정 방법

동기 인덕턴스 L_s 를 추정하기 위해서는 식 (B-30)에서 알 수 있듯이 d축 전류나 q축 전류의 변화를 주어 전압 지령치의 변화를 살펴보아야 한다. q축 전류를 변화시키면 전동기의 토크가 변동하게 되어 별도의 부하 시험 장치가 없는 경우에는 속도의 변화를 가져오므로 전동기의 토크에 영향을 미치지 않는 d축 전류를 변화시켜 등속 운전 시의 q축의 전압을 보고 L_s 를 측정하는 것이 바람직하다. 전동기를 부하 없이 정격 속도 부근에서 일정 속도로 운전한다면 q축 전압 V_{qs}^r 은 다음과 같이 나타낼 수 있다.

$$V_{qs}^r = R_s i_{qs}^r + \omega_r L_s i_{ds}^r + \omega_r \lambda_f . \tag{B-36}$$

여기서 d축 전류의 기준 값 i_{ds}^{r*} 를 <그림 B.16>과 같이 인가하면 q축 전압 지령 $V_{qs\_fb}^{r*}$ 은 그림에 보인바와같이 나타난다. $\hat{L}_s$ 를 실제 값과 같은 값으로 알고 있고 식 (B-33)의 전압을 전류 제어기에서 전향 보상하고 있고 i_{ds} 가 i_{ds}^* 를 잘 추종하고 있을 때, $V_{qs\_fb}^{r*}$ 은 직선으로 나타나게 된다. 그러나 만일 $\hat{L}_s$ 를 실제 값보다 작은 값으로 알고 있고 i_{ds} 가 i_{ds}^* 을 잘 추종하고 있다면, $V_{qs\_fb}^{r*}$ 은 실제 값을 보상하기 위해 L_s 의 오차에 의한 전압 성분을 포함하게 된다. 이 경우 d축 전류의 위상과 $V_{qs\_fb}^r$ 의 위상차는 없다. 같은 방법으로 L_s 를 실제 값보다 큰 값으로 알고 있을 경우 d축 전류의 위상과 $V_{qs\_fb}^r$ 의 위상차는 180°가 된다. 따라서 q축 전압과 d축 전류의 위상을 보고 $\hat{L}_s$ 값을 보정할 수 있으며, 보정을 통하여 q축 전압이 직선으로 나타날 경우 L_s 값을 정확히 찾았다고 볼 수 있다. 이러한 실험을 할 때 i_{ds}^{r*} 의 주파수는 전류 제어기 제어 대역폭의 수 십분의 1 이하로 하고 그 크기를 정격 전류의 수분의 1로 하며 속도는 정격 속도 부근에서 추정하는 것이 추정 오차를 줄이는 방법이다.

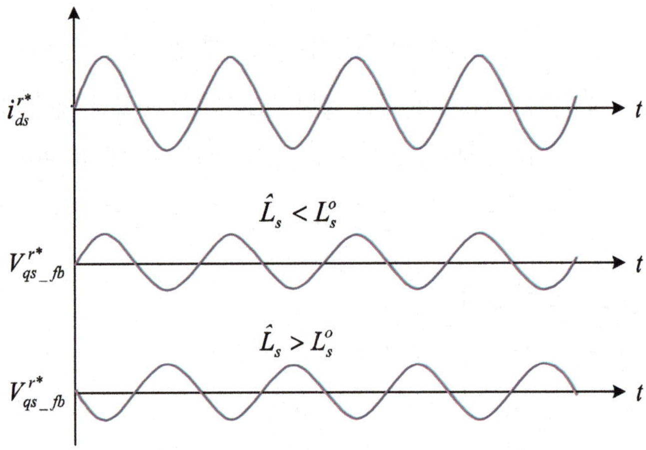

그림 B.16 교류 전류 주입에 의한 L_s 의 추정

B.5.3.2 매입형 영구자석 전동기의 정수추정

매입형 영구자석 동기 전동기(IPMSM)의 경우 회전각의 오차는 앞의 표면 부착형 영구자석 동기 전동기(SMPMSM)와 유사하게 제거될 수 있다. 이 경우 오차에 기인하는 전압은 표면 부착형의 경우와 같이 $\omega_r \lambda_f \sin\theta_{err}$ 이 된다. 그러나 약자속 제어 범위가 넓은 매입형의 경우 정격 속도 시 $\omega_r \lambda_f$ 가 표면 부착형에 비해 작으므로 θ_{err} 이 작을 경우 오차를 완전히 제거하는 데에는 어려움이 생길 수도 있다. L_d , L_q 의 추정은 B.5.3.1절의 3)의 경우에서와 유사하게 L_d ($L_d = L_{ls} + L_{md}$)는 V_{qs}^r 전압을, L_q ($L_q = L_{ls} + L_{mq}$)는 V_{ds}^r 전압을 이용하여 추정할 수 있다. 이때 L_d 는 회전자 자속 방향의 유효 공극(Effective Airgap)이 매우 커서 비교적 일정하나 L_q 는 2.9.2절에서 언급한 바와 같이 i_{qs}^r , i_{ds}^r 에 따라 그 값이 바뀌게 된다. 따라서 여러 크기의 i_{qs}^r , i_{ds}^r 값에 대하여 L_q 를 추정할 필요가 있다. 또한 L_d 와 L_q 측정 시 i_{ds}^{r*} , i_{qs}^{r*} 을 변경시키면 표면 부착형과 달리 토크가 발생한다. 따라서 외부의 기계적 부하에 의해 일정 속도를 유지하는 제어가 필요하다. 이때 매입형 전동기는 토크 기준 제어하고, 축에 연결된 기

계적 부하는 일정 속도로 제어해야 한다. 이러한 시험에 있어 $i_{ds}^{r^*}$, $i_{qs}^{r^*}$ 의 변동 각주파수를 충분히 크게(전류 제어기 대역폭보다 작고 부하의 기계적 시정수($\tau_m = J / B$)의 역수보다 충분히 크게)하고 변동폭을 충분히 작게 하여 속도 변화가 전압 측정에 영향을 주지 않도록 하여야 한다. 앞의 표면 부착형의 경우와 같이 정격 속도 부근에서 인덕턴스를 추정하는 것이 추정 오차를 줄이는 방법이다.

B.6 구동 시스템의 기계적 제정수의 추정

B.6.1 통상의 정수 추정

전기기기 구동 시스템에서 기계적 제정수로는 회전자 관성 J_m[kg-m^2], 마찰 계수 B[N-m/(rad/s)], 전동기 회전자와 부하를 연결하는 축의 강성 계수 K_{sh} [N-m/(rad/s)] 등을 생각할 수 있다. 마찰 계수 B는 구동 시스템이 정지해 있을 때와 움직이기 직전 또는 회전 속도에 따라 그 값이 비선형적으로 변한다. 구동 시스템을 무부하로 구동시킬 수 있다면 식 (B-37)과 같이 정상 상태에서 전동기가 발생하는 토크는 마찰 토크뿐이다. 따라서 여러 속도에 대해 일정 속도 조건에서의 토크를 측정(또는 전류, 전압 정보를 통해 토크를 추정)함으로써 속도에 따른 마찰 계수 값을 추정할 수 있다.

$$T_e = B \cdot \omega_{rm} . \tag{B-37}$$

통상 전동기의 풍손(Windage Loss)을 포함하는 마찰손(Friction Loss)에 기인하는 마찰 계수는 회전 속도가 증가함에 따라 커지는 경향을 나타낸다.

회전자의 관성, J_m, 은 회전자의 구조, 재질을 알고 있는 경우 1.2.3절에서 언급한 바와 같이 계산식으로부터 구할 수 있으나 통상 회전자의 구조, 재질을 정확히 알기는 힘들다. 마찰 계수를 비교적 정확히 안다면 또는 정격 토크에 비해 마찰 성분에 기인한 토크가 매우 작다면 <그림 B.17>과 같이 전동기를 무부하로 가감속시키고 이때의 가감속율, $\frac{d\omega_{rm}}{dt}$, 을 계산함으로써 다음 식에 의해 관성을 계산할 수 있다.

$$J_m = \frac{T_e - B \cdot \omega_{rm}}{\frac{d\omega_{rm}}{dt}}. \quad \text{(B-38)}$$

가감속율은 전동기의 발생 토크가 가능한 한 크게 되도록 설정하며 토크 변경 주기 T_{set} 는 속도의 변동폭 $\Delta\omega_{rm}$이 너무 크지 않도록(마찰계수, B, 의 변화로 인한 비선형성이 영향을 미치지 않도록 정격 속도의 20% 정도)하고 초기 속도 ω_{rmo} 는 마찰 토크에 대한 오차를 줄이기 위하여 정격 속도의 20~30% 이상의 여러 속도로 설정하고 각각의 속도에서 얻어진 J_m 을 평균하여 추정치로 사용한다.

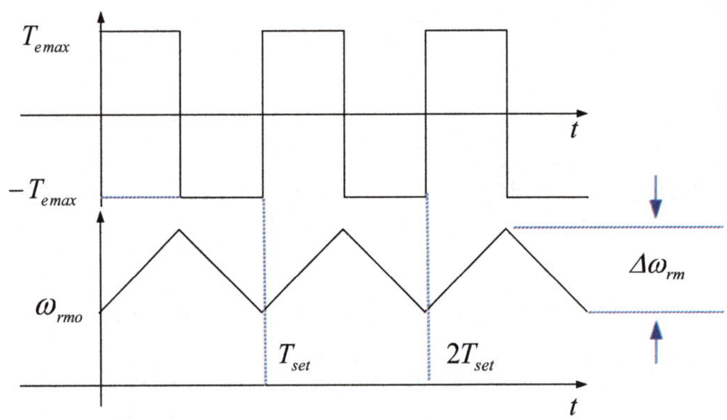

그림 B.17 가감속 시험에 의한 관성 추정

또 다른 방법으로 특정 속도, ω_{rmo} , 에서 마찰 계수를 비교적 정확히 알 수 있고 다른 기계적 부하가 없다면 전동기를 특정 속도까지 가속한 후 전원을 차단할 때 $(t = 0\text{s})$ 전동기 속도는 아래 수식과 같이 마찰에 의해 자연 감쇠된다.

$$\omega_{rm} = \omega_{rmo} e^{-\frac{B}{J_m}t}. \quad \text{(B-39)}$$

$t = 0^+$ s 에서의 속도의 기울기, 즉 감속도는 아래와 같다.

$$\left.\frac{d\omega_{rm}}{dt}\right|_{t=0^+} = -\omega_{rmo} \cdot \frac{B}{J_m}. \quad \text{(B-40)}$$

여기서 ω_{rmo} 는 전원 차단 직후의 전동기 회전 속도이다. 이와 같은 자연 감쇠 실험을 여러 ω_{rmo} 에 대해 실시하고 각각의 ω_{rmo} 에서 $\dfrac{B}{J_m}$ 를 구한 후 ω_{rmo} 에서의 B 값으로부터 J_m 을 구한다. 만약 실험이 잘 되었다면 여러 속도에서(정격 속도 30~100%), 비교적 일정한 J_m 값을 얻을 수 있다.

강성 계수 K_{sh} 는 회전축의 재질, 구조로부터 계산될 수도 있고 또한 앞 절에서 언급한 제어기를 이용한 방법을 활용하여 추정할 수도 있다. 만약 <그림 B.18>과 같이 관성이 J_{m1} 인 전동기에 긴 축으로 관성 부하(J_{m2})가 연결되었을 때 전동기 토크를 계단적(Step)으로 인가하면 전동기 회전 속도는 <그림 B.19>에 나타난 바와 같이 ω_{sh} 라는 진동 주파수를 가지며 가속된다.

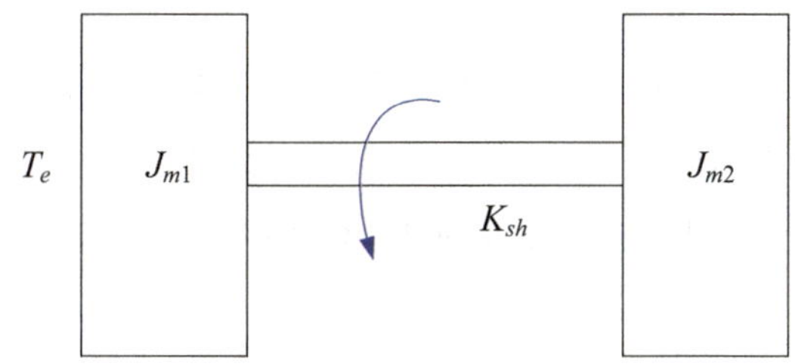

그림 B.18 긴 축으로 연결된 관성 부하

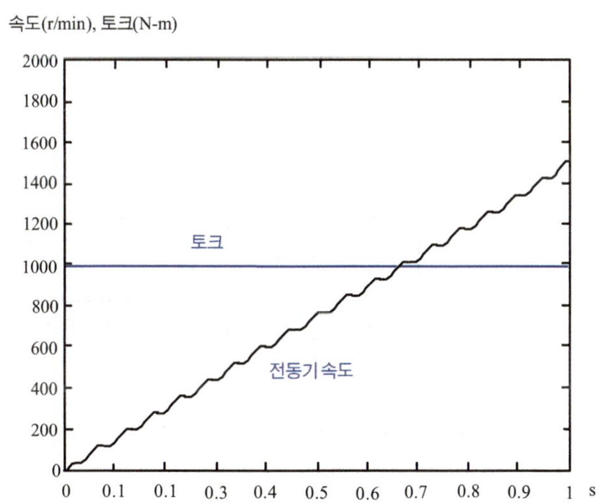

그림 B.19 전동기 발생 토크와 속도

이때 연결축의 관성과 감쇠(Damping)를 무시하면 진동 각주파수 ω_{sh} 는 아래와 같은 관계식을 갖는다.

$$\omega_{sh} = \sqrt{K_{sh}\left(\frac{1}{J_{m1}} + \frac{1}{J_{m2}}\right)} \ . \qquad \text{(B-41)}$$

따라서 ω_{sh}, J_{m1}, J_{m2}를 알면 K_{sh}를 추정할 수 있다. 역으로 만약 ω_{sh}, J_{m1}, K_{sh}를 알면 부하의 관성, J_{m2}, 를 추정할 수도 있다.

B.6.2 기계 방정식과 적분을 이용한 기계 정수 추정 방법 (참고문헌 [6])

앞 절에서 기술한 기계적 제정수의 추정 방법은 여러 정수들이 추정에 서로 영향을 주어 그 추정에 오차를 야기한다. 특히 부하 조건에 따라 그 오차가 커질 수도 있으며 부하와 전동기 연결에 유연성(Flexibility)이 있어 제어에 공진점이 생기거나 또는 토크 전달에 있어 기어의 백 래쉬, 쿨롬(Coulomb) 마찰 등으로 인한 비선형성이 있을 때 추정이 불안정한 경우가 생긴다. 본 절에서는 이상의 문제점을 해결하고 여러 부하 조건 – 특히 회전 방향이 한쪽으로만 고정되어 있는 경우 – 에서 비교적 정확히 기계적 정수를 추정할 수 있는 방법을 소개하고자 한다. 본 방법은 기본적인 기계 구동 방식과 적분 기법에 근거하므로 측정 잡음 및 오차에 비교적 강인한 특성을 나타낸다. 아래 식은 <그림 B-20> 에 표시한 쿨롬 마찰을 고려한 기계계의 구동 방정식이다. 여기서 C_m은 쿨롬 마찰력을 나타내는 최대 정지 마찰력이며 T_L은 수식에서 고려되지 않은 모델링 오차를 포함한 외부에서 인가되는 외란 토크이다.

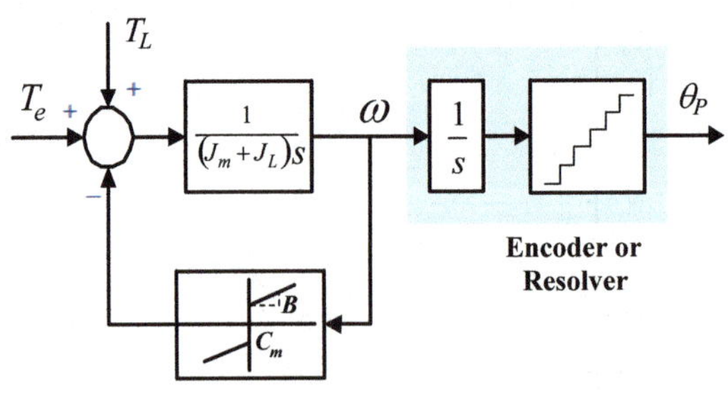

그림 B.20 엔코더(Encoder)와 쿨롬(Coulomb) 마찰을 고려한 기계 구동 시스템의 모델링

$$T_e = (J_m + J_L)\frac{d\omega}{dt} + B\,\omega + sign(\omega)C_m - T_L \ . \qquad \text{(B-42)}$$

윗 식의 양변에 각가속도를 곱하면 다음 식을 얻을 수 있다.

$$T_e \frac{d\omega}{dt} = \left(J_m + J_L\right)\left(\frac{d\omega}{dt}\right)^2 + B\,\omega\frac{d\omega}{dt} + T_L'\frac{d\omega}{dt}. \tag{B-43}$$

여기서 $T_L' = sign\left(\omega\right) C_m - T_L$ 이다.

T_L' 이 서서히 변한다고 가정하여 시간에 대한 변화를 무시할 수 있다면, 식 (B-43)의 양변을 적분하여 다음 식을 얻을 수 있다.

$$\int_{t_1}^{t_2} T_e \frac{d\omega}{dt} dt = \left(J_m + J_L\right)\int_{t_1}^{t_2}\left(\frac{d\omega}{dt}\right)^2 dt + B\int_{t_1}^{t_2}\omega\frac{d\omega}{dt}dt + +T_L'\int_{t_1}^{t_2}\frac{d\omega}{dt}dt. \tag{B-44}$$

여기서 t_1과 t_2는 정수 추정을 위해 측정을 시작하는 시점과 끝내는 시점을 표시한다. 윗식 우변 두 번째 항을 전개하면 아래와 같이 표현할 수 있다.

$$B\int_{t_1}^{t_2}\omega\frac{d\omega}{dt}dt = \frac{B}{2}\left(\omega_{at\,t=t_2}^2 - \omega_{at\,t=t_1}^2\right) \tag{B-45}$$

토크 제어가 원활히 되어 기계 시스템에 인가되는 실제 토크가 제어기가 출력하는 토크와 같다면 즉 $T_e = T_e^*$ 가 성립하면, 식 (B-44)로부터 다음 식과 같이 전체 관성을 표시할 수 있다.

$$J_T = J_m + J_L == \frac{\int_{t_1}^{t_2} T_e^* \frac{d\omega}{dt}dt}{\int_{t_1}^{t_2}\left(\frac{d\omega}{dt}\right)^2 dt} - \frac{B}{2}\frac{\left(\omega_{at\ t=t_2}^2 - \omega_{at\ t=t_1}^2\right)}{\int_{t_1}^{t_2}\left(\frac{d\omega}{dt}\right)^2 dt} - T_L'\frac{\left(\omega_{at\ t=t_2} - \omega_{at\ t=t_1}\right)}{\int_{t_1}^{t_2}\left(\frac{d\omega}{dt}\right)^2 dt} \tag{B-46}$$

식 (B-43)에서 각가속도는, 속도 측정 잡음에 의한 영향을 억제하기 위해 측정 또는 추정된 실제 속도를 저역 통과 필터를 이용하여 고조파 성분을 제거한 후 미분하여 구하거나, 4.3.5.2절에서 설명한 가속도 관측기를 이용하여 구할 수 있다. 식 (B-46)에서 알 수 있듯이 관성 추정 시간을 충분히 길게 가지면 식 (B-46) 우변의 분모항이 매우 커지게 되고 우변의 두 번째, 세 번째 항은 그 크기가 유한하므로 우변 첫 번째 항을 이용하여 비교적 오차가 적게 기계계의 전체 관성을 추정할 수 있다. 이때 추정된 관성은 전동기측으로 환산된 전체 관성이다. 특히 추정 시작과 끝나는 시점에서의 속도를 같게 만들면 식 (B-46)의 우변의 두 번째, 세 번째 항은 0이 되어 식 (B-47)과 같이 오차 없이 관성을 추정할 수 있다. 이 방법을 이용하여 관성을 추정하면 추정을 위해 회전 방향을 변경할 필요가 없으며 측정 시간을 길게 할수록 계산상의 오차 및 측정상의 오차로 인한 추정 오차를 줄일 수 있어 비교적 정밀한 관성 추정이 가능하다. 특히 마찰, 외란 토크 등 수식 전개에서 일정하다고 가정한 값들이 변동할 경우 좁은 속도 영역에서 추정을 함으로써 오차를 줄일 수 있다. 특히 일정 방향으로 회전시키면서 관성을 추정 할 경우 쿨롬 마찰에 의한 오차를 근원적으로 제거할 수 있다. 또한 추정 방법이 적분에 근거하고 있으므로 측정 잡음의 평균치가 "0"이라면 측정 잡음으로부터의 추정 오차도 배제할 수 있다.

$$J_T = \frac{\int_{t_1}^{t_2} T_e^* \frac{d\omega}{dt} dt}{\int_{t_1}^{t_2} \left(\frac{d\omega}{dt}\right)^2 dt}. \tag{B-47}$$

관성 추정과 비슷하게 마찰 계수를 추정하기 위하여, 외란과 쿨롬 마찰에 의한 토크가 시간에 관계없이 일정하다는 가정 하에서, 식 (B-42)를 시간에 대해 미분한 후 양변에 각가속도를 곱하면 식 (B-48)을 얻는다. 쿨롬 마찰에 의한 토크는 회전 방향을 일정하게 유지함으로써 그 영향을 배제할 수 있으며, 추정 시 속도 변동 범위를 적게 하면 외란 토크의 영향과 속도에 따른 마찰 계수의 변동에 대한 추정 오차를 줄일 수 있다.

$$\frac{dT_e^*}{dt}\frac{d\omega}{dt} = (J_m + J_L)\frac{d^2\omega}{dt^2}\frac{d\omega}{dt} + B\left(\frac{d\omega}{dt}\right)^2. \tag{B-48}$$

식 (B-48)의 양변을 적분하면 식 (B-49)와 같다.

$$\int_{t_1}^{t_2} \frac{dT_e^*}{dt}\frac{d\omega}{dt} dt = J_T \int_{t_1}^{t_2} \frac{d^2\omega}{dt^2}\frac{d\omega}{dt} dt + B\int_{t_1}^{t_2} \left(\frac{d\omega}{dt}\right)^2 dt. \tag{B-49}$$

식 (B-48)의 우변 첫 번째 항은 다음과 같이 표현될 수 있다.

$$J_T \int_{t_1}^{t_2} \frac{d^2\omega}{dt^2}\frac{d\omega}{dt} dt = \frac{J_T}{2}\left(\left(\frac{d\omega}{dt}\right)^2_{at\,t=t_2} - \left(\frac{d\omega}{dt}\right)^2_{at\,t=t_1}\right). \tag{B-50}$$

이를 식 (B-49)에 대입한 후 마찰 계수를 구하면 식 (B-51)과 같다.

$$B = \frac{\int_{t_1}^{t_2} \frac{dT_e^*}{dt}\frac{d\omega}{dt}dt}{\int_{t_1}^{t_2}\left(\frac{d\omega}{dt}\right)^2 dt} - \frac{J_T}{2}\frac{\left(\left(\frac{d\omega}{dt}\right)^2_{at\,t=t_2} - \left(\frac{d\omega}{dt}\right)^2_{at\,t=t_1}\right)}{\int_{t_1}^{t_2}\left(\frac{d\omega}{dt}\right)^2 dt} \quad \text{(B-51)}$$

식 (B-51)에서, 관성 추정의 경우와 마찬가지로 추정 시간을 충분히 길게하면 식 (B-51)의 우변의 분모(Denominator)항은 매우 커지게 되고 우변 두 번째 항의 분자(Numerator)는 유한하므로 두 번째 항의 크기는 원하는 만큼 작게 할 수 있다. 특히 추정을 시작 할 때와 끝날 때 각가속도를 같게 유지할 경우 우변 두 번째 항은 0이 되어 추정 오차를 더욱 줄일 수 있다. 이 경우 식 (B-51)은 다음과 같이 표시될 수 있다. 이를 이용하여 마찰 계수를 구할 수 있다.

$$B = \frac{\int_{t_1}^{t_2} \frac{dT_e^*}{dt}\frac{d\omega}{dt}dt}{\int_{t_1}^{t_2}\left(\frac{d\omega}{dt}\right)^2 dt}. \quad \text{(B-52)}$$

이상과 같은 관성과 마찰 계수의 추정 방법은, 전동기를 한 쪽 방향으로 원하는 속도 범위에서 운전하면서 동시에 관성과 마찰 계수를 추정할 수 있으며 추정 과정이 적분에 근거하고 있으므로 비교적 측정 잡음에 강인하게 관성과 마찰 계수를 구할 수 있다. 특히 시스템에 기계적 공진이 있거나 비선형성이 있는 경우에도, 운전 범위를 제한하거나 측정 시간을 길게 함으로써, 비교적 용이하게 관성과 마찰 계수를 추정할 수 있다.

참고문헌(References)

[1] J. W. Choi and etc., "*Inverter Output Voltage Synthesis Using Novel Dead Time Compensation*," IEEE Trans. on Power Electronics, Vol. 11, No. 2, March, 1996, pp.221-227.

[2] 석줄기, "*가상회전자 자속기준 제어를 이용한 심구형 유도 전동기의 고성능 운전*," 서울대학교 공학박사 학위논문, 1998. 2.

[3] J. K. Seok and etc., "*Optimal Flux Selection of an Induction Machine for Maximum Torque Operation in Flux-Weakening Region*," IEEE Trans. on Power Electronics, Vol. 14, No. 4, July, 1999, pp.700-708.

[4] J. K. Seok and etc., "*Induction Motor Parameter Tuning for High-Performance Drives*," IEEE Trans. on Ind. Appl., Vol. 37, No. 1, Jan./Feb., 2001, pp.35-41.

[5] J. K. Ji and etc., "*Kalman Filter and LQ-Based Speed Controller for Torsional Vibration Suppression in 2-Mass Motor Drive System*," IEEE Trans. on Ind. Elec., Vol. 42, No. 6, December, 1995, pp.1-8.

[6] T. Kwon and etc., "*Identification of the Mechanical Parameters for Servo Drive*, " in Conf. Rec. IEEE-IAS Annual Meeting, 2006.

C

좌표 변환 행렬을 이용한 D-Q 모델링

C.1 좌표축의 정의와 변환 행렬(Transformation Matrix)

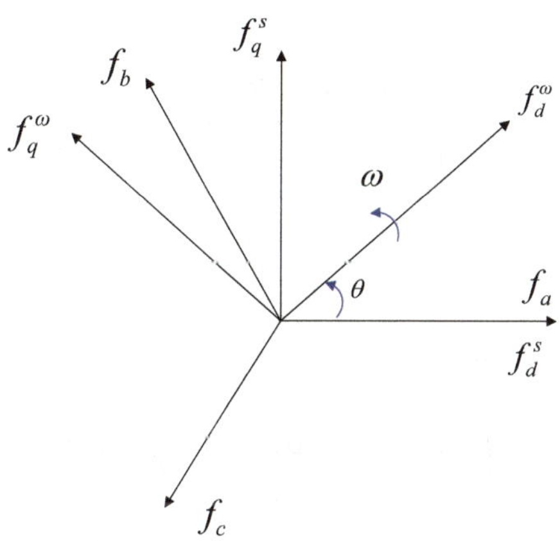

그림 C.1 축 변환의 관계

<그림 C.1>은 3상의 좌표축과 정지(Stationary) 좌표계, 임의의 속도, ω, 로 회전하는 좌표계의 직축(Direct Axis), 횡축(Quadrature Axis)과의 관계를 나타내고 있다. 통상 직축(d Axis)은 여자 자속(Excitation Flux)이 존재하는 축이며, 횡축(q Axis)은 그와 직각을 이루는 축이며 회전 자속이 정방향(Positive Direction)으로 회전할 때 d축에 비해 회전할 방향에 위치한다. 정상 상태(Steady State)에서는 d축의 전기적 현상(전압, 전류, 자속)은 회전자계의 1주기의 1/4 지연(Delay)되어 q축에 나타난다.

<그림 C.1>과 같은 좌표축에서 3상의 변수를 임의의 좌표계로 변환하는 식은 다음과 같이 정의된다.

$$\mathsf{f}_{dqn}^{\omega} = \mathsf{T}(\theta)\mathsf{f}_{abc}\ . \tag{C-1}$$

여기서,

$$\mathsf{f}_{dqn}^{\omega} = \left[f_d^{\omega}\ f_q^{\omega}\ f_n^{\omega} \right]^T , \tag{C-2}$$

$$\mathsf{f}_{abc} = [f_a\ f_b\ f_c]^T , \tag{C-3}$$

이며 행렬(Matrix) 또는 벡터 $[\ldots]^T$ 는 행렬 또는 벡터의 전치(Transpose)를 의미한다.

또한 변환 행렬 $\mathsf{T}(\theta)$ 는 다음과 같이 정의된다.

$$\mathsf{T}(\theta) = \frac{2}{3}\begin{bmatrix} \cos\theta & \cos\left(\theta - \frac{2}{3}\pi\right) & \cos\left(\theta + \frac{2}{3}\pi\right) \\ -\sin\theta & -\sin\left(\theta - \frac{2}{3}\pi\right) & -\sin\left(\theta + \frac{2}{3}\pi\right) \\ \frac{1}{\sqrt{2}} & \frac{1}{\sqrt{2}} & \frac{1}{\sqrt{2}} \end{bmatrix} . \tag{C-4}$$

여기서

$$\theta = \int_0^t \omega(\zeta)d\zeta + \theta(0)\ \theta = \int_0^t \omega(\zeta)d\zeta + \theta(0) , \tag{C-5}$$

로 정의된다. $\theta(0)$ 는 시점(Time Point) "0"에서 -의 속도 ω 로 회전하는 d축 d^{ω} 와 정지 좌표계 d축 d^s 또는 a상 권선이 만들어 내는 자속축과의 각이며 통상 그 값은 "0"이다($\theta(0) = 0$).

$\mathsf{T}(\theta)$ 는 여러 가지로 정의될 수 있다. 만약 $\mathsf{T}(\theta)$ 를 식 (C-6)과 같이 정의하면 d-q 변수의 크기가 a, b, c상 변수에 비해 $\frac{\sqrt{3}}{\sqrt{2}}$ 만큼 커지게 되고 d-q-n축에서 계산한 입력 전력, 출력 전력은 a, b, c상에서 계산한 바와 같으며(Power Invariance), 식 (C-6)의 역행렬(Inverse Matrix)은 전치(Transpose) 행렬과 같다. 즉 $\mathsf{T}(\theta)^{-1} = \mathsf{T}(\theta)^T$ 이다.

$$\mathsf{T}(\theta)=\sqrt{\frac{2}{3}}\begin{bmatrix}\cos\theta & \cos\left(\theta-\frac{2}{3}\pi\right) & \cos\left(\theta+\frac{2}{3}\pi\right)\\ -\sin\theta & -\sin\theta\sin\left(\theta-\frac{2}{3}\pi\right) & -\sin\theta\sin\left(\theta+\frac{2}{3}\pi\right)\\ \frac{1}{\sqrt{2}} & \frac{1}{\sqrt{2}} & \frac{1}{\sqrt{2}}\end{bmatrix}. \tag{C-6}$$

또한 $\mathsf{T}(\theta)$를 식 (C-7)과 같이 정의하면 d-q 변수의 크기가 a, b, c상 변수 값과 같아지며 중성분(Neutral Component) 성분의 크기 역시 식 (3-3)에서 정의한 바와 같다(Magnitude Invariance). 그러나 이 경우 변환 행렬의 역행렬을 쉽게 구할 수 없어 계산이 복잡해 진다.

$$\mathsf{T}(\theta)=\frac{2}{3}\begin{bmatrix}\cos\theta & \cos\left(\theta-\frac{2}{3}\pi\right) & \cos\left(\theta+\frac{2}{3}\pi\right)\\ -\sin\theta & -\sin\left(\theta-\frac{2}{3}\pi\right) & -\sin\left(\theta+\frac{2}{3}\pi\right)\\ \frac{1}{2} & \frac{1}{2} & \frac{1}{2}\end{bmatrix}. \tag{C-7}$$

이 글에서는 식 (C-4)로 주어지는 변환 행렬을 기준으로 설명하기로 한다. 이 경우 중성분(n축 변수, 영상분)의 변수의 크기는 식 (3-3)에서의 정의에 따라 얻은 중성분의 크기에 비해 $\sqrt{2}$ 배만큼 커지게 된다. 식 (C-4)로 주어지는 변환 행렬은 다음과 같은 성질을 가진다.

$$\mathsf{T}(\theta)^{-1}=\frac{3}{2}\mathsf{T}(\theta)^{T}=\begin{bmatrix}\cos\theta & -\sin\theta & \frac{1}{\sqrt{2}}\\ \cos\left(\theta-\frac{2}{3}\pi\right) & -\sin\left(\theta-\frac{2}{3}\pi\right) & \frac{1}{\sqrt{2}}\\ \cos\left(\theta+\frac{2}{3}\pi\right) & -\sin\left(\theta+\frac{2}{3}\pi\right) & \frac{1}{\sqrt{2}}\end{bmatrix}. \tag{C-8}$$

$$\mathsf{T}(\theta)\left[\frac{d}{dt}\mathsf{T}(\theta)^{-1}\right]=\begin{bmatrix}0 & -\omega & 0\\ \omega & 0 & 0\\ 0 & 0 & 0\end{bmatrix}. \tag{C-9}$$

$$\left[\frac{d}{dt}\mathsf{T}(\theta)\right]\mathsf{T}(\theta)^{-1} = \begin{bmatrix} 0 & \omega & 0 \\ -\omega & 0 & 0 \\ 0 & 0 & 0 \end{bmatrix}. \tag{C-10}$$

$$\mathsf{T}(\theta) = \mathsf{R}(\theta)\mathsf{T}(0). \tag{C-11}$$

여기서,

$$\mathsf{R}(\theta) = \begin{bmatrix} \cos\theta & \sin\theta & 0 \\ -\sin\theta & \cos\theta & 0 \\ 0 & 0 & 1 \end{bmatrix}, \tag{C-12}$$

$$\mathsf{T}(0) = \frac{2}{3}\begin{bmatrix} 1 & -\frac{1}{2} & -\frac{1}{2} \\ 0 & \frac{\sqrt{3}}{2} & -\frac{\sqrt{3}}{2} \\ \frac{1}{\sqrt{2}} & \frac{1}{\sqrt{2}} & \frac{1}{\sqrt{2}} \end{bmatrix}, \tag{C-13}$$

이다.

이상의 변환식에서 알 수 있듯이, 3상의 변수(Variable – 자속, 전류, 전압)로부터 정지 좌표계의 변수로 변환하는 관계식은 다음과 같다.

$$\mathbf{f}^{s}_{dqn} = \mathsf{T}(0)\mathbf{f}_{abc}. \tag{C-14}$$

비슷하게 정지 좌표계의 변수로부터 임의의 좌표계로 변환하는 관계식은 다음과 같이 나타낼 수 있다.

$$\mathbf{f}^{\omega}_{dqn} = \mathsf{R}(\theta)\mathbf{f}^{s}_{dqn}. \tag{C-15}$$

예를 들면, 3상의 변수를 정지 좌표계의 d-q 변수로 변환하는 관계식은 다음과 같다.

$$f^{s}_{d} = \frac{(2f_a - f_b - f_c)}{3}. \tag{C-16}$$

$$f^{s}_{q} = \frac{(f_b - f_c)}{\sqrt{3}}. \tag{C-17}$$

$$f_n^s = \frac{\sqrt{2}(f_a + f_b + f_c)}{3}. \quad \text{(C-18)}$$

여기서 전동기의 중성점(Neutral Point)에서 외부로의 결선이 없으며 3상의 권선이 대칭(Balanced)이라면 영상분 변수, f_n^s, 는 존재하지 않는다.

즉 $f_b + f_b + f_c = 0$ 인 경우

$$f_n^s = 0, \quad \text{(C-19)}$$

이며

$$f_d^s = f_a^s, \quad \text{(C-20)}$$

이다.

식 (C-15)에서 정지 좌표계에서 동기 좌표계로 변환하는 관계식은 영상분(중성분) 변수가 "0"일 때 다음 식과 같이 표현될 수 있다.

$$f_d^e = f_d^s \cos\theta_e + f_q^s \sin\theta_e. \quad \text{(C-21)}$$

$$f_q^e = -f_d^s \sin\theta_e + f_q^s \cos\theta_e. \quad \text{(C-22)}$$

동기 좌표계에서 정지 좌표계로 변환하는 관계식 또한 다음 식과 같이 표시할 수 있다.

$$f_d^s = f_d^e \cos\theta_e - f_q^e \sin\theta_e. \quad \text{(C-23)}$$

$$f_q^s = f_d^e \sin\theta_e + f_q^e \cos\theta_e. \quad \text{(C-24)}$$

순시 전력(Instantaneous Power)은 a, b, c의 3상 변수들로부터 다음과 같이 구할 수 있다.

$$Power = V_{as}i_{as} + V_{bs}i_{bs} + V_{cs}i_{cs}. \quad \text{(C-25)}$$

그러므로, 순시 전력을 d-q 변수들로 표현하면 다음과 같이 된다.

$$Power = \mathsf{V}_{abc}^{T}\mathsf{I}_{abc} = \left[\mathsf{T}(\theta)^{-1}\mathsf{V}_{dqn}^{\omega}\right]^{T}\left[\mathsf{T}(\theta)^{-1}\mathsf{I}_{dqn}^{\omega}\right] \\ = \frac{3}{2}\mathsf{V}_{dqn}^{\omega}\mathsf{I}_{dqn}^{\omega} = \frac{3}{2}\left(V_{ds}^{\omega}i_{ds}^{\omega} + V_{qs}^{\omega}i_{qs}^{\omega} + V_{ns}^{\omega}i_{ns}^{\omega}\right) \tag{C-26}$$

여기서,

$$\mathsf{V}_{abc} = [V_{as} \quad V_{bs} \quad V_{cs}]^{T}, \tag{C-27}$$

$$\mathsf{I}_{abc} = [i_{as} \quad i_{bs} \quad i_{cs}]^{T}, \tag{C-28}$$

$$\mathsf{V}_{dqn}^{\omega} = [V_{ds}^{\omega} \quad V_{qs}^{\omega} \quad V_{ns}^{\omega}]^{T}, \tag{C-29}$$

$$\mathsf{I}_{dqn}^{\omega} = [i_{ds}^{\omega} \quad i_{qs}^{\omega} \quad i_{ns}^{\omega}]^{T}, \tag{C-30}$$

이다.

식 (C-26)에서 알 수 있듯이, 순시 전력을 d-q 좌표계에서 계산하는 데 있어서 좌표계에 관한 조건이 없으므로, 순시 전력은 임의의 d-q 좌표계에서 계산될 수 있으며, 좌표계에 따라 그 값이 변화하지 않는다.

C.2 변환 행렬을 이용한 유도 전동기의 D-Q 모델링

3상 유도 전동기의 고정자 및 회전자의 전압 방정식은 다음과 같다.

$$\mathsf{V}_{abcs} = R_s\mathsf{I}_{abcs} + p\boldsymbol{\lambda}_{abcs}. \tag{C-31}$$

$$\mathsf{V}_{abcr} = R_r\mathsf{I}_{abcr} + p\boldsymbol{\lambda}_{abcr}. \tag{C-32}$$

여기서, p 는 $p = \frac{d}{dt}$ 로 표시되는 미분 연산자(Differential Operator)이다.

이때 각 좌표축의 관계와 회전자의 회전각, 속도는 <그림 3.2>에 표시한 바와 같으며 전압 방정식의 각 요소는 다음과 같은 벡터로 표시된다.

$$\mathsf{V}_{abcs} = \left[V_{as} \quad V_{bs} \quad V_{cs} \right]^{T} . \tag{C-33}$$

$$\mathsf{I}_{abcs} = \left[i_{as} \; i_{bs} \; i_{cs} \right]^{T} . \tag{C-34}$$

$$\boldsymbol{\lambda}_{abcs} = \left[\lambda_{as} \; \lambda_{bs} \; \lambda_{cs} \right]^{T} . \tag{C-35}$$

$$\mathsf{V}_{abcr} = \left[V_{ar} \; V_{br} \; V_{cr} \right]^{T} . \tag{C-36}$$

$$\mathsf{I}_{abcr} = \left[i_{ar} \; i_{br} \; i_{cr} \right]^{T} . \tag{C-37}$$

$$\boldsymbol{\lambda}_{abcr} = \left[\lambda_{ar} \; \lambda_{br} \; \lambda_{cr} \right]^{T} . \tag{C-38}$$

또, 쇄교 자속(Flux Linkage)은 다음과 같이 표현된다.

$$\begin{bmatrix} \boldsymbol{\lambda}_{abcs} \\ \boldsymbol{\lambda}_{abcr} \end{bmatrix} = \begin{bmatrix} \mathsf{L}_{s} & \mathsf{L}_{sr} \\ (\mathsf{L}_{sr})^{T} & \mathsf{L}_{r} \end{bmatrix} \begin{bmatrix} \mathsf{I}_{abcs} \\ \mathsf{I}_{abcr} \end{bmatrix} . \tag{C-39}$$

여기서,

$$\mathsf{L}_{s} = \begin{bmatrix} L_{ls} + L_{ms} & -\frac{1}{2} L_{ms} & -\frac{1}{2} L_{ms} \\ -\frac{1}{2} L_{ms} & L_{ls} + L_{ms} & -\frac{1}{2} L_{ms} \\ -\frac{1}{2} L_{ms} & -\frac{1}{2} L_{ms} & L_{ls} + L_{ms} \end{bmatrix} , \tag{C-40}$$

$$\mathsf{L}_{r} = \begin{bmatrix} L_{lr} + L_{mr} & -\frac{1}{2} L_{mr} & -\frac{1}{2} L_{mr} \\ -\frac{1}{2} L_{mr} & L_{lr} + L_{mr} & -\frac{1}{2} L_{mr} \\ -\frac{1}{2} L_{mr} & -\frac{1}{2} L_{mr} & L_{lr} + L_{mr} \end{bmatrix} , \tag{C-41}$$

$$\mathsf{L}_{sr} = L_{sr} \begin{bmatrix} \cos\theta_{r} & \cos\left(\theta_{r} + \frac{2\pi}{3}\right) & \cos\left(\theta_{r} - \frac{2\pi}{3}\right) \\ \cos\left(\theta_{r} - \frac{2\pi}{3}\right) & \cos\theta_{r} & \cos\left(\theta_{r} + \frac{2\pi}{3}\right) \\ \cos\left(\theta_{r} + \frac{2\pi}{3}\right) & \cos\left(\theta_{r} - \frac{2\pi}{3}\right) & \cos\theta_{r} \end{bmatrix} , \tag{C-42}$$

이다.

식 (C-1)과 변환 행렬의 성질 식 (C-8) ~ (C-10)을 이용하여 식 (C-31) ~ (C-42)를 d-q-n 변수로 정리하면, 다음과 같은 임의의 속도 ω로 회전하는 d-q-n 축에서 표시된 유도 전동기의 고정자 전압 방정식을 구할 수 있다.

$$V_{ds}^{\omega} = R_s i_{ds}^{\omega} + p\lambda_{ds}^{\omega} - \omega\lambda_{qs}^{\omega} . \tag{C-43}$$

$$V_{qs}^{\omega} = R_s i_{qs}^{\omega} + p\lambda_{qs}^{\omega} + \omega\lambda_{ds}^{\omega} . \tag{C-44}$$

$$V_{ns}^{\omega} = R_s i_{ns}^{\omega} + p\lambda_{ns}^{\omega} . \tag{C-45}$$

유사한 방법으로 유도 전동기 회전자의 d-q-n 전압 방정식 역시 다음과 같이 유도될 수 있다. 이때 회전자의 회전 속도는 <그림 3.2>에 표시한 바와 같다.

$$V_{dr}^{\omega} = R_r i_{dr}^{\omega} + p\lambda_{dr}^{\omega} - (\omega - \omega_r)\lambda_{qr}^{\omega} . \tag{C-46}$$

$$V_{qr}^{\omega} = R_r i_{qr}^{\omega} + p\lambda_{qr}^{\omega} + (\omega - \omega_r)\lambda_{dr}^{\omega} . \tag{C-47}$$

$$V_{nr}^{\omega} = R_s i_{nr}^{\omega} + p\lambda_{nr}^{\omega} . \tag{C-48}$$

농형 유도 전동기에서는 회전자가 단락환(End Ring)에 의해 단락(Short)되어 있으므로 $V_{dr}^{\omega} = V_{qr}^{\omega} = V_{nr}^{\omega} = 0$ 이 성립한다.

또한, 고정자의 쇄교 자속은 다음과 같이 표시될 수 있다.

$$\lambda_{ds}^{\omega} = L_s i_{ds}^{\omega} + L_m i_{dr}^{\omega} . \tag{C-49}$$

$$\lambda_{qs}^{\omega} = L_s i_{qs}^{\omega} + L_m i_{qr}^{\omega} . \tag{C-50}$$

$$\lambda_{ns}^{\omega} = L_{ls} i_{ns}^{\omega} . \tag{C-51}$$

비슷하게 회전자의 쇄교 자속은 다음과 같이 표현된다.

$$\lambda_{dr}^{\omega} = L_m i_{ds}^{\omega} + L_r i_{dr}^{\omega} . \tag{C-52}$$

$$\lambda_{qr}^{\omega} = L_m i_{qs}^{\omega} + L_r i_{qr}^{\omega} . \tag{C-53}$$

$$\lambda_{nr}^{\omega} = L_{ls} i_{nr}^{\omega} . \tag{C-54}$$

이때, $L_m = \frac{3}{2} L_{ms}$, $L_s = L_m + L_{ls}$, $L_r = L_m + L_{lr}$ 이다.

전동기의 출력 토크는 식 (C-55)로 표시된 축적된 코에너지(Coenergy), W_c, 를 식 (C-56)과 같이 변위(Displacement), 즉 회전각, θ_{rm}, 에 대해 미분함으로써 구해질 수 있다. 자기포화(Magnetic Saturation)를 무시하면 계에너지(Field Energy), W_f, 는 코에너지와 같으므로 계에너지를 변위에 대해 미분함으로써 토크를 계산할 수 있다.

계에너지는 아래와 같이 표시된다.

$$W_c = W_f = \frac{1}{2}(\mathsf{I}_{abcs})^T(\mathsf{L}_s - L_{ls}\mathsf{I})(\mathsf{I}_{abcs}) + (\mathsf{I}_{abcs})^T \mathsf{L}_{sr}(\mathsf{I}_{abcr}) + \frac{1}{2}(\mathsf{I}_{abcr})^T(\mathsf{L}_r - L_{lr}\mathsf{I})(\mathsf{I}_{abcr}) . \tag{C-55}$$

따라서

$$T_e = \frac{P}{2} \frac{\partial W_c}{\partial \theta_{rm}} , \tag{C-56}$$

에서, 식 (C-55)의 우변의 첫 항과 마지막 항은 회전자의 회전각, θ_{rm}, 과 무관하므로 토크는 다음 식과 같이 구할 수 있다.

$$T_e = \frac{P}{2}(\mathsf{I}_{abcs})^T \frac{\partial \mathsf{L}_{sr}}{\partial \theta_{rm}}(\mathsf{I}_{abcr}) . \tag{C-57}$$

식 (C-57)에 식 (C-1)과 변환 행렬의 성질, 식 (C-8) ~ (C-10)을 이용하여 토크를 d-q-n 변수로 표시하면 다음과 같다.

$$T_e = \frac{3}{2} \frac{P}{2} \frac{L_m}{L_r}\left(\lambda_{dr}^{\omega} i_{qs}^{\omega} - \lambda_{qr}^{\omega} i_{ds}^{\omega}\right). \tag{C-58}$$

여기서 P는 극(Pole)수이다.

식 (C-43)에서 식 (C-54)까지의 식들로부터 유도 전동기의 d-q-n 등가 회로를 구하면 <그림 C.2>와 같다.

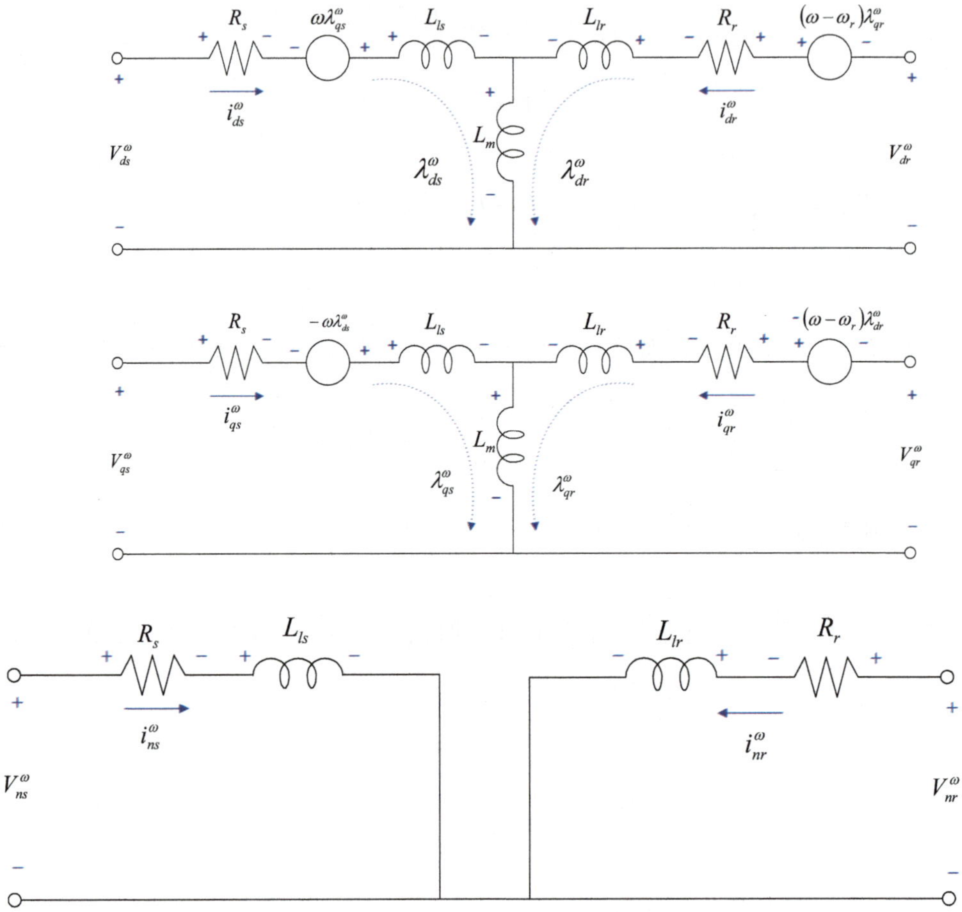

그림 C.2 유도 전동기의 등가 회로(위에서부터 d축, q축, n축)

C.3 변환 행렬을 이용한 동기 전동기의 D-Q 모델링

동기 전동기 역시 유도 전동기와 유사한 방법으로 변환 행렬을 이용하여 d-q-n축 등가 회로와 토크식을 유도할 수 있다. 그 결과는 유도 전동기의 경우와 마찬가지로 복소수 공간 벡터를 이용하여 구한 3.3절의 결과와 동일하다.

찾아보기

S

T-Z

숫자

가

마

바

자

파

하

| 저자소개 |

설승기(薛承基) *sulsk@plaza.snu.ac.kr*

서울대학교 전기공학과 학사졸업
서울대학교 대학원 전기공학과 석사졸업
서울대학교 대학원 전기공학과 박사졸업
University of Wisconsin-Madison 전기컴퓨터공학과 연구원
LG산전(현 LS 산전) 책임연구원, 전력전자연구실장
IEEE Fellow
Yaskawa Electric Co. 상임기술 고문
현대 엘리베이터 사외 이사
서울대학교 공과대학 부학장

현, 서울대학교 공과대학 전기 · 정보공학부 교수

정가 45,000원

전기기기제어론[개정증보판]

2005년 10월 17일 초 판 발행
2007년 9월 5일 개정판 발행
2016년 9월 2일 개정증보판 발행
2023년 8월 25일 개정증보판 6쇄 발행
저 자 : 설승기
발행자 : 송 준
발행처 : 홍릉과학출판사
주 소 : 서울시 강북구 인수봉로 50길 10
01093
등 록 : 1976년 10월 21일 제5-66호
전 화 : (02) 999-2274~5, 903-7037
팩 스 : (02) 905-6729
e-mail: hongpub@hongpub.co.kr
http://www.hongpub.co.kr
ISBN: 979-11-5600-459-2